普通高等教育土建学科专业“十二五”规划教材
全国高职高专教育土建类专业教学指导委员会规划推荐教材

市政工程识图与构造（第二版）

（市政工程技术专业适用）

本教材编审委员会组织编写
张 力 李世华 主编
米彦蓉 主审

中国建筑工业出版社

图书在版编目（CIP）数据

市政工程识图与构造/张力等主编. —2版. —北京：中国建筑工业出版社，2012. 3

普通高等教育土建学科专业“十二五”规划教材. 全国高职高专教育土建类专业教学指导委员会规划推荐教材（市政工程技术专业适用）

ISBN 978-7-112-14132-6

Ⅰ. ①市… Ⅱ. ①张… Ⅲ. ①市政工程-工程制图 Ⅳ. ①TU99

中国版本图书馆CIP数据核字（2012）第042595号

本书分两篇，上篇为工程识图的基本知识，共分六章，主要内容包括：制图的基本知识、投影的基本知识、立体的投影、轴测投影、剖面图与断面图、标高投影，下篇为市政工程识图，共分四章，主要内容包括：给水排水工程图、城市道路工程图、城市桥梁工程图、隧道与涵洞工程图。

本书既可作为高等职业教育市政工程类专业教材，也可供市政工程技术人员学习、参考之用。

为便于教学，作者特制作了电子课件，如有需要，可发邮件至Cabpbeijing@126.com索取。

* * *

责任编辑：朱首明 王美玲
责任设计：陈 旭
责任校对：王誉欣 赵 颖

普通高等教育土建学科专业“十二五”规划教材
全国高职高专教育土建类专业教学指导委员会规划推荐教材
市政工程识图与构造（第二版）
（市政工程技术专业适用）
本教材编审委员会组织编写
张 力 李世华 主编
米彦蓉 主审

*

中国建筑工业出版社出版、发行（北京西郊百万庄）
各地新华书店、建筑书店经销
北京嘉泰利德公司制版
北京京华铭诚工贸有限公司印刷

*

开本：787×1092毫米 1/16 印张：23¼ 字数：574千字
2012年8月第二版 2018年11月第十七次印刷
定价：**45.00**元（赠送课件）
ISBN 978-7-112-14132-6
（22185）

本套教材第二版编审委员会名单

本套教材第一版编审委员会名单

第二版序言

2010年4月住房和城乡建设部受教育部（教高厅函〔2004〕5号）委托，住房和城乡建设部（建人函〔2010〕70号）组建了新一届全国高职高专教育土建类专业教学指导委员会市政工程类专业分指导委员会，它是住房和城乡建设部聘任和管理的专家机构。其主要职责是在住房和城乡建设部、教育部、全国高职高专教育土建类专业教学指导委员会的领导下，研究高职高专市政工程类专业的教学和人才培养方案，按照以能力为本位的教学指导思想，围绕市政工程类专业的就业领域、就业岗位群组织制定并及时修订各专业培养目标、专业教育标准、专业培养方案、专业教学基本要求、实训基地建设标准等重要教学文件，以指导全国高职高专院校规范市政工程类专业办学，达到专业基本标准要求；研究市政工程类专业建设、教材建设，组织教材编审工作；组织开展教育教学改革研究，构建理论与实践紧密结合的教学体系，构筑校企合作、工学结合的人才培养模式，进一步促进高职高专院校市政工程类专业办出特色，全面提高高等职业教育质量，提升服务建设行业的能力。

市政工程类专业分指导委员会成立以来，在住房和城乡建设部人事司和全国高职高专教育土建类专业教学指导委员会的领导下，在专业建设上取得了多项成果；市政工程类专业分指导委员会在对“市政工程技术专业”、“给排水工程技术专业”职业岗位（群）调研的基础上，制定了“市政工程技术专业”专业教学基本要求和“给排水工程技术专业”专业教学基本要求；其次制定了“市政工程技术专业”和“给排水工程技术专业”两个专业校内实训及校内实训基地建设导则；并根据“市政工程技术专业”、“给排水工程技术专业”两个专业的专业教学基本要求，校内实训及校内实训基地建设导则，组织了“市政工程技术专业”、“给排水工程技术专业”理论教材和实训教材编审工作。

在教材编审过程中，坚持了以就业为导向，走产学研结合发展道路的办学方针，以提高质量为核心，以增强专业特色为重点，创新教材体系，深化教育教学改革，围绕国家行业建设规划，系统培养高端技能型人才，为我国建设行业发展提供人才支撑和智力支持。

本套教材的编写坚持贯彻以素质为基础，以能力为本位，以实用为主导的指导思路，毕业的学生具备本专业必需的文化基础、专业理论知识和专业技能，能胜任市政工程类专业设计、施工、监理、运行及物业设施管理的高端技能型人才，全国高职高专教育土建类教学指导委员会市政工程类专业分指导委员会在总结近几年教育教学改革与实践的基础上，通过开发新课程，更新课程内容，增加实训教材，构建了新的课程体系。充分体现了其先进性、创新性、适用性，反映了国内外最新技术和研究成果，突出高等职业教育的特点。

“市政工程技术”、“给排水工程技术”专业教材的编写工作得到了教育部、住房和城乡建设部人事司的支持，在全国高职高专教育土建类专业教学指导委员会的领导下，市政工程类专业分指导委员会聘请全国各高职院校本专业多年从事“市政工程技术”、“给排水工程技术”专业教学、研究、设计、施工的副教授以上的专家担任主编和主审，同时吸收工程一线具有丰富实践经验的工程技术人员及优秀中青年教师参加编写。该系列教材的出版凝聚了全国各高职高专院校“市政工程技术”、“给排水工程技术”专业同行的心血，也是他们多年来教学工作的结晶。值此教材出版之际，全国高职高专教育土建类教学指导委员会市政工程类专业分指导委员会谨向全体主编、主审及参编人员致以崇高的敬意。对大力支持这套教材出版的中国建筑工业出版社表示衷心的感谢，向在编写、审稿、出版过程中给予关心和帮助的单位和同仁致以诚挚的谢意。深信本套教材的使用将会受到高职高专院校和从事本专业工程技术人员的欢迎，必将推动市政工程类专业的建设和发展。

全国高职高专教育土建类专业教学指导委员会
市政工程类专业分指导委员会

第一版序言

近年来，随着国家经济建设的迅速发展，市政工程建设已进入专业化的时代，而且市政工程建设发展规模不断扩大，建设速度不断加快，复杂性增加，因此，需要大批市政工程建设管理和技术人才。针对这一现状，近年来，不少高职高专院校开办市政工程技术专业，但适用的专业教材的匮乏，制约了市政工程技术专业的发展。

高职高专市政工程技术专业是以培养适应社会主义现代化建设需要，德、智、体、美全面发展，掌握本专业必备的基础理论知识，具备市政工程施工、管理、服务等岗位能力要求的高等技术应用性人才为目标，构建学生的知识、能力、素质结构和专业核心课程体系。全国高职高专教育土建类专业教学指导委员会是建设部受教育部委托聘任和管理的专家机构，该机构下设建筑类、土建施工类、建筑设备类、工程管理类、市政工程类五个专业指导分委员会，旨在为高等职业教育的各门学科的建设发展、专业人才的培养模式提供智力支持，因此，市政工程技术专业人才培养目标的定位、培养方案的确定、课程体系的设置、教学大纲的制订均是在市政工程类专业指导分委员会的各成员单位及相关院校的专家经广州会议、贵阳会议、成都会议反复研究制定的，具有科学性、权威性、针对性。为了满足该专业教学需要，市政工程类专业指导分委员会在全国范围内组织有关专业院校骨干教师编写了该专业与教学大纲配套的10门核心课程教材，包括：《市政工程识图与构造》、《市政工程材料》、《土力学与地基基础》、《市政工程力学与结构》、《市政工程测量》、《市政桥梁工程》、《市政道路工程》、《市政管道工程施工》、《市政工程计量与计价》、《市政工程施工项目管理》。这套教材体系相互衔接，整体性强；教材内容突出理论知识的应用和实践能力的培养，具有先进性、针对性、实用性。

本次推出的市政工程技术专业10门核心课程教材，必将对市政工程技术专业的教学建设、改革与发展产生深远的影响。但是加强内涵建设、提高教学质量是一个永恒主题，教学改革是一个与时俱进的过程，教材建设也是一个吐故纳新的过程，所以希望各用书学校及时反馈教材使用信息，并对教材建设提出宝贵意见；也希望全体编写人员及时总结各院校教学建设和改革的新经验，不断积累和吸收市政工程建设的新技术、新材料、新工艺、新方法，为本套教材的长远建设、修订完善做好充分准备。

全国高职高专教育土建类专业教学指导委员会

市政工程类专业分指导委员会

2007年2月

第二版前言

《市政工程识图与构造》（第一版）于2007年2月出版，沿用至今，回馈信息反映良好。教育部《十二五教育规划纲要》的颁布，课程设置发生了很大的变化，课堂教学的形式不断地更新，对教材的使用及要求发生了很大的变化。编写组在《市政工程类专业指导分委员会》的具体指导下，决定在基本保持第一版的特色、体系和内容的情况下，对《市政工程技术识图与构造》（第一版）进行修订，进一步提高教材质量。此次修订我们着重做到如下各点：

1. 采用近年新修订的市政工程类制图国家标准及相关的技术标准、设计规范、标准设计图集等，更新相关内容和图例，使教材更切合当前设计和施工的生产实际。

2. 对第一版中文字和图例存在的一些错误，进行了修订和改正。

3. 与本教材配套的《市政工程识图与构造实训》也已修订完毕，与本书同时出版。

本教材由黑龙江建筑职业技术学院张力、广州大学市政技术学院李世华主编。张力、张怡完成第二、三、四章等内容的编写（张怡完成第二、三章的2～4节）；李世华、常晶完成第八、九、十章等内容的编写（常晶完成第九章中第2～4节的编写）；徐州建筑职业技术学院王晓燕完成第一、五章和第三章中的第3节的编写；四川建筑职业技术学院吴启凤完成第六、七章的编写；本教材由新疆建设职业技术学院米彦蓉主审。

本版修订工作限于人力、时间、水平和其他原因，书中难免存在缺点和错误，恳请广大读者、教师和同行批评指正。

第一版前言

《市政工程技术识图与构造》是由全国土建学科高等职业教育教学指导委员会组织编写，是市政工程技术专业启动的十门主干课程的专业教材之一。教材编写的依据是全国土建学科高等职业教育教学指导委员会制定的高等职业教育《市政工程技术专业人才培养标准和人才培养方案》、课程教学大纲及国家现行的有关规范、规程、技术标准。本教材适用于高等职业市政工程技术专业以及其他相关专业的教学和自学，也可作为相关工程技术人员的参考用书。

本教材在充分考虑到高等职业教育的教学特点，对近年来的相关教材进行了认真的总结和筛选，并结合多年的教学实践，对画法几何的理论部分进行了有效的梳理和删减，增加了计算机绘图的内容，为传统的制图教学增添了新的魅力，体现了教材的时代性和前瞻性。在内容的编排上做到知识点连续合理，在图样的选用上做到易识易读，在文字表达上通俗易懂，使教材具有较强的专业针对性和实用性，易于自学。

本教材由黑龙江建筑职业技术学院张力主编，编写了第二、三、四章，广州大学市政技术学院李世华作为副主编编写第八、九、十章。徐州建筑职业技术学院王晓燕编写第一、五章和第三章中的第三节，四川建筑职业技术学院的吴启凤编写了第六、七章，本教材由新疆建设职业技术学院米彦蓉主审。

本教材在编写的过程中得到全国土建学科高等职业教育教学指导委员会、中国建筑工业出版社及编者所在单位的指导和支持，在此一并感谢。

由于编者的水平有限，与广大教育战线上的老师交流的不够，书中难免有不妥之处，敬请广大读者提出批评指正，以便适时修改。

目　　录

上篇　工程识图的基本知识

第一章　制图的基本知识 …… 3

第一节　绘图工具与仪器 …… 3

第二节　国家标准关于制图的一般规定 …… 8

复习思考题 …… 29

第二章　投影的基本知识 …… 30

第一节　投影的基本概念 …… 30

第二节　三面投影体系的建立及对应关系 …… 32

第三节　点的投影 …… 34

第四节　直线的投影 …… 39

第五节　平面的投影 …… 46

复习思考题 …… 52

第三章　立体的投影 …… 53

第一节　平面立体的投影 …… 53

第二节　曲面立体的投影 …… 57

第三节　立体表面的交线 …… 65

第四节　组合体的投影 …… 85

复习思考题 …… 96

第四章　轴测投影 …… 97

第一节　轴测投影的基本知识 …… 98

第二节　常用轴测图的画法 …… 98

第三节　圆的轴测图 …… 103

复习思考题 …… 108

第五章　剖面图与断面图 …… 109

第一节　剖面图 …… 109

第二节　断面图 …… 118

复习思考题 …… 121

第六章　标高投影 …… 122

第一节　标高投影的基本知识 …… 122

第二节　点、直线和平面的标高投影 …… 123

第三节　曲线、曲面的标高投影 …… 132

第四节　地形的标高投影 …… 135

复习思考题 …… 137

下篇　市政工程识图

第七章　给水排水工程图 ………… 141
第一节　概述 ………… 141
第二节　室外给水排水工程图 ………… 146
第三节　管道上的构配件详图 ………… 157
复习思考题 ………… 159
第八章　城市道路工程图 ………… 160
第一节　城市道路的平面线型 ………… 160
第二节　城市道路路线平面图 ………… 166
第三节　城市道路路线纵断面图 ………… 175
第四节　城市道路路线横断面图的内容与识读 ………… 179
第五节　道路路基路面施工图的内容与识读 ………… 184
第六节　挡土墙施工图的内容与识读 ………… 197
第七节　城市道路平面交叉口 ………… 203
第八节　城市道路立体交叉 ………… 213
第九节　城市高架道路工程 ………… 224
第十节　城市轨道工程 ………… 231
复习思考题 ………… 245
第九章　城市桥梁工程图 ………… 247
第一节　概述 ………… 247
第二节　钢筋混凝土结构图 ………… 255
第三节　钢结构图 ………… 266
第四节　钢筋混凝土梁桥工程图 ………… 273
第五节　斜拉桥 ………… 294
第六节　悬索桥 ………… 302
第七节　刚构桥 ………… 308
第八节　用 AutoCAD 绘制桥梁工程图 ………… 314
复习思考题 ………… 329
第十章　隧道与涵洞工程图 ………… 331
第一节　隧道工程图 ………… 331
第二节　涵洞工程图 ………… 340
第三节　城市通道工程图 ………… 350
第四节　用 AutoCAD 绘制涵洞工程图 ………… 353
复习思考题 ………… 356
主要参考文献 ………… 357

上篇　工程识图的基本知识

第一章　制图的基本知识

本章主要介绍绘图工具和仪器的使用以及《房屋建筑制图统一标准》GB/T 50001—2010 中的部分内容，介绍绘图的一般方法和步骤等。通过本章的学习和作业实践，应掌握绘图的基本方法和技能。

第一节　绘图工具与仪器

“工欲善其事，必先利其器”。正确使用和维护绘图工具，不但能保证图纸质量、提高绘图速度，还能延长绘图工具的使用寿命。工程技术人员必须养成良好的绘图习惯。下面将简要介绍常用的绘图工具与仪器的使用方法。

一、图板

图板一般用胶合板制成，用来铺放和固定图纸，如图 1-1 所示。图板由板面和四周的边框组成。板面必须光滑、平整，左右两导边必须平直。固定图纸使用胶带纸，不能使用图钉，更不能在图板上切纸。常用图板规格有 0 号、1 号和 2 号，可以根据所绘制图纸幅面的大小进行选择。

二、丁字尺

丁字尺主要用来与图板配合画水平线，它由相互垂直的尺头和尺身组成，如图 1-1 所示。绘图时，左手扶住尺头，使尺头左侧边紧靠图板左侧导边（不能用其余三边），用铅笔沿尺身工作边画水平线。画线时笔尖应紧靠尺身，笔杆略向右倾斜，从左往右匀速画出，如图 1-2 所示。

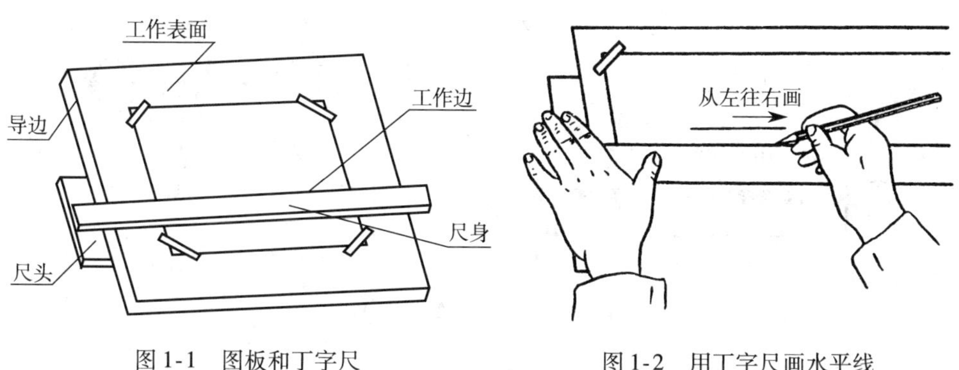

图 1-1　图板和丁字尺　　　图 1-2　用丁字尺画水平线

三、三角板

三角板通常由有机玻璃制成，由 45°角和 60°（30°）角两块三角板组成。它常与丁字尺配合画垂直线，如图 1-3 所示，还可以画 $n\times15°$的斜线，如图 1-4 所示。两块三角板互相配合，可以画出任意直线的平行线和垂线。

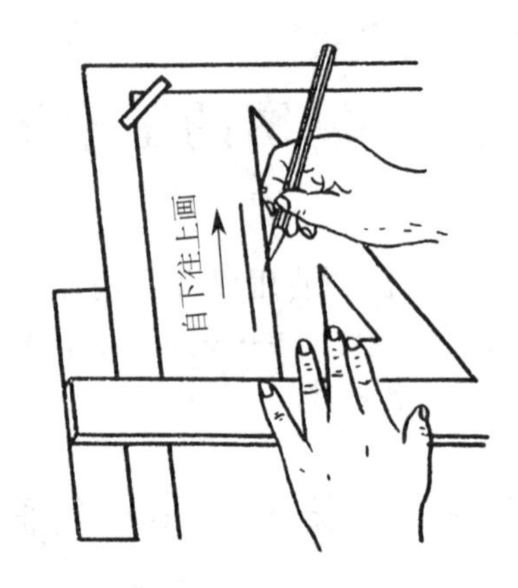

图 1-3　丁字尺配合三角板画垂直线

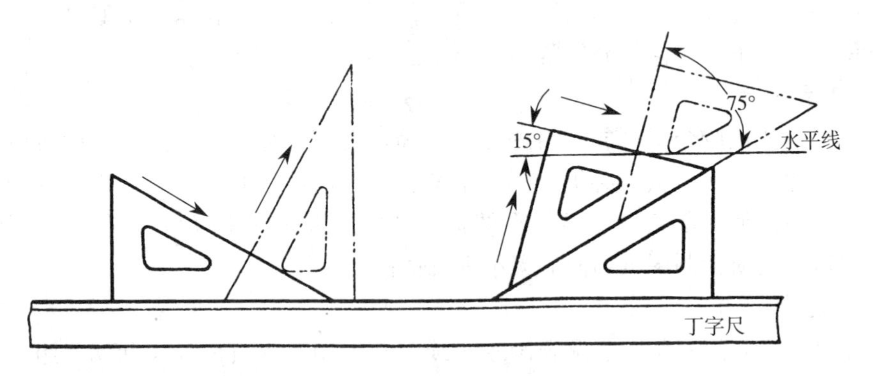

图 1-4　画各种倾斜直线

四、比例尺

比例尺为木质三棱柱体，故也称之为三棱尺，常用的比例尺如图 1-5 所示。

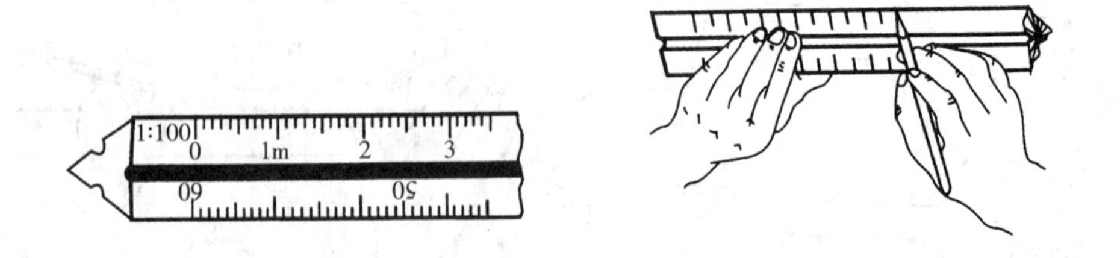

图 1-5　比例尺及其用法

比例尺主要用于量取相应比例的尺寸，可以直接量取，也可用分规量取，如图 1-6 所示。一般在比例尺三个棱的三条边上有不同比例的刻度。注意比例尺不能当普通直尺使用。

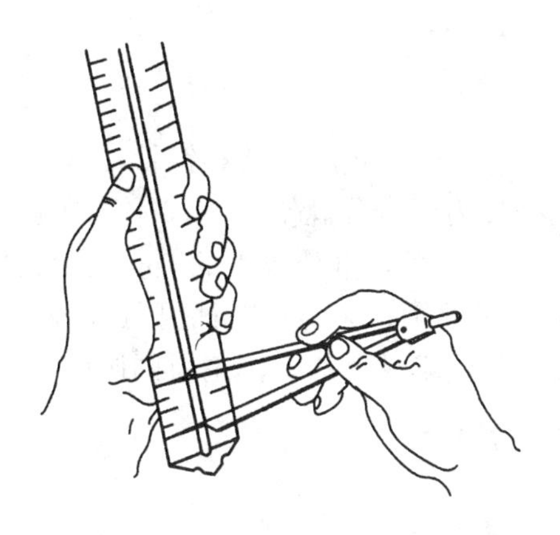

图 1-6　用分规在比例尺上量取长度

五、曲线板

曲线板如图 1-7（*a*）所示，主要用来画非圆曲线。作图时，应先用铅笔徒手把曲线上各点轻轻的连接起来，然后选择曲线板上与所画曲线相吻合的部分逐步描深，为了使所画的曲线光滑，最好每次要有四个点与曲线板上曲线重合，并把中间一段画出。两端的两小段，一段与上一次画出的曲线段重合，另一段留待下一次再画，如图 1-7（*b*）、（*c*）、（*d*）所示。

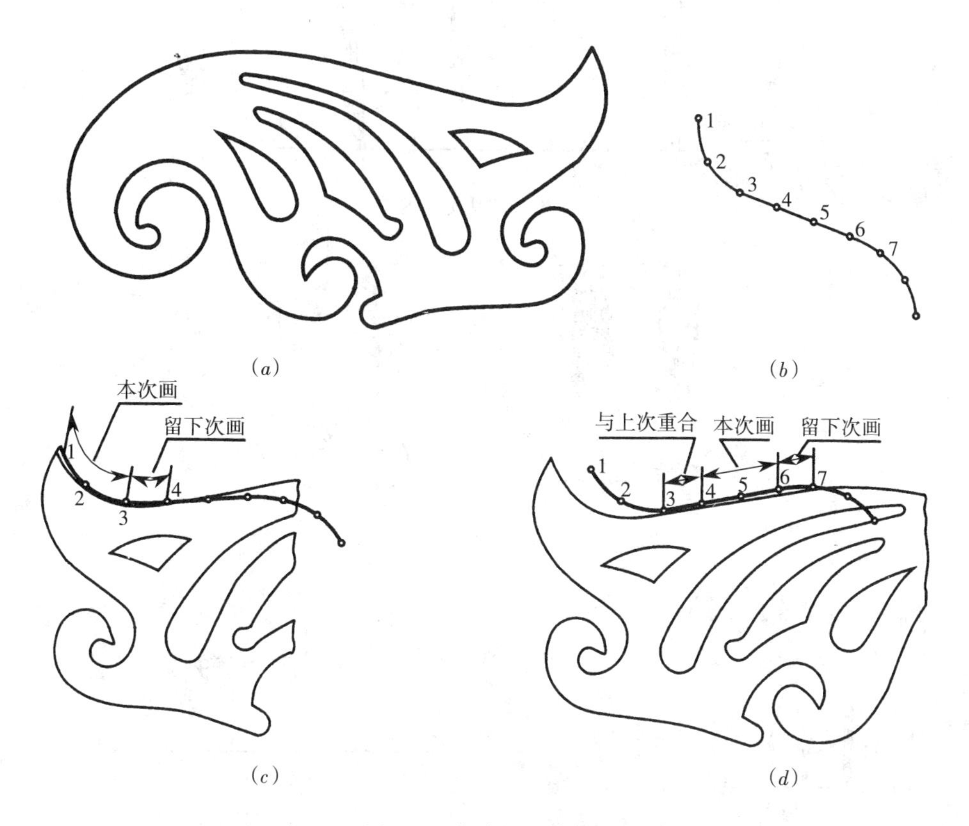

图 1-7　曲线板及其使用

六、绘图仪器

（一）圆规

圆规用来画圆或圆弧。它的固定腿上装有钢针，钢针一端带有钢箍作画圆定心使用，钢针另一端的针尖为配合分规使用；另一条腿是活动腿，可以换装延伸杆和三件插脚，装上延伸杆可以画直径较大的圆；装上钢针插脚可以当分规用；装上铅芯插脚可以画铅笔线的圆；装上鸭嘴插脚可以画墨线圆，如图 1-8 所示。圆规中的铅芯应比画线用的铅笔软一级。不论所画圆的直径是大与小，针尖和插腿尽可能垂直纸面，如图 1-9 所示。

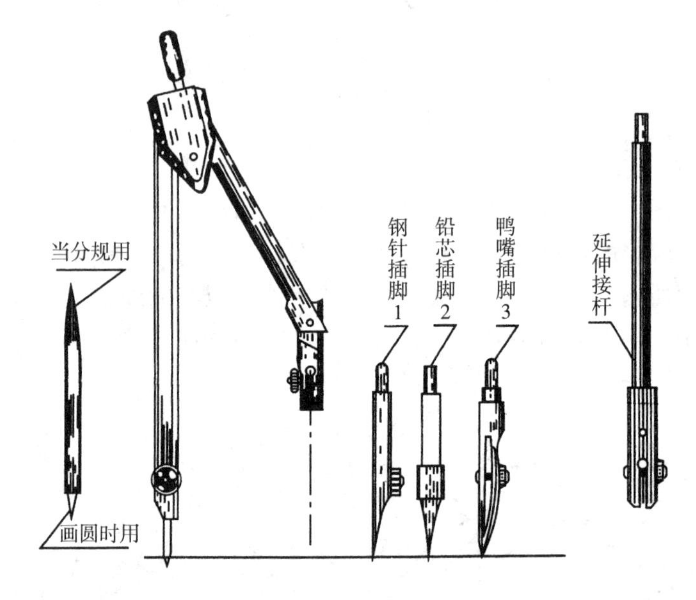

图 1-8　圆规及其附件

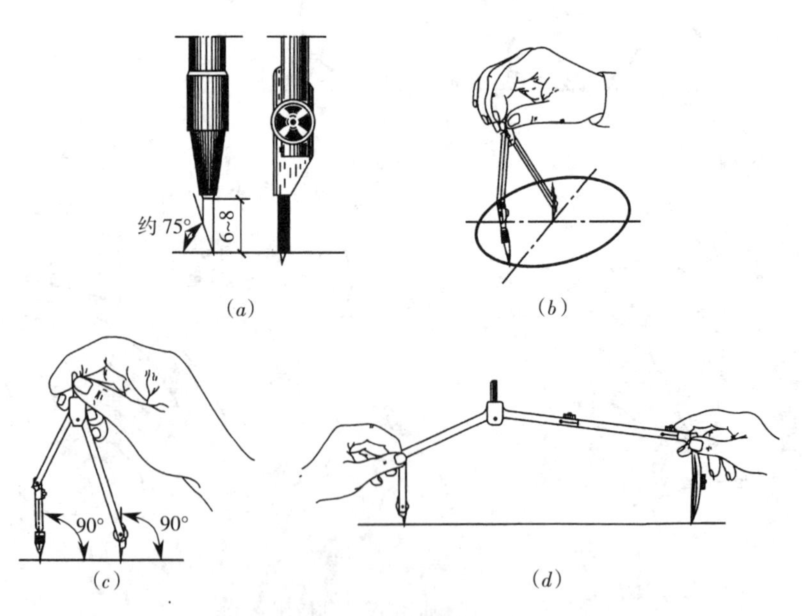

图 1-9　圆规的使用方法

（二）分规

分规用来量取线段和等分线段、圆弧，如图 1-10 所示。使用分规时需注意分规的两针尖并拢时应对齐。当用分规量取尺寸时，不要把针尖垂直插入尺面，以免损坏尺面刻度，分规量取尺寸方法如图 1-6 所示。

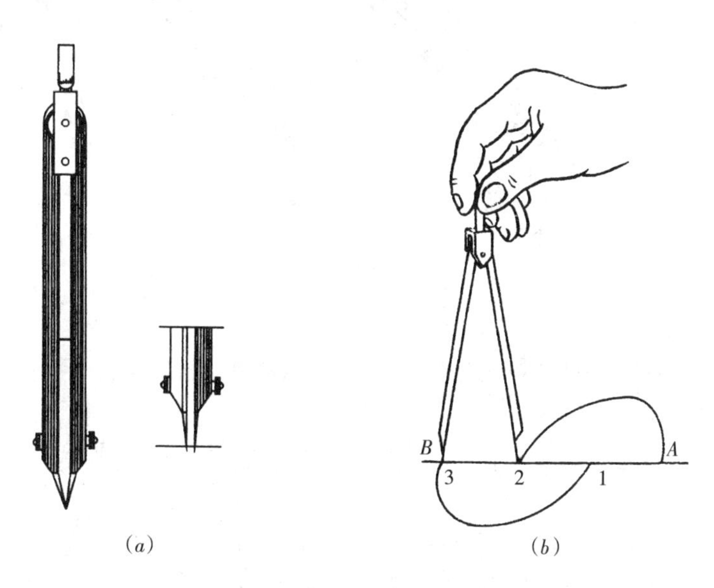

图 1-10　分规及用分规等分线段

（三）绘图墨水笔

画墨线采用绘图墨水笔，如图 1-11 所示。它类似普通钢笔，可以吸入碳素墨水，且有规定线型宽度的笔尖，是一种较好的描图工具。

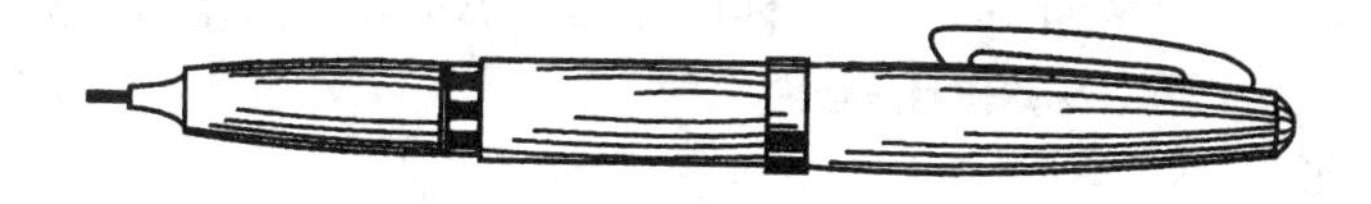

图 1-11　绘图墨水笔

七、制图用品

（一）图纸

绘图纸的纸面应该洁白、质地坚实，用橡皮擦拭时不易起毛。绘图纸有正反面之别，绘图时应该使用正面。识别方法：用橡皮在图纸的角处擦拭几下，不易起毛的一面为正面。

（二）铅笔

铅笔是画线用的工具。绘图用的铅芯软硬不同。标号“H”表示硬铅芯，H 前的数值越大表示铅芯越硬；标号“B”表示软铅芯，B 前的数值越大表示铅芯越软（黑）。常用 H、2H 铅笔画底稿线，用 B 铅笔加深直线，2B 铅笔加深圆弧，HB 铅笔写字和画各种符号。

铅笔应该从没有标号的一端开始使用，铅芯磨削的长度及形状如图 1-12 所示，写字或打底稿用锥状铅芯（左图），加深图线时宜用楔状铅芯（右图）。

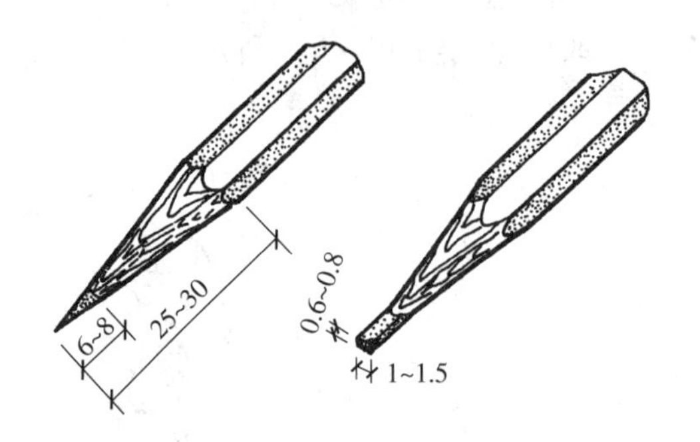

图 1-12 铅芯的长度及形状

其他常用的绘图用品还有擦图片、小刀、胶带纸、细砂纸、毛刷、橡皮等。

第二节 国家标准关于制图的一般规定

工程图样是工程界的技术语言。国家标准对图样画法、格式和尺寸标注等作了统一的规定，近年来又参照国际标准（ISO）多次进行修订，使之更加完善、合理，便于科学技术交流和贸易往来。国家标准《技术制图》（GB/T 14689—2008 ~ GB/T 14691—1993，GB/T 16675.2—1996）、《房屋建筑制图统一标准》GB/T 50001—2010 是图样绘制与应用的准绳，工程技术人员必须认真学习和严格遵守。

本节参照国家标准《房屋建筑制图统一标准》GB/T 50001—2010，主要介绍图纸幅面、图线、字体、比例、尺寸标注等基本规定和几何作图的基本知识。

一、图纸幅面、图框、标题栏与会签栏

（一）图纸幅面

为了合理利用图纸，并方便装订及保管，国家标准规定图纸幅面共有五种，具体规格尺寸见表 1-1。

幅面及图框尺寸（mm） **表 1-1**

尺寸代号 \ 幅面代号	A0	A1	A2	A3	A4
$b \times l$	841 × 1189	594 × 841	420 × 594	297 × 420	210 × 297
c	10			5	
a	25				
e	20		10		

基本图纸幅面的关系尺寸如图 1-13 所示，沿某一号图纸幅面的长边对裁，即

为下一号图纸幅面的大小。

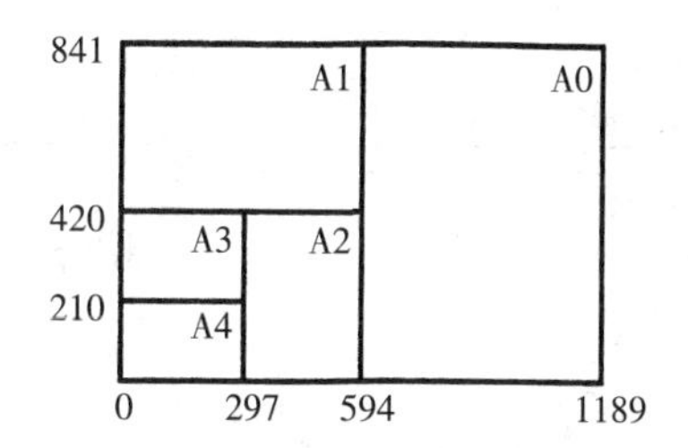

图 1-13　图纸幅面尺寸关系

必要时，图纸的幅面尺寸可加长，图纸的短边一般不加长，长边可加长，但应符合表 1-2 中的规定。

图纸长边加长尺寸（mm）　　**表 1-2**

幅面尺寸	长边尺寸	长边加长后尺寸
A0	1189	1486　1635　1783　1932　2080　2230　2378
A1	841	1051　1261　1471　1682　1892　2102
A2	594	743　891　1041　1189　1338　1486　1635　1783　1932　2080
A3	420	630　841　1051　1261　1471　1682　1892

注：有特殊需要的图纸，可采用 $b \times l$ 为 841mm × 891mm 与 1189mm × 1261mm 的幅面。

图纸使用时分横式和立式两种，图纸以短边作为垂直边称为横式，以短边作为水平边称为立式。一般 A0 ~ A3 图纸宜横式使用，必要时，也可立式使用；A4 一般立式使用。

（二）图框

每一张图纸在绘图前必须先用粗实线画出图框。图框格式有两种：不留装订边、留有装订边。

（1）不留装订边的图纸，图框格式如图 1-14 所示。宽度 e 值可以查表 1-1。

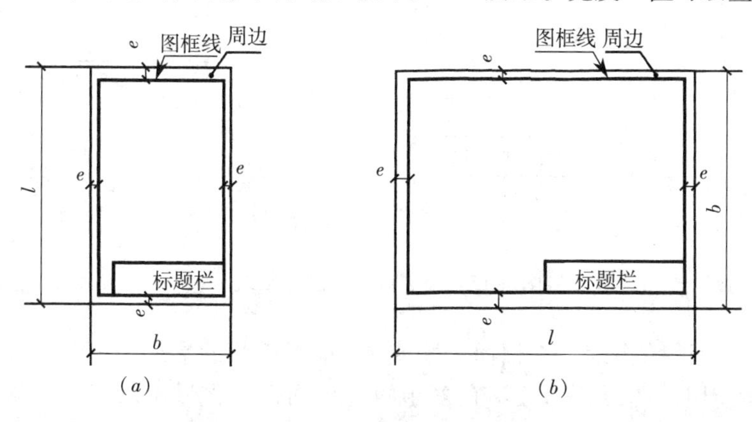

图 1-14　不留装订边的图框格式

（2）留有装订边的图纸，图框格式如图 1-15 所示。宽度 a 和 c 值可以查表 1-1。

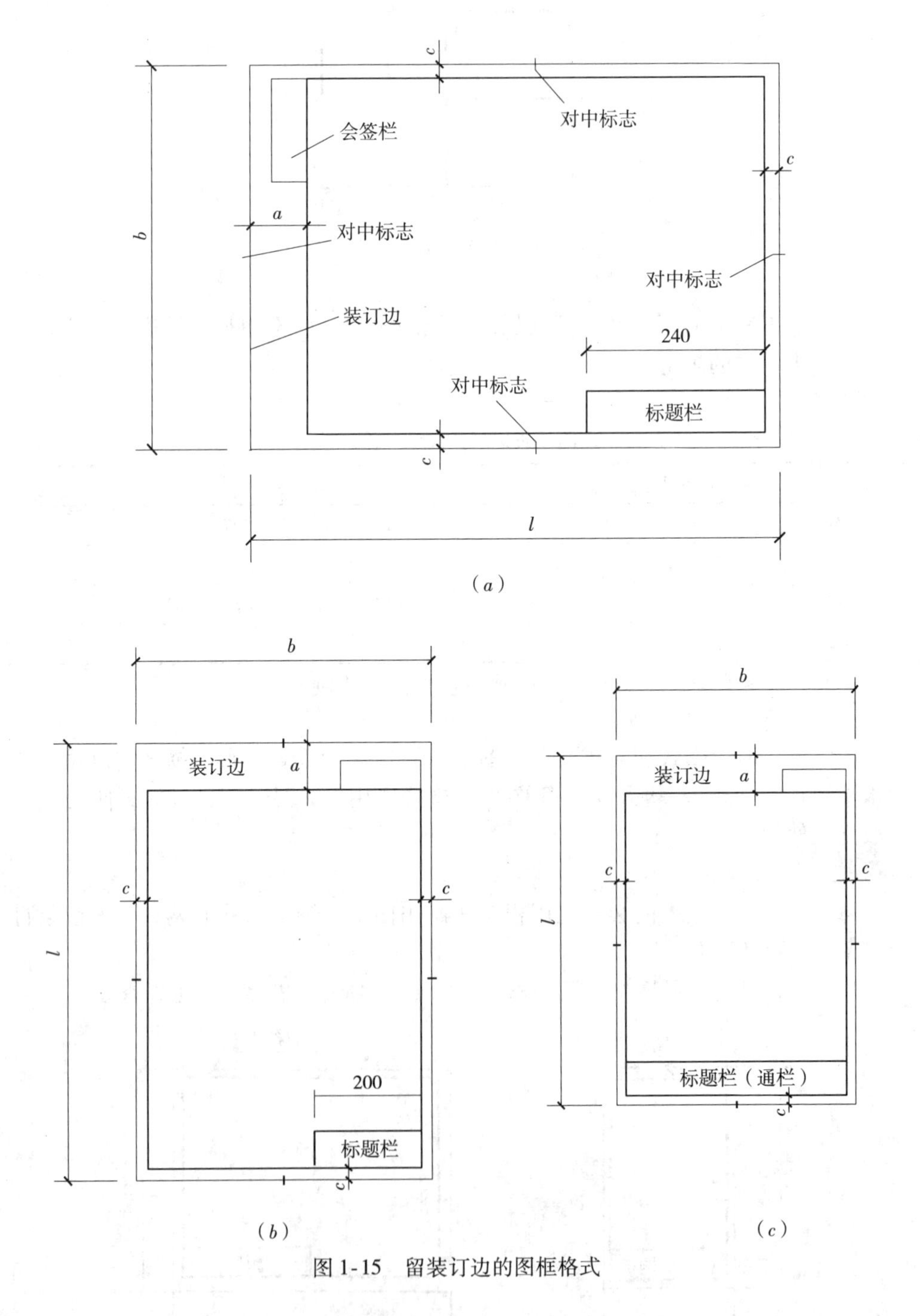

图 1-15 留装订边的图框格式

图纸装订时一般采用 A4 幅面竖装或 A3 幅面横装的形式。一个工程设计中，每个专业所使用的图纸，一般不宜多于两种幅面，不含目录及表格所采用的 A4 幅面。

（三）标题栏与会签栏

每张图纸必须绘制标题栏，其位置一般在图纸的右下角，如图 1-14 和图 1-15 所示。标题栏的文字方向应该为读图方向。

标题栏应按图 1-16（*a*）、（*b*）所示，根据工程需要选择确定其尺寸、格式及分区。签字区应包含实名列和签名列。涉外工程的标题栏内，各项主要内容的中文下方应附有译文，设计单位的上方或左方，应加“中华人民共和国”字样。

但是在制图作业中为了简化标题栏，建议采用图 1-16（*c*）所示的格式，外框线用中线绘制，内部的线均使用细实线绘制。

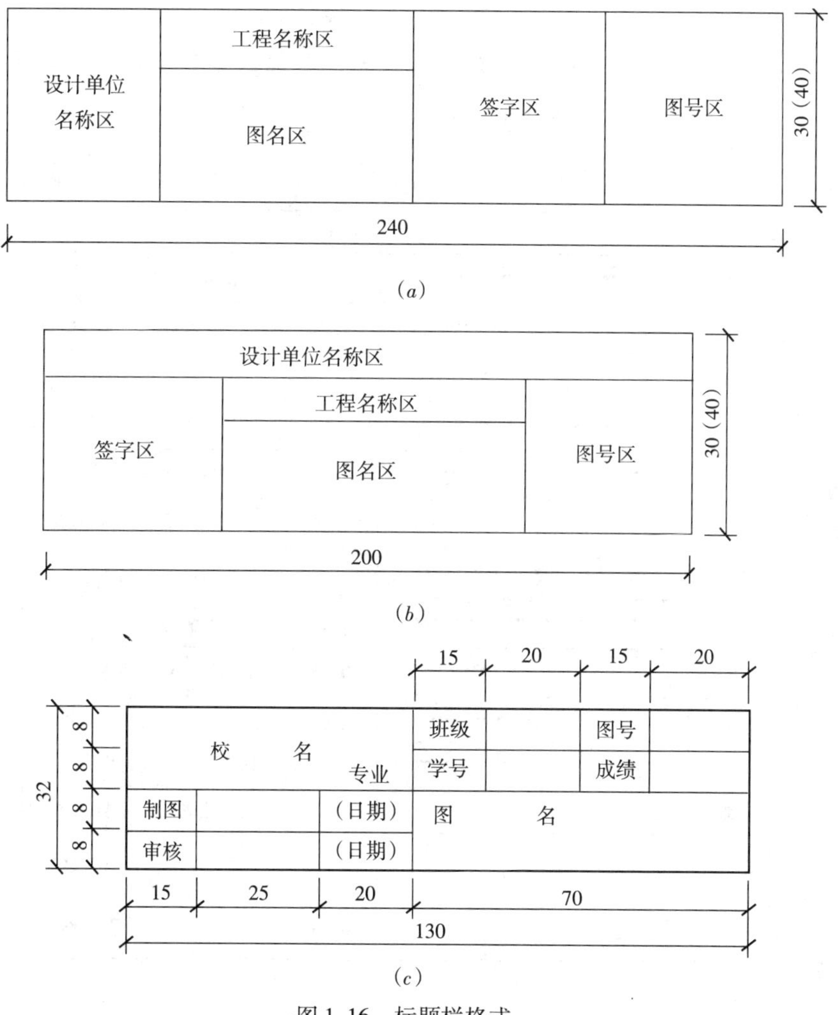

图 1-16　标题栏格式

会签栏是指工程建设图纸上由会签人员填写所代表的有关专业、姓名、日期等的一个表格，会签栏应按图 1-17 的格式绘制，其尺寸应为 100mm×20mm，栏内应填写会签人员所代表的专业、姓名、日期（年、月、日）；一个会签栏不够时，可另加一个，两个会签栏应并列；不需会签的图纸可不设会签栏。

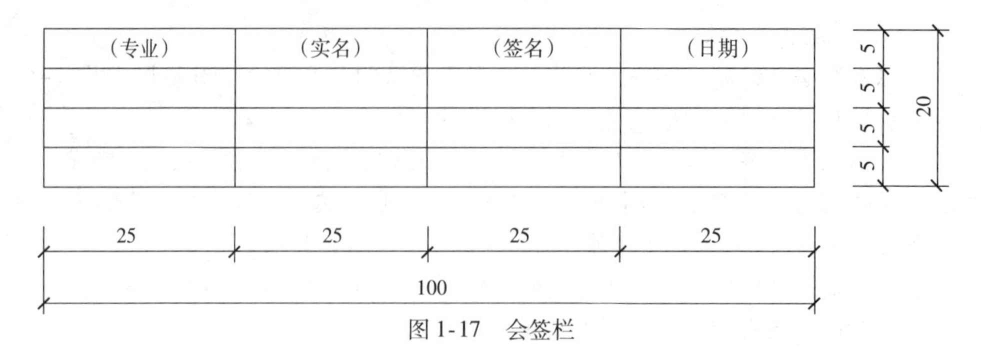

图 1-17　会签栏

二、图线

(一) 线型

任何工程图样都是采用不同的线型和线宽的图线绘制的。建筑工程制图中的各类图线的线型、线宽、用途见表 1-3。

图线　　**表 1-3**

名称		线型	线宽	一般用途
实线	粗		b	主要可见轮廓线
	中		$0.5b$	可见轮廓线
	细		$0.25b$	可见轮廓线、图例线
虚线	粗		b	见各有关专业制图标准
	中		$0.5b$	不可见轮廓线
	细		$0.25b$	不可见轮廓线、图例线
单点长画线	粗		b	见各有关专业制图标准
	中		$0.5b$	见各有关专业制图标准
	细		$0.25b$	中心线、对称线等
双点长画线	粗		b	见各有关专业制图标准
	中		$0.5b$	见各有关专业制图标准
	细		$0.25b$	假想轮廓线、成型前原始轮廓线
折断线			$0.25b$	断开界线
波浪线			$0.25b$	断开界线

(二) 线宽

图线的宽度 b，宜从下列线宽系列中选取：2.0、1.4、1.0、0.7、0.5、0.35mm。

每个图样，应根据复杂程度与比例大小，先选定基本线宽 b，再选用表 1-4 中相应的线宽组。

线宽组（mm）　　表1-4

线宽比	线宽组					
b	2.0	1.4	1.0	0.7	0.5	0.35
$0.5b$	1.0	0.7	0.5	0.35	0.25	0.18
$0.25b$	0.5	0.35	0.25	0.18	—	—

注：1. 需要微缩的图纸，不宜采用0.18mm及更细的线宽。
2. 同一张图纸内，各不同线宽中的细线，可统一采用较细的线宽组的细线。

（三）图线的画法

在图线和线宽确定之后，具体绘图时还应注意如下事项：

（1）同一图样中，同一类型的图线宽度应该基本一致，虚线、单点长画线及双点长画线的线段长度和间隔应各自大致相等。

（2）单点长画线、双点长画线的点是极短的一横，不要画成小圆点，首末两端应是线段，而不是点。

（3）两条平行线之间的最小间隙不得小于0.7mm。

（4）绘制圆的对称中心线（简称中心线）时，圆心应为线段的交点。细单点长画线的长度应为8～12mm，细单点长画线的两端应超出轮廓线2～5mm。

（5）当图形较小时，绘制单点长画线有困难，允许用细实线代替细单点长画线。

（6）《房屋建筑制图统一标准》GB/T 50001—2010中的单点长画线和双点长画线，习惯上简称为点画线和双点画线。本书以后采用简称。

（7）图样上的文字、数字或符号不得与图线重合；不可避免时，可将图线断开，并书写在图线的断开处。各种图线正误画法示例见表1-5。

各种图线的正误画法示例　　表1-5

图线	正　确	错　误	说　明
虚线与点画线	15~20　3 4~6≈1	1 2	1. 点画线的线段长，通常画15～20mm，空隙与短横均为1mm。点常常画成很短的短线，而不是画成小圆黑点 2. 虚线的线段长度通常画4～6mm，间隙约1mm。不要画得太短、太密
圆的中心线	3~5 2~3	3 2　1　2 3　4　3	1. 两点画线相交，应在线段处相交，点画线与其他图线相交，也在线段处相交 2. 点画线的起始和终止处必须是线段，不是点 3. 点画线应出头2～5mm 4. 点画线很短时，可用细实线代替点画线

续表

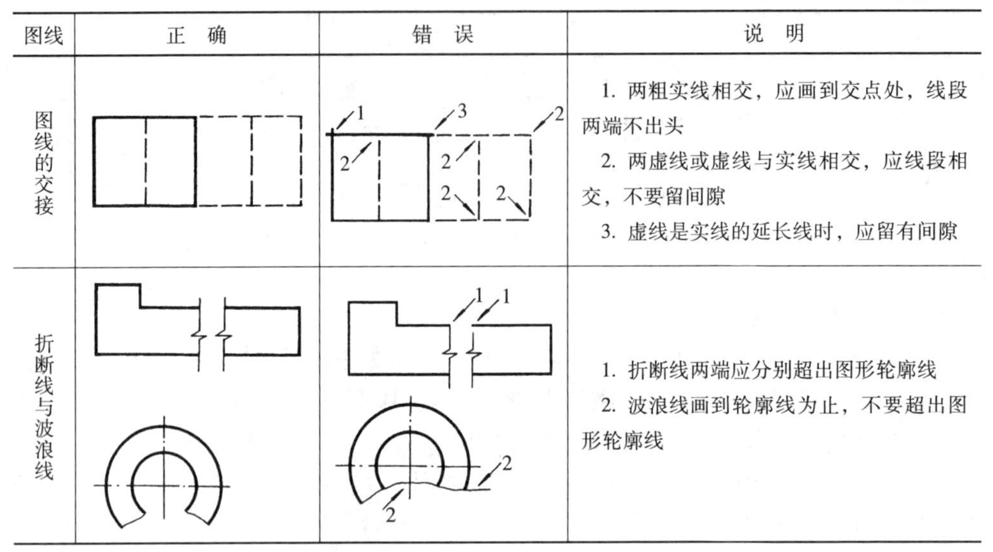

图线	正　确	错　误	说　明
图线的交接			1. 两粗实线相交，应画到交点处，线段两端不出头 2. 两虚线或虚线与实线相交，应线段相交，不要留间隙 3. 虚线是实线的延长线时，应留有间隙
折断线与波浪线			1. 折断线两端应分别超出图形轮廓线 2. 波浪线画到轮廓线为止，不要超出图形轮廓线

三、字体

（一）基本要求

（1）字体的书写要求：字体书写时必须做到：笔画清晰、字体端正、排列整齐；标点符号应清楚正确。

（2）字体高度：字体的号数即字体的高度 h（单位：mm），字体高度分为20、14、10、7、5、3.5六种号数。汉字的高度不应小于3.5mm，如需要书写更大的字，其高度应按$\sqrt{2}$的比值递增。书写时字体的号数要选择合适且做到统一。

（二）汉字

图样上的汉字应写成长仿宋体，并采用国家正式公布推行的简化字。

长仿宋字的书写要领是：横平竖直、起落顿笔、结构匀称、填满方格。

长仿宋字的宽度和高度的关系应符合表1-6的规定。

长仿宋字的基本笔画与字体结构见表1-7和表1-8。

长仿宋字高宽关系（mm）　　表1-6

字高	20	14	10	7	5	3.5
字宽	14	10	7	5	3.5	2.5

长仿宋字的基本笔画　　表1-7

笔画	点	横	竖	撇	捺	挑	折	钩
形状								
运笔								

长仿宋字的结构特点　　表1-8

字体	梁	板	门	窗
结构				
说明	上下等分	左小右大	缩格书写	上小下大

（三）字母和数字

字母和数字有直体和斜体之分，通常采用斜体。斜体字字头向右倾斜，与水平基准线成75°。字母和数字按笔画宽度又分为A型和B型，A型字体的笔画宽度（d）为字高（h）的1/14，B型字体的笔画宽度为字高的1/10。图1-18为B型字体的书写示例。

用做指数、分数、注脚等的数字和字母，通常采用小一号字体。

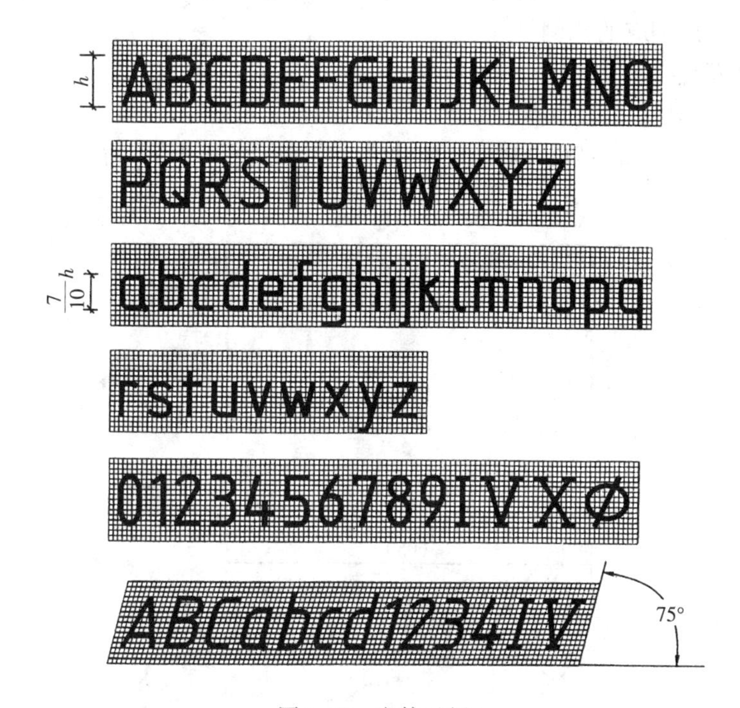

图1-18　字体示例

四、比例

建筑工程制图中，建筑物往往用缩得很小的比例绘制在图纸上，而对某些细部构造又要用很大的比例或原值比例（1:1）绘制在图纸上，图样的比例是指图形与实物相对应的线性尺寸之比。比例的大小，是指其比值的大小，如1:50大于1:100。

比例宜注写在图名的右侧，字的底面基准线应取齐；比例的字高宜比图名的字高小一号或两号（图1-19）。

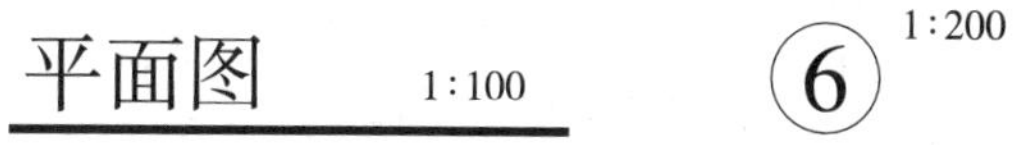

平面图　1:100　　⑥ 1:200

图1-19　比例的注写

绘图所用的比例，应根据图样的用途与被绘对象的复杂程度，从表1-9中选用，并优先用表中常用比例。

绘图所用的比例　　表 1-9

常用比例	1:1、1:2、1:5、1:10、1:20、1:50、1:100、1:150、1:200、1:500、1:1000、1:2000、1:5000、1:10000、1:20000、1:50000、1:100000、1:200000
可用比例	1:3、1:4、1:6、1:15、1:25、1:30、1:40、1:60、1:80、1:250、1:300、1:400、1:600

一般情况下，一张图纸应选用同一种比例。根据专业制图需要，同一图纸可选用两种比例。特殊情况下也可自选比例，这时除应注出绘图比例外，还必须在适当位置绘制出相应的比例尺。

五、尺寸标注

（一）尺寸组成

图样上的尺寸，包括尺寸界线、尺寸线、尺寸起止符号和尺寸数字（图1-20*a*）。

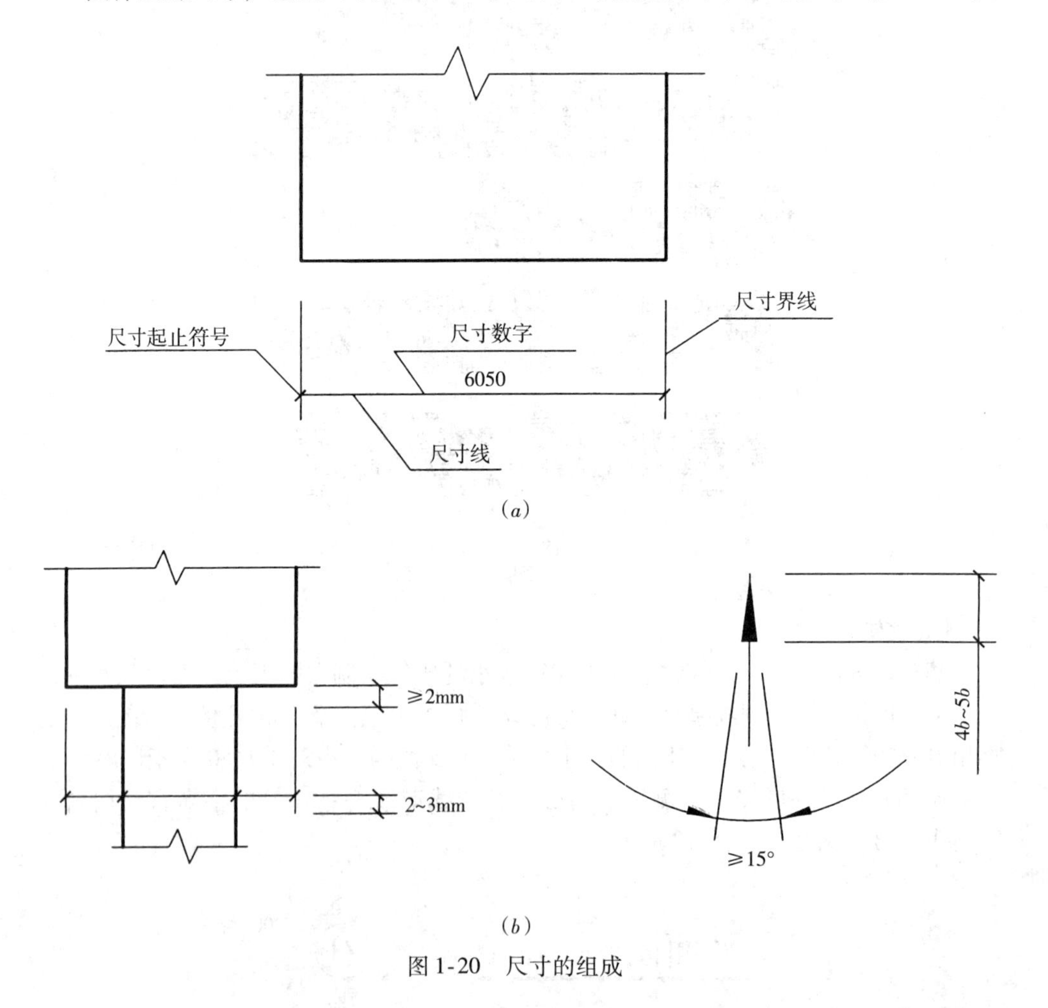

图 1-20　尺寸的组成

（1）尺寸界线应用细实线绘制，一般应与被注长度垂直，其一端应离开图样轮廓线不小于2mm，另一端宜超出尺寸线 2～3mm。图样轮廓线可用做尺寸界线（图 1-20*b*）。

（2）尺寸线应用细实线绘制，应与被注长度平行。图样本身的任何图线均不得用做尺寸线。

（3）尺寸起止符号一般用中粗斜短线绘制，其倾斜方向应与尺寸界线成顺时针45°角，长宜为2～3mm。半径、直径、角度与弧长的尺寸起止符号，宜用箭头表示（图1-20*b*）。

（二）尺寸数字

（1）图样上的尺寸，应以尺寸数字为准，不得从图上直接量取。

（2）图样上的尺寸单位，除标高及总平面图以米为单位外，其他必须以毫米为单位。

（3）尺寸数字的方向，应按图1-21（*a*）的规定注写。若尺寸数字在30°斜线区内，宜按图1-21（*b*）的形式注写。

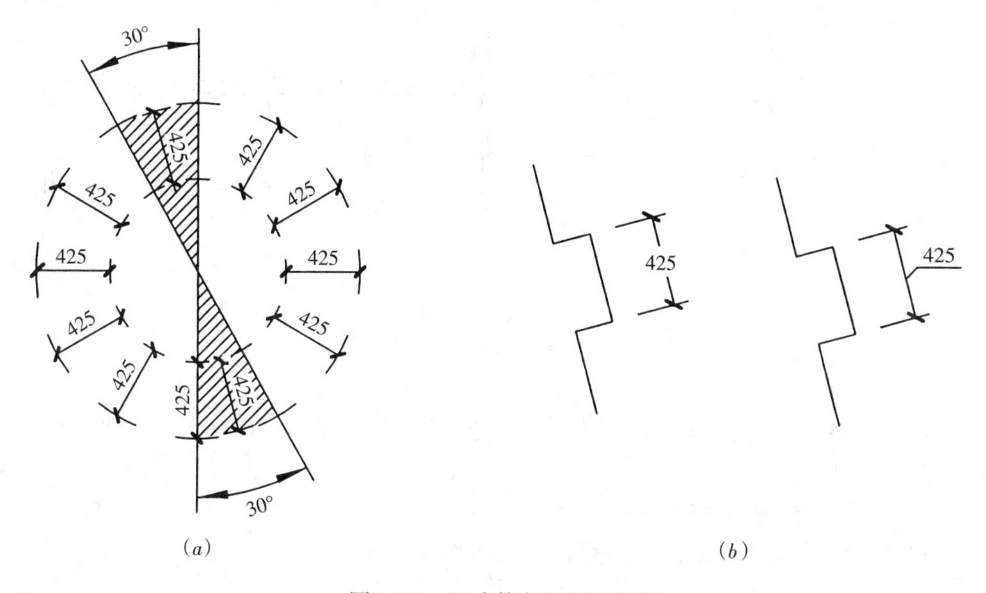

图1-21　尺寸数字的注写方向

（*a*）在30°斜线区内严禁注写尺寸数字；（*b*）在30°斜线区内注写尺寸数字的形式

（4）尺寸数字一般应依据其方向注写在靠近尺寸线的上方中部。如没有足够的注写位置，最外边的尺寸数字可注写在尺寸界线的外侧，中间相邻的尺寸数字可错开注写，如图1-22所示。

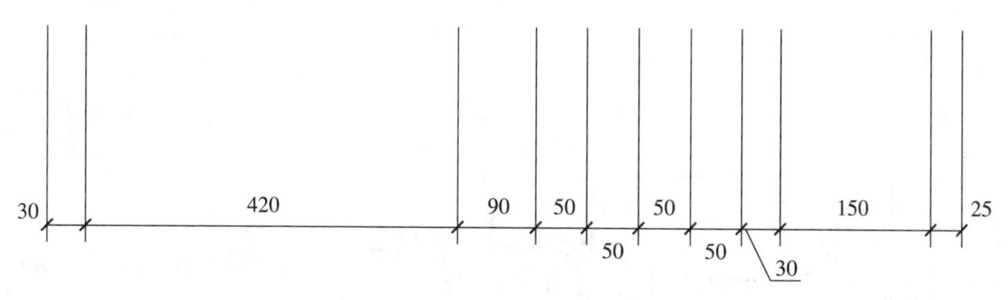

图1-22　尺寸数字的注写位置

（三）尺寸的排列与布置

尺寸的排列与布置应注意以下几点：

（1）尺寸宜注写在图样轮廓线之外，不宜与图线、文字和符号相交。必要时也可注写在轮廓线以内，但图线应断开，如图1-23（*a*）所示。

（2）互相平行的尺寸线间的距离宜为7～10mm，且小尺寸在内，大尺寸在外，避免尺寸线与尺寸界线的交叉。最内侧尺寸线距离图样轮廓线的距离不宜小于10mm。

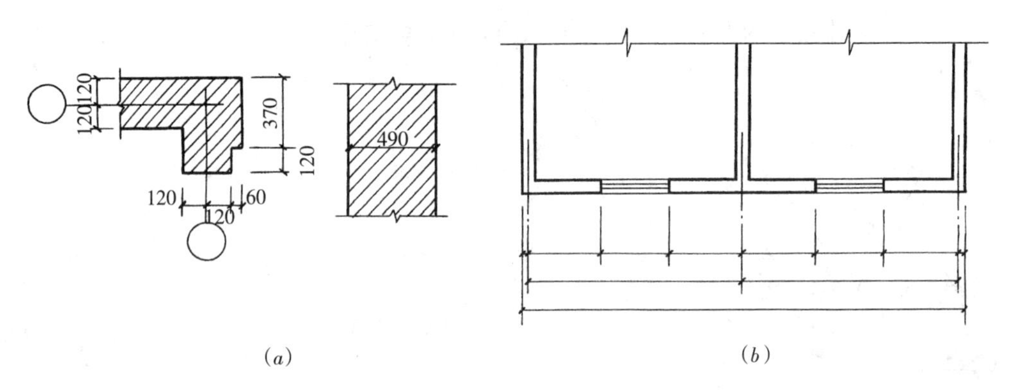

图1-23　尺寸的排列与布置

（*a*）尺寸数字的注写；（*b*）尺寸的排列

（3）总尺寸的尺寸界线，应靠近所指部位，中间分尺寸的尺寸界线可稍短，但其长度应相等。

（四）尺寸标注的其他规定

尺寸标注的其他规定，可参阅表1-10的标注示例。

尺寸标注示例　　**表1-10**

注写的内容	注法示例	说　明
半径	R1200　R1200　R16　R16　R20　R12　R8	半圆或小于半圆的圆弧，应标注半径。如左下方的例图所示，标注半径的尺寸线，应一端从圆心开始，另一端画箭头指向圆弧，半径数字前应加注符号“*R*”。较大圆弧的半径，可按上方两个例图的形式标注；较小圆弧的半径，可按右下方四个例图的形式标注

续表

注写的内容	注法示例	说　明
直径	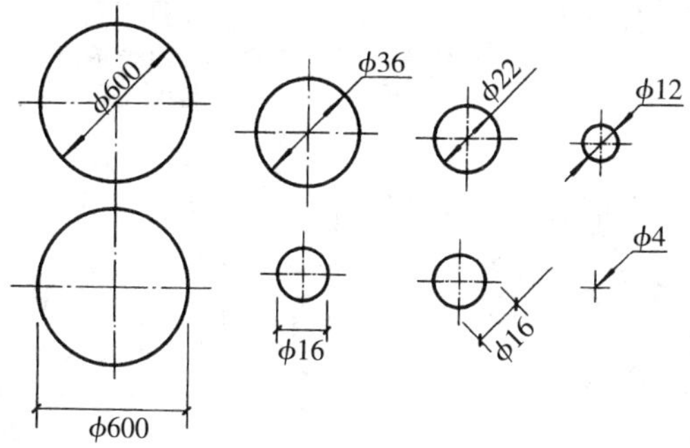 ϕ600　ϕ36　ϕ22　ϕ12　ϕ16　ϕ16　ϕ4　ϕ600	圆及大于半圆的圆弧，应标注直径，如左侧两个例图所示，并在直径数字前加注符号“ϕ”。在圆内标注的直径尺寸线应通过圆心，两端画箭头指至圆弧。较小圆的直径尺寸，可标注在圆外，如右侧六个例图所示
薄板厚度	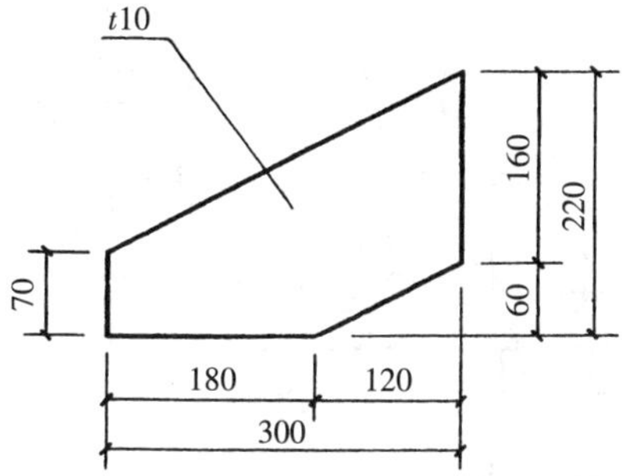 t10　160　220　70　60　180　120　300	应在厚度数字前加注符号“t”
正方形	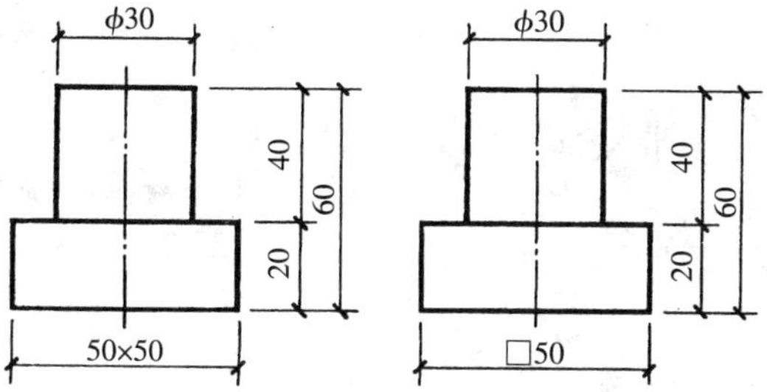 ϕ30　40　60　20　50×50　ϕ30　40　60　20　□50	在正方形的侧面标注该正方形的尺寸，可用“边长×边长”标注，也可以边长数字前加正方形符号“□”
坡度	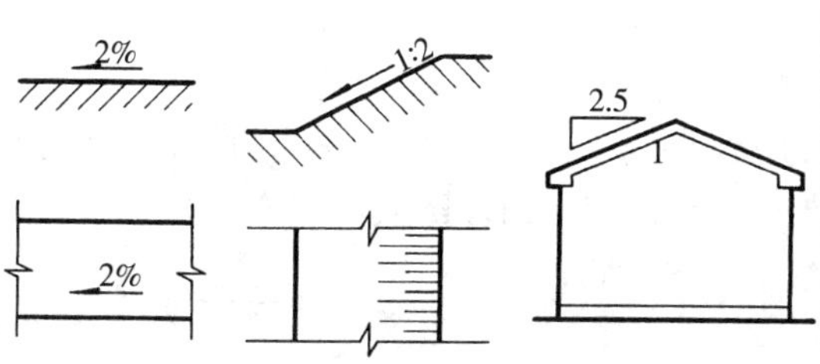 2%　1:2　2.5　1　2%	标注坡度时，在坡度数字下，应加注坡度符号，坡度符号为单面箭头，一般指向下坡方向。坡度也可用直角三角形形式标注，如右侧的例图所示。图中在坡面高的一侧水平边上所画的垂直于水平边的长短相间的等距细实线，称为示坡线，也可用它来表示坡面

续表

注写的内容	注法示例	说明
角度、弧长与弦长	75°20′ 5° 6°09′56″ 120 113	如左方的例图所示，角度的尺寸线是圆弧，圆心是角顶，角边是尺寸界线。尺寸起止符号用箭头；如没有足够的位置画箭头，可用圆点代替。角度的数字应水平方向注写 如中间例图所示，标注弧长时，尺寸线为同心圆弧，尺寸界线垂直于该圆弧的弦，起止符号用箭头，弧长数字上方加圆弧符号 如右方的例图所示，圆弧的弦长的尺寸线应平行于弦，尺寸界线垂直于弦
连续排列的等长尺寸	180 100×5=500 60	可用“等长尺寸×个数=总长”的形式标注
相同要素	6ϕ30 ϕ120 ϕ200	当构配件内的构造要素（如孔、槽等）相同时，可仅标注其中一个要素的尺寸及个数

六、几何作图

绘制平面图形时，常常用到直线、圆弧和其他一些曲线，因此会用到平面几何中的几何作图方法，下面对一些常用几何作图做简要介绍。

（一）等分作图

1. 等分线段

任意等分直线段的方法如图1-24所示，将线段AB六等分，方法和步骤如下：

（1）自A点任作一辅助射线AC，并自A点起，在AC线上任意截取六等分，得1、2、3、4、5、6各等分点，如图1-24（*a*）所示；

（2）连接6*B*。过*AC*线上各分点作6*B*的平行线，分别与*AB*相交，得1′、2′、3′、4′、5′各点，即把*AB*线段六等分，如图1-24（*b*）所示。

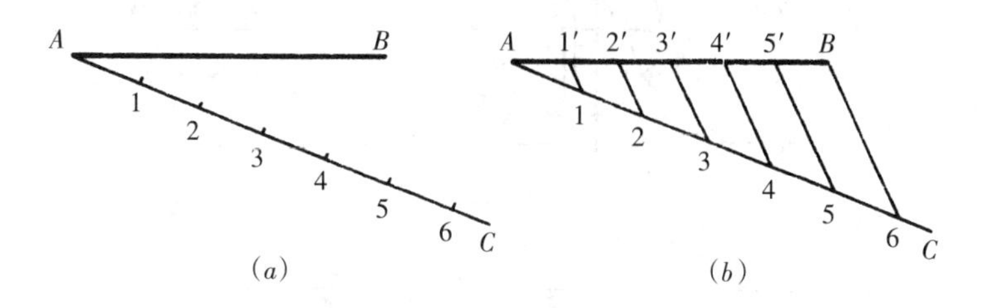

图1-24　将已知线段*AB*六等分

2. 等分圆周

（1）三、六等分圆周及作圆的内接正三、六边形

已知圆的直径，三、六等分圆周及作圆内接正三、六边形的作图方法见表1-11。

三、六等分圆周及作圆的内接正三、六边形　　　**表1-11**

用圆规和直尺作图	三等分圆周及作圆内接正三边形	（1）已知圆心*O*和直径*AB*、*CD*	（2）以*D*点为圆心，*OD*为半径画弧交圆周于*E*、*F*点，则*C*、*E*、*F*点将圆周三等分	（3）连接*C*、*E*、*F*三点，即得圆内接正三边形
	六等分圆周及作圆内接正六边形	（1）已知圆心*O*和直径*AB*、*CD*	（2）以*C*、*D*为圆心，*OC*＝*OD*为半径分别画圆弧交圆周于*E*、*F*、*G*、*H*各点，则*C*、*E*、*G*、*D*、*H*、*F*点将圆周六等分	（3）连接*C*、*E*、*G*、*D*、*H*、*F*各点，即得圆内接正六边形

续表

用丁字尺配合三角板作图	三等分圆周及作圆内接正三边形	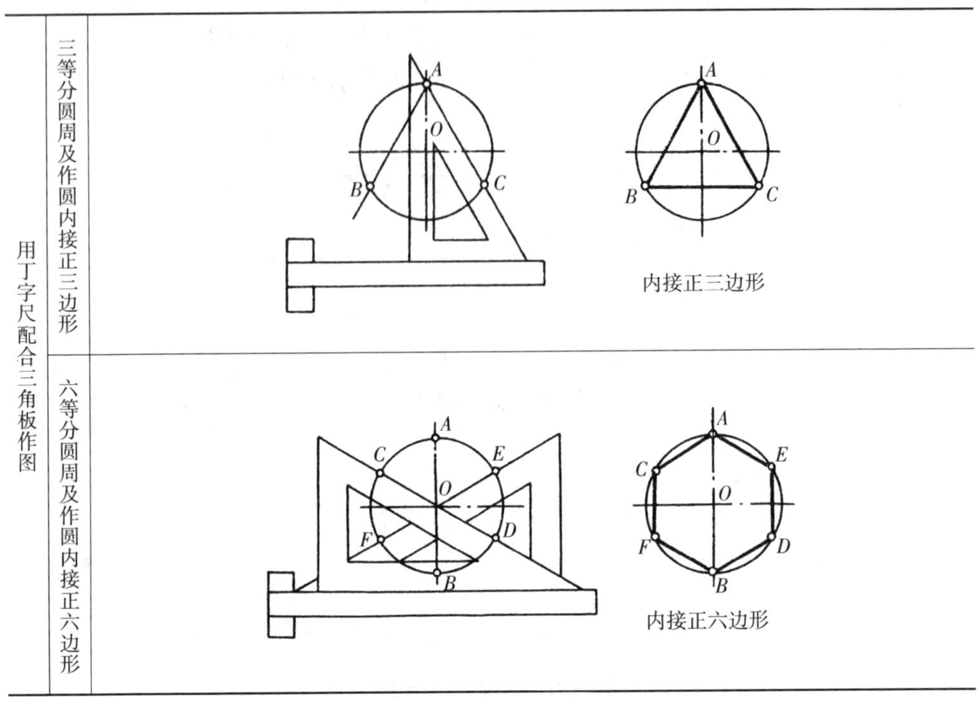
	六等分圆周及作圆内接正六边形	

(2) 五等分圆周及作圆内接正五边形

五等分圆周及作圆内接正五边形的方法和作图步骤如图 1-25 所示。

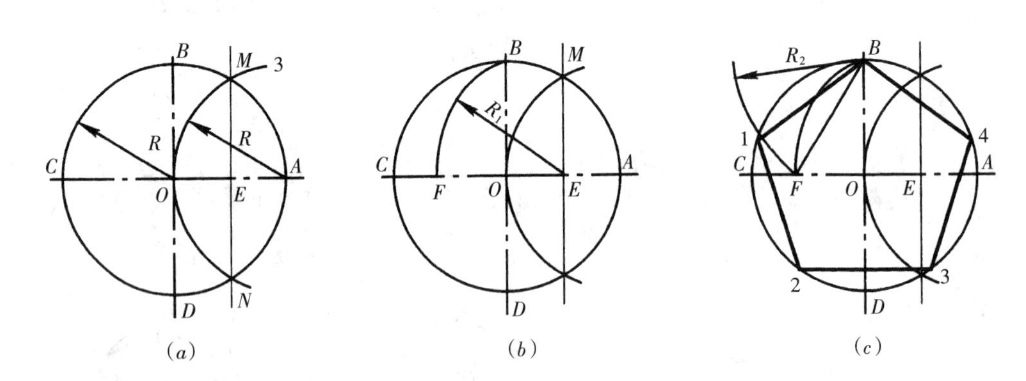

图 1-25　五等分圆周与圆的内接正五边形

(a) 以 A 点为圆心，OA 为半径画弧，得点 M、N，连 MN，与 OA 交于点 E；

(b) 以 EB 为半径，点 E 为圆心画弧，在 OC 上得交点 F；

(c) 以 B 为起点，BF 弦长将圆周五等分得点 1、2、3、4，依次连各点得圆的内接正五边形

(二) 圆弧连接

用已知半径的圆弧光滑连接相邻两线段的作图方法称为圆弧连接，此圆弧称为连接弧，两个切点称为连接点。为了保证光滑连接，必须正确地作出连接弧的圆心和连接点，且保证两个被连接的线段都要正确地画到连接点为止。

1. 圆弧连接原理

圆弧连接的作图，可以归结为求连接圆弧的圆心和切点。其作图原理如图1-26所示。

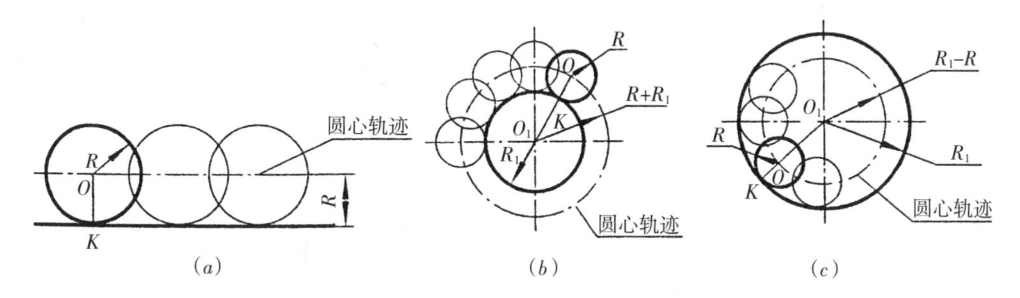

图1-26 求连接圆弧的圆心和切点的基本作图原理

2. 两直线间的圆弧连接

用圆弧连接正交两直线，其作图步骤如图1-27所示。用圆弧连接斜交两直线，其作图步骤如图1-28所示。

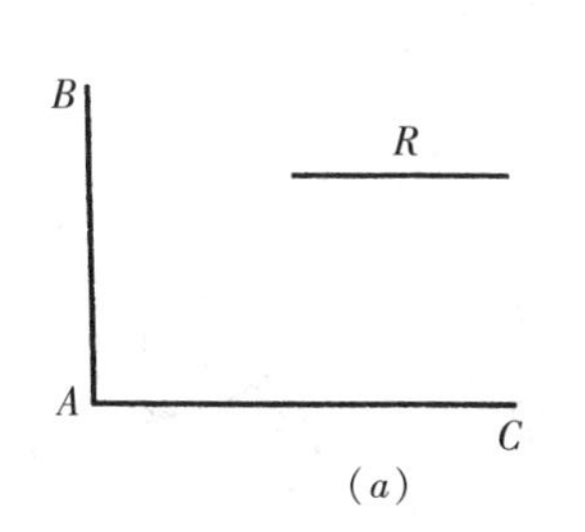

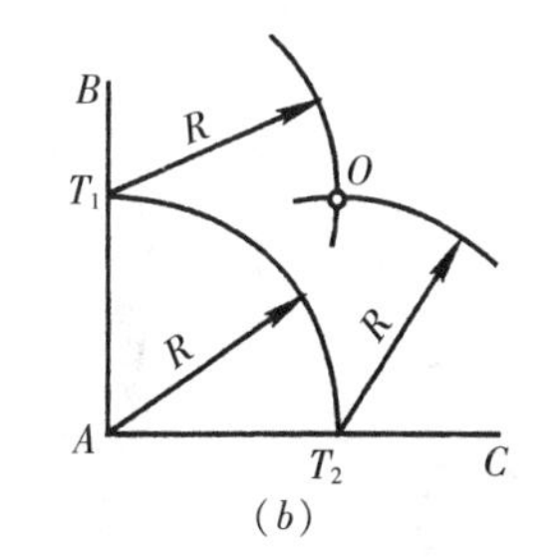

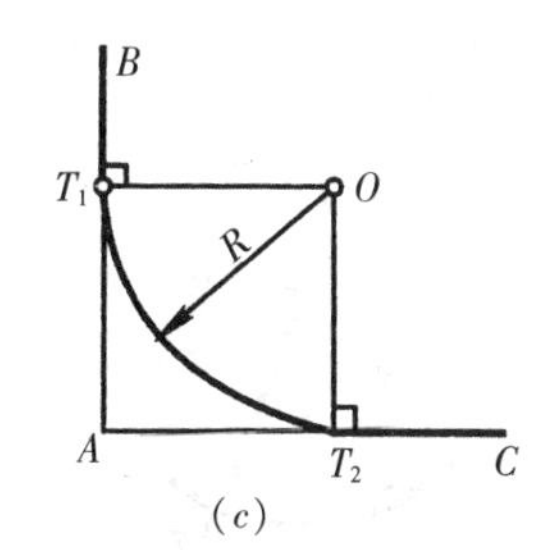

图1-27 用圆弧连接正交两直线

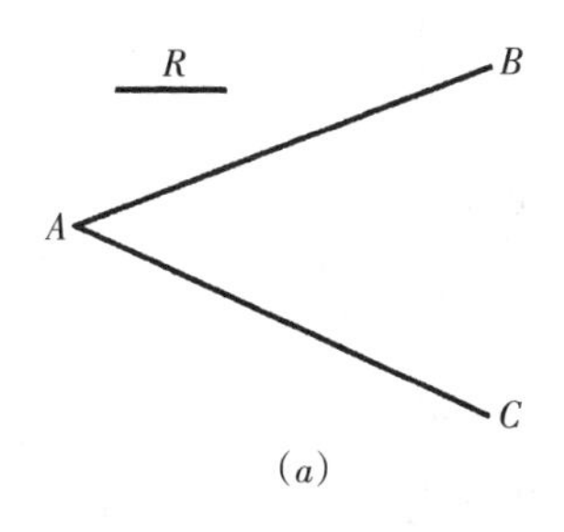

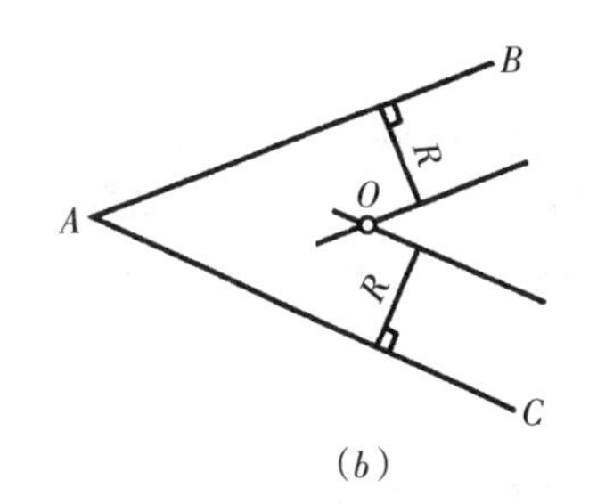

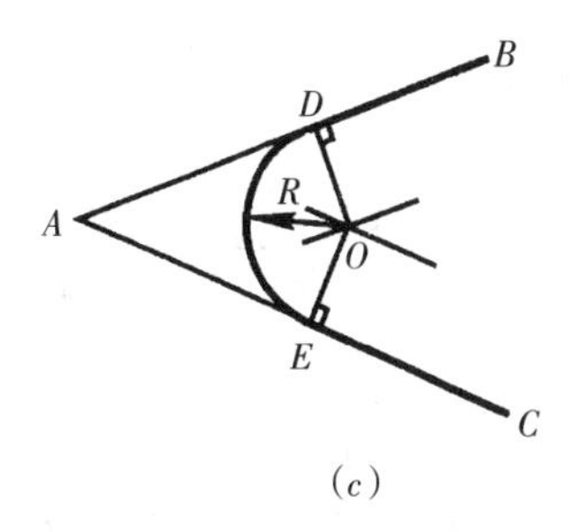

图1-28 用圆弧连接斜交两直线

(*a*) 已知 R 与斜线 AB、AC；(*b*) 分别作与 AB、AC 相距为 R 的平行线，其交点 O 即为所求的圆心；(*c*) 过 O 点分别作 AB、AC 的垂线，得垂足 D、E（连接点），以 O 为圆心，R 为半径画弧，即为所求

3. 直线与圆弧之间圆弧连接

用圆弧连接圆弧和直线的作图步骤如图1-29所示。

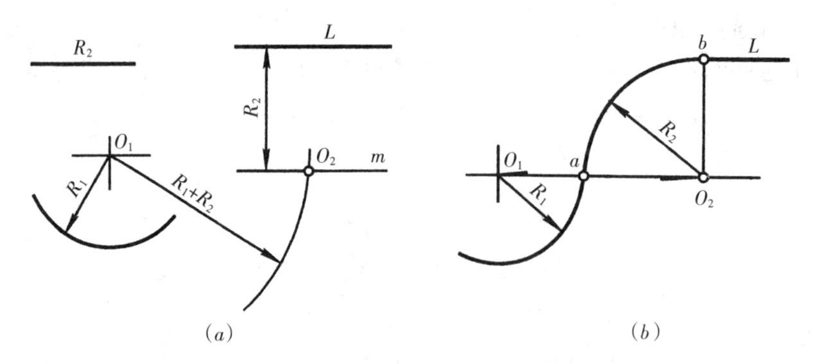

图 1-29　用圆弧连接圆弧和直线

(a) 以已知弧的圆心为圆心，R_1+R_2 为半径画弧，

再作与已知直线 L 距离为 R_2 的平行线 m，与圆弧交于 O_2；

(b) 求出连接点 a、b，以 O_2 为圆心，R_2 为半径画弧，连 ab 即可

4. 圆弧与圆弧之间的圆弧连接

(1) 外连接

已知两圆弧的圆心和半径分别为 O_1、O_2 和 R_1、R_2，用半径 R 的圆弧外接，其作图步骤如图 1-30 所示。

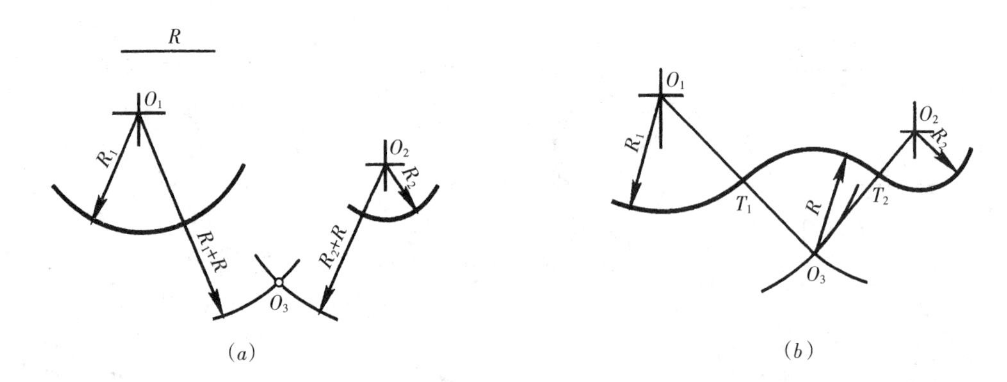

图 1-30　用圆弧连接圆弧——外切

(a) 以 R_1+R 和 R_2+R 为半径，以 O_1、O_2 为圆心分别画弧交于 O_3；

(b) 连 O_1O_3、O_2O_3，分别与已知弧交 T_1、T_2（切点），以 O_3 为圆心，R 为半径画 $\overset{\frown}{T_1T_2}$，即为所求

(2) 内连接

已知两圆弧的圆心和半径分别为 O_1、O_2 和 R_1、R_2，用半径 R 的圆弧内接，其作图步骤如图 1-31 所示。

(3) 内外连接

用连接圆弧与第一个圆弧内切，与第二个圆弧外切，即内外接，其作图步骤如图 1-32 所示。

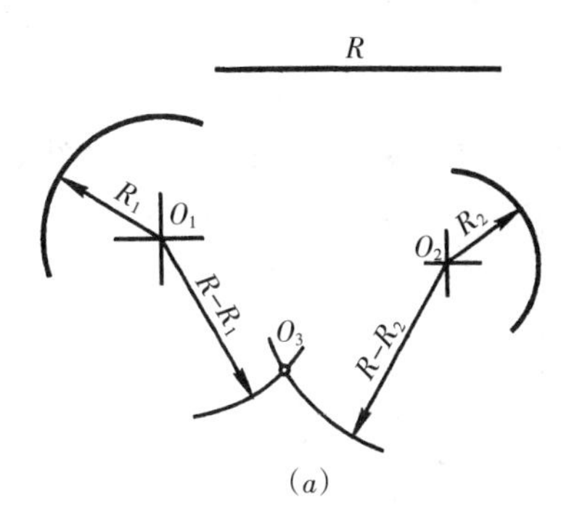

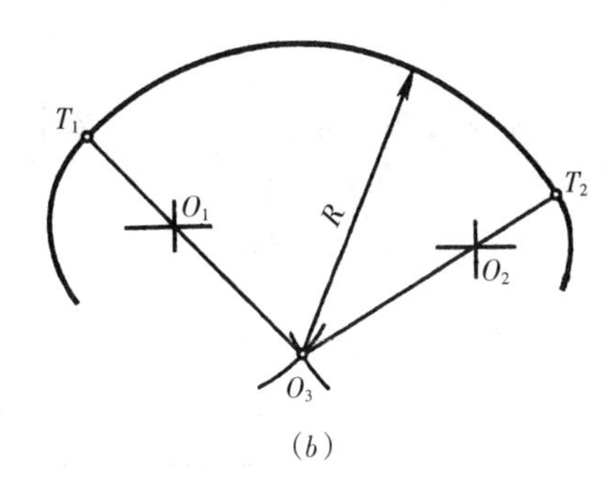

图 1-31　用圆弧连接圆弧——内切

(a) 分别以 $R-R_1$、$R-R_2$ 为半径，O_1、O_2 为圆心，画弧交于 O_3；

(b) 连 O_3O_1、O_3O_2，并延长交已知弧于 T_1、T_2（切点），以 O_3 为圆心，R 为半径画弧，则 $\widehat{T_1T_2}$ 为所求

5. 圆弧连接作图步骤

综上所述，圆弧连接作图步骤为：

(1) 根据圆弧连接的作图原理，求连接弧的圆心；

(2) 求出切点；

(3) 根据连接弧的半径，画连接弧；

(4) 描深。

为了保证光滑连接，作图必须准确；描深时应该先描深圆弧再描深直线。

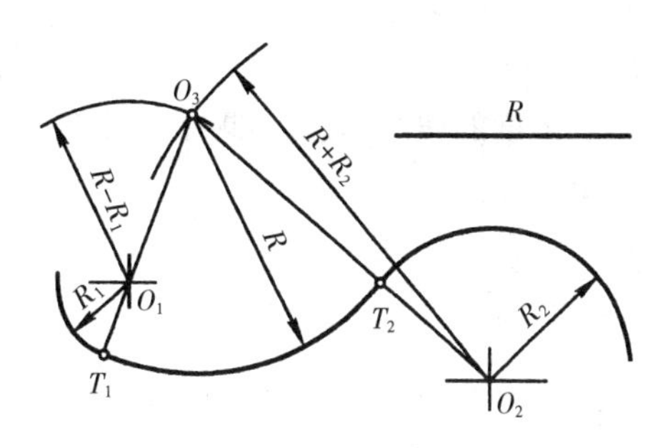

图 1-32　用圆弧连接圆弧——内外切

(三) 圆弧的切线

过定点作已知圆的切线的作图步骤如图 1-33 所示。

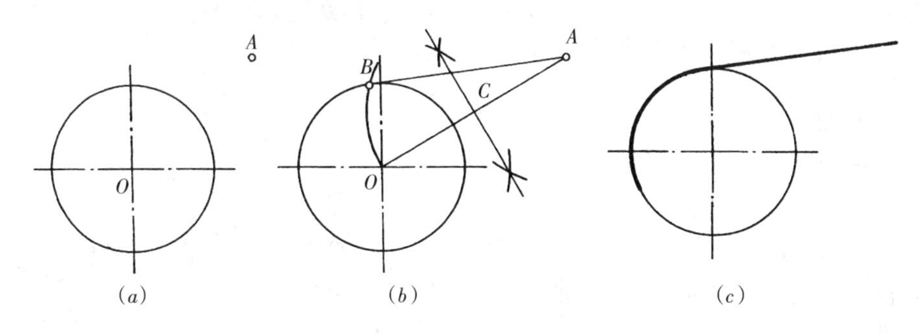

图 1-33　过定点作圆的切线

(a) 已知条件和作图要求：过点 A 作已知圆 O 的切线；(b) 作图过程：连接 OA，取 OA 的中点 C。以 C 为圆心，CO 为半径画弧，交圆周于点 B。连接 A 和 B，即为所求；(c) 作图结果：清理图面，加深图线，作图结果如图所示。这里有两个答案，另一答案与 AB 对 OA 对称，作图过程与求作 AB 相同，未画出

(四) 斜度和锥度

1. 斜度

斜度是一直线对另一直线或一平面对另一平面的倾斜程度。其大小用它们之间夹角的正切表示，并把比值的前项化为 1，写成 1∶n 的形式，即

$$斜度 = \tan\alpha = \frac{H}{l} = 1:n$$

标注时在前面加注符号“∠”，符号的斜度方向应与斜度方向一致，如图 1-34 所示。

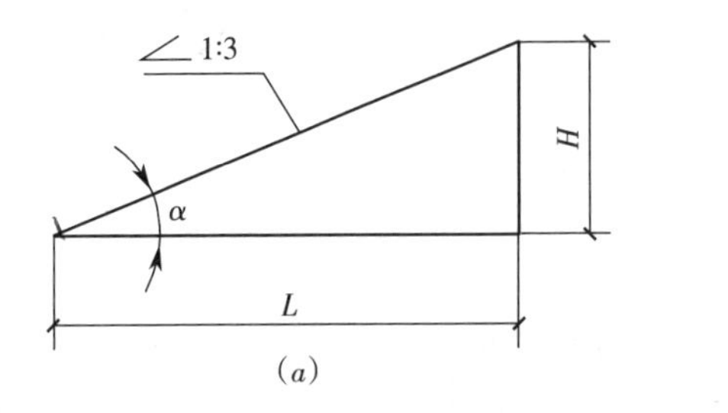

图 1-34　斜度及其符号
（a）斜度；（b）斜度符号

斜度的作图方法，如图 1-35 所示。

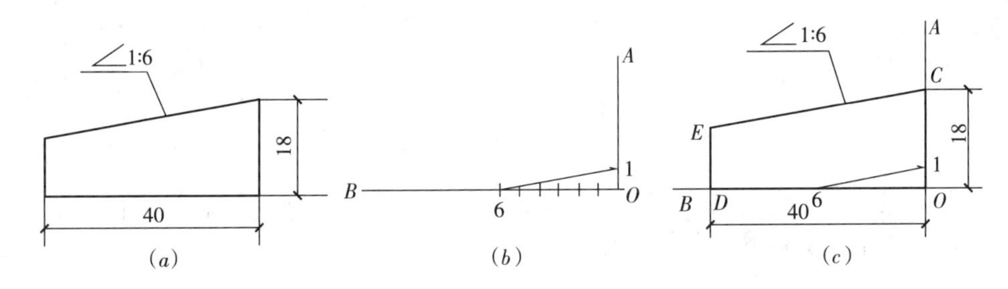

图 1-35　斜度的作图方法
（a）作如上图所示带斜度 1:6 的图形；（b）作 $OA \perp OB$，自 O 点起在 OB 上取 6 个单位长度，在 OA 上取 1 个单位长度，连接 1 点和 6 点，即为 1:6 的斜度坡线；（c）按尺寸定出 C、D 点，过 C 点作 1:6 斜度坡线的平行线，与过 D 点的垂线相交于 E 点，即为所求

2. 锥度

锥度是指正圆锥的底圆直径与圆锥高度之比。如果是圆台，其锥度就是两个底圆直径之差与圆台高度之比，如图 1-36（a）所示，即

$$锥度 = \frac{D}{L} = \frac{D-d}{l} = 2\tan\alpha$$

锥度符号按图 1-36（b）绘制，标注时符号方向应与锥度方向一致。

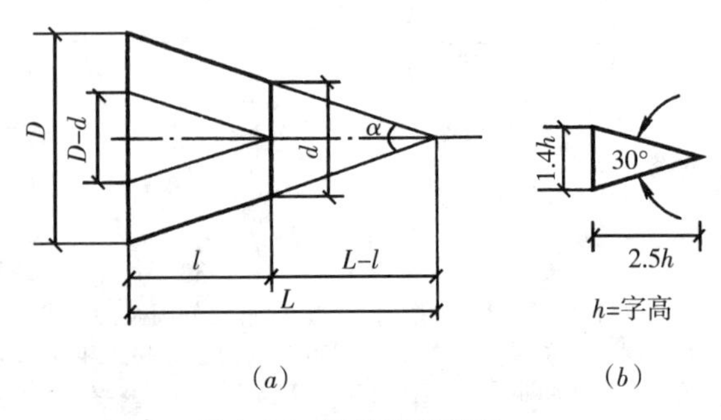

图 1-36　锥度及其符号

在图样上标注锥度时，以 1: n 的形式表示。锥度标注在与指引线相连的基准线上，如图 1-37 所示。锥度的作图方法，如图 1-38 所示。

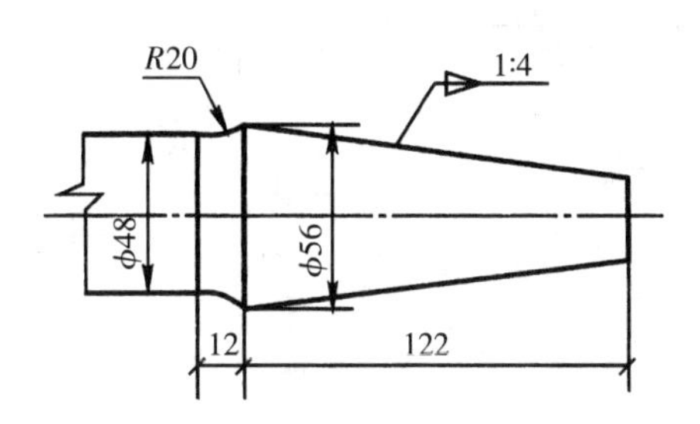

图 1-37　锥度的标注

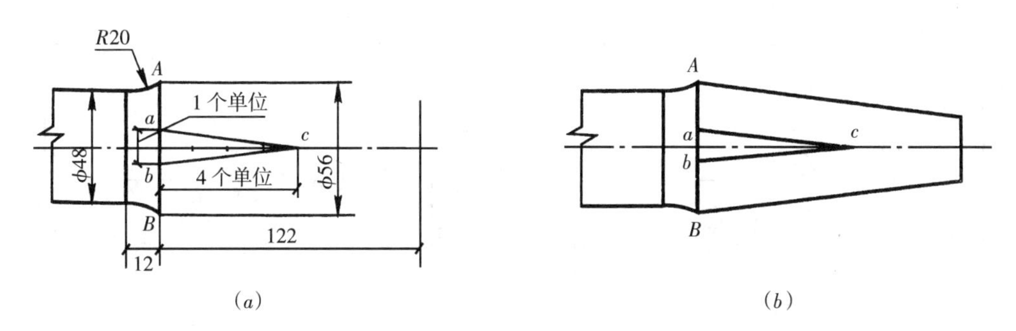

图 1-38　锥度的作图方法

（a）作圆锥底 AB 与锥度为 1∶4 的圆锥 abc；

（b）过 A 点作直线平行 ac，过 B 点作直线平行 bc，即完成 1∶4 的锥度

七、制图的基本步骤

（一）绘制图样的准备工作

1. 备齐绘图工具和仪器、修好铅笔。

2. 分析图形尺寸及线段。

3. 确定比例，选用图纸幅面，固定图纸。

（二）工作地点的布置

绘图教室的布置要清洁整齐，图板摆放井然有序，除图纸、丁字尺和三角板外，图板上不宜放置其他任何物品，绘图前，丁字尺、图板都要进行清洁处理。

（三）制图的基本步骤

1. 准备工作

2. 画底稿

按图 1-39 所示步骤画底稿。

3. 铅笔描深底稿

描深步骤如下：

（1）先粗后细。先描深粗实线，再描虚线、细点画线。

（2）先曲后直。先描深圆、圆弧，后描直线，并顺次连接且保证连接光滑。

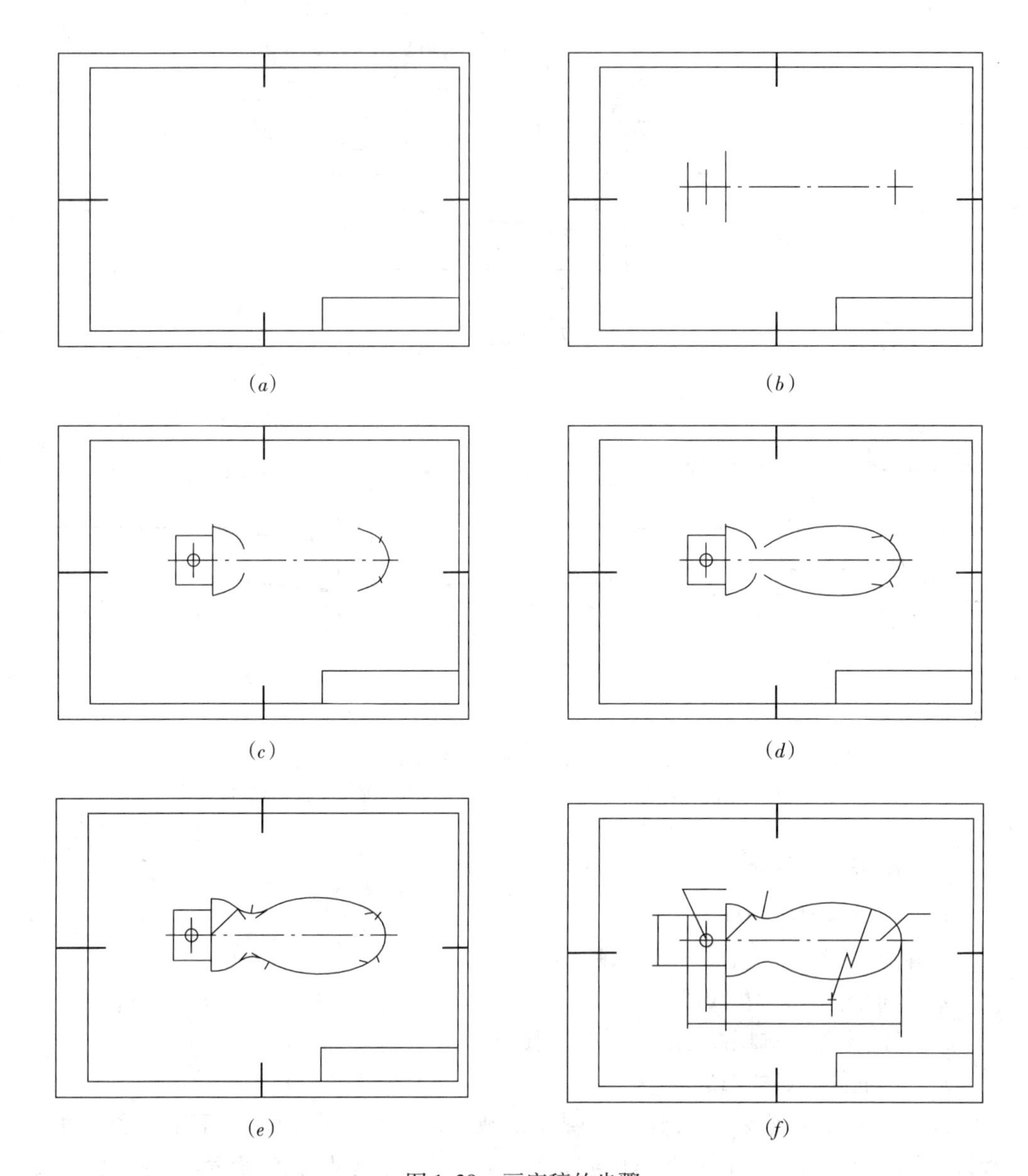

图 1-39　画底稿的步骤

(*a*) 画图框和标题栏；(*b*) 合理、匀称地布图，画出基准线；(*c*) 画出已知线段；
(*d*) 画出中间线段；(*e*) 画出连接线段；(*f*) 校对修改图形，画出尺寸界线、尺寸线

(3) 先水平后垂斜。先用丁字尺从上而下加深水平线，再用三角板从左到右加深垂直线，最后加深斜线。

描深注意事项：

(1) 描深前，必须全面检查底稿，擦去错线和作图辅助线。

(2) 用铅笔加深图线时，用力要一致。

(3) 要保持三角板、丁字尺及双手的清洁，同时尽量减少三角板在已描深的图线上来回推摩。

（4）画出尺寸界线、尺寸线。
（5）画箭头，填写尺寸数字、标题栏等。

复习思考题

1. 学习工程制图为什么必须严格执行国家制图标准的有关规定？
2. 图纸幅面有哪几种规格？它们之间有什么关系？
3. 什么叫比例？举例说明比例的具体含义。
4. 在尺寸标注时应注意哪些问题？
5. 利用圆规和直尺怎样三、六等分圆周？
6. 圆弧连接的作图步骤是什么？
7. 斜度图形的作图要点是什么？
8. 什么是锥度？锥度是怎样标记的？怎样画锥度图形？
9. 绘图的基本步骤有哪些？

第二章　投影的基本知识

第一节　投影的基本概念

一、投影的形成

投影在日常生活中随处可见。在阳光下，物体在地面上的落影。在灯光下，物体在墙面、桌面上的落影。人们对这种自然现象进行科学的归纳和总结，用画法几何学的语言清晰的描述出了物体和落影之间的几何关系，开创了绘制工程图样的方法——投影法。

如图2-1所示，我们把光源用S表示，把墙面作为投影面（承受落影的面），用P来表示，从光源S发出的光线，经过物体（三角板）的边缘投射到投影面上的线，称为投影线，这些投影线与投影面相交的交点连线所围合而成的图形，为物体在投影面上的投影。由此我们可以判定要获得物体的投影，必须具备投影线、物体和投影面这三个基本条件。

用投影表示物体的方法，称为投影法。

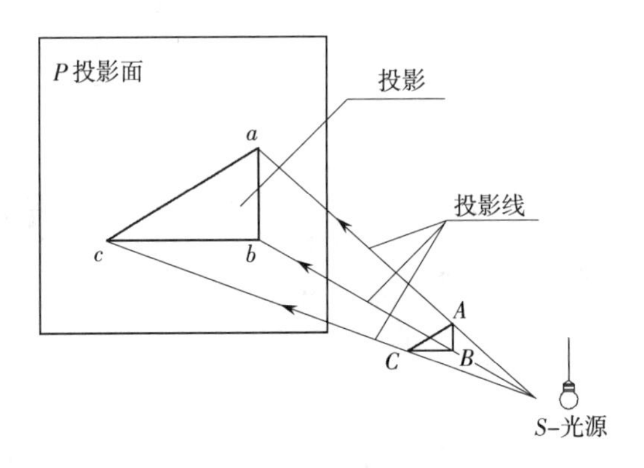

图2-1　投影的形成

二、投影法的分类

投影法分为两大类，即中心投影法和平行投影法。

（一）中心投影法

投影线从一点射出所产生的投影方法，称为中心投影法，如图2-2所示。

采用中心投影法绘制的图样，称为透视图。这种图样立体感较强，在建筑工程外形设计中经常使用，如图2-3所示。

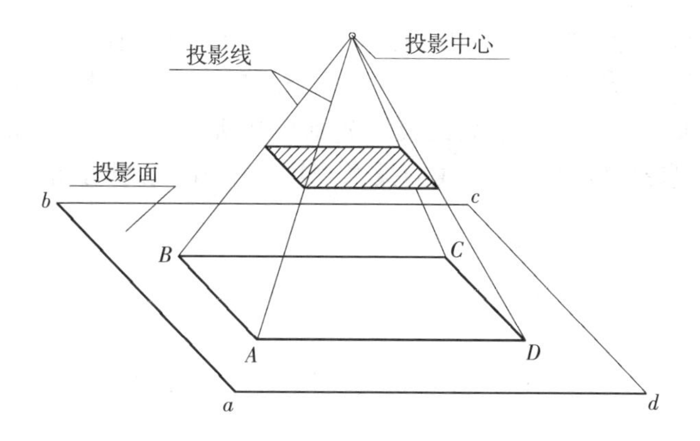

图 2-2 中心投影法

图 2-3 用中心投影法绘制的透视图

（二）平行投影法

投影线互相平行所产生的投影方法，称为平行投影法。

平行投影法又分为正投影法和斜投影法。

投影线互相平行且垂直于投影面所产生的投影方法，称为正投影法，是工程图样常用的投影方法，如图 2-4 所示。

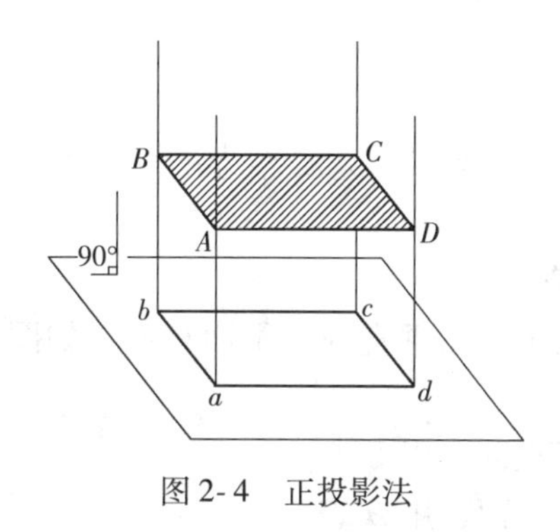

图 2-4 正投影法

正投影的基本特征如图 2-5 所示：①积聚性的特征。直线和平面垂直于投影面时，直线和平面的投影积聚成一个点和一条直线。②显实性的特征。直线和平面平行于投影面时，直线和平面的投影分别反映实长和实形。③相似性的特征。直线和平面与投影面倾斜时，直线的投影变短，平面的投影变小，但投影的形状与原来形状相似。

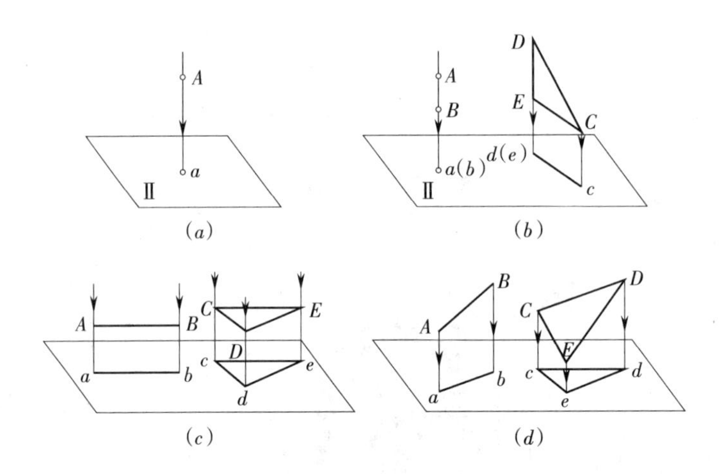

图 2-5　正投影的基本特征

投影线互相平行且倾斜于投影面所产生的投影方法，称为斜投影法，如图 2-6 所示。

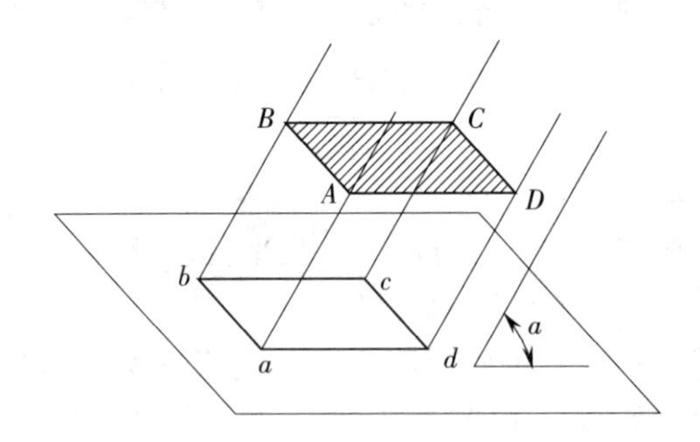

图 2-6　斜投影法

第二节　三面投影体系的建立及对应关系

一、三面投影体系的建立

三面投影体系是由三个互相垂直的投影面组成，如图 2-7 所示。三个投影面分别是：

正立投影面，简称正立面，用 *V* 表示；

水平投影面，简称水平面，用 *H* 表示；

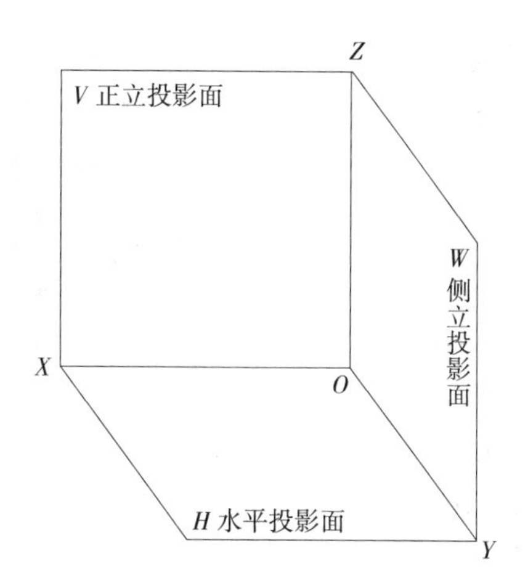

图 2-7　三面投影体系

侧立投影面，简称侧立面，用 W 表示。

相互垂直的投影面之间的交线，称为投影轴。它们分别是：

OX 轴，简称 X 轴，是 V 面与 H 面的交线，代表长度方向；

OY 轴，简称 Y 轴，是 H 面与 W 面的交线，代表宽度方向；

OZ 轴，简称 Z 轴，是 V 面与 W 面的交线，代表高度方向。

三个投影轴相互垂直相交，其交点称为原点，用 O 表示。

二、三面投影体系的展开

如图 2-8 所示，将三个投影面展开在一个平面上。规定：正立投影面不动，将水平投影面绕 OX 轴向下旋转 90°，将侧立投影面绕 OZ 轴向右旋转 90°，分别与正立投影面重合在一个平面上，这个平面既可以是图纸也可以是电脑屏幕。需要指出的是，水平投影面和侧立投影面旋转时，OY 轴被分为两处，分别用 OY_H（在 H 面上）和 OY_W（在 W 面上）表示。

画图时不必画出投影面的范围，它的大小与投影图无关，如图 2-8（d）所示。

三、三个投影面之间的对应关系

（一）三个投影面之间的位置

正立投影面不动，水平投影面在它的下面，侧立投影面在它的右面，如图 2-8（a）所示。

（二）三个投影面之间的对等

正立投影面反映长度（X）和高度（Z）；

水平投影面反映长度（X）和宽度（Y）；

侧立投影面反映高度（Z）和宽度（Y），如图 2-8（a）所示。

（三）三个投影面之间的方位

正立投影面反映长度（X—左右）和高度（Z—上下）；

水平投影面反映长度（X—左右）和宽度（Y—前后）；

侧立投影面反映高度（Z—上下）和宽度（Y—前后），如图 2-8（a）所示。

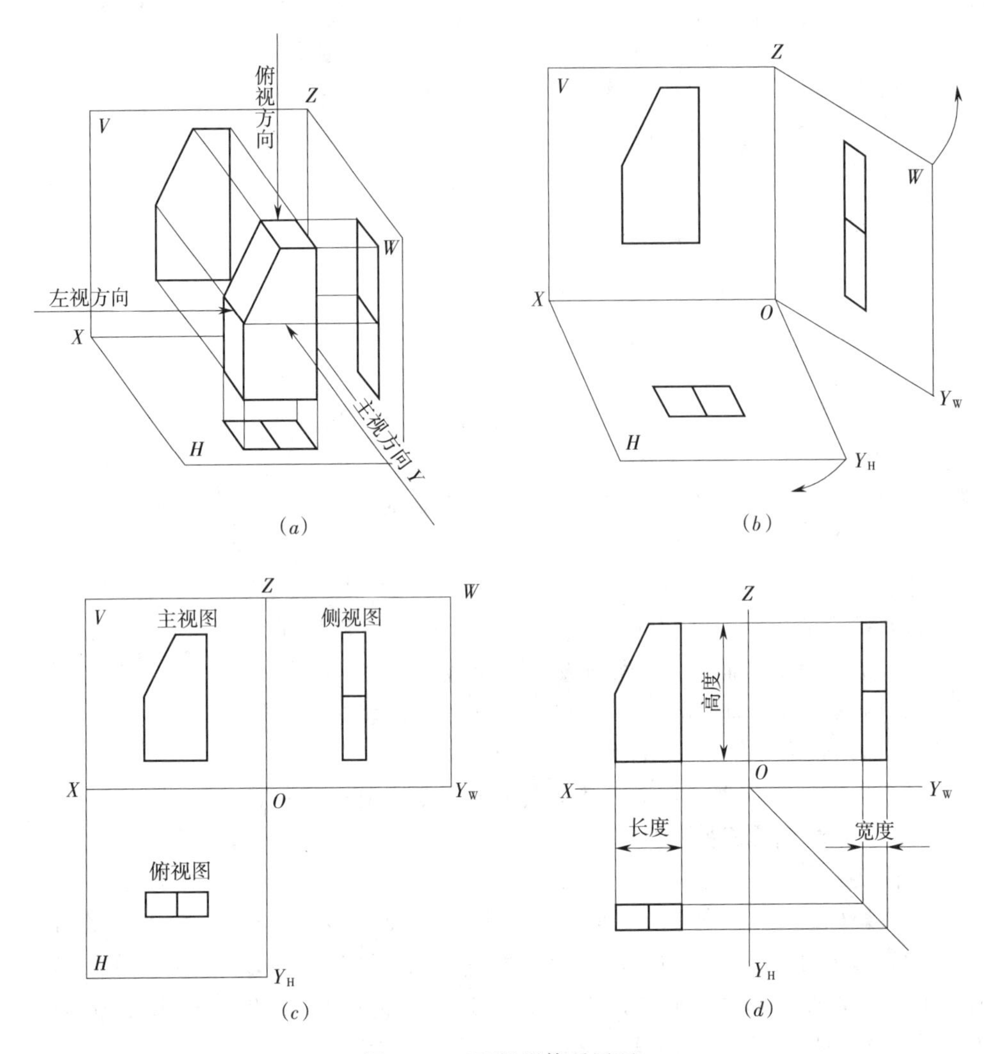

图 2-8　三面投影体系展开

需要指出的是：水平投影面的下边和侧立投影面的右边为前，反之为后。

第三节　点的投影

点是最基本的几何元素，掌握点的投影规律，是绘制和识读工程图样的基础。制图中规定，空间点用大写拉丁字母（如 A、B、C……）表示；空间点的投影用同名小写字母（在 H 面上用 a、b、c……；在 V 面上用 a'、b'、c'……；在 W 面上用 a''、b''、c''……）表示。点的投影用小圆圈画出，直径小于 1mm。点的标记写在投影的近旁，标注在相应的投影区域中。

一、点的三面投影

如图 2-9（a）所示，将空间点 A 置于三面投影体系中，采用正投影的方法，自 A 点分别向三个投影面作投影线（作垂线），分别与投影面相交得 a、a'、a''，

即为空间点 A 的 H 面投影、V 面投影和 W 面投影。则：

A 点在 H 面上的投影 a ——称为空间点 A 的水平投影；

A 点在 V 面上的投影 a'——称为空间点 A 的正面投影；

A 点在 W 面上的投影 a''——称为空间点 A 的侧面投影。

为了便于进行投影分析，用细实线将两点投影连接起来，分别与轴相交，得 a_X、a_{Y_H}、a_Z、a_{Y_W}，展开后如图 2-9（b）所示。

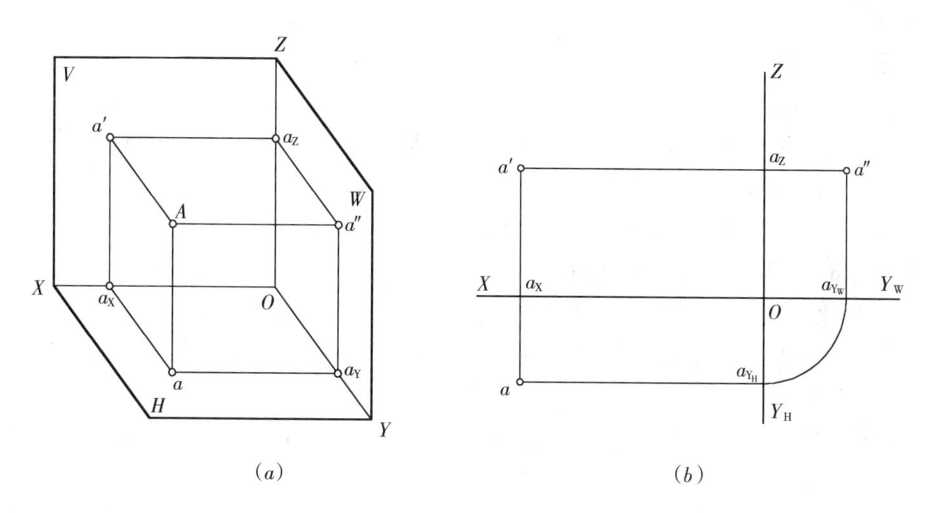

图 2-9　点的三面投影

二、点的坐标

在三面投影体系中，点 A 的位置可以由它到三个投影面的距离来表示，也可用直角坐标来表示。即三个投影面为直角坐标面，三个投影轴为直角坐标轴，O 为坐标原点，如图 2-10 所示。则：

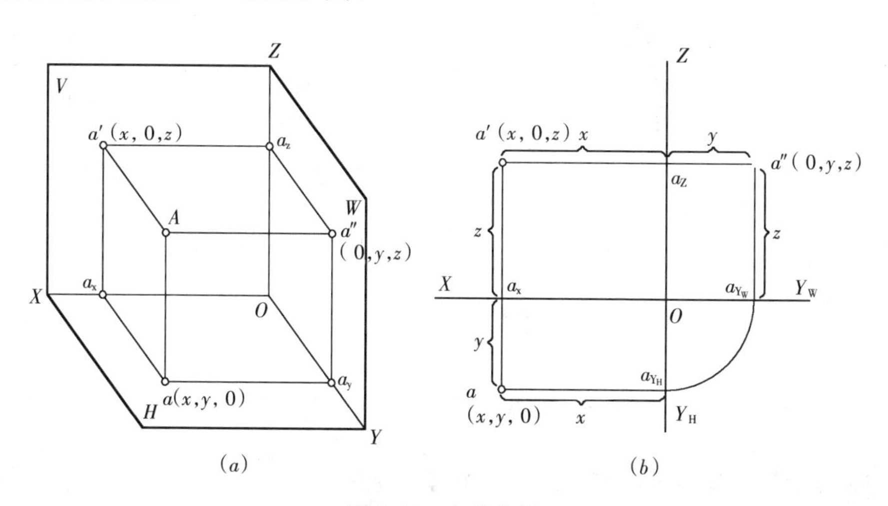

图 2-10　点的坐标

空间点的坐标——A（x，y，z）

A 点到 W 面的距离 $= a''A = Oa_X = X$ 坐标
A 点到 V 面的距离 $= a'A = Oa_Y = Y$ 坐标
A 点到 H 面的距离 $= a\ A = Oa_Z = Z$ 坐标
点的三面投影坐标：

$$a\ (x,\ y,\ 0)$$
$$a'\ (x,\ 0,\ z)$$
$$a''\ (0,\ y,\ z)$$

三、点的投影规律

根据点的三面投影和点的坐标，我们知道点的投影规律是：

（1）正面投影的连线与水平投影的连线垂直于 OX 轴。因为点的正面投影与水平投影都反映了空间点 X 轴的坐标值。

（2）正面投影的连线与侧面投影的连线垂直于 OZ 轴。因为点的正面投影与侧面投影都反映了空间点 Z 轴的坐标值。

（3）水平投影到 OX 轴的距离等于侧面投影到 OZ 轴的距离。

点的投影规律是形体三面投影图“长对正，高平齐，宽相等”的理论基础。

四、实例

【例 2-1】 已知 A 点的坐标（18，10，15），求作 A 点的三面投影图。

作法： 如图 2-11 所示。

（1）作三面投影体系的投影轴，分别标上名称 X、Y、Z 轴，原点 O。

（2）在 X 轴上量取 $a_X = 18$，Y_H、Y_W 轴上量取 $a_{Y_H} = a_{Y_W} = 10$，Z 轴上量取 $a_Z = 15$。

（3）根据点的投影规律，过 a_X、a_{Y_H}、a_{Y_W}、a_Z 分别作所在轴线的垂线，交点 a、a'、a''，即为点 A 的三面投影。

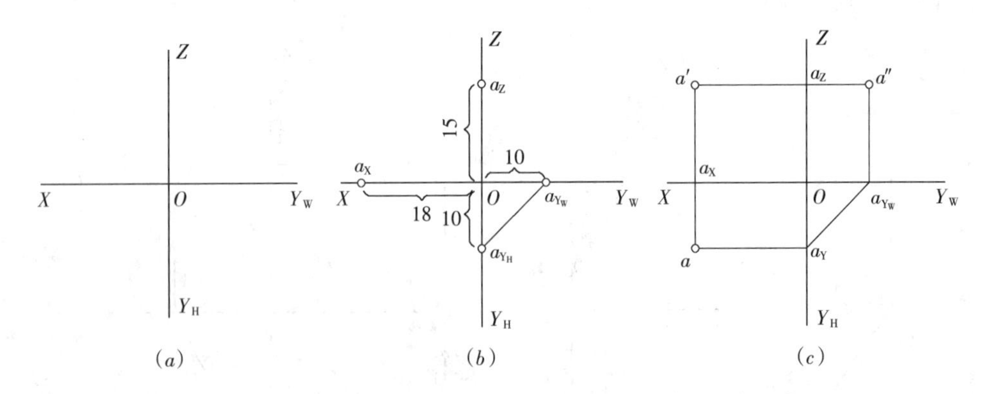

图 2-11 由点的坐标画出三面投影

【例 2-2】 已知点的两面投影，求作第三投影。

提示：给出点的两面投影，即可知道点的三个坐标值。点的第三坐标可从中找出，即可作出点的第三投影。也可根据点的投影规律作出点的第三投影。作图方法如图 2-12 所示。

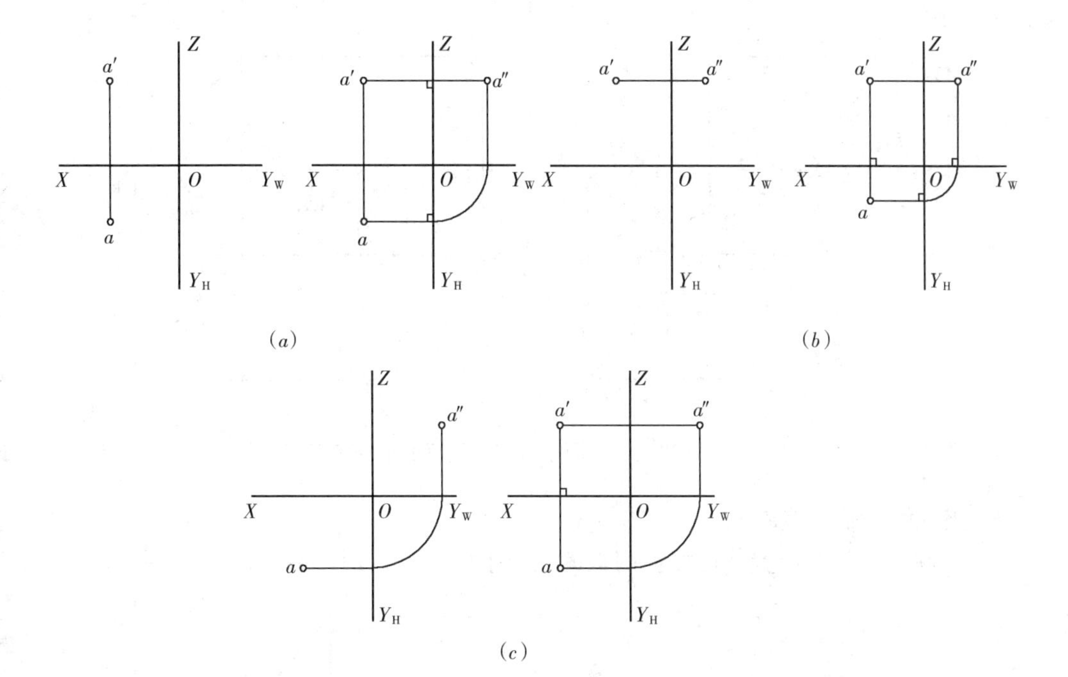

图 2-12　由二投影求第三投影

(a) 已知 a，a′求 a″；(b) 已知 a′，a″求 a；(c) 已知 a，a″求 a′

【例 2-3】 已知点的三面投影，求作点的直观图。

作法： 如图 2-13 所示。

（1）根据点的三面投影，量出点 A 的坐标 A（18，10，15）。

（2）作三面投影直观图，先作 V 面，然后从矩形右上角、右下角、左下角作 45°斜线，截等长线段相连接，作出 H、W 面。

（3）在 X、Y、Z 轴截取 18、10、15 值，得 a_X、a_Y、a_Z，并分别作投影轴的平行线，得点 A 的三面投影 a、a′、a″。

（4）过 a、a′、a″点分别作投影轴的平行线，交于 A 点，得直观图。

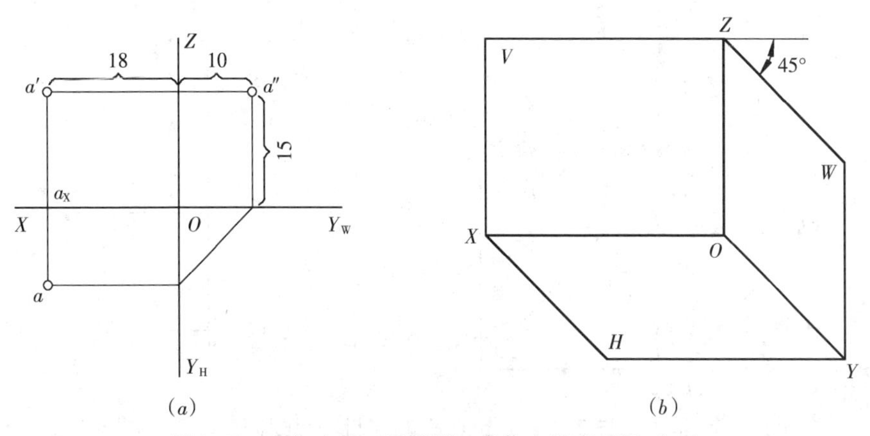

图 2-13　已知点的三面投影，求作点的直观图（一）

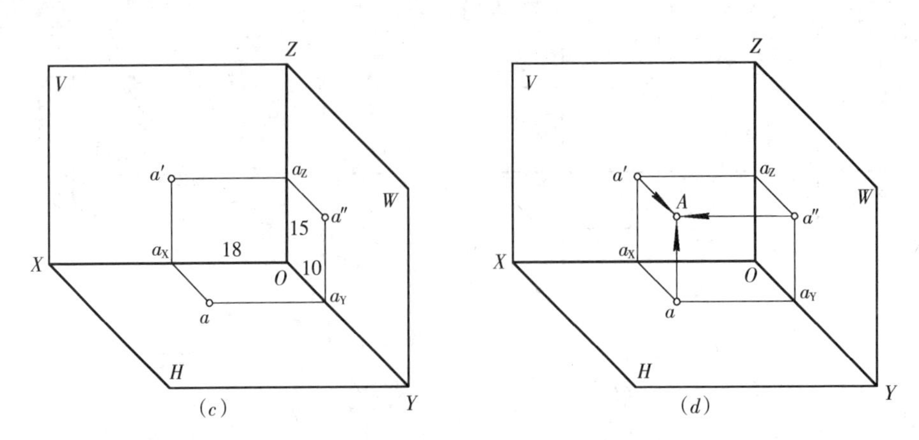

图 2-13　已知点的三面投影，求作点的直观图（二）

五、两点的相对位置

空间两点相对位置，可根据两点的三个坐标进行判别，如图 2-14 所示。

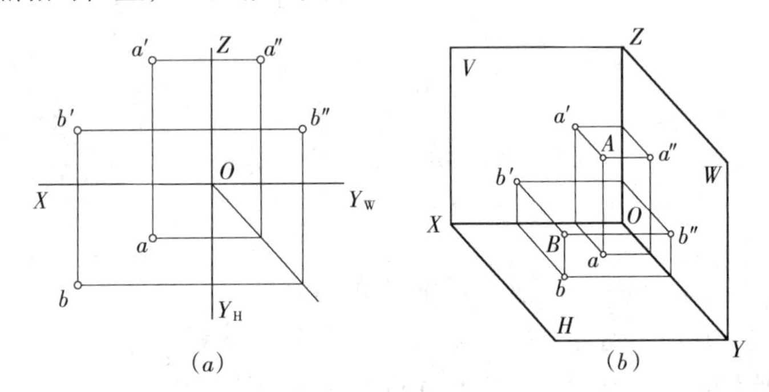

图 2-14　两点的相对位置

由方位规律可知，X 轴坐标表示左右方向，$x_a < x_b$。Y 轴坐标表示前后方向，$y_a < y_b$。Z 轴表示上下方向，$z_a > z_b$。所以 A 点在 B 点的右、后、上方。

空间两点位于某一投影方向的同一投影线上时，则两点的投影重合，这两个点被称为对该投影面的一对重影点。如图 2-15 所示，A、B 两点在同一投影线上，

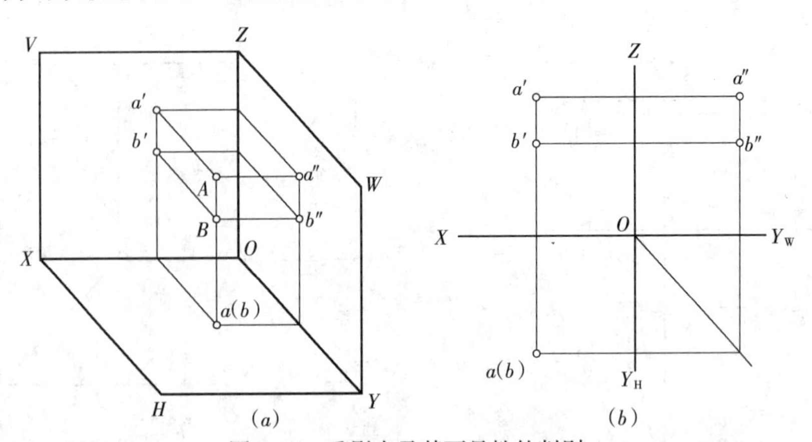

图 2-15　重影点及其可见性的判别
（a）直观图；（b）投影图—H 面重影

且 A 点在 B 点之上，则 H 面 a、b 两投影重合，此重合投影称为 H 面的重影，其他两投影不重合。a、b 两投影的可见性可从 V 面投影和 W 面投影进行判别。在 V 面上 a'高于 b'（在 W 面上 a''高于 b''），故 A 点在上，B 点在下，A 点可见，B 点不可见。为了区别起见，不可见的重影点的代号写在可见点的后面，并加圆括号表示，如图 2-15（b）所示的 H 面上的 a（b）。

如图 2-16 所示，在 V 面和 W 面上的重合投影。

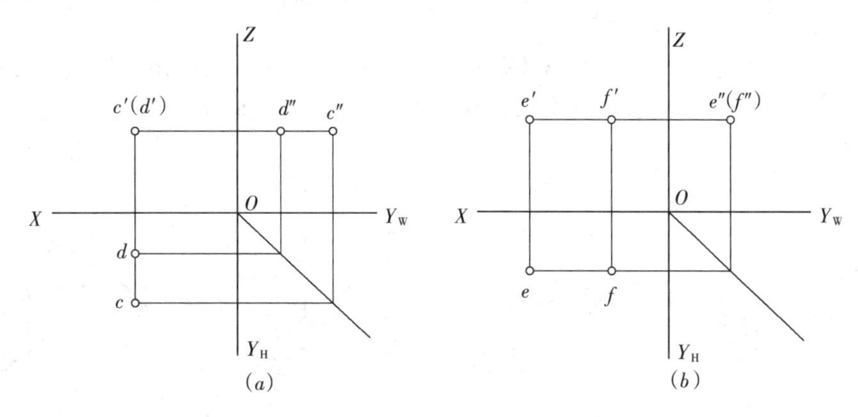

图 2-16　V、W 重影点及其可见性的判别

（a）V 面重影；（b）W 面重影

第四节　直线的投影

直线是点沿着一定方向运动的轨迹。两点即可定一直线。求作直线的投影就是求作直线两个端点的投影，然后同名投影连线，即得该直线的投影。按照直线与投影面相对位置的不同分为：一般位置直线、特殊位置直线。特殊位置直线分为：投影面的平行线、投影面的垂直线。

一、一般位置直线

倾斜于三个投影面的直线，称为一般位置直线，如图 2-17 所示。

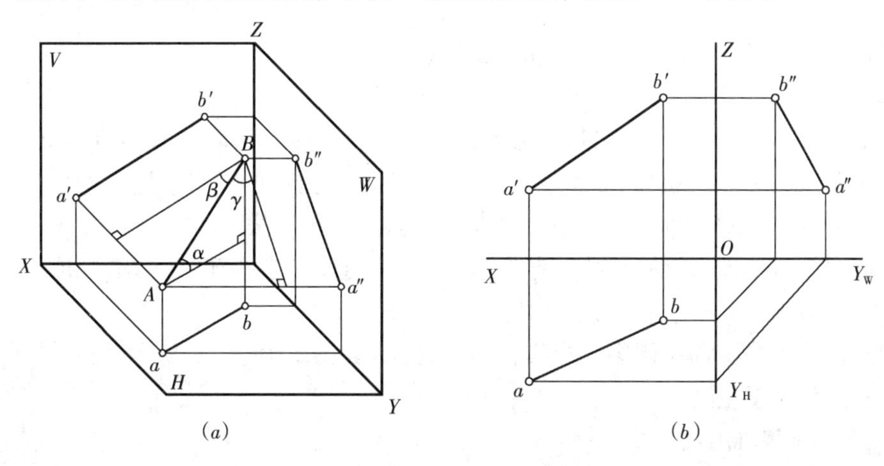

图 2-17　一般位置直线的投影

直线与投影面上的投影所夹的角，称为直线对该投影面的倾角。按照规定，对 H、V、W 面的倾角分别用 α、β、γ 表示。

一般位置直线的投影特性：

（1）直线的三个投影仍为直线，均小于实长。

（2）直线的三个投影倾斜于投影轴，三个投影与投影轴的夹角不反映直线与投影面的真实倾角 α、β、γ。

二、直线的实长与真实倾角

一般位置直线的三面投影既不反映实长，也不反映真实倾角，但可以通过直角三角形法，求得空间直线的实长和真实倾角，如图 2-18 所示。

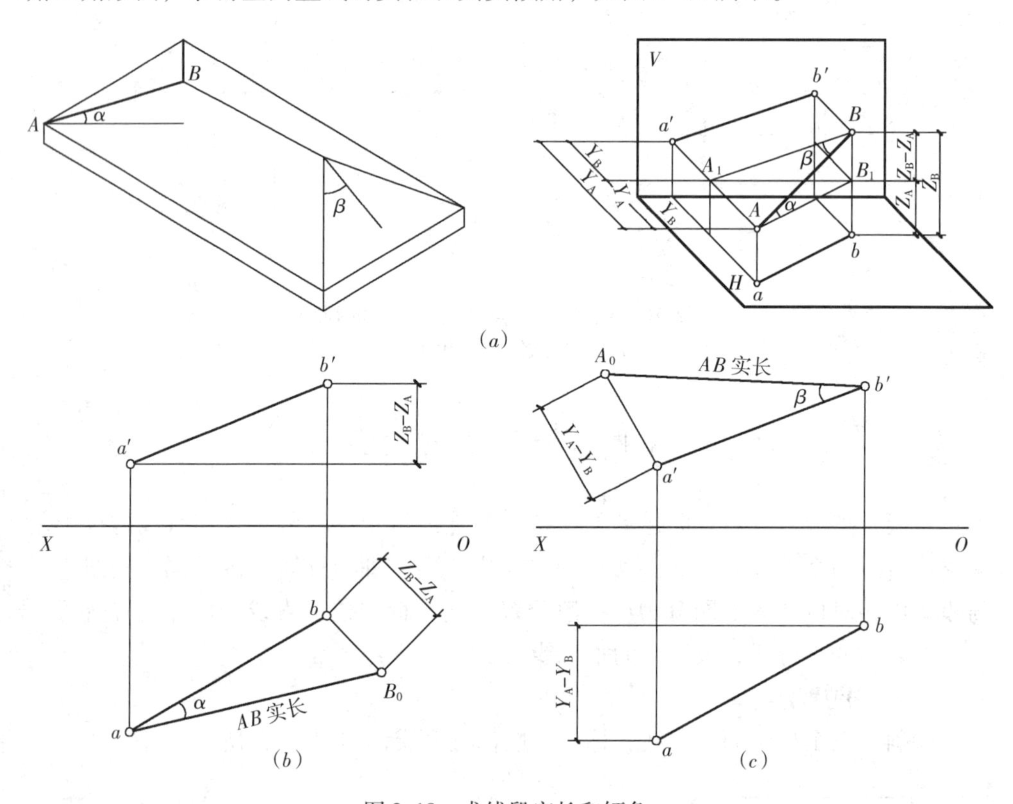

图 2-18　求线段实长和倾角

如图 2-18（a）所示，过 A 点作 $AB_1 \parallel ab$，则 $Aa = B_1b = Z_A$，$BB_1 = Z_B - Z_A$（A、B 两点的 Z 轴坐标差），$AB_1 = ab$，已知直角三角形的两直角边，则斜边为实长，$\angle BAB_1$ 为所求的倾角 α，这种方法称为直角三角形法。

如图 2-18（b）所示，过 b 点作 ab 的垂线，取长度等于 $Z_B - Z_A$，连接三角形，则斜边 aB_0 为所求实长，$\angle baB_0$ 为所求倾角 α。

同理，可在 V 面投影图上求实长和倾角 β，如图 2-18（c）所示。

三、特殊位置直线

（一）投影面的平行线

平行一个投影面与另外两个投影面倾斜的直线，称为投影面的平行线。它有三种情况：①与 H 面平行的直线，称为水平线；②与 V 面平行的直线，称为正平线；③与 W 面平行的直线，称为侧平线。表 2-1 为三种投影面平行线的投影特性介绍。

投影面平行线的投影特性　　　　**表 2-1**

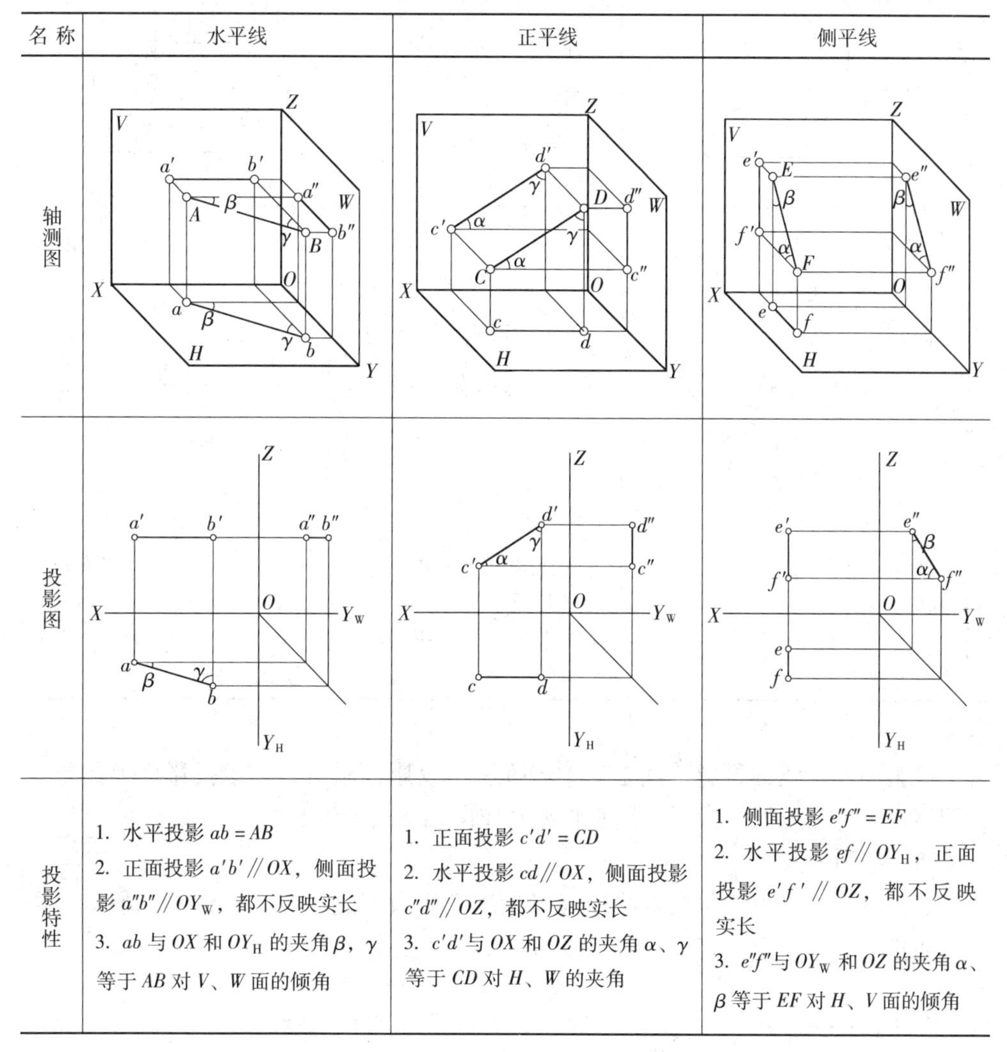

名称	水平线	正平线	侧平线
轴测图			
投影图			
投影特性	1. 水平投影 $ab=AB$ 2. 正面投影 $a'b'//OX$，侧面投影 $a''b''//OY_W$，都不反映实长 3. ab 与 OX 和 OY_H 的夹角 β，γ 等于 AB 对 V、W 面的倾角	1. 正面投影 $c'd'=CD$ 2. 水平投影 $cd//OX$，侧面投影 $c''d''//OZ$，都不反映实长 3. $c'd'$ 与 OX 和 OZ 的夹角 α、γ 等于 CD 对 H、W 的夹角	1. 侧面投影 $e''f''=EF$ 2. 水平投影 $ef//OY_H$，正面投影 $e'f'//OZ$，都不反映实长 3. $e''f''$ 与 OY_W 和 OZ 的夹角 α、β 等于 EF 对 H、V 面的倾角

投影面平行线的投影特性是：①与哪一个投影面平行，在该投影面上的投影反映实长，反映直线对其他两个投影面的真实倾角；②另外两个投影分别平行相对应的投影轴。

（二）投影面的垂直线

垂直一个投影面与另外两个投影面平行的直线，称为投影面的垂直线。它有三种情况：①与 H 面垂直的直线，称为铅垂线；②与 V 面垂直的直线，称为正垂线；③与 W 面垂直的直线，称为侧垂线。表 2-2 为三种投影面垂直线的投影特性介绍。

投影面垂直线的投影特性　　表 2-2

名称	铅垂线	正垂线	侧垂线
轴测图	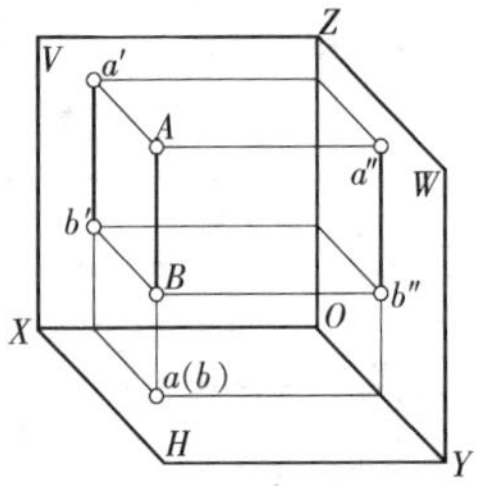	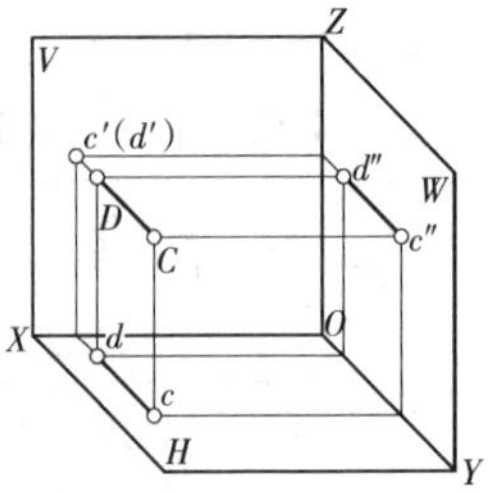	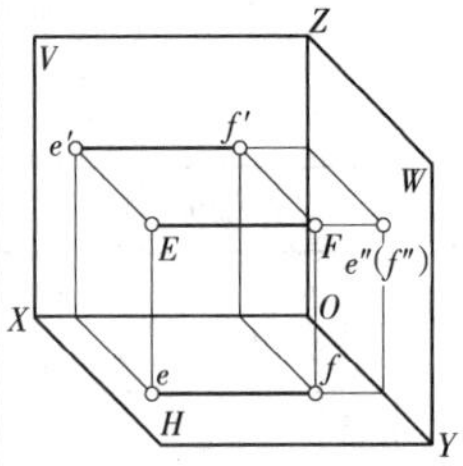
投影图	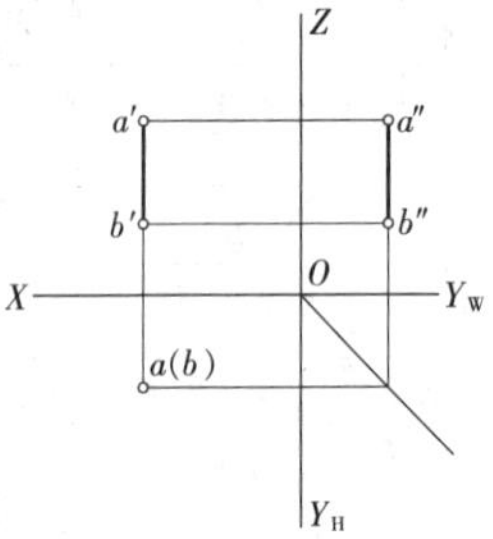	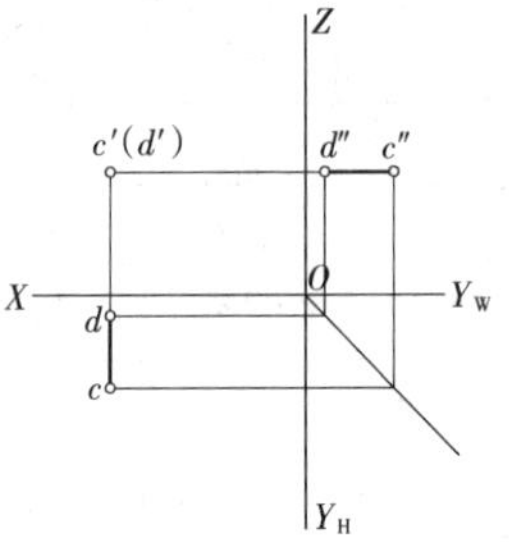	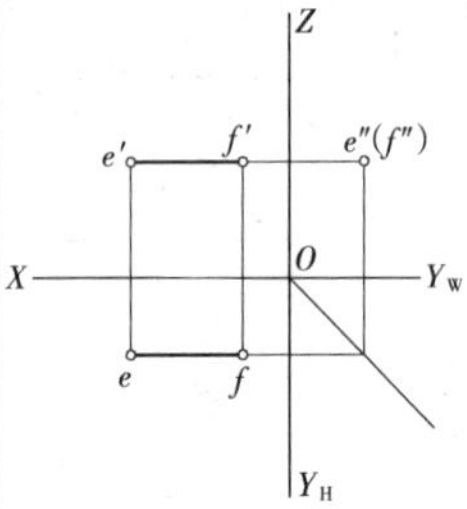
投影特性	1. 水平投影 $a(b)$ 积聚成一点，有积聚性 2. $a'b' = a''b'' = AB$，且 $a'b' \perp OX$，$a''b'' \perp OY_W$	1. 正面投影 $c'(d')$ 积聚成一点，有积聚性 2. $cd = c''d'' = CD$，且 $cd \perp OX$，$c''d'' \perp OZ$	1. 侧面投影 $e''(f'')$ 积聚成一点，有积聚性 2. $ef = e'f' = EF$，且 $ef \perp OY_H$，$e'f' \perp OZ$

投影面垂直线的投影特性是：①与哪一个投影面垂直，在该投影面上的投影有积聚性；②另外两个投影分别垂直相对应的轴，反映实长。

四、直线上的点

点在直线上，点一定在直线的同名投影上。根据这一投影特性，我们就可以从三面投影中判别点是否在直线上，如图 2-19 所示。

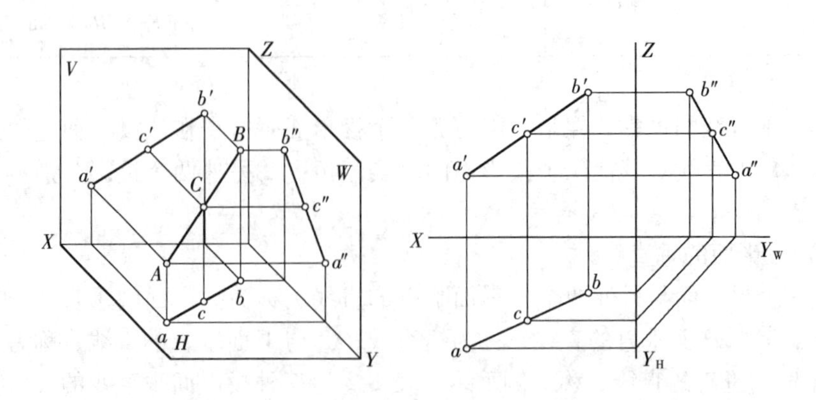

图 2-19　直线上点的投影

【例 2-4】以知直线 EF 的三面投影及点 K 的两面投影，判断点 K 是否在直线 EF 上，如图 2-20 所示。

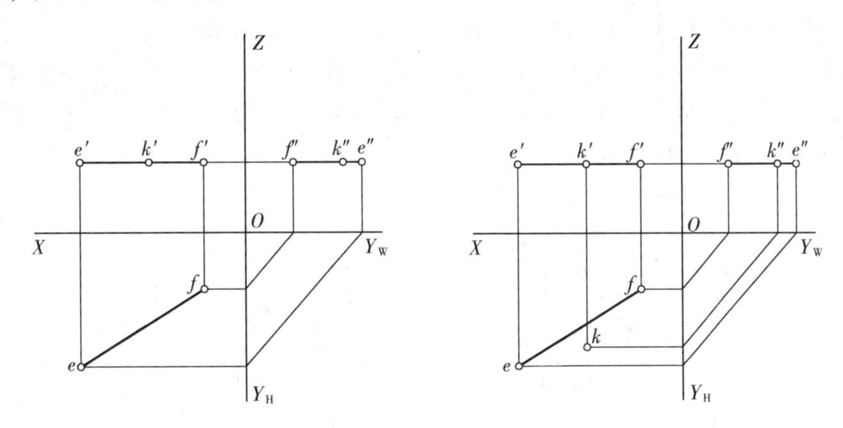

图 2-20　判断点是否在直线上

作法：

(1) 已知直线 EF 的三面投影，K 点的两面投影 k'、k''。

(2) 由 k'作 OX 轴的垂线，k''作 OY_W 轴的垂线，45°斜线转至 OY_H 轴并作 OY_H 轴垂线，两垂线相交，即为 k 点，因 k 不在水平投影 ef 上，由此可以判断 K 点不在 EF 直线上。

五、两直线的相对位置

空间两直线的相对位置有三种情况：平行、相交、交叉。

(一) 两直线平行

空间两直线平行，它们的同名投影一定平行。

如图 2-21 所示，$AB /\!/ CD$，则 $ab /\!/ cd$，$a'b' /\!/ c'd'$，$a''b'' /\!/ c''d''$。反之，如果两直线的各组同名投影都相互平行，则可判定它们在空间也一定互相平行。

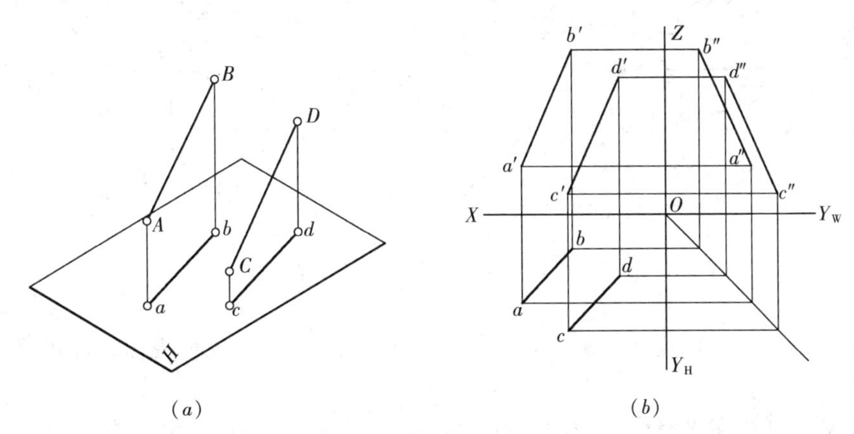

图 2-21　两直线平行

(二) 两直线相交

空间两直线相交，它们的同名投影一定相交，交点为两直线的公共点，且交点的投影符合点的投影规律。

如图2-22所示，直线AB和CD相交于点K，点K是直线AB和直线CD的公共点。根据点在直线上的投影特性，可知k既在ab上，又在cd上，即k一定是ab和cd的交点。同理，k'一定是$a'b'$和$c'd'$的交点；同理k''一定是$a''b''$和$c''d''$的交点。k、k'、k''是空间点K的三面投影，k、k'的连线垂直于OX轴，k'、k''连线垂直于OZ轴，符合点的投影规律。

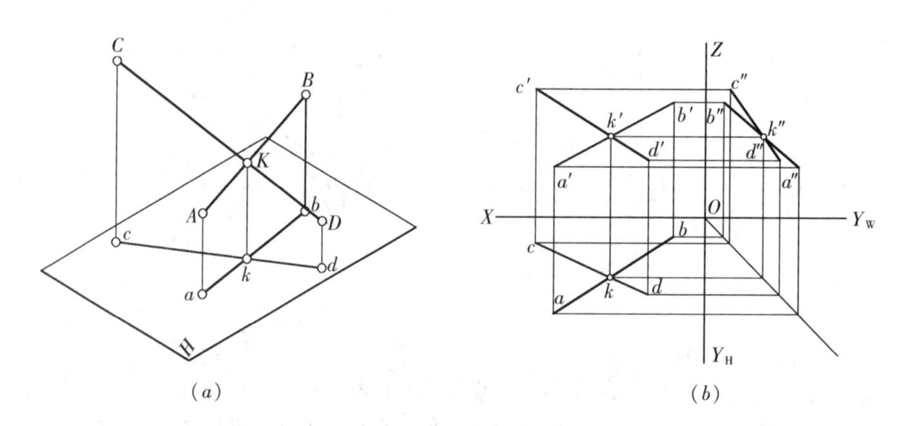

(a)　　(b)

图2-22　两直线相交

（三）两直线交叉

在空间既不平行也不相交的两直线，称为交叉两直线，又称异面直线。

如图2-23所示，因直线AB、CD的各组同名投影不平行；又因AB、CD的各组投影的交点不垂直于投影轴，其交点投影的连线不符合点的投影规律。

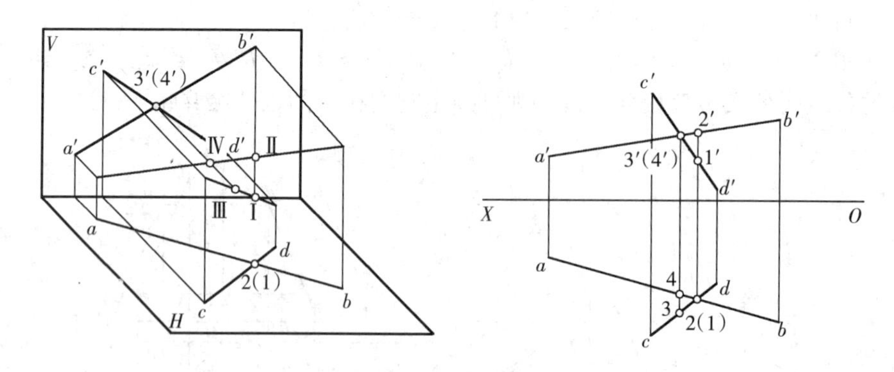

图2-23　交叉两直线的投影

反之，如果两直线的投影不符合平行或相交两直线的投影规律，即可判别空间两直线交叉。

交叉两直线在投影中出现的交点，实际上是一对重影点。水平投影ab、cd的重影点1、2，在正面投影中点2′在点1′之上，在水平投影中2点可见，1点不可见。不可见点用括号标记，标记方法为点2（1）。正面投影$a'b'$、$c'd'$的重影点3′、4′，在水平投影中点3在点4之前，在正面投影中3′点可见，4′点不可见，标记方法为点3′（4′）。

对于交叉两直线来说，在三个投影方向上都可能有重影点。重影点这一概念经常用来判别点的投影的可见性。

（四）两直线垂直相交

空间垂直相交两直线，其中一条直线平行于投影面时，则两直线在该投影面上的投影为直角（称为直角投影定理）。

如图2-24（a）所示，AB、BC两直线垂直相交，其中AB平行于H面，BC倾斜于H面。

由A、B、C各点向H面作投影线，得AB、BC的水平投影ab和bc。因$AB \perp BC$，$AB \perp Bb$，AB也垂直于BC和Bb所组成的$BbcC$平面。又因AB平行H面，故$AB /\!/ ab$，则ab也垂直于$BbcC$平面，因此$ab \perp bc$。投影图如图2-24（b）所示。

反之，相交两直线在某一投影面上的投影为直角，且其中有一条直线平行于该投影面时，则该两直线在空间必互相垂直。需要指出的是，若空间两直线垂直但不相交（即交叉垂直）时，其中有一条直线平行于该投影面，其投影仍具有上述特性，如图2-24（c）所示。

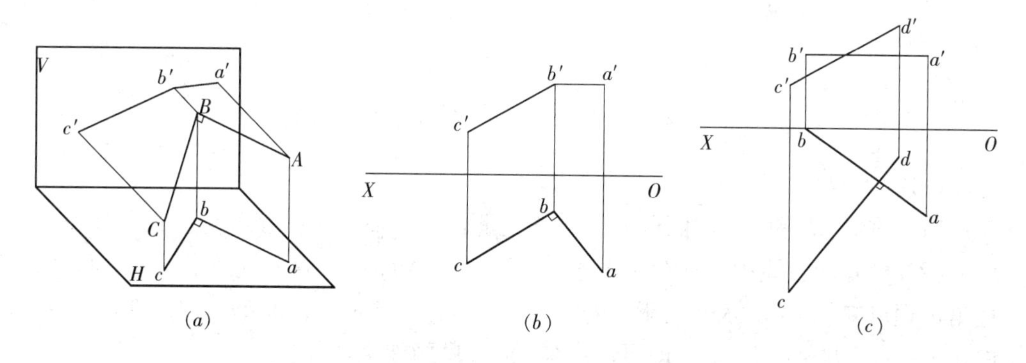

图2-24　垂直相交两直线的投影

【例2-5】已知长方形$ABCD$中BC边的两面投影bc及$b'c'$，AB边的正面投影$a'b'$，且$a'b' /\!/ OX$，求作长方形$ABCD$的两面投影，如图2-25所示。

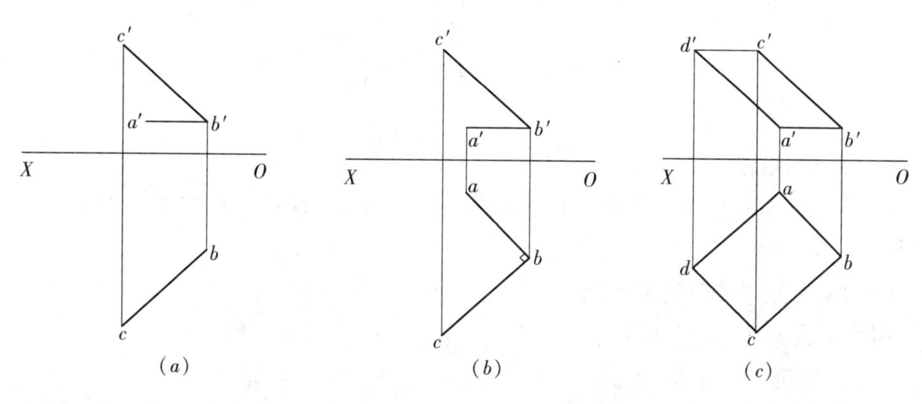

图2-25　求长方形$ABCD$的投影

作法：

(1) 已知长方形 $ABCD$ 邻边是互相垂直的，且 AB 边的正面投影 $a'b' /\!/ OX$，AB 为水平线，所以在水平投影中 ab 一定垂直于 bc，由此可以作出长方形的两面投影。

(2) 由 b 作垂直于 bc 的直线，与过 a' 的 OX 轴的垂线相交于 a。

(3) 过 a' 和 a 分别作直线平行于 $b'c'$ 和 bc，再过 c' 和 c 分别作直线平行于 $a'b'$ 和 ab，便得到长方形的两面投影。

【例 2-6】 求作直线 AB 和 CD 间的最短距离，如图 2-26 所示。

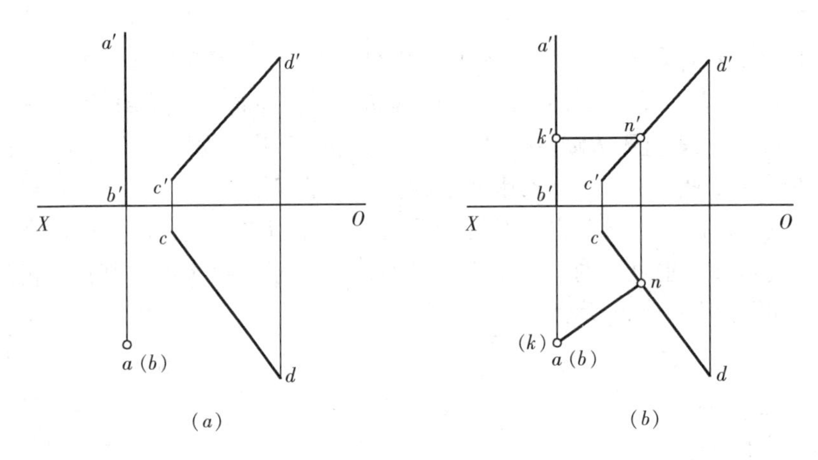

图 2-26　求作直线 AB 和 CD 间的最短距离

作法：

(1) 直线 AB 和 CD 间的最短距离，应是它们公垂线的长度。设公垂线为 KN。

(2) 已知两直线中的 AB 为铅垂线，而 $KN \perp AB$，则 KN 一定平行于 H 面。由直角定理可知，KN 的水平投影与 CD 的水平投影一定垂直，即 $kn \perp cd$，且 kn 一定过 $a(b)$ 点，$k'n' /\!/ OX$ 轴。即可求出公垂线的两个投影。

(3) 由 $a(b)$ 作 cd 的垂线，交 cd 于 n。

(4) 由 n 作 OX 轴垂线，交 $c'd'$ 于 n'。

(5) 过 n' 作 OX 轴的平行线，交 $a'b'$ 于 k'，直线 KN 便是 AB 和 CD 的公垂线，水平投影 kn 反映实长，也就是所求的最短距离。

第五节　平面的投影

一、平面表示法

不在一条直线上的三个点，即可确定一个平面。因此，表示平面的方法有两种形式：

(一) 用几何元素表示平面

用几何元素表示平面如图 2-27 所示。

(二) 用迹线表示平面

平面与投影面的交线，称为迹线。用迹线来确定其位置的平面，称为迹线平

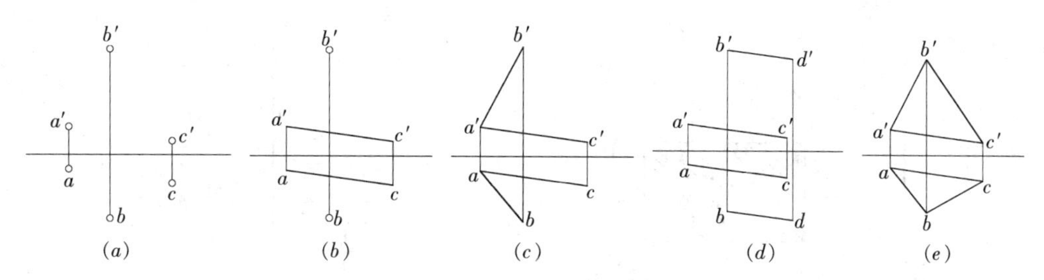

图 2-27　用几何元素表示平面

(a) 不在同一直线上的三个点；(b) 一直线和直线外一点；(c) 相交两直线；(d) 平行两直线；(e) 任意平面图形

面，如图 2-28 所示，与 H 面的交线称为水平迹线，用 P_H 表示；与 V 面的交线称为正面迹线，用 P_V 表示；与 W 面的交线称为侧面迹线，用 P_W 表示。

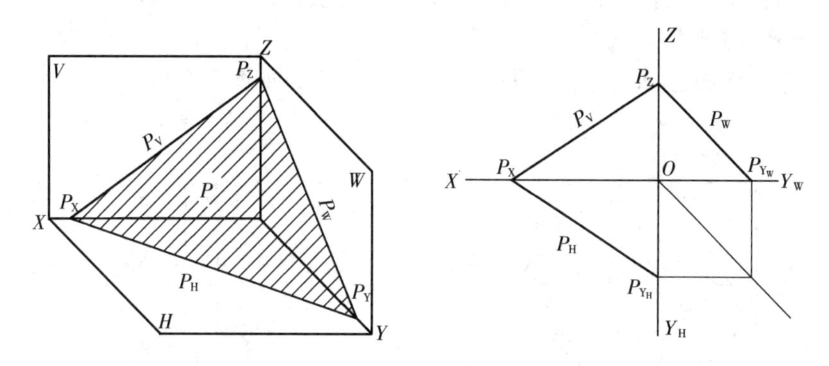

图 2-28　用迹线表示平面

用迹线表示特殊位置平面，在作图中经常用到。如图 2-29（a）所示，正垂面 P 的正面迹线 P_V 一定与 OX 轴倾斜（$P_H \perp OX$，$P_W \perp OZ$，P_H 和 P_W 均可不用画出）；如图 2-29（b）正平面 Q 的水平迹线 Q_H 和侧面迹线 Q_W 一定分别与 OX 轴和 OZ 平行。

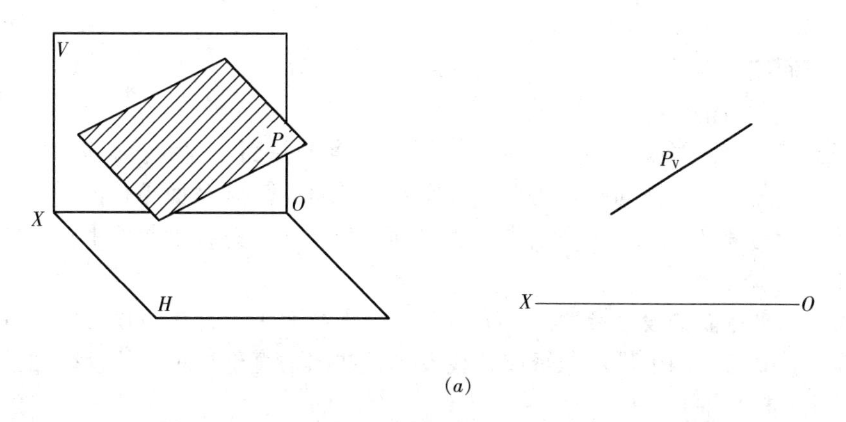

图 2-29　用迹线表示特殊位置平面（一）

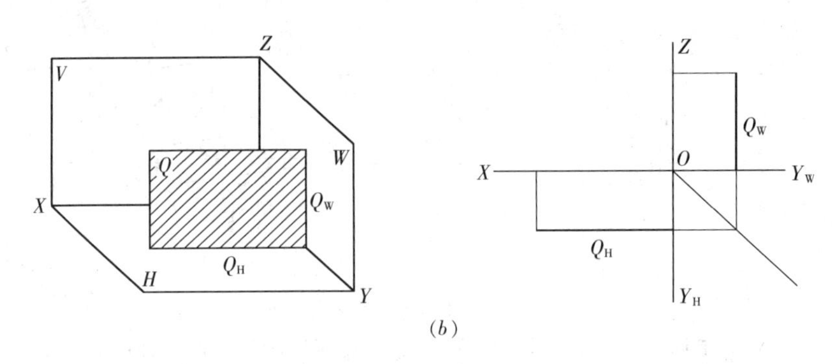

(b)

图 2-29 用迹线表示特殊位置平面（二）

从平面的表示形式中我们发现，平面图形是由线段和线段之间的交点组合而成的，因此，求其平面的投影，就是求平面的这些线段和线段之间交点的投影，然后将其各点的同名投影依次连线，即为平面的投影，如图 2-30 所示。

二、一般位置平面表

倾斜于三个投影面的平面，称为一般位置平面，如图 2-30 所示。

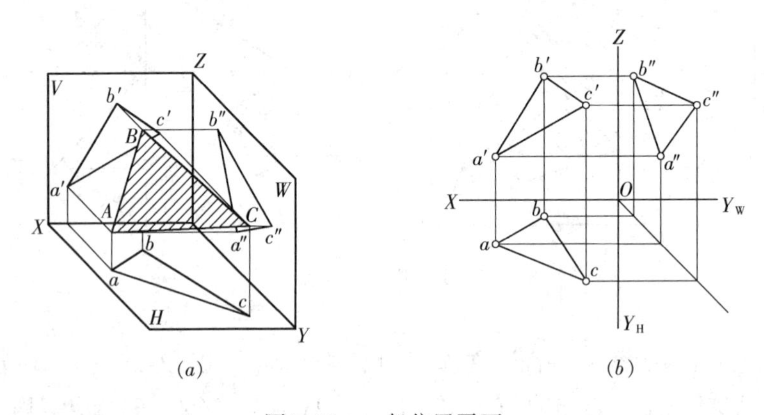

(a) (b)

图 2-30 一般位置平面

一般位置平面的投影特性是：三个投影均成平面形，比实际形状小，不反映实形。

三、特殊位置平面

（一）投影面的平行面

平行于一个投影面，与另外两个投影面垂直的平面，称为投影面的平行面。它有三种情况：①与 *V* 面平行的平面，称为正平面；②与 *H* 面平行的平面，称为水平面；③与 *W* 面平行的平面，称为侧平面。表 2-3 为三种投影面平行面的投影特性介绍。

投影面平行面的投影特性是：①与哪一个投影面平行，在该投影面上的投影反映实形；②另外两个投影积聚成直线段，且共同垂直于相对应的投影轴（平行于相对应的投影轴）。

投影面平行面的投影特性　　　　**表 2-3**

名称	水平面（//H）	正平面（//V）	侧平面（//W）
轴测图	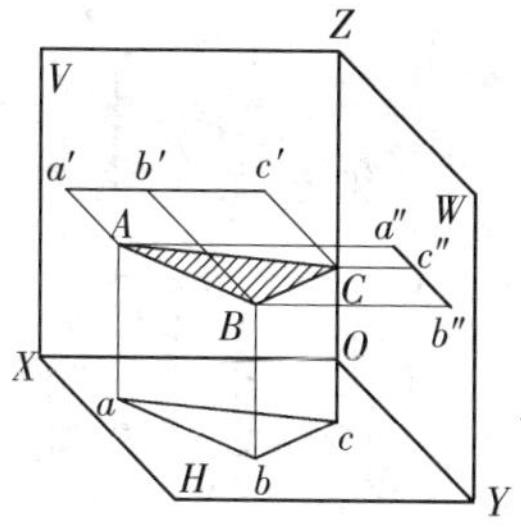	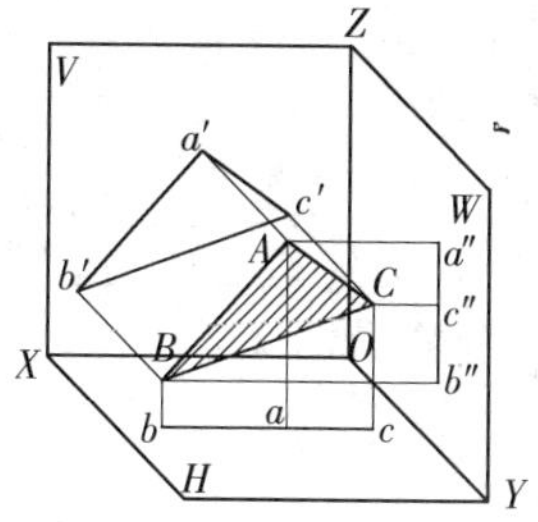	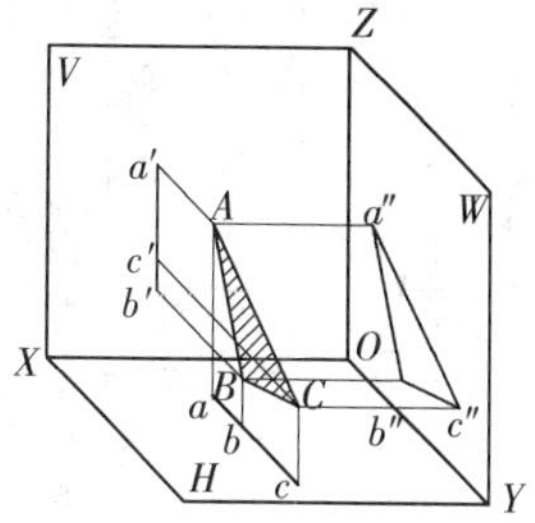
投影图	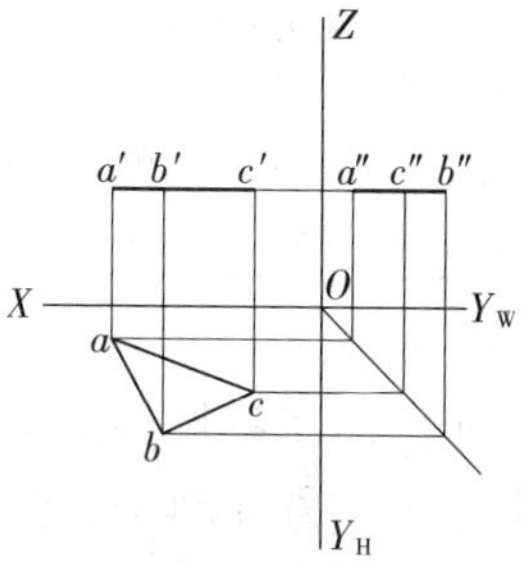	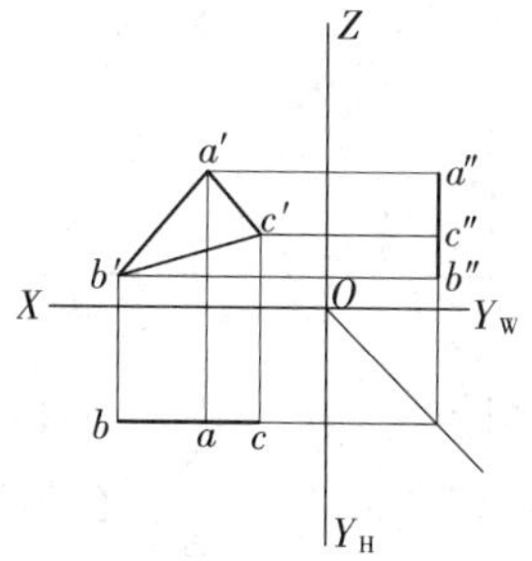	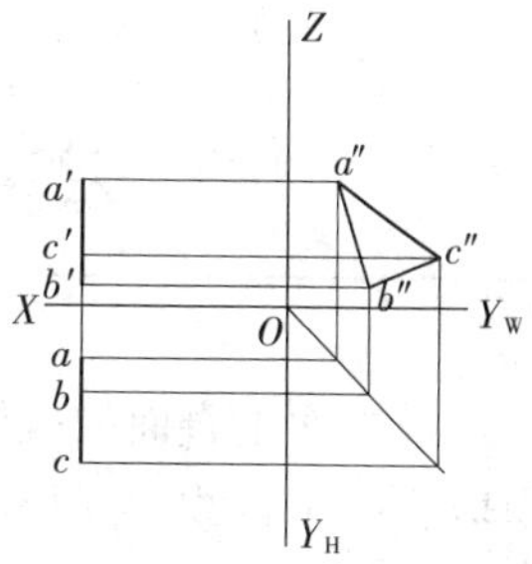
投影特性	1. 水平投影反映实形 2. 正面投影为有积聚性的直线段，且平行于 OX 轴 3. 侧面投影为有积聚性的直线段，且平行于 OY_W 轴	1. 正面投影反映实形 2. 水平投影为有积聚性的直线段，且平行于 OX 轴 3. 侧面投影为有积聚性的直线段，且平行于 OZ 轴	1. 侧平投影反映实形 2. 水平投影为有积聚性的直线段，且平行于 OY_H 轴 3. 正面投影为有积聚性的直线段，且平行于 OZ 轴

（二）投影面的垂直面

垂直于一个投影面，与另外两个投影面倾斜的平面，称为投影面的平行面。它有三种情况：①与 V 面垂直的平面，称为正垂面；②与 H 面垂直的平面，称为铅垂面；③与 W 面垂直的平面，称为侧垂面。表 2-4 为三种投影面垂直面的投影特性介绍。

投影面垂直面的投影特性　　　　**表 2-4**

名 称	铅锤面（⊥H）	正垂面（⊥V）	侧垂面（⊥W）
轴测图	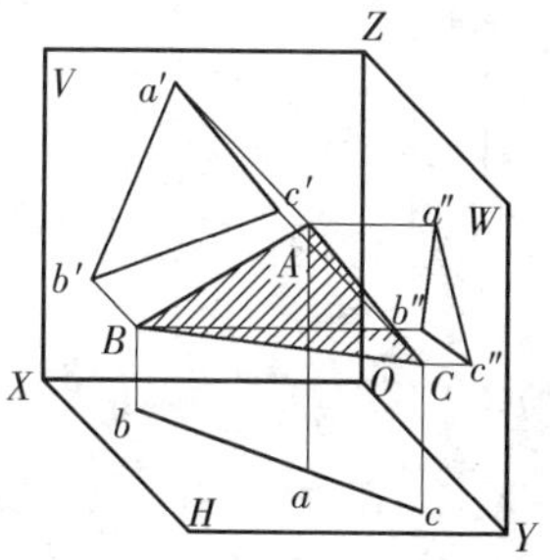	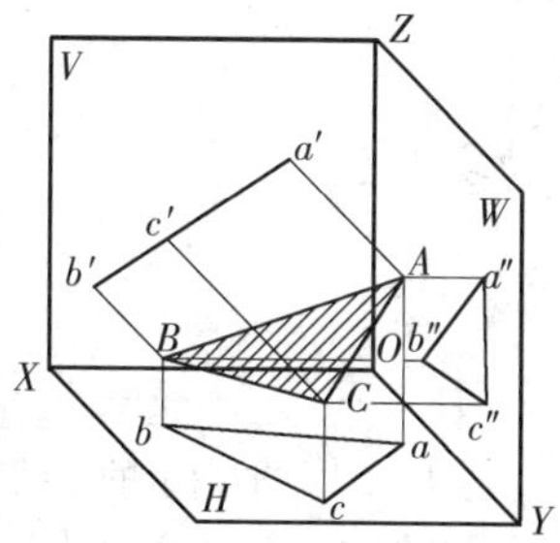	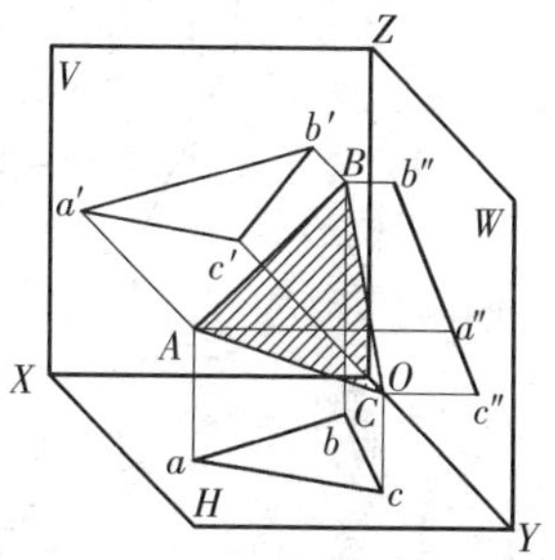

续表

名 称	铅垂面（⊥H）	正垂面（⊥V）	侧垂面（⊥W）
投影图			
投影特性	1. 水平投影成为有积聚性的直线段 2. 正面投影和侧面投影均与原形类似	1. 正面投影成为有积聚性的直线段 2. 水平投影和侧面投影均与原形类似	1. 侧面投影成为有积聚性的直线段 2. 正面投影和侧面投影均与原形类似

投影面垂直面的投影特性是：①与哪一个投影面垂直，在该投影面上的投影积聚成一条直线，且反映对其他两个投影面的真实倾角；②另外两个投影均成平面形，但比实际形状小。

四、平面上的直线和点

（一）平面上的直线

直线在平面上的条件是：

（1）直线过平面上的两个点；

（2）直线过平面上的一个点，且平行平面上的一条直线。

【例2-7】 已知平面△ABC，求作平面上的任一直线。

作法1：

根据"直线过平面上的两个点"的条件作图，如图2-31（a）所示。

在直线AB上任取一点M，它的投影分别为m和m'，在直线BC上取一点N，它

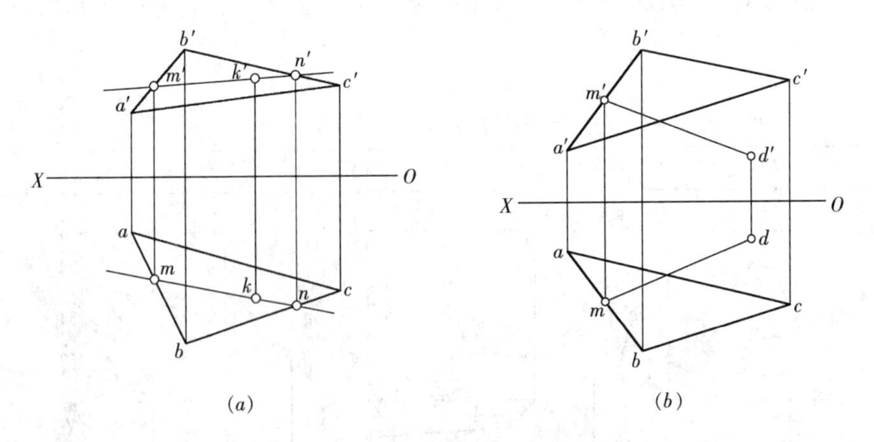

图2-31　平面上的直线

（a）作法1；（b）作法2

的投影分别为 n 和 n'，连接两点的同名投影，即为所求。由于 M、N 所在的直线 AB、BC 皆属于△ABC 平面，所以 mn 和 $m'n'$所表示的直线 MN 一定在△ABC 平面。

作法 2：

根据"直线过平面上的一个点，且平行平面上的一条直线"的条件作图，如图 2-31（b）所示。

在平面上任取一点 M（m，m'），作直线 MD（md，$m'd'$）平行于已知直线 BC（bc，$b'c'$），则直线 MD 一定在△ABC 平面。

（二）平面上的点

点在平面上的条件是：点在平面上，点一定在平面上的一条直线上。

【例 2-8】 已知△ABC 平面的两面投影，且知△ABC 平面上点 E 和点 F 的一个投影，试求点 E 和点 F 的另一个投影，如图 2-32 所示。

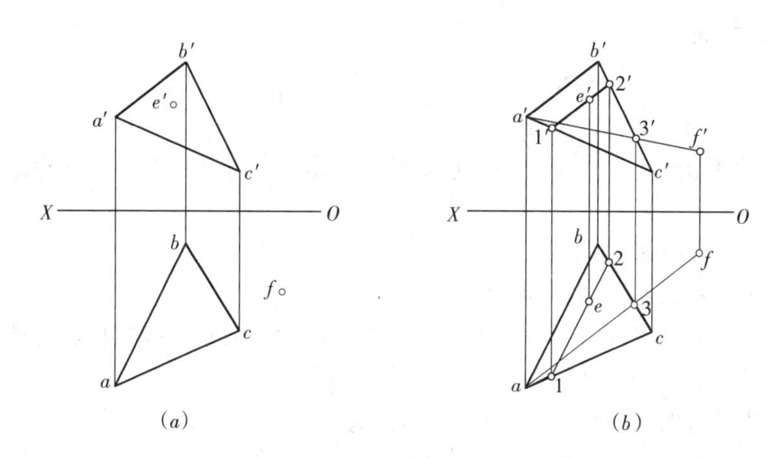

图 2-32　平面上的点

（a）已知条件；（b）作图过程

作法：

（1）过点 E 作直线Ⅰ、Ⅱ平行于 AB，即过 e'作 $1'2' /\!/ a'b'$，再求出水平投影 12；然后过 e'作 OX 轴的垂线与 12 相交，交点即为点 E 的水平投影 e；

（2）过点 F 和定点 A 作直线，即过 f 作直线的水平投影 fa，fa 交 bc 于 3；

（3）过 f 作 OX 轴的垂线与 $a'3'$的延长线相交，交点即为 F 的正面投影 f'。

【例 2-9】 已知四边形 $ABCD$ 水平投影和 AB、AD 两边的正面投影，试完成四边形的正面投影，如图 2-33 所示。

作法：

AB、AD 是相交两直线，所以平面已知。且已知 AB、AD 的两面投影，而点 C 是该平面的一点。因此，利用平面取点的方法即可完成四边形的正面投影。

（1）作 ac、bd 连线，交于 p；

（2）作 $b'd'$的连线，自 p 向上引垂线交 $b'd'$于 p'；

（3）作 $a'p'$的连线，并延长；

（4）自 c 向上引垂线交 $a'p'$的延长线于 c'；

（5）连接 $b'c'$和 $d'c'$，即完成四边形 $ABCD$ 的正面投影。

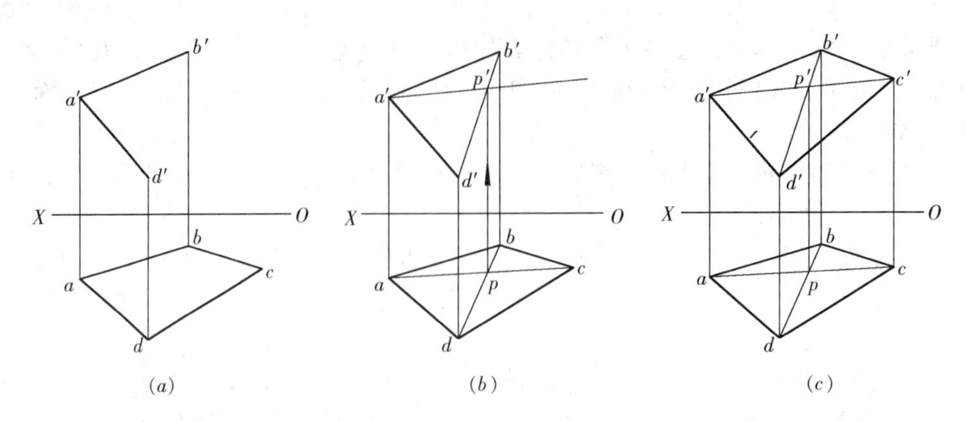

图 2-33　完成四边形的正面投影

复习思考题

1. 正投影的基本特征是什么?
2. 三面投影体系中的投影面、投影轴、投影的名称是什么? 怎样标记?
3. 三面投影体系是如何展开的?
4. 点的三面投影规律是什么?
5. 什么叫重影点? 怎样标记?
6. 试述一般位置直线、投影面的平行线、投影面的垂直线的投影特征。
7. 试述相交两直线和交叉两直线的投影特征。
8. 互相垂直的两直线的投影特征是什么?
9. 直线上的点的投影特性是什么?
10. 试述一般位置平面、投影面的平行面、投影面的垂直面的投影特征。
11. 平面上的直线和点的基本条件是什么?

第三章 立体的投影

立体有组合体和基本几何体之分。由两个或两个以上基本几何体组合而成的，称为组合体。由平面或平面和曲面围合而成的立体，称为基本几何体，简称基本体。依据基本体的体表面的几何性质，可分为平面立体和曲面立体。研究基本体的投影，实质上就是研究基本体表面上点、线、面的投影。

第一节 平面立体的投影

由平面围合而成的立体，称为平面立体。根据平面立体的形状，可分为棱柱体和棱锥体。如图 3-1 所示。根据规定，在绘制立体的三面投影图中，有些表面的交线（棱线）处于不可见位置，在图中须用虚线画出。

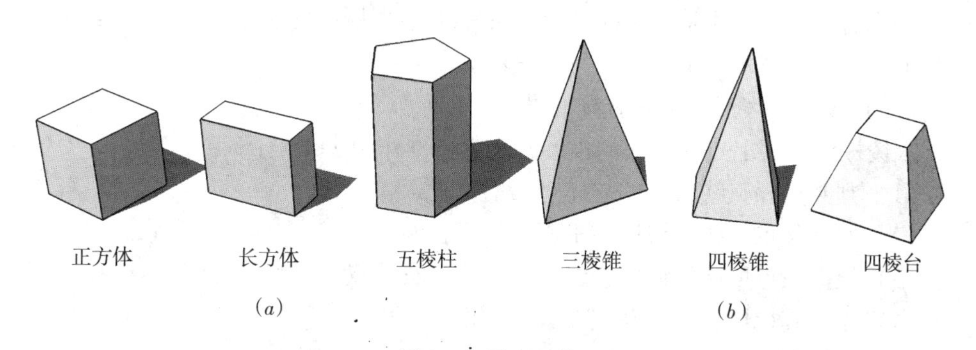

图 3-1 平面立体

(a) 棱柱体；(b) 棱锥体

一、棱柱体

棱线互相平行的立体，称为棱柱体。如：三棱柱、四棱柱、六棱柱等。棱柱体由棱面（棱柱体的表面）、棱线（棱面与棱面的交线）、棱柱体的上下底面共同组成。

（一）棱柱体的三面投影

如图 3-2 所示，三棱柱体的三角形上底面和下底面是水平面，左、右两个棱面是铅垂面，后面的棱面是正平面。

水平投影是一个三角形，是上下底面的重合投影。与 H 面平行，反映实形。三角形的三条边，是垂直于 H 面的三个棱柱面的积聚投影。三个顶点是垂直于 H 面的三条棱线的积聚投影。

正面投影是左右两个棱面与后面棱面的重合投影。左右两个棱面是铅垂面。

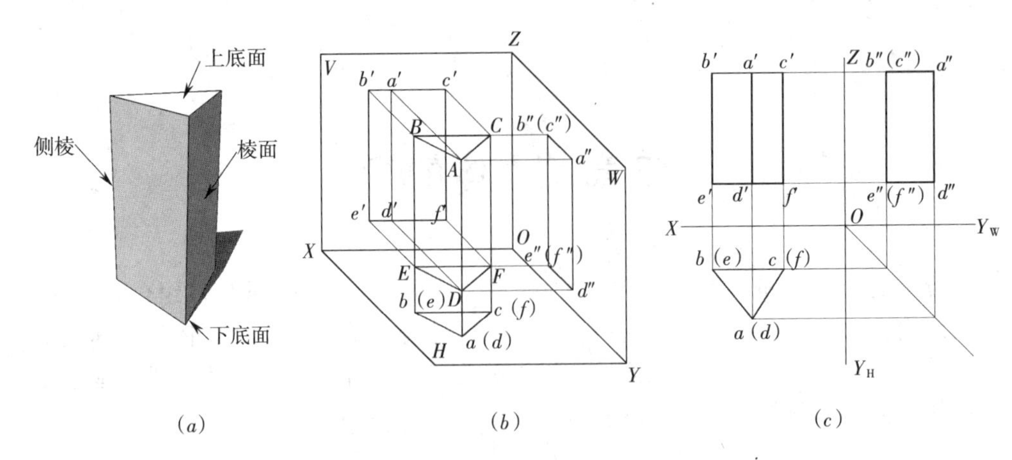

图 3-2　三棱柱的三面投影

（a）三棱柱体；（b）直观图；（c）投影图

后面的棱面是正平面，反映实形。三条棱线互相平行，是铅垂线且反映实长。两条水平线与一条侧垂线是上下底面的积聚投影。

侧面投影是左右两个棱面的重合投影。左边一条铅垂线是后面棱面的积聚投影，右边的一条铅垂线是三棱柱最前一条棱线的投影（左右两个棱面的交线）。两条水平线与一条侧垂线是上下底面的积聚投影。

（二）棱柱体表面上点和直线的投影

求棱柱体表面上点和直线的投影时，其基本作图步骤是：

(1) 判断点和直线所在的立体表面的位置。

(2) 判断该点和该直线所在平面的投影特性。

(3) 根据该点所在平面的投影特性，确定其求点或直线的方法。

(4) 完成其投影，并判断点或直线的可见性。

上述基本作图步骤适用于各类体表面求点和直线的投影。

【例 3-1】 已知三棱柱上一点 L 的正面投影 l' 和直线 MN 的正面投影，试求点 L 和直线 MN 水平投影和侧面投影，如图 3-3（b）所示。

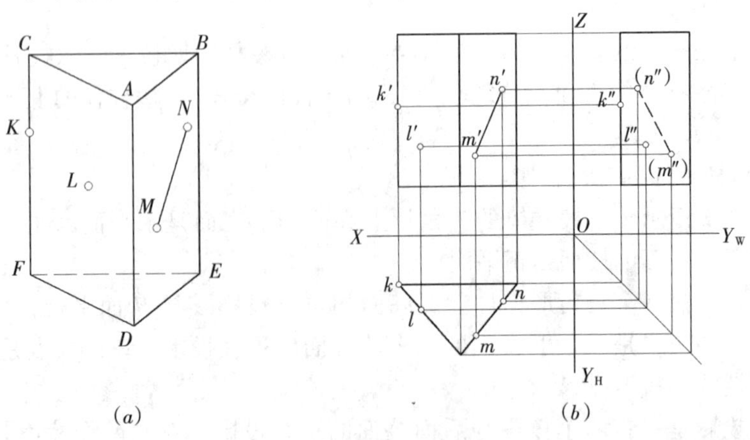

图 3-3　求棱柱体表面上点和直线的投影

作法：

（1）根据 l'的所在位置，可以判断点 L 在三棱柱的左棱柱面上。

（2）根据三棱柱的三面投影分析可知，左棱柱面是一个铅垂面。

（3）根据左棱柱面的水平投影有积聚性的特性，水平投影 l 必落在有积聚性的水平投影 $ACFD$ 上。

（4）根据 l 和 l'，求出侧面投影 l''。

（5）由于左棱柱面在侧面投影为可见，所以，l''为可见。

线段 MN 在 $ABED$ 上。作 MN 投影只要做出点 M 和 N 的三个投影，将这三个同名投影连线即可。点 M、N 的投影作图方法和点 L 的作图方法相同，这里不再叙述。需要指出的是，线段 MN 所在平面的侧面投影为不可见，侧面投影中的 $m''n''$用虚线表示。

二、棱锥体

棱线交于一点的立体，称为棱锥体。如：三棱锥、四棱锥、六棱锥等。棱锥体是由锥面（棱锥体的表面）、棱线（锥面与锥面的交线）、棱锥体的底面共同组成的。

（一）棱锥体的三面投影

如图 3-4 所示，前边左右两个锥面是一般位置平面，后面的锥面是侧平面。左右两条锥线是一般位置直线，前边的锥线是侧平线。三棱锥的底面是水平面。

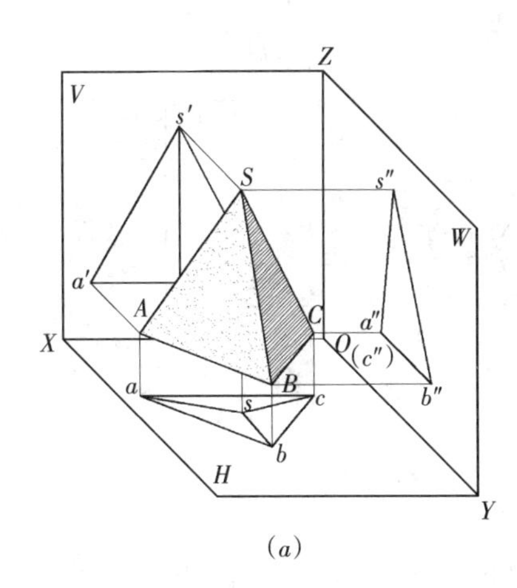

(a)

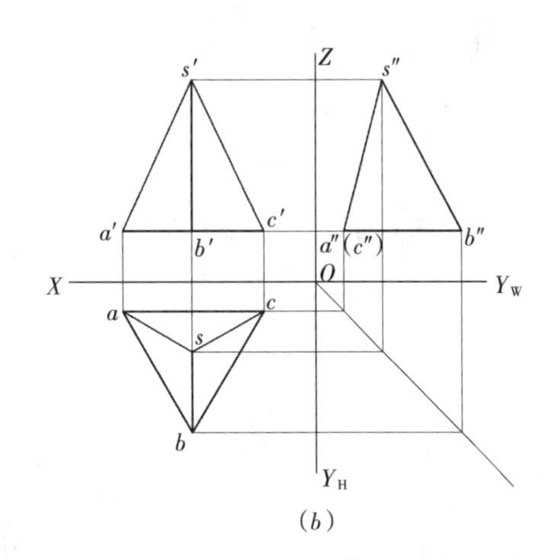

(b)

图 3-4 正三棱锥的三面投影

水平投影是整个锥面与底面的重合投影。底面平行于 H 面，水平投影反映实形。锥顶的水平投影 s 与三角形的三个角点的连线是三条锥线的水平投影。连线构成的小三角形为三个锥面的水平投影。

正面投影是左右两个锥面与后面锥面的重合投影。两个小三角形线框是左右两个锥面的正面投影。大三角形线框是后面锥面的正面投影。水平线是三棱锥底面的积聚投影。

侧面投影是左右两个锥面的重合投影。左边的棱线是三棱锥后面棱面的积聚投影。右边的棱线是三棱锥最前面的棱线投影。水平线是三棱锥底面的积聚投影。

（二）棱锥体表面上点和直线的投影

【例3-2】 已知三棱锥体表面上一点 E 和直线 MN 的正面投影，试求点 E 和直线 MN 的水平投影和侧面投影，如图3-5所示。

作法：

（1）根据 e' 的所在位置，可以判断点 E 在三棱锥的左侧面上。

（2）根据三棱锥的三面投影分析可知，左棱锥面是一般位置平面，可根据点在平面上的投影特性，求点 E 的另外两个投影。

（3）在平面 SAB 上过点 E、S 作以辅助线与 AB 相交于点 K，则 E 在 SK 直线上。

（4）做出 SK 的三面投影 sk、$s'k'$、$s''k''$。

（5）根据点在直线上的投影特性，分别求出 e、e''。

（6）点 E 在三棱锥的 SAB 棱锥面上，SAB 的侧面投影可见，所以点 E 的侧面投影也可见。

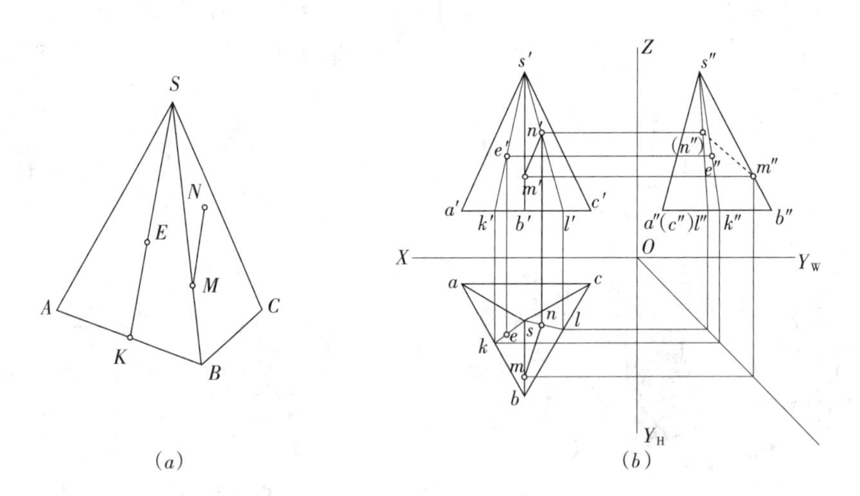

图3-5 求三棱锥体表面上点和直线的投影

直线 MN 在棱锥面 SBC 上，做出点 M、N 的三个投影，将同名投影连线即可。点 M 在棱线 SB 上，可根据点在直线上的投影特性直接求得。点 N 的投影与点 E 的投影作图方法相同。需要指出的是，直线 MN 所在平面 SBC 的侧面投影不可见，所以直线 MN 的侧面投影也不可见，用虚线表示。

三、平面立体投影图的尺寸标注

平面立体三面投影图的尺寸标注应注意以下几个问题：

（1）平面立体应标注各个底面的尺寸和高度。尺寸既要齐全，又不重复。

（2）平面立体的底面尺寸应标注在反映实形的投影图上，高度尺寸应标注在正面投影图和侧面投影图之间，见表3-1。

平面立体的尺寸标注　　　　表 3-1

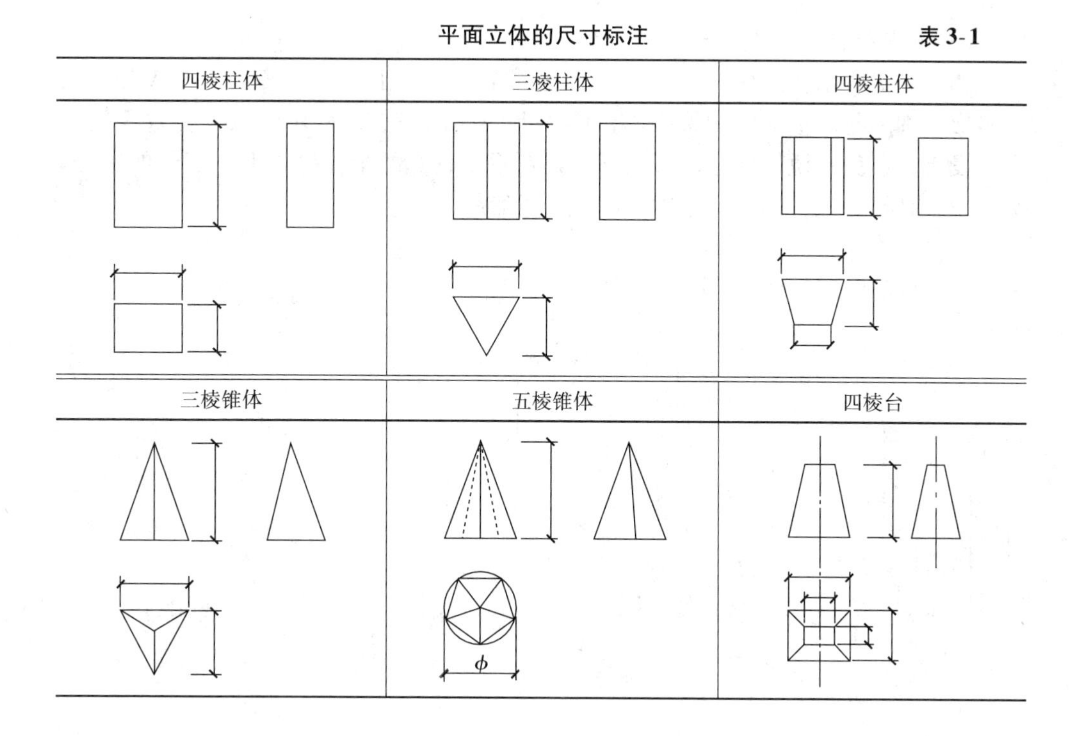

第二节　曲面立体的投影

由平面和曲面或完全由曲面围合而成的立体，称为曲面立体。它们是由母线（直线或曲线）绕轴旋转形成的。根据曲面立体的形状，可分为圆柱体、圆锥体和球体，如图 3-6 所示。

在绘制曲面立体的投影时，应首先在三个投影面上画出中心轴线。

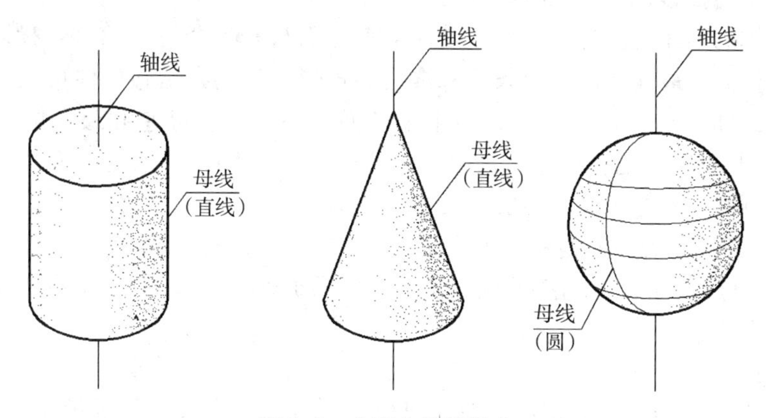

图 3-6　曲面立体的形成

一、圆柱体

圆柱体是由圆柱面、上下底面共同围合而成的曲面体。圆柱面是母线与轴线平行，绕轴旋转而成。处于回转运动中的直线或曲线称为母线。母线在曲面上转至某一位置时称为素线。因此，圆柱面是由许多素线所围成的。

（一）圆柱体的三面投影

如图 3-7 所示，圆柱体的水平投影是一个圆，是上下底面圆的重合投影，反映实形。圆周是圆柱面的积聚投影，圆周上的任何一点，都对应某一位置素线的水平投影，也就是说，圆柱面上的素线是铅垂线，圆的半径等于上下底圆的半径。圆柱轴线是铅垂线，圆心就是轴线的积聚投影。

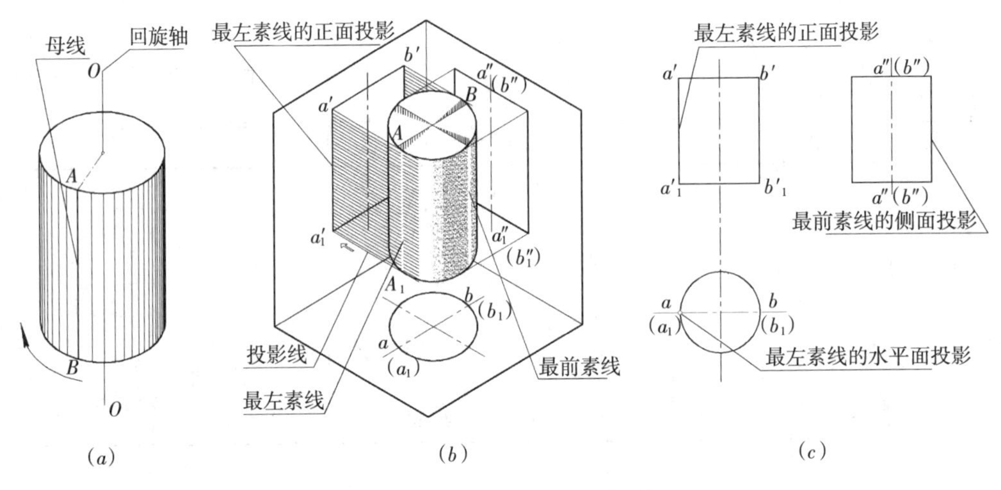

图 3-7 正圆柱体的三面投影

圆柱体的正面投影为一矩形，是前半个柱面与后半个柱面的重合投影。两条垂线是圆柱面上最左和最右两条轮廓素线的投影，其投影是圆柱体可见与不可见的分界线，即前半个柱面可见，后半个柱面为不可见。最前和最后的轮廓素线（不需画出其投影）与轴线重合，用点画线表示。矩形上下两条水平线是圆柱体上下底圆的正面投影，积聚成两条直线。

圆柱体的侧面投影为一矩形，是左半个柱面与右半个柱面的重合投影。两条垂线是圆柱面上最前和最后两条轮廓素线的投影，其投影是圆柱体可见与不可见的分界线，即左半个柱面可见，右半个柱面为不可见。最左和最右的轮廓素线（不需画出其投影）与轴线重合，用点画线表示。矩形上下两条水平线是圆柱体上下底圆的侧面投影，积聚成两条直线。

（二）圆柱体表面上点和直线的投影

【例 3-3】 已知圆柱体表面上点 M、N 的正面投影，试求其水平投影和侧面投影，如图 3-8 所示。

作法：

（1）根据点 M、N 的正面投影，可以判断 M、N 在圆柱体的前半个柱面上。且点 M 在最左的轮廓素线上。

（2）圆柱面的水平投影有积聚性。水平投影 m、n 一定落在有积聚投影的前半个柱面上。

（3）根据 m、n、m'、n' 的投影，即可求出侧面投影 m''、n''。

（4）由于 n'' 在圆柱的右前半个柱面上，右前柱面的侧面投影不可见，所以侧

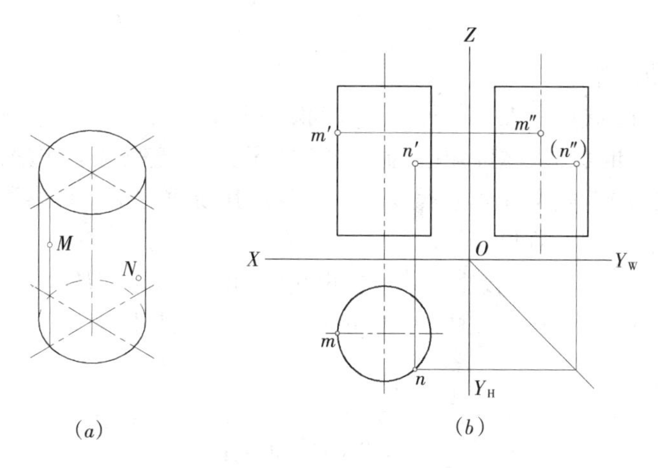

(a) (b)

图 3-8 圆柱体表面上点的投影

面投影 n''不可见。由于 m''在最左的轮廓素线上，所以侧面投影 m''可见。

【例 3-4】已知圆柱体上有两线段 AB 的正面投影和 CD 的侧面投影，试完成其他两投影，如图 3-9 所示。

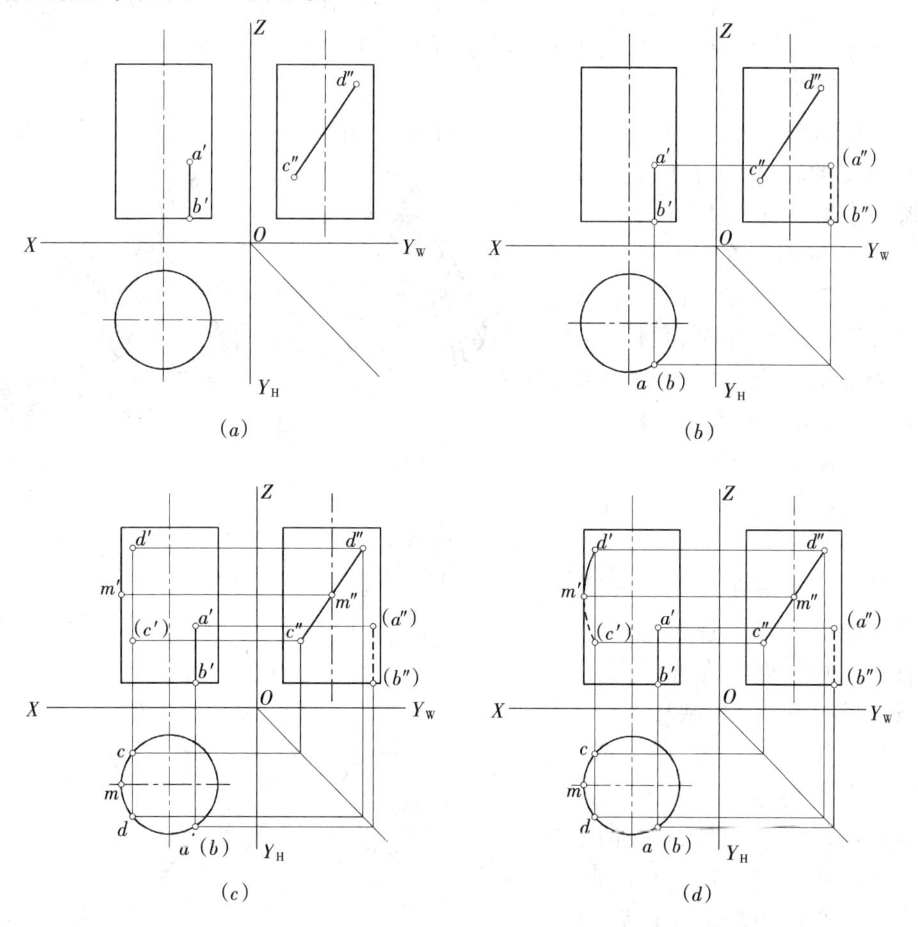

(a) (b)

(c) (d)

图 3-9 圆柱体表面上线段的投影

作法：

1. AB 线段的作图

（1）根据 AB 线段所在的位置，可以判断线段 AB 在圆柱体的右前柱面上。

（2）圆柱面的水平投影有积聚性，水平投影 ab 一定落在有积聚性的右前半个柱面上。且线段 AB 是圆柱体上素线的一部分，其线段的水平投影积聚成一个点，a 在上，b 在下，b 为不可见。

（3）根据 $a'b'$ 和 ab 的投影，即可求出线段的侧面投影 $a''b''$。

（4）由于线段 AB 位于圆柱体的右前柱面上，侧面投影 $a''b''$ 为不可见，用虚线表示。

2. CD 线段的作图

CD 不是素线，是一段曲线。为了作图准确，在 CD 线段上取一点 M，M 在圆柱的最左素线上，是 CD 线段正面投影的转折点，水平投影和正面投影可直接求得。

（1）根据线段 CD 所在的位置，可以判断线段 CD 在圆柱体的左半个柱面上。

（2）圆柱的水平投影有积聚性，cmd 的水平投影可直接求出。

（3）根据 cmd 和 $c''m''d''$ 的两面投影，即可求出 $c'm'd'$ 的正面投影。

（4）由于 $c'm'$ 在圆柱体的左前部分，为可见，用实线画出。$m'd'$ 在圆柱体的左后部分，为不可见，用虚线画出。m' 是可见与不可见分界点的投影。

二、圆锥体

圆锥体是由圆锥面和下底面圆共同围合而成的曲面体。圆锥面是母线 SA 围绕和它相交的轴线旋转而成。因此圆锥上的素线必过锥顶。

（一）圆锥体的三面投影

如图 3-10 所示，圆锥体的水平投影是整个锥面和圆锥体下底面圆的重合投影。圆锥体下底面圆的水平投影反映实形。圆心为锥顶 S 的投影。

正面投影为一个三角形，是前半个锥面与后半个锥面的重合投影。水平线是下底面圆的积聚投影，与锥顶相交的两条直线是圆锥面最左和最右的两条素线的投影，反映实长。

侧面投影为一个三角形，是左半个锥面与右半个锥面的重合投影。水平线是下底面圆的积聚投影，与锥顶相交的两条直线是圆锥面最前和最后的两条素线的投影，反映实长。

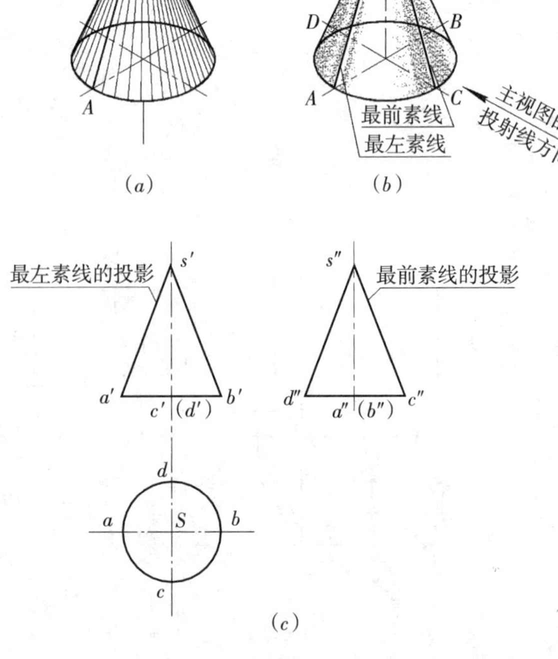

图 3-10 正圆锥体的三面投影

（二）圆锥体表面上点和直线的投影

圆锥体表面上求点和线的投影，一般采用两种方法：素线法和纬圆法。

1. 素线法

利用圆锥体表面上的素线作为辅助线，求圆锥体表面上的点和线的方法，称为素线法。

【例3-5】 已知圆锥体上点 B 的正面投影，求点 B 的水平投影和侧面投影，如图3-11所示。

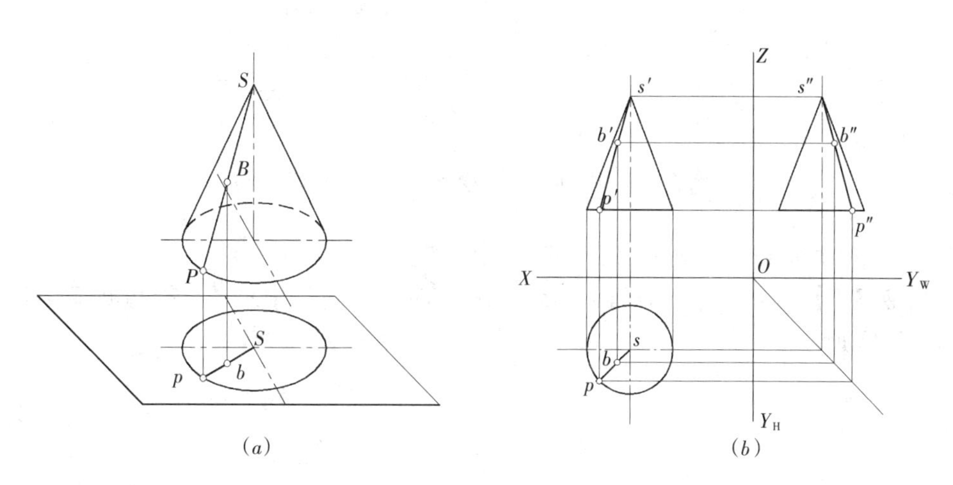

图3-11 用素线法求圆锥体表面上点的投影

作法：

（1）过 B 点作素线 SP，$s'b'$ 连线交圆锥底面圆于 p'，得素线的正面投影 $s'p'$。

（2）自 p' 作垂线，交底面圆于 p，得素线的水平投影 sp。

（3）根据 $s'p'$ 和 sp 的两面投影，即可求出素线 SP 的侧面投影 $s''p''$。

（4）过 b' 作垂线交 sp，得 B 点的水平投影 b，交 $s''p''$ 得 b''。

（5）因 B 点在圆锥的左前半个圆锥面上，所以点 B 的三面投影都可见。

2. 纬圆法

利用平行于圆锥底面圆的平面，剖切形体，得到一个圆。此圆平行于水平投影面，轴心即为该圆的圆心，反映实形，称为纬圆。曲面立体（圆锥、球体）上的点，若在纬圆上，只要求出该点所在纬圆的三面投影，即可求出该点的投影。

【例3-6】 已知圆锥体上点 B 的正面投影，求点 B 的水平投影和侧面投影，如图3-12所示。

作法：

（1）过 B 点作水平剖切，得一纬圆，如图3-12（a）所示。

（2）已知点 B 的正面投影 b'，过 b' 作水平线，得 $m'n'$，$m'n'$ 即为纬圆的直径。

（3）自 $m'n'$ 向下做垂线交于水平轴线的 mn。以锥顶为圆心，sm 或 sn 为半径画圆，得纬圆的水平投影。

（4）自 b' 向下做垂线，交于纬圆的水平投影上，得 B 点的水平投影 b。

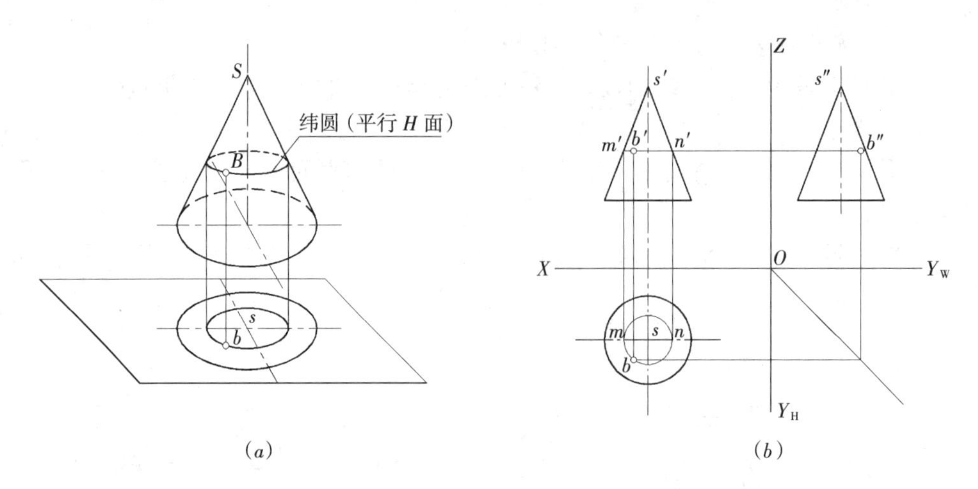

图 3-12　用纬圆法求圆锥体表面上点的投影

（5）根据 b' 和 b 的两面投影，即可求出 b''。

【例 3-7】 已知圆锥体表面上的线段 AB 的正面投影，求水平投影和侧面投影，如图 3-13 所示。

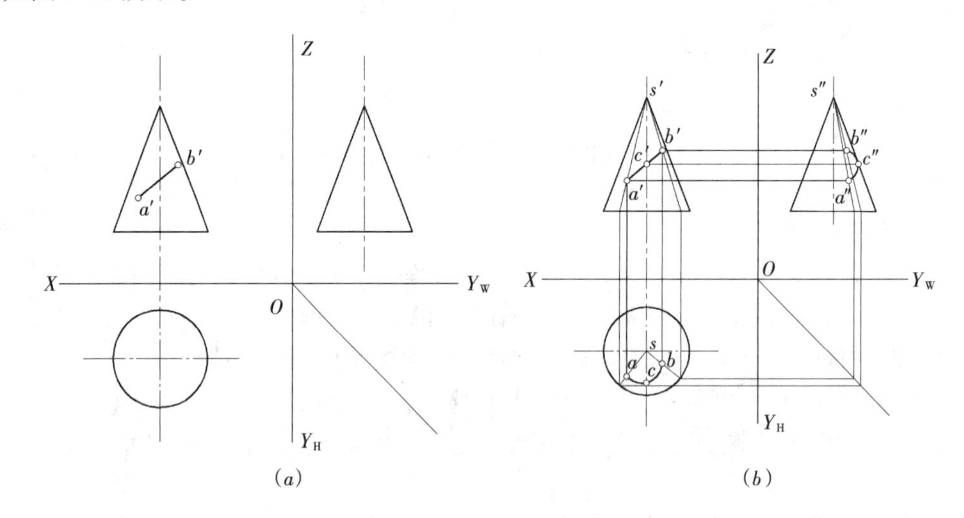

图 3-13　用素线法求圆锥体表面上线段的投影

作法：

圆锥体上的线段除素线是直线外，其余全部为曲线。圆锥上的素线必过锥顶，显然线段 AB 是曲线。在曲线上取点：为了作图准确，在线段 AB 取一点 C，注意 C 点的特殊性。C 点在圆锥体的最前的素线上，利用最前素线的侧面投影，直接可以求得 C 点的侧面投影。C 点是线段 AB 侧面投影可见与不可见的分界点。

点 A 和点 B 利用素线法或纬圆法可直接求得，前面已有讲述，此处不再重复。需要指出的是：点 A 在圆锥体的左前部分，侧面投影可见，点 B 在圆锥体的右前部分侧面投影不可见，结合点 C 的投影，将三点用光滑曲线连接起来，BC 线段的侧面投影不可见，用虚线表示。

三、球体

以圆周为母线，绕着它本身的一条直径为轴旋转一周所形成的曲面，称为球面。球面所围成的立体，称为球体。

（一）球体的三面投影

如图 3-14 所示，球体的三面投影是球的三个与投影面平行的最大平面圆的投影。三个最大平面圆的直径相等并与球径相等。

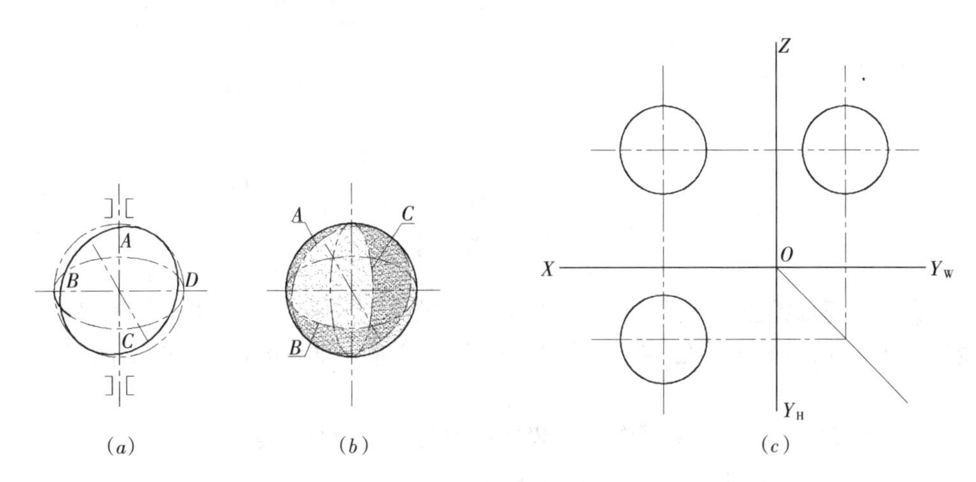

图 3-14 球体的三面投影

绘制球体的三面投影时，应先在三个投影面上绘制十字中心线，中心线的绘制要符合形体投影规律：长对正，高平齐，宽相等。

水平投影是上半个球面与下半个球面的重合投影，是平行于 H 面的最大水平圆的投影，是球体可见与不可见的分界点。与其对应的正面投影是与 OX 轴平行的中心线，侧面投影是与 OY_W 轴平行的中心线。

正面投影是前半个球面与后半个球面的重合投影，是平行于 V 面的最大正面圆的投影，是球体可见与不可见的分界点。与其对应的水平投影是与 OX 轴平行的中心线，侧面投影是与 OZ 轴平行的中心线。

侧面投影是左半个球面与右半个球面的重合投影，是平行于 W 面的最大侧面圆的投影，是球体可见与不可见的分界点。与其对应的正面投影是与 OZ 轴平行的中心线，水平投影是与 OY_H 轴平行的中心线。

（二）球体表面上点和直线的投影

球体的素线是曲线，其体表面上点和直线的投影应采用纬圆法。

【例 3-8】 已知球体表面上有两个点 K、M 的正面投影，试求其他两个投影，如图 3-15 所示。

作法：

点 M 在球体的最大水平圆的最前方位置，点 M 的水平投影和侧面投影，如图 3-15（b）所示。

点 K 的作图应采用纬圆法，作图如下：

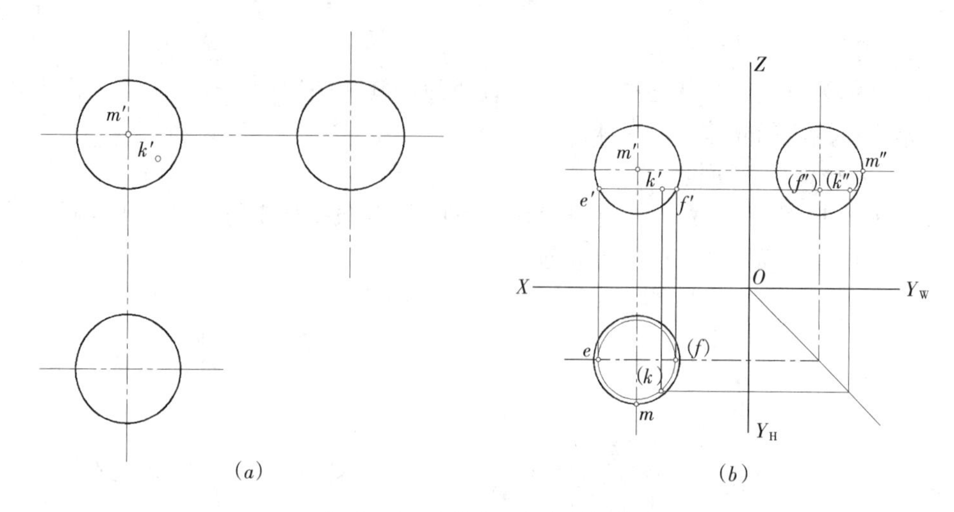

图 3-15　球体表面上点的投影

(1) 在正面投影中过 k' 作 $e'f' /\!/ OX$，$e'f'$ 为纬圆的正面投影（积聚为一直线），$e'f'$ 等于纬圆的直径。自 $e'f'$ 向下作垂线，交水平轴线的 ef，即得 H 面纬圆的水平投影。

(2) 由 k' 作 OX 轴的垂线与水平投影中的的纬圆相交，得 k。

(3) 根据 k、k' 的两面投影，求得 k''。

(4) 因 K 点在球体的前下右部分，所以点 K 的水平投影和侧面投影均为不可见。

【例 3-9】 已知球体表面上有线段 AB 的正面投影，试求其他两个投影，如图 3-16 所示。

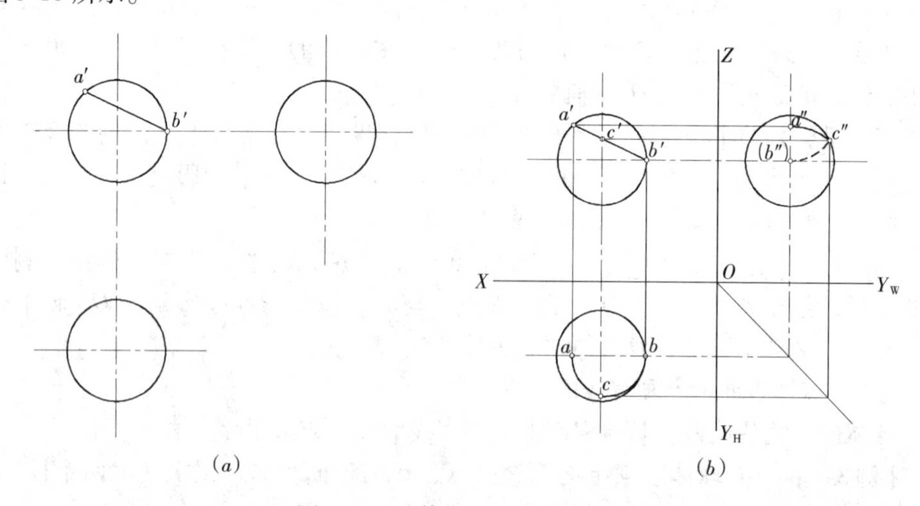

图 3-16　球体表面上直线的投影

作法：

线段 AB 两点在球体的最大正面圆上，因此水平投影和正面投影可根据球体的三面投影特性直接求得。作图方法与用纬圆法在球体表面上求点的方法完全相同，这里不再讲述。在线段上取一点 C，点 C 在球体的最大侧面圆的投影上，是线段 AB 在侧面投影中可见与不可见的分界点，是线段在球体上最前一点，即投影 $a''c''$ 可见，用实线绘制，$c''b''$不可见，用虚线绘制。因球体表面上的线段都是曲线，作图时应将这三点用光滑的曲线连接。

四、曲面立体投影图的尺寸标注

曲面立体投影图的尺寸标注的原则，与平面立体基本相同。

圆锥体或圆锥台应注出底圆的直径和高度。球体只需注出它的直径。球体的投影图可只画一个，但在直径数字前面应加注“ϕ”，见表3-2。

曲面立体的尺寸标注 **表3-2**

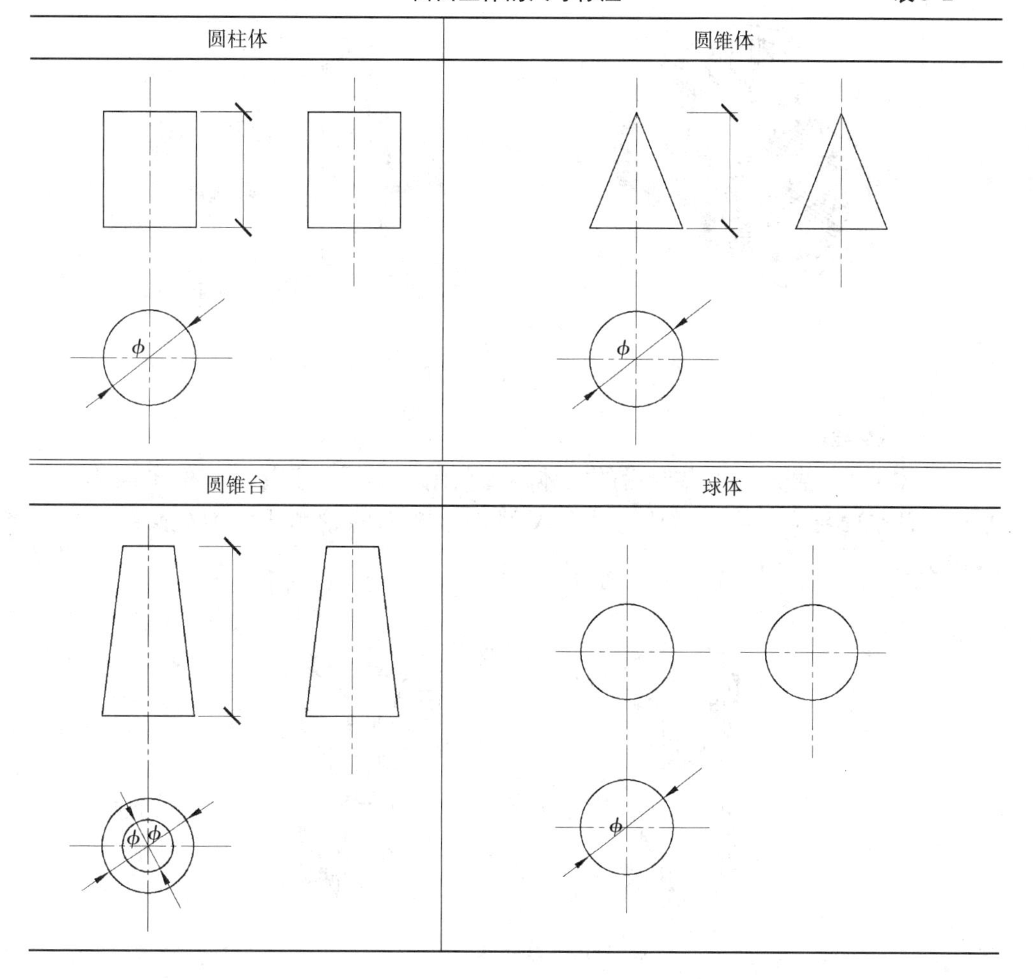

第三节 立体表面的交线

在物体的表面常见到一些交线，平面与立体表面相交而产生的交线称为截交线，如图3-17所示；两立体表面相交而形成的交线称为相贯线，如图3-18所示。了解这两种交线的性质，掌握其画法，将有助于我们正确分析和表达物体的结构形状。

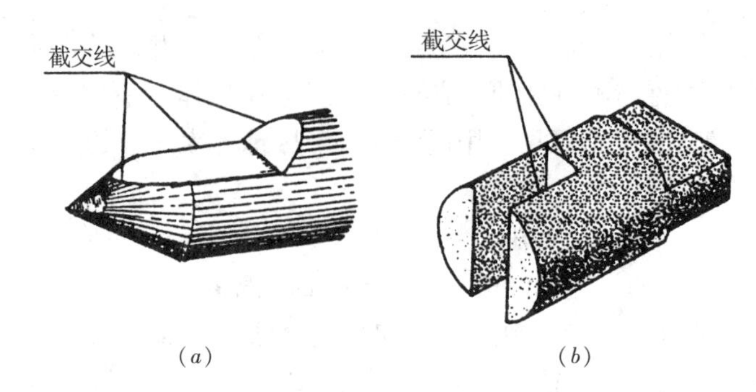

图 3-17　立体表面的截交线
(a) 顶尖；(b) 接头

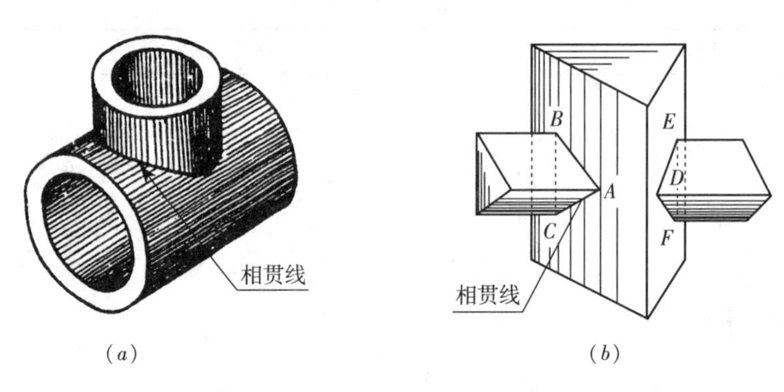

图 3-18　立体表面的相贯线

一、截交线

立体被平面截断时，截断后的立体称为截断体，用来截切立体的平面称为截平面。截平面与基本体表面所产生的交线即截断面的轮廓线称为截交线，如图3-19所示。

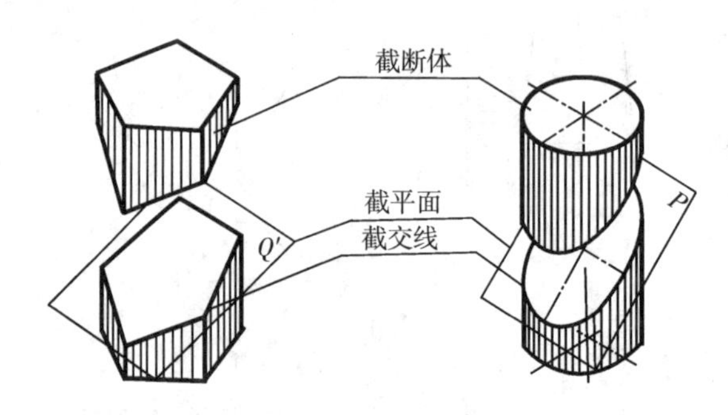

图 3-19　截断体与截交线

截交线具有以下性质：

(1) 共有性　截交线是截平面与截断体表面共有的交线。

(2) 封闭性　截交线是封闭的平面图形。

根据截交线的共有性，求截交线的实质就是求截平面与截断体表面的全部共有点的投影。

（一）平面立体的截交线

平面立体的截交线是一个平面多边形，此多边形的各个顶点就是截平面与平面立体棱线的交点，多边形的每条边就是截平面与平面立体各侧面的交线，所以求平面立体截交线的投影，实质上就是求属于平面的点和线的投影。

【例 3-10】求作图 3-20（*a*）所示正六棱锥被正垂面截切后的投影。

分析：如图 3-20（*a*）所示，截平面 *P* 为正垂面，截交线属于 *P* 平面，其正面投影有积聚性。因此，只需要作出截交线的水平投影和侧面投影。截平面与正六棱锥的侧面均相交，截交线为六边形，其水平、侧面投影均为六边形的类似形。

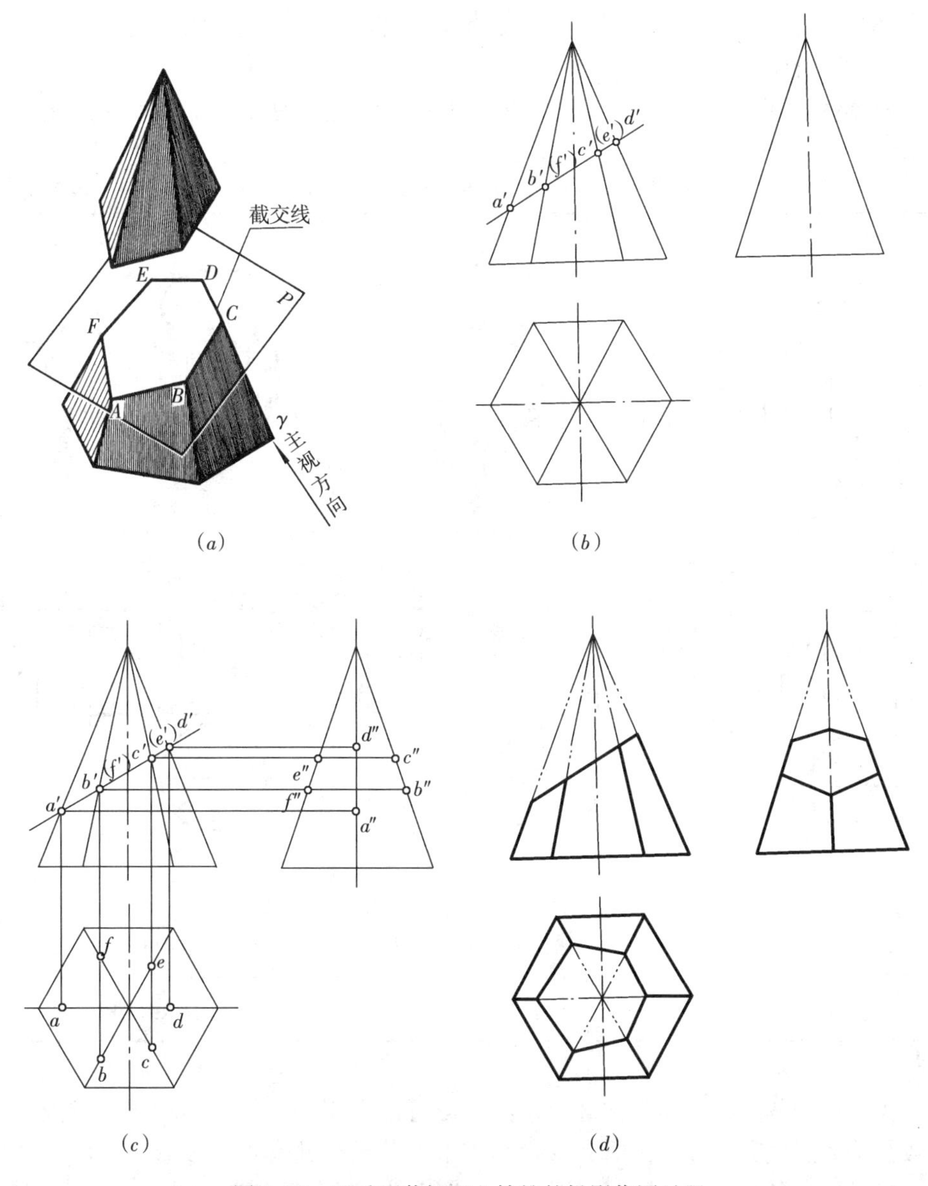

图 3-20 正垂面截切正六棱锥的投影作图过程

作图：

(1) 绘制正六棱锥的投影图，利用截平面的积聚性投影，找出截交线各顶点的正面投影 a'、b'……，如图 3-20 (b) 所示。

(2) 根据属于直线的点的投影特性，求出各顶点的水平投影 a、b……及侧面投影 a''、b''……，如图 3-20 (c) 所示。

(3) 判断可见性，依次连接各顶点的同面投影，即为截交线的投影，如图 3-20 (d) 所示。

(4) 擦去多余图线、描深，完成投影图。

(二) 曲面立体的截交线

曲面立体的截交线一般为一条封闭的平面曲线，有时是由曲线和直线组成的平面图形，特殊情况下为多边形。作图时要根据具体情况确定作图方法。

1. 圆柱的截交线

根据截平面与圆柱轴线位置的不同，其截交线有三种形状，见表 3-3。

圆柱的截交线　　　　**表 3-3**

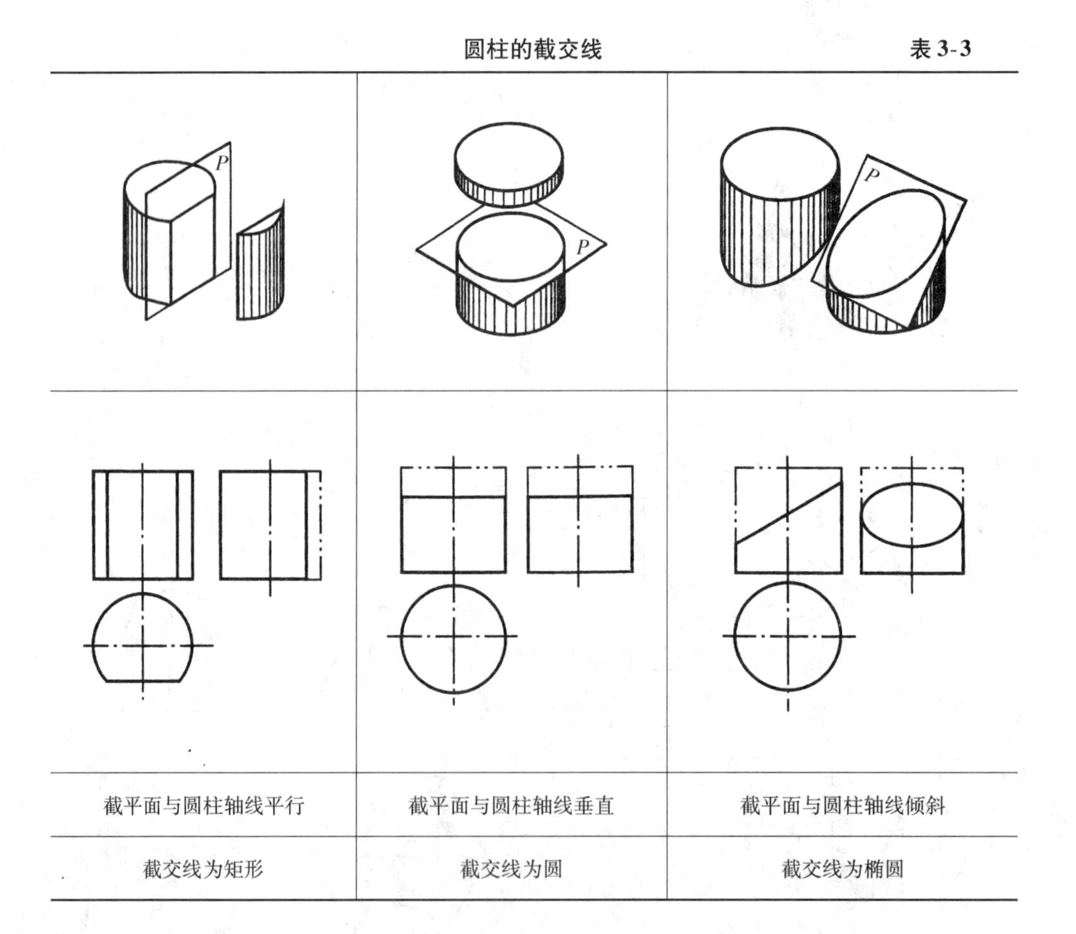

截平面与圆柱轴线平行	截平面与圆柱轴线垂直	截平面与圆柱轴线倾斜
截交线为矩形	截交线为圆	截交线为椭圆

当圆柱的截交线为矩形和圆时，其投影可以利用平面投影的积聚性求出，作图较简单。当截交线为椭圆时，其投影需求出若干个共有点的投影后，用曲线板依次光滑连接各共有点的同面投影，下面举例说明其作图方法。

【例 3-11】如图 3-21（a）所示，求圆柱被正垂面截切后的投影图。

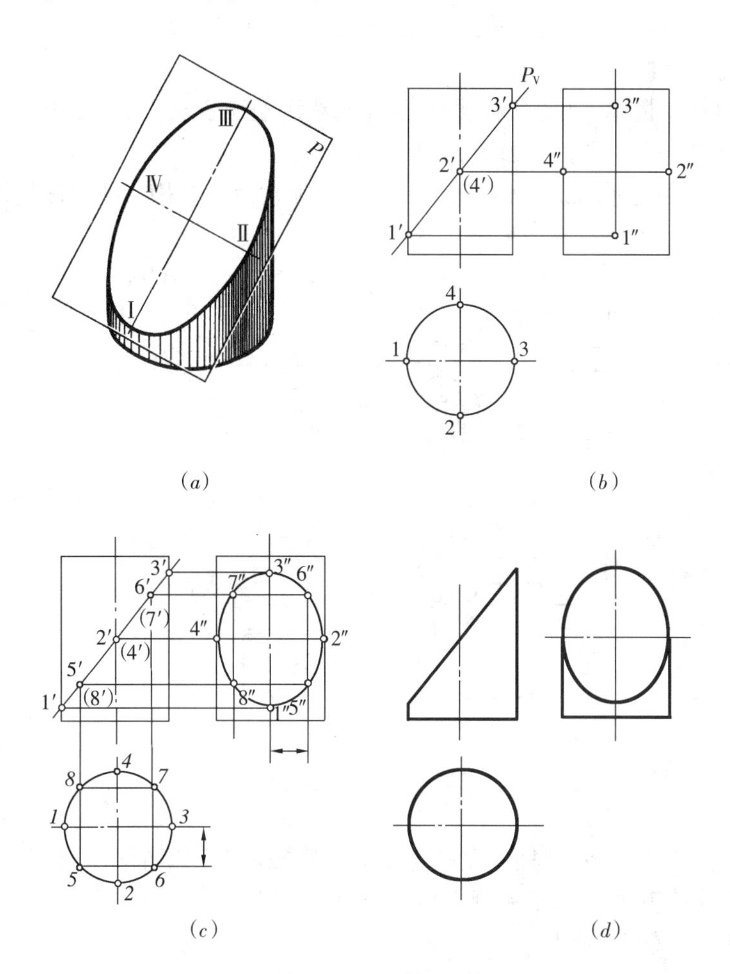

图 3-21 正垂面截切圆柱体的投影作图过程

分析：由图 3-21（a）可知，截平面 P 为正垂面且与圆柱轴线倾斜，因此其截交线为一椭圆，该椭圆的正面投影积聚为与 OX 轴倾斜的直线，水平投影积聚为圆，所以仅需要求出其侧面投影。

作图：

（1）求特殊位置点的投影。画出圆柱体的投影图，如图 3-21（b）所示。截交线的特殊位置点，是侧面投影的最高、最低点，最前、最后点，也是椭圆长、短轴的四个端点。这四点的正面投影为 1′、2′、3′、(4′)，水平投影为 1、2、3、4，根据投影关系求出侧面投影 1″、2″、3″、4″。特殊位置点的投影限定了截交线的范围。

（2）求一般位置点的投影。为了准确作图，需要适当作出一些一般位置点的投影。一般在投影为圆的视图上取 8 等分，即增加四个点 5、6、7、8，按照投影关系求出正面投影 5′、6′、7′、8′和侧面投影 5″、6″、7″、8″，如图 3-21（c）所示。一般位置点的数量可以根据作图需要来确定，一般情况下需在两个特殊点之间至少取一个一般点，以表明连线的趋势。

（3）判断可见性，光滑连线。判断可见性后用曲线板依次光滑地连接各点，即为截交线的投影。

（4）整理、描深。确定圆柱的侧面轮廓线画至位置点 2″、4″，擦去多余图线，描深，完成截断体的投影，如图 3-21（*d*）所示。

【例 3-12】 如图 3-22（*a*）所示，求圆柱体切肩、开槽后的三面投影图。

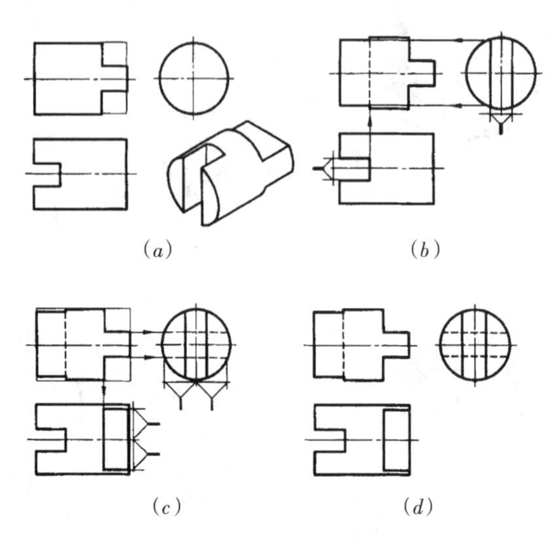

图 3-22　平面切割圆柱的画法

分析： 图 3-22 所示圆柱体左端开槽（中间被两个正平面和一个侧平面切割），右端切肩（上、下被水平面和侧平面对称地切去两块）而形成。所产生的截交线为直线和平行于侧面的圆。

作图：

（1）作出槽口的侧面投影（两条竖线），再按投影关系作出槽口的正面投影（图 3-22*b*）。

（2）作出切肩的侧面投影（两条虚线），再按投影关系作出切肩的水平投影（图 3-22*c*）。

（3）擦去多余的图线，描深。图 3-22（*d*）为圆柱体切肩、开槽后的完整的投影图。

2. 圆锥的截交线

平面与圆锥体相交，根据截平面与圆锥轴线的位置不同，其截交线将有五种不同的形状，见表 3-4。

当截平面与圆锥的截交线为直线和圆时，截交线的作图方法较简单。当截交线为椭圆、抛物线、双曲线时，由于圆锥面的三个投影均没有积聚性，必须通过辅助素线法或辅助平面法作出截交线上多个点的投影，然后用曲线板依次光滑连接各点，获得截交线，如图 3-23 所示。

圆锥体的截交线　　　　表 3-4

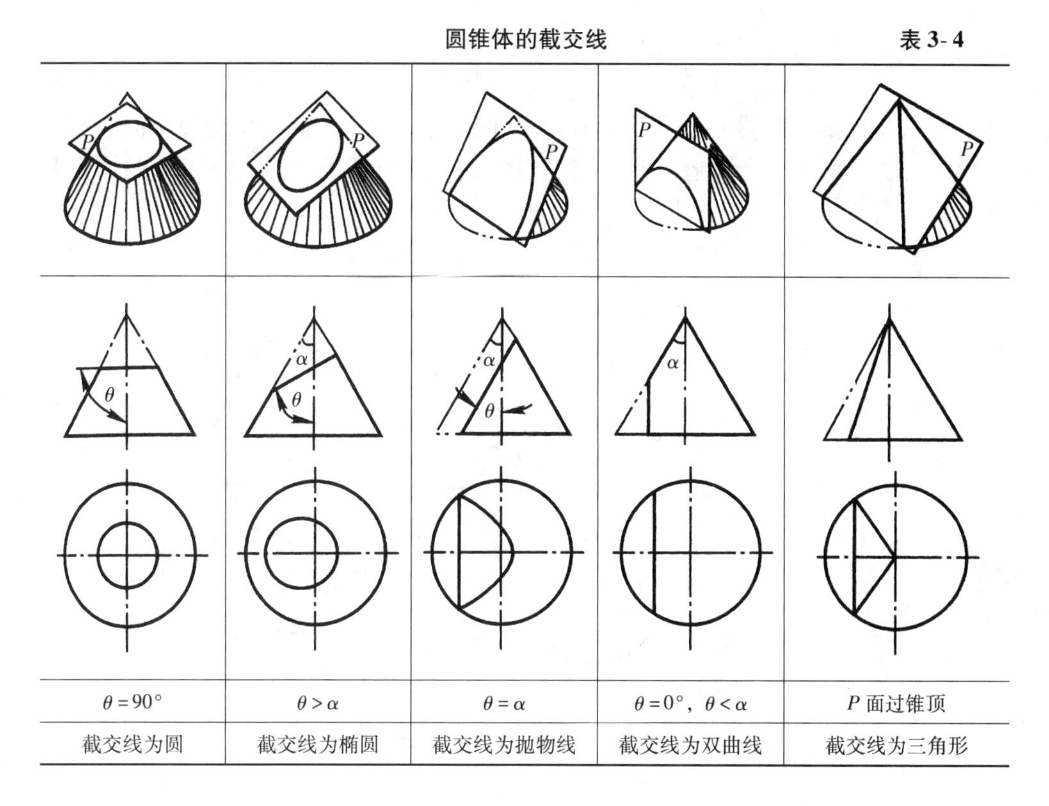

$\theta=90°$	$\theta>\alpha$	$\theta=\alpha$	$\theta=0°$，$\theta<\alpha$	P 面过锥顶
截交线为圆	截交线为椭圆	截交线为抛物线	截交线为双曲线	截交线为三角形

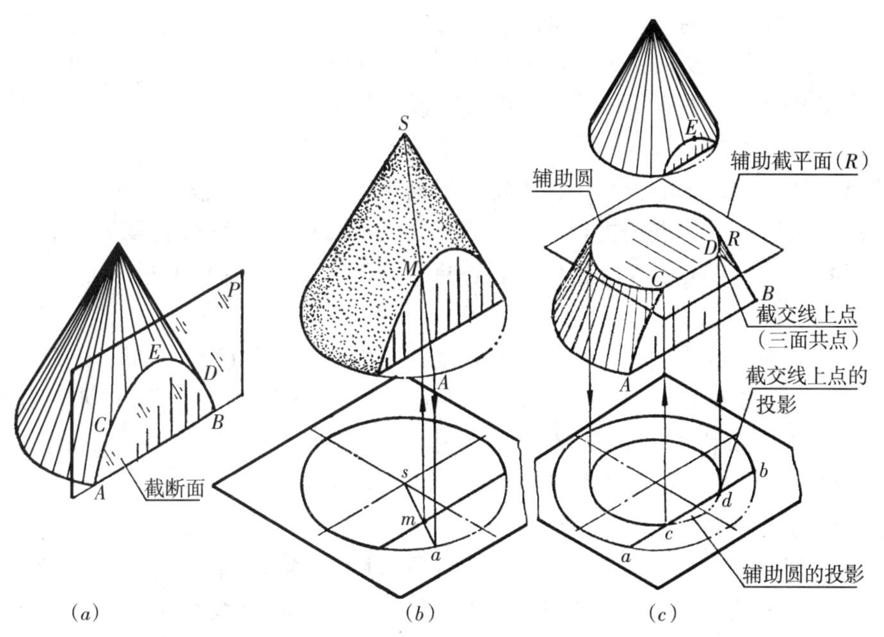

图 3-23　求圆锥截交线的两种作图方法

（1）辅助素线法：截交线上的任意点 M 可看成是圆锥表面某一素线 SA 与截平面 P 的交点，如图 3-23（b）所示，因为 M 点在素线 SA 上，所以点 M 的三面投影分别位于该素线的同面投影上。

（2）辅助平面法：作垂直于圆锥轴线的辅助平面 R，如图3-23（c）所示，平面 R 与圆锥面的交线是一个圆，此圆与截平面交得的两点 C、D 是圆锥面、截平面 P、辅助平面 R 三个面上的共有点，当然也是截交线上的点，由于这两个点具有三面共点的特征，所以辅助平面法也叫三面共点法。

【例3-13】 求图3-24（a）所示圆锥的截交线的投影。

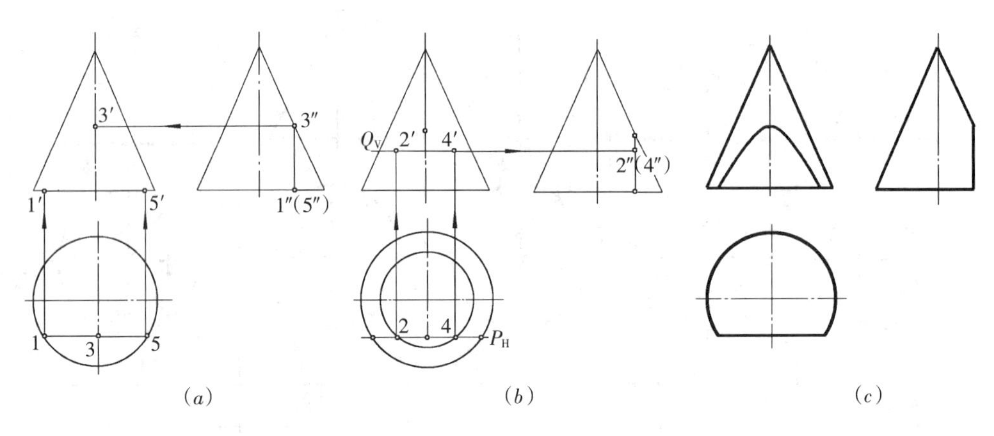

图3-24　求圆锥截交线的作图过程

分析： 由图3-24（a）可知，圆锥被平行于轴线的正平面 P 截切，其截交线为双曲线，其水平投影和侧面投影积聚为直线，正面投影是由双曲线和直线围成的反映实形的平面图形，只需画出正面投影。

作图：

（1）绘制圆锥体的投影图，确定截平面水平投影和侧面投影的位置。

（2）求特殊位置点的投影。确定截交线的最高点 E 的侧面投影 3″，由 3″求出其余两面投影 3 及 3′；找出截交线上的两个最低点 A、B 的水平投影 1、5，由 1、5 求出正面投影 1′、5′及侧面投影 1″、5″，如图3-24（a）所示。

（3）求一般位置点的投影。作水平辅助平面 Q，平面 Q 与圆锥的截交线为圆，该圆的三面投影如图3-24（b）所示。辅助圆的水平投影与截平面的水平投影相交于点2和4，即为所求的共有点的水平投影，根据水平投影作出正面投影 2′、4′和侧面投影 2″、4″。为使曲线连接光滑，可以采用同样方法，再求出一些其他一般位置点的投影。

（4）判断可见性，光滑连线。判断可见性后，将正面投影 1′、2′、3′、4′、5′点用曲线板依次光滑连接成曲线，即为所求截交线的正面投影，如图3-24（c）所示。

3. 圆球的截交线

无论截切平面与圆球的相对位置如何，截交线均为圆。当截平面通过球心时其圆的直径最大，等于圆球的直径；截平面距球心越远，其圆的直径就越小。当截平面为投影面平行面时，截交线在所平行的投影面上的投影反映圆的实形，其余两面投影积聚为直线。当截平面为投影面垂直面时，截交线在其垂直的投影面上的投影积聚为直线，而其余两个投影均为椭圆，见表3-5。

圆球体的截交线　　　　　　**表3-5**

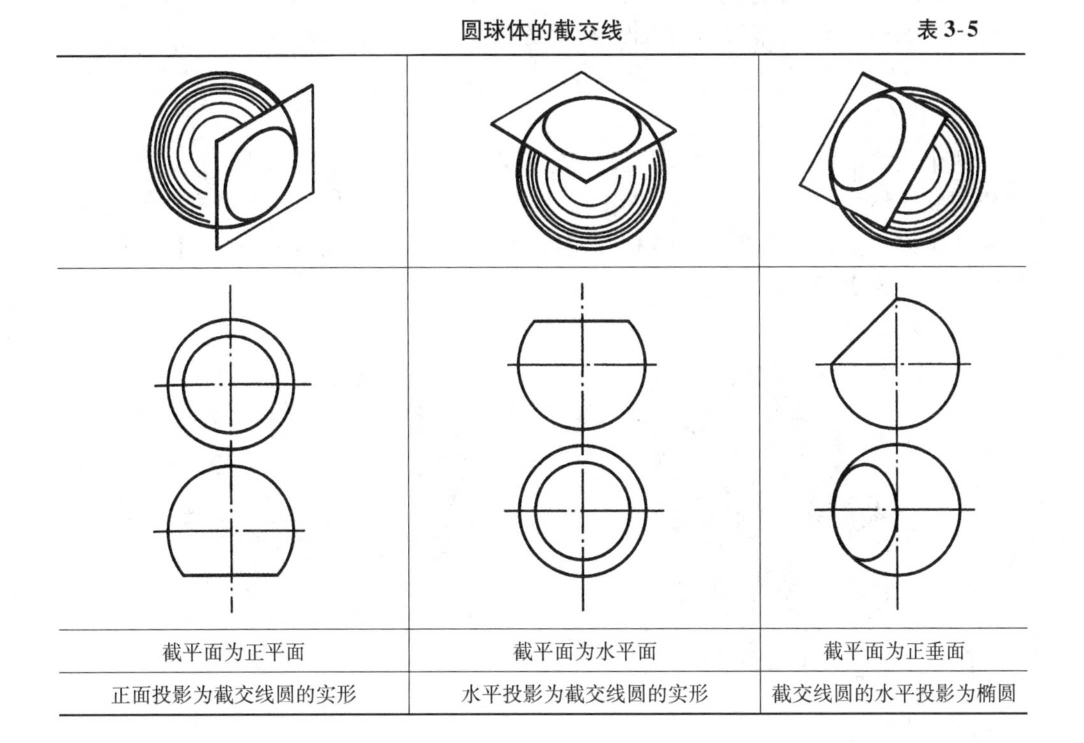

截平面为正平面	截平面为水平面	截平面为正垂面
正面投影为截交线圆的实形	水平投影为截交线圆的实形	截交线圆的水平投影为椭圆

【例3-14】 如图3-25（a）所示，求半圆球被截切的截交线的投影。

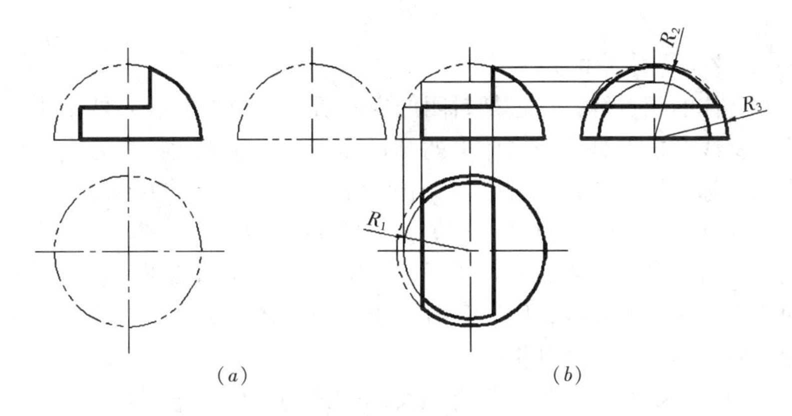

图3-25　被截切的半圆球的画法

分析：半球的切口由一个水平面和两个侧平面切割球面而成。两个侧平面与球面的交线各为一段平行于侧面的圆弧（半径分别为R_2、R_3），而水平面与球面的交线为两段水平的圆弧（半径为R_1）。

作图：

（1）作切口的水平投影　切口底面的水平投影为两段半径相同的圆弧和两段

积聚性直线组成，圆弧的半径为 R_1，如图 3-25（*b*）所示。

（2）作切口的侧面投影 切口的两侧面为侧平面，其侧面投影为圆弧，半径分别为 R_2、R_3，左边的侧面是保留下部的圆弧，右边的圆弧是保留上部的圆弧（如图 3-25 所示）。底面为水平面，侧面投影积聚为一条直线。

（3）判别可见性，检查加深图线。

二、相贯线

两个或两个以上的基本体相交，在它们表面相交处产生的交线，称为相贯线。这样的立体称为相贯体，当一个立体全部贯穿另一个立体时，产生两组相贯线，这种情况称为全贯；当两个立体相互贯穿时，则产生一组相贯线，这种情况称为互贯，如图 3-26 所示。

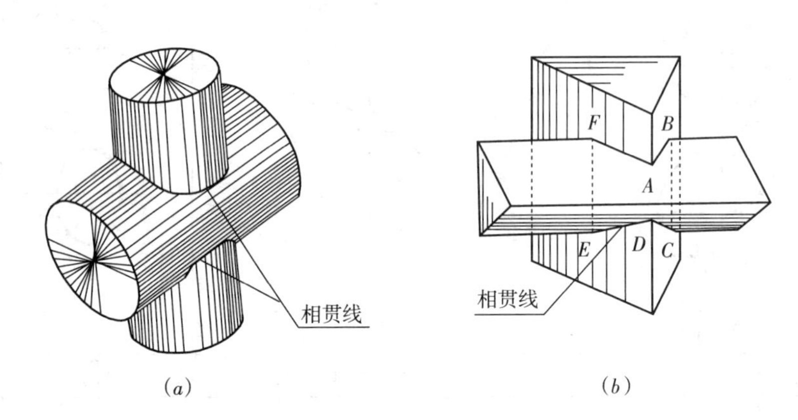

图 3-26 两立体相贯
（*a*）全贯；（*b*）互贯

（一）两平面立体的相贯线

两平面立体的相贯线，一般是封闭的空间折线。每段折线是两个平面立体上相关表面的交线，折点是一个立体上的侧棱和另一立体表面的交点（直线与立体表面的交点，称为贯穿点）。因此，求两个平面立体相贯线的方法是：

（1）分别求出两个平面立体的有关侧棱相互的贯穿点；

（2）依次连接各贯穿点，所得折线即为两平面立体的相贯线。注意：因为相贯线是两个立体侧面的交线，所以只有位于一个立体的侧面上，同时又位于另一个立体的侧面上的两点才可以相连；

（3）判别相贯线的可见性。只有相交两侧面的同面投影都是可见的，交线的同面投影才可见，其他都是不可见的，画图时应画成虚线。

相贯体实际上是一个整体，所以一个立体穿入另一立体内部的侧棱不必画出。

【例 3-15】 如图 3-27（*a*）所示，求作烟囱与屋面的相贯线。

分析： 烟囱是垂直 *H* 面的四棱柱，*H* 面具有积聚性，相贯线水平投影与之重影，相贯点为 1、2、3、4 点；房屋的上半部分是三棱柱，侧面具有积聚性，相贯线的侧面投影与之重影，对应贯穿点为 1″（2″）、4″（3″）。按投影关系即可求出正面投影。

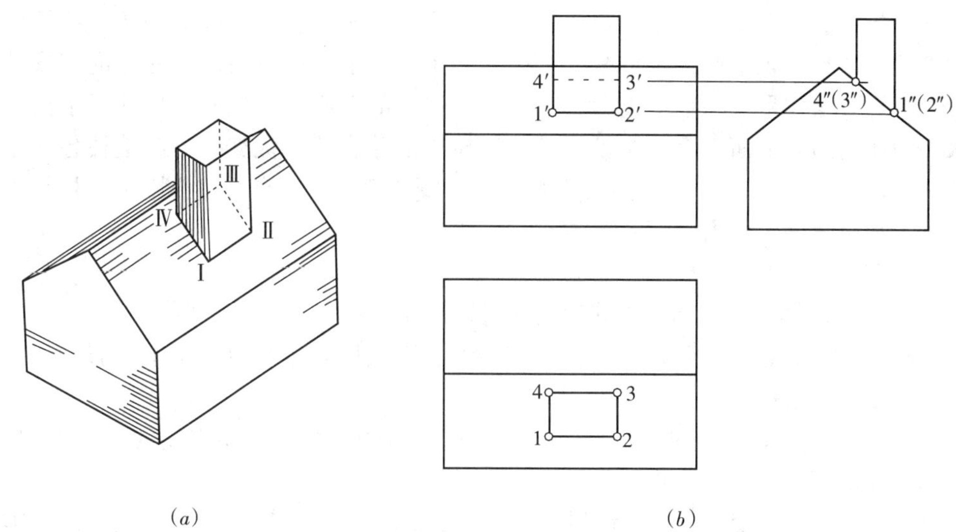

（*a*）　　　　　　　　　　（*b*）

图 3-27　烟囱与屋面的相贯线

（*a*）直观图；（*b*）投影图

作图：

（1）利用积聚性分别找出水平投影的相贯线 1234 和侧面投影的相贯线 1″（2″）4″（3″）。

（2）根据水平投影和侧面投影求出正面投影相贯线的贯穿点 1′、2′、3′、4′。

（3）连接正面投影的相贯线并判别可见性。因为三棱柱的前表面和四棱柱的前表面可见，1′2′连粗实线，四棱柱的后面不可见，3′4′连虚线，1′4′和 2′3′位于积聚性投影上。作图结果如图 3-27（*b*）所示。

【例 3-16】如图 3-28 所示，求四棱柱体与三棱锥体的相贯线。

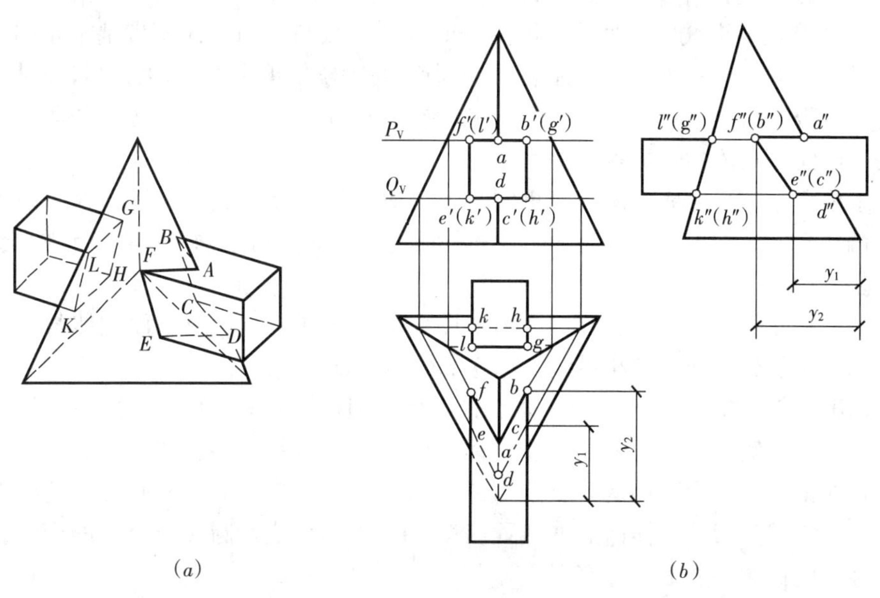

（*a*）　　　　　　　　　　（*b*）

图 3-28　四棱柱体与三棱锥体相贯

（*a*）直观图；（*b*）投影图

分析：从正面投影可知，四棱柱和三棱锥体为全贯，相贯线有两组。四棱柱的正面投影具有积聚性，相贯线 *ABCDEF* 和 *GHKL* 正面投影与四棱柱体的积聚性投影重合。求相贯线的水平投影时，可以利用辅助平面法，过四棱柱的上下两个水平面作辅助截平面 P 和 Q，求得其截三棱锥的截交线，截交线与四棱柱各侧棱水平投影的交点 a、b、c、d、e、f 和 g、h、k、l 都为贯穿点，按投影关系根据水平投影和正面投影求出侧面的贯穿点。

作图：

（1）利用四棱柱的积聚性找出正面投影的相贯线。

（2）利用辅助截平面法，根据相贯线的正面投影求出相贯线水平投影的贯穿点 a、b、c、d、e、f 和 g、h、k、l。

（3）根据正面投影和水平投影的贯穿点求出侧面投影的相贯线的贯穿点 a''、b''、c''、d''、e''、f''和 g''、h''、k''、l''。

（4）连接相贯线并判别可见性，水平投影 c、d、e 和 h、k 不可见，故连虚线，其余均可见，有的位于积聚性的面上，故均为粗实线，如图 3-28 所示。

（二）平面立体与曲面立体的相贯线

平面立体与曲面立体的相贯线，一般是由若干段平面曲线所组成的空间闭合线。每段平面曲线，是平面立体的一个侧面与曲面立体上曲面的截交线。每两段平面曲线的交点，是平面立体的侧棱与曲面立体上曲面的贯穿点。因此，求平面立体与曲面立体的相贯线，实际上就是求平面与曲面立体的截交线和直线与曲面立体的贯穿点。因此，求平面立体与曲面立体的相贯线的方法是：

（1）求出平面立体的侧棱与曲面立体上曲面的相贯点和曲面立体的素线对平面立体侧面的贯穿点。

（2）依次连接各点，即为平面立体与曲面立体的相贯线。

（3）判别相贯线的可见性。可见性的判别方法与平面立体相贯基本相同，即相贯线的各部分，只有两个立体表面的同面投影均为可见时，交线的同面投影才为可见，否则为不可见。相贯线看得见和看不见部分的分界点，必在平面立体的侧棱上或曲面立体的轮廓素线上。

求平面立体和曲面立体的相贯线，也可应用辅助截平面法，即选择一系列的辅助截平面，分别求出它们与两个立体的截交线，然后再求两立体截交线的交点，即为相贯点。

如果平面立体的侧面和曲面立体上曲面的直素线平行，或平面立体与曲面立体上的平面部分相交，则相贯线上相应部分为直线。

【例 3-17】如图 3-29 所示，求四棱柱体与圆柱体的相贯线。

分析：从侧面投影可知，四棱柱体与圆柱体为全贯，相贯线有左右两组。每组相贯线都由两条圆弧和两条直线组成。圆弧是四棱柱体上下两侧面与圆柱面的截交线，直线是四棱柱体前后两侧面与圆柱面的截交线。圆弧与直线的交点，是四棱柱体侧棱和圆柱面的贯穿点。

四棱柱体各侧面垂直于 W 面，圆柱体的圆柱面垂直于 H 面，因此，相贯线的侧面投影和水平投影可从积聚投影中直接得到。求相贯线的正面投影，可根据水

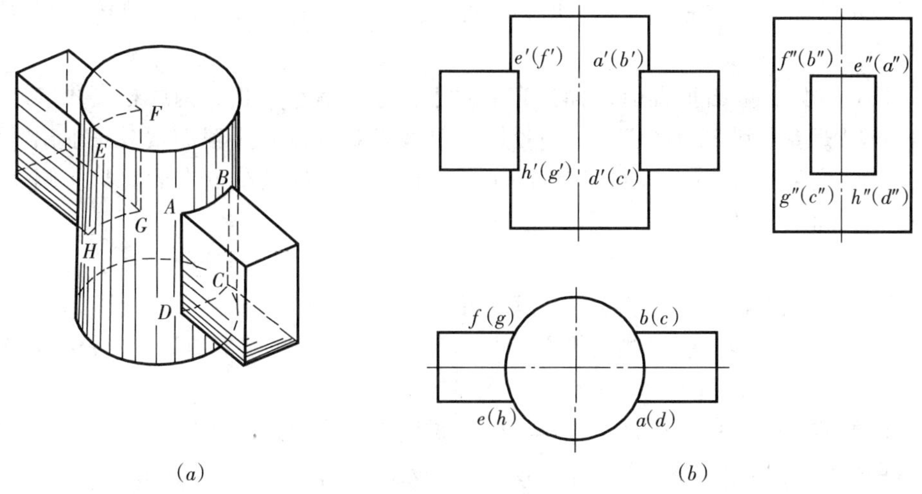

图 3-29 四棱柱体与圆柱体相贯
(a) 直观图；(b) 投影图

平投影和侧面投影求得。由于相贯体是前后对称的，所以在正面投影中相贯线的可见和不可见部分重合。

作图：

(1) 根据积聚性直接找出相贯线的水平投影和侧面投影。

(2) 根据正面投影和水平投影求出正面投影的相贯线。

(3) 判别相贯线的可见性，作图结果如图 3-29 所示。

【例 3-18】 如图 3-30 所示，求四棱柱体与圆锥体的相贯线。

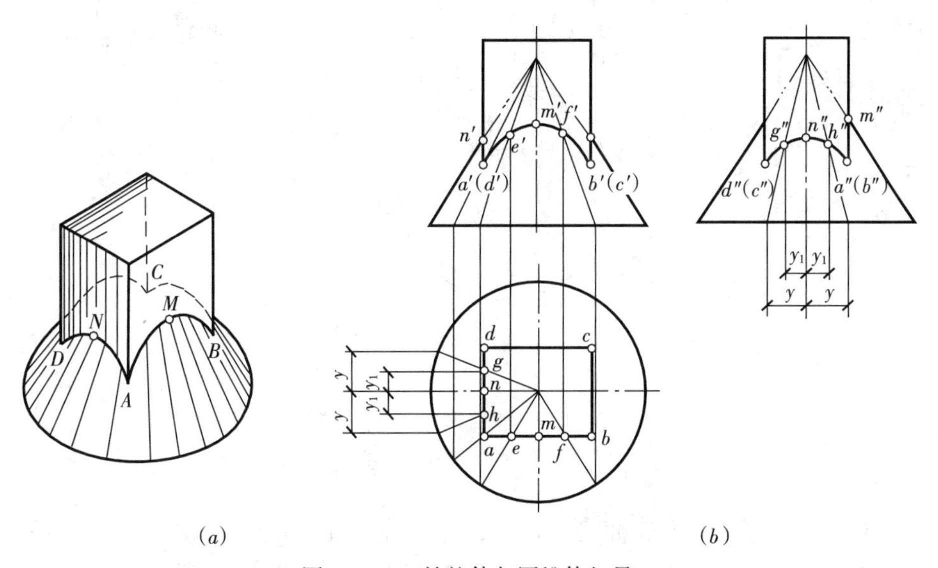

图 3-30 四棱柱体与圆锥体相贯
(a) 直观图；(b) 投影图

分析： 从水平投影和正面投影可知，四棱柱体和圆锥体为全贯，但没有穿透圆锥的底面，由于四棱柱体的四个侧面平行于圆锥的轴线，所以相贯线是一条由四段双曲线组成的空间闭合线。四条双曲线的交点，是四棱柱体的侧棱与圆锥面的贯穿点。

四棱柱体各侧面垂直于 H 面，它的水平投影具有积聚性，因此相贯线的水平投影可以直接得到。相贯线的正面投影和侧面投影可以利用辅助素线法求出。注意：四棱柱后侧面与前侧面相贯线的 V 面投影重合，四棱柱的右侧面与左侧面相贯线的 W 面投影重合。

作图：

（1）根据四棱柱体的积聚性，找出相贯线的水平投影 $abcd$。

（2）求出正面投影和侧面投影中四条侧棱与圆锥体的贯穿点 a'、b'、c'、d'和 a''、b''、c''、d''，如图 3-30 所示。

（3）求四棱柱的前侧面与圆锥体的相贯线。先求出最高点 M 的投影 m'、m''，然后用辅助素线法求出一般位置点 E、F 的投影 e'、f'和 e''、f''。同理，可求出左侧面与圆锥体的相贯线。先求出最高点 N 的投影 n'、n''，然后用辅助素线法求出一般位置点 H、G 的投影 h'、g'和 h''、g''。

（4）依次连接各点的同面投影，并判别可见性，即得相贯线的投影，如图 3-30所示。

【例 3-19】 如图 3-31 所示，求三棱柱体与半球体的相贯线。

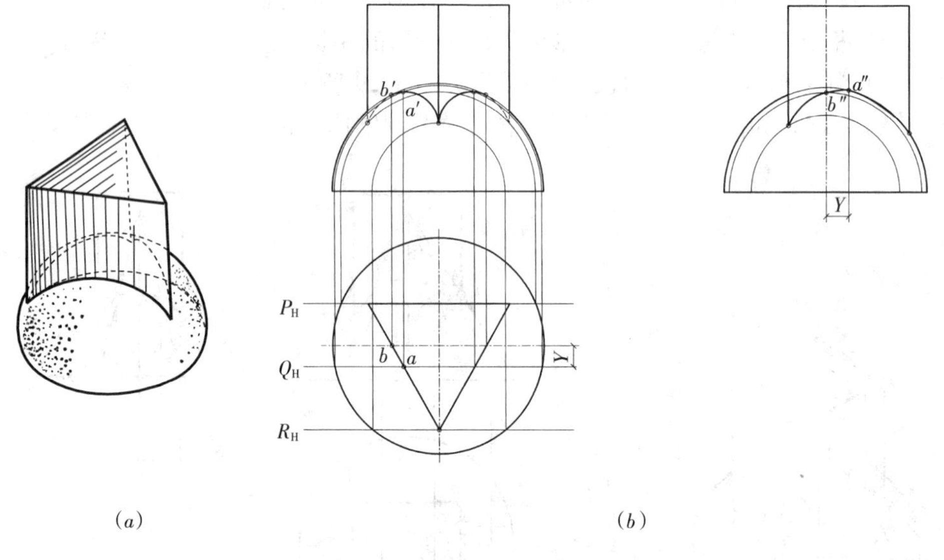

图 3-31 三棱柱体与半球体相贯

（a）直观图；（b）投影图

分析：从水平投影和正面投影可知，三棱柱体和半球体为全贯，但没有穿透半球体的底圆，所以相贯线是一条由三段圆弧线组成的空间闭合线。

三棱柱体各侧面垂直于 H 面，它的水平投影具有积聚性，因此相贯线的水平投影可以直接得到。相贯线的正面投影和侧面投影可以利用辅助截平面法求出。正面投影中，三棱柱后侧面平行于 V 面，所以相贯线为圆弧实形，左右侧面与 V

面倾斜，其相贯线投影为椭圆弧。在侧面投影中，由于三棱柱体的后侧面为正平面，所以相贯线积聚为直线。三棱柱体的右侧面与左侧面相贯线为椭圆弧，而且在 W 面投影重合。

作图：

（1）根据三棱柱体的积聚性，得到相贯线的水平投影。

（2）求出正面投影和侧面投影中三条侧棱与半球体的贯穿点。

（3）利用辅助截平面法求三棱柱的各侧面与半球体的相贯线。应先求出特殊点，如椭圆长轴的端点 A 及相贯线与半球轮廓线的切点 B 的投影 a'、b'和 a''、b''。B 点是正面投影中左右两侧面相贯线可见与不可见的分界点。

（4）依次连接各点的同面投影，并判别可见性，即得相贯线的投影。在正面投影中，凡是在半球体后半部的相贯线均为不可见的。具体作图步骤如图 3-31 所示。

（三）两曲面立体的相贯线

两曲面立体的相贯线，一般是封闭的空间曲线（图 3-32a），特殊情况也可能是封闭的平面曲线（图 3-32b）。相贯线上各点是两曲面立体表面上的共有点，也是一个曲面立体表面上的各素线对另一曲面立体表面的贯穿点。

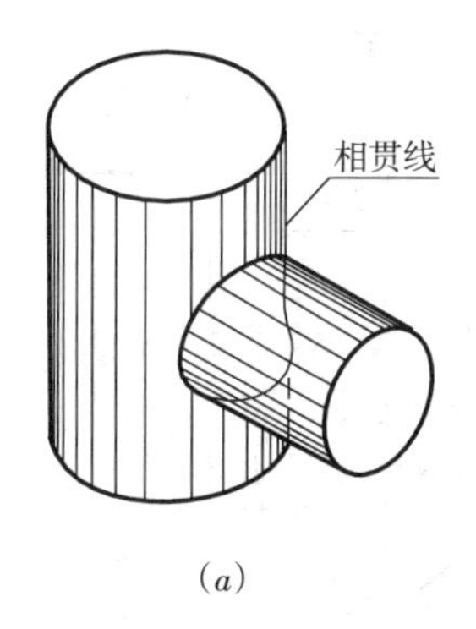

（a）

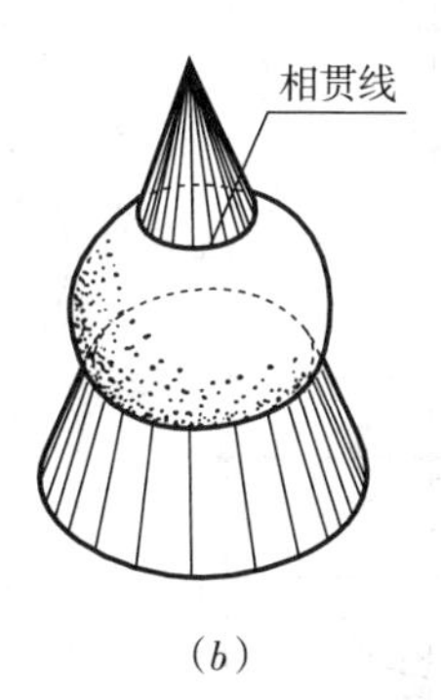

（b）

图 3-32　两曲面立体相贯

（a）相贯线为封闭的空间曲线；（b）相贯线为封闭的平面曲线

求两曲面立体的相贯线，可用辅助截平面法，先求出截平面与两立体表面的截交线，再求两截交线的交点，即为相贯线上的点。用辅助截平面法求相贯线上的点时，应根据两曲面立体的形状和相互之间的位置，恰当地选择辅助截平面的位置，尽可能使投影中得到最简单的截交线，如直线或平行于投影面的圆，以便于作图。作图原理如图 3-33 所示。如果两曲面立体中有一个投影具有积聚性，也可根据相贯线的积聚投影，用辅助素线法求得。

【例 3-20】如图 3-34（a）所示，已知直径不等的两圆柱轴线垂直相交，求其相贯线的投影。

分析：由图 3-34（a）可知小圆柱轴线垂直于水平投影面，由相贯线的共有性可知，相贯线的水平投影积聚于小圆柱的水平投影上且投影为圆；大圆柱轴线垂直于侧立投影面，相贯线的侧面投影积聚在大圆柱体的部分圆周上且投影为圆弧，只需作出相贯线的正面投影。

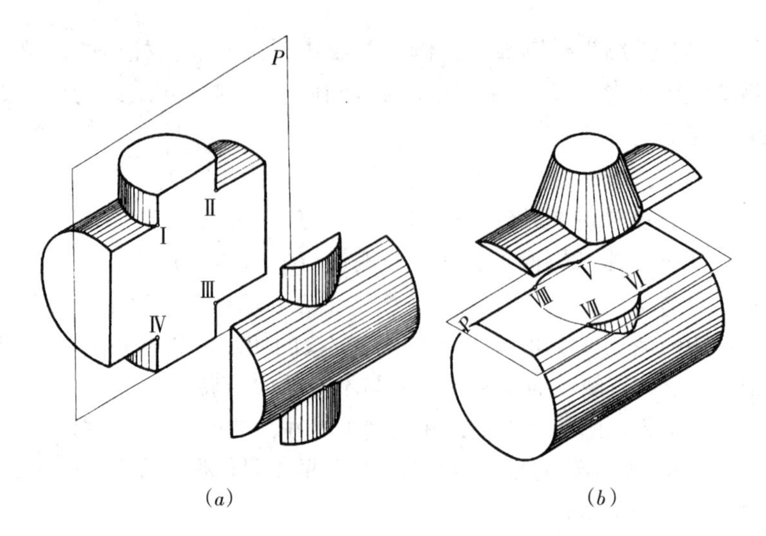

图 3-33　辅助平面法求相贯线投影的作图原理

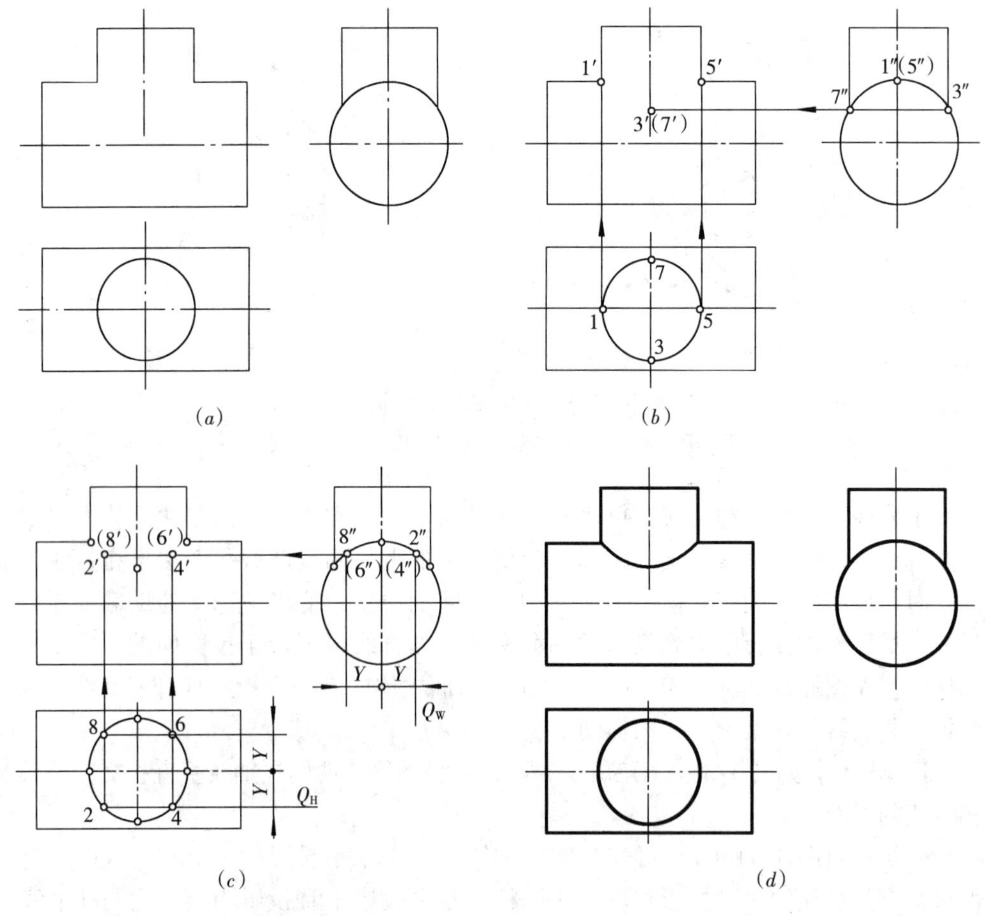

图 3-34　两圆柱体相贯

由相贯线的已知投影和特殊位置点，分析出待求相贯线的投影特征如对称性、可见性、拐点以及变化趋势。该待求相贯线的投影特征是：前、后、左、右对称。

作图：

（1）求特殊点。相贯线的特殊位置点是指位于转向素线和极限位置的点，如图3-34（*b*）所示，小圆柱的最左、最右素线与大圆柱的最上素线的交点是相贯线上的最左、最右点，也是最高点，可由正面投影求出；如图3-34（*b*）中的1′、5′，水平投影1、5和侧面投影1″、5″可由点线从属关系求出；小圆柱的最前、最后素线与大圆柱的交点是相贯线上的最前、最后点，也是最低点，可由侧面投影求出；如图3-34（*b*）中的3″、7″，水平投影3、7和正面投影3′、7′由点线从属关系求出。

（2）求一般位置点。在小圆柱的水平投影上取2、4、6、8四个点，作出其侧面投影2″、4″、6″、8″，再求出正面投影2′、4′、6′、8′，如图3-34（*c*）所示。

（3）判断可见性，光滑连线。将所求各点按照分析的对称性、可见性依次光滑连线，即为相贯线的正面投影，如图3-34（*d*）所示。

（4）擦去多余的图线，整理、描深完成全图。

圆柱面的相贯分外表面与外表面相贯、外表面与内表面相贯和两内表面相贯三种情况，其相贯线的形状和作图方法是相同的，如图3-35所示。

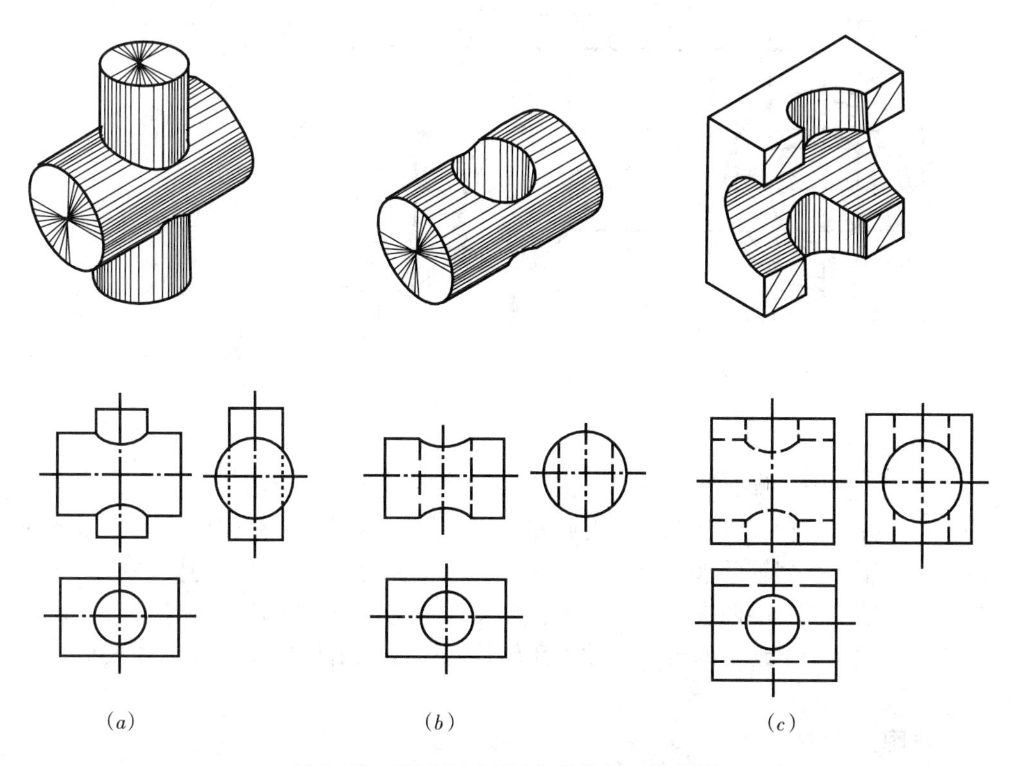

图3-35　两圆柱正交时相贯线的三种情况

【例3-21】如图3-36（*a*）所示，已知圆柱与圆锥正交，求相贯线的投影。

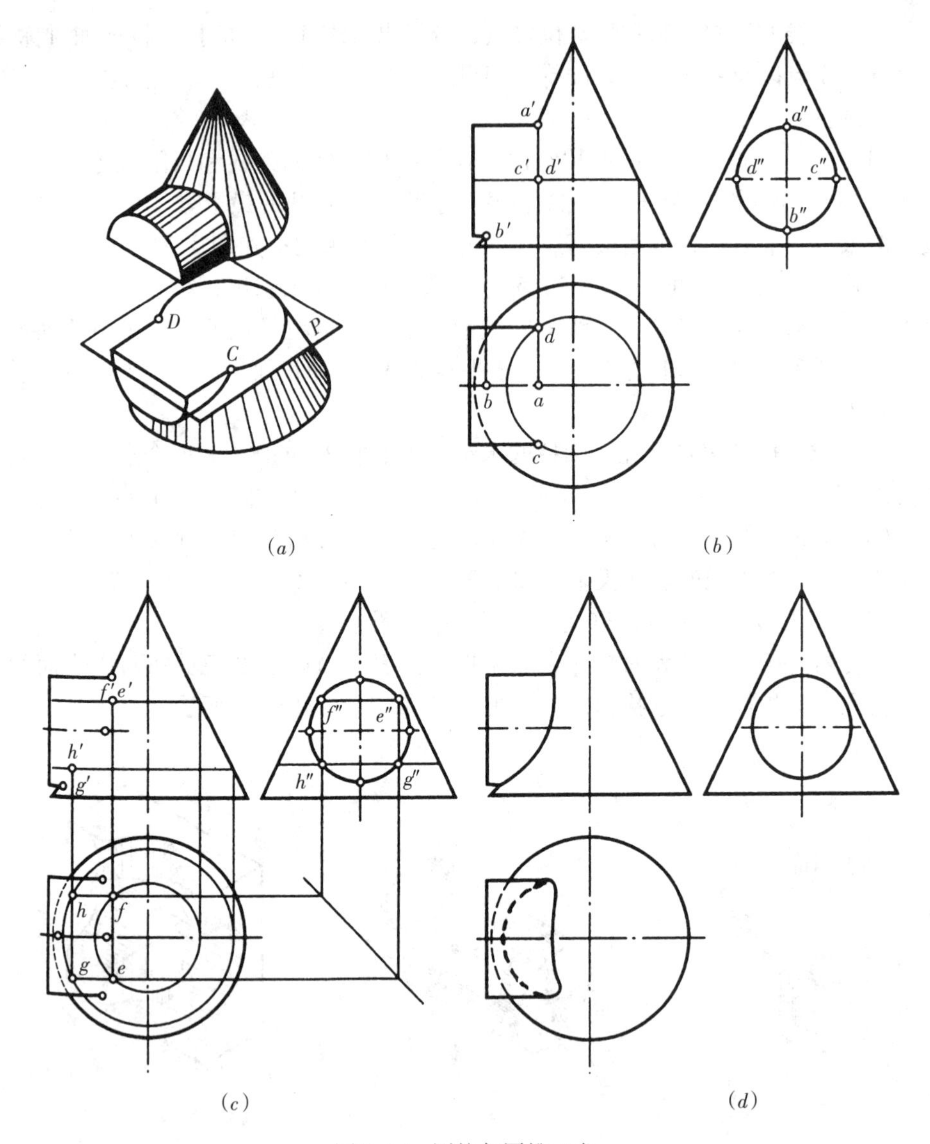

(a)　　(b)　　(c)　　(d)

图 3-36　圆柱与圆锥正交

分析：由图所知，圆柱体在圆锥体的左侧与圆锥体正交。圆锥体的轴线是铅垂线，圆柱体的轴线是侧垂线，因此相贯线的侧面投影积聚在圆柱体侧面投影的圆周上。用一系列辅助水平面截切圆柱体和圆锥体时，辅助平面与圆柱体的交线为与圆柱轴线平行的两直线，与圆锥体的交线为与圆锥轴线垂直的圆，两直线与圆的交点即为相贯线上的点，因此可用辅助水平面求出相贯线上各点的水平投影和正面投影。

作图：

（1）求特殊点。由于圆柱和圆锥正面投影的转向轮廓线在同一平面上，因此它们的交点 a'、b'是相贯线的最高和最低点的正面投影，其水平投影 a、b 和侧面投影 a''、b''可由点、线的从属关系直接求出。过圆柱体的最前、最后素线作辅助水平面，该水平面与圆柱和圆锥交线的正面投影与圆柱体的轴线重合，侧面投影与圆柱体的水平中心线重合，辅助平面与圆柱体交线的水平投影为圆柱体水平投影的轮廓线、与圆锥体交线的水平投影是圆，它们水平投影的交点 c、d 就是相贯线上最前点 C 和最后点 D 的水平投影，也是相贯线水平投影可见与不可见的分界点。将 c、d 分别投影在交线的正面投影上得 c'、d'，投影到侧面投影上得 c''、d''，如图 3-36（b）所示。

（2）求一般点。在正面投影面上，以圆柱体轴线为准，上、下对称地作两个辅助水平面。两水平面与圆柱体、圆锥体交线的正面投影和侧面投影均为直线。两辅助水平面与圆柱体的交线为两个相同的矩形，它们的水平投影重合；与圆锥体的交线为直径不等的两个圆，矩形与两个圆的交点分别为 e、f 和 g、h，即为相贯线上一般点的水平投影。将 e、f 和 g、h 分别投影在交线的正面投影和侧面投影上，求出正面投影 e'、f'和 g'、h'及侧面投影 e''、f''和 g''、h''，如图 3-36（c）所示。

（3）判断可见性，光滑连线。判断可见性时，只有位于两相贯体公共可见部分的相贯线才可见。相贯的正面投影，其可见部分与不可见部分重合；水平投影 c、d 以上各点 c、e、a、f、d 的相贯线是可见的；c、d 以下各点 c、g、b、h、d 的相贯线是不可见的；圆柱体水平投影的转向轮廓线应画到 c、d 两点，顺次连接投影面上各点，即得相贯线。

（4）擦去多余的图线，整理、描深完成全图，如图 3-36（d）所示。

三、相贯线的特殊情况

两回转体相交其相贯线一般为空间曲线。但在特殊情况下，可能是平面曲线或直线。

（1）当两个回转体具有公共轴线时，相贯线为平面曲线——圆，见表 3-6。在与回转体轴线平行的投影面上，相贯线的投影积聚为直线；在轴线所垂直的投影面上，相贯线投影为圆。

回转体共轴线相交　　**表 3-6**

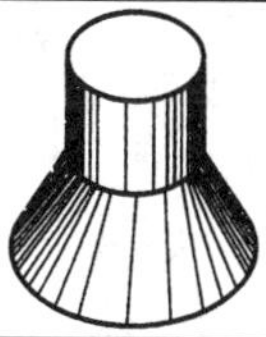	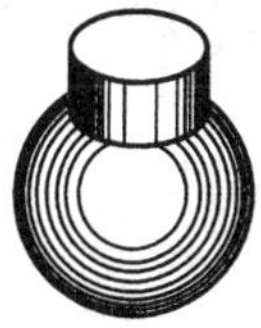	
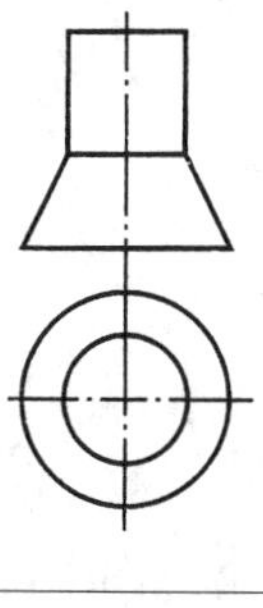	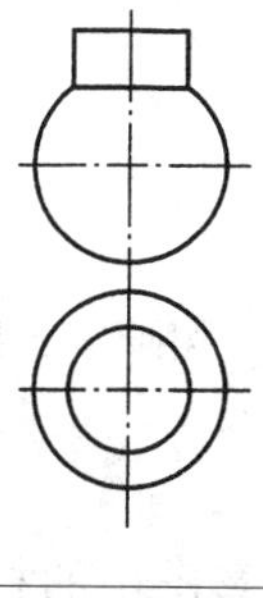	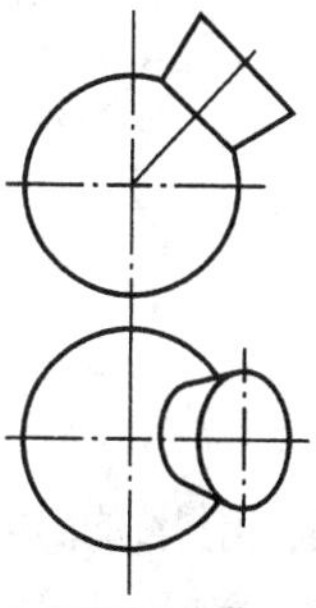
圆柱与圆锥共轴	圆柱与球共轴	圆锥与球共轴

(2) 两直径相同圆柱正交，并共切于球时，相贯线为平面曲线——椭圆，如图3-37 (a) 所示。圆柱与圆台正交时，相贯线的正面投影积聚为直线；在轴线所垂直的投影面上，相贯线为圆或椭圆，如图3-37 (b) 所示。

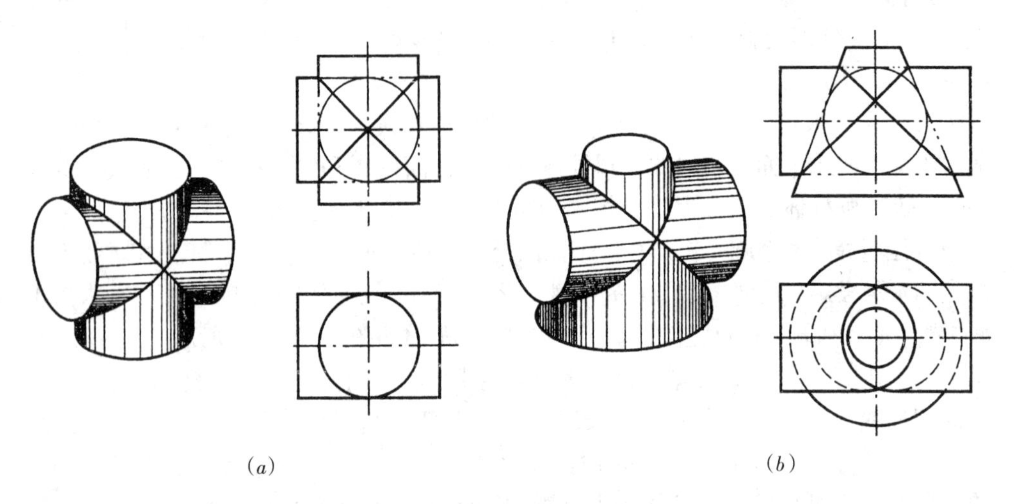

图3-37　两回转体共切于球

(3) 当两圆柱轴线平行或两圆锥共顶相交时，相贯线为直线，如图3-38所示。

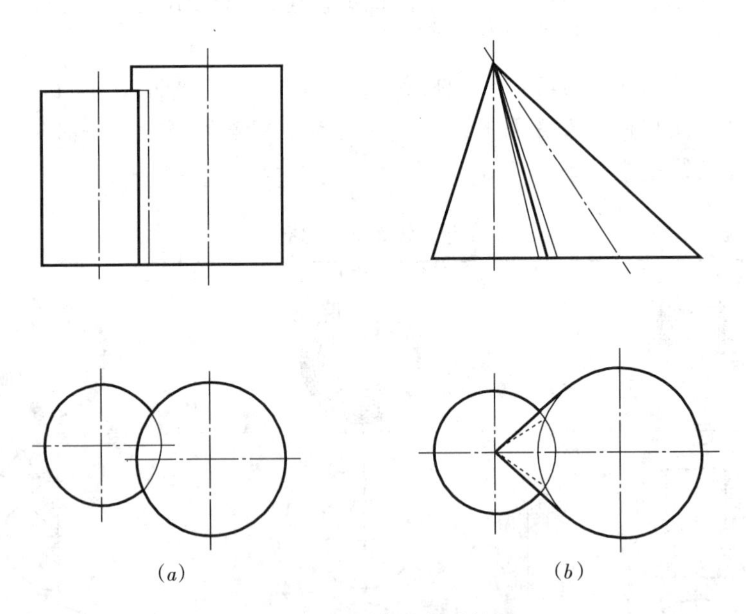

图3-38　相贯线的特殊情况

四、相贯线的简化画法

在不致引起误解的情况下，投影图中的相贯线可以简化，例如用圆弧或直线代替非圆曲线。

图3-39（*a*）所示的两圆柱，直径不相等，其轴线垂直相交，相贯线的正面投影可以用与大圆柱半径相等的圆弧来代替，圆弧的圆心位于小圆柱的轴线上。

图3-39（*b*）所示的大圆柱，被打通了一个轴线与大圆柱的轴线相正交的小圆柱孔，大圆柱的直径比小圆柱孔的直径大得多，孔口相贯线的 *V* 面投影应是非圆曲线，而在制图时，这种非圆曲线的相贯线可以简化为直线。

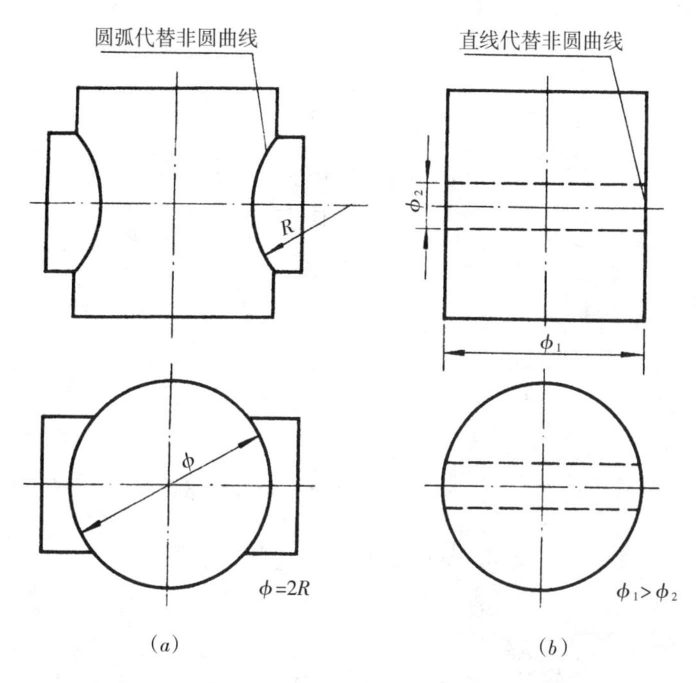

图3-39 两正交不等径圆柱相贯线的简化画法示例
（*a*）非圆曲线简化为圆弧；（*b*）非圆曲线简化为直线

第四节 组合体的投影

由两个或两个以上的基本几何体组合而成的立体，称为组合体。组合体的组合形状有三种形式。即

（1）一个基本几何体经过若干次切割而成的组合体，称为切割式的组合体，如图3-40所示。

（2）由两个或两个以上的基本几何体叠加而成的组合体，称为叠加式的组合体，如图3-41所示。

（3）既有切割又有叠加而成的组合体，称为混合式组合体，如图3-42所示。

一、组合体投影图的画法

以台阶为例说明组合体投影图的绘制方法和步骤，如图3-43所示。

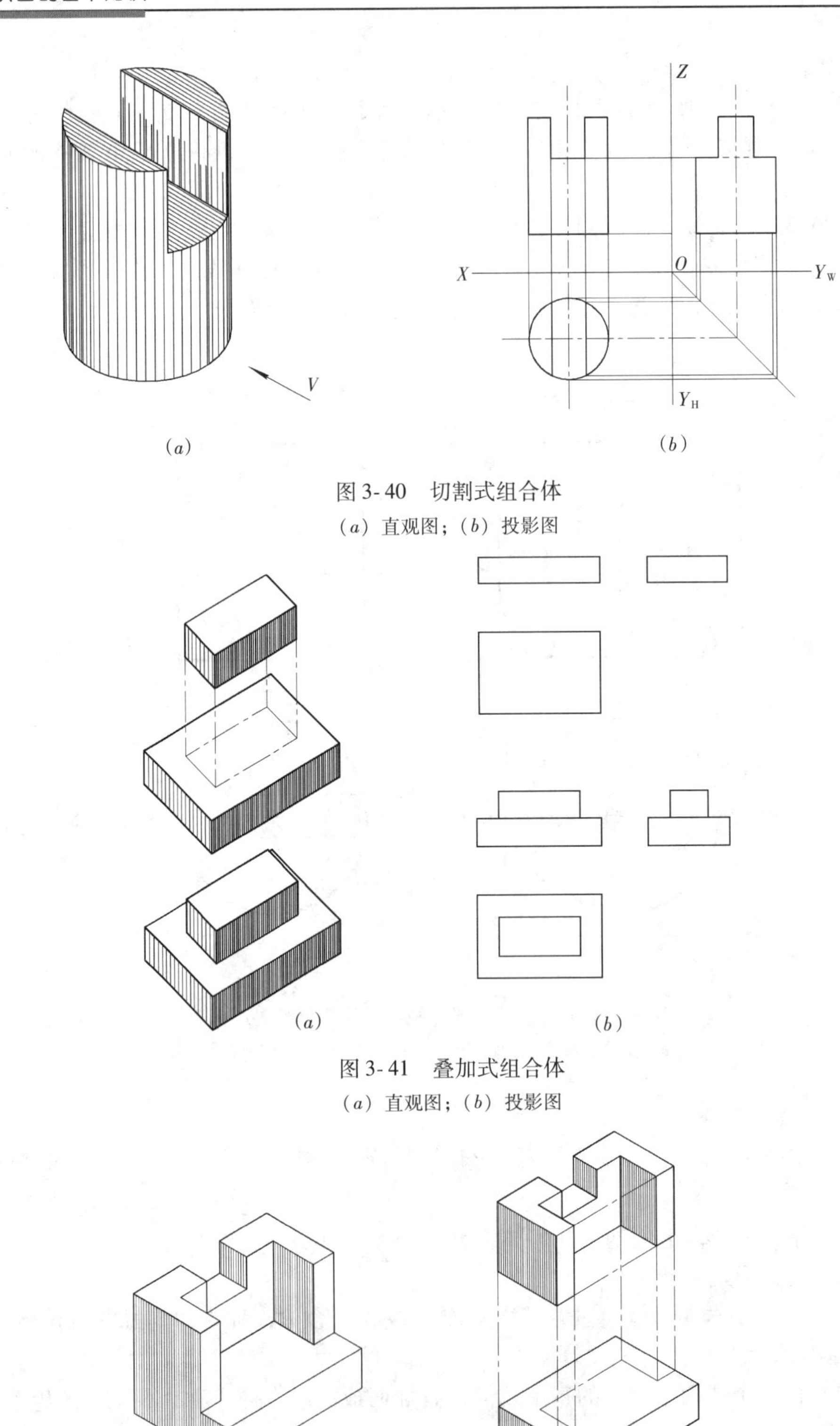

图 3-40　切割式组合体

(a) 直观图；(b) 投影图

图 3-41　叠加式组合体

(a) 直观图；(b) 投影图

图 3-42　混合式组合体

(a) 直观图；(b) 形体分析

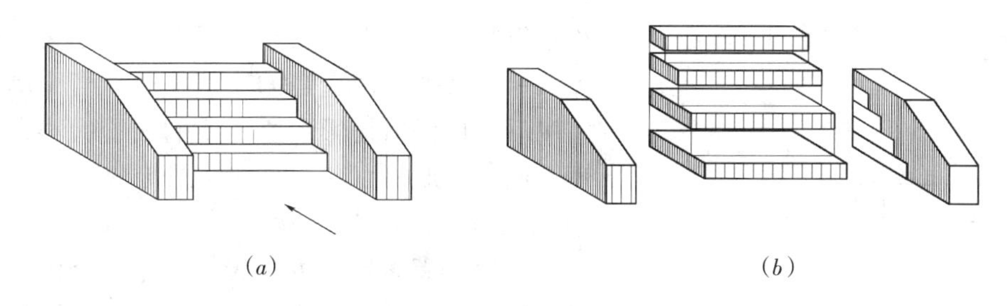

(a) (b)

图 3-43 台阶的形体分析
(a) 直观图；(b) 形体分析

(一) 形体分析

形体分析是将一个组合体中的若干个基本体的组合形式、相对位置和连接方式进行分析，弄清各部分形状特征，确定投影表达方式的方法，称为形体分析法。

图 3-43 所示的台阶模型，用形体分析的方法分析，它是一个叠加式的组合体。它分为两大部分，一部分为台阶，一部分为栏板。台阶是由三个四棱柱按大小顺序从下而上叠加组成，栏板是由两个大小相同的五棱柱组成，靠在台阶左右两侧。位置关系是台阶居中，栏板在台阶的左右两侧，图样呈左右对称形状。

(二) 组合体在三面投影体系中的置放原则

(1) 把最能反映形体特征的面，作为正面投影。

以台阶为例，在日常生活中，人们对台阶的使用方式就是台阶的使用功能特征，也就是台阶的主要形状。正面投影就要把台阶的使用功能特征和台阶的主要形状反映出来。一般情况下，正面投影确定以后，在立体图上用箭头所示方向表示，如图 3-43 (a) 所示。

(2) 尽量让形体的主要面与投影面平行。

形体的主要面与投影面平行，其投影反映实形，便于形体投影图的绘制和识读。

(3) 符合工作位置。

有些工程形体，如桥梁、水塔等在画这些形体投影图时，其摆放位置应尽量符合工程形体的工作要求，便于理解，如图 3-44 所示。

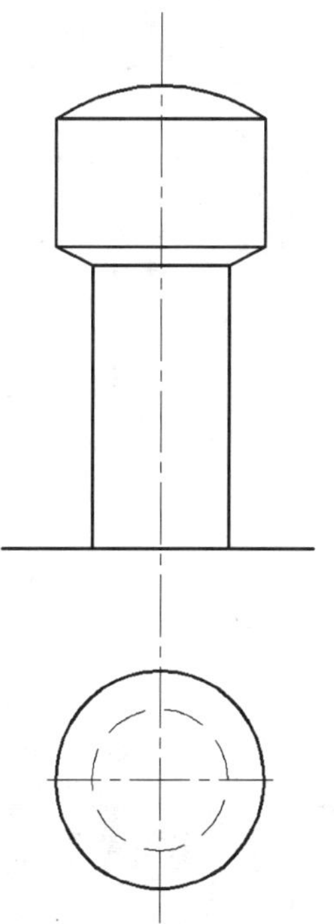

图 3-44 水塔的两面投影

(三) 确定组合体投影图的数量

需要几个投影图才能完整地表达组合体的形状，要根据组合体的复杂程度而定。台阶的三块踏步板叠加放在一起，组成一个截面为锯齿形的棱柱体。两块栏板是五棱柱体。通过侧面投影可以清楚地反映出台阶的形状特征。因此，用正面投影和侧面投影即可将台阶的形状特征表达清楚。如果用正面投影和水平投影就不能清楚地反映出台阶的形状特征，如图 3-45 所示。

(四) 选择比例和图幅

为了作图和读图方便，最好采用1∶1 的比例。但是工

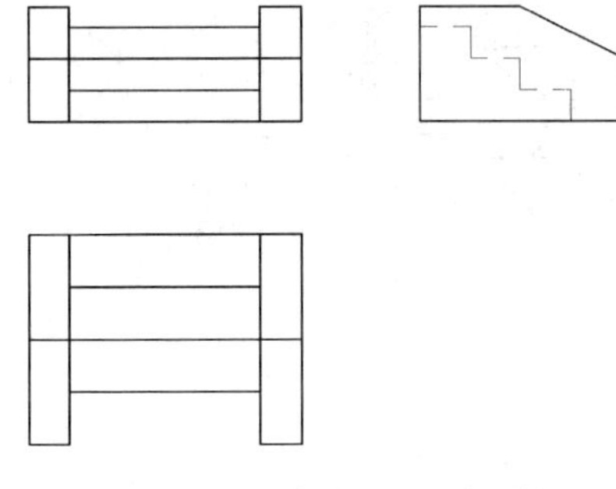

图 3-45　台阶的三面投影图

程建筑物的形体有大有小，无法按实际大小作图，所以必须选用适当的比例作图。当比例确定以后，再根据投影图所需要的面积大小，合理地确定图纸幅面。

（五）投影作图步骤

（1）布置投影图的位置。根据组合体的大小所选择的比例，计算出投影图大小，均衡匀称地布置投影图，并画出各个投影图的基准线。如果组合体是不对称的，应先根据组合体的总长、总宽、总高画出各投影图的外形轮廓线。如果组合体是对称的，还应先画出中心线。

（2）按形体分析分别画出各基本形体的投影图。画台阶投影时，先画两侧栏板，再画踏步。需要指出的是：无论是画栏板，还是画台阶，都应是先整体后局部，例如在画栏板时，先将栏板的总长、总宽和总高画出来，然后再画栏板的细部，台阶也是如此，如图 3-46 所示。

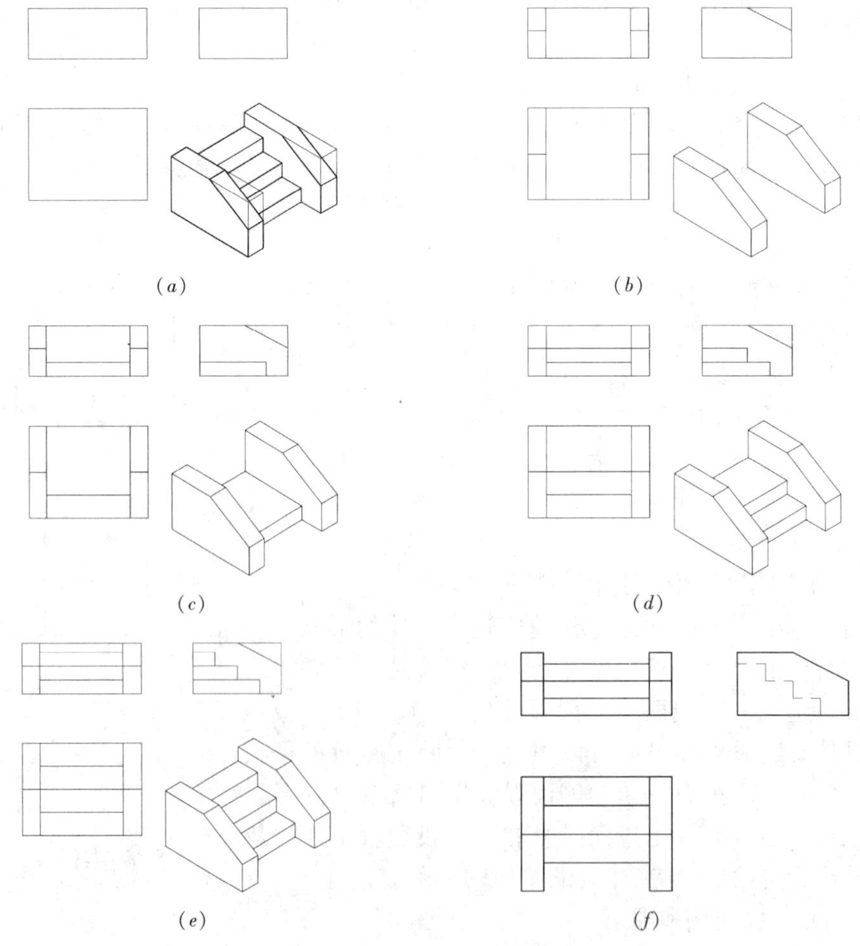

图 3-46　台阶投影图的作图步骤

（3）检查底稿，校核无误后，擦去多余的线条，按规定的线型描深图线。

【例 3-22】 绘制窨井的三面投影图。

图 3-47 是排水管道中的窨井外形的立体图。它由五个基本体叠加组合而成。底板和井身是两个一薄一厚的四棱柱，盖板是一个四棱台，与井深相连的两个管子是直径大小相等的圆柱体。

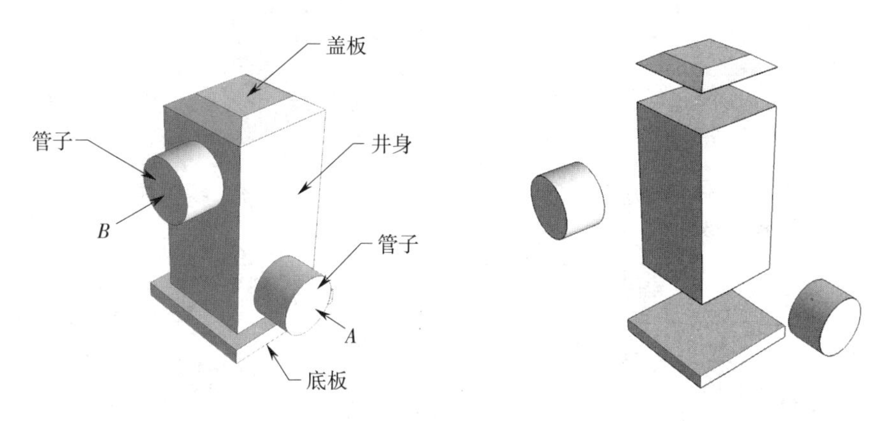

图 3-47　窨井外形的形体分析

根据窨井外形特征，作投影图时选用 *A* 向或 *B* 向作正面投影比较合适。如果从其他两个方向作正面投影，将有一个管子是不可见的。以 *A* 向为正投影面的投影方向，其作图方法和步骤如图 3-48 所示。需要指出的是：画圆柱体管子时，应先画出反映底面实形的正面投影和侧面投影。

二、组合体投影图的尺寸标注

三面投影图只能表达物体的形状，但不能表达物体的大小，在三面投影图上完整、清晰注出尺寸就解决了这个问题。

（一）组合体尺寸的组成

为了将尺寸标注得完整，在组合体三面投影图上一般标注三种尺寸。

（1）定形尺寸：确定组合体中各基本体的尺寸，由长、宽、高组成。

（2）定位尺寸：确定组合体中各基本体之间相对位置的尺寸。

（3）总体尺寸：确定组合体外形大小的尺寸，由总长、总宽、总高三项组成。

（二）尺寸基准

尺寸基准是标注尺寸时所选择的起点，即确定尺寸位置的几何元素——点、线、面。尺寸基准确定，一般可选在组合体的对称平面、底面、重要端面以及回转体的轴线等，如图 3-49 所示。

（三）组合体的尺寸标注

组合体尺寸标注按如下顺序。

1. 确定基准

在水平投影中确定长度、宽度方向的基准，在正面投影中确定高度方向的基准，如图 3-49 所示。

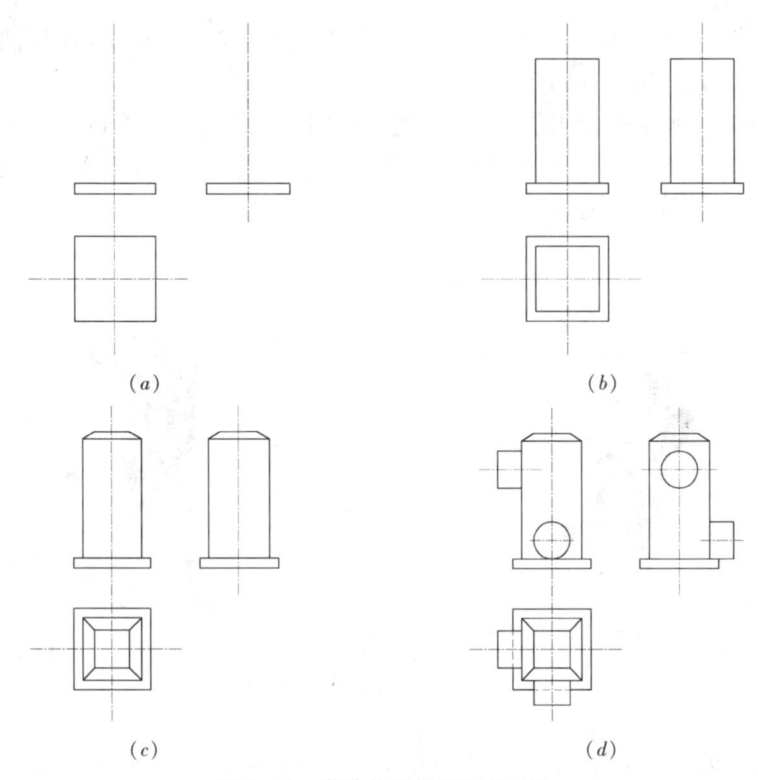

图 3-48　窨井外形投影图的画法

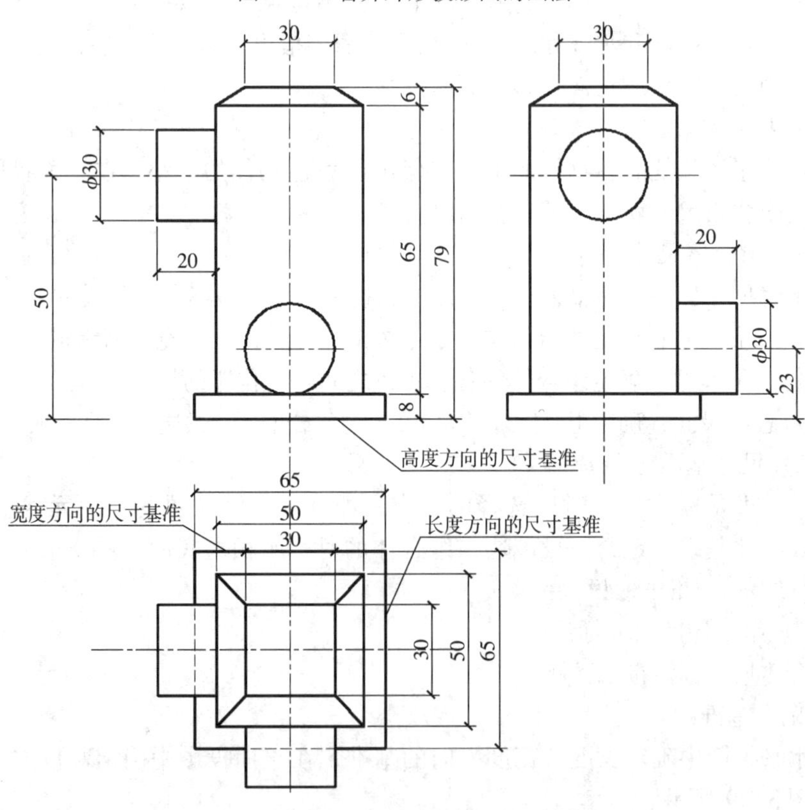

图 3-49　组合体投影图的尺寸标注（单位：mm）

2. 标注定形尺寸

如图3-49所示，在水平投影中的65mm和正面投影中的8mm，是底板长、宽、高的尺寸。正面投影中的6mm和侧面投影中的30mm，是盖板的高和上底面的长、宽尺寸。正面投影中的20mm、$\phi 30$和侧面投影中的20mm、$\phi 30$是两个管子分别从井身的左面和前面伸出的长度尺寸及管子的底面直径。井深的长、宽、高，请读者看图自行分析。

3. 标注定位尺寸

正面投影中的50mm和侧面投影中的23mm，是两个管子的高度的定位尺寸。井身和管子前后左右的定位尺寸可由中心线确定，不必再标注尺寸。

4. 标注总尺寸

水平投影中的65mm和正面投影中的79mm，是窨井外形的长、宽、高的总尺寸。

（四）组合体尺寸标注应注意的事项

1. 尺寸标注要完整

（1）所注尺寸要能完整确定物体的大小、形状、位置。

（2）尺寸不要重复标注，如底板的宽65mm和高8mm在正面投影和水平投影中已表示清楚，侧面投影就不必再标注。

2. 尺寸标注应清晰、易读

（1）圆弧、圆的半径和直径尺寸，要标注在反映圆弧、圆的实形投影图上，并结合圆弧、圆的定位尺寸一并标注。

（2）尽量将尺寸标注在图样外面，以保证图样清晰。

（3）与两投影图相关的尺寸，尽量布置在两投影图之间，便于对照识读。

（4）尺寸在排列时，要大尺寸在外，小尺寸在里，尽量使尺寸构成尺寸链，如图3-49中的正面投影的6mm、65mm、8mm，以符合工程图样尺寸标注的习惯。

（5）尽可能避免在虚线上标注尺寸。

三、组合体投影图的识读

识读组合体投影图，就是运用正投影的原理和特性，对投影图进行分析，说明组合体各部分的形状和组成关系，想象出组合体的空间形状。

（一）识读组合体投影图的方法

识读组合体投影图的常用方法有两种，一种是形体分析法，一种是线面分析法。

1. 形体分析法

根据投影图中反映出的形体组合特征和各基本体的投影特性及相互位置的关系，想象出组合体的空间形状的分析方法，称为形体分析法。

应用形体分析法分析组合体投影图时，一般以V面投影（或水平投影）为中心，与其他各投影图联系起来，一起进行分析，不能根据一个投影图来判定形体，如图3-50所示。比较图3-50（a）和（b）的V面投影与H面投影都相同，是两个矩形，但由于W面投影的不同，图3-50（a）是2个高矮不同的四棱柱叠加而成，图3-50（b）是2个四棱柱和一个三棱柱叠加而成，所以图3-50（a）和图3-50（b）分别表示两个不同的形体。比较图3-50（a）和图3-50（c）的V面投影和W面投影相同，但由于H面不同，图3-50（c）是1个四棱柱和1个半圆柱叠加而成，所以图3-50（a）和图3-50（c）的两个三面投影图分别表示是两个不同的形体。

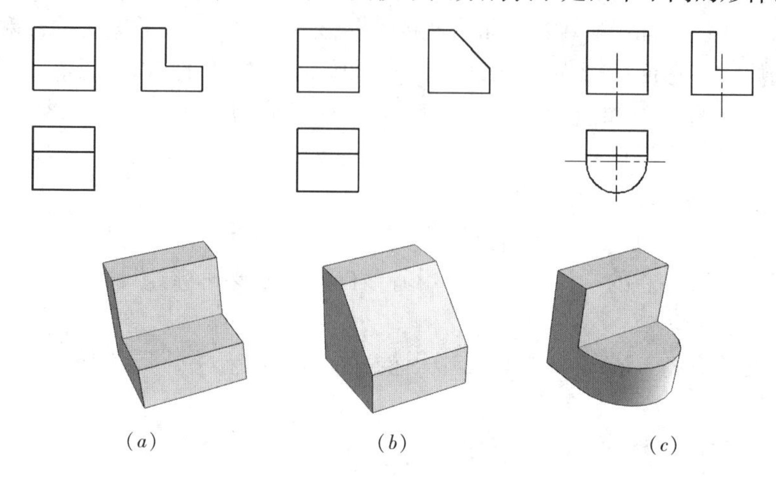

（a）　（b）　（c）

图3-50　形体分析法

2. 线面分析法

根据组合体投影图中的线、面的投影特征，分析投影图中线框的空间意义，从而确定组合体的空间形状的分析方法，称为线面分析法。

应用线面分析法分析组合体投影图时，根据组合体中的各线、面的投影特性来分析组合体各部分的空间形状和相对位置，确定组合体的整体空间形状。投影图中的任何一条轮廓线都可以看成是直线本身的投影，平面的积聚投影，两平面的交线，曲面轮廓素线等。线框所围成的平面可以是平面本身的投影，也可以是两平面（或多平面）的重合投影，曲面的投影等。这就需要结合其他两个投影图进行分析、判别，确定组合体的空间形状，如图3-51所示。在投影图上都是同一条线，但由于组合形式的不同，因此所得到的答案也不相同。

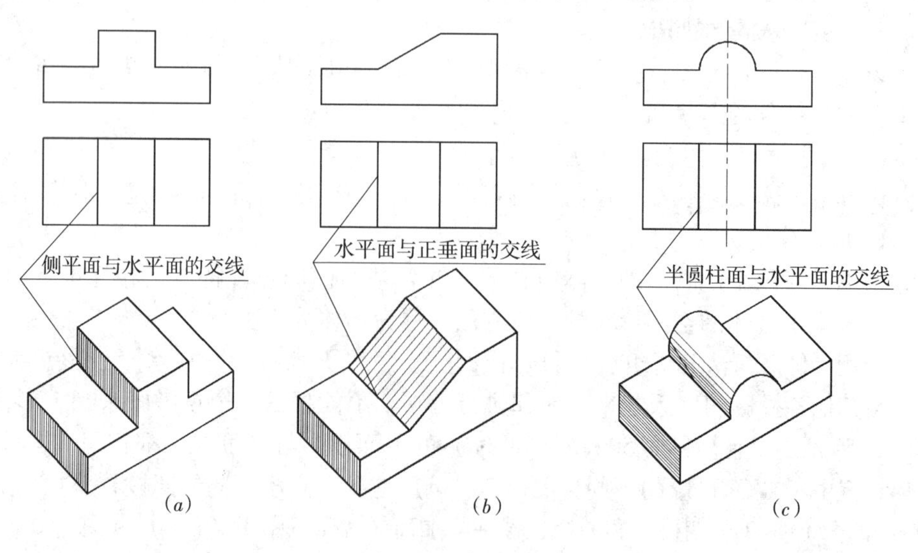

（a）　（b）　（c）

图3-51　线面分析

（二）识读组合体投影图的步骤

读图过程是个空间思维的过程，每个人的读图速度和读图的准确程度，都与掌握投影原理的深浅和运用的熟练程度有关。应本着先整体后局部再到细部的读图过程。另外较为熟悉的形状易于想象，尽可能地多记一些常见形体的投影，通过自己反复地读图实践，提高识读图的能力。

识读组合体投影图，一般可按下列步骤进行。

（1）从整体出发，将一组投影全看一遍。找出物体的形状特征和组成物体的各基本体之间的位置特征。

（2）对照三面投影，想象出基本体的投影特征，确定基本体的空间形状。

（3）找出难点，对不易确认形状的部分，根据投影特性，应用线面分析法进行分析，确定物体的空间形状。

（4）想象出整体后，要与原投影进行对照检查。把已经确认的各部分进行组合，形成一个整体。按想象出的整体作三面投影图并与原投影图进行对照，若有不符之处，应将该部分重新分析、辨认，直至想出的物体投影图与原投影图完全相同为止。

【例 3-23】识读图 3-52 所示的投影图。

分析：

（1）如图 3-52 所示，三个投影中的正面投影较清楚地反映物体的形状特征，

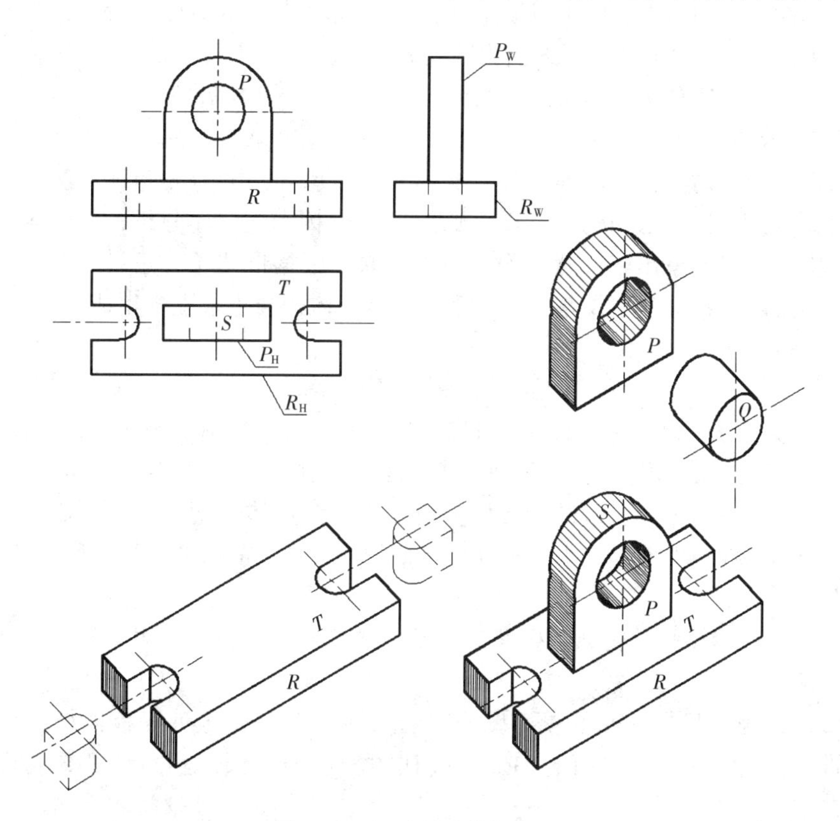

图 3-52　识读组合体投影图

从正面投影中看出物体分上下两部分，结合水平投影可知，物体大致由两个一高（一个四棱柱和一个圆柱组合而成）一矮的基本体叠加组合而成，该物体为前后、左右对称。

（2）底板是一个四棱柱，左右两侧带有小圆槽，呈中心对称布置，水平投影反映底板和小圆槽的实形，正面投影反映底板和小圆槽的真实高度。在底板的正面投影中的虚线，表示了小圆槽的圆柱部分的两条轮廓素线，小圆槽正面投影的点画线是小圆槽由圆柱和四棱柱两部分组成的分界线，也是圆柱的轴线和圆的中心线。底板上面的立板是一个由四棱柱和一个半圆柱组合成的立体上与圆柱同一轴线上有一个圆孔，立板的正面投影反映实形。正面投影中十字点画线是圆柱和圆孔的轴线和圆的中心线，也是圆柱与四棱柱的分界线。

（3）再看三个封闭图形 P、Q、R。结合正面投影和水平投影，矩形 R，与它对应的是水平面的矩形 T，由此可见 R、T 是一个四棱柱体的两个体表面，R_H 是 R 在水平面的积聚投影，R_W 是 R 在侧面的积聚投影。

正面投影图中的圆 Q，与它对应的是水平投影中的虚线和实线组成的矩形 S，表明的是一个穿孔的圆柱。

正面投影中的 P，与它对应的是水平面中间的实线矩形，表明的是由一个水平半圆柱和一个四棱柱组成，P_H 是 P 平面在水平面上的积聚投影，P_W 是 P 平面在侧面的积聚投影。

从侧面投影和水平投影可以清楚地看到 P 面在 R 面的后面，对照正面，可知水平面中的 S 面在 T 面之上，S 面为圆柱面。

（4）综合上述分析，即得出该物体的空间形状。

（三）补图

根据已知的两面投影，补出第三投影，是训练读图能力的一种方法。在进行补图时，首先应根据已知的投影图，通过形体分析和线、面分析，将图看懂，把形体的空间形状想象出来，然后作图。作图时，根据形体长对正、高平齐、宽相等的三面投影关系，从主要基本体入手，分析形体，分步求出各组成部分的投影，补全整个投影图。

一般来说，形体的两面投影已具备长、宽、高三个方向的尺度，完全可以补出第三投影，但在特殊的情况下，可以出现多种答案，如图 3-51 所示。

【例 3-24】已知形体的两面投影，试补绘第三投影，如图 3-53 所示。

分析：通过两面投影，进行形体分析，可知该形体由两部分叠加组成，下底板是一个四棱柱，上面是一个梯形断面带槽的四棱柱，前后、左右对称。

作图：

（1）定形体投影的轮廓。根据正面投影和侧面投影，定出水平投影的总长和总宽。

（2）先简。根据已知的投影图及投影关系，首先确定下底板四棱柱的水平投影的长和宽。并根据上面的梯形四棱柱的长度与底板的相对位置，确定水平投影。

（3）后繁。从正面投影和侧面投影中确定梯形四棱柱上面的三个水平面的长

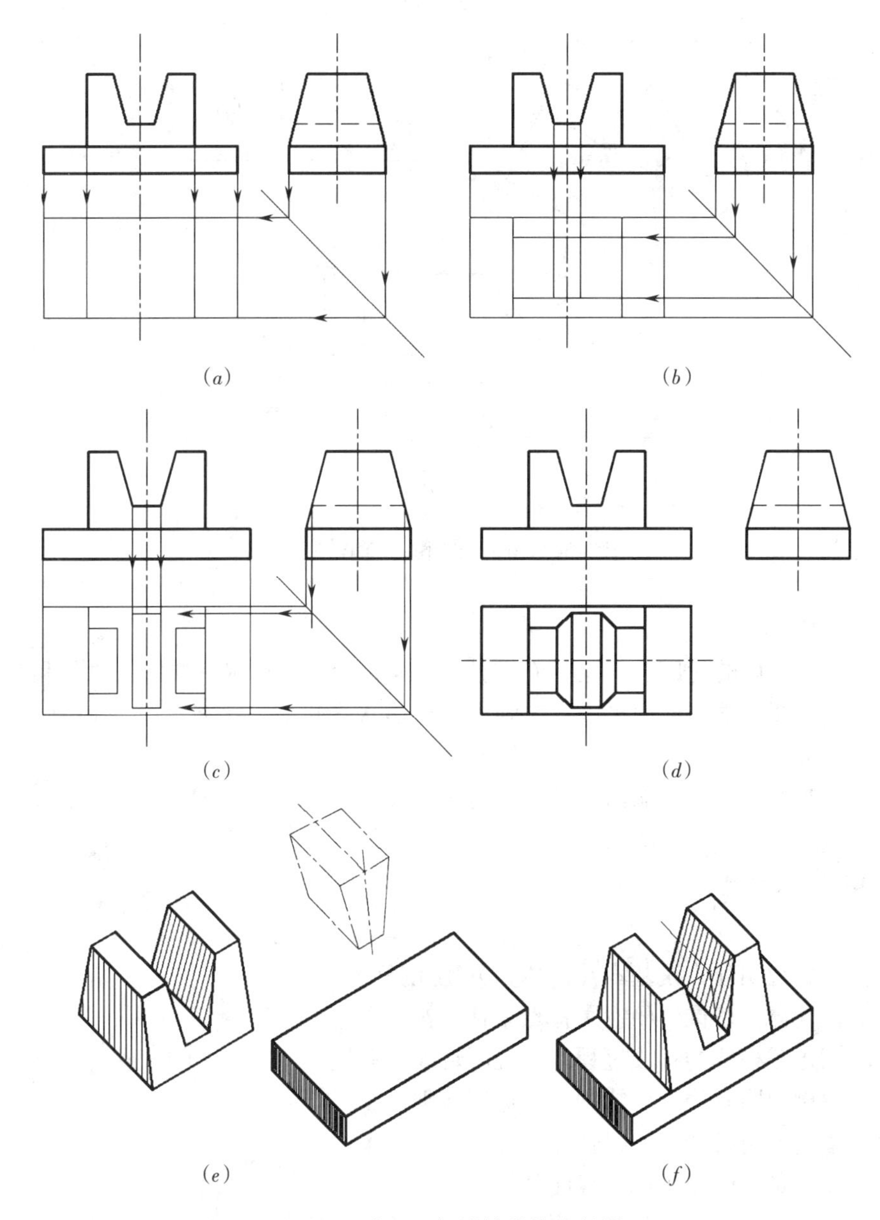

图 3-53　由两面投影补绘第三投影

和宽，侧面投影中的虚线是槽底平面的长和宽，求出水平投影。

（4）细部。连接槽底矩形四角和四棱柱顶面二角的斜线，形成槽内斜面的水平投影，即完成组合体的水平投影。

【例 3-25】 已知形体的两面投影，试补绘第三投影，如图 3-54 所示。

分析： 由 a'、a''可知 A 面为水平面，水平投影 a 反映实形。由 b'、b''可知 B 面为正平面，b'为实形，水平投影 b 有积聚性，应为一直线，依次分析可知该物体是一个横放着的五棱柱体。侧面投影是五棱柱两个端面的重合投影，是最能反映物体特征的投影。右端面是侧平面，侧面投影反映实形。左端面为正垂面，侧面投影不反映实形。

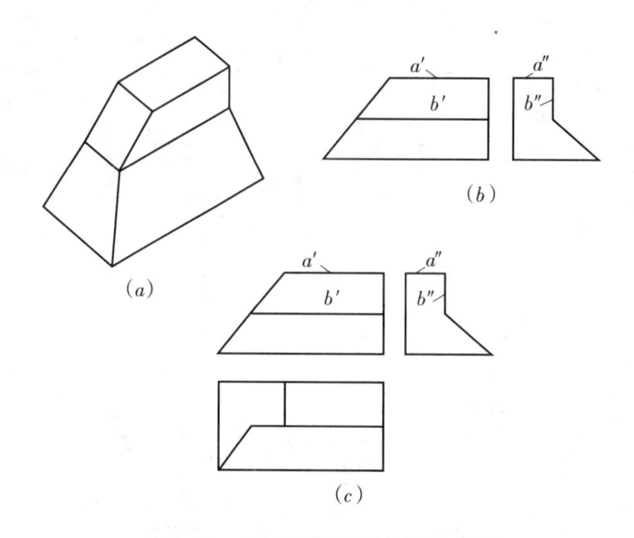

图 3-54 由两面投影补绘第三投影

作图：

（1）定形体的轮廓。根据正面投影和侧面投影，定出水平投影的总长和总宽。

（2）先简。根据侧面投影，先画出各棱的水平投影，因各棱均为侧垂线，长度可在正面投影直接量出。

（3）按顺序连成左端面，其形状与侧面投影类似，右端面为一竖直线。

复习思考题

1. 举例说明什么是基本几何体，分哪几类？
2. 棱柱体、棱锥体的投影特点是什么？
3. 试述圆柱体的形成过程。并说明母线、素线、轮廓素线的区别。
4. 举例说明素线法和纬圆法的适用范围。
5. 举例说明组合体的组合形式。
6. 什么是形体分析法和线面分析法？
7. 尺寸在图样中的作用是什么？在标注尺寸时，怎样才能做到完整、清晰、易读？

第四章　轴测投影

轴测投影图简称轴测图，是用平行投影法绘制的单面投影图，如图 4-1（*a*）所示。比较图 4-1（*a*）和（*b*）可以看出，轴测投影图的立体感较强，便于识读。是工程图中常用的一种投影图，通常作为辅助图样来表示物体。在给水排水、供暖通风等工程中，常用单线的轴测图来表示管线的空间位置，如图 4-2 所示。

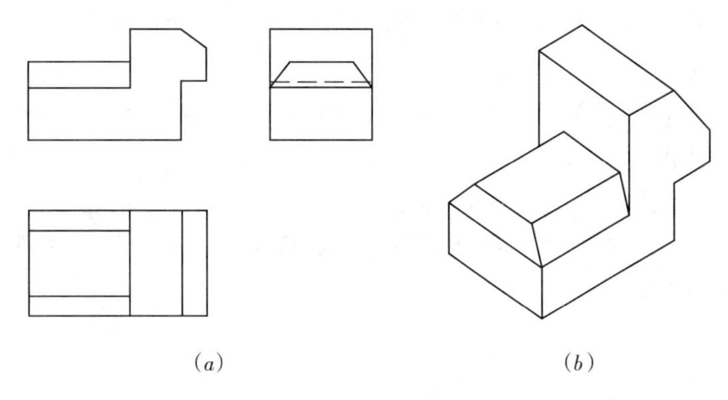

图 4-1　物体的轴测图和正投影图的比较
（*a*）正投影图；（*b*）轴测投影图

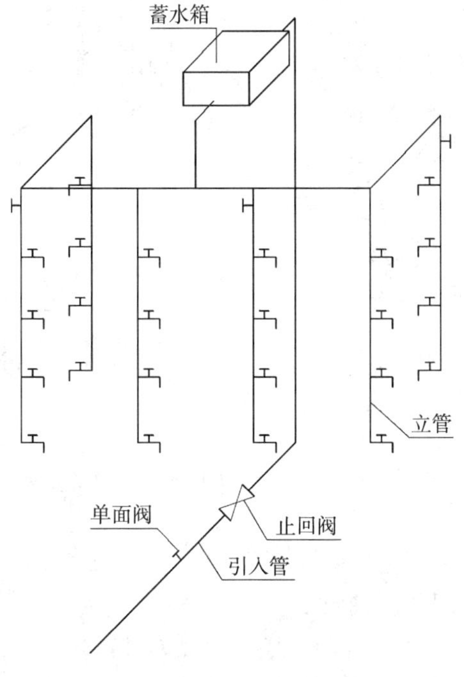

图 4-2　室内给水管网轴测图

第一节　轴测投影的基本知识

一、轴测投影的形成

轴测投影是将形体以及确定形体投影空间位置的直角坐标轴一起向某一投影面进行投影，在投影面上得到的能反映形体三个侧面形状的立体图，称为轴测投影图，简称轴测图。承受轴测投影的平面，称为轴测投影面，用代号 P 表示，如图 4-3 所示。图中的 O_1X_1、O_1Y_1、O_1Z_1 是空间直角坐标轴 OX、OY、OZ 的轴测投影，称为轴测轴。在 P 面上，相邻轴测轴之间的夹角，称为轴间角。

二、轴测投影的分类

轴测投影根据投影线与轴测投影面的夹角不同分为两类：

（一）正轴测投影

当投影线垂直于投影面，形体倾斜于投影面，得到的轴测投影图，称为正轴测图，如图 4-3 所示。

（二）斜轴测投影

当投影线倾斜于投影面，形体平行于投影面，得到的轴测投影图，称为斜轴测图，如图 4-4 所示。

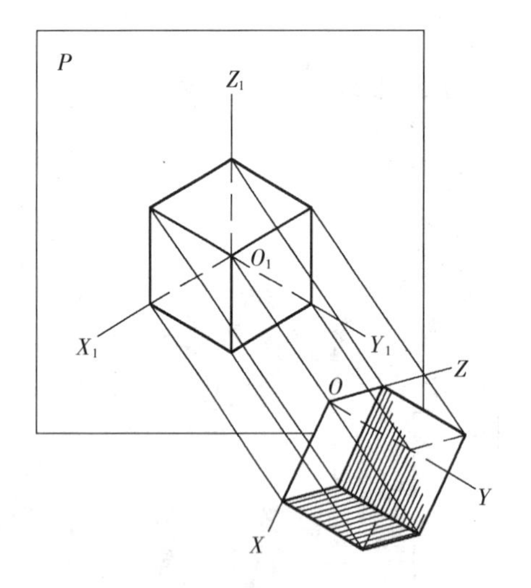

图 4-3　轴测投影的形成

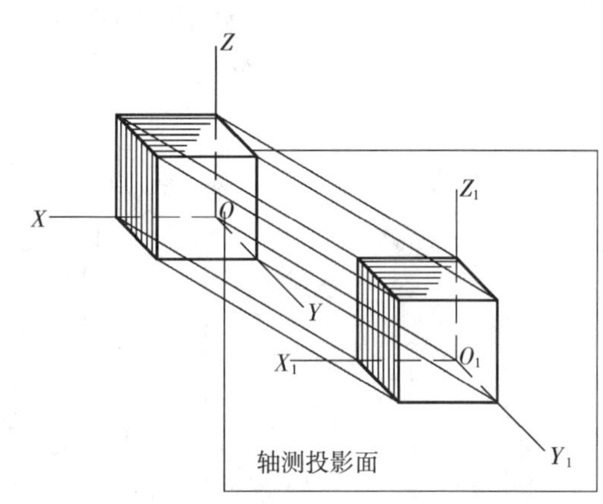

图 4-4　斜轴测图的形成

第二节　常用轴测图的画法

一、正等测图

（一）正等测的轴间角及轴向变形系数

（1）正等测的相邻轴线的轴间角为 120°，绘制方法如图 4-5 所示，丁字尺配合三角板直接作图完成。

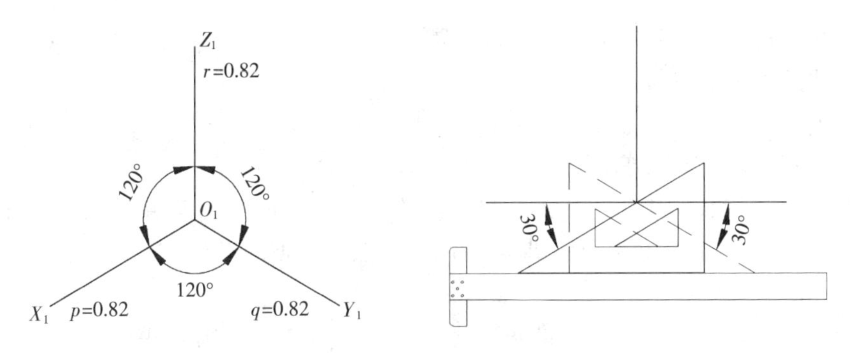

图 4-5 正等测轴间角的画法

(2) 由于各轴与投影面倾斜，形体上的长、宽、高三个方向缩短，即 $p=q=r=0.82$，为作图方便起见，轴向变形系数可简化为 1，但图样略大。

(3) 形体上的平行线，在正等测图上仍然平行。

(二) 正等测图的画法

正等测图的常用的画法有三种：叠加法、切割法、坐标法。

1. 叠加法

叠加法是将叠加型的组合体，用形体分析的方法，分成若干个基本体，依次按照其相对应的位置逐个地绘制出轴测图，最后得到组合体的轴测图，如图 4-6 所示。

【例 4-1】 已知踏步的三投影图（图 4-6*a*），求作踏步的正等测图。

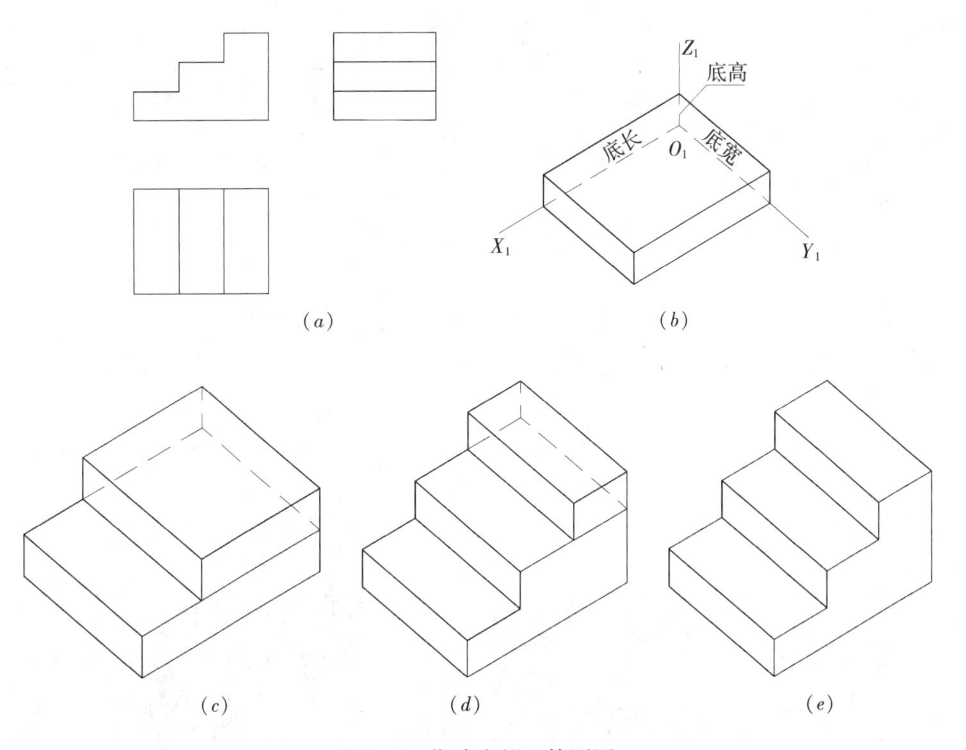

图 4-6 作踏步的正等测图

分析： 根据踏步的三面投影，可把踏步看成是由三块大小不同的四棱柱组成，用叠加法从下至上依次叠加而成。

作图：

（1）踏步的三面投影图，如图4-6（*a*）所示。

（2）在正面投影中定出原点和坐标轴的位置，分别在 X_1 轴量取长度尺寸，在 Y_1 轴量取宽度尺寸，在 Z_1 轴量取高度尺寸，做相应轴的平行线，得踏步底板的轴测图，如图4-6（*b*）所示。

（3）在踏步底板的上面后部量取中间踏步的长度，分别向四角作垂线，量取中间踏步的高度，得中间踏步的轴测图，如图4-6（*c*）所示。

（4）同法，作最上面踏步的轴测图，如图4-6（*d*）所示。

（5）加深轮廓线，完成踏步的正等测图，如图4-6（*e*）所示。

2. 切割法

切割法是将切割型的组合体，看做一个简单的基本几何体，作出它的轴测图，然后将多余的部分逐步的切割，最后得到组合体的轴测图。

【例4-2】 已知槽块形体的三面投影图（图4-7*a*），求作槽块的正等测图。

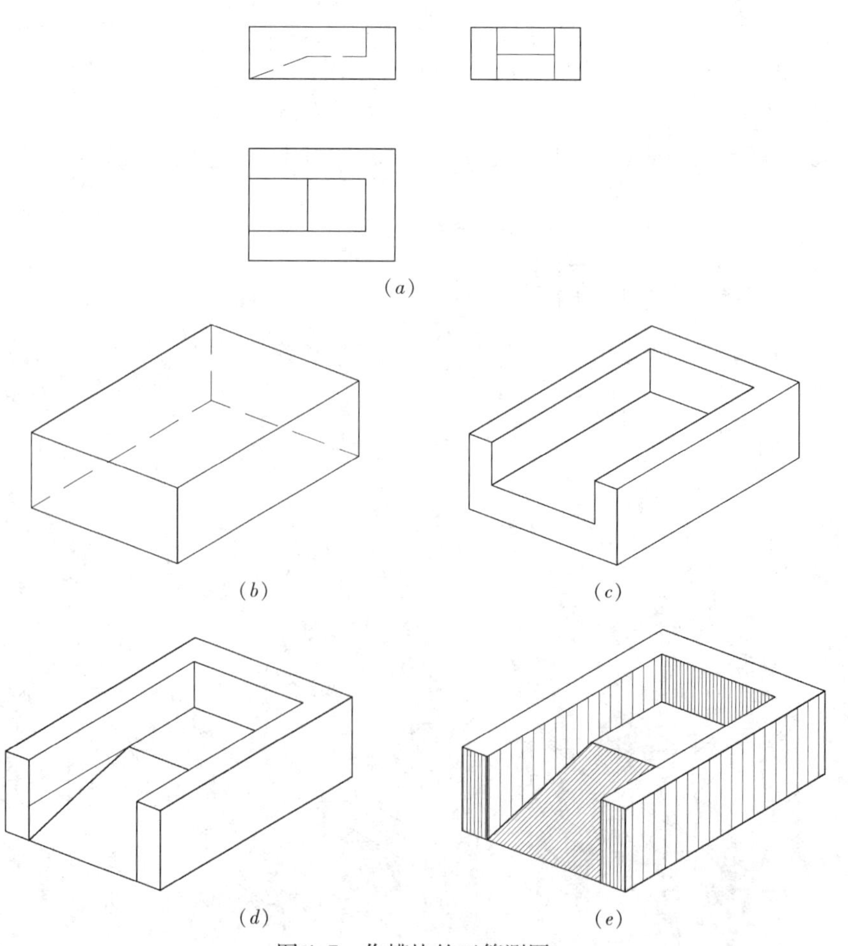

图4-7 作槽块的正等测图

分析：根据槽块的形状，可以把槽块看成是一个四棱柱体。槽块第一次被切去一个小四棱柱，第二次被切去一个三棱柱，经过两次切割，形成的槽块形体。

作图：

(1) 槽块的三面投影图，如图4-7（*a*）所示。

(2) 根据槽块的总长、总宽、总高作四棱柱体，如图4-7（*b*）所示。

(3) 切去上部中间的小四棱柱体，如图4-7（*c*）所示。

(4) 切去三棱柱斜块，如图4-7（*d*）所示。

(5) 加深可见轮廓线，完成槽块的正等测图，如图4-7（*e*）所示。

二、斜轴测图

（一）斜轴测的轴间角及轴向变形系数

(1) 斜轴测的轴测轴 O_1X_1 轴为水平线，O_1Z_1 轴为铅垂线，O_1Y_1 轴与水平线 O_1X_1 轴夹角为45°，Y_1 轴的方向可左可右，如图4-8所示。

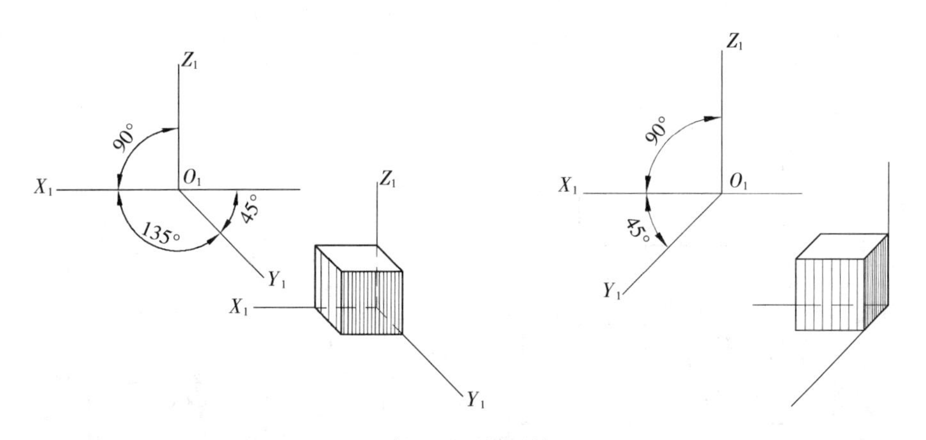

图4-8 斜二测图轴测轴的画法

(2) 斜轴测的轴向变形系数 O_1X_1、O_1Z_1 轴为1，O_1Y_1 轴用简化系数为0.5时，由于形体的立面没有发生变形，只有宽度为原宽度的一半，这种轴测图也称为正面斜二测，简称斜二测图。O_1Y_1 轴用简化系数为1时，这种轴测图称为斜等测图。在工程图中，是表达管线空间分布常用的一种图示方法，如图4-2所示。

(3) 平行于 *XOZ* 坐标面的平面图形，在斜二测图中，其轴测投影反映实形，如图4-9所示。正立方体前面的投影仍然是正方形，这一投影特点是平行投影法所决定的。利用这一投影特点绘制一些正面投

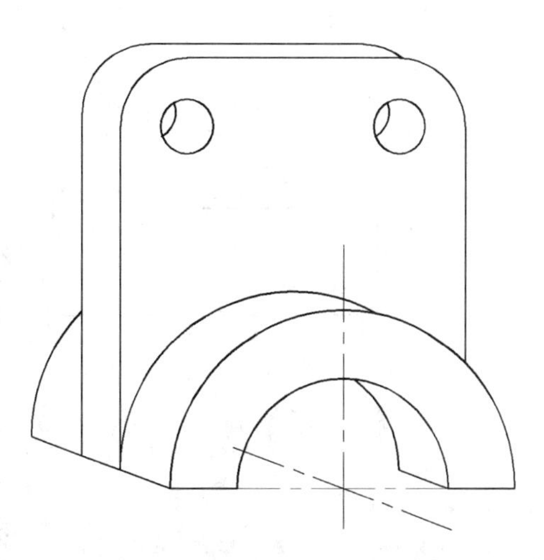

图4-9 带有圆孔的斜二测图

影较复杂的形体，例如，绘制带有圆孔的形体时，将有圆孔的面作为正投影面，常可以使轴测图简便易画。

（二）斜二测图的画法

斜二测图的画法与正等测图的画法基本相似。但应注意斜二测图的成图特点，提高绘图的速度。

【例 4-3】 根据形体的两面投影图，作形体的斜二测图，如图 4-10 所示。

作图：

（1）形体的两面投影，如图 4-10（*a*）所示。

（2）做出形体的轴测图，即为三面投影图中的正面投影，如图 4-10（*b*）所示。

（3）作 *Y* 轴方向的各棱线。确定的棱线上的点，即 *L*/2，如图 4-10（*c*）所示。

（4）连接棱线上的各点，加深图样，即得斜二测图，如图 4-10（*d*）所示。

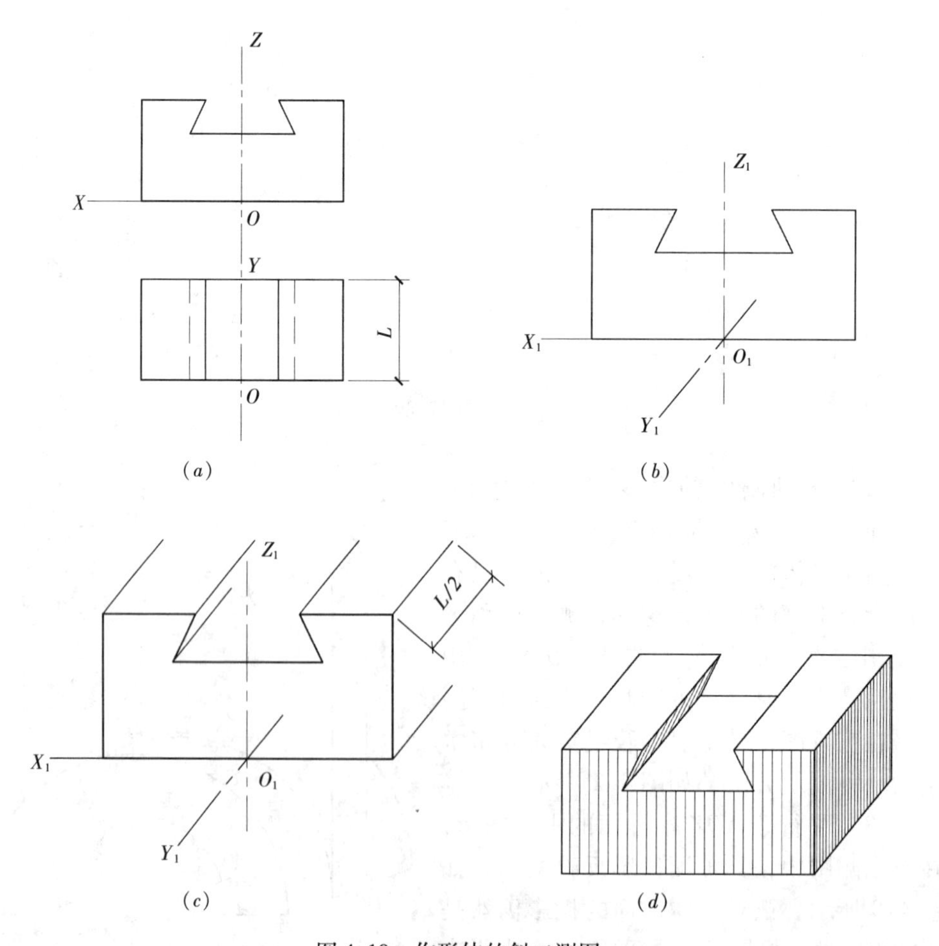

图 4-10　作形体的斜二测图

【例 4-4】已知直线的三面投影，求作直线的斜等测图，如图 4-11 所示。

作图：

（1）已知多条直线的三面投影，如图 4-11（*a*）所示。

（2）作铅垂线 AB 的轴测图 A_1B_1，如图 4-11（*b*）所示。

（3）作侧垂线 CD 的轴测图 C_1D_1，即过点 A_1 作一水平线 $C_1D_1 = cd$，如图 4-11（*c*）所示。

（4）作正垂线 EF、GH 的轴测图 E_1F_1、G_1H_1，即过点 C_1、D_1 作与水平线成 45°角的直线，使 $E_1F_1 = ef$，$G_1H_1 = gh$，如图 4-11（*d*）所示。

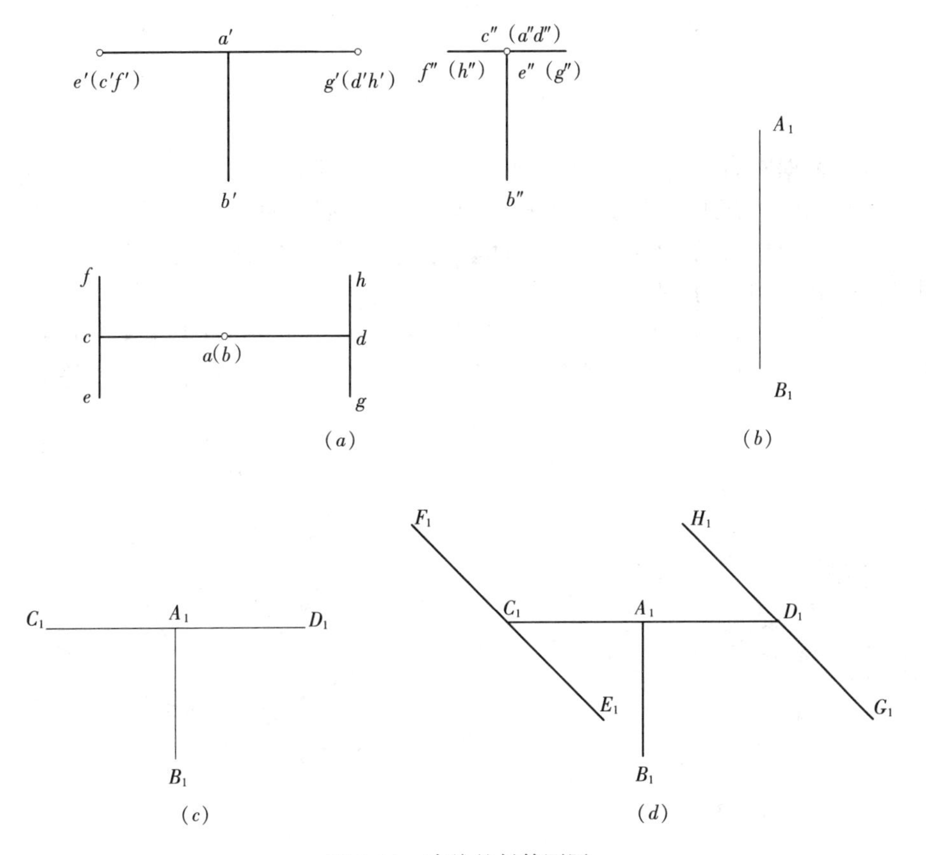

图 4-11　直线的斜等测图

第三节　圆的轴测图

在正投影中，当圆所在的平面平行于投影面时，其投影是圆。当圆所在的平面倾斜于投影面时，其投影是椭圆。在轴测投影中，圆的轴测投影除斜二测有一个不发生变形外，其余均为椭圆，如图 4-12 所示。

一、圆正等测的画法

圆正等测的轴测图，可采用近似画法，如图 4-13 所示。

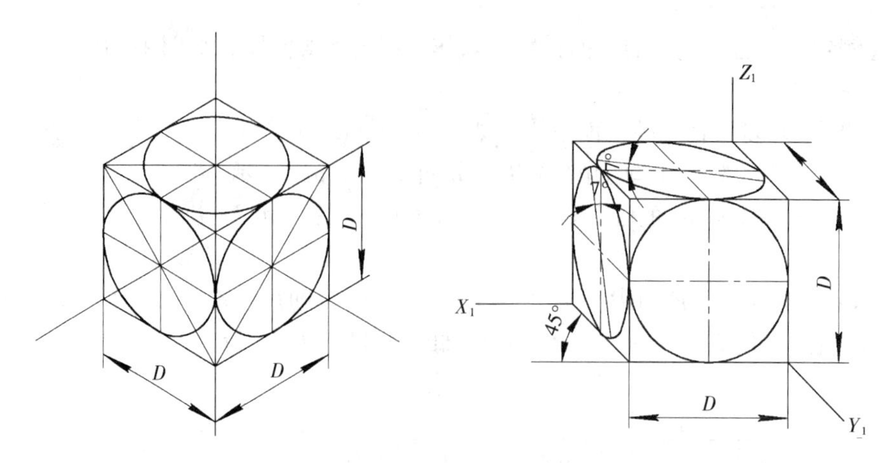

图4-12 三个方向圆的轴测图

（1）根据圆的直径作正菱形，如图4-13（a）所示。

（2）圆的中心线交菱形四边于1、2、3、4，菱形两钝角的顶点为圆心O_1、O_2，连O_12、O_13交菱形锐角连线得O_3、O_4。O_1、O_2、O_3、O_4为近似椭圆的四个圆心，如图4-13（b）所示。

（3）以O_1、O_2为圆心，O_12、O_21为半径，自2至3、自1至4画圆弧，以O_3、O_4为圆心，O_32、O_43为半径，自2至1、自3至4画圆弧，即为正等测水平圆，如图4-13（c）所示。

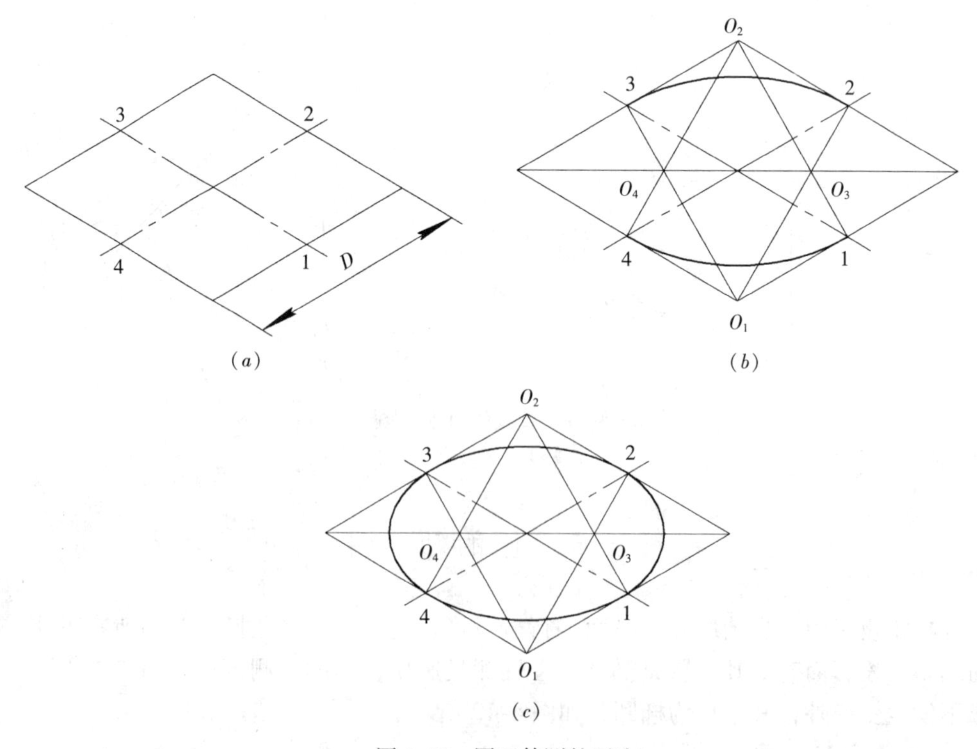

图4-13 圆正等测的画法

【例 4-5】已知圆柱榫头的两面投影，求作该圆柱榫头的正等测图，如图4-14所示。

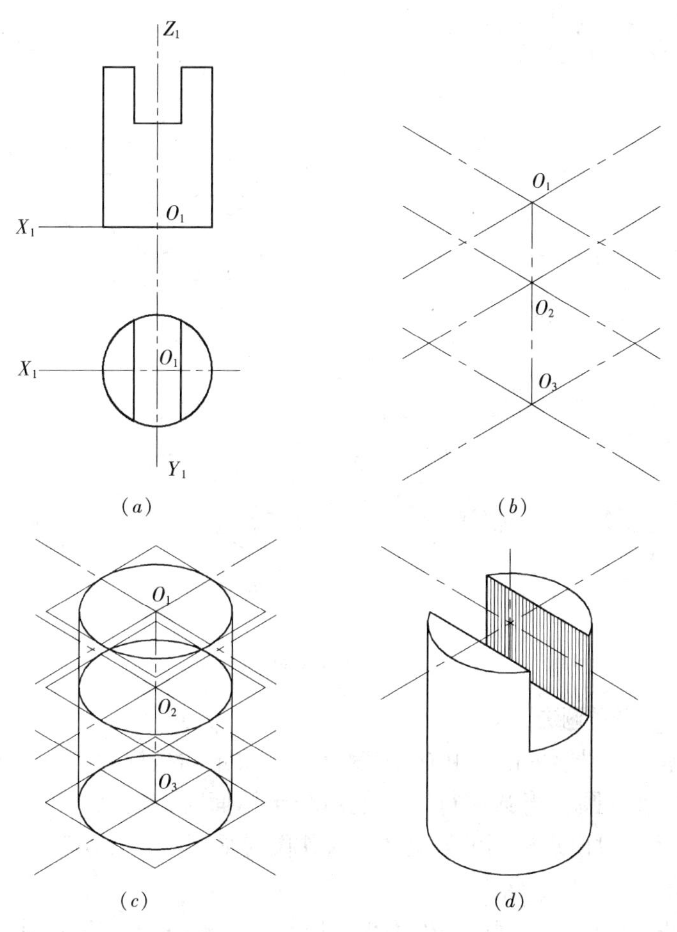

图 4-14　圆柱榫头的正等测图

作图：

（1）已知榫头的两面投影，如图 4-14（*a*）所示。

（2）根据圆柱榫头的特点，分别作三个高度不同的圆，得 O_1、O_2、O_3，如图 4-14（*b*）所示。

（3）自 O_1、O_2、O_3 分别作直径为 D 的圆的正等测图，在上底面圆做平行于 Y_1 轴的槽宽正等测图，与椭圆交点作垂线，如图 4-14（*c*）所示。

（4）加深图线，为所求的正等测图，如图 4-14（*d*）所示。

二、圆角正等测的画法

图 4-15（*a*）所示平板的每个圆角，相当于一个整圆的 1/4。圆角正等测图的画法如图 4-15 所示。

（1）在圆角的边上量取圆角半径 R。

（2）自量得的点（切点）作边线的垂线，以两垂线的交点为圆心，所得弧即为轴测图上的圆角。

（3）圆心下移高度 H，完成全图。

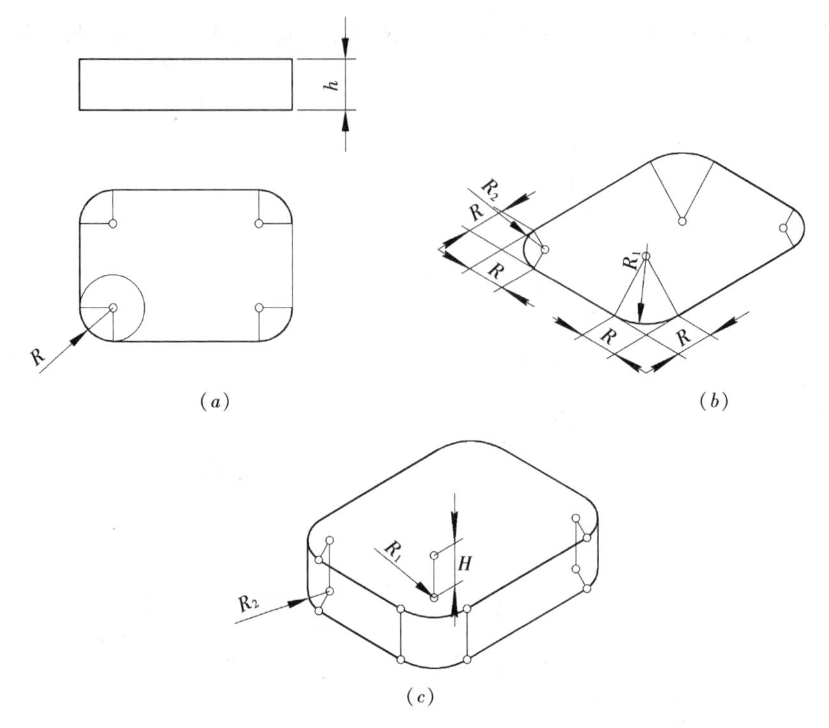

图 4-15　圆角正等测的画法

三、圆的斜二测的画法

当曲面体中的圆形平行于由 OX 轴和 OZ 轴决定的坐标面（轴测投影面）时，其轴测投影仍然是圆。当圆平行于其他两个坐标面时，其轴测投影将变成椭圆，如图 4-12 所示。对出现椭圆的轴测图形，作图时采用“八点法”绘制椭圆，如图 4-16 所示。

（1）在正投影图中，把圆心作为坐标原点，直径 AC 和 BD 分别在 OX 轴和 OY 轴上，作圆的外切四边形 $EFGH$，切点分别为 A、B、C、D，将对角线连接与圆周交于 1、2、3、4。（以 HD 为直角三角形斜边作 45°直角三角形 HMD，再以 D 为圆心，以 DM 为半径作圆弧和 HG 交于 N 点，过 N 作 HE 平行线与对角线交于 1、4，利用平面的对称性求出 2、3，如图 4-16（a）所示。）

（2）作轴测轴 O_1X_1、O_1Y_1，并在其上取 A_1、B_1、C_1、D_1 四点，使得 $A_1O_1=O_1C_1=AO$，$B_1O_1=D_1O_1=1/2BO$（按斜二测作图），过 A_1、B_1、C_1、D_1 四点分别作 O_1X_1 轴、O_1Y_1 轴的平行线，四线相交围成平行四边形 $E_1F_1G_1H_1$，该平行四边形即为圆外切四边形的正面斜二测图，A_1、B_1、C_1、D_1 四点为切点，如图 4-16（b）所示。

（3）以 H_1D_1 为斜边，作等腰直角三角形 $H_1M_1D_1$，以 D_1 为圆心，D_1M_1 为半径作弧，交 H_1G_1 于 N_1、K_1，过 N_1、K_1 作 E_1H_1 的平行线与对角线交于 1_1、2_1、3_1、4_1，如图 4-16（c）所示。

（4）依次用曲线板将 A_1、1_1、B_1、2_1、C_1、3_1、D_1、4_1、A_1 连接起来，即得圆的斜二测图，如图 4-16（d）所示。

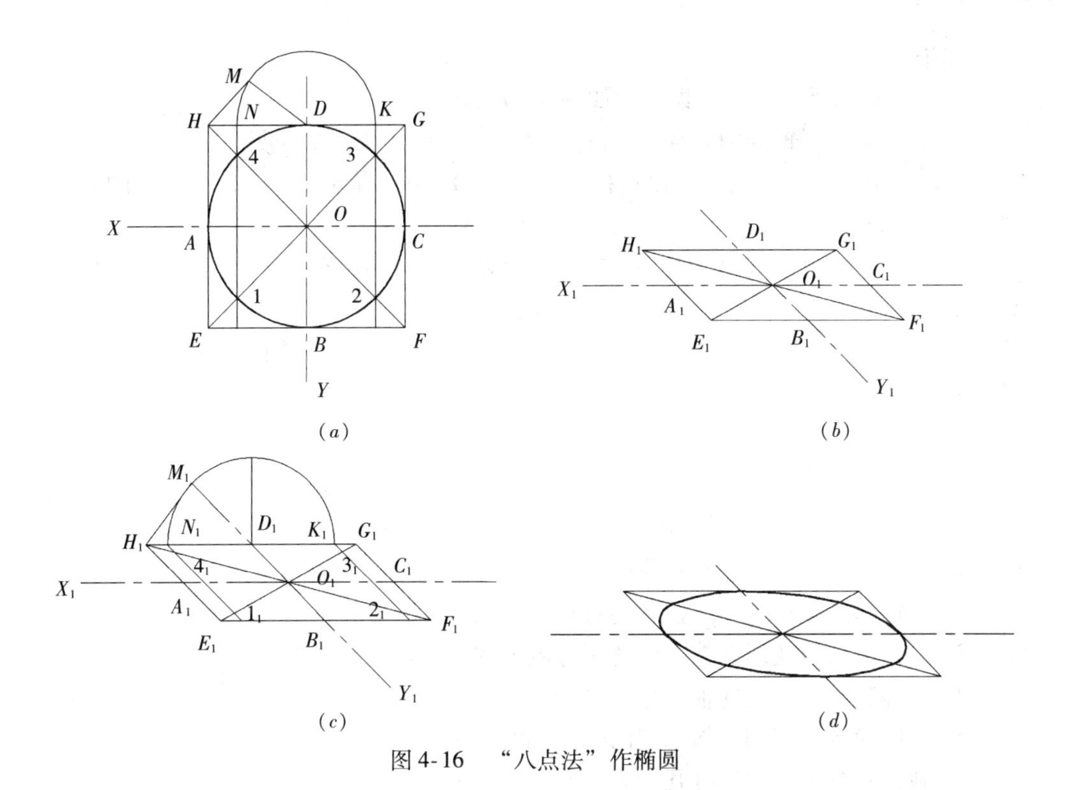

图 4-16 “八点法”作椭圆

【例 4-6】根据轴承座的两面投影，作轴承座的斜二测图，如图 4-17 所示。

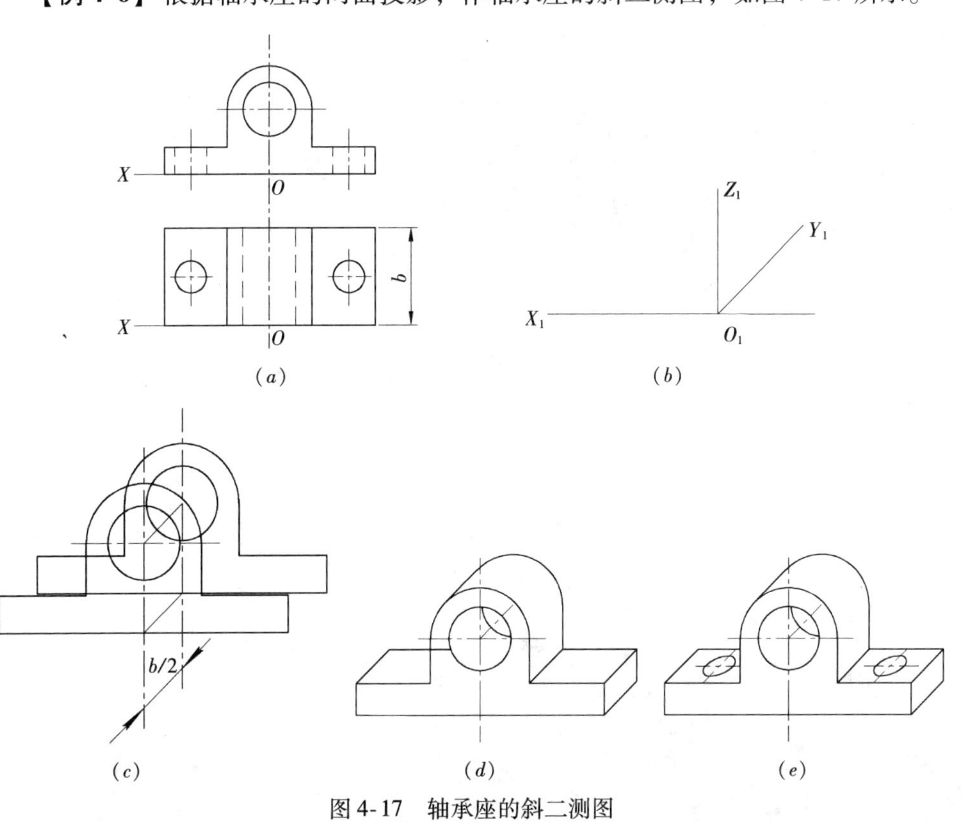

图 4-17 轴承座的斜二测图

作法：

（1）已知轴承座的两面投影，如图4-17（*a*）所示。

（2）作斜二测轴测轴 O_1X_1、O_1Y_1、O_1Z_1，如图4-17（*b*）所示。

（3）画出形体平行于 V 面的轴测图，并在 Y_1 方向量取 $b/2$，做出形体的后面轴测图，如图4-17（*c*）所示。

（4）连接各边，作出圆柱的转向轮廓线（即两圆的外公切线），如图4-17（*d*）所示。

（5）作两小孔的水平圆轴测图，加深可见轮廓线，即得轴承座的斜二测图，如图4-17（*e*）所示。

复习思考题

1. 什么是轴测投影，它有哪些特点？
2. 正轴测投影和斜轴测投影各有哪些特点？
3. 什么是轴向变形系数？试述正等测图的简化轴向变形系数。
4. 正等测、斜二测的轴间角是多少？
5. 如何确定正等测和斜二测的轴测轴？
6. 画轴测投影图常用哪几种方法？

第五章　剖面图与断面图

第一节　剖面图

在工程图中，物体可见的轮廓线一般用粗实线绘制，不可见的轮廓线用虚线绘制。图5-1所示的杯形基础，以及其他内部构造复杂的物体，投影图中就会出现很多虚线，这样就会形成图形中的实线虚线交错重叠、层次不清，不便于绘图、看图和标注尺寸。所以对于有孔、槽等内部构造的物体，一般采用剖面图表达。

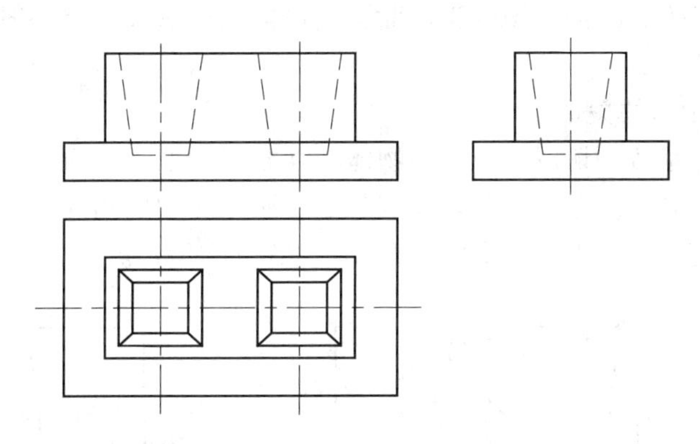

图5-1　钢筋混凝土双杯基础的投影图

一、剖面图的基本概念

假想用剖切平面剖开物体，将处在观察者和剖切平面之间的部分移去，将剩余的部分向投影面进行投影，所得图形称为剖面图，简称剖面，如图5-2所示。

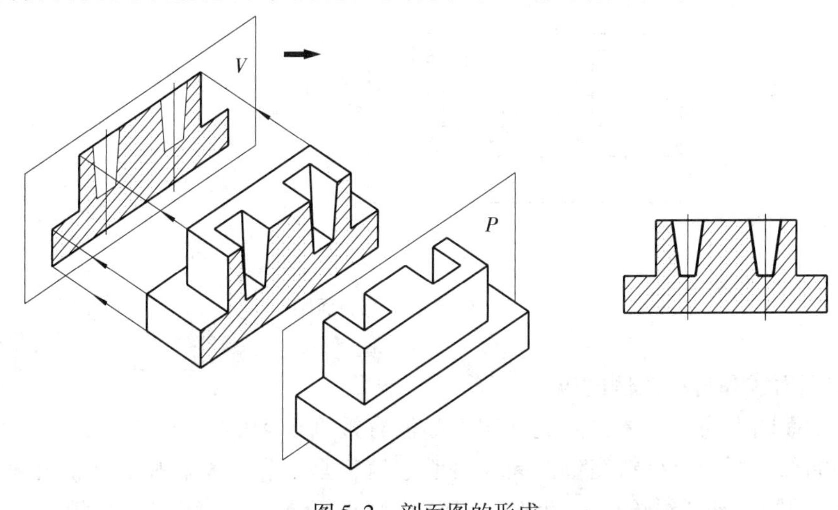

图5-2　剖面图的形成

二、剖面图的画法

（一）剖切平面位置的选择

画剖面图时，首先应选择最合适的剖切位置，使剖切后画出的图形能确切反映所要表达部分的真实形状。剖切平面一般选择投影面平行面，并且一般应通过孔的轴线或物体的对称面。

（二）剖面图画法的一般规定

1. 线型的处理

剖切平面与物体接触部分的轮廓线用粗实线绘制；剖切平面后面的可见轮廓线在建筑施工图中用细实线绘制，在其他一些土建工程图中用中粗实线（或粗实线）画出。

物体被剖切后，剖面图上仍有可能有不可见部分的虚线存在，为了使图形清晰易读，对于已经表达清楚的部分，虚线可以省略不画。如果画少量的虚线可以减少视图，而又不影响剖面图的识读时，也可以画出虚线。但一般情况下，剖面图中不画出虚线。

2. 与原投影图的关系

剖面图虽然是按剖切位置，移去物体在观察者和剖切平面之间部分，根据留下的部分画出投影图。但因为剖切是假想的，所以除剖面图外，画物体的其他投影图时，仍应完整地画出，不受剖切影响，如图 5-3 所示。

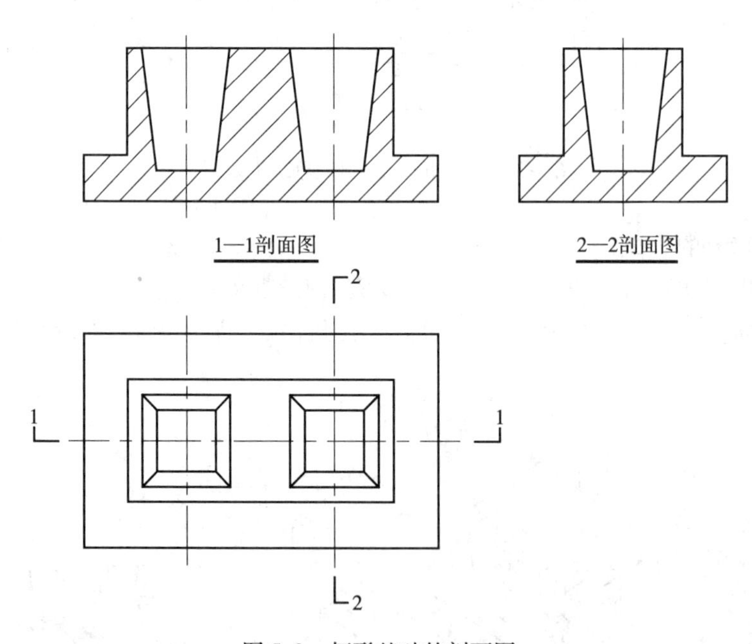

图 5-3　杯形基础的剖面图

3. 剖面线和材料图例的应用

在剖面图上为了分清物体被剖切到和没有被剖切到的部分，在剖切平面与物体接触的部分要绘出材料图例，同时表明建筑物是用什么材料做成的。在不指明材料时，用45°细斜线绘出图例线，间隔要均匀。在同一物体的各剖面图中，图例线的方向、间隔要一致。按国家标准《房屋建筑制图统一标准》GB/T 50001—2010 中的规定，在房屋建筑工程图中采用表 5-1 规定的建筑材料图例。

常用建筑材料图例 **表 5-1**

序号	名称	图例	备注
1	自然土壤		包括各种自然土壤
2	夯实土壤	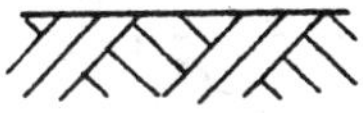	
3	砂、灰土	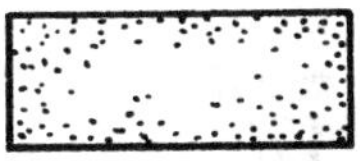	靠近轮廓线绘较密的点
4	砂砾石、碎砖三合土	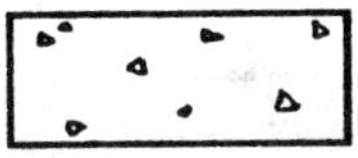	
5	石材	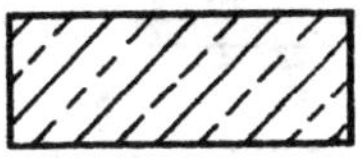	
6	毛石		
7	普通砖	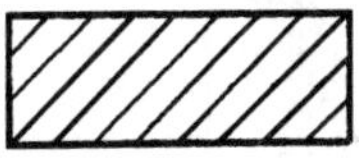	包括实心砖、多孔砖、砌体、砌块，断面较窄不易绘出图例线时，可涂红
8	耐火砖	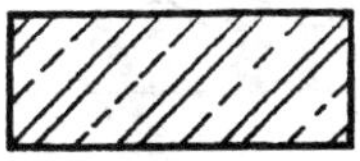	包括耐酸砖等砌体
9	空心砖		指非承重砖砌体
10	饰面砖	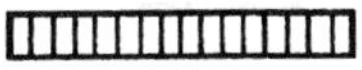	包括铺地砖、马赛克、陶瓷锦砖、人造大理石等
11	焦渣、矿渣	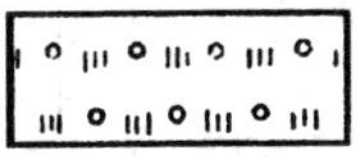	包括与水泥、石灰等混合而成的材料
12	混凝土		1. 本图例指能承重的混凝土及钢筋混凝土 2. 包括各种强度等级、骨料、添加剂的混凝土 3. 在剖面图上画出钢筋时，不画图例线 4. 断面图形小，不易画出图例线时，可涂黑
13	钢筋混凝土	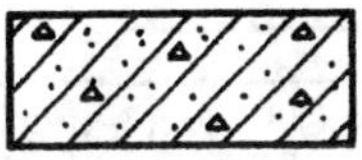	

续表

序　号	名　称	图　例	备　注
14	多孔材料	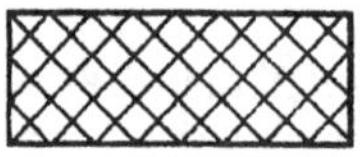	包括水泥珍珠岩、沥表珍珠岩、泡沫混凝土、非承重加气混凝土、软木、蛭石制品等
15	纤维材料	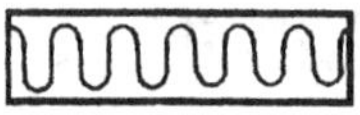	包括矿棉、岩棉、玻璃棉、麻丝、木丝板、纤维板等
16	泡沫塑料材料	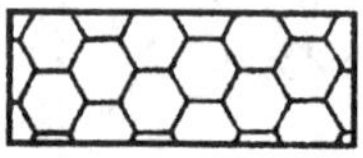	包括聚苯乙烯、聚乙烯、聚氨酯等多孔聚合物类材料
17	木材	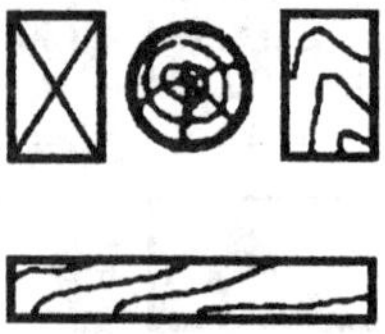	1. 上图为横断面，上左图为垫木、木砖或木龙骨 2. 下图为纵断面
18	胶合板		应注明为 x 层胶合板
19	石膏板	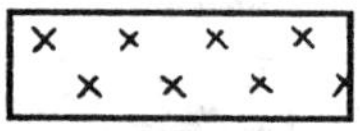	包括圆孔、方孔石膏板、防水石膏板等
20	金属	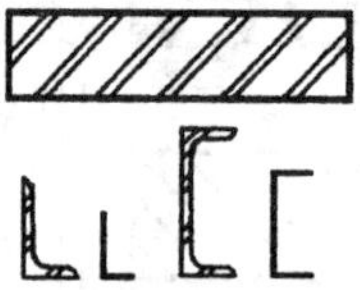	1. 包括各种金属 2. 图形小时，可涂黑
21	网状材料		1. 包括金属、塑料网状材料 2. 应注明具体材料名称
22	液体		应注明具体液体名称
23	玻璃		包括平板玻璃、磨砂玻璃、夹丝玻璃、钢化玻璃、中空玻璃、加层玻璃、镀膜玻璃等
24	橡胶		
25	塑料		包括各种软、硬塑料及有机玻璃等
26	防水材料		构造层次多或比例大时，采用上面图例
27	粉刷	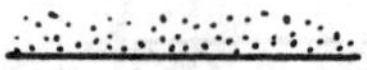	本图例采用较稀的点

注：序号1、2、5、7、8、13、14、16、17、18、20、24、25 图例中的斜线、短斜线、交叉斜线等一律为45°。

4. 剖切符号和画法

剖面图本身不能反映剖切平面的位置，必须在其他投影图上标注出剖切平面的位置及剖切形式。在工程图中用剖切符号表示剖切平面的位置及投影方向。剖切符号由剖切位置线及投射方向线组成，均应以粗实线绘制。剖切位置线的长度一般为6～10mm，投射方向线应垂直于剖切位置线，长度应短于剖切位置线，长度一般为4～6mm，如图5-4所示，绘制时剖切符号应尽量不穿行图形上的图线。

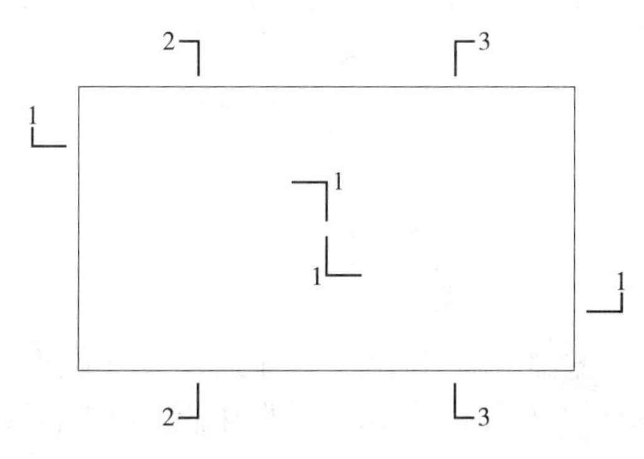

图5-4　剖面剖切符号

剖切符号的编号宜采用阿拉伯数字，并注写在被剖切后投影的方向上，需要转折的剖切位置线在转折处加注相同的编号；在剖面图的下方应注出相应的编号，如“×-×剖面图”。如图5-3所示，正面投影和侧面投影的下方注出了“1-1剖面图”和“2-2剖面图”。

三、剖面图的种类

剖面图的剖切平面的位置、数量、方向、范围应根据物体的内部结构和外形来选择，根据具体情况，剖面图宜选用下列几种。

（一）全剖面图

用一个剖切平面完全地剖开物体后所画出的剖面图称为全剖面图。全剖面图适用于外形结构简单而内部结构复杂的物体，一般用于不对称的物体，有些物体虽然对称，但另有表达外形的投影图或外形较简单时，也可采用全剖面图表达。

图5-5中的侧面投影为台阶的全剖面图，假想用平行于W面的剖切平面P，通过台阶的踏步剖开，移开左半部，将右半部向W面投影，即得台阶的全剖面图。在该剖面图中反映出了台阶踏步的截断面和栏板的外形轮廓。

（二）半剖面图

当物体具有对称平面、且内外结构都比较复杂时，以图形对称线为分界线，一半绘制物体的外形（投影图），一半绘制物体的内部结构（剖面图），这种图称为半剖面图。

半剖面图以对称线作为外形图与剖面图的分界线，一般剖面图画在垂直对称线的右侧或水平对称线的下侧。在剖面图的一侧已经表达清楚的内部结构，在画外形的一侧其虚线不再画出。

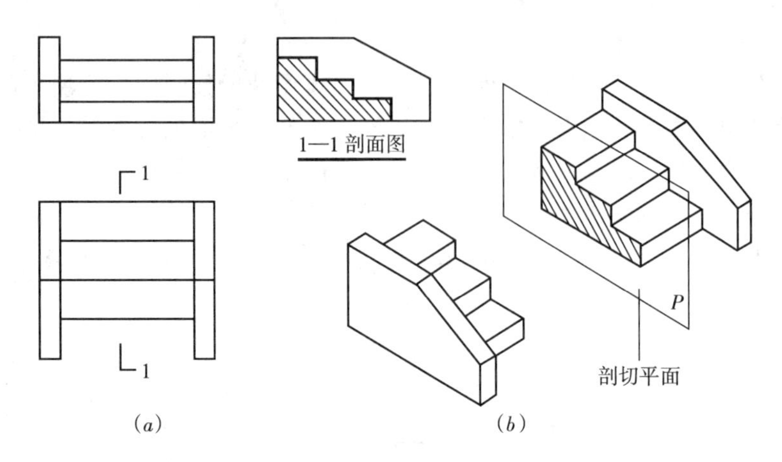

图 5-5　台阶的全剖面图
(*a*) 投影图；(*b*) 直观图

图 5-6 为一个杯形基础的半剖面图。在正面投影和侧面投影中，都采用了半剖面图的画法。半剖面图可同时表达出物体的内部结构和外部结构。

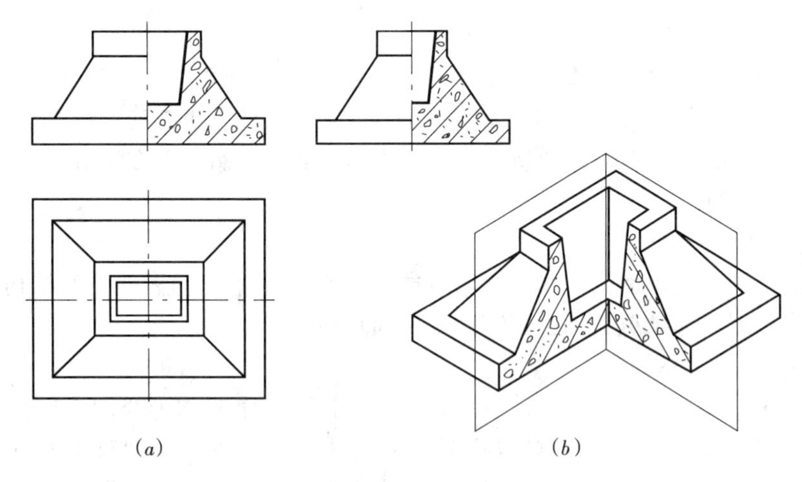

图 5-6　杯形基础的半剖面图
(*a*) 投影图；(*b*) 直观图

(三) 阶梯剖面图

用两个或两个以上的平行平面剖切物体后所得的剖面图，称为阶梯剖面图。

如图 5-7 所示，水平投影为全剖面图，侧面投影为阶梯剖面图。如果侧面投影只用一个剖切平面剖切，门和窗就不可能同时剖切到，因此假想用两个平行于 *W* 面的剖切平面，一个通过门，一个通过窗将房屋剖开，这样能同时显示出门和窗的高度。

在画阶梯剖面图时应注意，由于剖切是假想的，因此在剖面图中不应画出两个剖切平面的分界交线。剖切位置线需要转折时，在转角处如有混淆，须在转角处外侧加注与该剖面相同的编号。

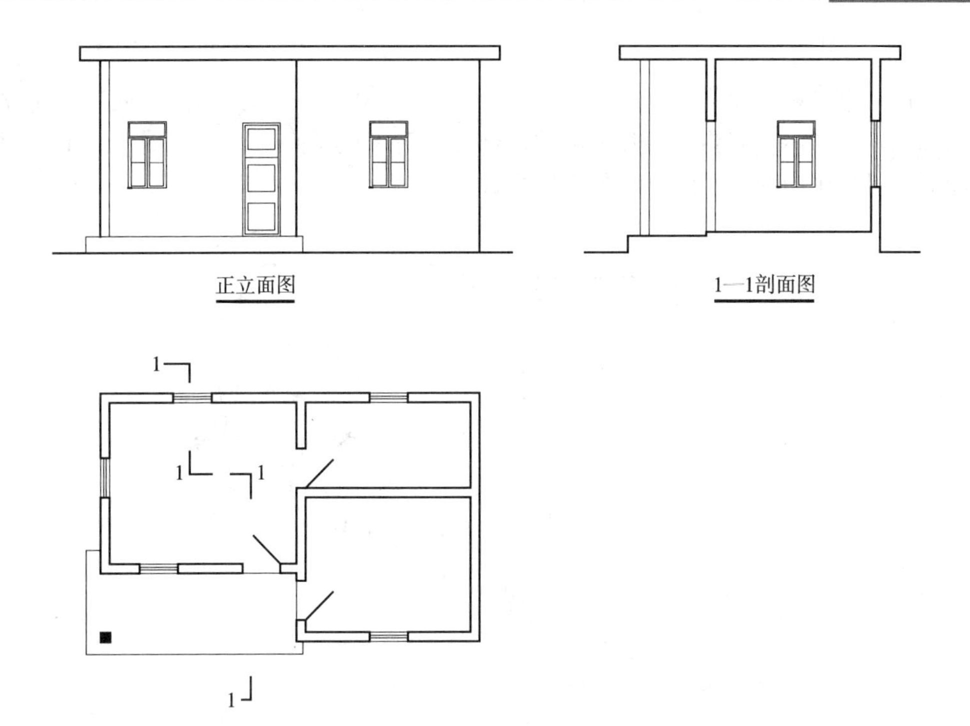

图 5-7 房屋的阶梯剖面图

（四）展开剖面图

用两个或两个以上的相交平面剖切物体后，将倾斜于基本投影面的剖面旋转到平行基本投影面后再投影，所得到的剖面图称为展开剖面图。

如图 5-8 所示的过滤池，由于池壁上两个孔不在同一平面上，仅用一个剖切平面不能都剖到，但池体具有回转轴线，可以采用两个相交的剖切平面，并让其交线与回转轴重合，使两个剖切平面通过所要表达的孔，然后将与投影面倾斜的部分绕回转轴旋转到与投影面平行，再进行投影，这样池体上的孔就表达清楚了。

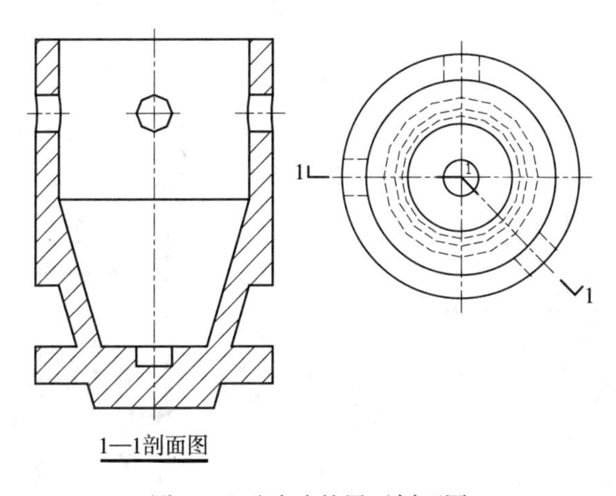

图 5-8 过滤池的展开剖面图

（五）局部剖面图

用一个剖切平面将物体的局部剖开后所得到的剖面图称为局部剖面图，简称局部剖。当物体只需要表达其局部的内部结构时，或不宜采用全剖面图、半剖面图时，可采用局部剖面图，如图 5-9 所示。

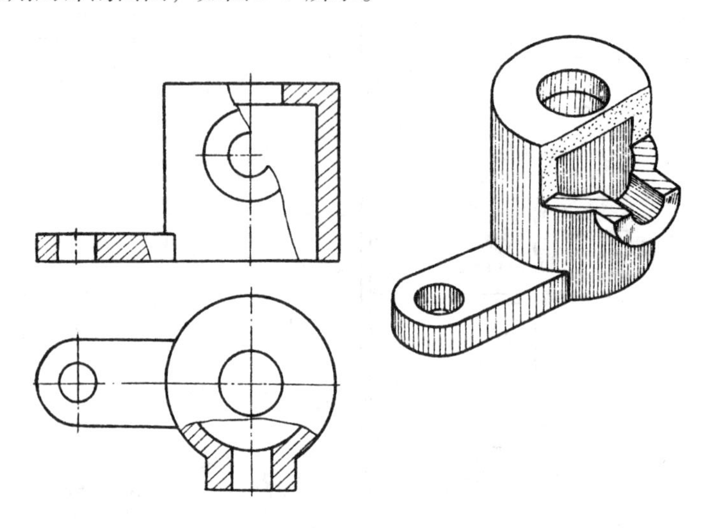

图 5-9　局部剖面图

局部剖切在投影图上的边界用波浪线表示，波浪线可以看做是物体断裂面的投影，因此绘制波浪线时，不能超出图形轮廓线，在孔洞处要断开，也不允许波浪线与图样上其他图线重合，如图 5-10 所示。

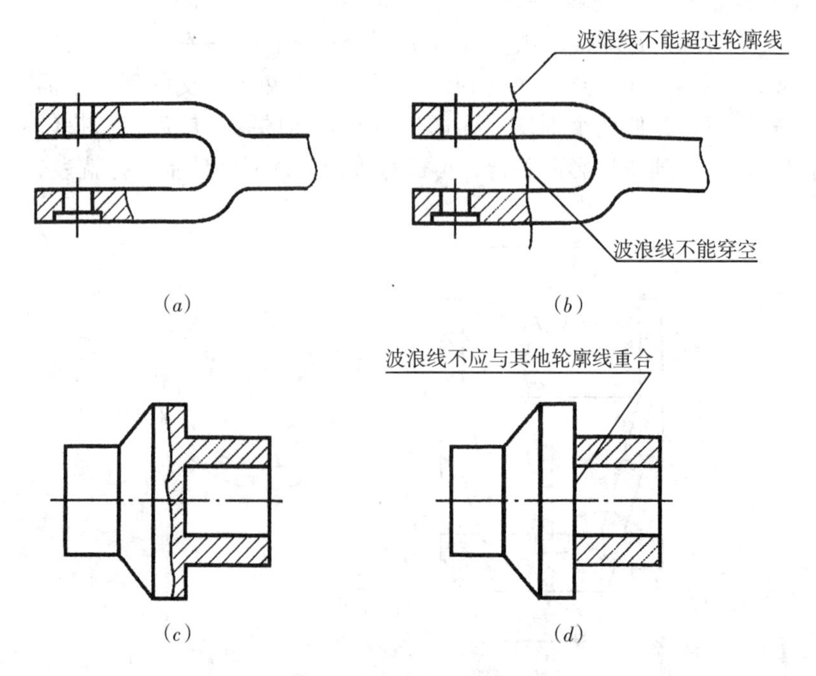

图 5-10　波浪线的画法

(a) 正确；(b) 错误；(c) 正确；(d) 错误

分层剖切是局部剖切的一种形式，用以表达物体内部的构造。如图 5-11 所示，用这种剖切方法所得到的剖面图，称为分层剖切剖面图，简称分层剖。分层剖切剖面图用波浪线按层次将各层隔开。

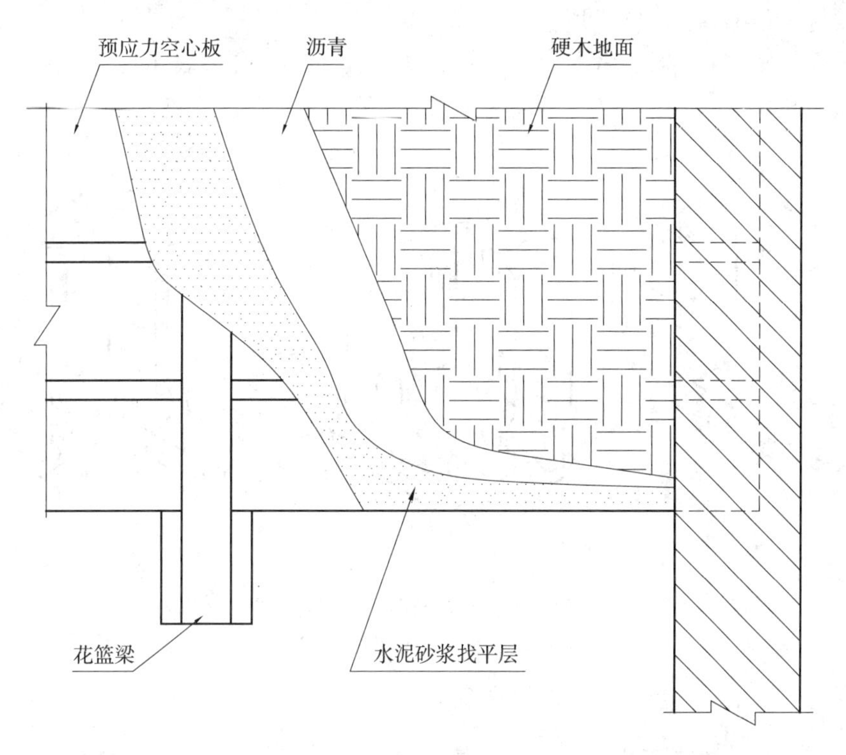

图 5-11　分层剖切剖面图

【例 5-1】 图 5-12 中所示为窨井的投影图，三个图都是用剖面图表示的，读窨井的投影图。

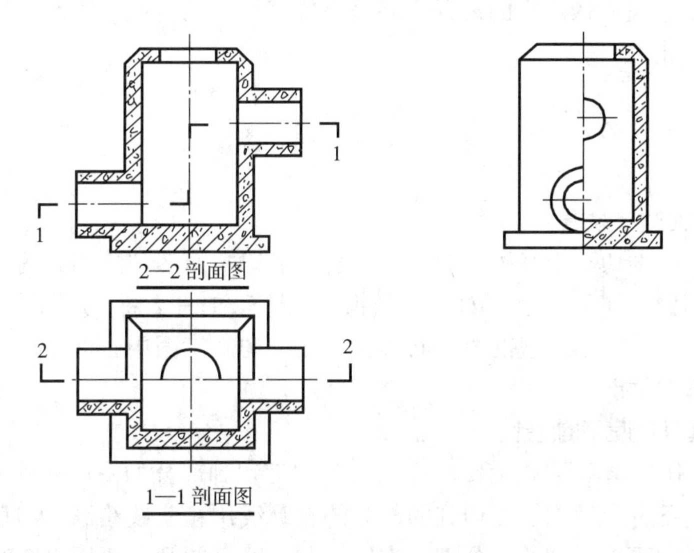

图 5-12　窨井的投影图

分析：正面投影采用全剖面图，剖切平面通过窨井的前后对称面，如图5-13（a）所示。

水平投影采用以阶梯形式剖切的半剖面图，中心线上边表示外形，下边表示内部结构，如图5-13（b）所示。

侧面投影采用半剖面图，中心线左边表示外形，右边表示内部构造，如图5-13（c）所示。

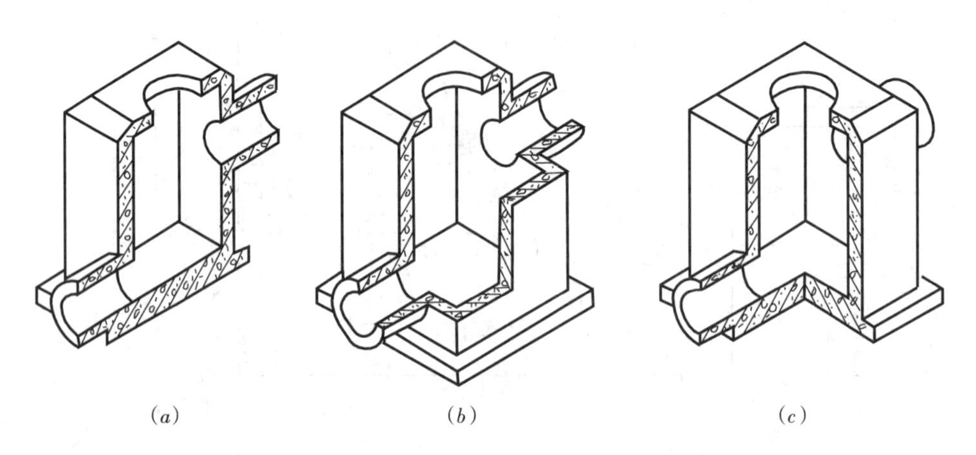

图5-13　窨井各剖面图的剖切位置
（a）全剖；（b）阶梯剖；（c）半剖

读图：

读图先从半剖面图表示外形的投影图开始，因采用半剖面图，物体的外形一般是对称的，所以可根据半个外形图，想象出整个窨井的外形，然后再从剖面图中弄清内部的构造。

从图中可知，窨井是由底板（四棱柱体）、井身（四棱柱体）、盖板（四棱台）和两个圆管组成的。它的内部，井身是四棱柱体的空腔，底部比底板高。盖板中间有个圆孔。

第二节　断面图

一、断面图的基本概念

假想用一个剖切平面将物体剖开，只绘出剖切平面剖到的部分的图形称为断面图，简称断面。如图5-14（d）所示的1—1断面和2—2断面。断面图适用于表达实心物体，如柱、梁、型钢的断面形状，在结构施工图中，也用断面图表达构配件的钢筋配置情况。

二、断面图与剖面图的区别

（1）绘制内容不同：剖面图除应画出剖切面切到部分的图形外，还应画出投影方向看到的部分，被剖切面切到的部分的轮廓线用粗实线绘制，剖切面没有切到但沿投影方向可以看到的部分用中实线绘制，断面图则只要用粗实线画出剖切到部分的图形。如图 5-14（c）、（d）所示。

（2）标注方式不同：断面图与剖面图的剖切符号也不同，如图 5-14（d）所示。断面图的剖切符号，只有剖切位置线没有投射方向线。剖切位置线为 6～10mm 的粗实线。用编号所在的位置表示投影的方向，编号写在投影方向一侧。在断面图下方注出与剖切符号相应的编号 1—1、2—2 等，但不写“断面图”字样。

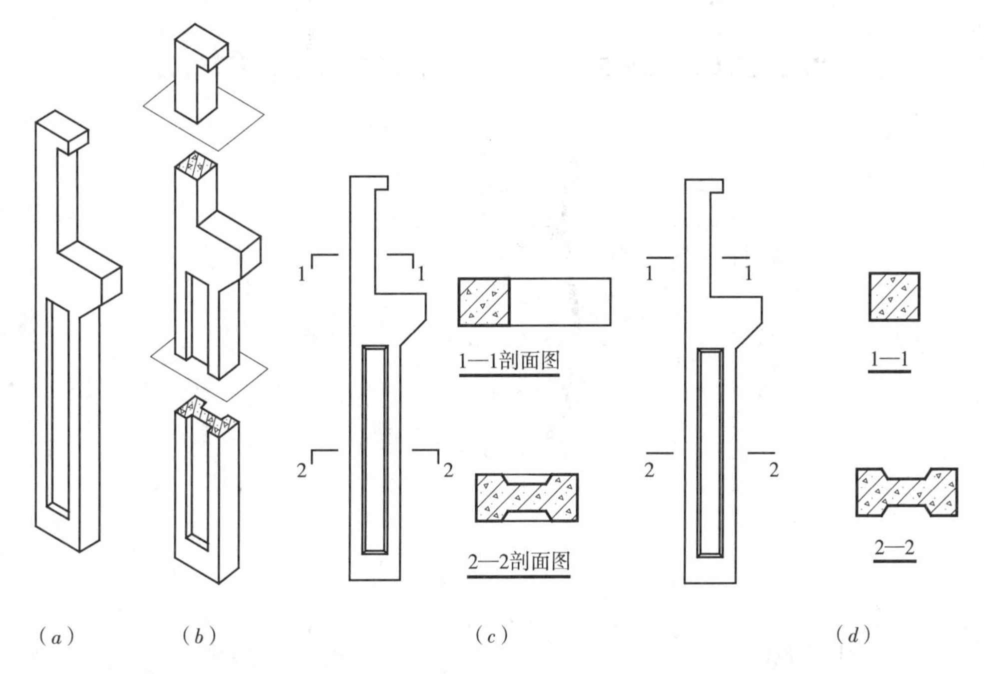

图 5-14 剖面图与断面图的区别

三、断面图的种类

断面图按其配置的位置不同，分为移出断面图、中断断面图和重合断面图。

（一）移出断面图

画在投影图之外的断面图，称移出断面图。移出断面图的轮廓线用粗实线绘制，断面图上要画出材料图例，如图 5-15 所示。

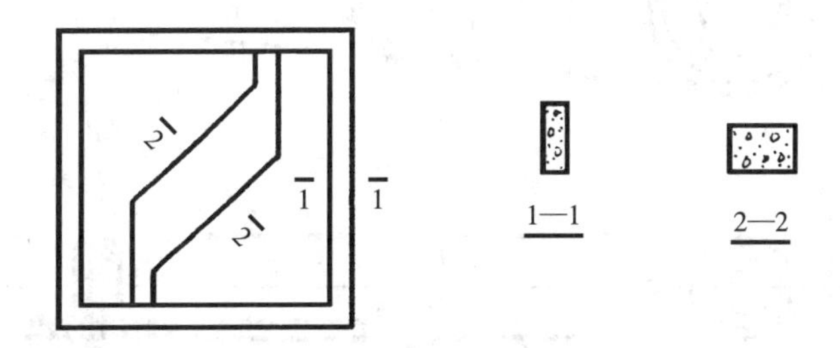

图 5-15 移出断面图的画法

（二）重合断面图

断面图绘制在投影图之内，称为重合断面图。重合断面图的轮廓线用细实线绘制。当投影图的轮廓线与断面图的轮廓线重叠时，投影图的轮廓线仍需要完整的画出，不可间断，如图5-16（*a*）、（*b*）所示。因为断面尺寸较小，画重合断面图时可以涂黑，如图5-16（*c*）所示。

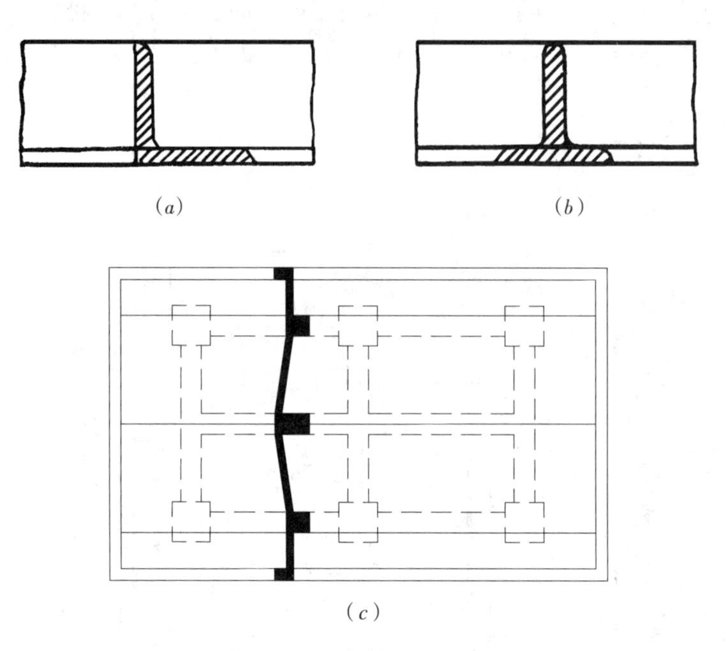

图5-16 重合断面图的画法

（三）中断断面图

画在投影图的中断处的断面图称为中断断面图。中断断面图只适用于杆件较长、断面形状单一且对称的物体。中断断面图的轮廓线用粗实线绘制，投影图的中断处用波浪线或折断线绘制。中断断面图不必标注剖切符号，如图5-17所示。

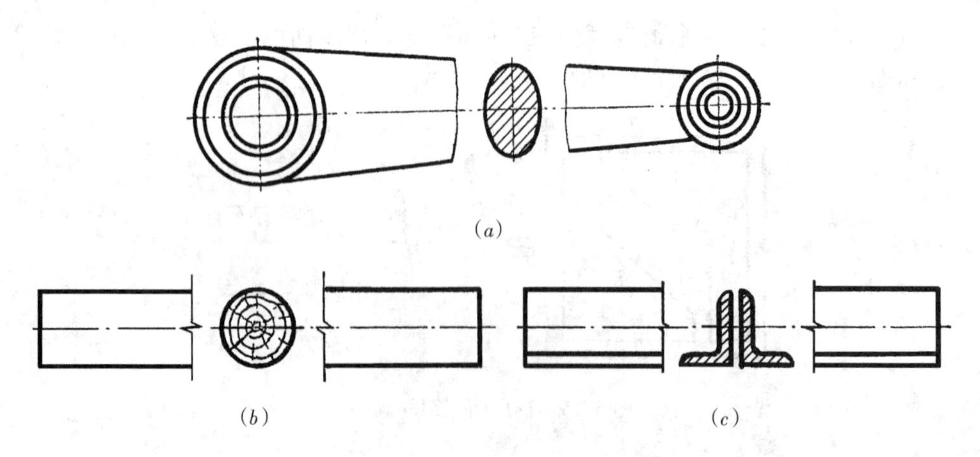

图5-17 中断断面图的画法

复习思考题

1. 什么是剖面图，什么是断面图，它们有什么区别？各在什么情况下使用？
2. 常用的剖面图有哪几种？各在什么情况下使用？
3. 画半剖面图应注意哪些问题？
4. 画阶梯剖面图和展开剖面图应注意哪些问题？
5. 常用断面图有哪几种？怎样标注？

第六章　标高投影

第一节　标高投影的基本知识

一、标高投影的基本概念

各种工程建筑物（如水利工程建筑物、道路、桥梁等）通常要建在高低不平的山峦、河流的地面上，它们与地面形状有着密切的关系，在施工中常常需要挖掘或填筑土壤。因此，工程上常常在表达地面形状的地形图上，进行各种工程的规划、设计等工作。但地面形状复杂，起伏不平，没有规则，长度、宽度方向的尺寸，比高度方向的尺寸大得多，如采用前面所讲过的多面正投影法，是无法表达清楚的。本章将介绍一种表达地形图的方法就是标高投影法。标高投影法是一种单面的直角投影，用在水平投影面上的直角投影图并加注形体上某些特殊点的高程，也就是用高程数字和水平投影表达形体的形状，如图 6-1 所示。

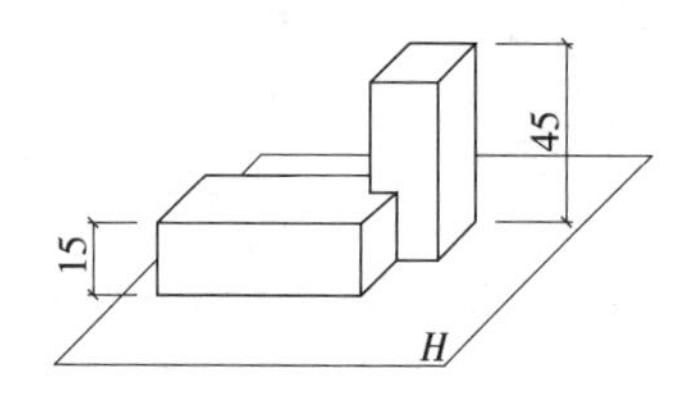

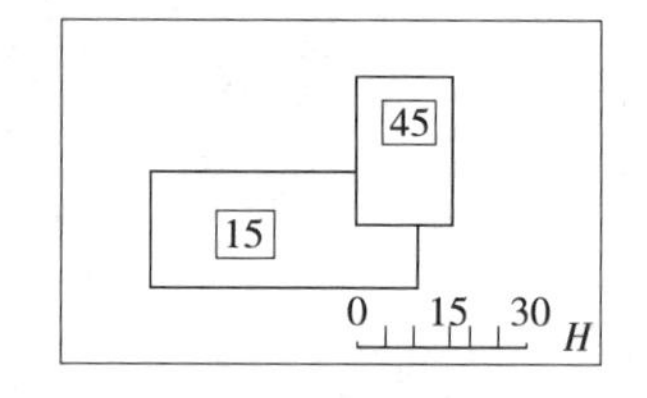

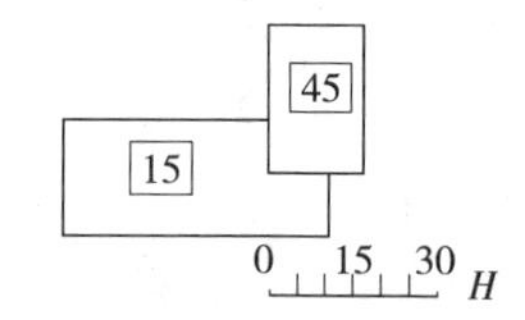

图 6-1　标高投影的概念

二、标高投影的表示方法

在三投影面中，当物体的水平投影确定后，它的正面投影主要是提供物体上各点的高度。如果能在平面上表示出各点的高度，那么只用一个水平投影，也可以确定物体在空间的形状和大小。如图 6-2 所示，点 A 在基准面 H 以上 4 个单位，在水平投影 a 的旁边注出该点的高度值 4 即 a_4，4 这个刻度值，称为 A 点的标高，它反映了点 A 的高程。a_4 虽然只是一个投影，却可决定点 A 的空间位置。

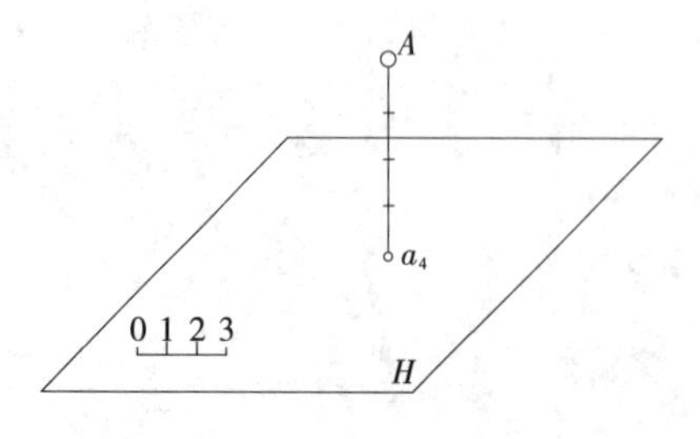

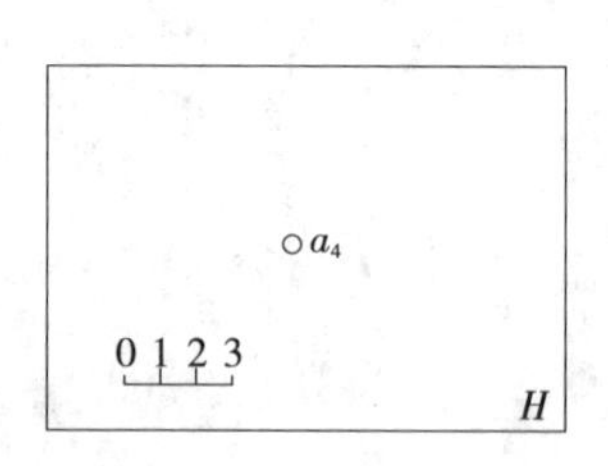

图 6-2　标高投影法

要根据 a_4 来确定点 A 的空间位置，还必须知道基准面、尺寸单位和画图比例。在建筑工程中一般采用与测量相一致的基准面，即以我国黄海海面的平均高程为零点。高程以米为单位，在图上不需注出，但需注明平面的比例或画出比例尺。

第二节　点、直线和平面的标高投影

一、点的标高投影

如图 6-3 所示，分别作出点 A、B 和 C 在 H 面上的投影 a、b 和 c。其中点 A 高于基准面 4 个单位，注写为 a_4，点 B 在面上，注写为 b_0，点 C 低于 H 面 3 个单位，注写为 c_{-3}，低于 H 面的标高用负值标注。

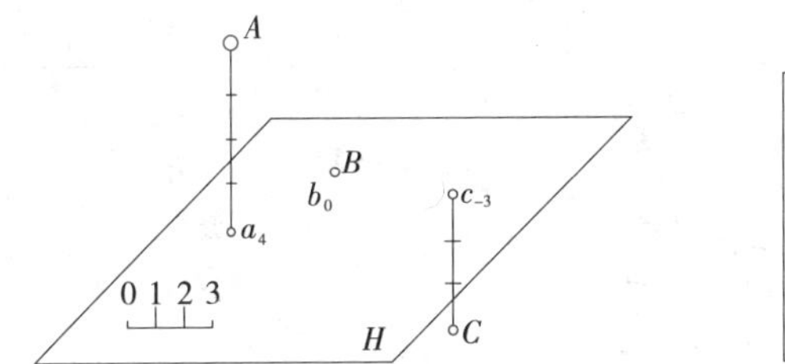

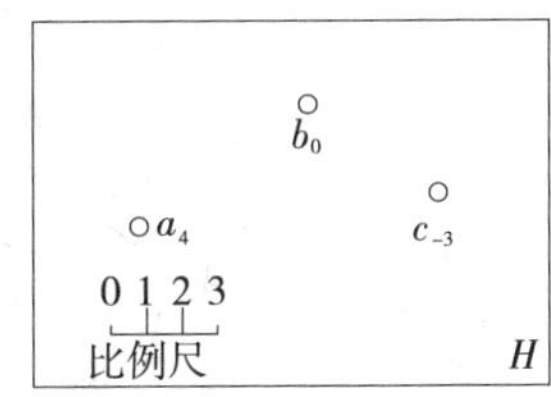

图 6-3　点的标高投影

二、直线的标高投影

（一）直线的表示法

在标高投影中，直线的位置是由直线上的两点或直线上一点及该直线的方向决定的。以图 6-4（a）所示的直线为例说明，直线的标高投影表示法有以下两种：

（1）直线的水平投影和直线上两点的高程，如图 6-4（b）（图中线段长度 $L=6$m通常不必注出）所示。

（2）直线上一点高程和直线的方向。图 6-4（c）中直线是用直线的坡度 1∶2 和箭头表示方向的，箭头指向下坡。

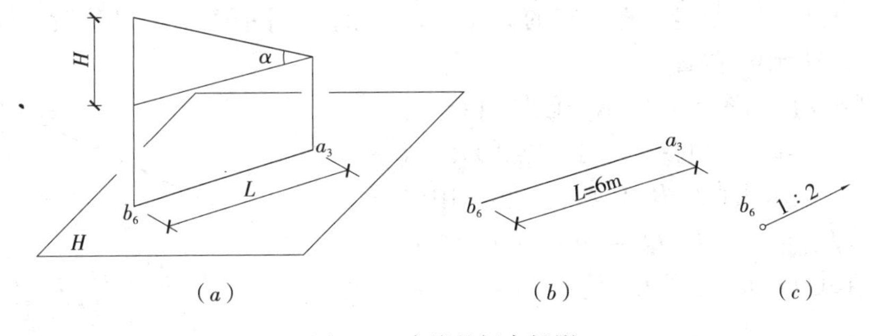

图 6-4　直线的标高投影

（a）轴测图；（b）方法一；（c）方法二

（二）直线的坡度与平距

1. 坡度

直线上任意两点的高度差与该两点的水平距离之比，称为该直线的坡度，用 i

表示。例如图 6-4 中的直线 AB：

$$i = H/L = \tan\alpha$$

式中　H——高度差；

　　L——水平距离。

上式表明了直线坡度的含义为：当直线上两点间的水平距离为一个单位时的高度差，如图 6-5 所示。

在图 6-4 中，直线 AB 的 $H=(6-3)$ m $=3$m，$L=6$m（如图上未注尺寸，可用1∶200 比例尺在图上量得）。所以该直线的坡度 $i=H/L=3/6=1/2$，写成1∶2。

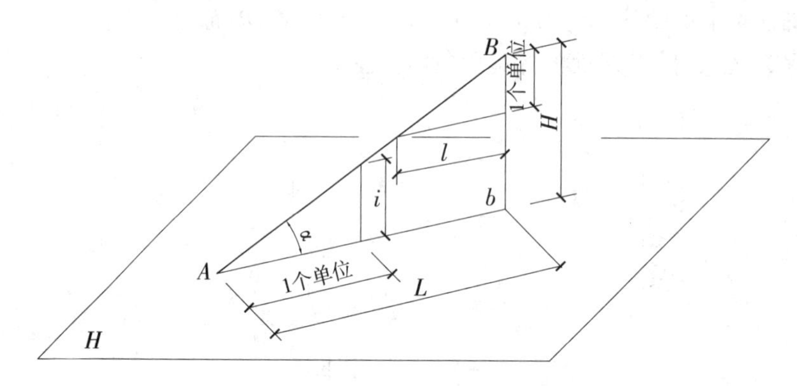

图 6-5　直线的坡度和平距

2. 平距

当直线上两点的高度差为一个单位长度时，这两点的水平距离称为直线的平距，用 l 表示。如图 6-5 中的直线 AB：

$$l = L/H = \cot\alpha$$

由上式可以看出，平距和坡度互为倒数，即 $l=1/i$。如 $i=1/2$，则 $l=1/i=2$。坡度愈大，则平距愈小；坡度愈小，则平距愈大。

显然，一直线上任意两点的高度差与其水平面距离之比是一个常数，故在已知直线上任取一点都能计算出它的标高，或已知直线上任意一点的高程，即可确定它的水平投影的位置。

【**例 6-1**】如图 6-6 所示，已知直线 BA 的标高投影 b_2a_6，求直线 BA 上 C 点的高程。

解： 应先求出直线 BA 的坡度。由图中比例尺量得 $L_{BA}=8$m，而 $H_{BA}=(6-2)$ m $=4$m，因此，直线 BA 的坡度 $i=H_{BA}/L_{BA}=4/8=1/2$。

图 6-6

用比例尺量得 $L_{CA}=2$m，则 $H_{CA}=i\times L_{CA}=(1/2)\times 2\text{m}=1$m，即 C 点的高程为（6－1）5m。

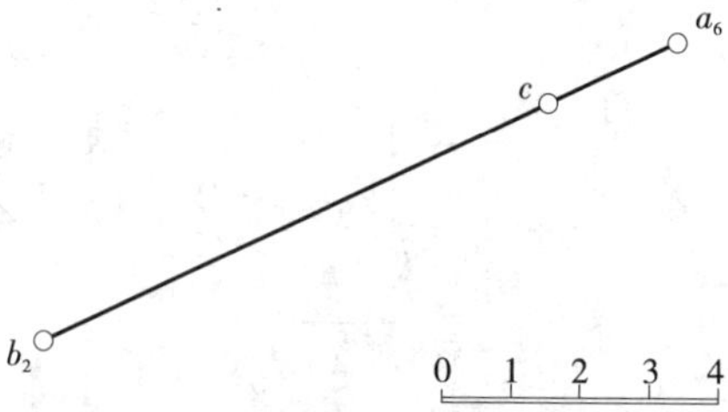

【**例 6-2**】如图 6-7 所示，已知直线上 B 点的高程及该直线的坡度，求直线上高程为 2.4m 的点 A，并定出直线上各整数标高点。

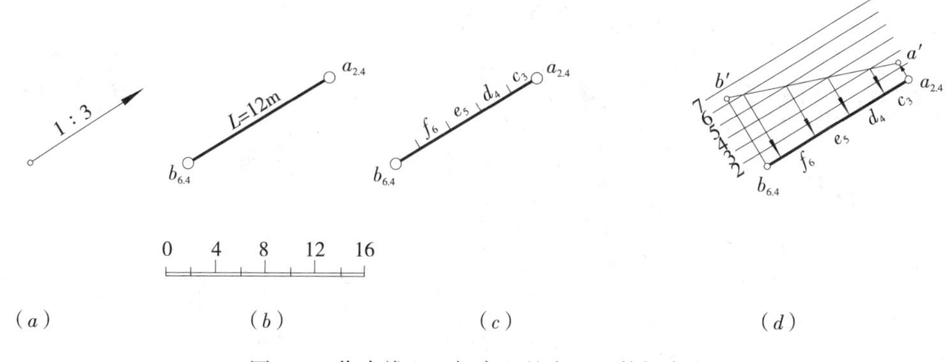

图6-7 作直线上已知高程的点和整数标高点

解：(1) 先求点 A

如图6-7 (b) 所示：$H_{BA}=(6.4-2.4)\text{m}=4\text{m}$

$$L_{BA}=H_{BA}/i=[4/(1/3)]\text{m}=12\text{m}$$

从 $b_{6.4}$沿箭头所示的下坡方向，按比例尺量取12m，即得 A 点的标高投影 $a_{2.4}$。

(2) 求整数标高点

方法一：数解法。如图6-7 (c) 所示，在 B、A 两点间的整数标高点有高程为6m、5m、4m、3m的四个点 F、E、D、C。高程为6m的点 F 和高程为6.4m的点 B 之间的水平距离 $L_{BF}=H_{BF}/i=(6.4-6)/(1/3)=1.2\text{m}$，由 $b_{6.4}$沿 ba 方向，用比例尺量取1.2m，即得高程为6m的点 f_6。因平距 l 是坡度的倒数，则 $l=1/i=3\text{m}$，自 f_6 点起用平距3m，依次量得 e_5、d_4、c_3 各点，即为所求。

方法二：图解法。如图6-7 (d) 所示，作一辅助铅垂面 P 使其平行于 BA 在水平基准面 H 上的标高投影 $b_{6.4}a_{2.4}$，所作水平线的高程依次为2m、3m、4m、5m、6m、7m，按在互相垂直的 P、H 两投影体系中的无轴投影图作图方法，可以作出这些水平线的 P 面投影，或根据 B、A 两点的高程6.4m、2.4m，作出 B、A 的 P 投影 b'、a'，连线 $b'a'$与各水平线的交点，即为 BA 直线上相应整数标高点的 P 面投影。由这些点向 $b_{6.4}a_{2.4}$作垂线，也就是各点的 H 面投影和 P 面投影之间的投影连线，即可得到 BA 直线上各整数标高点 F、E、D、C 的标高投影 f_6、e_5、d_4、c_3。

显然，各相邻整数标高点间的水平距离（即直线的平距）相等。这时 $a'b'$也反映 AB 的实长，$a'b'$与 ab 的夹角，反映 AB 对 H 面的真实倾角 α。

三、平面的标高投影

(一) 平面上的等高线

如图6-8所示，平面上的水平线就是平面上的等高线，水平线上各点到基准面的距离（高程）相等，平面上的等高线也可以看成是一些间距相等的水平面与该平面的交线。从图6-8中可以看出平面上的等高线有以下特征：

(1) 平面上的等高线是直线；

(2) 等高线彼此平行；

(3) 等高线的高差相等时，其水平间距也相等。

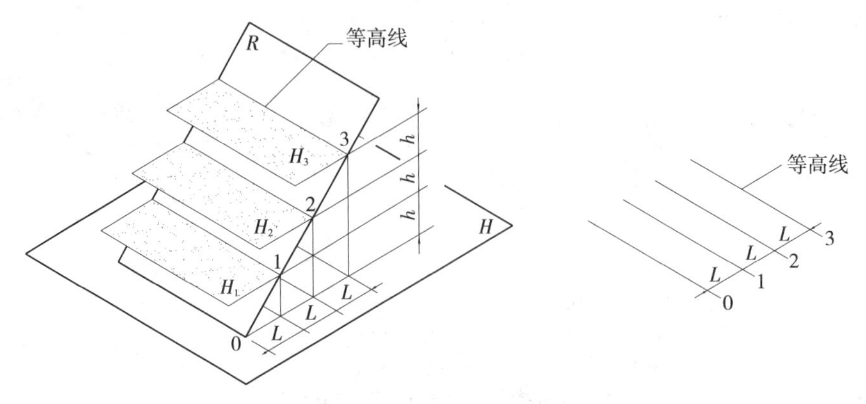

图 6-8　平面上的等高线

h—等高线高差；L—等高线水平间距

（二）平面上的坡度线

平面上垂直于等高线的直线，称为平面的坡度线，也就是平面上对 H 面的最大斜度线。图 6-9（b）中的直线 d_7e_5，就是△ABC 平面的坡度线。

【例 6-3】 如图 6-9（a）所示，已知一平面 ABC 的标高投影为△$a_5b_9c_4$，求作该平面的坡度线以及该平面对 H 面的倾角 α。

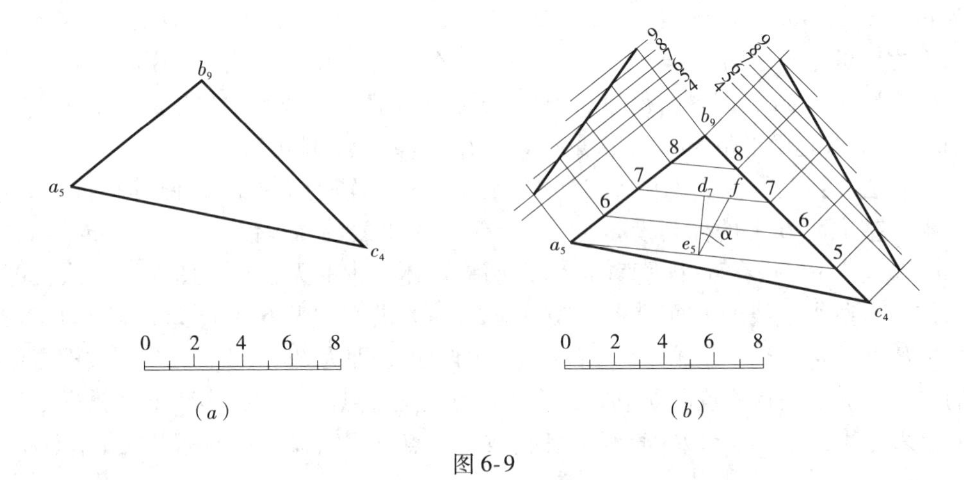

图 6-9

解： 因平面的坡度线对 H 面的倾角就是该平面对 H 面的倾角，因而要先画出平面的坡度线。但为了作平面的坡度线，就必须先画出平面上的等高线。

如图 6-9（b）所示，在△$a_5b_9c_4$ 上任选两条边 a_5b_9 和 b_9c_4，并在其上定出整数标高点 8、7、6、5。连接相同标高点，就得等高线。然后按一边平行于投影面的投影特性，在适当位置任作等高线的垂线 d_7e_5，即为△ABC 平面的坡度线。

坡度线 d_7e_5 对 H 面倾角 α，就是△ABC 平面对 H 面的倾角，角可用直角三角形法求得。以 d_7e_5（2 个平距）为一直角三角形直角边，再用比例尺量得两个单位的高差（$d_7f=2$m）为另一直角边，斜边 e_5f 与坡度线 d_7e_5 之间的夹角 α，就是△ABC 平面对 H 面的倾角。

从图 6-9 和［例 6-3］可以看出，平面上的坡度线具有如下特征：

（1）平面上的坡度线与等高线互相垂直，它们的水平投影也互相垂直。

（2）坡度线对水平面的倾角，等于该平面对水平面的倾角。因此，坡度线的坡度就代表该平面的坡度。

（三）平面的表示法以及在平面上作等高线的方法

第二章中介绍的用几何元素表示平面的方法在标高投影中仍然适用。根据标高投影的特点，下面着重介绍三种平面的表示方法以及在平面上作等腰三角形高线的方法。

1. 用两条等高线表示平面。

【例 6-4】 如图 6-10（a）所示，已知两条等高线 20m、10m 所表示的平面，求作高程为 18m、16m、14m、12m 的等高线。

解： 根据平面上等高线的特征，先在等高线 20m、10m 之间作一坡度线 $a_{20}b_{10}$，把 $a_{20}b_{10}$ 五等分得 c_{18}、d_{16}、e_{14}、f_{12} 各等分点。过各等分点作高程为 20m 和 10m 的等高线的平行线，即得高程为 18m、16m、14m、12m 的等高线。

2. 用一条等高线和平面上的一条坡度线或坡度表示平面。

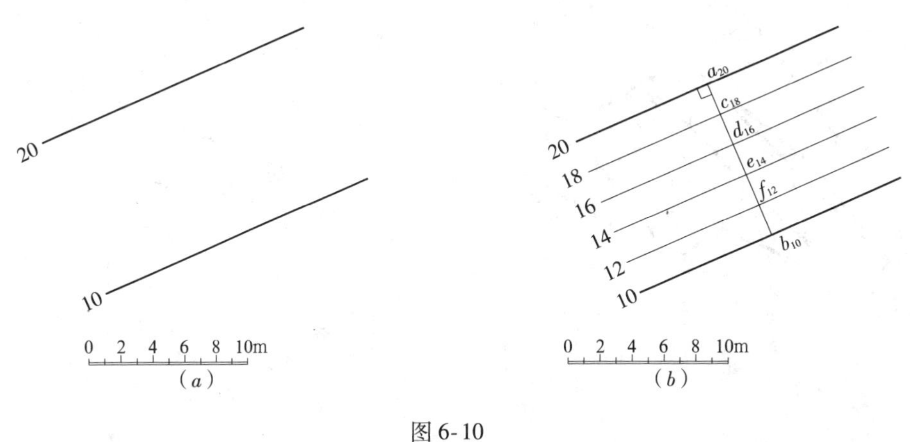

图 6-10

【例 6-5】 如图 6-11 所示，已知平面上一条高程为 10m 的等高线，又知平面的坡度 $i=1:2$，求作平面上高程为 9m、8m、7m 的等高线。

解： 先根据坡度 $i=1:2$，求出平距 $l=2$m。在图中表示平面坡度的坡度线上，自与

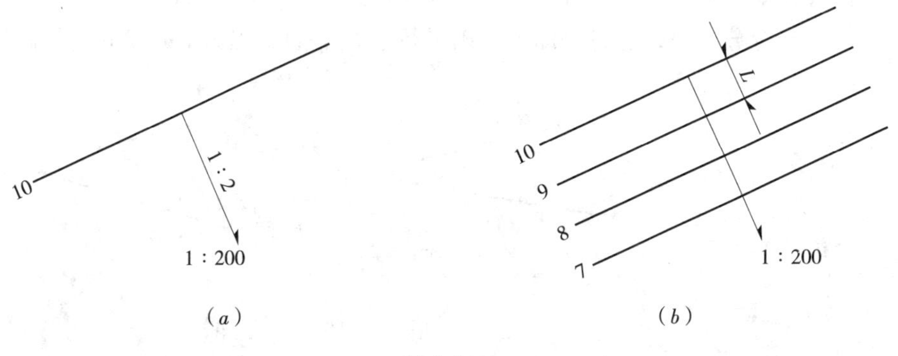

图 6-11

等高线10m的交点起，顺箭头方向按羽毛比例1∶200连续截取三个平距，得三个点，过这三个点作高程为10m的等高线的平行线，即得平面上高程为9m、8m、7m的等高线。

3. 用平面上的一倾斜直线和平面的坡度表示平面。

图6-12表示一标高为3m的一个平台，有一坡度为1∶2的斜坡道，可由地面通向台顶。斜坡道两侧的斜面的坡度为1∶1，这种斜面用斜面上的一条倾斜直线和斜面的坡度来表示，例如图6-12（*b*）用*AB*的标高投影a_3b_0及坡度1∶1表示了图6-12（*a*）中斜坡道右侧斜面，在图6-12（*b*）中，a_3b_0旁边所画的坡度符号的箭头，只表示斜面的大致坡向，不一定画出平面的准确坡向。为了与准确的坡度方向有所区别，习惯上用虚线箭头表示斜面的大致坡向。

在图6-12（*a*）的示意图中，坡面上对水平面最大斜度线方向的长短相间、等距的细实线，称为示坡线。示坡线应垂直于坡面上的等高线，并画在坡面上高的一侧。

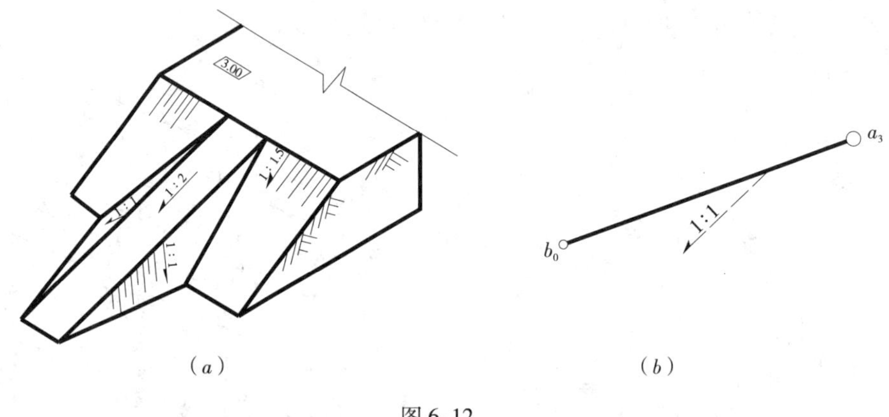

图6-12

【**例6-6**】如图6-13（*a*）所示，已知平面上的一条倾斜直线a_3b_0，以及平面的坡度$i=1∶0.5$，图中虚线箭头表示大致坡向。作出平面上高程为0m、1m、2m的等高线。

解：先求出平面上高程为0m的等高线，该等高线必通过已知倾斜直线上的b_0点，且与a_3点的水平距离$L=H/i=3/(1/0.5)=1.5\text{m}$。

作图过程如图6-13（*b*）所示，以a_3点向切线b_0c_0作垂线a_3c_0，即是平面上的坡度线。三等分a_3c_0，过各点即可作出平行于b_0c_0的高程为1m、2m的等高线。

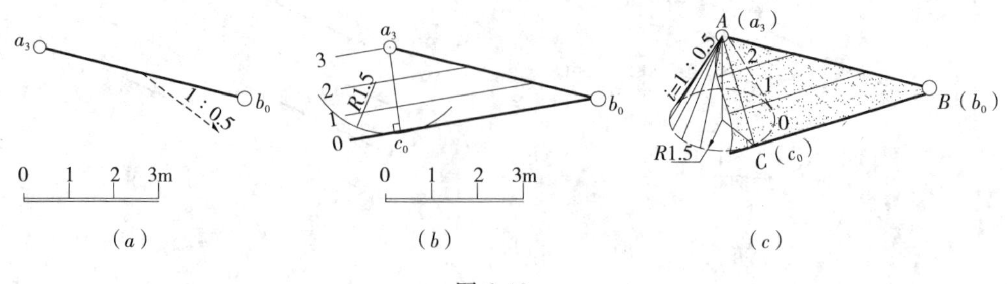

图6-13

如图 6-13（c）所示，上述作图可理解为过 AB 作一平面与圆锥顶为 A、素线坡度为 1∶0.5 的下圆锥相切。切线 AC（是一条圆锥素线）就是该平面的坡度线。已知 A、B 两点的高差 $H=3$m。平面坡度 $i=1:0.5$，则水平距离 $L=H/i=1.5$m。因此，所作正圆锥顶高是 $H=3$m，底圆半径 $R=L=1.5$m。那么，过标高为 0m 的 B 点作圆锥底圆的切线 BC，便是平面上标高为 0m 的等高线。

（四）平面的交线

如图 6-14 所示，在标高投影中，求两平面的交线时，通常用水平面作辅助截平面，水平辅助面与两个相交平面的截交线是两条同标高的等高线，这两条等高线的交点是两个平面的共有点，就是两平面前锋线上的点。由此可以看出：两平面上相同高程等高线的两个交点的连线，就是两平面的交线。

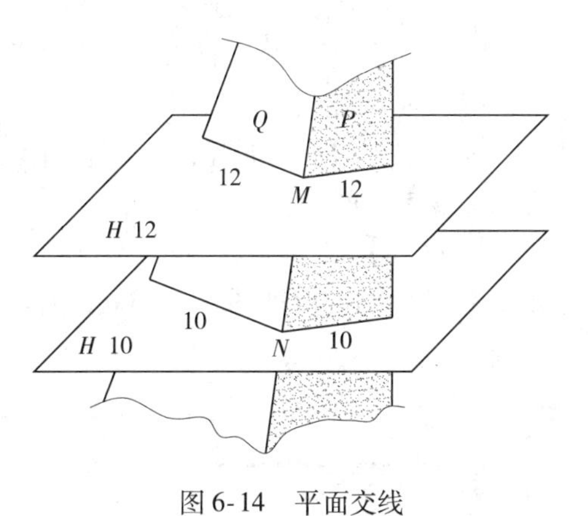

图 6-14　平面交线

在实际工程中，把建筑物上相邻坡面的交线称为坡面交线。坡面与地面的交线称为坡边线。坡边线分为开挖坡边线（简称开挖线）和填筑坡边线（简称坡脚线）。

【例 6-7】在高程为 5m 的地面上挖一基坑，坑底高程为 1m，坑底的形状、大小以及各坡面坡度，如图 6-15（a）所示。求开挖线和坡面交线，并在坡面上画出示坡线。

解：作图过程如图 6-15（b）所示，作图步骤如下：

（1）作开挖线

地面高程为 5m，因此开挖线就是各坡面上高程为 5m 的等高线，它们分别与

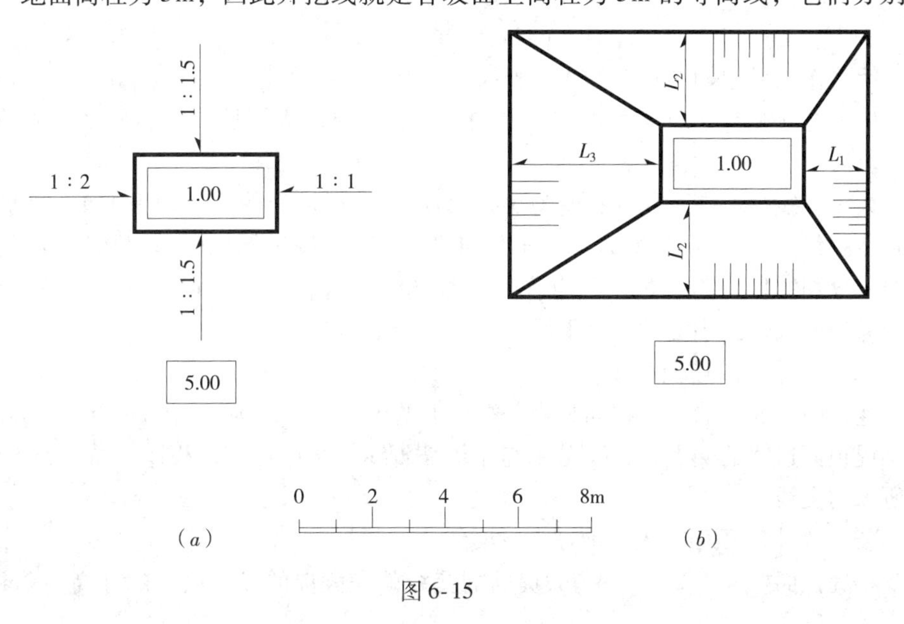

图 6-15

坑底相应的边线平行。其水平距离 $L=H/i$，则 $L_1=(5-1)/(1/1)=4\text{m}$，$L_2=(5-1)/(1/1.5)=6\text{m}$，$L_3=(5-1)/(1/2)=8\text{m}$。然后按比例尺截取后，画出各坡面的开挖线。

（2）作坡面交线

相邻两坡面上标高相同的两等高线的交点，是两坡面的共有点，也是坡面交线上的点。因此，分别连接开挖线（高程为5m的等高线）的交点与坡底边线（高程为1m的等高线）的交点，即得四条坡面交线。

（3）画示坡线

为了增加图形的明显性，在坡面上高的一侧，按坡度线方向画出长短相间的、用细实线表示的示坡线。

【例6-8】已知大堤与小堤相交，堤顶面标高分别为3m和2m，地面标高为0m，各坡面的坡度如图6-16（*a*）所示。求作相交两堤的标高投影图。

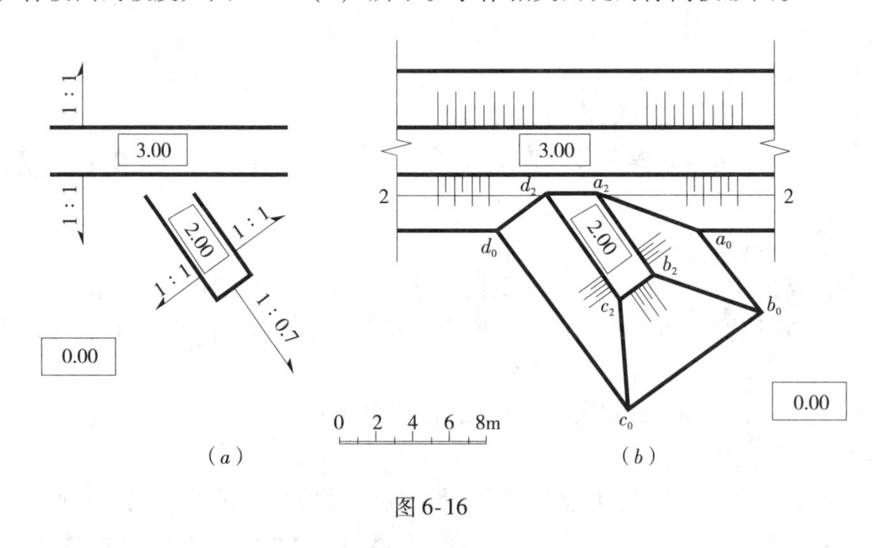

图6-16

解：作图过程如图6-16（*b*）所示：

（1）求坡脚线，即各坡面与地面的交线，现以求大堤坡脚线为例来说明坡脚线的求法。

大堤顶线与坡脚下线的高差为3m。大堤前、后坡面的坡度均为1∶1，则坡顶线到坡脚线的水平面距离 $L=H/i=3/(1/1)=3\text{m}$。按比例尺用3m在两坡面的坡度线上分别截取一点，过这两点作坡顶线的平行线，即得大堤的前、后坡脚线。用同样的方法作出小堤的坡脚下线。

（2）作小堤的坡面交线

连接两坡面上的两条相同高程等高线的两个交点，即为坡面间的交线。因此，将小堤顶面边线的交点 c_2、b_2 分别与小堤坡脚线的交点 c_0、b_0 相连，c_2c_0、b_2b_0 即为所求的交线。

（3）作小堤顶面与大堤前坡面的交线

小堤顶面标高为2m，它与大堤面的交线就是大堤的前坡面上的标高为2m的等高线上（也属于小堤顶面）的一段，于是就可以作出一段交线a_2d_2。

（4）求大堤与小堤坡面的交线

同样，连接大堤与小堤相交坡面上的两条同等高线的两个交点，即为大堤与小堤坡面的交线。因此，分别将小堤顶面边线的a_2、d_2与小堤坡脚线大堤坡脚线的交点a_0、d_0相连，a_2a_0和d_2d_0即为大堤与小堤坡面的交线。

（5）在各坡面上画出示坡线

如图所示，在各个坡面上按坡度线方向作出示坡线，示坡线可以在各坡面上只画出一部分，也可以全部画出。

【例6-9】在高程为0m的地面上修建一个高程为3m的平台，并修建一条斜坡引道，通到平台顶面。平台坡面的坡度为1:1.5，斜坡引道两侧边坡的坡度为1:1。图6-17（a）是这个工程建筑物在斜引道附近局部区域的已知条件，求作这个局部区域内的坡脚线和坡面交线。前面已讲过的图6-12（a）就是与这个工程建筑物局部区域内的平台、斜引道、坡面、坡脚线、坡面交线相类似的示意图。

解：作图过程如图6-17（b）所示：

（1）作坡脚线。因地面的高程为0m，所以坡脚线即为各坡面上高程为0m的等高线。平台边坡的坡脚线与平台边线平行，水平距离$L=3/(1/1.5)=4.5$m。由此就可作出平台边坡的坡脚线。

引道两侧坡面的坡脚下线的求法与【例6-6】相同：分别以a_3、d_3为圆心，$R=L=H/i=3/(1/1)=3$m为半径画弧，再分别由b_0、c_0作圆弧的切线，即为引道两侧坡面的坡脚线。

（2）作坡面交线。a_3、d_3是平台坡面与引道两侧坡面的两个共有点。平台边坡坡脚线与引道两侧坡脚线的交点e_0、f_0也是平台坡面与引道两侧坡面的共有点，连接a_3和e_0，d_3与f_0，即为所求的坡面交线。

（3）画各坡面示坡线。引道两侧坡面的示坡线应垂直于坡面上的等高线b_0e_0和c_0f_0，各个坡面的示坡线都分别与各个坡面上的等高线相垂直，于是就可画出所有坡面的示坡线。

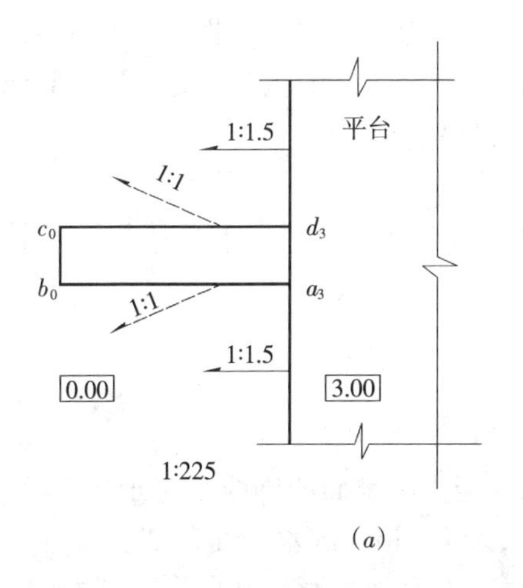

（a）

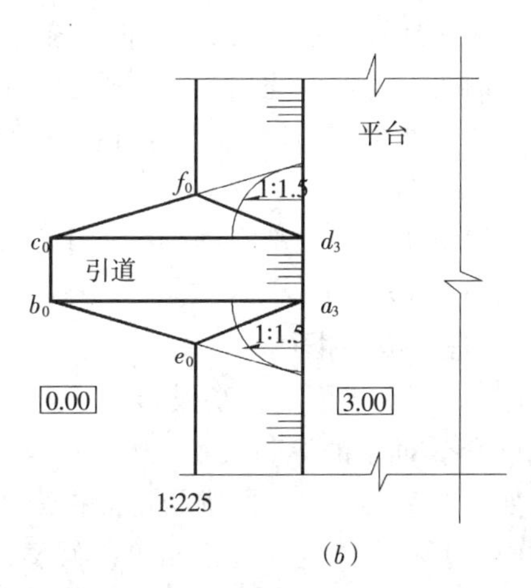

（b）

图6-17

第三节 曲线、曲面的标高投影

一、曲线

曲线与曲面广泛地应用于建筑工程中，其组成部分元素中有平面曲线、空间曲线和曲面。

（一）曲线及其投影

曲线运动是一个点按一定的规律运动的轨迹，也可看成是满足一定条件的点的集合。画出曲线上一系列点的投影，并将各点的同名投影依次光滑地连接起来，即得该曲线的投影。曲线的投影一般仍是曲线。

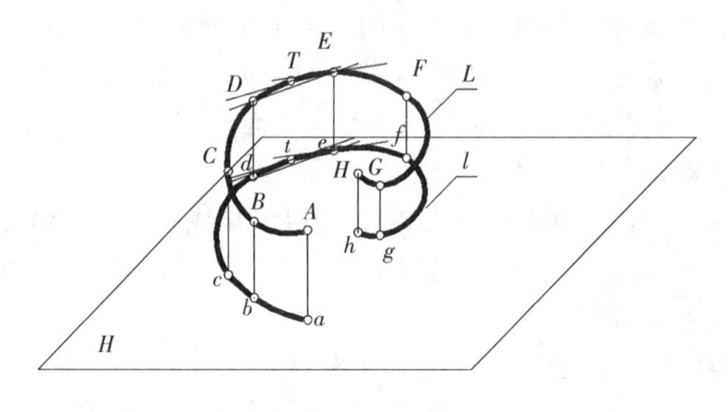

图 6-18

如图 6-18 所示，与曲线 L 相交的直线 DE 为曲线的割线，当 D 点沿曲线移动到无限接近于 E 点时，割线 DE 处于极限位置，称为曲线在 E 点处的切线 T。曲线 L 的割线 DE 变为切线 T，与曲线相切于 E 点，它们的投影也从割线 de 变为曲线投影的切线 t，与曲线 L 的投影 l 相切于 e 点。这就说明了曲线的切线的投影仍为曲线投影的切线。

（二）空间曲线

曲线上连续 4 点不在同一平面内的曲线，称为空间曲线。图示空间曲线时，必须将曲线上各点标注出来，以便清楚地表示曲线上的重影点、交点及各部分的相对位置。如果要知道空间曲线的长度可用旋转法近似展开。

（三）平面曲线

曲线上所有的点都在同一平面上的曲线，称为平面曲线。它的投影有三种情况，如图 6-19 所示。

二、曲面的标高投影

（一）正圆锥面的标高投影

1. 圆锥面上的等高线

如图 6-20（a）正圆锥的正面投影所示，当正圆锥面的轴线垂直于水平面时，圆锥面上所有素线的坡度都相等，假想用一级高差相等的水平面截切正圆锥，其截交线皆为水平圆。因此，画出这些截交线圆的水平投影，并分别在其上注出

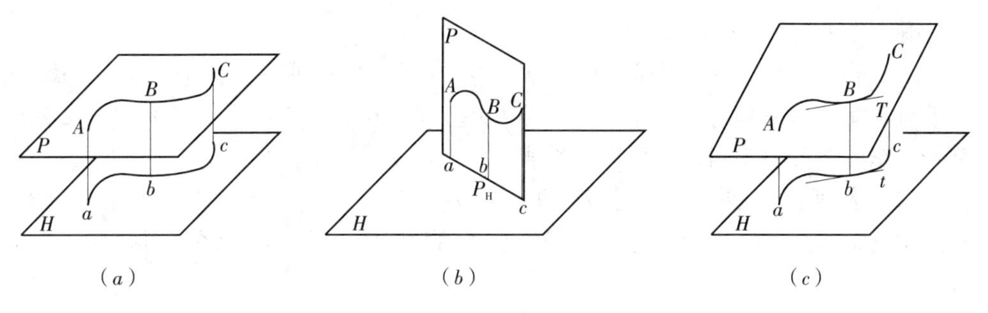

图 6-19　平面曲线的投影

(*a*) 曲线所在平面 $P/\!/H$; (*b*) 曲线所在平面 $P \perp H$; (*c*) 曲线所在平面 P 倾斜于 H

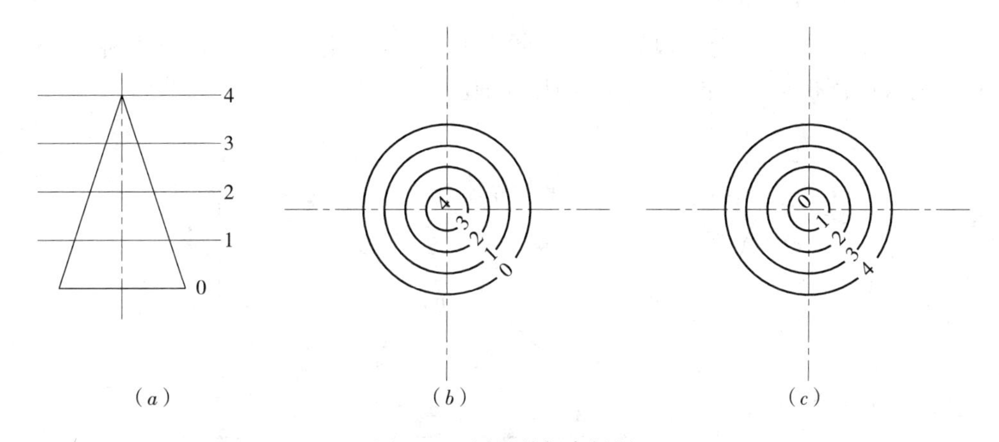

图 6-20　圆锥的标高投影

(*a*) 正圆锥的正面投影; (*b*) 正圆锥的标高投影; (*c*) 倒圆锥的标高投影

高程，就是正圆锥的标高投影，如图 6-20 (*b*) 所示。

不论圆锥正立或倒立，正圆锥面上的素线都不得与正圆锥面上的等高线圆的切线垂直，所以素线就是圆锥面的坡度线。

2. 平面与圆锥面的交线

【例 6-10】在高程为 4m 的地面上，修筑一高程为 8m 的平台，台顶形状及边坡的坡度如图 6-21 (*a*) 所示，求其坡脚线和坡面线。

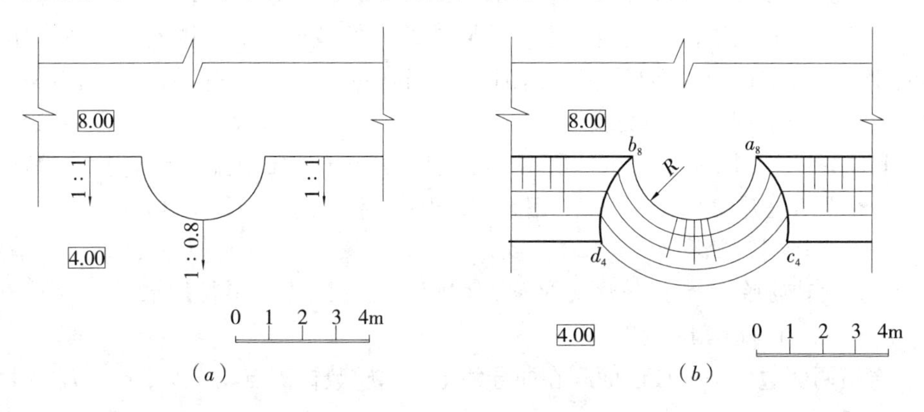

图 6-21

解：作图过程如图6-21（b）所示。

（1）作坡脚线。平台两侧的坡脚线为平行于台顶的平行线；平台中部的坡面是正圆锥面，其坡脚为水平距离（即半径差）$L=H/i=(8-4)/(1/0.8)=3.2\text{m}$。由此可作出平台的正圆锥面坡面的坡脚线。

（2）作坡面交线。坡面交线是由平台左右两边的平面坡面与中部正圆锥面坡面相交而成。因平面的坡度小于圆锥面的坡度，所以坡面交线是两段椭圆曲线。

（3）画出各坡面的示坡线。正圆锥面上的示坡线应过锥顶，是圆锥面上的素线。平面斜坡的示坡线是坡面上的等高线的垂线。

（二）同坡曲面的标高投影

如图6-22所示，有一段倾斜的弯曲道路，它的两侧边坡是曲面。曲面上任何地方的坡度都相同，这种曲面称为同坡曲面。

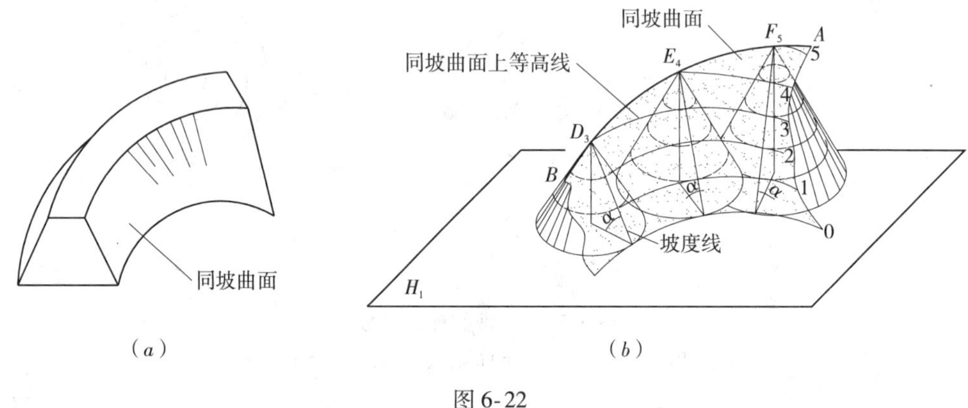

（a）　（b）

图6-22

1. 同坡的形成

如图6-22（b）所示，一正圆锥面锥顶沿空间曲导线AB运动，运动时圆锥面的轴线始终垂直水平面，且锥顶角不变，则所有这些正圆锥面的包络曲面就是同坡曲面。

由上述形成过程可以看出，运动的正圆锥面在任何位置时，同坡曲面都与它相切，切线为正圆锥面的素线，也就是同坡曲面的坡度线。从图6-22（b）还可以看出：同坡曲面上的等高线为等距曲线，当高差相等时，它们的间距也相等。

2. 平面与同坡曲面的交线

【例6-11】 如图6-23（a）所示，在高程为0m的地面上修建一弯道，路面高程自0m逐渐上升为4m，与干道相接。作出干道和弯道的坡面交线。

解：作图过程如图6-23（b）所示。

（1）作坡脚线。干道坡面为平面，坡脚线与干道边线平行，水平距离$L=4/(1/2)=8\text{m}$，由此作出坡脚线。

弯道两侧边坡是同坡曲面，在曲导线上定出整数标高点a_0、b_1、c_2、d_3、e_4作为运动正圆锥面的锥顶位置。以各锥顶为圆心，分别以$R=L$、$2L$、$3L$、$4L$（$L=$

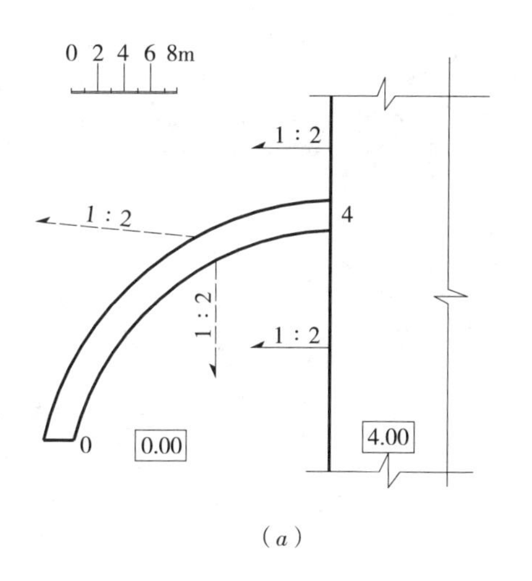

(a)

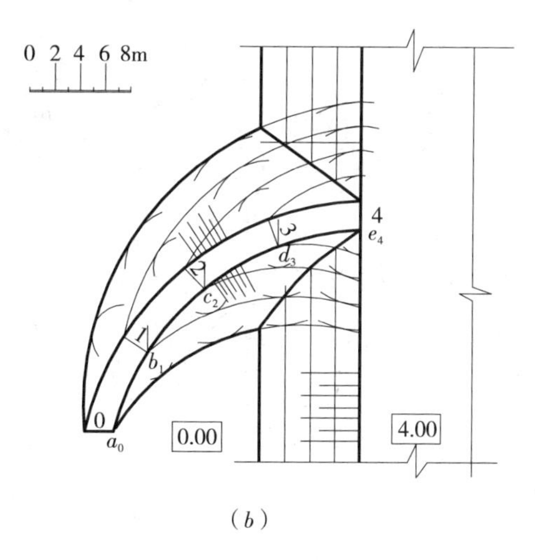

(b)

图 6-23

2m，因 $i=1:2$）为半径画同心圆，得各圆锥面上等高线。自 a_0 作各圆锥面上 0m 高程等高线的公切线，即为弯道内侧同坡曲面的坡脚线。同理，作出弯道外侧的坡脚线。

（2）作坡面交线。先画出干道坡面上高程为 3m、2m、1m 的诸等高线。自 $b_1c_2d_3$ 作诸正圆锥面上同高程的等高线的公切线（包络线），即得同坡曲面上的诸等高线。将同坡曲面与斜坡面同高程的等高线的交点，顺次连成光滑曲线，即为弯道内侧的同坡曲面与干道的平面斜坡的坡面交线。用同样的方法作出弯道外侧的同坡曲面与干道的斜坡的坡面交线。

（3）画出各坡面的示坡线。按与各坡面上的等高线相垂直的方向画出各坡面的示坡线。

第四节　地形的标高投影

一、地形面上的等高线

地面是一个不规则的曲面，地形面是用地面上的等高线来表示的。也就是用一组等间距的水平面截割曲面体，则得到许多形状不规则的封闭曲线，由于每条截交线上的点的高程相同，因此，只注一个数字。这种注上高程的水平截交线，就是曲面体或地面上的等高线。图 6-24 是两种不同地面的标高投影和它的断面图。等高线上的数字由里到外逐渐减小，表示高山或小丘，如图 6-24（*a*）所示；反之，则表示盆地或洼地，如图 6-24（*b*）所示。如果在图上等腰高线间距越密，则表示该处地形坡度大，即陡；反之，则坡度小，即平缓。

二、平面与地形面的交线

（一）一般面与地形面相交

图 6-25 所示为一个等高线和坡度线表示的地形面与平面相交时标高投影的作图方法。

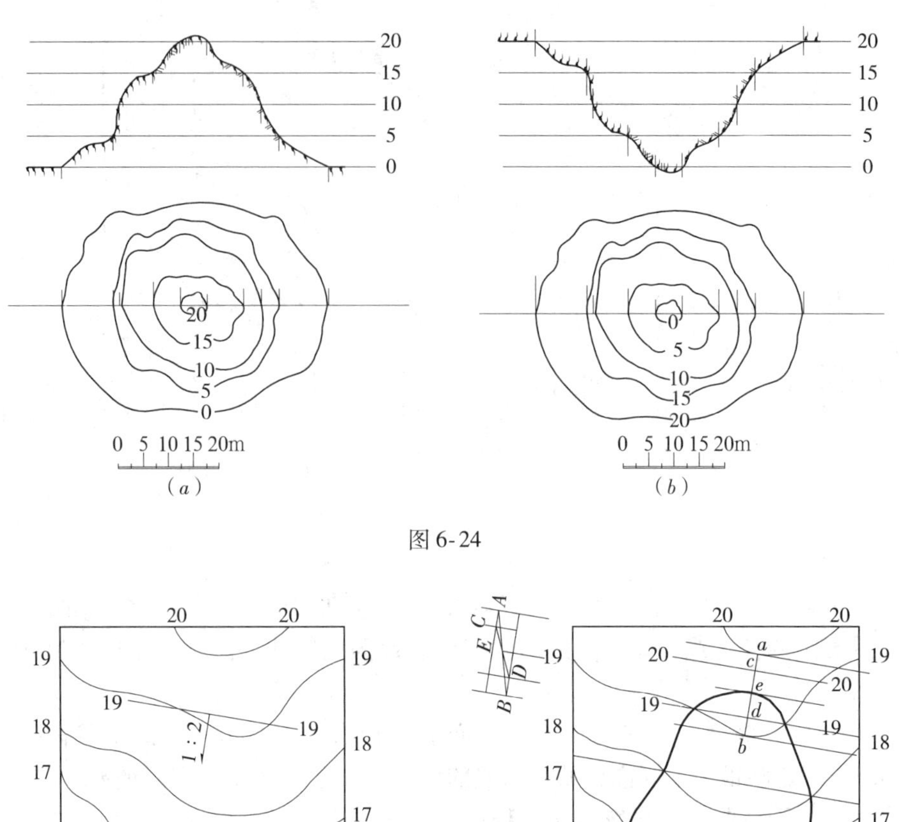

图 6-24

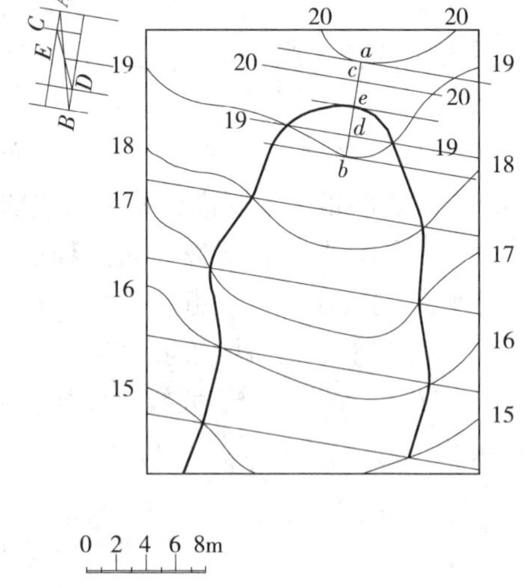

图 6-25

假想用一水平面作为辅助平面，同时切割平面地形面，其截交线为平面和地形面上的等高线，等高线的交点即为平面与地形线上的点。

（二）曲面与地形面的交线

【例 6-12】在山坡上要修筑一个一端为半圆形的场地，其标高为 25m，填方坡度 $i=1:1.5$，挖方坡度 $i=1:1$（图 6-26）。试决定填、挖方的范围。

解： 因为场地平面的标高是 25m，所以等高线 25m 以上部分应挖土，等高线 25m 以下部分应填土。场地周围的填土和挖土坡面是从场地的周界开始的，在等高线 25m 以下有三个填土坡面，在等高线 25m 以上有一个倒圆锥挖方坡面和两个挖方坡面，各坡面和地形面的交线，就是填挖方的范围，如图 6-26（b）所示的立体图。

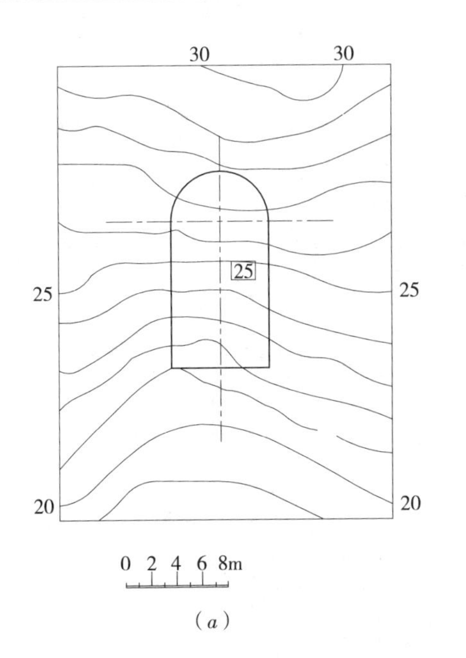

(a)

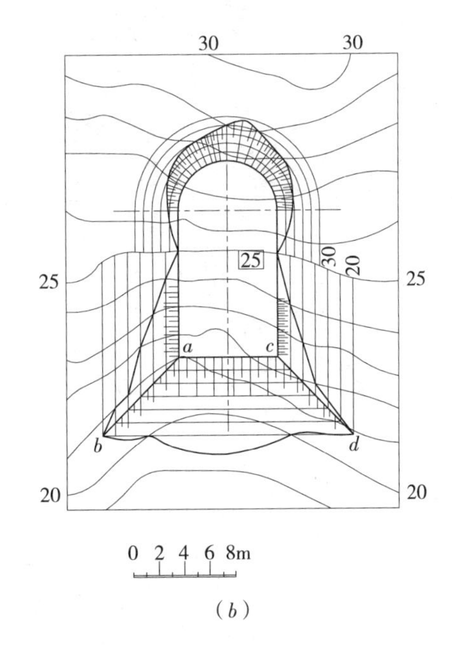

(b)

图 6-26

(1) 根据挖方坡度 $i=1:1$ 和填方坡度 $i=1:1.5$，作出挖方间距 $L=1$m，填方间距 $L=1.5$m；

(2) 根据间距 L 作同心圆弧，得挖方倒圆锥面边坡的等高线 26m、27m、…、30m，同时，也作出倒圆锥面两侧的挖方坡面上的等高线 26m、27m、…、30m；又根据间距 1.5m 在三个填方坡面上各作一组平行的等高线 24m—24m、23m—23m、…、20m—20m，并注上标高值；

(3) 连接坡面与地形面同标高等高线的交点即为挖、填方范围；

(4) 作相邻坡面的交线 AB、CD，得出作图结果。

复习思考题

1. 什么是标高投影法？它有何特点？
2. 什么是直线的坡度和平距？如何确定直线上的整数标高点？
3. 在标高投影中，常用平面表示法有几种？
4. 平面上的等高线和坡度线有何特点，如何表示？
5. 怎样求两平面、平面与曲面、平面与地形面、曲面与地形面的交线？

下篇　市政工程识图

第七章　给水排水工程图

第一节　概　述

一、给水排水工程图的分类

给水工程：城镇居民的生产、生活和消防用水，经过水质的净化、管道配水、输送等过程到达用户，属于给水工程。

排水工程：经过生产和生活使用过后的污水、废水以及雨水等，通过管道汇总，再经过污水处理后排放出去，则属于排水工程。

由此可见：给水和排水系统工程由室内外管道及其附属设备、水处理构筑物、储存设备等构成。因此本章节的学习和建筑施工图以及结构施工图有着密切的联系。在学习本章节的内容时，要详细参阅其他相关章节的内容。

给水和排水施工图按其内容大致可分为：

1. 室内给水和排水工程施工图

表示一栋房屋的给水和排水系统，如民用建筑当中的厨房、卫生间或者厕所的给水和排水。主要包括：给水和排水工程平面图、给水排水工程系统图、设备安装详图和其他详图等。

2. 室外给水和排水工程施工图

表示一个区域的给水和排水系统，由室外给水排水平面图、管道纵断面图以及附属设备（如泵站、检查井、闸门）等施工图组成。

3. 水处理构筑物及工艺图

主要包括水厂、污水处理厂等各种水处理的构筑物（如澄清池、过滤池、蓄水池等）的全套施工图。包括平面布置图、流程图及工艺设计图和详图等。

本章重点结合示例讲解室外的给水和排水系统的施工图以及管道上的构配件详图的图示特点、画法的基本内容。

给水和排水工程图除了与其他专业图样一样，要符合投影的基本原理和视图、剖面图、断面图的基本画法规定之外，给水和排水专业的制图还应该遵循《给水排水制图标准》GB/T 50106—2010 和《房屋建筑制图统一标准》GB/T 50001—2010 以及国家现行的有关标准、规范的规定。

二、给水排水专业制图的一般规定

（一）图线

图线的宽度为 b，应根据图纸的类别、比例和复杂程度，按《房屋建筑制图统一标准》中所规定的线宽系列 2.0mm、1.4mm、1.0mm、0.7mm、0.5mm、0.35mm 中选用，一般选用 0.7mm 或者 1.0mm；由于在实线和虚线的粗、中、细三档线型的线宽中再增加一档中粗，因而线宽组的线宽比也扩大为粗∶中粗∶中∶细 = 1∶0.75∶0.5∶0.25。

给水排水专业制图常用的各种线型宜符合表 7-1 的规定。

线　型　　　　**表 7-1**

名　称	线　型	线宽	用　　途
粗实线		b	新设计的各种排水和其他重力流管线
粗虚线		b	新设计的各种排水和其他重力流管线的不可见轮廓线
中粗实线		$0.75b$	新设计的各种给水和其他压力流管线；原有的各种排水和其他重力流管线
中粗虚线		$0.75b$	新设计的各种给水和其他压力流管线；原有的各种排水和其他重力流管线的不可见轮廓线
中实线		$0.50b$	给水排水设备、零（附）件的可见轮廓线；总图中新建的建筑物和构筑物的可见轮廓线；原有的各种给水和其他压力流管线
中虚线		$0.50b$	给水排水设备、零（附）件的不可见轮廓线；总图中新建的建筑物和构筑物的不可见轮廓线；原有的各种给水和其他压力流管线的不可见轮廓线
细实线		$0.25b$	建筑的可见轮廓线；总图中原有的建筑物和构筑物的可见轮廓线；制图中的各种标注线
细虚线		$0.25b$	建筑的不可见轮廓线；总图中原有的建筑物和构筑物的不可见轮廓线
单点长画线		$0.25b$	中心线、定位轴线
折断线		$0.25b$	断开界线
波浪线		$0.25b$	平面图中水面线；局部构造层次范围线；保温范围示意图

（二）比例

给水排水专业制图常用的比例，宜符合表 7-2 的规定。

常用比例　　　　**表 7-2**

名　　称	比　例	备　　注
区域规划图 区域位置图	1∶50000、1∶25000、1∶10000 1∶5000、1∶2000	宜与总专业图一致
总平面图	1∶1000、1∶500、1∶300	宜与总专业图一致
管道纵断面图	纵向：1∶200、1∶100、1∶50 横向：1∶1000、1∶500、1∶300	可根据需要对纵向和横向采用不同的组合比例

续表

名　　称	比　例	备　　注
水处理厂（站）平面图	1:500、1:200、1:100	
水处理构筑物、设备间、卫生间、泵房平、剖面图	1:100、1:50、1:40、1:30	
建筑给水排水平面图	1:200、1:150、1:100	宜与建筑专业一致
建筑给水排水系统图	1:150、1:100、1:50	宜与相应图纸一致；如局部表达有困难时，该处可按不同的比例绘制
详图	1:50、1:30、1:20、1:10、1:2、1:1、2:1	

（三）标高

标高符号及一般的标注方法应符合《房屋建筑制图统一标准》中的规定。室外工程应标注绝对标高，当无绝对标高时，应标注相对标高，但应与专业总图一致。压力管道标注管中心标高；沟渠和重力流管应标注沟（管）内底标高。标高单位均为米。

在下列部位应标注标高：

（1）沟渠和重力流管的起讫点、转角点、连接点、变坡点、变径尺寸（管径）点及交叉点；

（2）压力流管中的标高控制点；

（3）管道穿外墙、剪力墙和构筑物的壁及底板等处；

（4）不同水位线处；

（5）构筑物和土建部分的相关标高；

（6）标高的标注方法如图7-1所示。

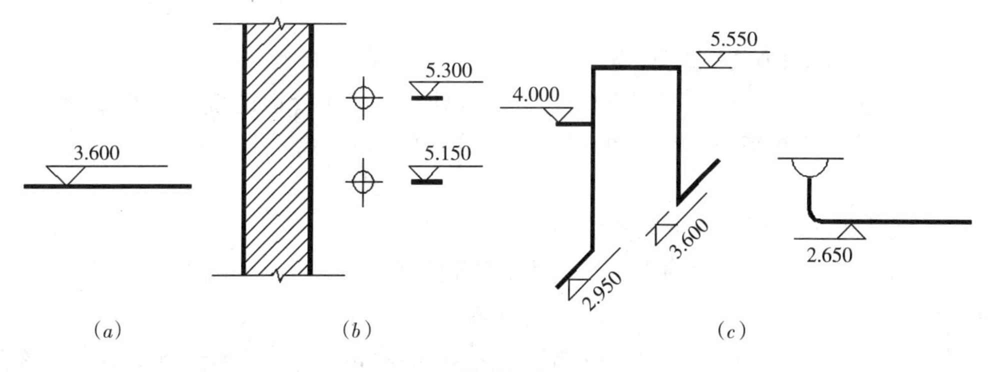

图7-1　管道标高标注法

（a）在平面图中的注法；（b）在剖面图中的注法；（c）在轴测图中的注法

（四）管径

管径应以毫米为单位。管径的表达方式应符合下列规定：

水煤气输送钢管（镀锌或者非镀锌）、铸铁管等管材，管径宜以公称直径 *DN* 表示（如 *DN*15、*DN*50）；

无缝钢管、铜管、不锈钢管等管材，其管径宜以外径×壁厚表示（如 *D*108×4、*D*159×4.5 等）；

钢筋混凝土（或混凝土）管、陶土管、耐酸陶瓷管、缸瓦管等管材，其管径宜以内径 *d* 表示（如 *d*150，*d*380 等）；

塑料管材的管径应按产品标准的方法表示；

当设计均为公称直径 *DN* 表示管径时，应有公称直径 *DN* 与相应产品的规格对照表。

管径的标注方法如图 7-2 所示。

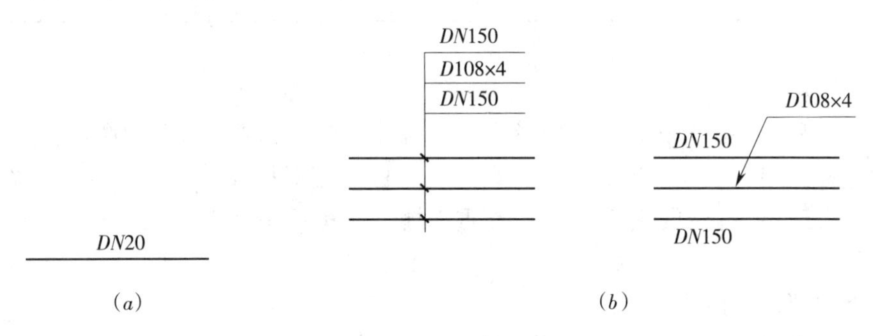

图 7-2　管径的标注方法

（*a*）单管管径表示法；（*b*）多管管径表示法

在总平面图中，当给水排水附属构筑物的数量超过 1 个时，宜进行编号，编号方法为：构筑物代号——编号。

给水构筑物的编号顺序宜为：从水源到干管，再从干管到支管，最后到用户。

排水构筑物的编号顺序宜为：从上游到下游，先干管，后支管。

当给水排水机电设备的数量超过 1 台时，宜进行编号，并应有设备编号和设备名称对照表。

三、给水排水工程图的图示特点

由于管道是给水排水工程图的主要表达对象，这些管道的截面形状变化小，一般细而长，分布范围广泛，纵横交叉，管道附件众多，因此有它特殊的图示特点。

给水与排水工程图有下列图示特点：

给水与排水工程图中的管道及附件、管道连接、阀门、卫生器具及水池、设备及仪表等，都采用统一的图例表示。在表 7-3 中摘录了《给水排水制图标准》中的一部分规定图例，在学习过程当中可以查阅该标准。应当说明的是，凡在该标准中尚未列入的，可自设图例，并加以说明，以免引起误会，在识图过程当中造成不必要的麻烦。

给水和排水工程当中管道很多，常分为给水管道系统和排水管道系统。它们一般都是按照一定的方向通过干管、支管，最后和具体的设备连接。如室内给水

给水与排水工程图中的常用图例 表 7-3

名称	图例	说明
生活给水管	—— J ——	用汉语拼音字母表示管道类别
废水管	—— F ——	
污水管	—— W ——	
雨水管	—— Y ——	
管道交叉		在下方和后面的管道应断开
三通连接		
四通连接		
多孔管		
管道立管	XL-1 平面 XL-1 系统	X：管道类别 L：立管 1：编号
存水弯		
立管检查口		
通气帽		
圆形地漏		通用。如为无水封，地漏应加存水弯
坐式大便器		
小便槽		
淋浴喷头		
自动冲洗水箱		
法兰连接		
承插连接		
活接头		
管堵		
法兰堵盖		
闸阀		
截止阀	$DN \geq 50$ $DN<50$	
浮球阀	平面 系统	
放水龙头	平面 系统	
台式洗脸盆		
浴盆		
盥洗槽		
污水池		HC为化粪池代号
矩形化粪池	HC	
阀门井 检查井		
水表	1	

系统一般为：进户管（引入管）→水表→干管→支管→用水设备；室内排水系统的一般流程为：排水设备→横管→立管→用户排出管。常用J表示给水系统和给水管道的代号，用W作为污水系统和污水管道的代号。

由于给水管道在平面图上很难标明它们的空间走向，所以在给水与排水工程图中，一般都用轴测图直观的画出管道系统，称为系统轴测图，简称轴测图或者系统图。阅读图纸时，应该将轴测图和平面图对照识读。

由于给水和排水工程图中的管道、设备安装，需要和土建工程密切配合，所以给水和排水施工图也应与土建施工图（包括建筑施工图和结构施工图）相互密切配合。尤其在留洞、预埋件、管沟等方面对土建的要求，须在图纸上标明。

第二节 室外给水排水工程图

室外给水与排水施工图主要表示一个小区范围内的各种室外给水排水管道的布置，与室内管道的引入管、排出管之间的连接，以及这些管道敷设的坡度、埋深和交接等情况。室外给水与排水施工图包括给水排水平面图、管道纵断面图、附属设备的施工图等。这里只对室外给水排水平面图和管道纵断面图举例作出简单的介绍。

一、室外给水与排水工程图的组成

（一）室外给水排水平面图

图7-3是某学校一幢新建学生宿舍附近的一个小区的室外给水排水平面图，表示了新建学生宿舍附近的给水、污水、雨水等管道的布置，及其与新建学生宿舍室内给水排水管道的连接。现结合图7-3讲述室外给水和排水平面图的图示内容、表达方法以及绘图步骤。

（二）图示内容和表达方法

1. 比例

一般采用与建筑总平面图相同的比例，常用1∶1000、1∶500、1∶300等，该图用的是1∶500；范围较大的厂区或者小区的给水排水平面图常用1∶5000、1∶2000。

2. 建筑物及道路、围墙等设施

由于在室外给水排水平面图中，主要反映室外管道的布置，所以在平面图中，原有房屋以及道路、围墙等附属设施，基本上按照建筑总平面图的图例绘制，但都是用细实线画出它的轮廓线，原有的各种给水和其他压力流管线，也都画中实线。

（三）管道及附属设施

一般把各种管道，如给水管、排水管、雨水管以及水表、检查井、化粪池等附属设备，都画在同一张图纸上，见表7-1，新设计的各种排水管线宜用线宽b来表示，给水管线宜用线宽为$0.75b$的中粗线表示。图7-3中，为了使图形清晰明显，采用了自设图例：新建给水管用粗实线表示，新建污水管用粗点画线表示，雨水管用粗虚线表示。管径都直接标注在相应的管道旁边：给水管一般采用铸铁管，以公称直径DN表示；雨水管、污水管一般采用混凝土管，则以内径d来表示。水井表、检查井、化粪池等附属设备则按表7-3中的图例绘制。室外管道应标注绝对标高。

给水管道宜标注管中心标高，由于给水管是压力管，且无坡度要求，往往沿地面敷设，如敷设时为统一埋深，可在说明中列出给水管中心标高。从图中可以看出：从大门外引入的 *DN*100 给水管，沿西墙 5m 处和沿北墙 1m 处敷设，中间接一水表，分两根引入管接入室内，沿管线都不标注标高。

排水管道（包括雨水管和污水管）应注出起讫点、转角点、连接点、交叉点、变坡点的标高，排水管道宜标注管内底标高。为简便起见，可在检查井处引一指引线，在指引线的水平线上面标注井底标高，水平线下面标注用管道种类及编号组成的检查井编号，如 W 为污水管，Y 为雨水管，标号顺序按水流方向，从管的上游向下游顺序编号。从图 7-3 中可以看出：污水干管在房屋中部离学生宿舍北墙 3m 处沿北墙敷设，污水自室内排出管排出户外，用支管分别接入标高为 3.55m、3.50m、3.46m 的污水检查井中，检查井用污水干管（*d*150 连接），接入化粪池，化粪池用图例表示。雨水干管沿北墙、南墙、西墙在离墙 2m 处敷设。自房屋的东端起分别有雨水管和废水干管，雨水管和废水管用同一根排水管：一根 *d*150 的干管沿南墙敷设，雨水通过支管流入东端的检查井 Y6（标高 3.55m），经过这根干管，流向检查井 Y7（标高 3.40m），在 Y7 上又接一根支管；*d*150 干管继续向西，与检查井 Y8（标高为 3.37m）连接，Y8 上再接一根支管。干管从 Y8 转折向北，沿西墙敷设，管径增为 *d*200，排入检查井 Y9（标高为 3.30m）。另一根 *d*150 的干管自检查井 Y1（标高 3.55m）开始，有支管接入 Y1，干管 *d*150 将雨水沿北墙向西排向检查井 Y2（标高 3.50m），Y2 连接室内的两根废水排水管；然后干管 *d*150 再向西，经检查井 Y3（标高 3.47m）、Y4（标高 3.46m），排到 Y5（标高 3.40m），其中 Y3 接入一根室内废水排水管和一根雨水管，Y4 接入两根室内废水排水管，Y5 则接入了经化粪池沉淀后所排出的污水；这根干管 *d*150 再向西流入检查井 Y9。这两根干管都接于检查井 Y9 后，由检查井 Y9 再接到雨水和废水总管 *d*230 继续向北延伸。雨水管、废水管、污水管的坡度及检查井的尺寸，均可在说明中注写，图中可以不予表示。

（四）指北针、图例和施工说明

如图 7-3 所示，在室外给水排水平面图中，图面的右上角应画出指北针（在给水排水总平面图中，在图面的右上角应绘制风玫瑰图，如无污染源时，可绘制指北针），标明图例，书写必要的说明，以便于读图和按图施工。

（五）绘图步骤

（1）先抄绘建筑总平面图中布置的各建筑物、道路等，画出指北针。

（2）按照新建房屋的室内给水排水底层平面图，将有关房屋中相应的给水引入管，废水排出管、污水排出管、雨水连接管等的位置在图中画出。

（3）画出室外给水和排水的各种管道，以及水表、检查井、化粪池等附属设备。

（4）标注管道管径、检查井的编号和标高以及有关尺寸。

（5）标绘图例和注写说明。

二、管道工程图

在一个小区中，若管道种类繁多，布置复杂，则可按管道种类分别绘出每一条街道的沟管平面图（管道不太复杂时，可合并绘制在一张图纸中，如图 7-3 所示）。

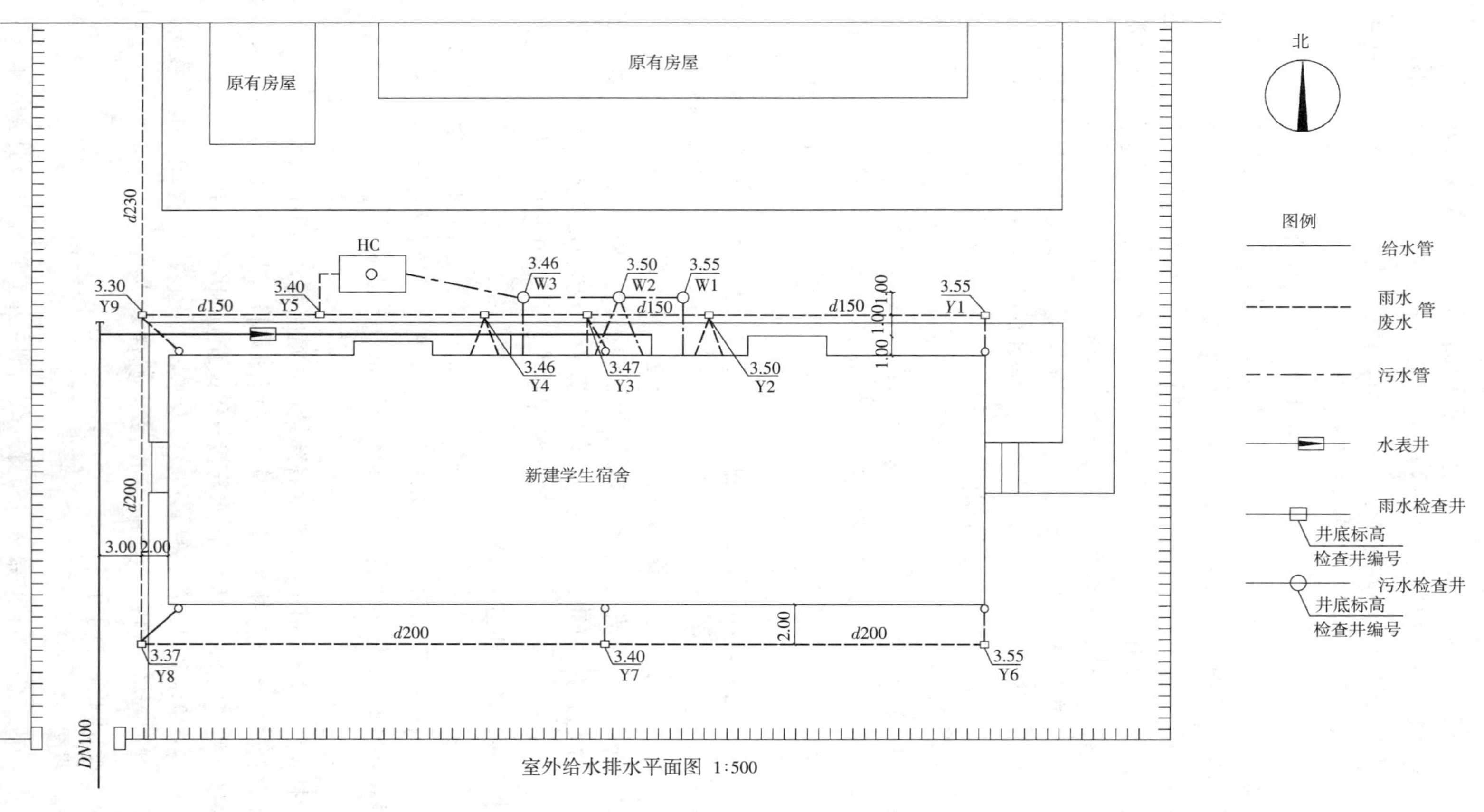

室外给水排水平面图 1:500

说明：

1. 室内外地坪的高差为 0.60m，室外地坪的绝对标高为 3.90m，给水管中心线绝对标高为 3.10m。
2. 雨水和废水管的坡度：*d*150、*d*200 为 0.5%；*d*230 为 0.4%；污水管坡度为 1%。
3. 检查井尺寸：*d*150、*d*200 为 480mm×480mm；*d*230 为 600mm×600mm。

图 7–3

（一）管网总平面布置图

室外给水排水平面图是室外给水排水工程图中的主要图样之一，它表示室外给水排水管道的平面布置情况。

绘制室外给水排水平面图时主要有以下几点要求：

（1）应绘出该室外原有和新建的建筑物、构筑物、道路、等高线、施工坐标和指北针等。

（2）室外给水排水平面图的方向，应与该室外建筑平面图的方向一致。

（3）绘制室外给水排水平面图的比例，通常与该室外建筑平面图的比例相同。

（4）室外给水管道、污水管道和雨水管道应绘在同一张图上。

（5）同一张图上有给水管道、污水管道和雨水管道时，一般分别以符号 J、W、Y 加以标注。

（6）同一张图上的不同类附属构筑物，应以不同的代号加以标注；同类附属构筑物的数量多于一个时，应以其代号加阿拉伯数字进行编号。

（7）绘图时，当给水管与污水管、雨水管交叉时，应断开污水管和雨水排水管。当污水管和雨水排水管交叉时，应断开污水管。

（8）建筑物、构筑物通常标注其 3 个角坐标。当建筑物、构筑物与施工坐标轴线平行时，可标注其对角坐标。

附属建筑物（检查井、阀门井）可标注其中心坐标。管道应标注其管中心坐标。当个别管道和附属构筑物不便于标注坐标时，可标注其控制尺寸。

（9）画出主要的图例符号。

（二）室外给水排水管道纵断面图

（1）比例。由于管道的长度方向比直径方向大得多，为了说明地面起伏情况，在纵断面图中，通常采用横向和纵向不同的组合比例，例如纵向比例常用 1∶200、1∶100、1∶50，横向比例常用 1∶1000、1∶500、1∶300 等。

（2）断面轮廓线的线型。室外给水排水管道纵断面图主要表达地面起伏、管道敷设的埋深和管道交接等情况。图 7-4 是某一街道给水排水平面图和污水管道纵断面图，现结合图 7-4，讲述室外给水排水管道纵断面图的图示内容和表达方法。

管道纵断面图是沿干管轴线铅垂剖切后画出的断面图，压力流管道用单粗实线绘制，重力流管道用双粗点画线和粗虚线绘制（图 7-4 所示的污水管、雨水管）；地面、检查井、其他管道的横断面（不按比例，用小圆圈表示）等用细实线绘制。

（3）表达干管的有关情况和设计数据，以及与在该干管纵断面、剖切到的检查井、地面，以及其他管道的横断面，都用断面图的形式表示，图中还在其他管道的横断面处，标注了管道类型的代号、定位尺寸和标高。在断面图下方，用表格分项列出该干管的各项设计数据，例如：设计地面标高、设计管内底标高（这里指重力管）、管径、水平距离、编号、管道基础等内容。此外，还常在最下方画出管道的平面图，与管道纵断面图对应，便可补充表达出该污水干管附近的管道、

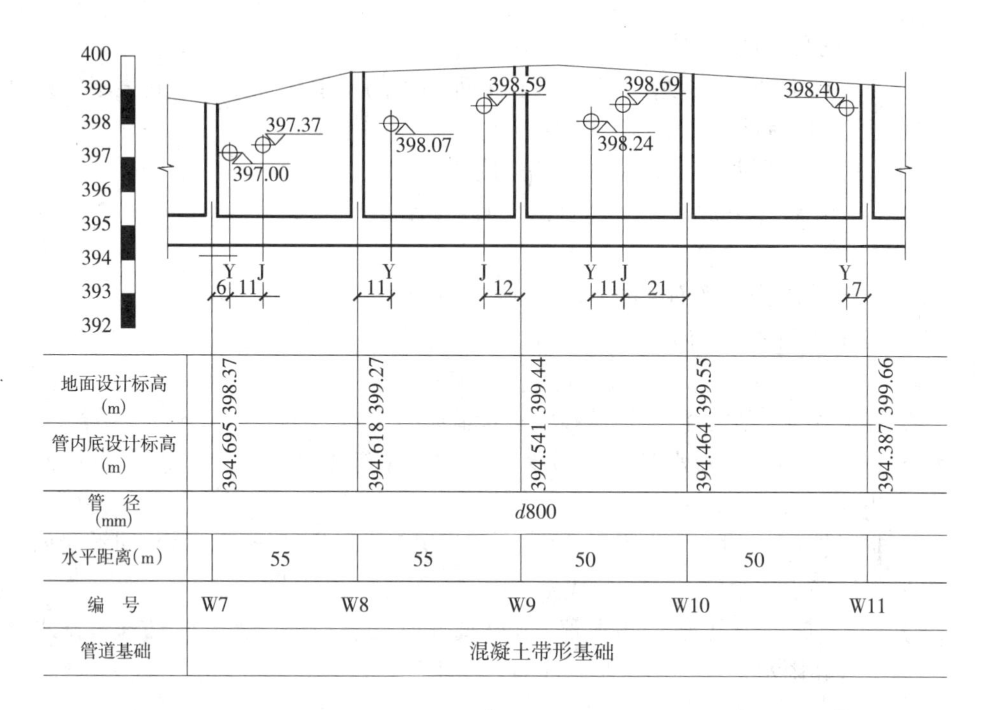

地面设计标高(m)	398.37	399.27	399.44	399.55	399.66
管内底设计标高(m)	394.695	394.618	394.541	394.464	394.387
管径(mm)	d800				
水平距离(m)	55	55	50	50	
编号	W7	W8	W9	W10	W11
管道基础	混凝土带形基础				

污水管道纵断面图 1:2000

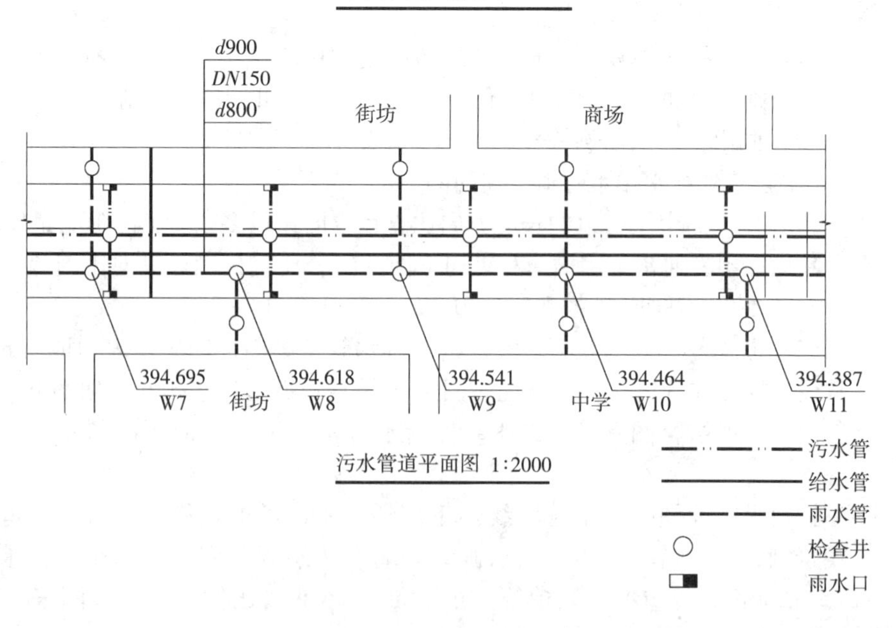

污水管道平面图 1:2000

图 7-4

设施和建筑物等情况，除了画出在纵断面中已表达的这根污水干管以及沿途的检查井外，管道平面图中还画出：这条街道下面的给水干管、雨水干管，并标注了这三根干管的管径，标注了它们之间以及与街道的中心线、人行道之间的水平距离；各类管道的支管和检查井以及街道两侧的雨水井；街道两侧的人行道，建筑物和支管道口等。

重力流管道不绘制管道纵断面图时，可采用管道高程表，表的内容和格式请查阅《给水排水制图标准》GB/T 50106—2010。

三、泵站工程图

泵站工程图内容包括泵站位置图、泵站工艺流程图和泵站建筑施工图等。

（一）泵站位置图

泵站位置图主要表明泵站与管道连接的平面位置、泵站周围的道路、河流、地形、地貌等。

泵站位置图的比例一般采用 1∶500～1∶2000。

图 7-5 是某泵站位置图，从图中可以看出泵站位于小河以东的果树林中，污

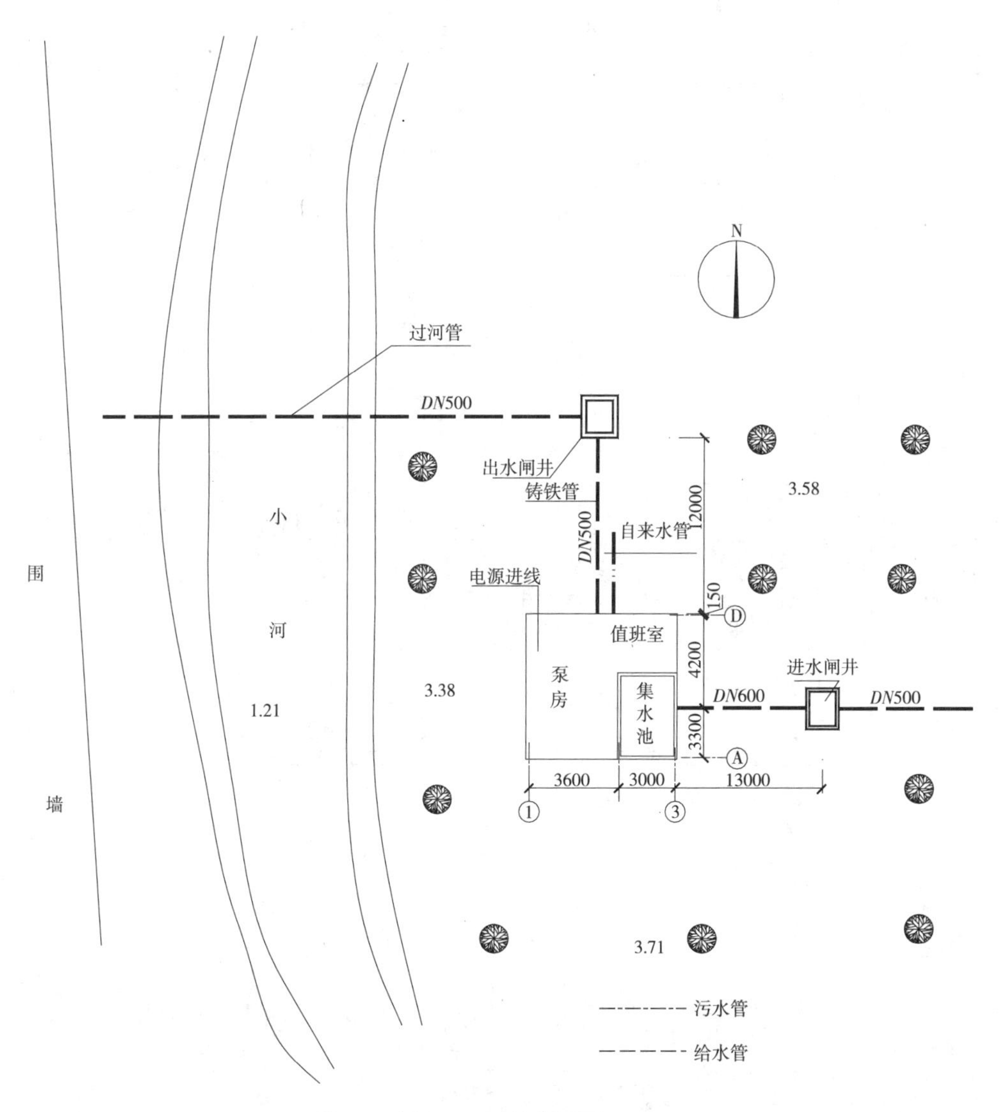

图 7-5　泵站位置图

水管道通过进水闸井流向集水池，污水从泵站出来排入出水闸井通过过河管流向小河以西。

（二）泵站工艺流程图

表明泵站各主要部位定位尺寸、标高和水的流向。如图 7-6 所示，污水从管道穿过格栅流向集水池，通过吸水管进入水泵抽升排出。进水管底的标高 -0.320m，水泵吸水管中心标高 -0.430m，集水池中的格栅起阻挡大块污物的作用，工作台为清除杂物用。工作台、室外地坪、吊车梁处均应标注标高。

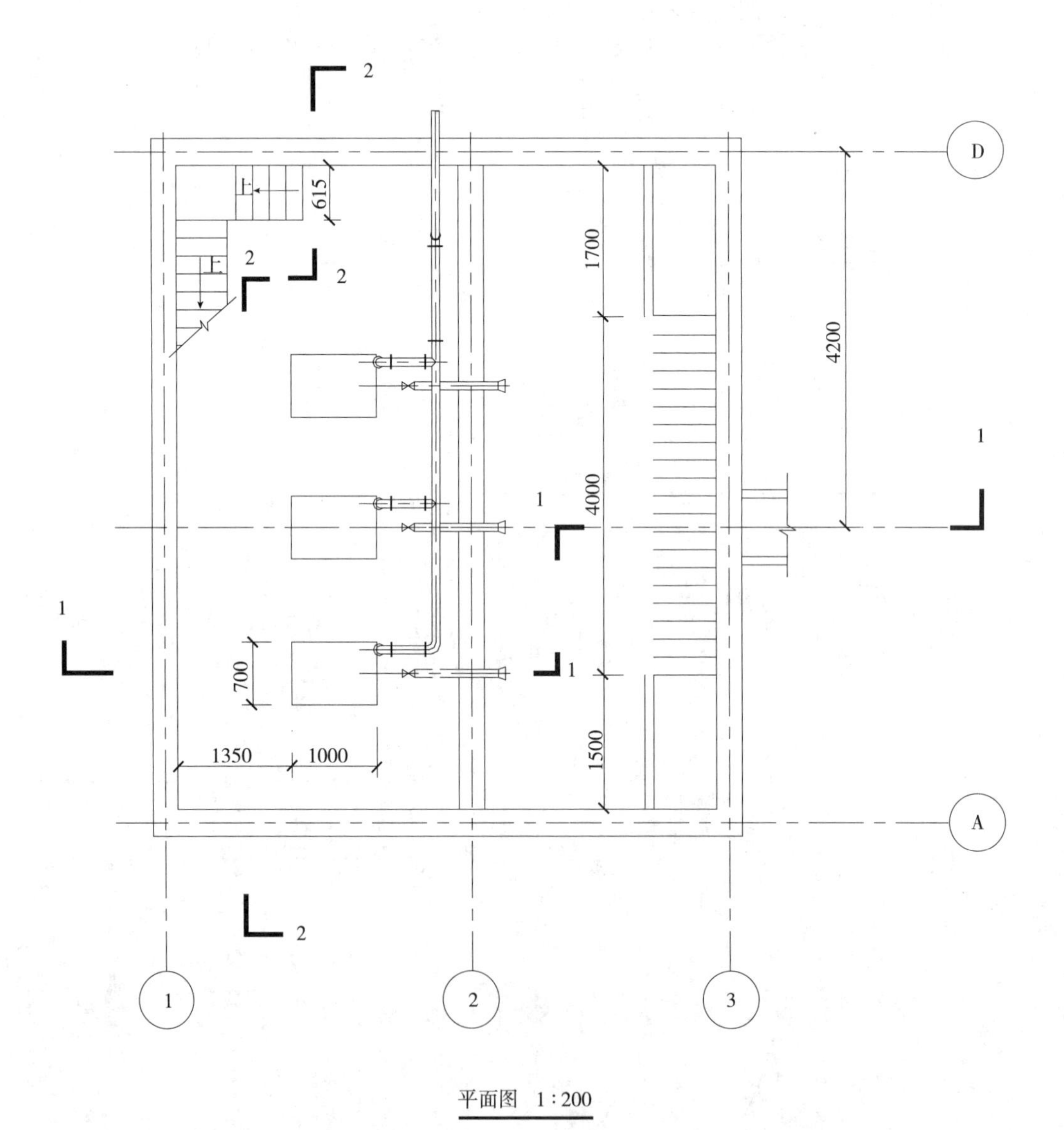

图 7-6 泵站工艺流程图（一）

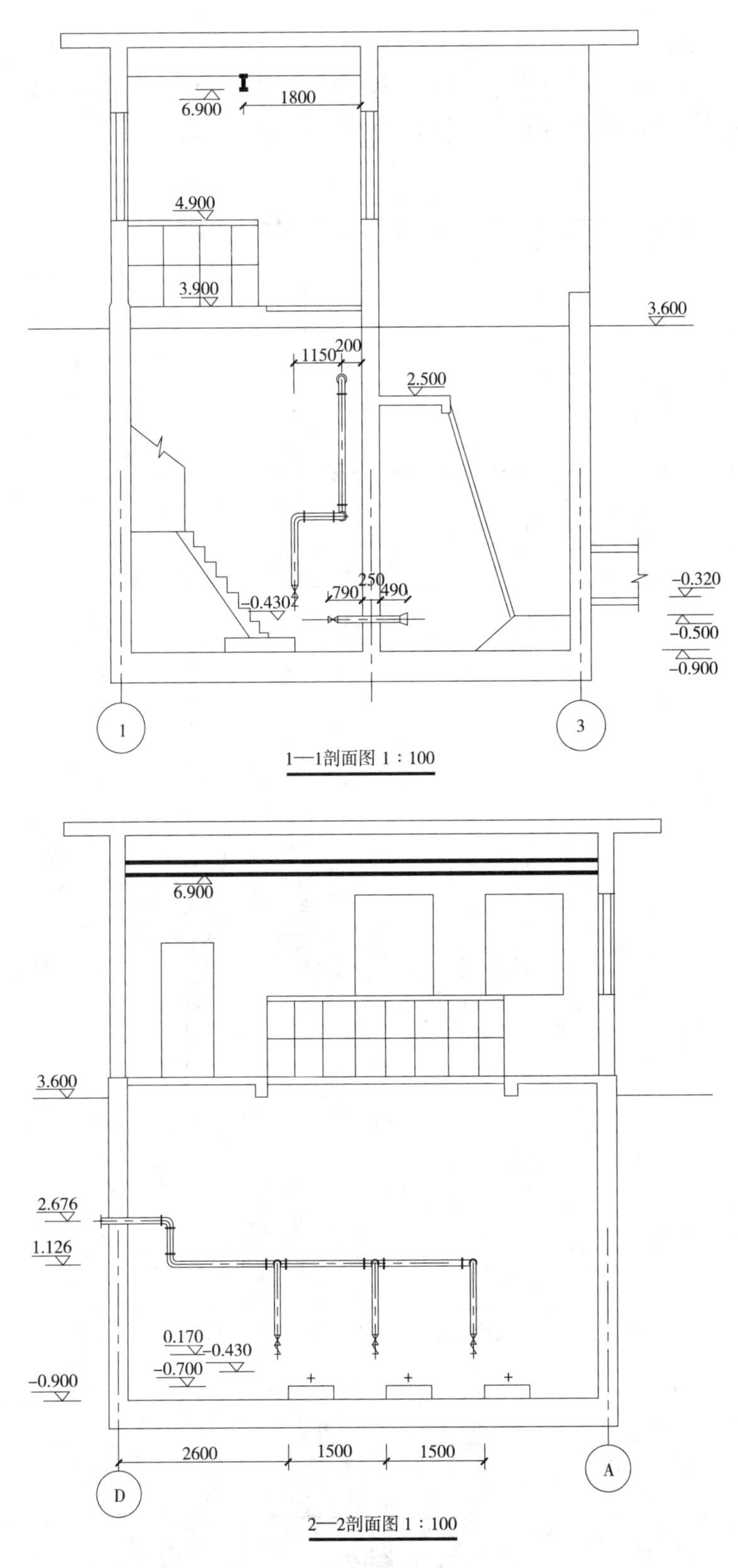

图 7-6　泵站工艺流程图（二）

（三）泵站建筑施工图

图7-7是泵站的部分建筑施工图，主要由平面图、正立面图和1-1、2-2剖面图组成，还有一部分图样是局部详图，如台阶大样详图等。

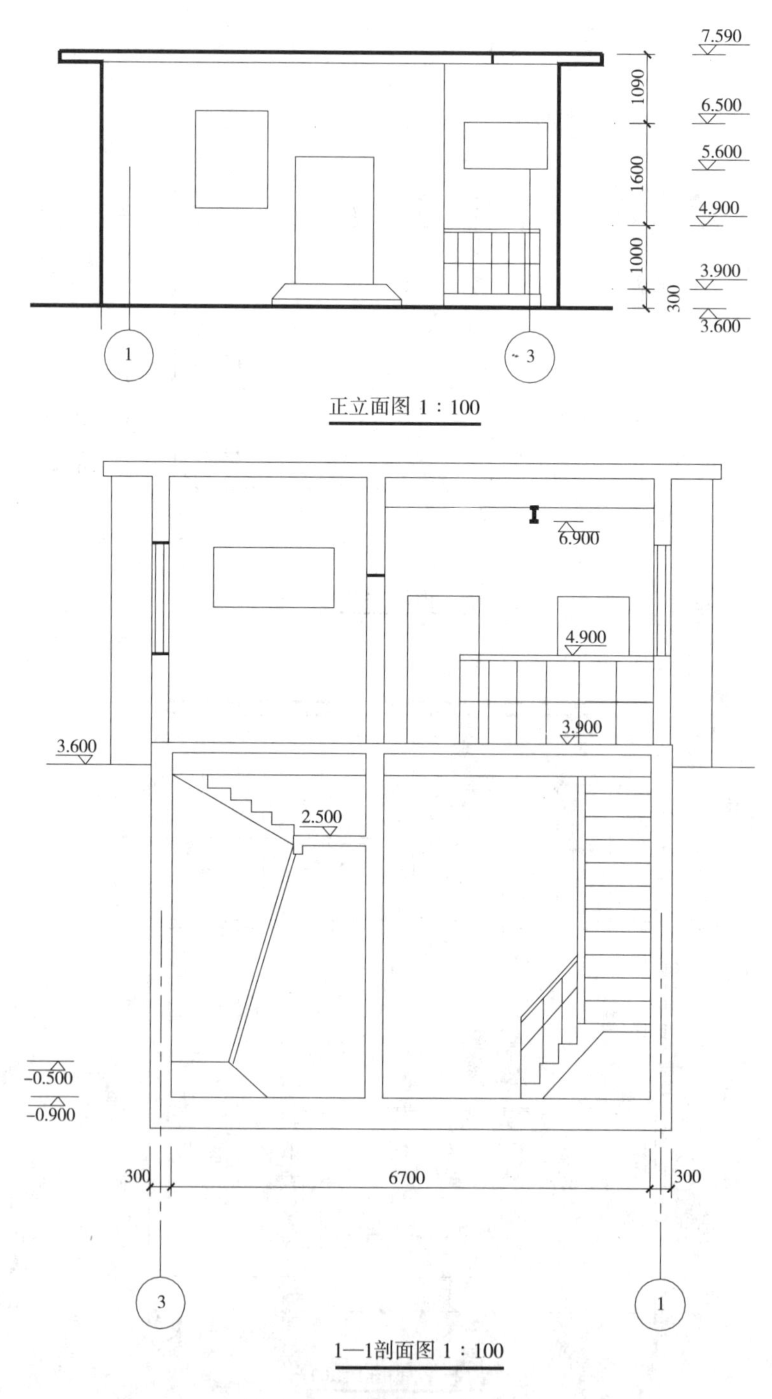

图7-7 泵站建筑施工图（一）

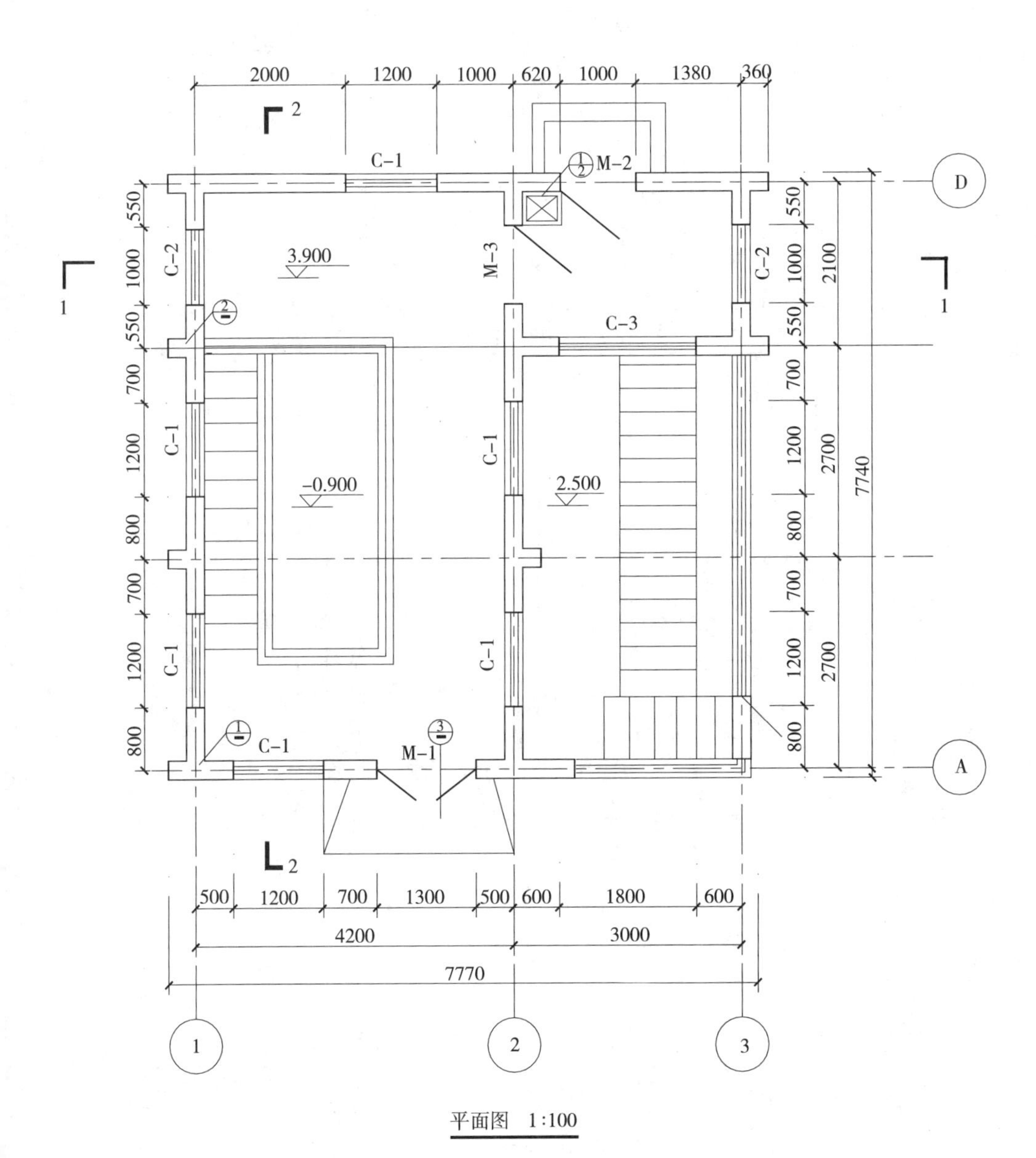

平面图 1:100

图 7-7 泵站建筑施工图（二）

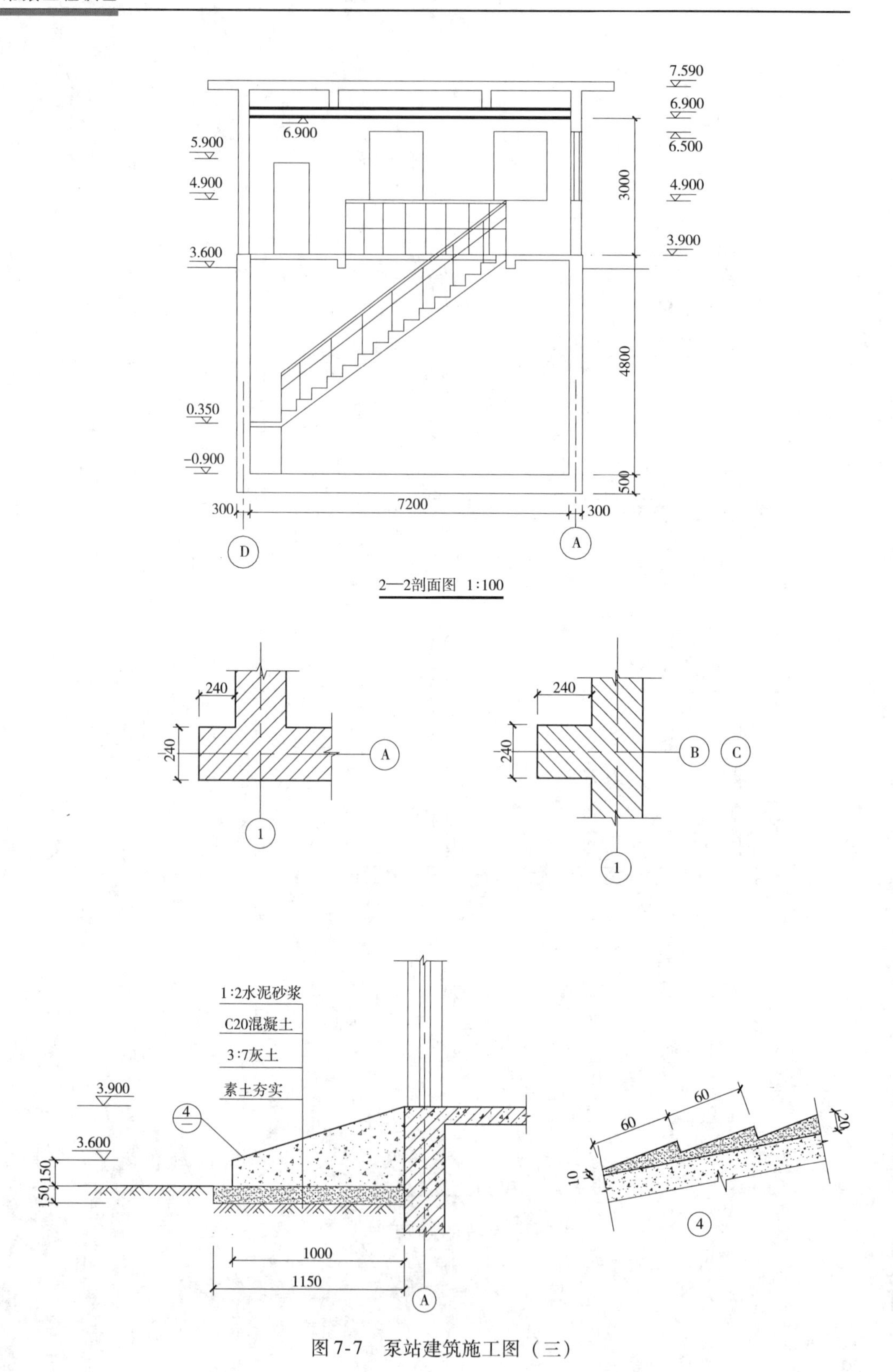

图 7-7 泵站建筑施工图（三）

从平面图中可以看出泵站的细部尺寸、定位轴线尺寸、总长和总宽尺寸及标高尺寸。正立面图表示的是泵站的地上部分，整个泵站地上部分砖墙壁厚240mm，地下部分钢筋混凝土池壁厚300mm。泵站的右半部分是集水池，集水池南边2/3是露天的，靠北边1/3的上部是值班室。左半部分地下是机器间，有三台水泵和电机。顶棚上有一台单轨吊车，供运输、检修设备用。

由于大部分泵站的主体结构是在地下，所以一般采用钢筋混凝土结构，地上部分的值班室、配电室等为一般结构。

泵站建筑施工图与房屋建筑施工图的特点基本相同，只是标注标高有所不同。泵站建筑施工图的标高是指绝对标高。

绘制泵站工程图的方法和步骤如下：

（1）确定平面图、立面图、剖面图的数量、比例、图纸的幅面等。

（2）画轴线及各部位高度线。在绘制平面图、立面图和剖面图时，要根据轴线间尺寸及各部位高度画出，包括轴线（包括承重墙、电机台、水泵进出水管中心）、地面、楼面、屋顶等的高度线。轴线编号按《房屋建筑制图统一标准》GB/T 50001—2010。

（3）画轮廓线。根据设计要求画出墙身厚度，根据管径布置要求画出进出水管的管路及管件配置。

（4）画门窗、平台、工作台等。按标高尺寸及规定图例画出门窗及各工作台、平台。

（5）画出细部，如楼梯、拖布池、铁栏栅等。

（6）加深图线、标注尺寸、注写文字。

在建筑施工图中剖切的墙壁轮廓线及工艺流程图中的管路、管件符号用粗实线表示，其他如平面图中的台阶、窗台、楼梯、工艺流程图中的墙身轮廓用中粗实线表示。泵站建筑施工图如图7-7所示。

第三节　管道上的构配件详图

给水排水平面图、管道系统图以及室外管道纵断面图等，表达各种管道的布置情况，施工的时候还需要有施工详图作为依据。

详图采用的比例较大，可按需选用表7-2中所列的比例，安装详图必须按照施工安装的需要表达的详尽、具体、明确，一般都用正投影绘制，设备的外形可简单画出，管道用双线表示，安装尺寸也应该完整和清晰，主要材料表和有关说明要表达清楚。

如图7-8所示，为室外砖砌污水检查井详图。在图7-8中，由于检查井外形简单，需要表述的只有内部干管及接入支管的连接和检查井的构造情况，所以三个投影都采用剖面图的形式。其中检查井的平面图与建筑平面图的表达形式一样，实为水平剖面图，但其他两个剖面图中不标注剖切符号，图中的两虚线圆是上端井盖的投影。盖座及井盖的配筋图如图7-9所示。

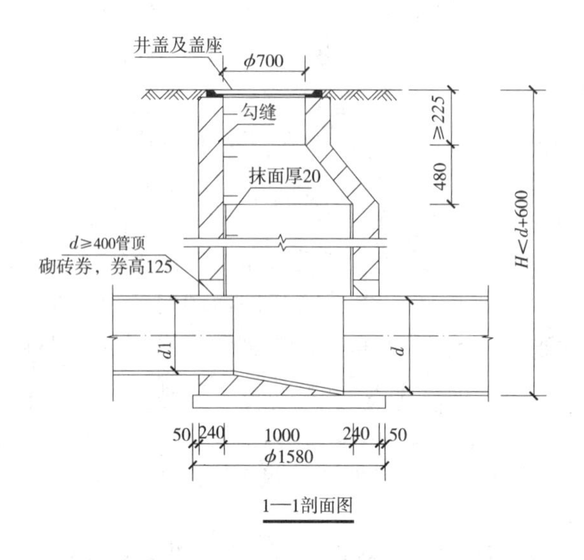

1—1剖面图

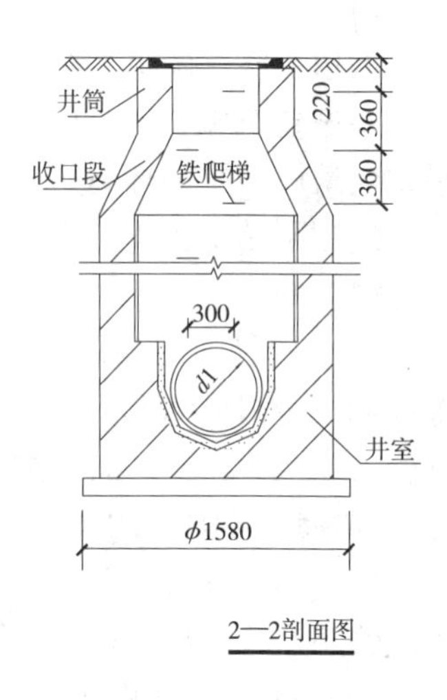

2—2剖面图

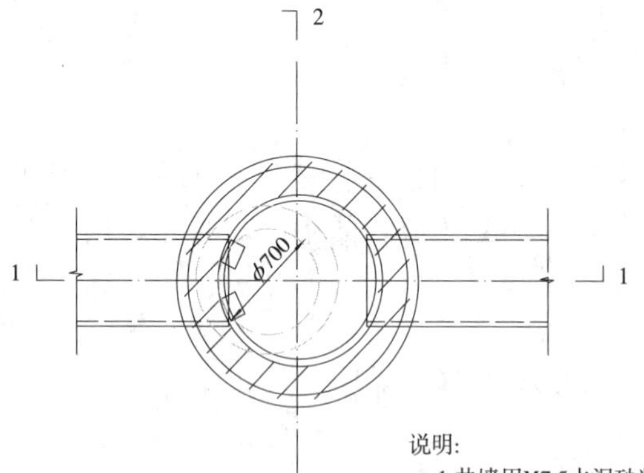

平面图

工程数量表

管径 d	砖砌体（m^3）			C15 混凝土（m^3）	砂浆抹面（m^2）
	7.62	7.62	7.62		
200	0.39	1.98	0.71	0.20	7.62
300	0.39	2.10	0.71	0.20	7.62
400	0.39	2.21	0.71	0.20	7.62
500	0.39	2.32	0.71	0.22	7.62
600	0.39	2.41	0.71	0.24	7.62

说明:

1.井墙用M7.5水泥砂浆砌MU10砖；无地下水时，可用M5混合砂浆砌MU10砖。
2.抹面、勾缝均用1：2水泥砂浆。
3.遇到地下水时，井外壁抹面至地下水位以上500mm，厚20mm，井底铺碎石，厚100mm。
4.井室高度，自井底至收口段一般为d+1800，当埋深不允许时，可酌情减少。
5.井基材料采用C15混凝土，厚度等于干管管基厚度，若干管为土基时，井基厚度为100mm。

图7-8 室外砖砌污水检查井详图（单位：mm）

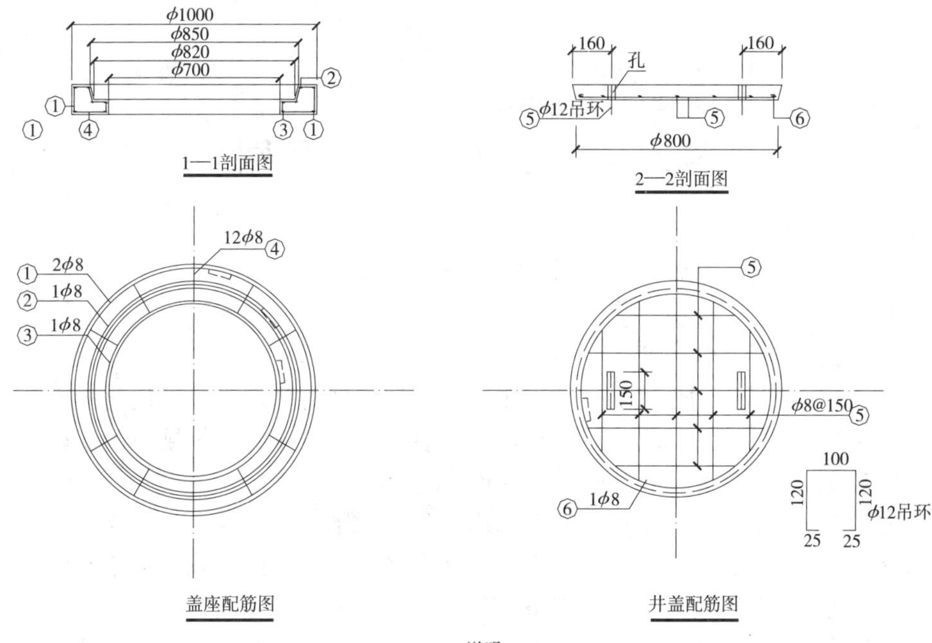

说明：
1. 混凝土C25。
2. 钢筋保护层盖座75mm，井盖20mm。
3. 设计荷载4kN/m，适用于人行道及车辆通行之处。
4. 构件表面和底面要求平整，尺寸误差不应超过±10mm。
5. 吊环严禁使用冷加工钢筋。

图 7-9　盖座及井盖配筋图（单位：mm）

复习思考题

1. 室外给水排水工程图包括哪些内容？图示特点是什么？
2. 泵站工程图包括哪些内容，如何绘制泵站工程图？

第八章　城市道路工程图

第一节　城市道路的平面线型

一、概述

城市道路是城市的骨架，是城市赖以生存和发展的基础，是现代化城市的一个重要构成部分。我国每个大、中型城市的各种交通设施，是因城市的职能、规模、自然地理及气候等条件的不同而有较大差异。

城市道路系统是连接城市所有道路组成的交通网络（包括干道、支路、交叉口以及同道路相连接的广场等），在一些现代化城市中还包括城市铁路、地下铁道、地下街道和其他的轨道交通线路、市内航道以及相应的附属设施。

道路路线是指道路沿长度方向的行车道中心线。道路路线的线型受地形、地物和地质条件的限制，在平面上是由直线和曲线段组成，在纵断面上是由平坡和上下坡段及竖曲线组成。因此从整体上来看，道路路线是一条空间曲线。

城市道路线型设计，系在城市道路网规划的基础上进行。根据道路网规划已大致确定的道路走向、路与路之间的方位关系，以道路中心为准，按照行车技术要求及详细的地形、地物资料，工程地质条件，确定道路红线范围在平面上的直线、曲线路段以及它们之间的衔接，具体确定交叉口的形式、桥涵中心线的位置，以及公共交通停靠站台的位置与部署等。

道路路线设计的最后结果是以平面图、纵断面图和横断面图来表达。由于道路建筑在大地表面狭长地带上，道路竖向高差和平面的弯曲变化都与地面起伏形状紧密相关。因此，道路路线工程图的图示方法与一般工程图不同。它是以地形图作为平面图，以纵向展开断面图作为立面图，以横断面图作为侧面图，并且大都各自画在单独的图纸上。利用这三种工程图来表达道路的空间位置、线型和尺寸。

二、道路平面线型设计的内容

（1）城市道路平面设计位置的具体确定，要涉及交通组织、沿街的建筑、地上与地下的各种管线、道路两旁的绿化、照明等合理布置。

（2）城市道路设计中既要依据道路网拟定的大致走向，又要从现场的实际详细勘测资料出发，结合道路的性质、交通要求，辩证地确定交叉口的形式、间距以及相交道路在交叉口处的衔接等系列情况。

（3）城市道路平面设计的主要内容是路线的大致走向和横断面首先满足行车技术要求的情况下结合自然地理条件与现状，再来考虑其建筑布局要求。所以，必须因地制宜地确定各条路线的具体走向。

（4）在城市道路的设计中，必须选定合适的平曲线半径，合理解决路线转折点之间的线型衔接，辩证地设置必要的超高、加宽和缓和路段，验算必须保证的行车视距，并在路幅内合理布置沿线的车行道、人行道、绿化带、分隔带以及其他公用设施等。

三、道路平曲线要素及半径的选择

(1) 所有车辆在道路上的行驶过程中，均有着复杂的运动。它包括在路段上的直线运动，在弯道或交叉口的曲线运动，以及由于路面纵横坡与不平整引起的纵横向滑移和振动等。所以对于这些运动中的车辆与道路之间作用力的分析，是拟定各类道路线型、路面结构技术要求的重要理论依据。城市道路平面线型，由于受地形、地物的限制和工程经济、艺术造型方面的考虑，直线段之间总是要用曲线段来连接。

(2) 在城市道路中，除快速或高速道路外，一般车速都不高。同时考虑到沿街建筑布置和地下管网敷设的方便，宜选用不设超高的平曲线。还可以综合考虑运营经济和乘客舒适要求所确定的 n 值与行车速度，来确定平曲线半径。

(3) 对于不设超高的平曲线容许半径，是指保证车辆在曲线外侧车道上按照计算行车速度安全行驶的最小半径，通常称为推荐半径。

(4) 对于各类城市道路的平曲线最小半径及不设超高的平曲线容许半径，目前尚未作统一的规定。根据部分城市资料，经归纳整理后的建议值见表 8-1，供选用参考。对于城市郊区的道路可参照交通部颁布的《公路工程技术标准》JGTB001—2003 有关规定选用。

(5) 城市道路平面设计中，对于曲线半径的具体选定应根据道路类别、实际地形、地物条件来考虑。原则上应尽可能选用较大的半径，一般不得小于表 8-1 所列不设超高的半径数值为宜。在地形受限制的复杂路段，特别是山区城镇，通过技术经济比较，采用不设超高的半径，如过分增加工程费用及施工困难，则可选用该表所列的最小半径数值，并设置超高。

城市道路平曲线半径参考值　　　　表 8-1

序号	平曲线半径及车速	道路类型			
		快速交通干道	一般交通干道	区干道	支　路
1	不设超高的平曲线容许半径（m）	500 ~ 1500	250 ~ 500	150 ~ 250	100 ~ 125
2	平曲线最小半径（m）	150 ~ 500	60 ~ 150	40 ~ 60	15 ~ 25
3	计算行车速度（km/h）	60 ~ 80	40 ~ 60	30 ~ 40	15 ~ 25

(6) 在具体计算并确定平曲线半径值时，当 $R<125$m 时，一般可按 5 的倍数确定选用值，当 $125\text{m}<R<150$m 的时候，按 10 的倍数取值，当 $150\text{m}<R<250$m 时，按 50 的倍数取值，若 $R>000$m 时，则按 100 的倍数取值。

四、平曲线上的超高、加宽与曲线衔接

(一) 平曲线上的超高及超高缓和段的设置

(1) 当道路的曲线受地形、地物的限制，选用不设超高的平曲线不能满足设计要求时，一般情况下，就需要设置超高。超高的横坡度 $i_{超}$ 可以采用下式计算：

$$i_{超} = (V^2/127R) - \mu \tag{8-1}$$

式中　$i_{超}$——超高的横坡度；

V——道路的计算行车速度；

R——平曲线半径；

μ——道路的横向力系数。

由上式得知，当 V 与 μ 确定后，$i_{超}$ 的大小取决于 R 的大小。我国超高横坡度一般规定为2%～6%。至于高速公路为了克服行车中较大的离心力，超高横坡度 $i_{超}$ 尚可较一般规定值略予提高。

（2）当通过式（8-1）计算所得的路拱超高横坡度小于路拱横坡时，亦应选用等于路拱横坡的超高，这样有利于对道路的测量与设计。

（3）为了使道路从直线段的双坡横断面转变到曲线段具有超高的单坡倾斜横断面，需要有一个逐渐变化的过渡段，称为超高缓和段，如图8-1所示。城市中非主要交通道路，以及三、四级公路常采用简单的直线缓和段。这种情况下，直线缓和段的长度 L 按照式（8-2）进行计算。

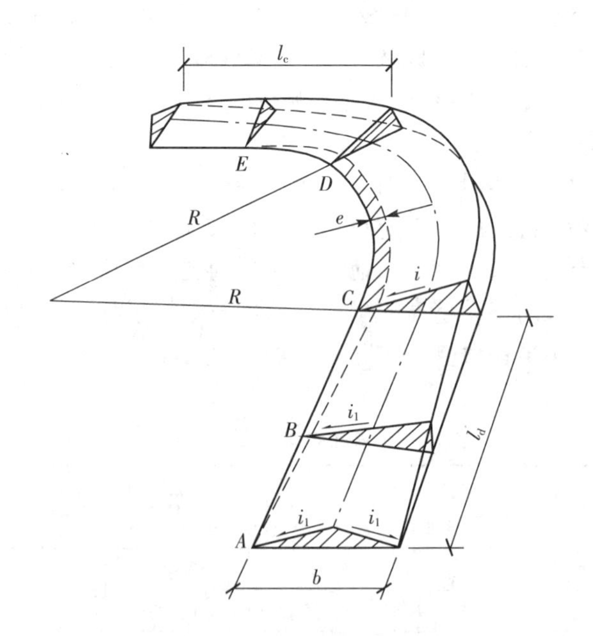

图8-1　道路平曲线上超高缓和段示意图

$$L = Bi_{超}/i_2 \tag{8-2}$$

式中　B——城市路面宽度（m）；

$i_{超}$——城市路面超高横坡度（%）；

i_2——超高缓和段路面外侧边缘纵坡与道路中线设计纵坡之差（%）。

i_2值不宜大于0.5%～1%，在城市较复杂的地形以及山城的道路中，可容许 i_2 =1%～2%。超高缓和段的长度不宜太短，不得小于15～20m。

（二）平曲线上的路面加宽

（1）城市汽车在平曲线上行驶，靠曲线内侧的后轮行驶的曲线半径最小，而靠曲线外侧的前轮行驶的曲线半径最大。因此，汽车在曲线路段上行驶时，所占的行车部分宽度要比直线路段大，为了保证汽车在转弯中不占相邻车道，曲线路段的行车道就需要加宽。

（2）曲线上车道的加宽，系根据车辆对向行驶时两车之间的相对位置和行车侧向摆动幅度在曲线上的变化综合确定的。它与平曲线半径、车型尺寸、计算行车速度有关。图 8-2 所示为城市曲线双车道路路面，两辆相对同型汽车在曲线上行驶中的位置关系示意图。

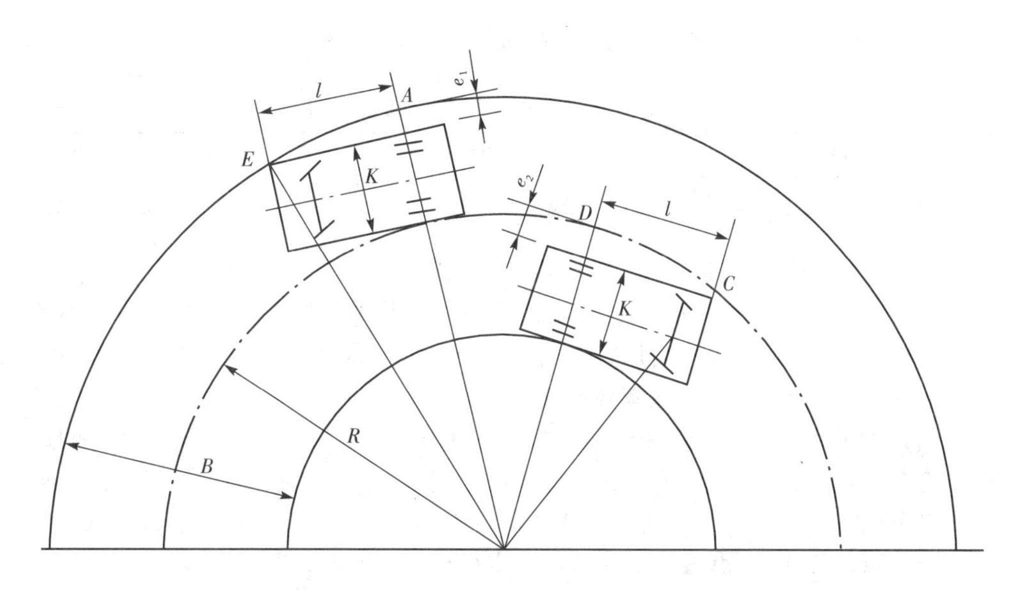

图 8-2　汽车相对行驶时、双车道加宽值计算示意图

（3）图 8-2 所示的 l 为汽车后轮轴至前挡板之间的距离，K 为汽车的车厢宽度，在行驶中实际占用的路面宽度为双车道直线段行车部分的一半，e_1、e_2分别为两条车道所需用的安全行车加宽值。

（4）图 8-3 所示为铰接式车辆行驶的位置关系。图中 R 为双车道中线平曲线半径，即为车身前挡板外侧的运动轨迹，R'为外侧的转弯半径，l_1 为中轴至车身前挡板的距离，l_2 为后轴至中轴的距离，e_1、e_2 分别为前后车身的加宽值，b 为一条车道宽度。

（5）在城市道路中，当机动车、非机动车混合行驶时，一般不考虑加宽。加宽通常仅用于快速交通干道、山城道路和郊区道路。双车道曲线段路面加宽建议值可参考表 8-2 确定。郊区道路也可参考《公路工程技术标准》的有关规定选用。

（6）曲线上的路面加宽，一般系利用减少内侧路肩宽度来设置。但当加宽后路肩剩余宽度不足一半时，则路基亦应加宽，主要是为了安全。从加宽前的直线

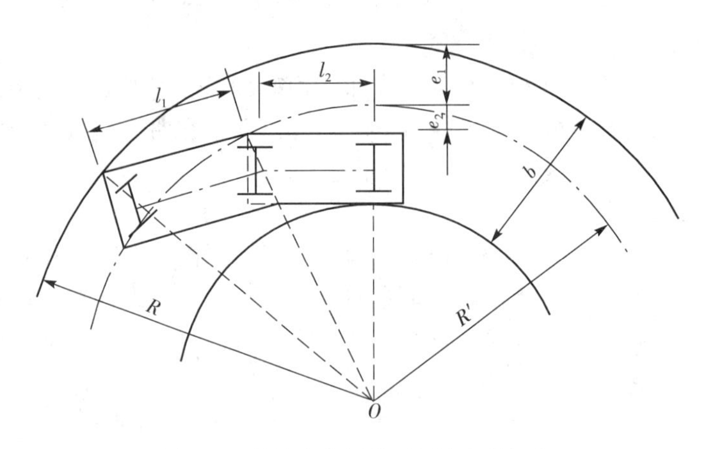

图 8-3　铰接式车辆在平曲线上的加宽

城市道路双车道路面加宽值　　**表 8-2**

平曲线半径（m）	500～400	400～250	250～150	125～90	80～70	60～50	45～30	25	20
路面加宽值（m）	0.50	0.60	0.75	1.00	1.25	1.50	1.80	2.00	2.20

段到全加宽的曲线段，其长度应与超高缓和段或缓和曲线长度相等。

（7）如遇到不设缓和曲线与超高的平曲线，其加宽缓和段长度亦不应小于10m，并按直线比例方式逐渐加宽，当受地形、地物限制，采取内侧加宽有困难时，也可将加宽全部或部分设置在曲线外侧。

（8）如图 8-4 所示，缓和段路面加宽的边缘线 AC 与平曲线路面加宽后的边缘弧相切于 D 点，AB 段长 L 为规定的加宽缓和段长度。布置加宽时，必须先求出 L'（CD）的长度，然后由 B 点顺垂直方向量出 BC，并令 BC 之长等于 ke，从而定出 C 点，再延长 AC 线并截取 L'长度，就定得点 D 所在的位置。

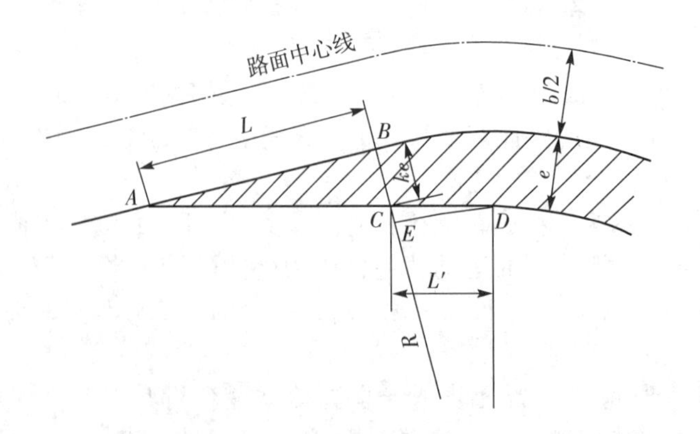

图 8-4　加宽缓和段的计算方法

当道路在设置超高的同时，设置加宽，则缓和路段长度应在超高缓和段必要长度与加宽缓和段长度（$L+L'$）两者之间选用较大值来作为该缓和路段设计的主要依据。

（三）平面缓和曲线

在城市快速、高速道路以及一、二级公路中，为了缓和行车方向的突变和离心力的突然发生，使汽车从直线段安全、迅速驶入小半径的弯道，在平曲线两段的缓和路段上，需要采用符合汽车转向行驶轨迹和离心力逐渐增加的缓和曲线来连接。较理想的缓和曲线是使汽车从直线段驶入半径为 R 的平曲线时，既不降低车速又能徐缓均衡转向，即是使汽车回转的曲半径能从直线段的 $\rho = a$ 有规律地逐渐减小到 $\rho = R$ 进入圆曲线段，如图 8-5 所示。

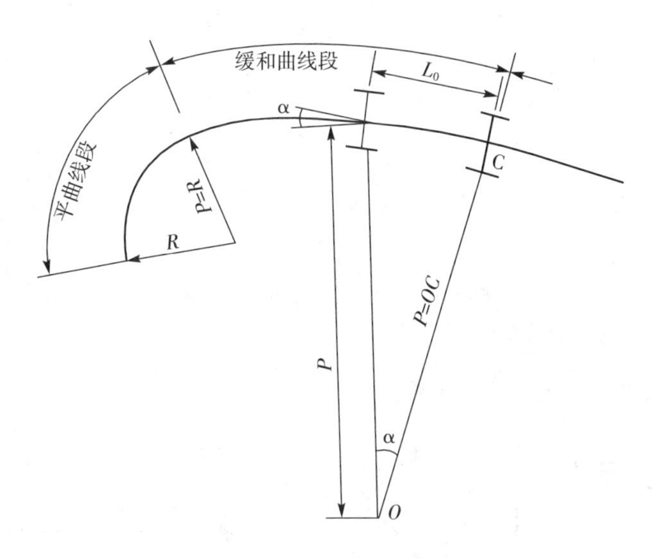

图 8-5　汽车在缓和曲线上行驶示意图

（四）平曲线间的衔接

（1）在受城市地形、地物限制较多的地段，道路路线在较短距离内往往要连续转折。为确保汽车行驶安全与平稳，需要妥善解决好曲线之间的衔接。一般转向相同的曲线，称为同向曲线，转向相反的曲线，称为反向曲线。前后两个半径大小不同的曲线紧相连接的，则称为复曲线，如图 8-6 所示。

（2）对于不设超高或超高横坡度相同的同向曲线，起终点一般可直接衔接。若两相邻曲线的超高不同，仍可将两曲线直接连成复曲线，不过须在半径较大的那一曲线段内设置从一个超高横坡度过渡到另一个超高横坡度的缓和段。若两曲线间的直线段除设超高缓和过渡段外，尚余有过短直线距离，则宜采取改变曲线半径的方法来使两曲线直接连通，或将剩余直线段也同样作成单坡断面，如图 8-7 所示。

（3）对于不设超高的两相邻反向曲线，一般可直接连接；若有超高，则两曲线之间的直线段长至少应等于两个曲线超高缓和段长度之和。对于地形复杂，工程困难的次要道路，两反向曲线间的插入段直线长亦不得小于 20m。

（4）遇到连续弯道的路段，应特别慎重选择相邻曲线的半径，通常其半径相差值不要超过一倍，并注意加设交通标志。此外，对位于平原或下坡的长直线段尽头，必须尽可能采用较大半径的平曲线衔接转折，在一条不长的路段上，最好避免采用半径大小悬殊相间的设计，以免造成事故。

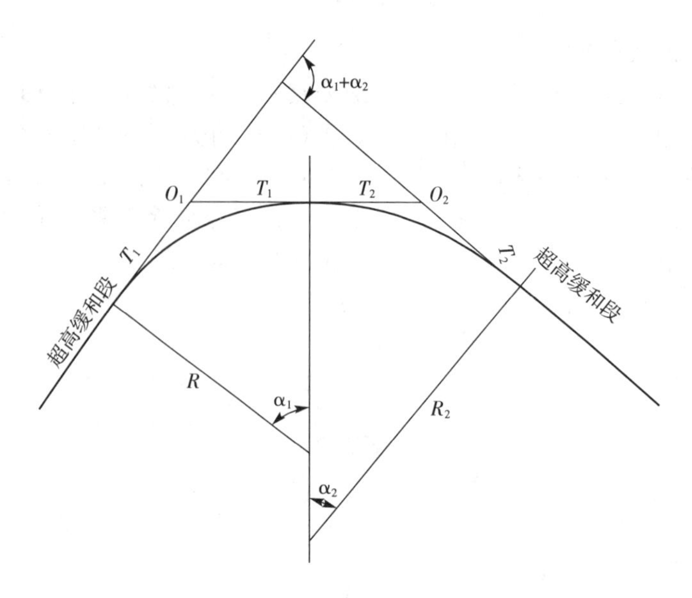

图 8-6　城市道路复曲线示意图

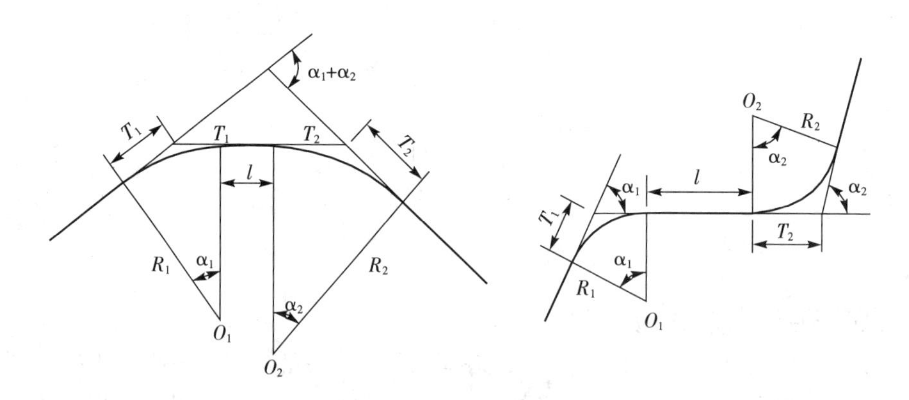

图 8-7　同向、反向曲线与直线插入段连接示意图

五、城市道路行车视距

在城市道路设计中，为了行车安全，应保持驾驶人员在一定的距离内能随时看到前面的道路和道路上出现的障碍物，或迎面驶来的其他车辆，以便能当即采取应急措施，这个必不可少的通视距离，称为安全行车视距。

第二节　城市道路路线平面图

城市道路平面图是应用正投影的方法，先根据标高投影（等高线）或地形地物图例绘制出地形图，然后将道路设计平面的结果绘制在地形图上，该图样称为道路平面图。道路平面图是用来表现城市道路的方向、平面线型、两侧地形地物情况、路线的横向布置、路线定位等内容的主要图样。以图 8-8 道路路线平面图为例，分析道路平面图的图示内容。

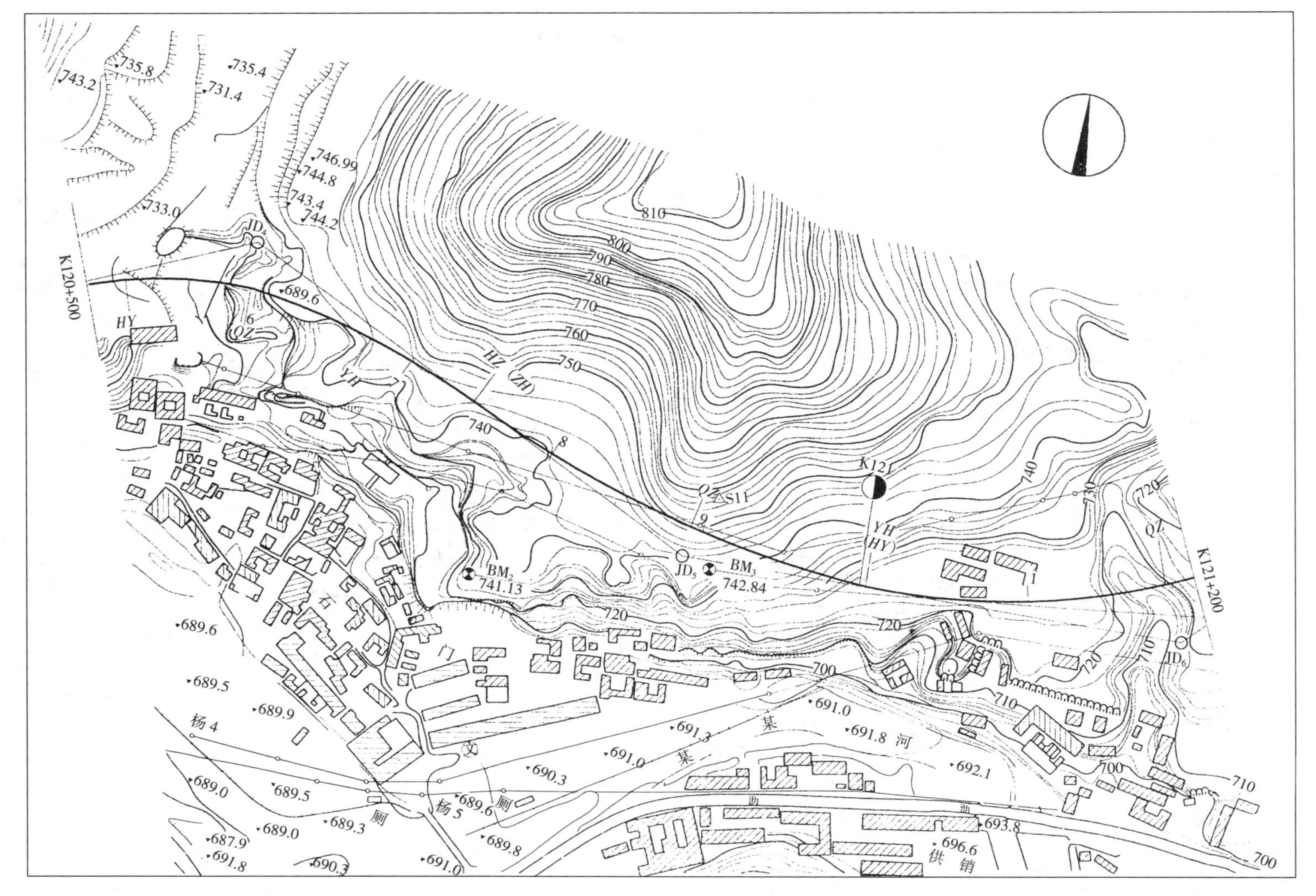

图 8-8 道路路线平面图（一）

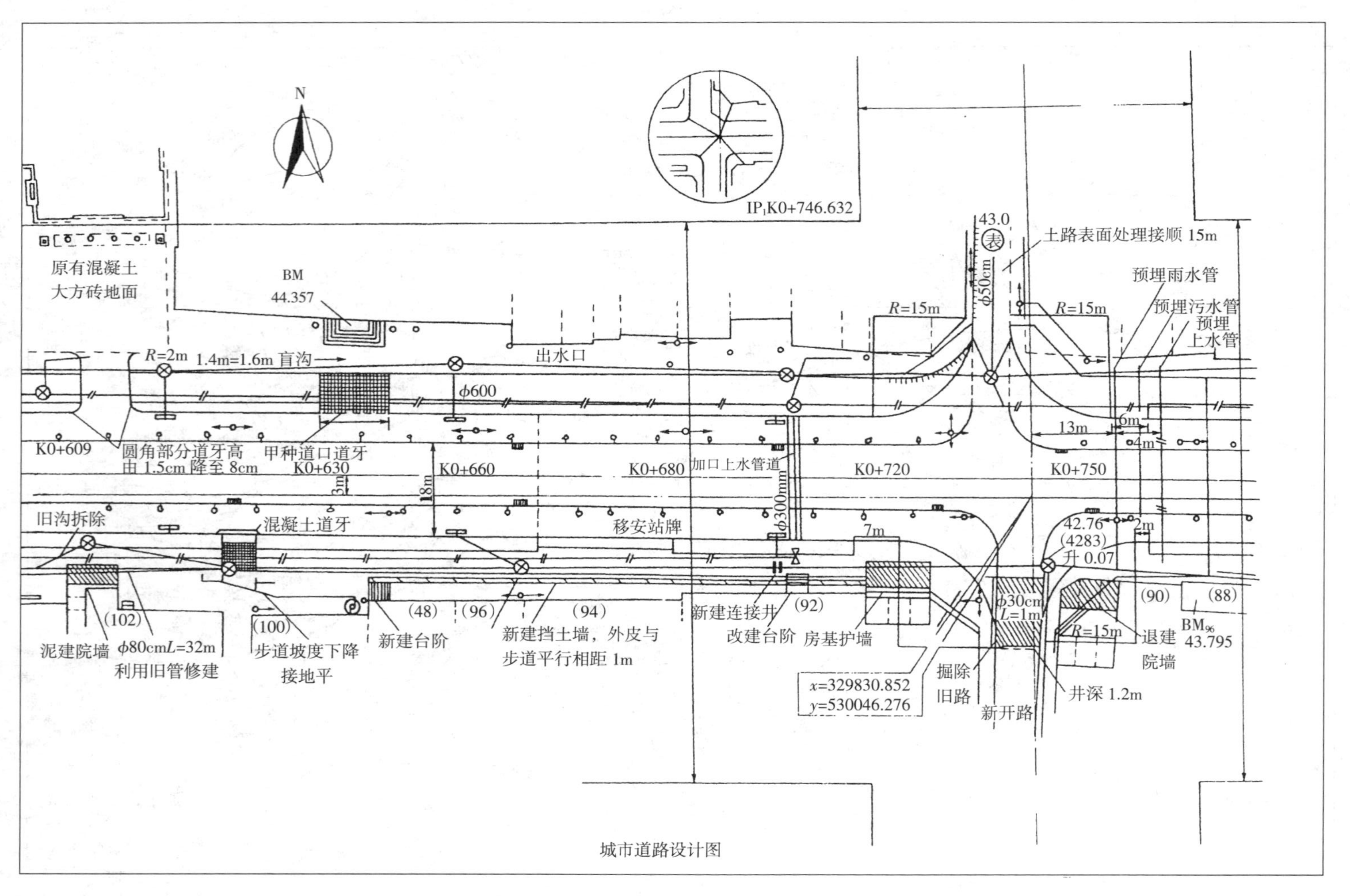

图 8-8 道路路线平面图（二）

一、道路平面图的图示内容及识读

（一）地形部分的图示内容

（1）图样比例的选择：根据地形地物情况的不同，地形图可采用不同的比例。一般常用的比例为 1∶1000 的比例。比例选择应以能清晰表达图样为准。由于城市规划图比例一般为 1∶500，则道路平面图的比例多采用 1∶5000，本图比例为 1∶2000。

（2）方位确定：为了表明该地形区域的方位及道路路线的走向，地形图样中需要箭头表示其方位。方位确定的方法有坐标网或指北针两种，如采用坐标网来定位，则应在图样中绘出坐标网并注明坐标，例如其 *X* 轴向为南北方向（上为北），*Y* 轴向为东西方向；如若采用指北针，应在图样适当位置按标准画出指北针。

（3）地形地物情况：地形情况一般采用等高线或地形点表示。由于城市道路一般比较平坦，因此多采用大量的地形点来表示地形高程，从图 8-8（一）所示看出，两等高线的高差为 2m，图中用小“▼”表示测点，其标高数值注在其右侧。图中正前方有一座山丘，山脚下河套地带有名为石门的村落，村落南面有一条河，河的南岸是一条沥青路面的旧路。本图是待建的公路在山腰下方依山势以“S”形通过该村落。地物情况一般采用图例表示，通常使用标准规定的图例，如采用非标准图例时，需要在图样中注明，道路平面图中的常用图例和符号见表 8-3，道路工程常用图例见表 8-4。

（4）水准点位置及编号应在图中注明，以便路线的高程控制。

道路平面图中的常用图例和符号　　　　表 8-3

图例						符号	
浆砌块石		房屋	独立 成片	用材料	松	转角点	*JD*
						半径	*R*
水准点	BM 编号 高程	高压电线		围墙		切线长度	*T*
						曲线长度	*L*
导线点	编号 高程	低压电线		堤		缓和曲线长度	*Ls*
						外距	*E*
转角点	*JD* 编号	通讯线		路堑		偏角	*α*
						曲线起点	*ZY*
铁路		水田		坟地		第一缓和曲线起点	*ZH*
公路		旱地				第一缓和曲线终点	*HY*
				变压器		第二缓和曲线起点	*YH*
大车道		菜地				第二缓和曲线终点	*HZ*

续表

图例						符号	
桥梁及涵洞		水库鱼塘	塘	经济林	油茶	东	E
						西	W
水沟		坎		等高线冲沟		南	S
						北	N
河流		晒谷坪	谷	石质陡崖		横坐标	X
						纵坐标	Y
图根点		三角点		冲沟		圆曲线半径	R
						切线长	T
机场		指北针		房屋		曲线长	L
						外矢距	E

道路工程常用图例 **表 8-4**

项目	序号	名称	图例	项目	序号	名称	图例
平面	1	涵洞		纵断	12	箱涵	
	2	通道			13	管涵	
	3	分离式立交 *a.* 主线上跨 *b.* 主线下穿			14	盖板涵	
	4	桥梁（大、中桥梁按实际长度绘）			15	拱涵	
	5	互通式立交（按采用形式绘）			16	箱型通道	
	6	隧道			17	桥梁	
	7	养护机构			18	分离式立交 *a.* 主线上跨 *b.* 主线下穿	
	8	管理机构			19	互通式立交 *a.* 主线上跨 *b.* 主线下穿	
	9	防护网					
	10	防护栏					
	11	隔离墩					

续表

项目	序号	名 称	图 例	项目	序号	名 称	图 例
材料	20	细粒式沥青混凝土		材料	34	石灰粉煤灰砂烁	
	21	中粒式沥青混凝土			35	石灰粉煤灰碎砾石	
	22	粗粒式沥青混凝土			36	泥结碎砾石	
	23	沥青碎石			37	泥灰结碎砾石	
	24	沥青贯入碎砾石			38	级配碎砾石	
	25	沥青表面处理			39	填隙碎石	
	26	水泥混凝土			40	天然砂砾	
	27	钢筋混凝土			41	干砌片石	
	28	水泥稳定土			42	浆砌片石	
	29	水泥稳定砂砾			43	浆砌块石	
	30	水泥稳定碎砾石			44	木材 横 纵	
	31	石灰土			45	金属	
	32	石灰粉煤灰			46	橡胶	
	33	石灰粉煤灰土			47	自然土壤	
					48	夯实土壤	
					49	防水卷材	

（二）道路路线部分图示内容

（1）道路规划红线是道路的用地界限，常用双点画线表示。道路规划红线范围内为道路用地，一切不符合设计要求的建设物、构筑物、各种管线等需拆除。

（2）城市道路中心线一般采用细点画线表示。因为城市区域地形图比例一般为1∶500，所以城市道路的平面图也采用1∶500的比例。这样城市道路中机动车道、非机动车道、人行道、分隔带等均可按比例绘制在图样中。城市道路中的机动车道宽度为15m，非机动车道宽度为6m，分隔带宽度为1.5m，人行道宽度为5m，均以粗实线表示。

（3）图线桩号：里程桩号反映了道路各段长度及总长，一般在道路中心线上。从起点到终点，沿前进方向注写里程桩号；也可向垂直道路中心线方向引一细直线，再在图样边上注写里程桩号。如120+500，即距路线起点为120500m。如里程桩号直接注写在道路中心线上，则“+”号位置即为桩的位置。

（4）道路中曲线的几何要素的表示及控制点位置的图示。如图8-9所示，以缓和曲线线型为例说明曲线要素标注问题。在平面图中是用路线转点编号来表示的，JD_1 表示为第一个路线转点。α 角为路线转向的折角，它是沿路线前进方向向左或向右偏转的角度。R 为圆曲线半径，T 为切线长，L 为曲线长，E 为外矢距。图中曲线控制点有 ZH（直缓）为曲线起点，HY 为“缓圆”交点，QZ 表示曲线中点，YH 为“圆缓”交点，HZ 为“缓直”的交点。当为圆曲线时，控制点为：ZY、QZ、YZ。

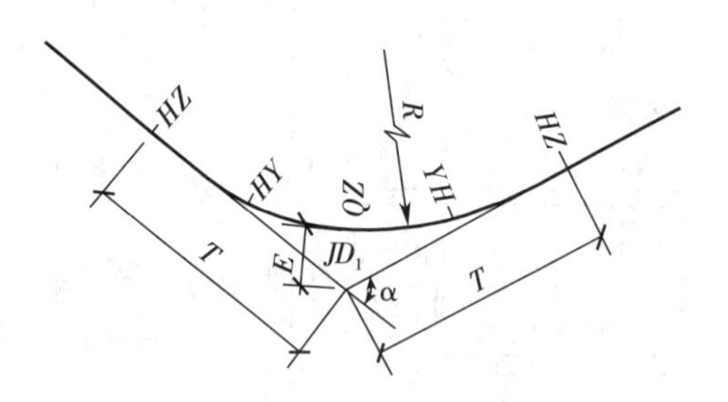

图8-9　道路平曲线要素示意图

（三）道路路线平面图的识读

根据道路平面图的图示内容，该图样应按以下过程阅读：

（1）首先了解地形地物情况：根据平面图图例及等高线的特点，了解该图样反映的地形地物状况、地面各控制点高程、构筑物的位置、道路周围建筑的情况及性质、已知水准点的位置及编号、坐标网参数或地形点方位等。

（2）阅读道路设计情况：依次阅读道路中心线、规划红线、机动车道、非机动车道、人行道、分隔带、交叉口及道路中曲线设置情况等。

（3）了解道路方位及走向，路线控制点坐标、里程桩号等。

（4）根据道路用地范围了解原有建筑物及构筑物的拆除范围以及拟拆除部分的性质、数量，所占农田性质及数量等。

（5）结合路线纵断面图掌握道路的填挖工程量。

（6）查出图中所标注水准点位置及编号，根据其编号到有关部门查出该水准点的绝对高程，以备施工中控制道路高程。

二、道路路线平面图的设计

城市道路的平面定线要受到道路网的布局、道路规划红线宽度和沿街已有建筑物位置等因素的约束。平面线型只能局限在一定范围内，定线的自由度要比公路小得多。

（一）道路路线平面设计的原则

（1）道路平面位置应按城市总体规划道路网布设。

（2）道路平面线型应与地形、地质和水文等结合，并符合各级道路的技术指标。

（3）道路平面设计应处理好直线与平曲线的衔接，合理地设置缓和曲线、超高、加宽等。

（4）道路平面设计应根据道路等级合理地设置交叉口、沿线建筑物出入口、停车场出入口、分隔带断口、公共交通停靠站位置等。

（5）平面线型需分期实施时，应满足近期使用要求，兼顾远期发展，减少废弃工程。

（二）城市道路路线平面定线

（1）定线是在城市道路规划路线起终点之间选定一条技术上可行、经济上合理、又能符合使用要求的道路中心线的工作。它面对的是一个十分复杂的自然环境和社会经济条件，需要综合考虑多方面因素。为达此目的，选线必须由粗到细，由轮廓到具体，逐步深入，分阶段分步骤地加以分析比较，才能定出最合理的路线来。城市道路的路线的选定主要取决于城市干道网及红线规划。

（2）道路平面线型常受地形地物障碍的影响，线型转折时，就需要设置曲线，所以平面线型由直线、曲线组合而成。曲线又可分曲率半径为常数的圆曲线和曲率半径为变数的缓和曲线两种。通常直线与圆曲线直接衔接（相切）；当车速较高，圆曲线半径较小时，直线与圆曲线之间以及圆曲线之间要插设回旋型的缓和曲线。

（3）城市道路平面线型的设计与公路平面线型的设计是有区别的。公路平面线型，过去多采用长直线—短曲线的形式。随着车速的提高及交通量的增长，对于高等级公路已趋于以曲线为主的设计，即结合地形拟定曲线，再连以缓和曲线或直线，使路线在满足行车要求及线型视觉舒顺的条件下，增加了结合地形设置曲线的自由，使道路的经济效益较为显著。高速公路线型多以圆曲线和回旋线为主，其间可插入适当长度的直线，但应以更好地满足线型舒顺与地形的合理结合为原则。而对于城市道路或平原地区，由于城市交叉口多、地下管线多，则应首先考虑敷设以直线为主的线型。除高架道路和立体交叉以外基本不用缓和曲线。

（三）城市道路选线原则

（1）必须符合城市道路规划要求，选择的路线尽量简捷，合理安排交叉口，并且要认真考虑与远期规划相结合。

（2）根据城市当地的地形图以及城市规划的要求，以现有路线为主要控制来进行选线，使设计的道路路线与相交道路尽量正交。

三、城市道路平面图的绘制

（一）平面图的绘制要点

（1）先将地形地物按照规定图例及选定比例描绘在图纸上，必要时用文字或符号注明；注明地形点的高程或等高线高程；标注出已知水准点位置及编号；画出坐标网或指北针，标注相关参数。

（2）根据设计结果绘制出道路中心线、里程排桩、机动车道、人行道、非机动车道、分隔带、规划红线等，注明各部分的设计尺寸。

（3）将路线中构筑物按规定图例绘制在图纸上，注明构筑物名称或编号、桩号等。

（4）道路路线的控制点坐标、桩号，平曲线要素标注及相关数据的标注。

（5）画出图纸的拼接位置及符号，注明该图样名称、图号顺序、道路名称等。

（二）平面图的绘制实例

（1）绘制城市道路平面设计图，就是要把有关道路设计的主要内容清楚地绘制在城市道路平面图上。

（2）如图 8-10 所示为绘制城市道路平面图的实例，一般情况下，城市道路平面图采用比例尺为 1∶500 或 1∶1000，两侧范围应在规划红线以外各 20～50m。

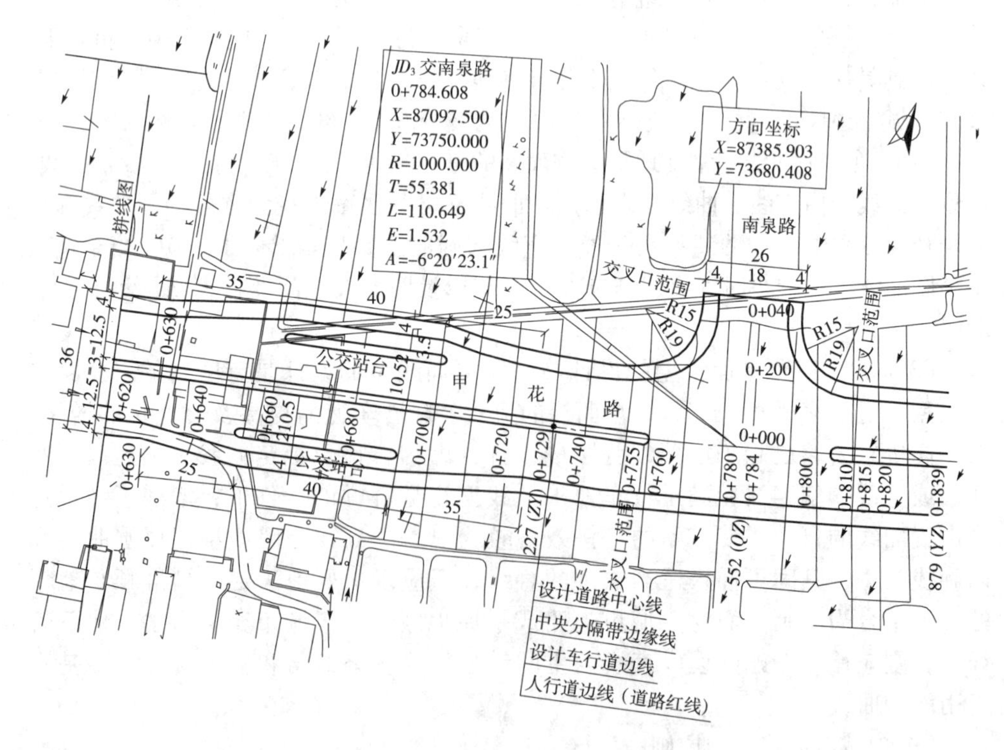

图 8-10 城市道路平面图的实例

（3）除上述内容外，在平面图上应标明规划红线、规划中心线、现状中心线、现状路边线以及设计车行道线（机动车道、非机动车道）、人行道线、停靠站、分隔带、交通岛、人行横道线、沿线建筑物出入口（接坡）、支路、电杆、雨水进水口和窨井，路线转点及相交道路交叉口里程桩和坐标，交叉口缘石半径等。

（4）路线如有弯道应详细标明平曲线的各项要素（o、R、T、L、E 等）、交叉路口的交角。图上应绘出指北针，并附图例和比例尺。一般取图的正上方为北方向。

（5）适当位置作一些简要的工程说明。如工程范围、起讫点、采用的坐标体系、设计标高和水准点的依据，同时，还有道路两旁的机关、学校、医院、商店等重要建筑物出入口的处理等情况。

第三节 城市道路路线纵断面图

所谓城市道路路线纵断面是指通过沿城市道路中心线用假想的铅垂面进行剖切，展开后进行正投影所得到的图样称为道路纵断面图。由于城市道路中心线是由直线和曲线组合而成的，因此垂直剖切面也就由平面和曲面组成。

一、道路路线纵断面图的图示内容与识读

城市道路路线纵断面图主要反映了道路沿纵向的设计高程变化、地质情况、填挖情况、原地面标高、桩号等多项图示内容及其数据。因此，城市道路路线纵断面图中主要包括：高程标尺、图样和测设数据表三大部分，《道路工程制图标准》GB 50162—92 第 3.2.1 规定，图样应在图幅上部，测设数据应布置在图幅下部，高程标尺应布置在测设数表上方左侧，如图 8-11（一）所示。

（一）图样部分的图示内容

（1）图样中水平方向表示路线长度，垂直方向表示高程。为了清晰反映垂直方向的高差，规定垂直方向的比例按水平方向比例放大 20 倍，如水平方向为 1:1000，则垂直方向为 1:50。图上所画出的图线坡度较实际坡度大，看起来明显。

（2）图样中不规则的细折线表示沿道路设计中心线处的原地面线，是根据一系列中心桩的地面高程连接形成的，可与设计高程结合反映道路的填挖状态。

（3）路面设计高程线：图上比较规则的直线与曲线组成的粗实线为路面设计高程线，它反映了道路路面中心的高程。

（4）竖曲线：当设计路面纵向坡度变更处的两相邻坡度之差的绝对值超过一定数值时，为了有利于车辆行驶，应在坡度变更处设置圆形竖曲线。在设计高程线上方用“└┬┘”表示的是凹形竖曲线，用“┌┴┐”表示的为凸形竖曲线，并在符号处注明竖曲线半径 R、切线长 T、曲线长 L、外矢距 E，如图 8-11（一）所示，某城市道路纵断面图中所设置的竖曲线：$R=4820\text{m}$，$T=31.055\text{m}$，$L=62.11\text{m}$，$E=0.10\text{m}$。竖曲线符号的长度与曲线的水平投影等长。

（5）路线中的构筑物：路线上的桥梁、涵洞、立交桥、通道等构筑物，在路线纵断面图的相应桩号位置以相关图例绘出，注明桩号及构筑物的名称和编号等。

（6）标注出道路交叉口位置及相交道路的名称、桩号，如图 8-11（一）所示。

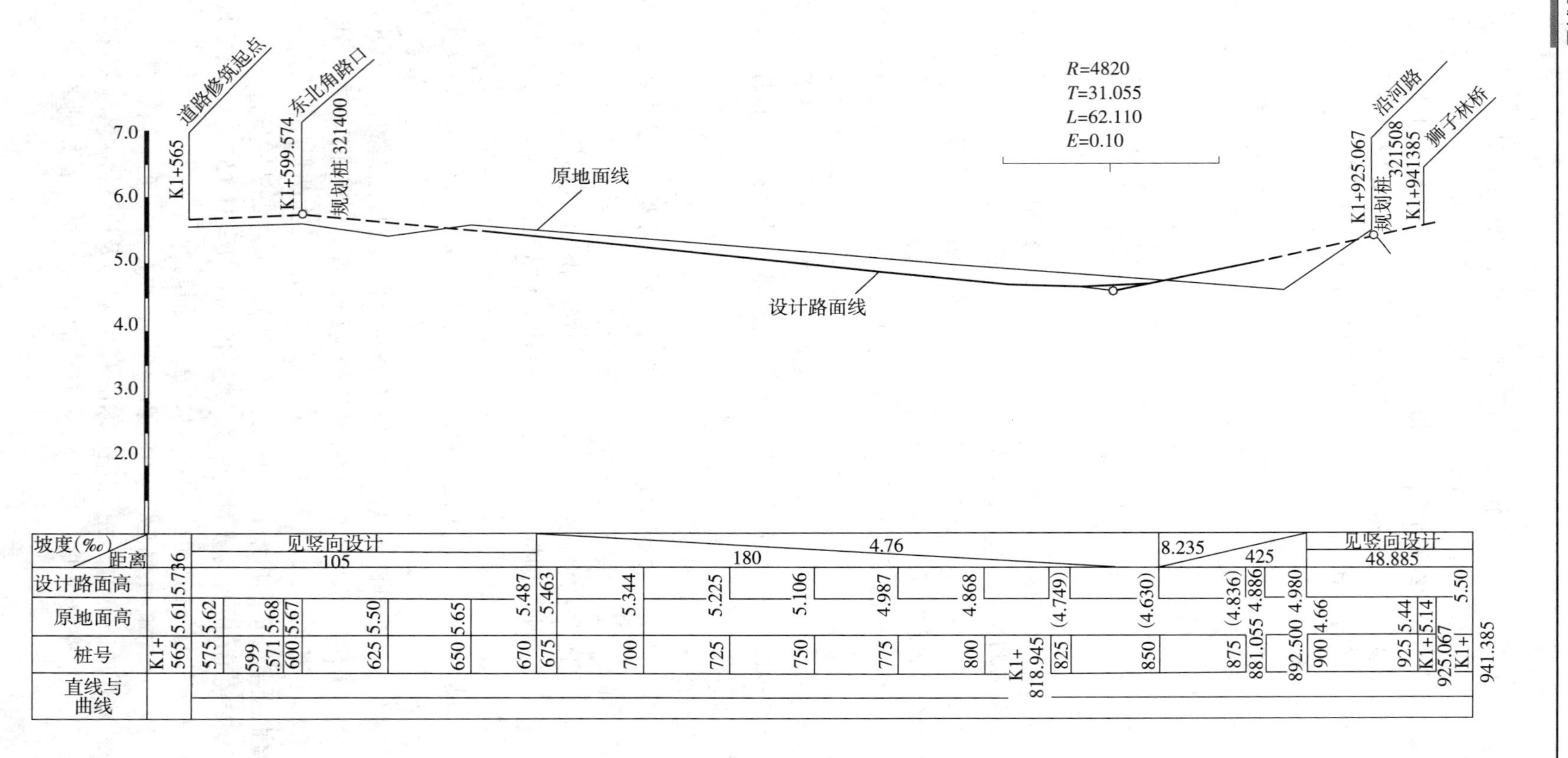

某城市道路纵断面图

图 8-11 某道路纵断面图（竖 1:50，横 1:1000）（一）

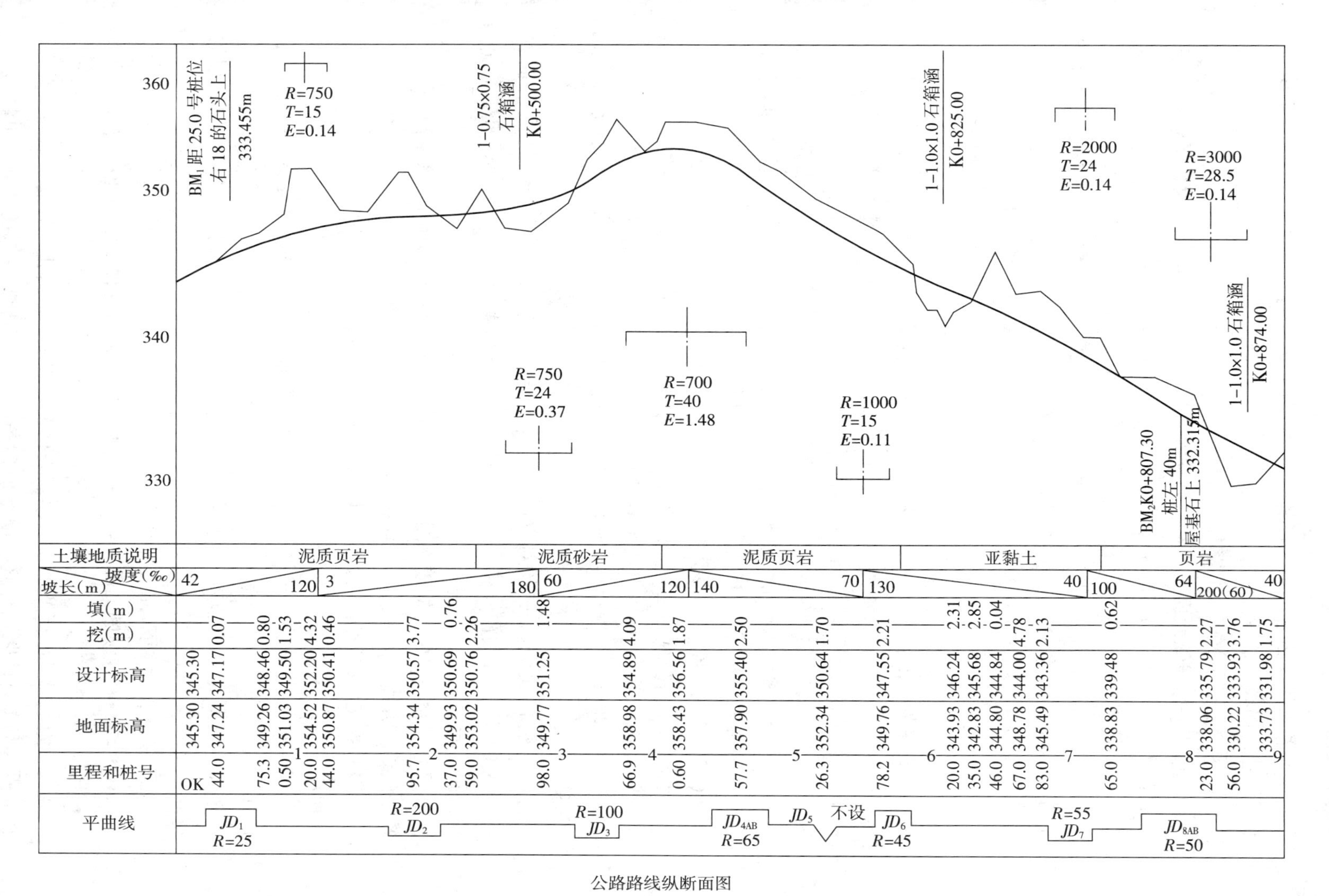

公路路线纵断面图

图 8-11　某道路纵断面图（竖 1:50，横 1:1000）（二）

（7）沿线设置的水准点，按其所在里程注在设计高程线的上方，并注明编号、高程及相对路线的位置。

（二）资料部分的图示内容

城市道路路线纵断面图的资料表设置在图样下方并与图样对应，格式有多种，有简有繁，视具体道路路线情况而定。具体项目一般有如下几种内容：

（1）地质情况：道路路段土质变化情况，注明各段土质名称。

（2）坡度与坡长：如图 8-11（一）所示的城市道路断面图中的斜线上方注明坡度，斜线下方注明坡长，使用单位为“m”。

（3）设计高程：注明各里程桩的路面中心设计高程，单位为“m”。

（4）原地面标高：根据测量结果填写各里程桩处路面中心的原地面高程，单位为“m”。

（5）填挖情况：即反映设计标高与原地面标高的高差。

（6）里程桩号：按比例标注里程桩号，一般设 km 桩号、100m 桩号（或 50m 桩号）、构筑物位置桩号及路线控制点桩号等。

（7）平面直线与曲线：道路中心线示意图，平曲线的起止点用直角折线表示，“┐┌”表示左偏角的平曲线；而“┘└”则表示右偏角的曲线，且注明曲线几何要素。可综合纵断面情况反映出路线空间线型变化。

（三）道路纵断面图的识读

城市道路路线纵断面图应根据图样部分、测设部分结合识读，并与城市道路平面图对照，得出图样所表示的确切内容，主要内容如下：

（1）根据图样的横、竖比例读懂道路沿线的高程变化，并对照资料表了解确切高程。

（2）竖曲线的起止点均对应里程桩号，图样中竖曲线的符号长、短与竖曲线的长、短对应，且读懂图样中注明的各项曲线几何要素，如切线长、曲线半径、外矢距、转角等。

（3）道路路线中的构筑物图例、编号、所在位置的桩号是道路纵断面示意构筑物的基本方法；了解这些，可查出相应构筑物的图纸。

（4）找出沿线设置的已知水准点，并根据编号、位置查出已知高程，以备施工使用。

（5）根据里程桩号、路面设计高程和原地面高程，读懂道路路线的填挖情况。

（6）根据资料表中坡度、坡长、平曲线示意图及相关数据，读懂路线线型的空间变化。

二、道路路线纵断面图的绘制要点

（1）道路路线纵断面图一般绘制在透明的米格纸背面，以防止橡皮或刀片将米格擦掉。

（2）首先是选定适当比例，绘制表格及高程坐标，列出工程需要的各项内容，如地质情况、设计路面标高、原地面标高、坡度与坡长、填挖情况、里程桩号、平面直线与曲线等资料，由左向右根据桩号位置认真填写。

（3）然后根据所测量的结果，用细直线将各桩号位置的原地面高程点连接起来，这样就绘制完成原地面标高线。

（4）再根据设计的纵坡及各桩号位置的设计路面高程点，按先曲线后直线的顺序用粗实线画出，即得到了设计路面标高线。

（5）注意在图样上必须注明水准点的位置、编号及高程，注明桥涵等构筑物的类型、编号及相关数据，竖曲线的图例及相关数据等，用中实线表示。

（6）同时注写图名、图标、比例及图纸编号，并注意路线起止桩号，以便多张路线纵断面图的图样衔接。

（7）画城市道路路线纵断面图时应注意的几点：

1）比例：纵断面的纵横比例一般在第一张图的注释中说明；

2）线型：从左向右按桩号大小绘出，设计线用粗实线，地面线用细实线，地下水位线应采用细双点画线及水位符号表示；地下水位测点可仅用水位符号表示；标高尺在图样部分的左侧，如图 8-12 所示。

3）变坡点：当路线坡度发生变化时，变坡点应用直径为 2mm 的中粗线圆圈表示；切线应采用细实线表示；竖曲线应采用粗实线表示。

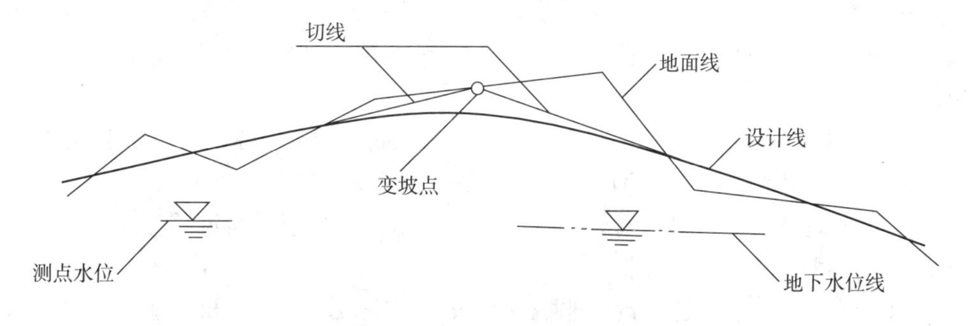

图 8-12　城市道路设计线示意图

第四节　城市道路路线横断面图的内容与识读

道路横断面图是沿道路中心线垂直方向的断面图。图样中表示了机动车道、人行道、非机动车道、分隔带等部分的横向构造组成。

一、城市道路横断面的基本形式与选择

（一）单幅路

车行道上不设分车带，以路面画线标志组织交通，或虽不作画线标志，但机动车在中间行驶，非机动车在两侧靠右行驶的称为单幅路。单幅路适用于机动车交通量不大，非机动车交通量小的城市次干路、大城市支路以及用地不足，拆迁困难的旧城市道路。当前，单幅路已经不具备机非错峰的混行优点，因为出于交通安全的考虑，即使混行也应用路面画线来区分机动车道和非机动车道。单幅路如图 8-13 所示。

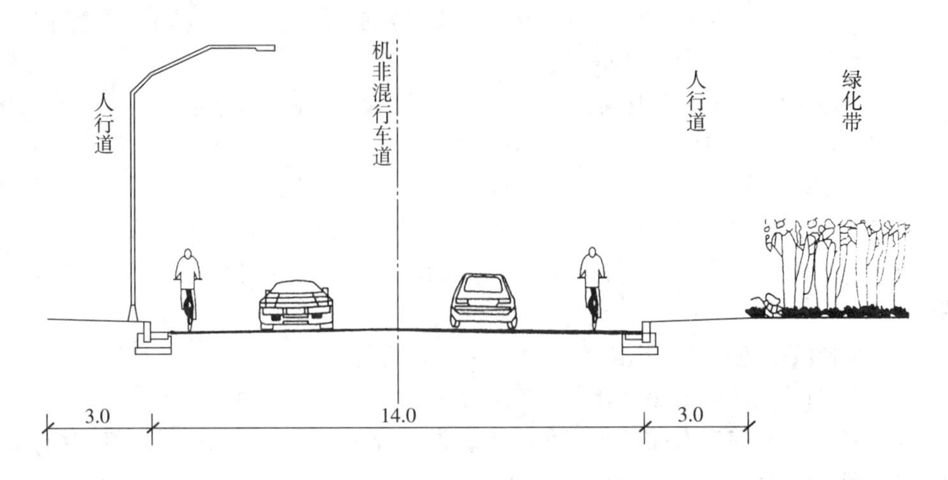

图 8-13 单幅路横断面形式（单位：m）

（二）双幅路

用中间分隔带分隔对向机动车车流，将车行道一分为二的，称为双幅路。适用于单向两条机动车车道以上，非机动车较少的道路。有平行道路可供非机动车通行的快速路和郊区风景区道路以及横向高差大或地形特殊的路段，亦可采用双幅路。

城市双幅路不仅广泛使用在高速公路、一级公路、快速路等汽车专用道路上，而且已经广泛使用在新建城市的主、次干路上，其优点体现在以下几个方面：

（1）可通过双幅路的中间绿化带预留机动车道，利于远期流量变化时拓宽车道的需要。可以在中央分隔带上设置行人保护区，保障过街行人的安全。

（2）可通过在人行道上设置非机动车道，使得机动车和非机动车通过高差进行分隔，避免在交叉口处混行，影响机动车通行效率。

（3）有中央分隔带使绿化比较集中地生长，同时也利于设置各种道路景观设施。双幅路如图 8-14 所示。

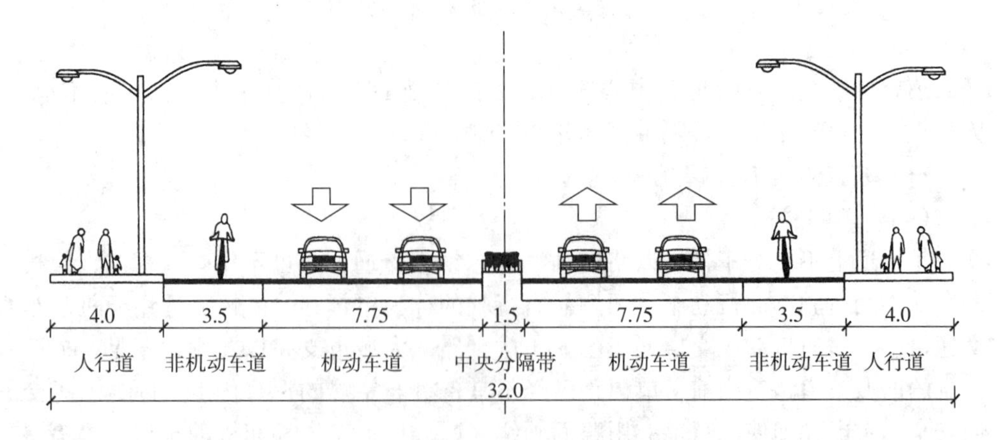

图 8-14 机非混行双幅路横断面形式（单位：m）

（三）三幅路

用两条分车带分隔机动车和非机动车流，将车行道分为三部分的，称为三幅路。适用于机动车交通量不大，非机动车多，红线宽度大于或等于40m的主干道。

三幅路虽然在路段上分隔了机动车和非机动车，但把大量的非机动车设在主干路上，会使平面交叉口或立体交叉口的交通组织变得很复杂，改造工程费用高，占地面积大。新规划的城市道路网应尽量在道路系统上实行快、慢交通分流，既可提高车速，保证交通安全，还能节约非机动车道的用地面积。

使机动车和非机动车交通安全。当机动车和非机动车交通量都很大的道路相交时，双方没有互通的要求，只需建造分离式立体交叉口，将非机动车道在机动车道下穿过。对于主干路应以交通功能为主，也需采用机动车与非机动车分行方式的三幅路横断面。

（四）四幅路

用三条分车带使机动车对向分流、机非分隔的道路称为四幅路。适用于机动车量大，速度高的快速路，其两侧为辅路。也可用于单向两条机动车车道以上，非机动车多的主干路。四幅路也可用于中、小城市的景观大道，以宽阔的中央分隔带和机非绿化带衬托。四幅路如图8-15所示。

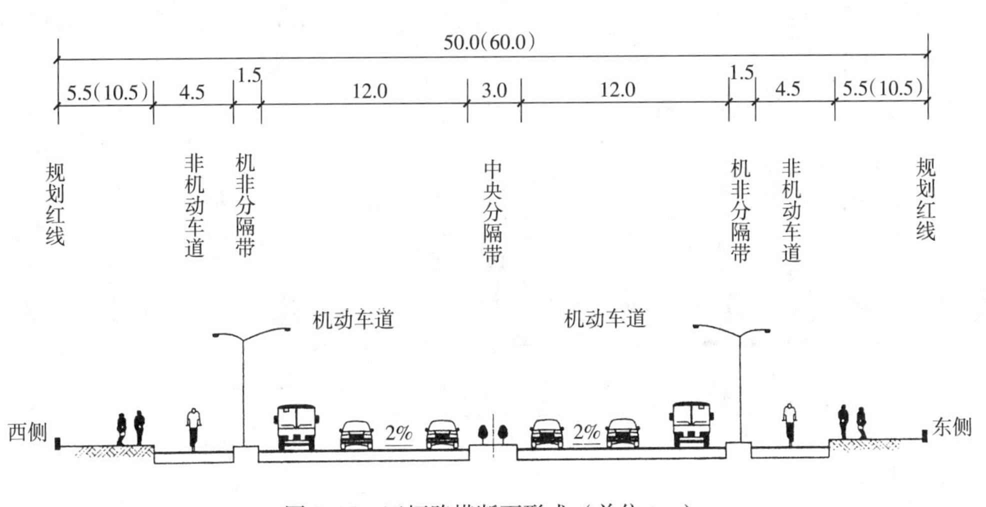

图8-15 四幅路横断面形式（单位：m）

带有非机动车道的四幅路不宜用在快速路上，快速路的两侧辅路宜用于机非混行的地方性交通，并且仅供右进右出，而不宜跨越交叉口，以确保快速路的功能。

随着城市的发展，机动化程度的提高，在一些开放新兴城市中非机动车出行越来越少，非机动车道往往被闲置浪费。而且由于机非分隔带的限制，又不能利用非机动车道增加机动车道数，从而造成道路资源的极大浪费。在总结实践的基础上，有些城市改为双幅路道路，如图8-14所示，更加符合城市发展的需要，应当成为城市新建和改建道路时的设计模式。

一条道路宜采用相同形式的横断面。当道路横断面形式或横断面各组成部分的宽度变化时，应设过渡段，宜以交叉口或结构物为起止点。为保证快速路汽车行驶安全、通畅、快速，要求道路横断面选用双幅路形式，中间带留有一定宽度，以设置防眩、防撞设施。如有非机动车通行时，则应采用四幅路横断面，以保证行车安全。

城市道路为达到机非分流，通常采用三幅式断面，随着车速的提高，为保证机动车辆行驶安全，满足快速行车的需要，多采用四幅式断面，但三幅式、四幅式断面均不能解决快速干道沿线单位车辆的进出及一般路口处理。

为使城市快速干道真正达到机非分流、快速专用、全封闭、全立交、快速畅通，同时又为两侧地方车辆出入主线提供尽可能方便，并与路网能够较好的连接，必须建立机非各自的专用道系统。

二、郊区道路横断面的基本形式

郊区道路主要是市区通往近郊工业区、文教区、风景区、机场、铁路站场和卫星城镇等的道路。道路两侧多是菜地、仓库、工厂、住宅等，以货运交通为主，行人与非机动车很少。其断面特点是：明沟排水，车行道为 2 ~ 4 条，路面边缘不设边石，路基基本处于低填方或不填不挖状态，无专门人行道，路面两侧设一定宽度的路肩，用以保护和支撑路面铺砌层或临时停车或步行交通用。其组成如图 8-16 所示。

郊区道路的横断面形式如图 8-17 所示。

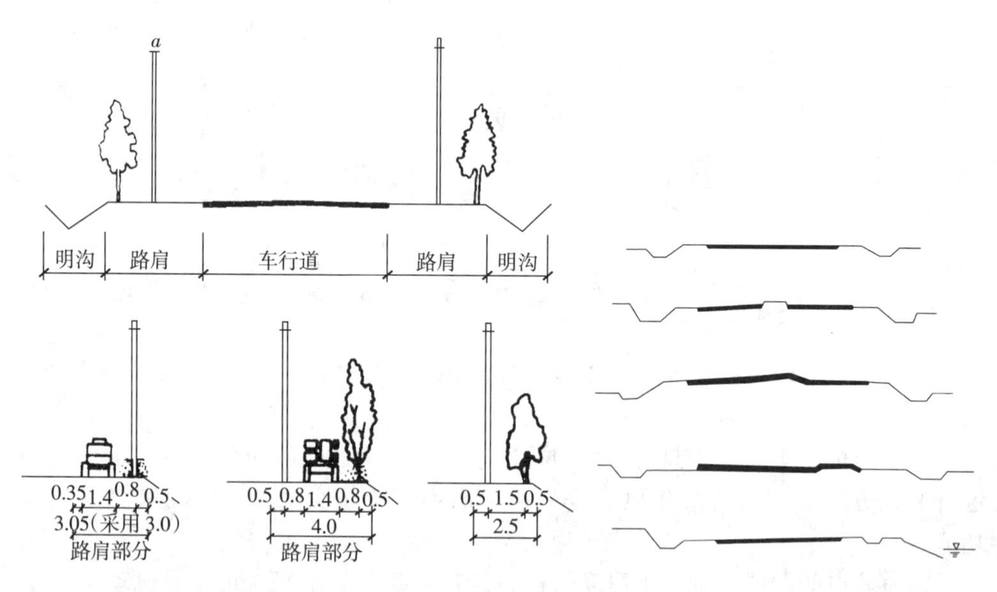

图 8-16 近郊道路示意图（单位：m）

图 8-17 郊区道路横断面的基本形式

三、城市道路横断面图的图示与识读

(1) 城市道路横断面的设计结果是采用标准横断面设计图表示。图样中要表示出机动车道、非机动车道、人行道、绿化带及分隔带等几大部分。

（2）城市道路地上有电力、电讯等设施，地下有给水管、排水管、污水管、燃气管、地下电缆等公用设施的位置、宽度、横坡度等，称为标准横断面图，如图 8-18 所示。

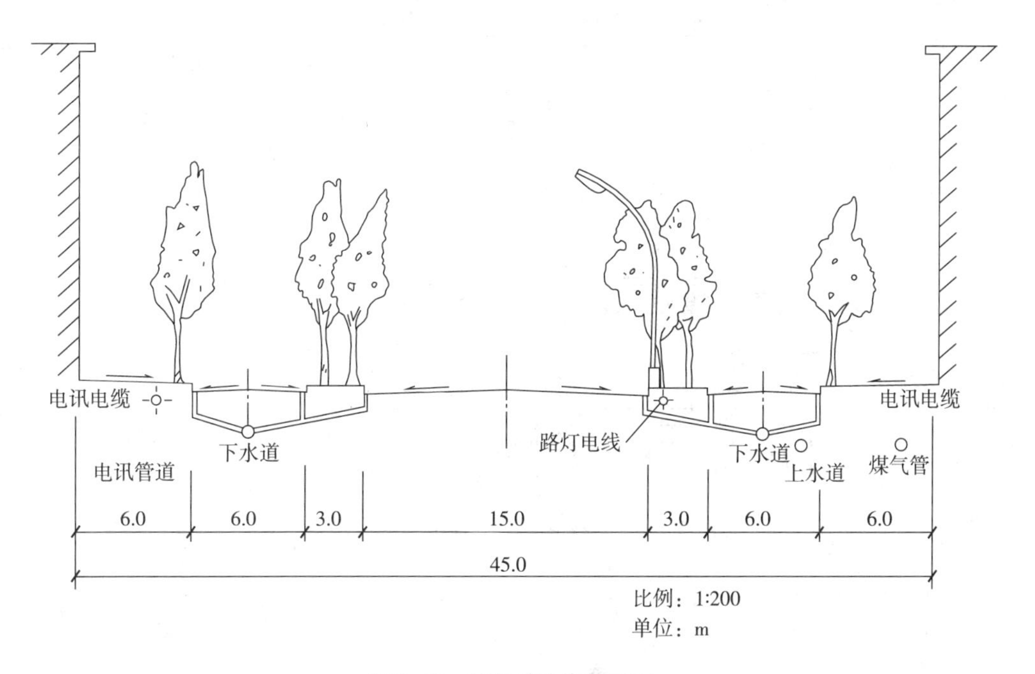

图 8-18　城市道路横断面图

（3）城市道路横断面图的比例，视道路等级要求而定，一般采用 1∶100、1∶200的比例，很少采用 1∶1000、1∶2000 的比例。

（4）用细点画线段表示道路中心线，车行道、人行道用粗实线表示，并注明构造分层情况，标明排水横坡度，图示出红线位置。

（5）用图例示意出的绿地、房屋、河流、树木、灯杆等；用中实线图示出分隔带设置情况；注明各部分的尺寸，尺寸单位为厘米；与道路相关的地下设施用图例示出，并注以文字及必要的说明。

四、绘制道路横断面图的注意事项

（1）线型：路面线、路肩线、边坡线、护坡线均应采用粗实线表示；路面厚度应采用中粗实线表示；原有地面线应采用细实线表示，设计或原有道路中线应采用细点画线表示，如图 8-19 所示。

（2）管线高程：横断面图中，管涵、管线的高程应根据设计要求标注。管涵管线横断面应采用相应图例。道路的超高、加宽应在横断面图中示出，如图 8-19 所示。

（3）当防护工程设施标注材料名称时，可不画材料符号，其断面剖面线可以省略。

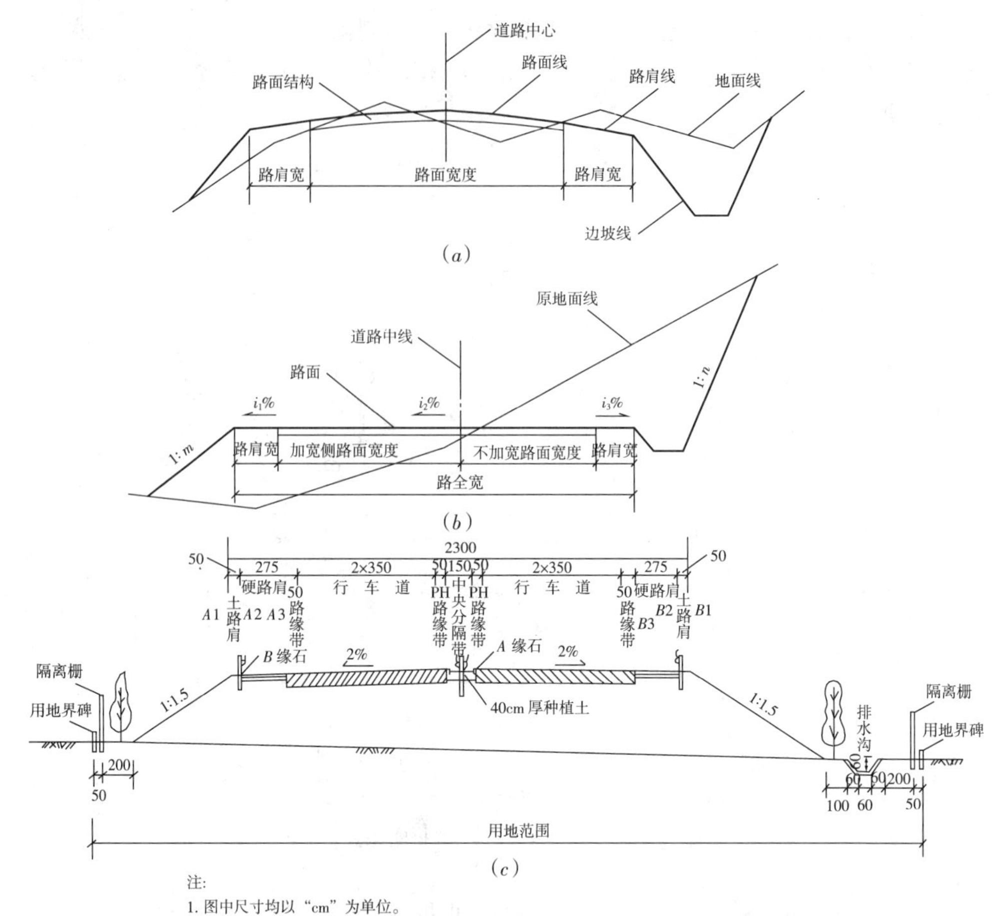

注:

1. 图中尺寸均以“cm”为单位。
2. 本设计文件中，PH 为设计标高，距测量中线 75cm；A1、B1 为土路肩边缘，距中线 1150cm；A2、B2 为硬路肩外边缘，距中线 1100cm；A3、B3 为包括路缘带的行车道外边缘，距中线 875cm。

图 8-19　道路横断面图

(a) 线型；(b) 加宽；(c) 实例

第五节　道路路基路面施工图的内容与识读

在道路路线工程图中，利用平、纵、横三个图样将道路的线型、道路与地形地物的关系以及道路横向的总体布置已经表达清楚。但土方工程量、路面结构情况、填挖关系等内容尚未交代清楚，还必须绘制相关的设计图。

一、道路路基

道路路基是路面下以土石材料修筑，与路面共同承受行车荷载和自然力作用的条形结构物。路基的基本形式有路堤、路堑和半填半挖路基、护肩路基、砌石路基、挡土路基、护脚路基、矮墙路基、沿河路基和利用挖渠土填筑路基等类型，如图 8-20 所示。路基的基本内容包括路基本体（由地面线、路基顶面和边坡围起的土石方实体）、路基防护和加固工程。

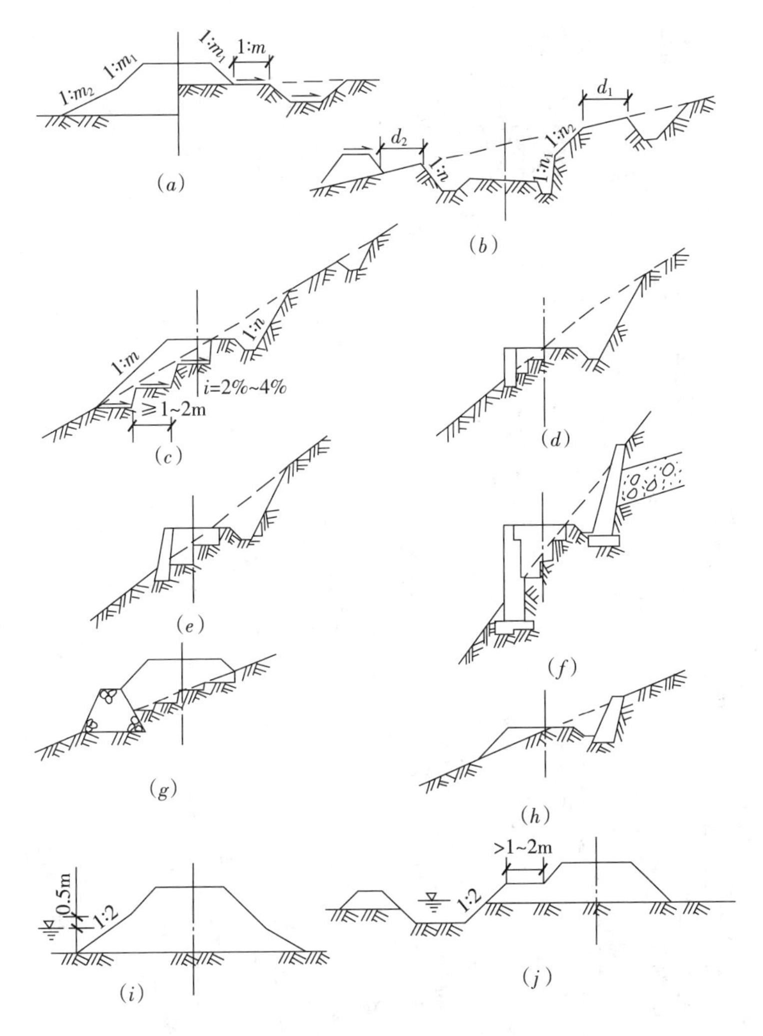

图 8-20　道路路基断面图

（a）一般路堤；（b）一般路堑；（c）半填半挖路基；（d）护肩路基；（e）砌石路基；（f）挡土墙路基；（g）护脚路基；（h）矮墙路基；（i）沿河路基；（j）利用挖渠土填筑路基

（一）道路路基横断面图

路基横断面图的作用是表达各里程桩处道路标准横断面与地形的关系，路基的形式、边坡坡度、路基顶面标高、排水设施的布置情况和防护加固工程的设计。

路基横断面的绘制方法是在对应桩号的地面线上，按标准横断面所确定的路基形式和尺寸、纵断面图上所确定的设计高程，将路基顶面线和边坡线绘制出来，俗称戴帽。

道路路基的结构一般不在路基横断面上表达，而在标准横断面或路基结构图上来表达，或者采用文字说明，图 8-21 所示为标准道路路基横断面图，图 8-22 为 1 ~4 级公路整体式断面图。

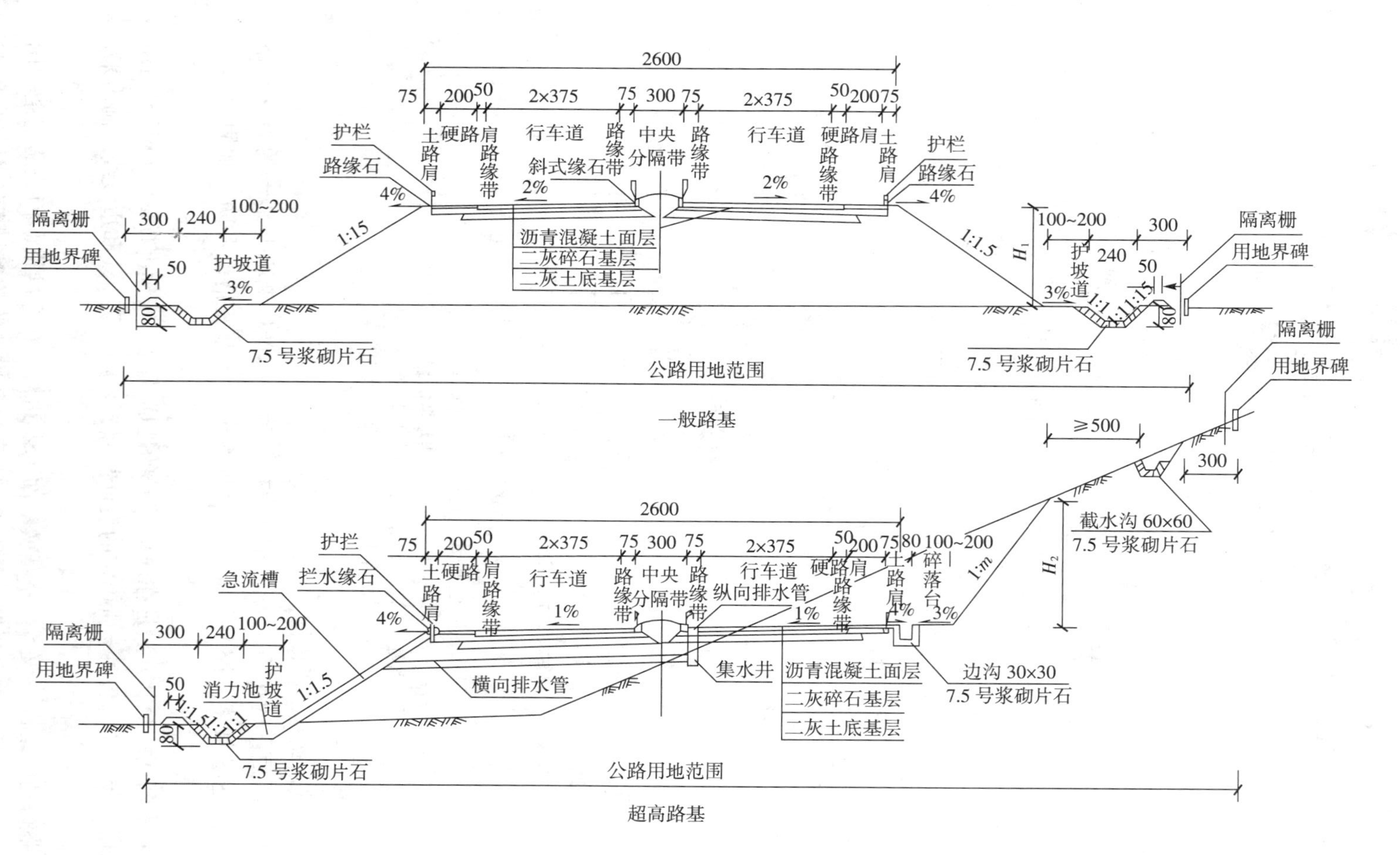

注：路基标准横断面图应根据公路等级、规范、设计文件编制办法的规定以及工程实际情况进行绘制。

图 8-21 标准道路路基横断面图（单位：cm）

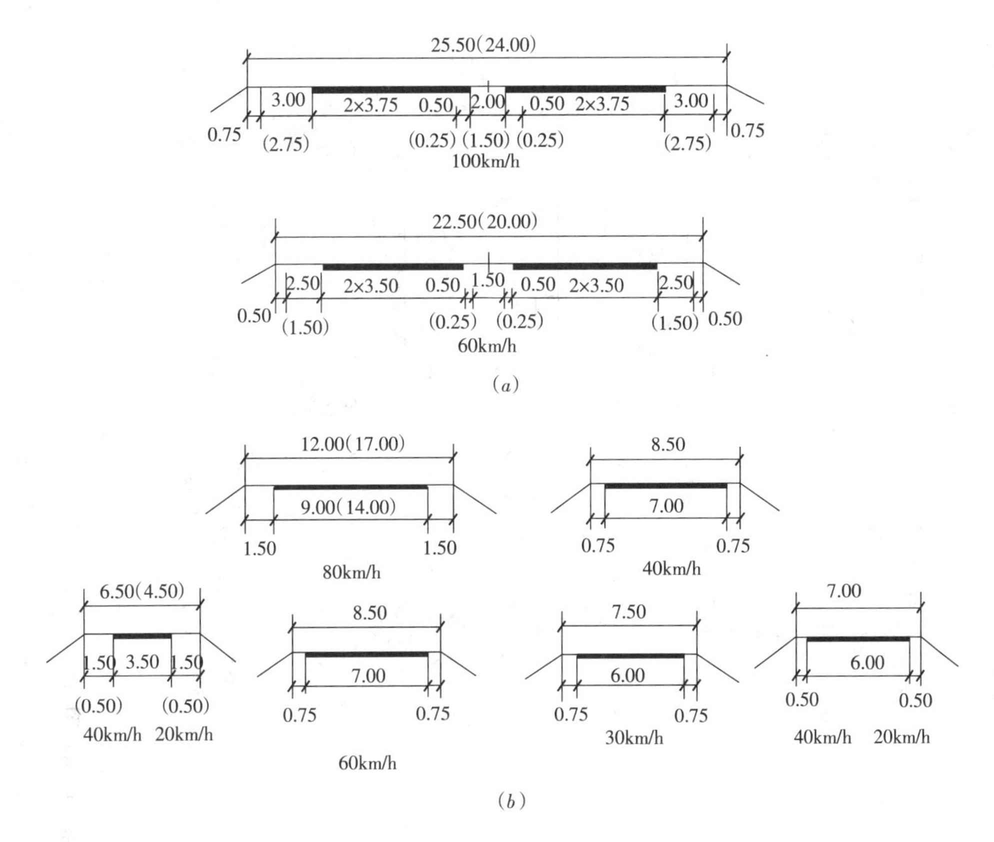

图 8-22 1～4 级公路整体式断面图（单位：m）

（a）一级公路整体式断面；（b）二、三、四级公路整体式断面

图 8-23 高速公路鸟瞰示意图

（二）高速公路路基

随着交通量及车速的提高，高速公路的修建已经越来越多，发展也越来越快。高速公路的特点是：车速高，通行能力大，有四条以上车道并设中央分隔带，采用立体交叉，全部或局部控制出入，有完备的现代化交通管理设施等，它是高标准的现代化公路，高速公路鸟瞰示意图如图8-23所示。

高速公路横断面是由中央分隔带、行车道、硬路肩和土路肩组成。图 8-24 所示为高速公路路基断面图，它分为整体式断面和分离式断面。

高速公路设置中央分隔带以分离对向的高速行车车流，并用以设置防护栅、隔离墙、标志和植树。路缘带起视线诱导作用，有利于安全行车。中央分隔带常用的形式有三种，用植树、防眩板、防眩网来防止眩光。

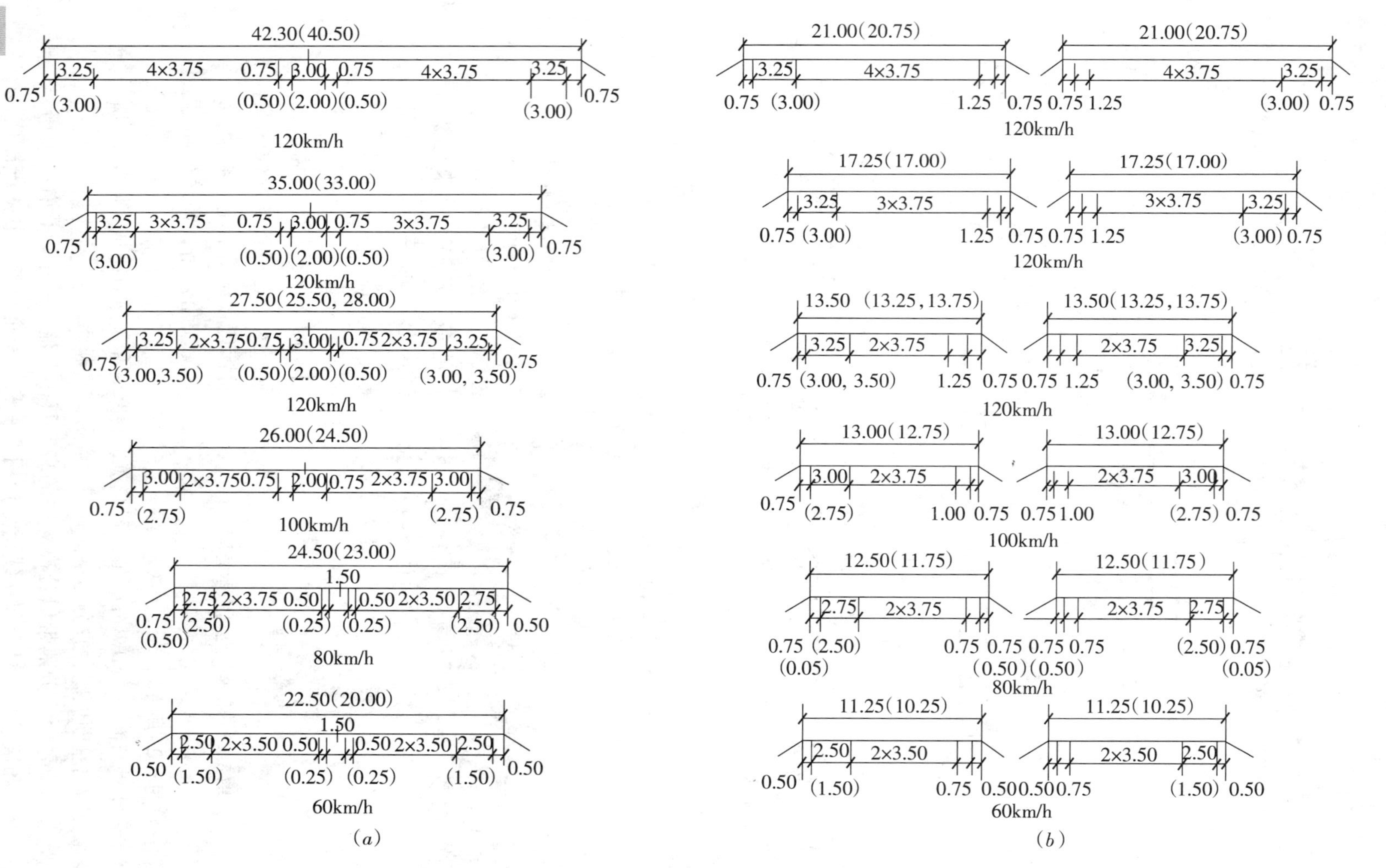

图 8-24 高速公路路基断面示意图（单位：m）

(a)高速公路整体式断面图；(b)高速公路分离式断面图

高速公路横断面宽度应依据公路性质、车速要求、交通量而定，如图 8-25 所示。

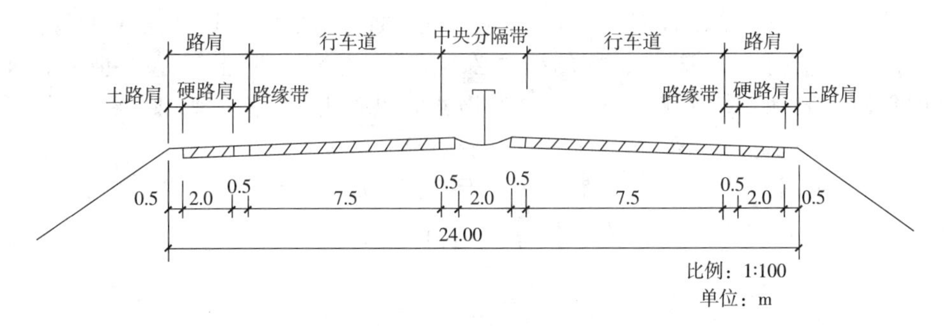

图 8-25 高速公路断面图

（三）特殊路基设计图

设计道路在通过不利水文地质区域时，为了保证道路坚固稳定，往往要针对具体情况对路基进行超出常规的处理和验算，设计结果用特殊路基设计图来表达。

图 8-26 所示为某道路高填方特殊路基设计图，图中用横断面图和局部大样图表达了高填量路基段道路路基的结构形式和采用的处理方案，图中用实线表示施工时的路基形状和尺寸。如果在软土地基路段，还用虚线表示沉降稳定后的路基形状和尺寸。技术要求等在附注中给出。

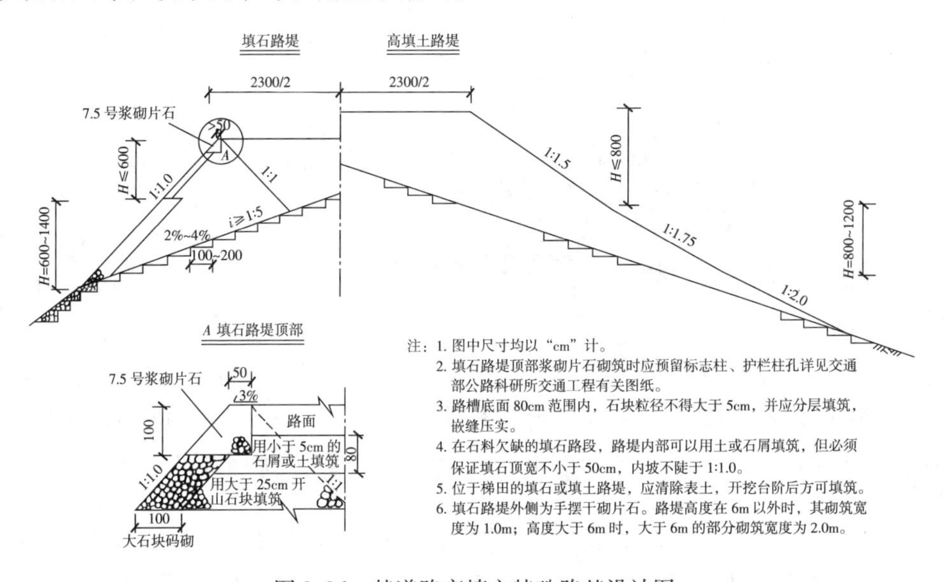

图 8-26 某道路高填方特殊路基设计图

（四）画路基横断图的注意事项

路基横断面图的形式基本上有三种，如图 8-27（*a*）所示。

（1）填方路基　即路堤，在图下注有该断面的里程桩号、中心线处的填方高度 H_T（m）以及该断面的填方面积 A_T（m^2）。

（2）挖方路基　即路堑，图下注有该断面的里程桩号、中心线处挖方高度 H_W（m）以及该断面的挖方面积 A_W（m^2）。

（3）半填半挖路基　这种路基是前两种路基的综合，在图下仍注有该断面的里程桩号、中心线处的填（或挖）高度 H 以及该断面的填方面积 A_T 和挖方面积 A_W。

绘制城市道路路基横断面图的程序必须按照桩号，从下到上、从左到右排列，如图 8-27（*b*）所示。一般情况下，路基横断面图的地面线一律画细实线，设计线一律画粗实线。道路的超高、加宽也应在图中示出。

桩号应标注在图样下方，填高（h_T）、挖深（h_W）、填方面积（A_T）和挖方面积（A_W）应标注在图样右下方，并用中粗点画线示出征地界线。

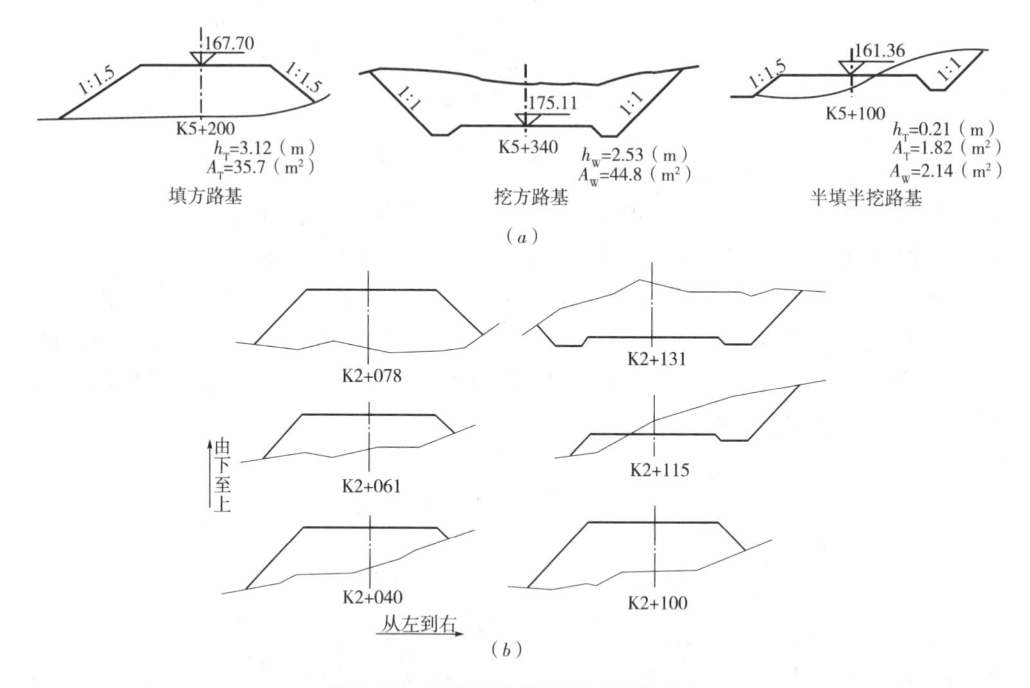

图 8-27　绘制道路路基断面图的程序

二、路面

路面，就是在路基顶面以上行车道范围内用各种不同材料分层铺筑而成的一种层状结构物。路面根据其使用的材料和性能不同，可划分为柔性路面和刚性路面两类。刚性路面主要是水泥混凝土路面的结构形式，其图示特点与钢筋混凝土结构图相同，因此这里只介绍柔性路面结构图。

路面构造主要包括：行车道宽度、路拱、中央分隔带和路肩，以上各部分的关系已在标准横断面上表达清楚，但是路面的结构和路拱的形式等内容需绘制相关图样予以表达。

（一）路面结构图

典型的道路路面结构形式为：磨耗层、上面层、下面层、连接层、上基层、下基层和垫层按由上向下的顺序排列，如图 8-28 所示。路面结构图的任务就是表达各结构层的材料和设计厚度。

磨耗层
上面层
下面层
连接层
基层
垫层

图 8-28　典型的道路路面结构

由于沥青类路面是多层结构层组成的，在同车道的结构层沿宽度一般无变化。因此选择车道边缘处，即侧石位置一定宽度范围作为路面结构图图示的范围，这样既可图示出路面结构情况又可将侧石位置的细部构造及尺寸反映清楚，也可只反映路面结构分层情况，如图 8-29 所示。

路面结构图图样中，每层结构应用图例表示清楚，如灰土、沥青混凝土、侧石等。

分层注明每层结构的厚度、性质、标准等，并将必要的尺寸注全。

当不同车道结构不同时可分别绘制路面结构图，应注明图名、比例及文字说明等。

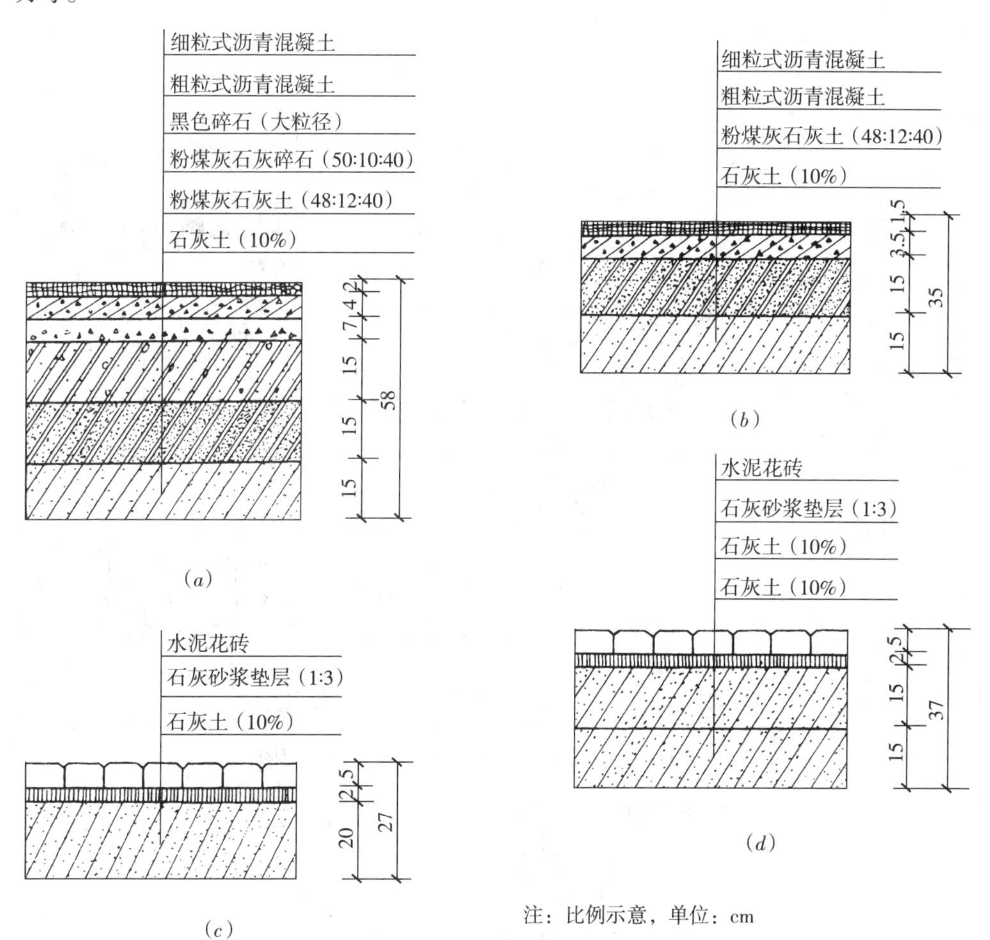

图 8-29　某城市道路路面结构图
（a）机动车道路面结构；（b）非机动车道路面结构；
（c）人行道路面结构（阳面）；（d）人行道路面结构（阴面）

（二）路拱、机动车道与人行道结构图的图示内容

路拱采用什么曲线形式，应在图中予以说明，如抛物线线型的路拱，则应以大样的形式标出其纵、横坐标以及每段的横坡度和平均横坡度，以供施工放样使用，如图 8-30 所示。

图 8-31 所示为某市机动车道路面的结构大样图，图 8-32 所示为常见的人行道路面结构大样图。

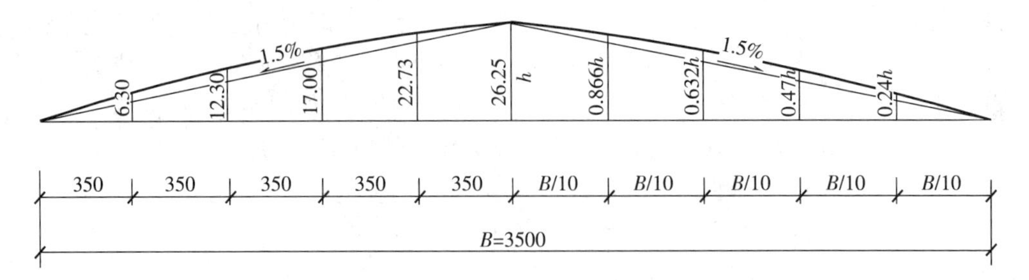

图 8-30　道路路拱大样图

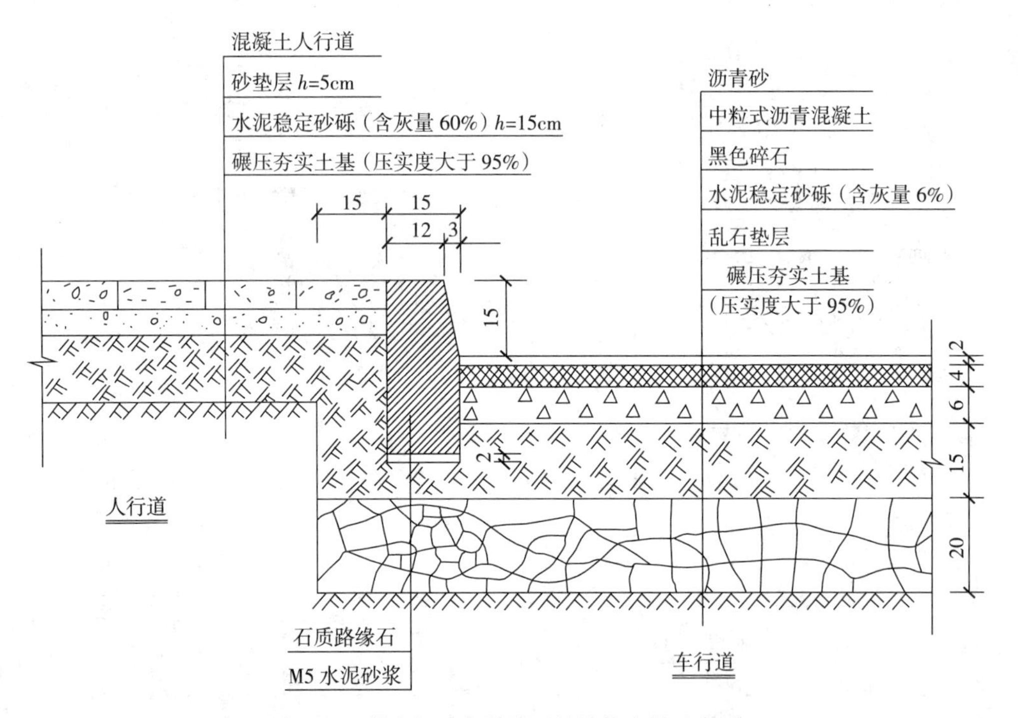

图 8-31　某市机动车道路面的结构大样示意图

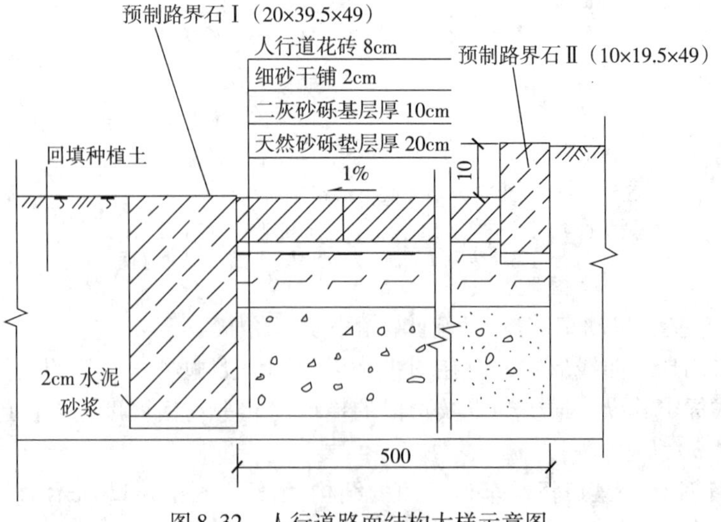

图 8-32　人行道路面结构大样示意图

(三) 路面构造图的图示内容

路面施工图常采用断面图的形式表示其构造，根据表8-4所列道路工程常用材料图例。一般情况下，路面结构是根据当地条件不同有所区别，图8-33所示为我国华东地区干燥及季节性潮湿地常用的几种典型公路路面构造示意图。图8-34所示为奥地利、意大利、法国等国外高速公路路面构造示意图。

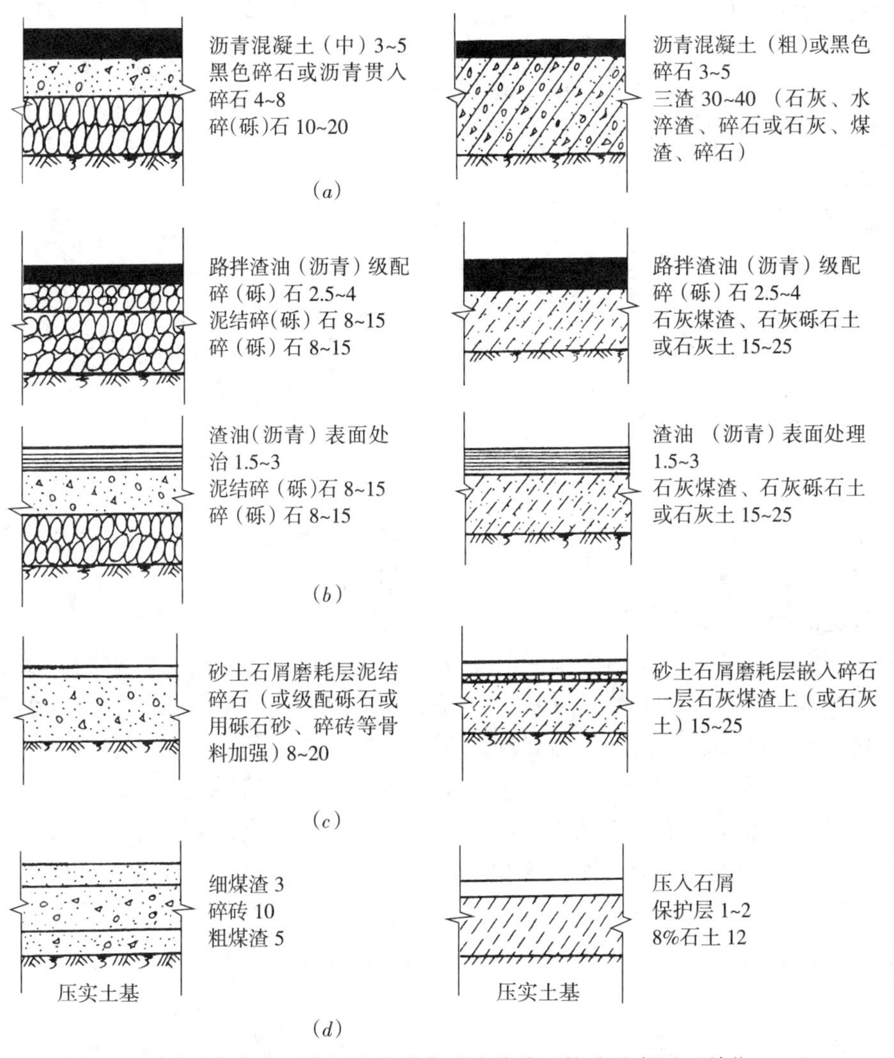

图8-33 我国华东地区常用的几种典型公路路面构造示意图（单位：cm）

(a) 沥青混凝土路面构造图；(b) 渣油路面构造图；

(c) 砂土石屑路面构造图；(d) 细煤渣和石屑路面构造图

(四) 水泥路面接缝构造图的图示内容

水泥混凝土路面，包括素混凝土、钢筋混凝土、连续配筋混凝土、预应力混凝土、装配式混凝土、钢纤维混凝土和混凝土小块铺砌等面层板和基层组成的路面。目前采用最广泛的是就地浇筑的素混凝土路面，所谓素混凝土路面，是指除接缝区和局部范围外，不配置钢筋的混凝土路面。它的优点是：强度高、稳定性

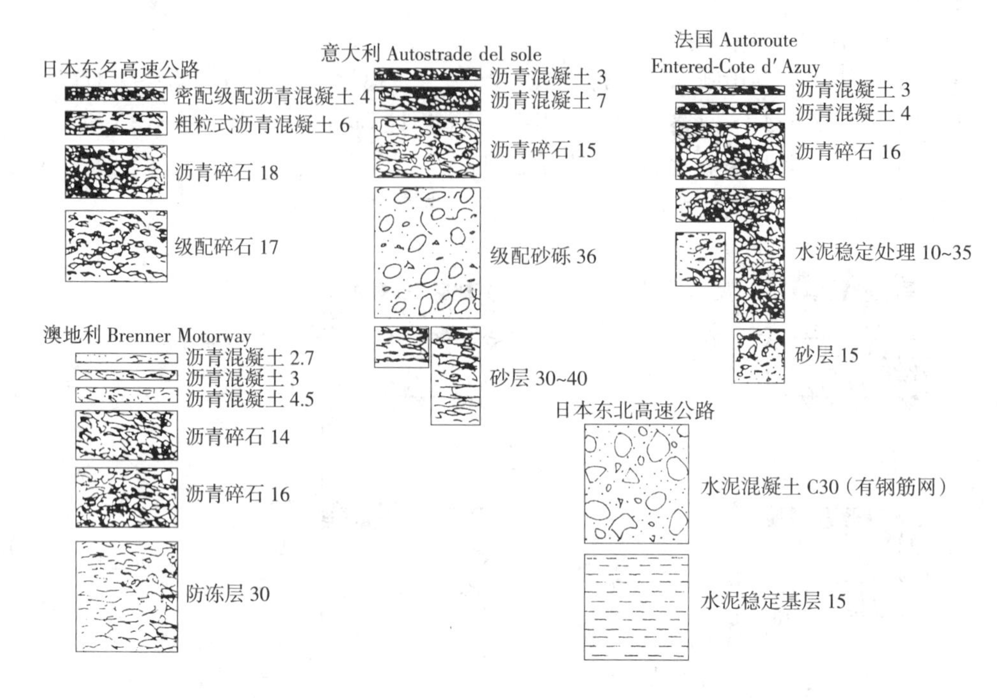

图 8-34 国外高速公路路面构造示意图（单位：cm）

好、耐久性好、养护费用少、经济效益高、有利于夜间行车。但是，对水泥和水的用量大，路面有接缝，养护时间长，修复较困难。

接缝的构造与布置：混凝土面层是由一定厚度的混凝土板所组成，它具有热胀冷缩的性质。由于一年四季气温的变化，混凝土板会产生不同程度的膨胀和收缩。而在一昼夜中，白天气温升高，混凝土板顶面温度较底面为高，这种温度差会造成板的中部隆起。夜间气温降低，板顶的温度较底面为低，会使板的周边和角隅翘起，如图 8-35（*a*）所示。这些变形会受到板与基础之间的摩阻力和粘结力以及板的自重和车轮荷载等的约束，致使板内产生过大的应力，造成板面断裂（图 8-35*b*）或拱胀等破坏。如图 8-35 所示，由于翘曲而引起的裂缝发生后，被分割的两块板体尚不致完全分离，倘若板体温度均匀下降引起收缩，则将使两块板体被拉开，如图 8-35（*c*）所示，从而失去荷载传递作用。

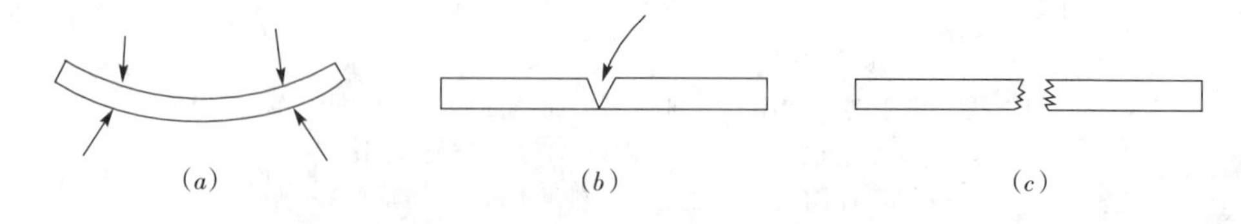

图 8-35 混凝土板由温差引起的变化示意图

为避免这些缺陷，混凝土路面不得不在纵横两个方向建造许多接缝，把整个路面分割成为许多板块，如图 8-36 所示。横向接缝是垂直于行车方向的接缝，共有三种：收缩缝、膨胀缝和施工缝。收缩缝保证板因温度和湿度的降低而收缩时沿该薄弱端面缩裂，从而避免产生不规则的裂缝。膨胀缝保证板在温度升高时能部分伸张，从而避免产生路面板在热天的拱胀和折裂破坏，同时膨胀缝也能起到收缩缝的作用。另外，混凝土路面每天完工以及因雨天或其他原因不能继续施工时，应尽量做到膨胀缝处。如不可能，也应做至收缩缝处，并做成施工缝的构造形式。

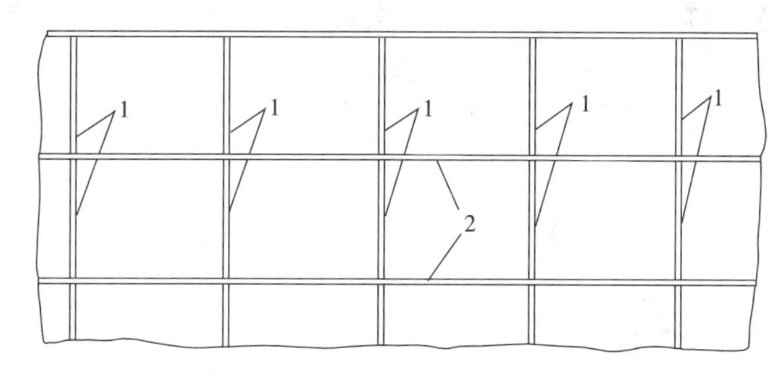

图 8-36　水泥混凝土板的分块与接缝

1—横缝；2—纵缝

1. 膨胀缝的构造

（1）缝隙宽约 18 ~ 25mm。如施工时气温较高，或膨胀缝间距较短，应采用低限；反之用高限。缝隙上部约为厚板的 1/4 或 5mm 深度内浇灌填缝料，下部则设置富有弹性的嵌缝板，它可由油浸或沥青制的软木板制成。

（2）对于交通繁忙的道路，为保证混凝土板之间能有效地传递荷载，防止形成错台，可在胀缝处板厚中央设置传力杆。传力杆一般长 0.4 ~ 0.6m，直径 20 ~ 25mm 的光圆钢筋，每隔 0.3 ~ 0.5m 设一根。杆的半段固定在混凝土内，另半段涂以沥青，套上长约 8 ~ 10cm 的铁皮或塑料筒，筒底与杆端之间留出宽约 3 ~ 4cm 的空隙，并用木屑与弹性材料填充，以利板的自由伸缩，如图 8-37（*a*）所示。在同一条胀缝上的传力杆，设有套筒的活动端最好在缝的两边交错布置。

（3）由于设置传力杆需要钢材，故有时不设传力杆，而在板下用 C10 混凝土或其他刚性较大的材料，铺成断面为矩形或梯形的垫枕，如图 8-37（*b*）所示。当用炉渣石灰土等半刚性材料作基层时，可将基层加厚形成垫枕，使结构简单，造价低廉。为防止水经过胀缝渗入基层和土层，还可以在板与垫枕或基层之间铺一层或两层油毛毡或 2cm 厚沥青砂。

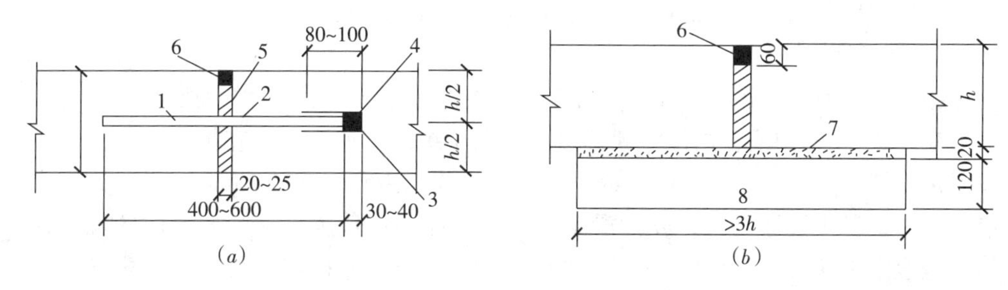

图 8-37　膨胀缝的构造形式（单位：mm）

（*a*）传力杆式；（*b*）枕垫式

1—传力杆固定端；2—传力杆活动端；3—金属套筒；4—弹性材料；5—软木板；6—沥青填缝料；7—沥青砂；8—C8 ~ C10 水泥混凝土预制枕垫

2. 收缩缝的构造

(1) 收缩缝一般采用假缝形式，如图 8-38 (*a*) 所示，即只在板的上部设缝隙，当板收缩时将沿此最薄弱断面有规则地自行断裂。收缩缝缝隙宽约 5 ~ 10mm，深度约为板厚的 1/3 ~ 1/4，一般为 4 ~ 6cm，近年来国外有减小假缝宽度与深度的趋势。假缝缝隙内亦需浇灌填缝料，以防地面雨水下渗及石砂杂物进入缝内。但是实践证明，当基层表面采用了全面防水措施之后，收缩缝缝隙宽度小于 3mm 时可不必浇灌填缝料。

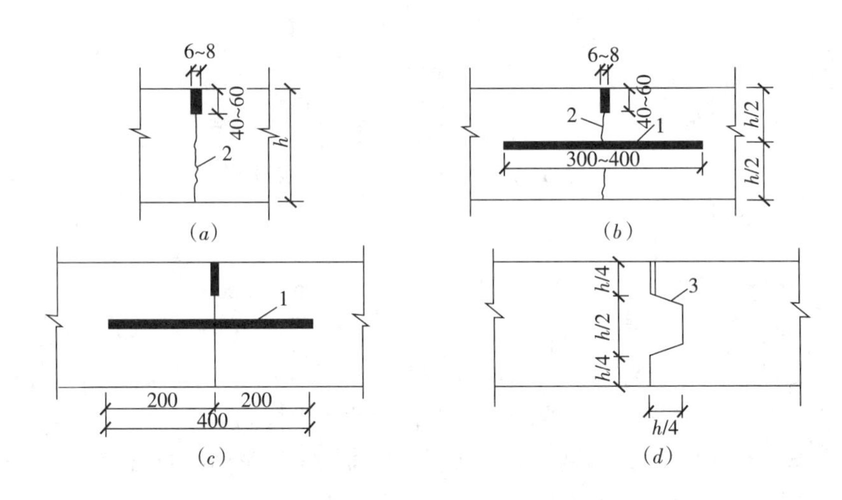

图 8-38 收缩缝的构造形式示意图（单位：mm）

(*a*) 无传力杆的假缝；(*b*) 有传力杆的假缝；(*c*) 有传力杆的工作缝；(*d*) 企口式工作缝
1—传力杆；2—自行断裂缝；3—涂沥青

(2) 由于收缩缝缝隙下面板断裂面凹凸不平，能起一定的传荷作用，一般不必设置传力杆，但对交通繁忙或地基水文条件不良路段，也应在板厚中央设置传力杆。这种传力杆长度约为 0.3 ~ 0.4m，直径 14 ~ 16mm，每隔 0.30 ~ 0.75m 设一根，如图 8-38 (*b*) 所示，一般全部锚固在混凝土内，以使缩缝下部凹凸面的传荷作用有所保证；但为便于板的翘曲，有时也将传力杆半段涂以沥青，称为滑动传力杆，而这种缝成为翘曲缝。应当补充指出，当在膨胀缝或收缩缝上设置传力杆时，传力杆与路面边缘的距离，应较传力杆间距小些。

3. 施工缝的构造

施工缝采用平头缝或企口缝的构造形式。平头缝上部应设置深为板厚 1/3 ~ 1/4、宽为 8 ~ 12mm 的沟槽，内浇灌填缝料。为利于板间传递荷载，在板厚的中央也应设置传力杆，如图 8-38 (*c*) 所示。传力杆长约 0.40m，直径 20mm，半段锚固在混凝土中，另半段涂沥青，亦称滑动传力杆。如不设传力杆，则要专门的拉毛模板，把混凝土接头处做成凹凸不平的表面，以利于传递荷载。另一种形式是企口缝，如图 8-38 (*d*) 所示。

4. 纵缝的构造与布置

(1) 纵缝是指平行于行车方向的那些接缝。纵缝一般按 3 ~ 4.5m 设置，这对行车和施工都较方便。当双车道路面按全幅宽度施工时，纵缝可做成假缝形式。对这种假缝，国外规定在板厚中央应设置拉杆，拉杆直径可小于传力杆，间距为1.0m左右，锚固在混凝土内，以保证两侧板不致被拉开而失掉缝下部的颗粒嵌锁作用，如图8-39（*a*）所示。

（2）当按一个车道施工时，可做成平头纵缝，如图8-39（*b*）所示，它是当半幅板做成后，对板侧壁涂以沥青，并在其上部安装厚约0.01m，高约0.04m的压缝板，随即浇筑另半幅混凝土，待硬结后拔出压缝板，浇灌填缝料。

（3）为利于板间传递荷载，也可采用企口式纵缝，如图8-39（*c*）所示，缝壁应涂沥青，缝的上部也应留有宽6～8mm的缝隙，内浇灌填缝料。为防止板沿两侧拱横坡爬动拉开和形成错台，以及防止横缝错开，有时在平头式及企口式纵缝上设置拉杆（图8-39*c*、*d*），拉杆长0.5～0.7m，直径18～20mm，间距1.0～1.5m。

（4）对多车道路面，应每隔3～4车道设一条纵向膨胀缝，其构造与横向膨胀缝相同。当路旁有路缘石时，缘石与路面板之间也应设膨胀缝，但不必设置传力杆或垫枕。

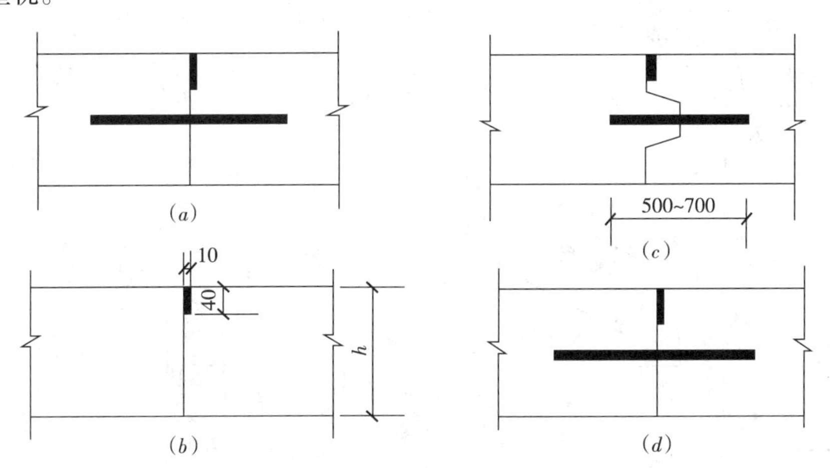

图8-39　纵缝的构造形式示意图（单位：mm）

（*a*）假缝带拉杆；（*b*）平头缝；（*c*）企口缝加拉杆；（*d*）平头缝加拉杆

第六节　挡土墙施工图的内容与识读

一、概述

（一）挡土墙的主要用途

（1）道路挡土墙是用来支撑天然边坡和人工填土边坡以保持土体稳当的构筑物。

（2）挡土墙设置的位置不同，其作用也不同。设置在高填路堤或陡坡路堤的下方的路肩墙或路堤墙，它的作用是防止路基边坡或基底滑动，确保路基稳定。同时可收缩填土坡脚，减少填方数量，减少拆迁和占地面积，以保护临近线路的既有的重要建筑物。

（3）设置在滨河及水库路堤傍水侧的挡土墙，可防止水流对路基的冲刷和浸蚀，也是减少压缩河库或少占库容的有效措施。

（4）设置在堑坡底部的为路堑挡土墙，主要用于支撑开挖后不能自行稳定的边坡，同时可减少土方数量，降低边坡高度。

（5）设置在堑坡上部的山坡挡土墙，用于支挡山坡土可能塌滑的覆盖层或破碎岩层，有的兼有拦石作用。

（6）设置在隧道口或明洞口的挡土墙，可缩短隧道或明洞长度，降低工程造价。设置在出水口四周的挡土墙可防止水流对河床、池塘边壁的冲刷，防止出水口堵塞，如图 8-40 所示。

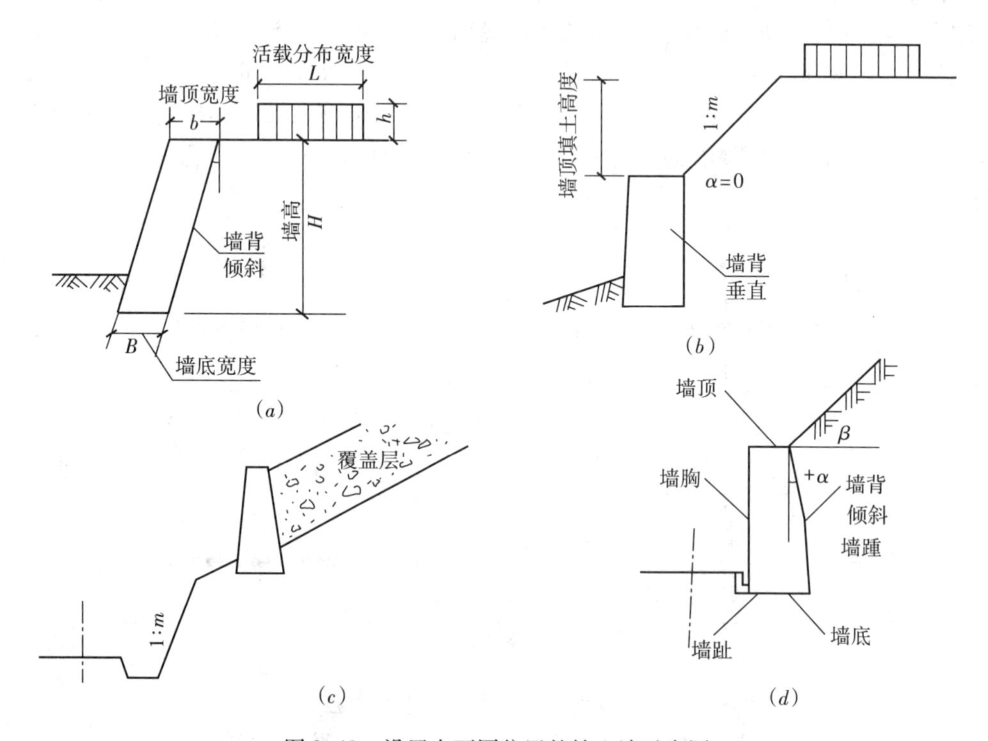

图 8-40　设置在不同位置的挡土墙示意图

（a）路肩挡土墙；（b）路堤挡土墙；（c）山坡挡土墙；（d）路堑挡土墙

（二）挡土墙的类型

挡土墙的类型见表 8-5。

挡土墙结构形式分类表　　　**表 8-5**

类型	结构示意图	特点及适用范围
重力式	1:m 路中心线	（1）依靠墙身自重抵挡土压力作用 （2）一般用浆砌片石砌筑，缺乏石料地区可用混凝土浇筑 （3）形式简单，取材容易，施工简便 （4）浆砌重力式墙一般不高于 8m，用在地基底好、非地震和不受水冲的地点 （5）非冲刷地区亦可采用干砌

续表

类 型	结构示意图	特 点 及 适 用 范 围
钢筋混凝土悬臂式	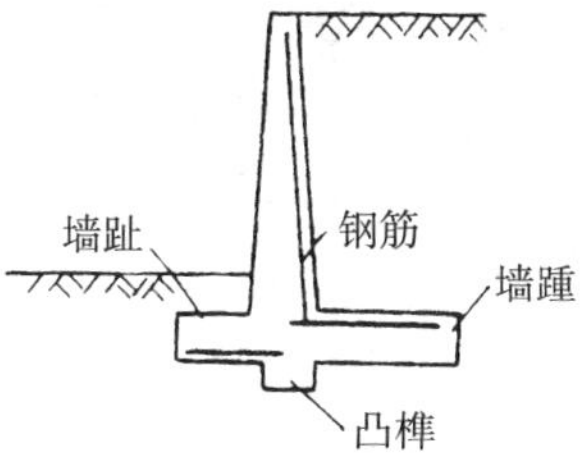 墙趾 钢筋 墙踵 凸榫	（1）采用钢筋混凝土材料，由立壁、墙趾板、墙踵板三部分组成 （2）墙高时，立壁下部的弯矩大，费钢筋，不经济 （3）适用于石料缺乏地区及挡土墙不高于6m地段，当墙高大于6m时，可在墙前加扶壁（前垛式）
钢筋混凝土扶壁式挡土墙	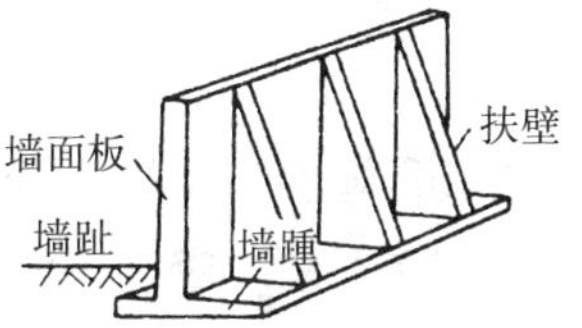 墙面板 扶壁 墙趾 墙踵	沿墙长，隔相当距离加筑肋板（扶壁）使墙面板与墙踵板连接，此悬臂式受力条件好，在高墙时较悬臂式经济
带卸荷板的柱板式	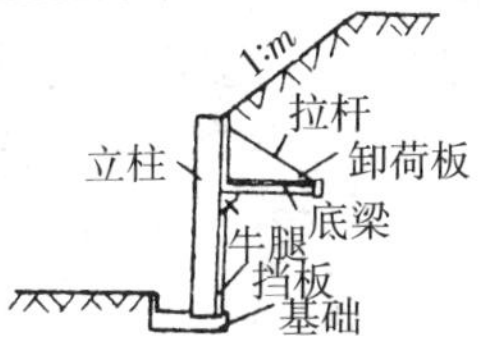 1:m 拉杆 卸荷板 立柱 底梁 牛腿 挡板 基础	（1）由立柱、底梁、拉杆、挡板和基础座组成，借卸荷板上的土重平衡全墙 （2）基础开挖较悬臂式少 （3）可预制拼装，快速施工 （4）适用于路堑墙，特别是用于支挡土质路堑高边坡或外侧边坡坍滑
锚杆式	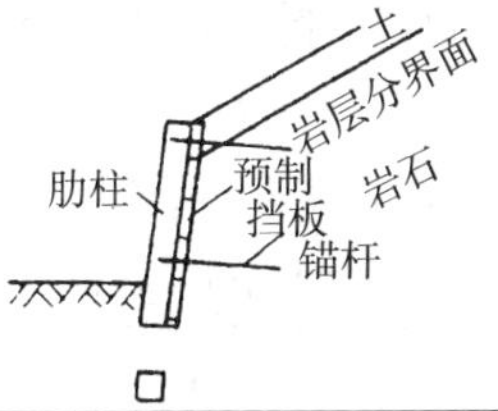 土 岩层分界面 岩石 肋柱 预制挡板 锚杆	（1）由肋柱、挡板、锚杆组成，靠锚杆锚固在岩体内拉住肋柱 （2）适用于石料缺乏，挡土墙超过12m，或开挖基础有困难地区，一般置于路堑墙 （3）锚头为楔缝式，或砂浆锚杆
自立式（尾杆式）	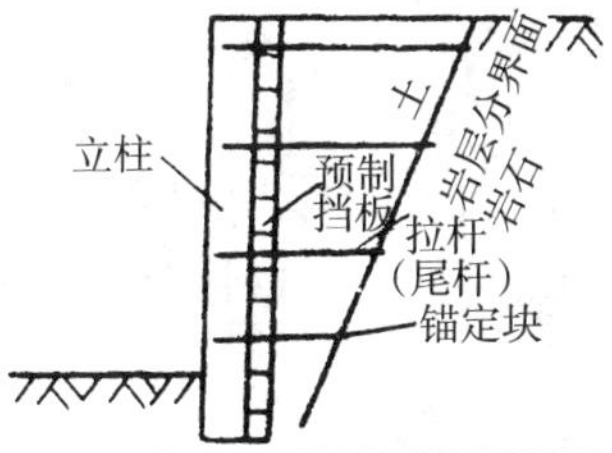 立柱 土 岩层分界面 岩石 预制挡板 拉杆（尾杆） 锚定块	（1）由拉杆、挡板、立柱、锚定块组成，靠填土本身和拉杆锚定块形成整体稳定 （2）结构轻便，工程量节省，可以预制、拼装、快速施工 （3）基础处理简单，有利于地基软弱处进行填土施工，但分层辗压须慎重，土也要有一定选择
加筋土式	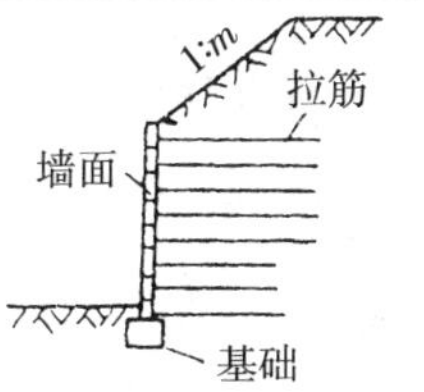 1:m 拉筋 墙面 基础	（1）由加筋体墙面、筋带和加筋体填料组成，靠加筋体自身形成整体稳定 （2）结构简便，工程费用省 （3）基础处理简单，有利于地基软弱处进行填土施工，但分层辗压必须与筋带分层相吻合，对筋带强度、耐腐蚀性、连接等均有严格要求，对填料也有选择
衡重式	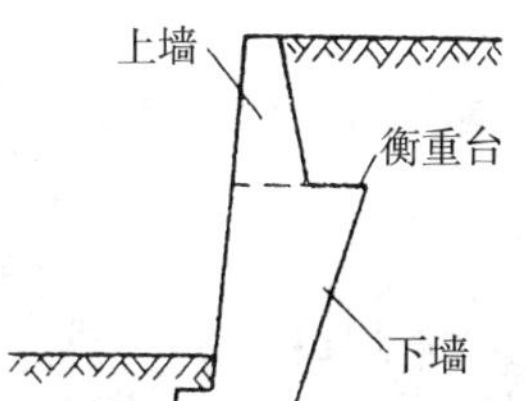 上墙 衡重台 下墙	（1）上墙利用衡重台上填土的下压作用和全墙重心的后移增加墙身稳定 （2）墙胸坡陡，下墙仰斜，可降低墙高减少基础开挖 （3）适用山区，地面横坡陡的路肩墙，也可用于路堑墙（兼拦落石）或路堤墙

（三）挡土墙设置原则

（1）必须对地形及水文条件进行充分的调查与分析，正确地选择挡土墙形式和布设位置。

（2）挡土墙墙型及布设位置的选择，应进行高路堤或深路堑比较。

（3）挡土墙的设置有时为了减少拆迁量，要从技术上、经济上进行比较。

（4）应进行多类型构造物（如桥、导流构造物等）比较。

（5）应与其他防治坍滑的措施相比较。

（四）挡土墙断面形式的比较与选择

对挡土墙的断面进行比较选择时，除考虑圬工量外，还要考虑地基开挖或处理施工安全等因素。可作如下的考虑：

（1）在地形陡峻的山区挡土墙，为减少墙高，其墙胸坡一般采用 1∶0.05 ~ 1∶0.2；平缓地段墙胸坡缓些较经济，一般采用 1∶0.2 ~ 1∶0.3 或 l∶0.4；坡区道路应根据具体情况加以选择，滨河路必要时也可采用直立式。

（2）墙背坡坡度及形式的选取，主要考虑结构经济，施工开挖量少，回填工程量少，回填前墙体自身稳定，以及符合目前土压力理论的适用范围等因素。

（3）墙胸坡与背坡要协调，根据填土的物理力学性质、地基地质情况，结合基础设计综合考虑。在满足结构稳定及不发生局部破坏的前提下，力求经济合理。

（4）在同一路段上的挡土墙，选择断面形式时应一致，应考虑墙体外形的整齐与美观。

二、挡土墙的构造

我国常见的挡土墙多为重力式挡土墙。现以重力式挡土墙为例介绍挡土墙的构造。

（一）挡土墙的墙身构造

1. 墙背

重力式挡土墙的墙背，可以有仰斜、俯斜、垂直、凸形和衡重式等形式，如图 8-41 所示。常用砖、卵石、块石、片石、水泥混凝土等材料砌筑。

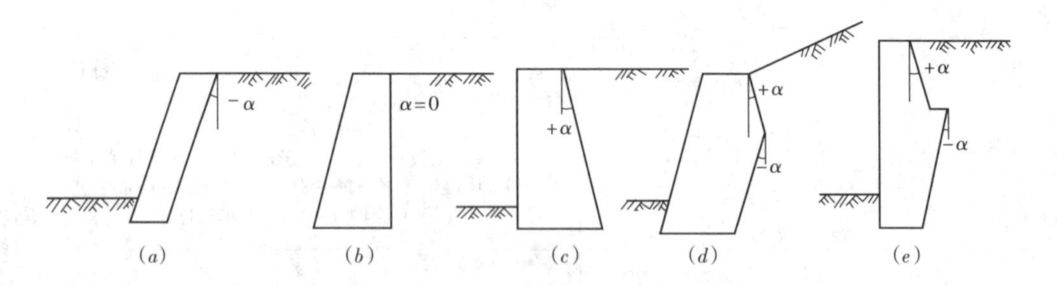

图 8-41　重力式挡土墙的断面形式示意图

（a）仰斜；（b）垂直；（c）俯斜；（d）凸形折线式；（e）衡重式

（1）仰斜墙背一般适用于路堑墙及墙趾处地面平坦的路肩墙或路堤墙。仰斜墙背的坡度不宜缓于 1∶0.3，以免施工困难。

（2）俯斜墙背所受的压力较大。在地面横坡陡峭时，俯斜式挡土墙可采用陡直的墙面，借以减小墙高。俯斜墙背也可做成台阶形，以增加墙背与填料间的摩擦力。垂直墙背的特点介于仰斜和俯斜墙背之间。

（3）凸形折线墙背系将斜式挡土墙的上部墙背改为俯斜，以减小上部断面尺寸，多用路堑墙，也可用于路肩墙。衡重式墙在上、下墙之间设衡重台，并采用陡直的墙面。适用于山区地形陡峻处的路肩墙和路堤墙，也可用于路堑墙。上墙俯斜墙背的坡度为1:0.25～1:0.45，下墙仰墙背在1:0.25左右，上、下墙的墙高比一般采用2:3。

2. 墙面

墙面一般均为平面，其坡度与墙背坡度相协调。墙面坡度直接影响挡土墙的高度。因此，在地面横坡较陡时，墙面坡度一般为1:0.05～1:0.20，矮墙可采用陡直墙面，地面平缓时，一般采用1:0.20～1:0.35，造价比较经济。

3. 墙顶

墙顶最小宽度，浆砌挡土墙不小于50cm，干砌不小于60cm，浆砌路肩墙墙顶一般宜采用粗料石或混凝土做成顶帽，厚40cm。如不做成顶帽，或为路堤墙和路堑墙，墙顶应以大块石砌筑，并用砂浆勾缝，或用5号砂浆抹平顶面，砂浆厚2cm。干砌挡土墙墙顶50cm高度内，M5砂浆砌筑，以增加墙身稳定。干砌挡土墙的高度一般不宜大于6m。

4. 护栏

为保护交通安全，在地形险峻地段，或过高过长的路肩墙的墙顶应设置护栏。为保护路肩最小宽度，护栏内侧边缘距路面边缘的距离应为：二、三级路不小于0.75m；四级路不小于0.5m。

（二）挡土墙的基础

（1）绝大多数挡土墙，都修筑在天然地基上，但当地基承载能力较差时，则要设基础。

（2）当地基承载力不足，地形平坦而墙身较高时，为减少基底应力和抗倾覆稳定性，常常采用扩大基础，如图8-42（*a*）所示。

（3）当地基压应力超过地基承载力过多时，需要加宽值较大，为避免部分的台阶过高，可采用钢筋混凝土底板，如图8-42（*b*）所示，其厚度由剪力和主拉应力控制。

（4）当地基有短段缺口或挖基困难，可采用拱形基础，以石砌拱圈跨过，再在其上砌筑墙身，但应注意土压力不宜过大，以免横向推力导致拱圈开裂，如图8-42（*c*）所示。

（5）当挡土墙修筑在陡坡上，而地基又为完整、稳固，对基础不产生侧压力的坚硬岩石时，设置台阶式基础，以减少基坑开挖和节省圬工，如图8-42（*d*）所示。

（6）当地基为软弱土层时，可采用砂砾、碎石、矿渣或灰土等材料予以换填，以扩散基底应力，使之均匀地传递到下卧软弱土层中，如图8-42（*e*）所示。

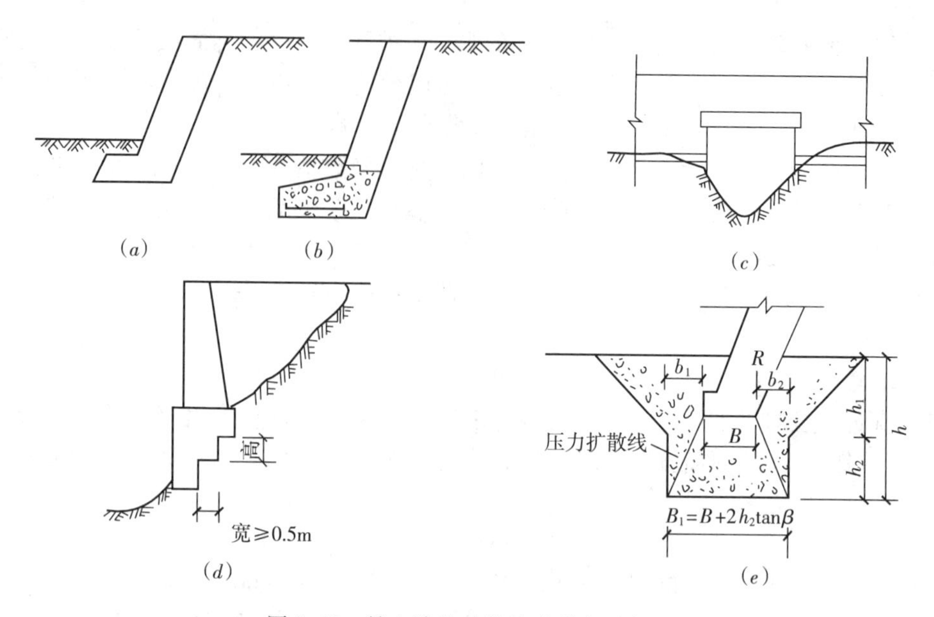

图 8-42　挡土墙基础的基础形式示意图

(a) 加宽墙趾；(b) 钢筋混凝土底板；(c) 拱形基础；(d) 台阶基础；(e) 换填地基

(三) 挡土墙的排水设施

挡土墙排水设施的作用主要是输干墙后土体中的积水和防止地面水下渗，防止墙后积水形成静水压力，减少寒冷地区回填土的冻胀压力，消除黏性土填料浸水后的膨胀压力。

排水措施主要包括：设置地面排水沟，引排地面水，夯实回填土顶面和地面松土，防止雨水及地面水下渗，必要时可加设铺砌；对路堑挡土墙墙趾前的边沟应予以铺砌加固，以防边沟水渗入基础；设置墙身泄水孔，排除墙后水。泄水孔的设置，如图 8-43 所示。干砌挡土墙因墙身透水，可不设泄水孔。

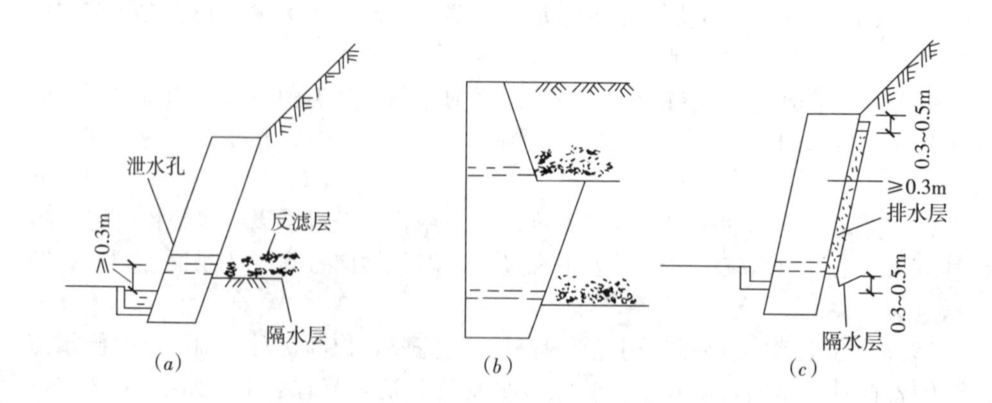

图 8-43　挡土墙的泄水孔与排水层示意图

三、挡土墙工程图

道路挡土墙正面图一般注明了各特征点的桩号，以及墙顶、基础顶面、基底、冲刷线、冰冻线、常水位线或设计洪水位的标高等。

挡土墙平面图还注明伸缩缝及沉降缝的位置、宽度、基底纵坡、路线纵坡等。挡土墙还注明泄水孔的位置、间距、孔径等，如图8-44所示。

挡土墙横断面图一般要说明墙身断面形式、基础形式和埋置深度、泄水孔等。

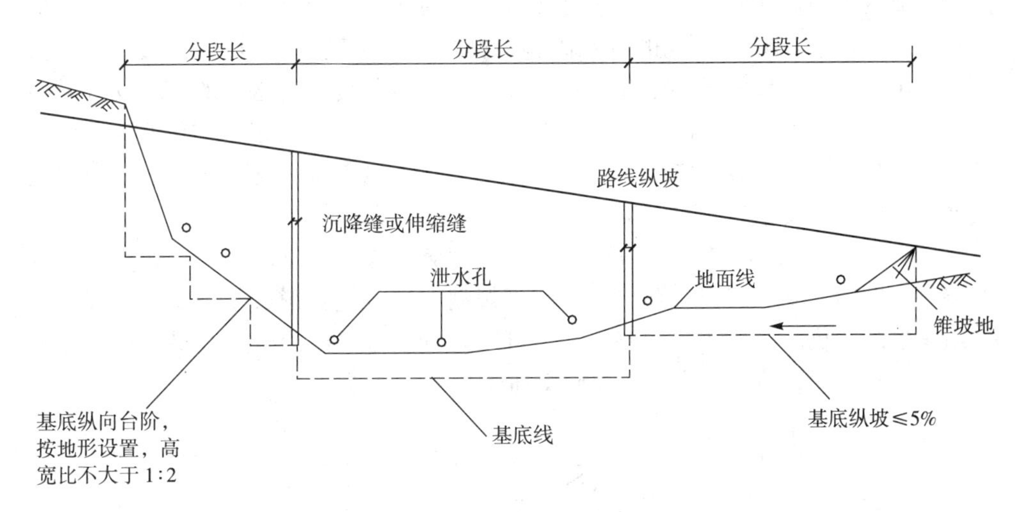

图8-44　道路挡土墙正面示意图

第七节　城市道路平面交叉口

一、概述

（一）平面交叉口的形式与设计原则

平面交叉口是将相交各道路的交通流组织在同一平面内的道路交叉形式。其形式如下：

（1）十字形交叉如图8-45（*a*）所示，十字形交叉的相交道路是夹角在90°或90°±15°范围内的四路交叉。这种路口形式简单，交通组织方便，街角建筑易处理，适用范围广，是常见的最基本的交叉口形式。

（2）“X”形交叉如图8-45（*b*）所示，“X”形交叉是相交道路交角小于75°或大于105°的四路交叉。当相交的锐角较小时，将形成狭长的交叉口，对交通不利，特别对左转弯车辆，锐角街口的建筑也难处理。因此，当两条道路相交，如不能采用十字形交叉口时，应尽量使相交的锐角大些。

（3）“T”形交叉如图8-45（*c*）所示，“T”形交叉的相交道路是夹角在90°或90°±15°范围内的三路交叉。这种形式交叉口与十字形交叉口相同，视线良好、行车安全，也是常见的交叉口形式，例如北京市的“T”形交叉口约占30%，十字形占70%。

（4）“Y”形交叉如图8-45（*d*）所示，“Y”形交叉是相交道路交角小于75°或大于105°的三路交叉。处于钝角的车行道缘石转弯半径应大于锐角对应的缘石转弯半径，以使线型协调，行车通畅。“Y”形与“X”形交叉均为斜交路口，其交叉口夹角不宜过小，角度小于45°时，视线受到限制，行车不安全，交叉口需要的面积增大，因此，一般的斜交角度适宜大于60°。

（5）错位交叉如图8-45（*e*）所示，两条道路从相反方向终止于一条贯通道路而形成两个距离很近的“T”形交叉所组成的交叉即为错位交叉。规划阶段应尽量避免为追求街景而形成的近距离错位交叉。由于其距离短，交织长度不足，而使进出错位交叉口的车辆不能顺利行驶，从而阻碍贯通道路上的直行交通。由两个“Y”形连续组成的斜交错位交叉的交通组织将比“T”形的错位交叉更为复杂。因此规划与设计时，应尽量避免双“Y”形错位交叉。我国不少旧城由于历史原因造成了斜交错位，宜在交叉口设计时逐步加以改建。

（6）多路交叉如图8-45（*f*）所示，多路交叉是由五条以上道路相交成的道路路口，又称为复合型交叉路口。道路网规划中，应避免形成多路交叉，以免交通组织的复杂化。已形成的多路交叉，可以设置中心岛改为环形交叉，或封路改道，或调整交通，将某些道路的双向交通改为单向交通。

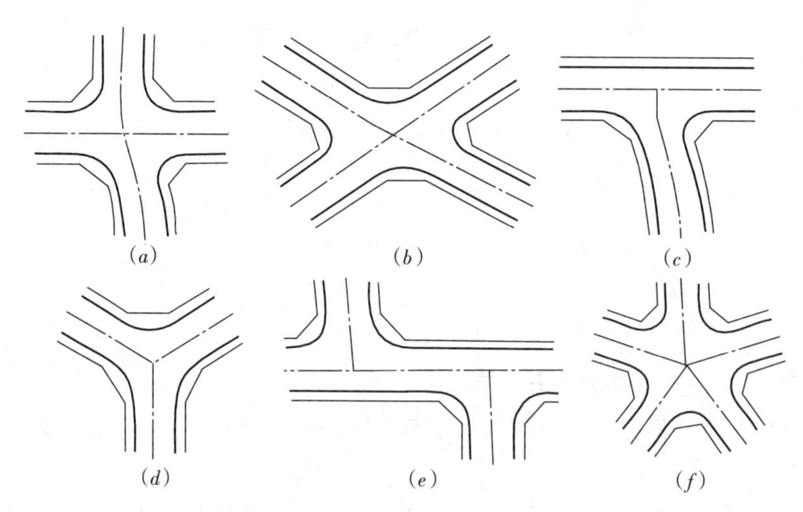

图8-45　平面交叉口的形式

（*a*）十字形；（*b*）“X”形；（*c*）“T”形；（*d*）“Y”形；
（*e*）错位形；（*f*）多路交叉形

（二）平面交叉口冲突点

在平面交叉口处不同方向的行车往往相互干扰、行车路线往往在某些点处相交、分叉或汇集，专业上将这些点分别称为冲突点、分流点和交织点。如图8-46所示，为五路交叉口各向车流的冲突情况，图中箭线表示车流，黑点表示冲突点。

（三）交叉口交通组织

交通组织就是把各向各类行车和行人在时间和空间上进行合理安排，从而尽可能地消除“冲突点”，使得道路的通行能力和安全运行达到最佳状态。平面交叉口的交通组织形式有：环形、渠化和自动化交通组织等，图8-47是交通组织的两个例子。

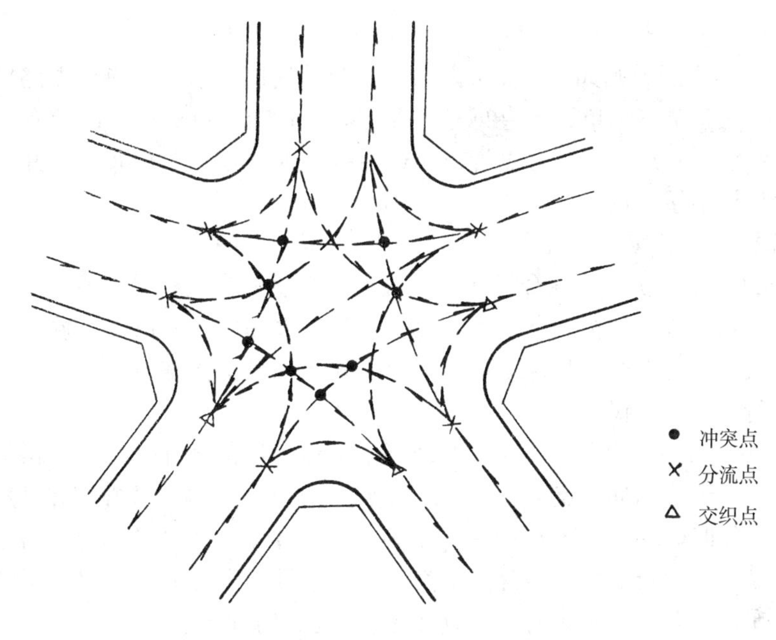

图 8-46　平面交叉口处的冲突点

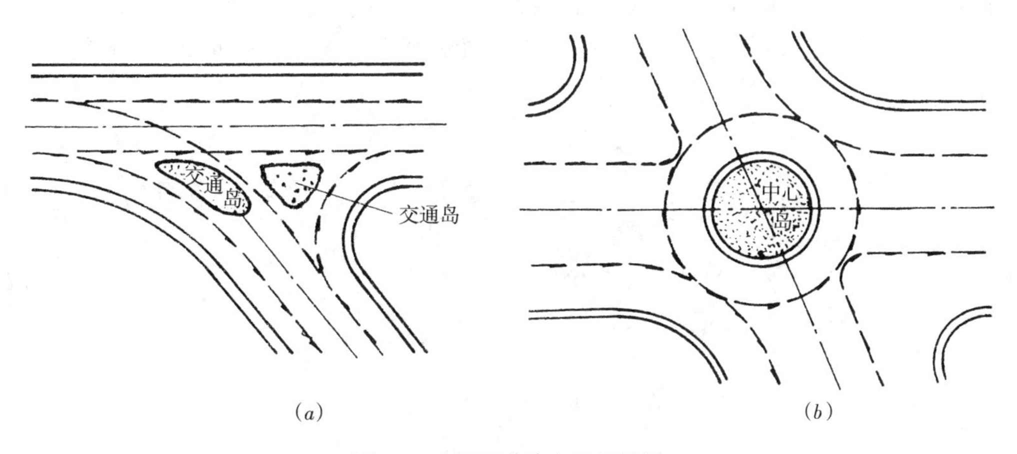

图 8-47　平面道路交通组织图

(*a*) 环形组织；(*b*) 渠化组织方式

1. 机动车辆交通组织

(1) 交叉口的交通组织设计的基本任务，就是要保证相交道路上的车流和行人的交通安全，并提高交叉口的通行能力。其设计方法归纳起来，就是正确组织不同去向的车流，设置必需车道数，合理布置交通岛、交通信号灯及地面各种交通标志等，使车辆在交叉口能按渠化交通的原则组织起来，顺利通过交叉口。

(2) 由以上交通分析可知，交叉口的通行能力小、车速低、行车安全差，其主要原因是因为存在各种类型的车流交错点，其中以冲突点的影响和危险性最大，而冲突点的产生是来源于左转及直行车辆，其中又以左转车辆产生的冲突点为最多，右转车辆一般是不会产生冲突点的。因此，对于交叉口车辆交通组织设计的着眼点，应着重于解决左转车辆和直行车辆的交通组织。

（3）交通组织原则如下：交叉路口供分流使用的车道数，应根据路口流量和流向确定；进口道与出口道的直行车道数应相同；交叉口交通岛的位置应按车流顺畅的流线设置；进、出口分隔带或交通标线应根据渠化要求布置，并应与路段上的分隔设施衔接协调。

2. 非机动车辆交通组织

（1）自行车与机动车混合行驶，对机动车交通和非机动车交通都带来了诸多不利影响。在路段上，机动车交通的存在对骑车人的安全构成直接威胁；而自行车的存在又使机动车的行驶速度受到限制（司机因要提防随时可能出现在机动车道上的自行车而不敢提速）。

（2）在交叉口，自行车与机动车对通行时空资源的争夺，会大大增加机动车在绿灯期间所遇到的冲突点数，由2个冲突点增加到18个，如若无信号灯控制，则由16个增加到88个，图8-48所示，这一方面增加了事故的隐患，另一方面又降低了交叉口的通行效率；而且由于交叉口在信号灯配时上很难同时照顾到自行车与机动车的需要，常常无谓地增加自行车的延误时间。

（3）自行车在路段上的相互干扰问题，可以通过使用隔离设施（如分隔带、分隔墩、分隔栏、画线等）获得不同程度的缓解；而自行车与机动车在交叉口的相互干扰问题，只要机动车与自行车在同一个平面上行驶，就不可能完成避免。

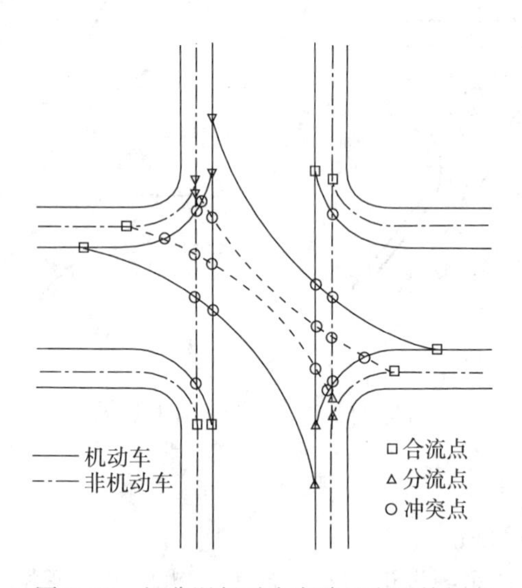

图8-48 机非混行时十字路口交通特征点

二、平面交叉口的图示方法

（一）交叉口的平面图

图8-49所示为广州市东莞庄路某平面交叉口的平面图。从图中可知，此交叉口的形式为“X”形，交通组织为环形。与道路路线平面图相似，交叉口平面图的内容也包括道路与地形、地物各部分。

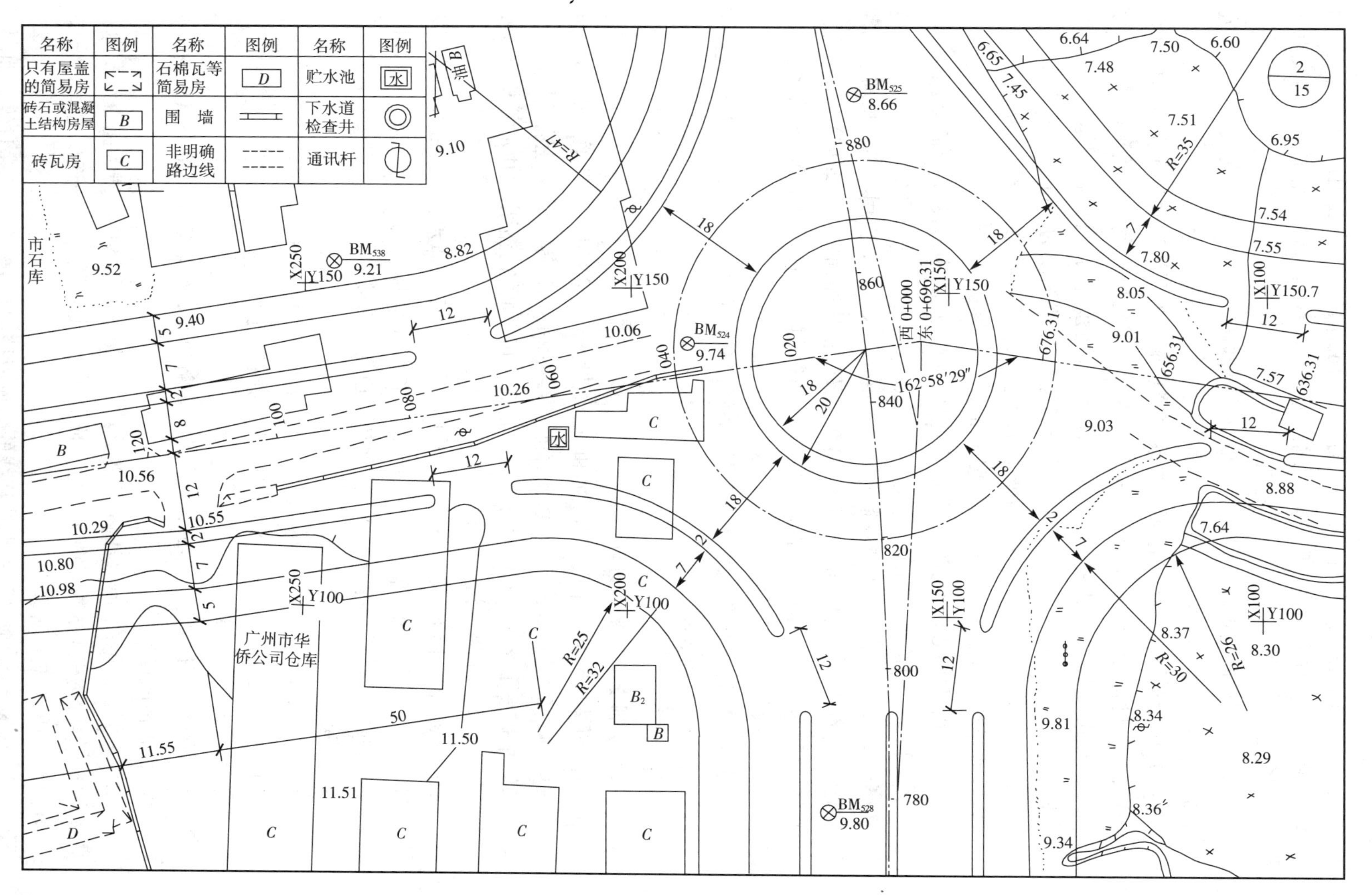

图 8-49　广州市东莞庄路某平面交叉口的平面图

（1）道路中心线用点画线表示。为了表示道路的长度，在道路中心线上标有里程。图中可以看出：北段道路是将北段道路中心线与南段道路中心线的交点作为里程起点。

（2）本图道路的地理位置和走向是用坐标网法表示的，*X* 轴向表示南北（左指北），*Y* 轴向表示东西（上指东）。

（3）由于道路在交叉口处连接关系比较复杂，为了清晰表达相交道路的平面位置关系和交通组织设施等，道路交叉口平面图的绘图比例较路线平面图大得多（如本图比例 1:500），以便车、人行道的分布和宽度等可按比例画出。由图可知：西段道路为“三块板”断面形式，机动车道的标准宽度为 16m、非机动车道为 7m、人行道为 5m、中间两条分隔带宽度均为 2m。从桩号 195m 至 245m 为机动车道宽度渐变段，右侧车道的附加宽度从 4m 逐渐变为零。

（4）图中两同心标准实线圆表示交通岛，圆心点画线圆表示环岛车道中心线。

（二）交叉口的纵断面图

交叉口纵断面图是沿相交两条道路的中线分别作出，其作用与内容均与道路路线纵断面基本相同。图 8-50 是东莞庄路某交叉口的纵断面图（南北向），读图方法与路线纵断面图基本相同。东西向道路由于是现存道路，故没给出其纵断面图。

（三）绘制交叉口竖向设计图实例

【例 8-1】某城市纬十路与经二支路平面相交，请列出该平面交叉口的设计步骤和绘制交叉口的竖向设计图。

解：

（1）绘制交叉口平面设计图

1）根据相交道路的平面、纵断面和横断面设计资料绘制出交叉口平面设计图（包括路中心线，车行道和人行道宽度、缘石转弯半径、雨水口等），并标上有关标高。

2）根据纬十路的纵断面设计标高，在交叉口平面图上标出路中心线标高及街沟雨水口标高，如图 8-51 所示。

3）交叉口东北角在经二支路施工范围处，向南下方泄水，设计时应顺坡引入雨水口。西北、西南和东南三角，由于缘石曲线中间部分均为标高最低点，则需在缘石曲线中点附近设置雨水口，并保持两边街沟纵坡相同（不小于 0.3%）。

（2）确定交叉口设计范围

1）经二支路：桩号 K0 +601.59 ~ K0 +672.84 为交叉口范围。

2）纬十路：桩号 K0 +655 ~ K0 +705 为施工范围。

（3）计算各点高程

1）确定标高计算线网形式，绘制出标高计算线，然后定出其标高点，同时必须计算出各标高点高程。

2）本例题的标高计算线网采用等分法，以相交道路的中心线为路脊线，每条六等分。然后在相应的缘石曲线上也分成同样数量的等分，顺序连接这些等分点，即得交叉口的标高计算线网。

3）中心线交点到各缘石曲线连线的纵坡应控制在 1% 左右，并且缘石曲线上街沟纵坡应满足不小于 0.3%，根据这一原则可得各缘石曲线中点的标高，并用内

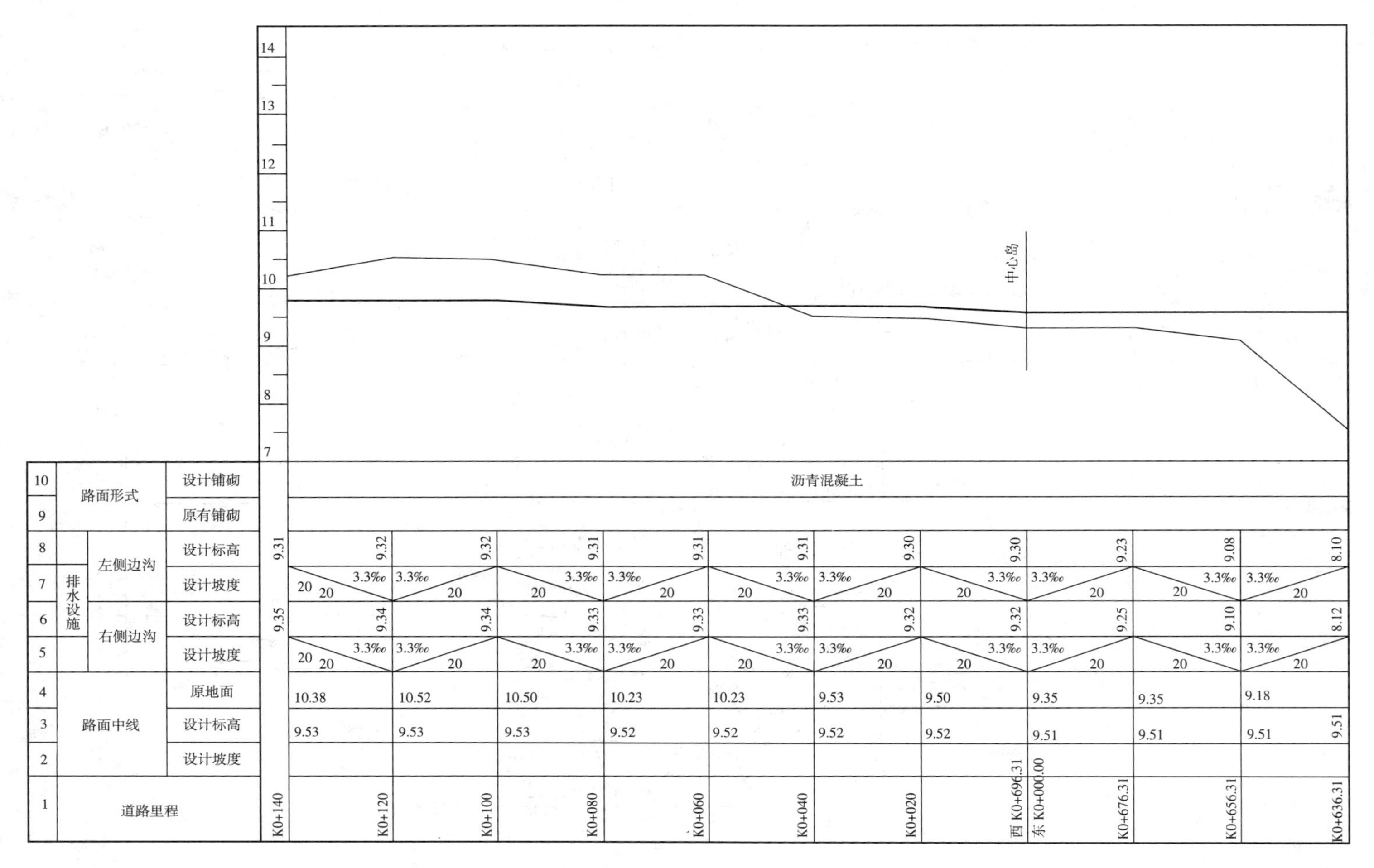

图 8-50　广州市东莞庄路某平面交叉口的纵断面图（南北向）

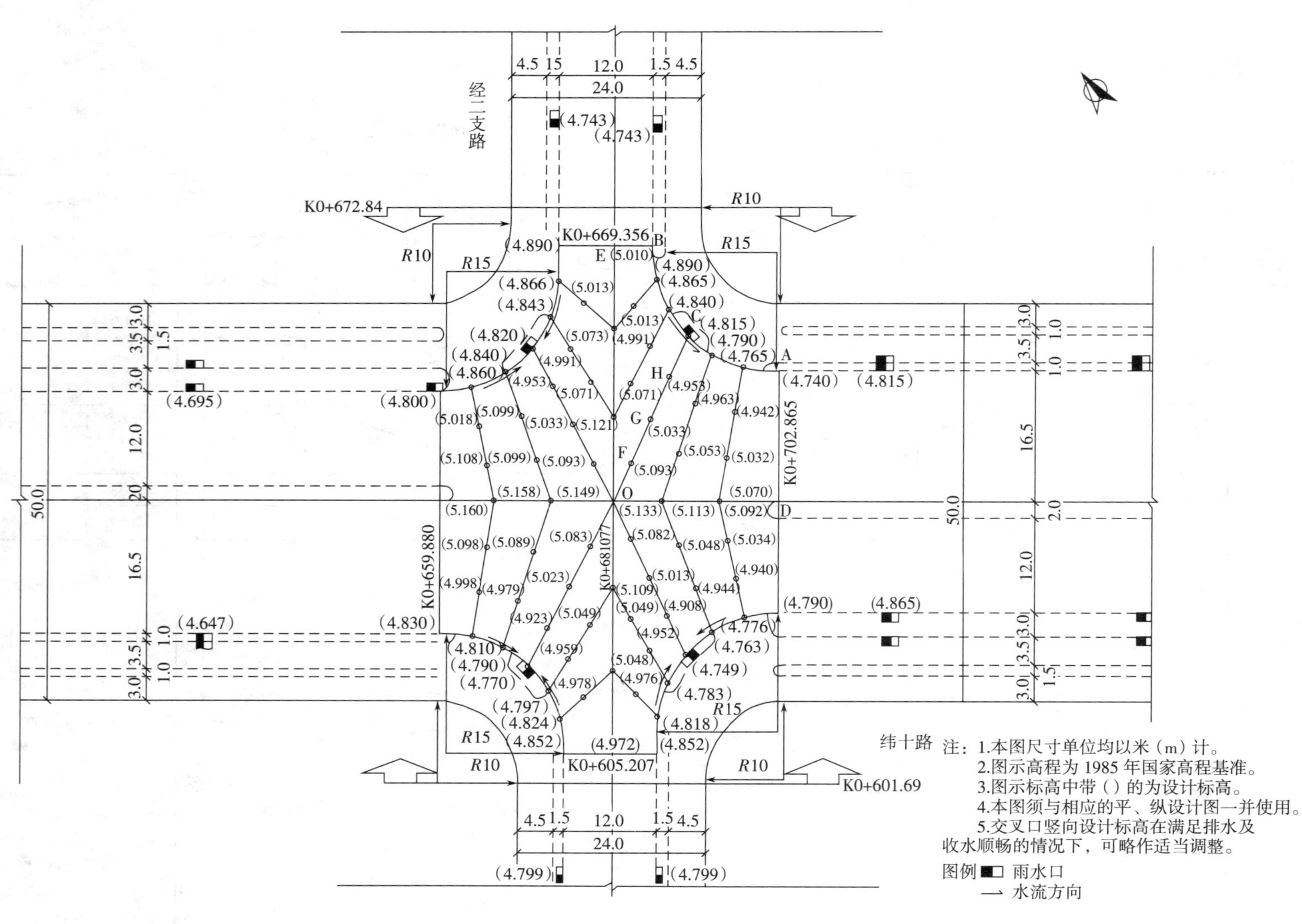

图 8-51 等分法绘制平面交叉口竖向设计图实例

插法可逐一求出各点的标高值，如图 8-51 所示中括号内的数值。

三、平面交叉口施工图的识读

（一）平面交叉口施工图的识读要求

平面交叉口施工图是道路施工放线的主要依据和标准，因此，在施工前每位施工技术人员必须将施工图所表达的内容全部弄清楚。施工图一般包括交叉口平面设计图和交叉口立面设计图。

（1）交叉口平面设计图的识读要求：必须认真了解设计范围和施工范围；并且掌握好相交道路的坡度和坡向；同时还需了解道路中心线、车行道、人行道、缘石半径、进水、排水等位置。

（2）交叉口立面设计图的识读要求：首先必须了解路面的性质与所采用的材料；然后掌握旧路现况等高线、设计等高线和了解方格网的具体尺寸，最后了解胀缝的位置和胀缝所采用的材料。

（二）平面交叉口施工图实例

（1）交叉口平面图，如图 8-52 所示为某城市道路交叉口平面设计示意图。

（2）交叉口立面图，如图 8-53 所示为某柔性路面交叉口立面设计示范图（正交）、图 8-54 所示为某刚性路面交叉口立面设计示范图（正交）。

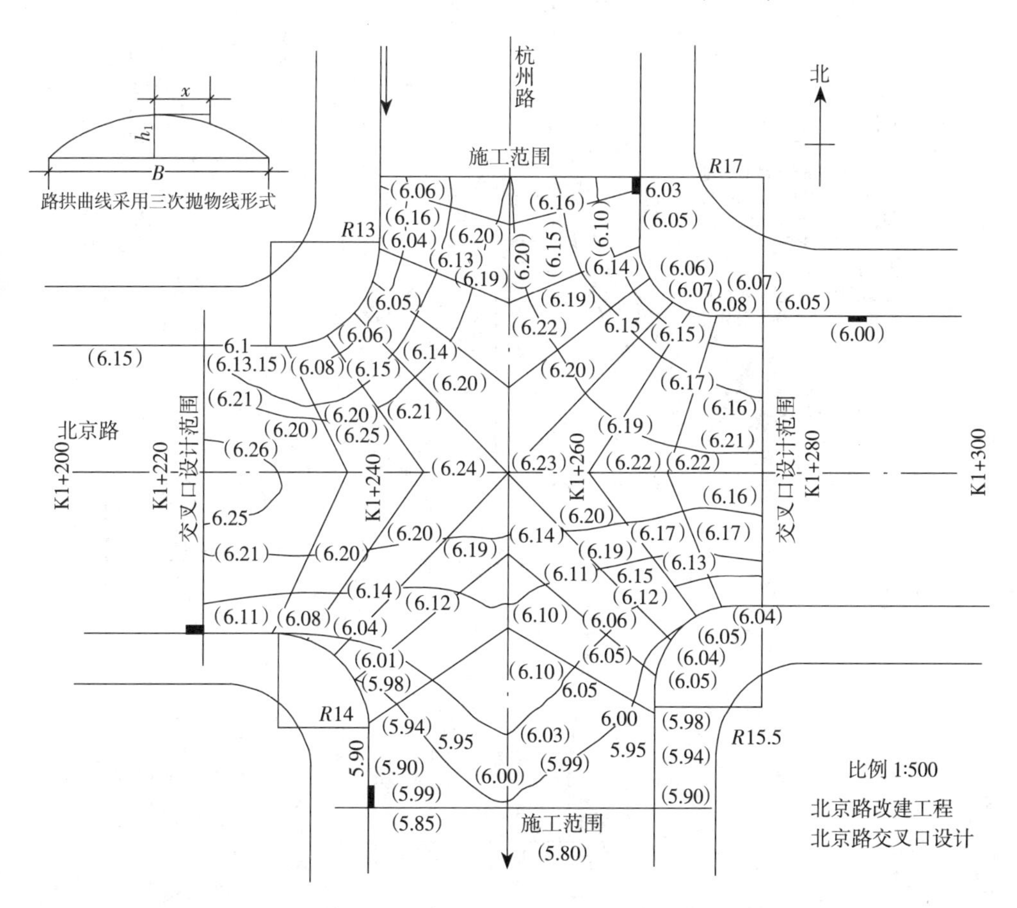

图 8-52 某城市道路交叉口平面设计示意图（单位：m）

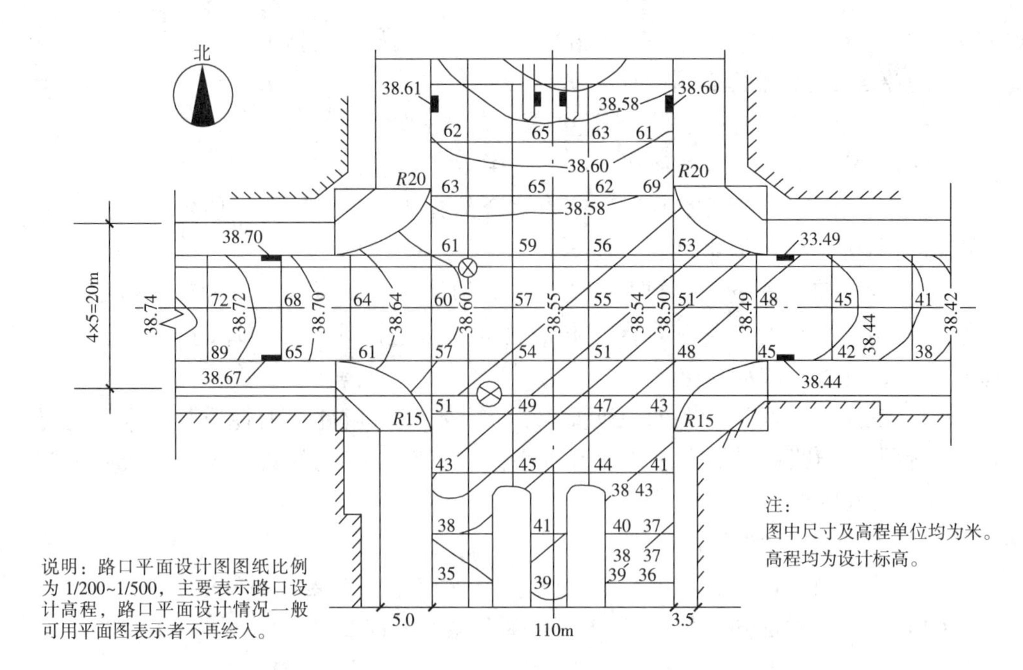

图 8-53 某柔性路面交叉口立面设计示范图（正交）

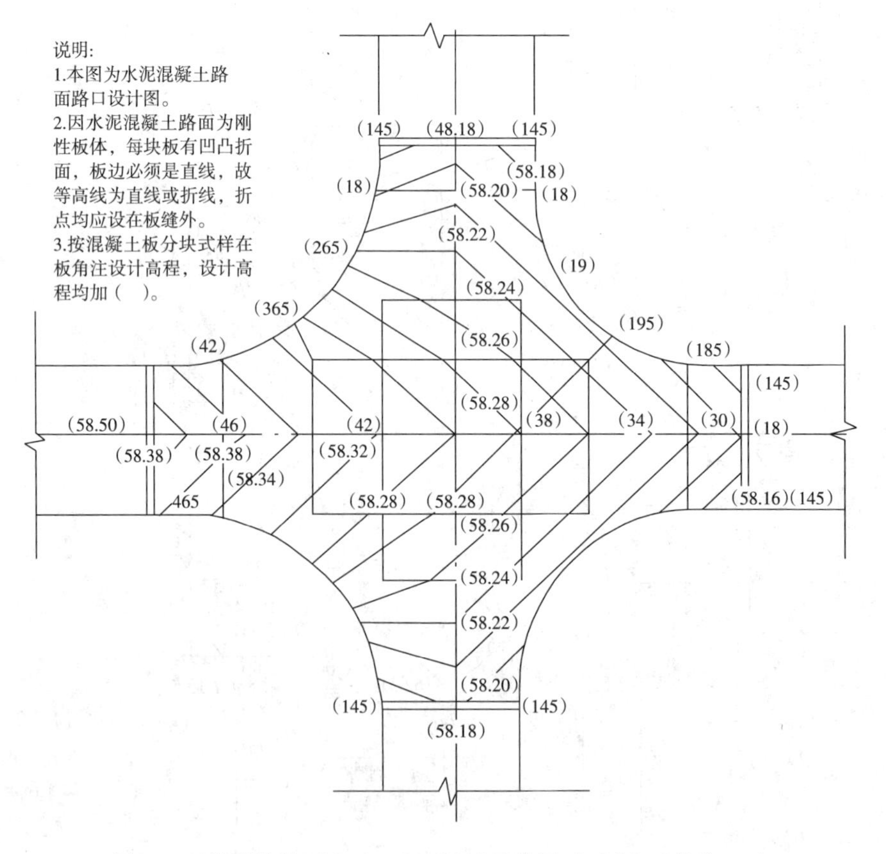

图 8-54 某刚性路面交叉口立面设计示范图（正交）（单位：m）

第八节　城市道路立体交叉

一、立体交叉的作用与分类

（一）概述

随着我国国民经济的快速发展，城市道路建设和公路建设步入了史无前例的黄金时代。发展平面交叉口已不能适应现代化交通的需求，而立体交叉工程能从根本上解决各车流在交叉口处的冲突，不仅大大提高了通行能力和安全舒适性，而且节约能源，提高了交叉口现代化管理水平。一座现代化立体交叉口的建成，不只是为这座城市产生的巨大的经济效益，更重要的是为这座城市的环境增加了一道靓丽的风景线。所以，立体交叉工程已成为我国城市道路和公路建设中重要组成部分。图8-55所示为北京市最复杂的立交桥——西直门立交桥。

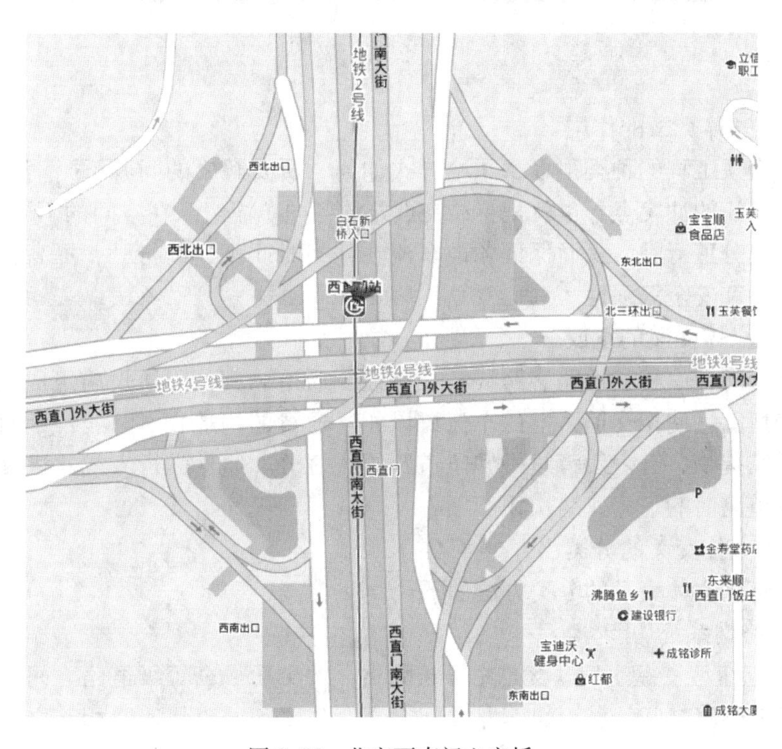

图8-55　北京西直门立交桥

但是，大型的立体交叉往往占地较多，投资较大，对立交周边环境也有一定影响，故在市区建设大型立交应进行交通量、交通类型、工程造价、地形地貌、用地规模、环境协调等多方面的综合考虑。并根据所在城市路网中位置，对市中心城区和城市快速系统中的立交区别对待，进行立交选型分析。

图8-56所示为亚洲占地面积最大的互通式立交桥——郑州刘江立交桥，连接着京港澳和连霍两条高速公路，总占地面积1539亩。该立交桥上下三层，其中南北长2.95km、东西长3.85km，正线为双向八车道。

图 8-56 郑州刘江立交桥

（二）立体交叉的作用

立体交叉工程的种类很多，无论形式如何，所要解决的问题就是消除或部分消除各向车流的冲突点，也就是将冲突点处的各向车流组织在空间的不同高度上，使各向车流分道行驶，从而保证各向车流在任何时间都连续行驶，提高交叉口处的通行能力和安全舒适性。

（三）立体交叉的组成

立体交叉口由相交道路、跨线桥、匝道、通道和其他附属设施组成。匝道是连接相交道路，使相交道路上的车流可以相互通行的构造物。跨线桥是两条道路间的跨越结构物，有主线跨线桥和匝道跨线桥之分。通道是行人或农机具等在横穿封闭式道路时的下穿式结构物。

（四）立体交叉的分类

城市道路立体交叉的分类方法如下：

1. 按路网系统功能分

（1）枢纽型：枢纽型立交是中、长距离，大交通量高等级道路之间的立体交叉。如高速公路之间、城市快速路之间、高速公路和城市快速路相互之间及与重要汽车专用道之间的立体交叉，如图 8-57 所示。

（2）服务型：服务型立交又称为一般互通立交，是高等级道路与低等级或次级道路之间的立体交叉。如高速公路与其沿线城市出入干道或次要汽车专用道之间，城市快速路或重要汽车专用道与其沿线城市主干路或次级道路之间，以及为地区服务的城市主干路与城市主干路之间的立体交叉等，如图 8-58 所示。

（3）疏导型：疏导型立交仅限地区次要道路上的交叉口，交叉口交通量足以使相交道路交通不畅，行车安全受到影响，平面交叉口出现阻塞现象时，从提高交叉口通行能力出发，对交叉口临界交通流向进行立体化疏导，以改善交叉口交通状态，提高服务水平，这类立交称之为疏导型立交，也称为简单立交。

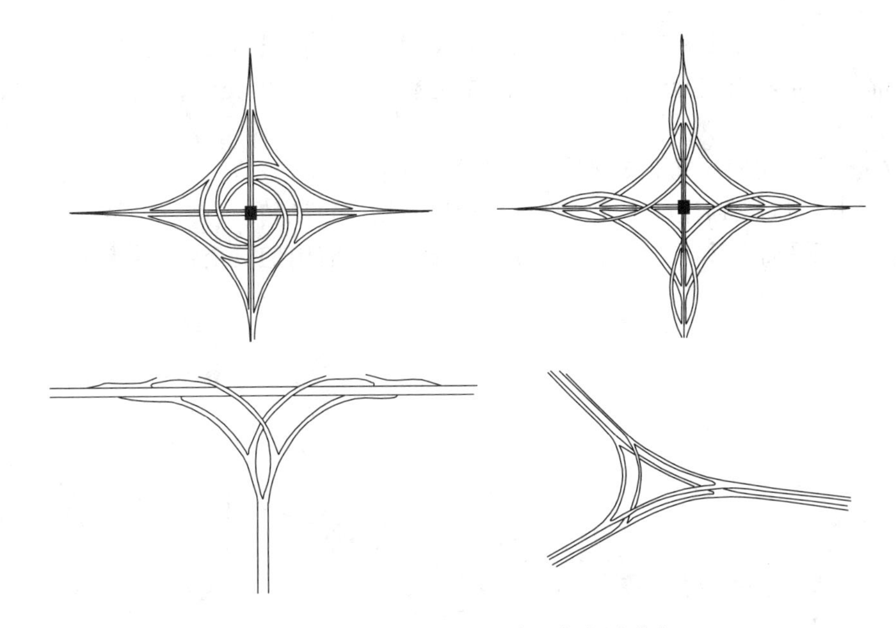

图 8-57　市区枢纽型互通式立交常用形式

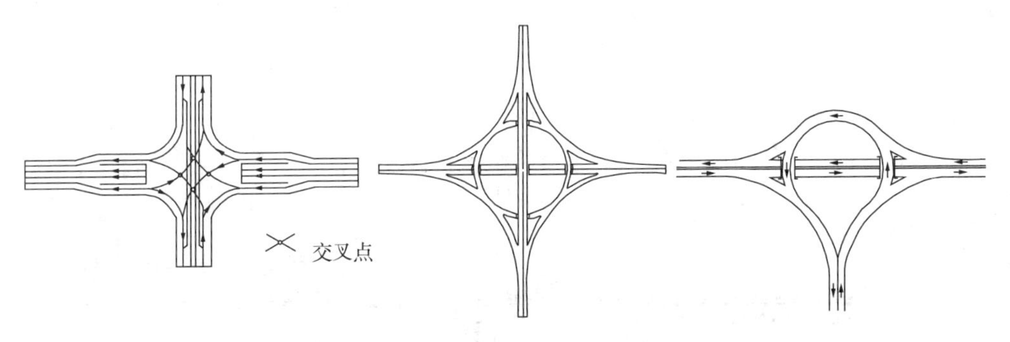

图 8-58　市区服务型互通式立交常用形式

2. 按交叉互通程度分

(1) 完全互通式：所有交通流向上均有立体专用匝道，如图 8-59 (*a*)、(*c*) 所示。

(2) 部分互通：除个别交通流向不具有专用或没有通行匝道或保留平交路口外，余多半或大部分交通流向具有专用匝道。

(3) 简单互通：相对部分互通而言，除个别交通流向具有专用或共用匝道外，余多半或大部分交通流向上不具有专用匝道或没有通行匝道，而且保留平交路口。

(4) 分离式立交：相交道路是立体跨越，互不干扰。相交道路间无匝道连接，所有左转流向上没有匝道。

3. 按交通组织特性分

(1) 无交织型：所有交通流向除了具有专用匝道之处，不会因为进出相交道路相互之间产生交织运行，即进入车辆与驶出车辆不发生交织，也不因合流后再通过交织分流。

（2）有交织型：相对无交织而言，各交通流向即便具有专用匝道，也会因某些外部条件的限制造成道路转向车流先进后出从而产生交织，如图 8-59（*b*）所示。

（3）有平交型：有平交型是针对部分互通及简单互通立交而言的，在受投资规模限制、转向交通流向不能全部一一设置专用匝道的情况下，将一些次要交通流向集中于平面交叉口，以交通管理组织交通，将有限的资金集中解决主要交通矛盾。

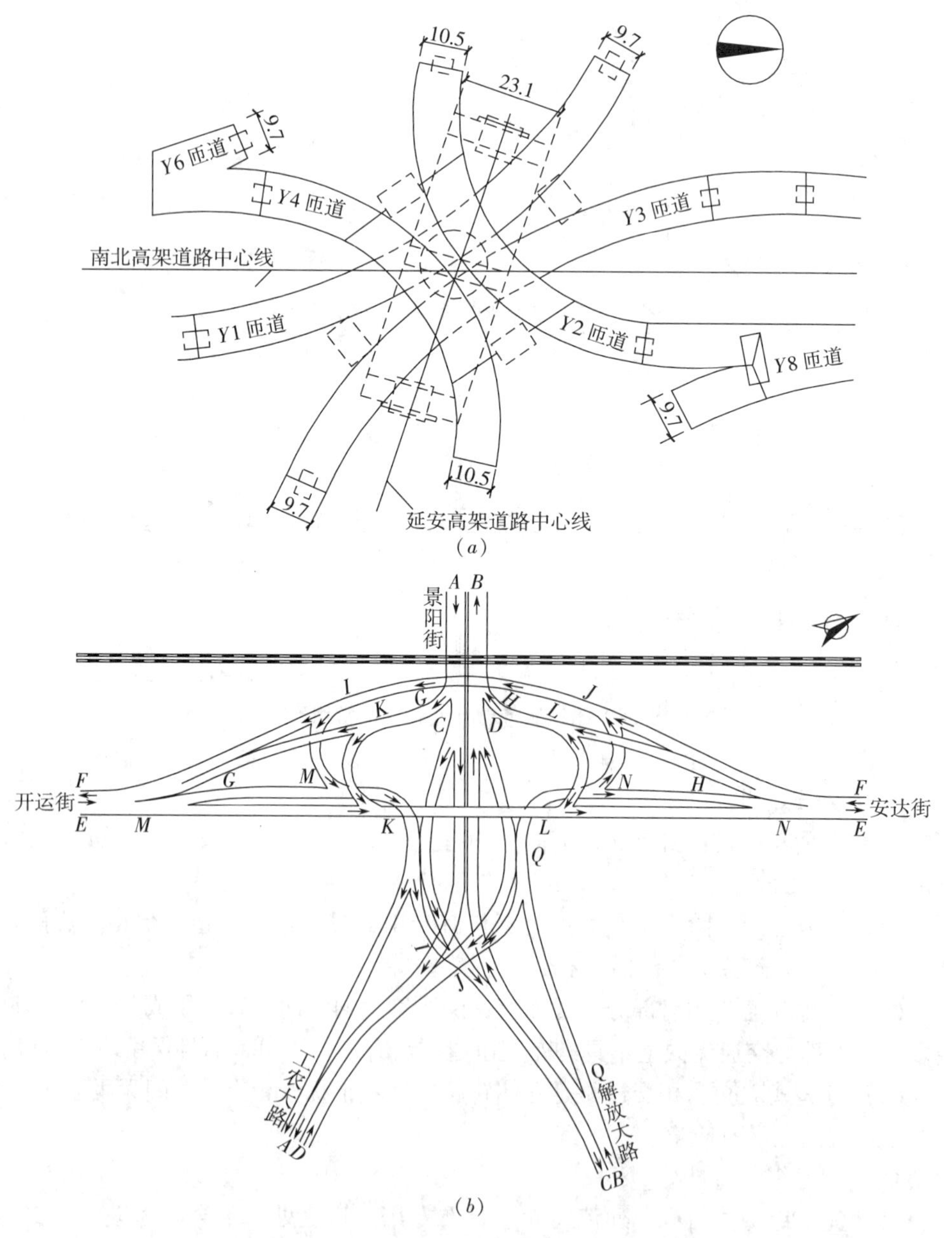

图 8-59 互通式立体交叉工程实例示意图（一）（单位：m）

（*a*）上海延安路立交平面示意图；（*b*）长春西解放大路交通枢纽示意图

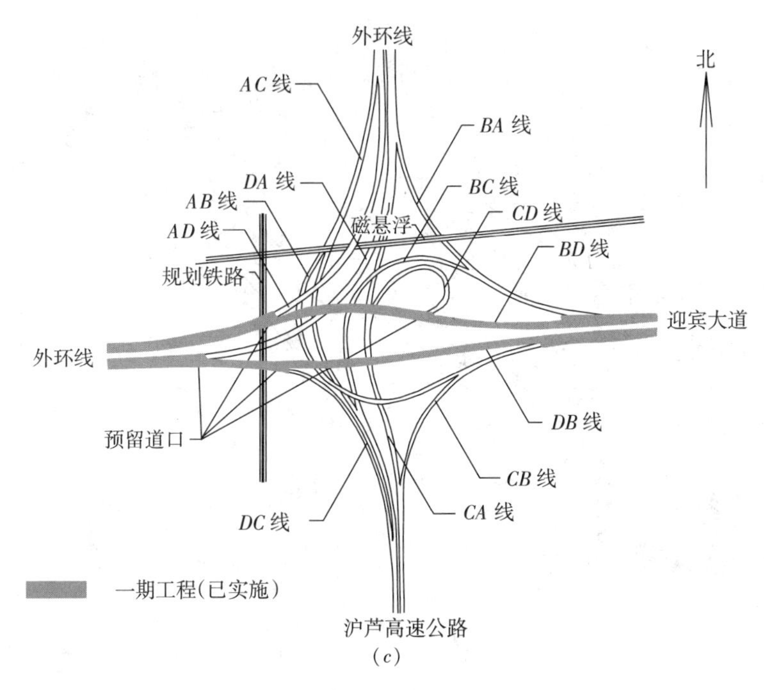

图 8-59　互通式立体交叉工程实例示意图（二）（单位：m）
（c）上海市环东二大道立交示意图

二、立体交叉平面设计图

图 8-60 所示为某城市立体交叉工程的平面设计图，其内容主要包括立体交叉口的平面设计形式、各组成部分的位置关系、地形地物以及建设区域内的附属构造物。从图中可看出，该立体交叉的交叉方式为主线下穿式，平面几何图样为双喇叭形，交通组织类型为双向互通。

（一）立体交叉口的图示方法

（1）与道路平面图不同，立体交叉平面图既表示出道路的设计中线，又表示出道路的宽度、边坡和各路线的交接关系。

（2）道路立体交叉平面设计图的图示方法和各种线条的意义如图 8-61 所示。

（二）立体交叉口的图示内容

（1）比例：立体交叉口的平面图与路线平面图不同，立体交叉工程建设规模宏大，但为了读图方便，工程上一般将立体交叉主体尽可能布置在一张图幅内，故绘图比例较小，本图比例为 1∶4000。

（2）地形地物：图中用指北针与大地坐标网表示方位；用等高线和地形测点表示地形；城镇、高低压电线和临时便道等地物用相应图例表示得极为详尽。

（3）结构物：在立体交叉平面设计图上，沿线桥梁、涵洞、通道等结构物均按类编号，以引出线标注。

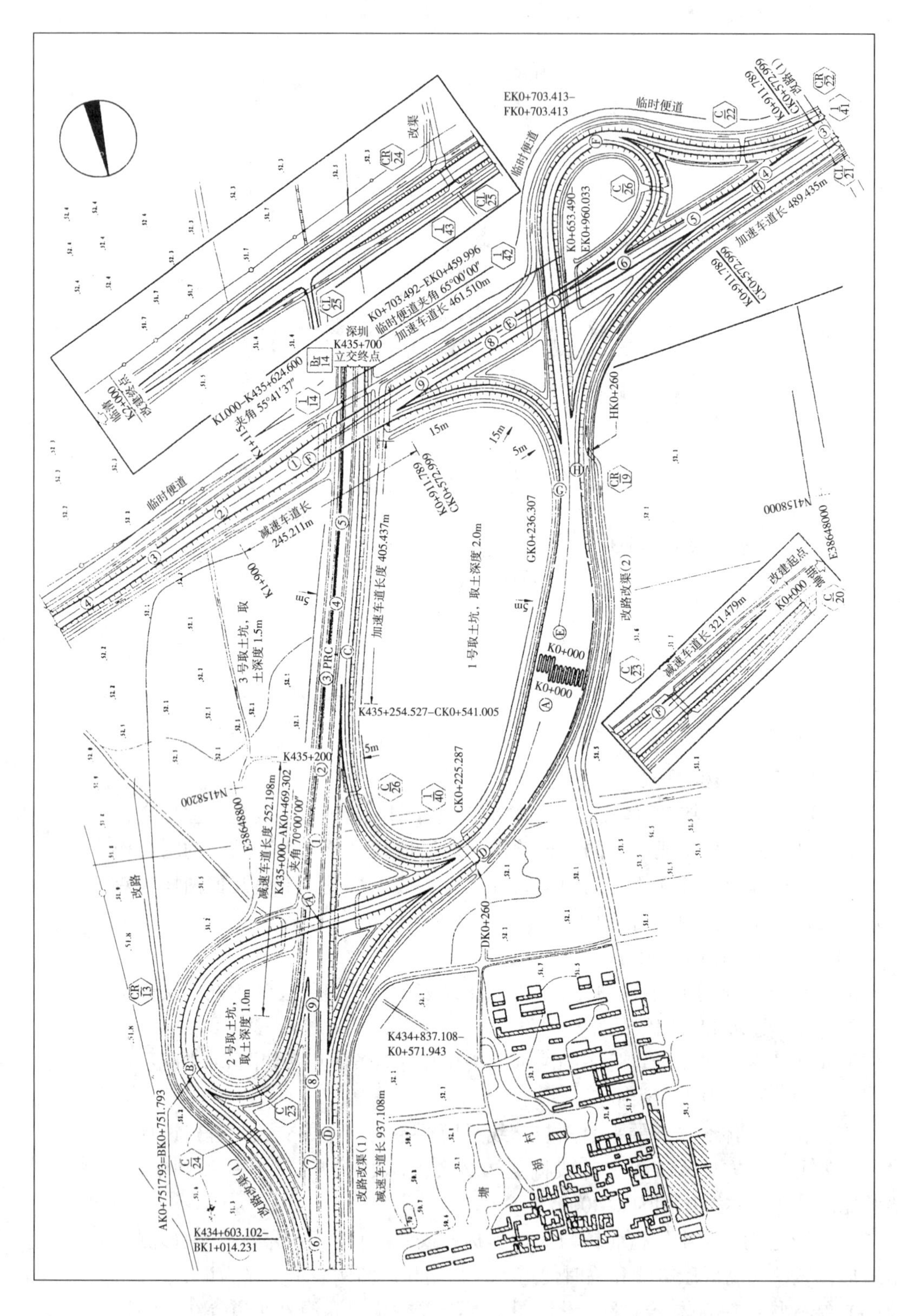

图 8-60　某城市立体交叉工程的平面设计图

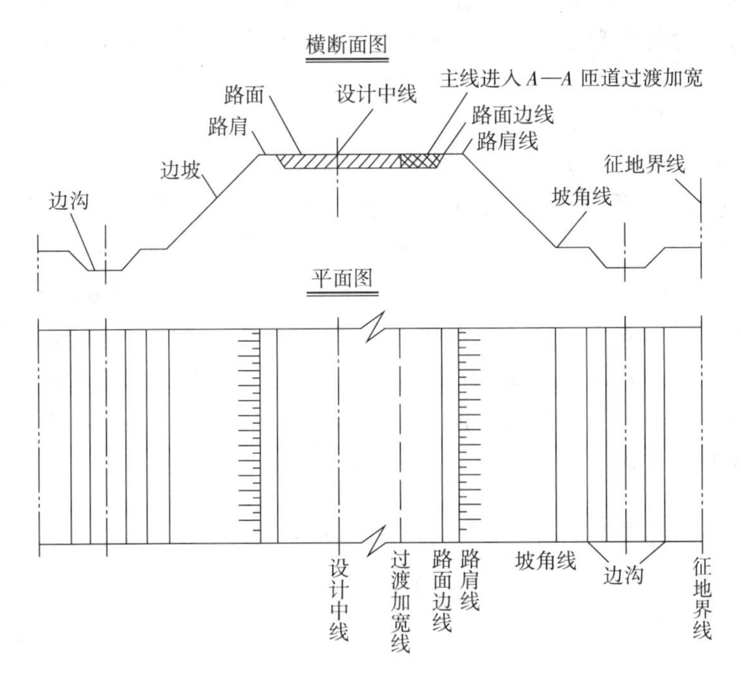

图 8-61 立体交叉平面设计图的图线示意图

(4) 各匝道关系：在立体交叉平面设计图上，各匝道的里程计算和标注方法是：*A—A* 匝道和 *E—E* 匝道从它们的交点（AK0+000 或 EK0+000）开始，各自计算和标注里程。与它们后接的匝道以其交接点处的桩号为起始点连续计算里程。

(5) 图 8-62 所示为北京化工路互通式立交示意图。该立交位于北京东南部化工区，由东四环路、化工路、大郊亭路和观音堂路相交组成五岔路口，化工路向东南方向 2km 处与京沈高速公路相交；该立交南侧有左安东路定向型立交，相距仅 0.7km；距北侧广渠路菱形立交相距 0.9km。因此该立交用地范围不能太大，该立交功能主要解决东四环路快速路和化工路直行交通。部分转向交通受出入口控制需在上述邻近立交进出辅路。

东四环路是京津唐高速公路与首都机场高速公路的连接线，$V=80\sim100$km/h，红线宽 180m，主路 8 车道，两侧辅路 12m 宽，呈四幅路形式；化工路为主干路，$V=60$km/h，红线宽 60m，四幅路形式，主路双向 6 车道，非机动车道宽 5m。根据交通量分析，转向交通量均较小，辅路交通量亦不大，采用 3 层式机非分行苜蓿叶形立交，非机动车系统位于底层，便于与周围建筑高程协调，南北向直行交通位于中层；化工路（斜方向）交通上跨东四环路。可见安排立交层次上优先放宽交通量最大的主线方向（东四环路）。

该立交的工程设计特点是在立交范围内局部下挖 2m 左右，以不设排水泵站为控制前提，从而减少立交总体建筑高度，南北向东四环路的主路、辅路比现况路面高0.3m，以利于改善周围建筑物的散水，使施工时不至于扰动地下管线。在立交南侧局部抬高1.5m，为设置非机动车地下通道（图8-62）创造条件。

（三）连接部位的设计图

（1）图8-63所示为立体交叉口的匝道路纵断面设计示意图。

（2）连接部位设计图包括连接位置图，连接部位大样图和分隔带横断面图。连接位置图是在立体交叉平面示意图上，标示出两条道路的连接位置。

（3）图8-64所示为连接部位大样图是用局部放大的图示方法，把立体交叉平面图上无法表达清楚的道路连接部位，单独绘制成图。分隔带横断面图是将连接部位大样图尚未表达清楚的道路分隔带的构造用更大的比例尺绘出。

（4）如图8-65所示为连接部位标高数据图，是在立体交叉平面图上标示出主要控制点的设计标高。

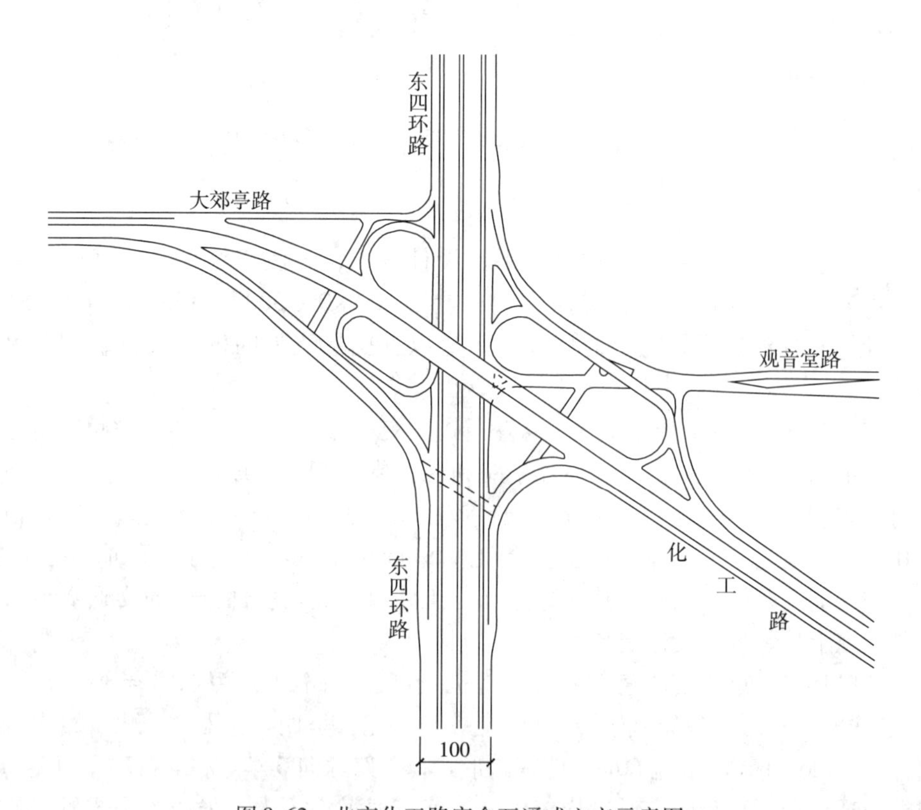

图8-62 北京化工路完全互通式立交示意图

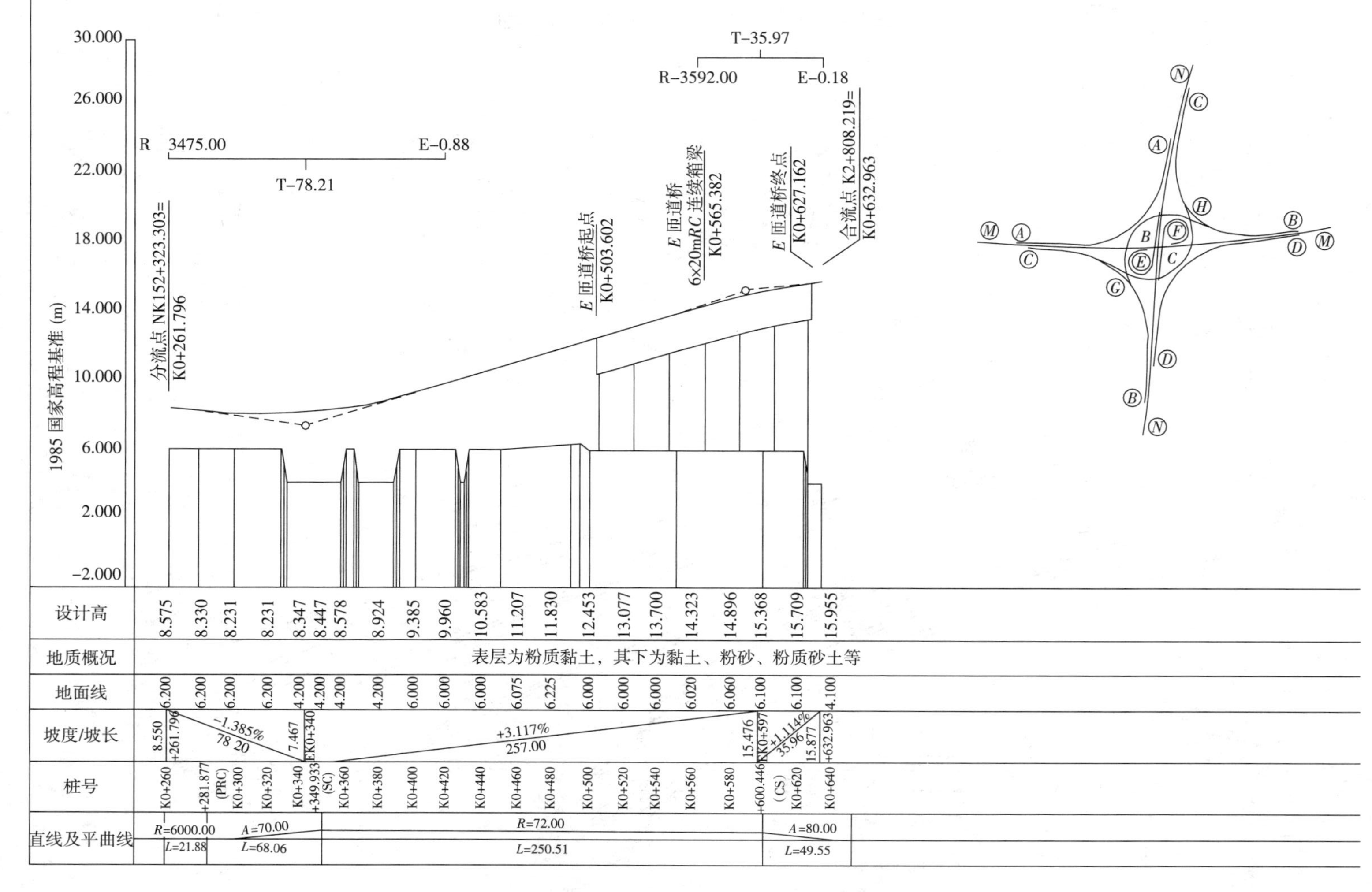

图 8-63 某立体交叉口的匝道路纵断面设计示意图（单位：m）

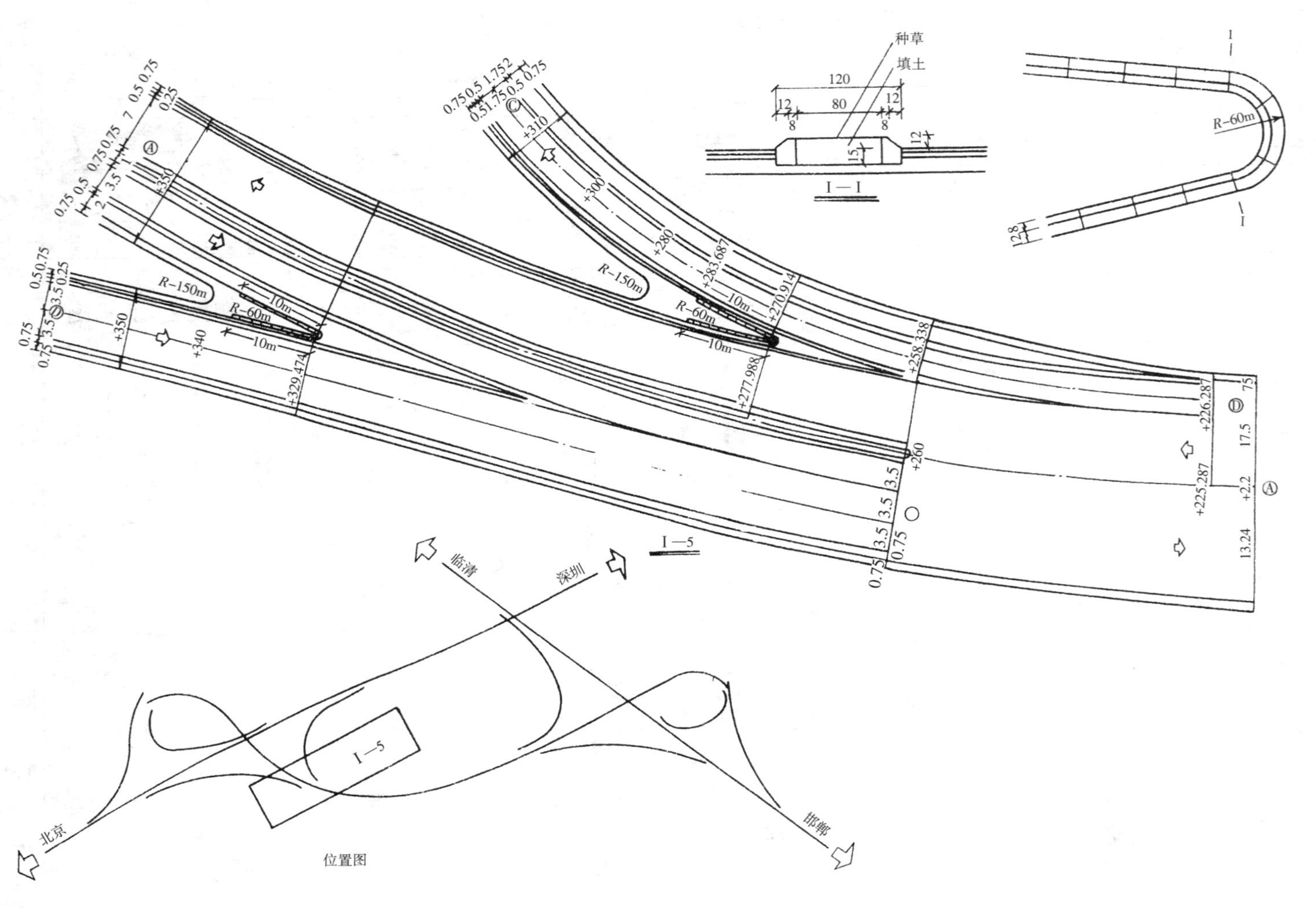

图 8-64 某立体交叉连接部位大样设计示意图（单位：m）

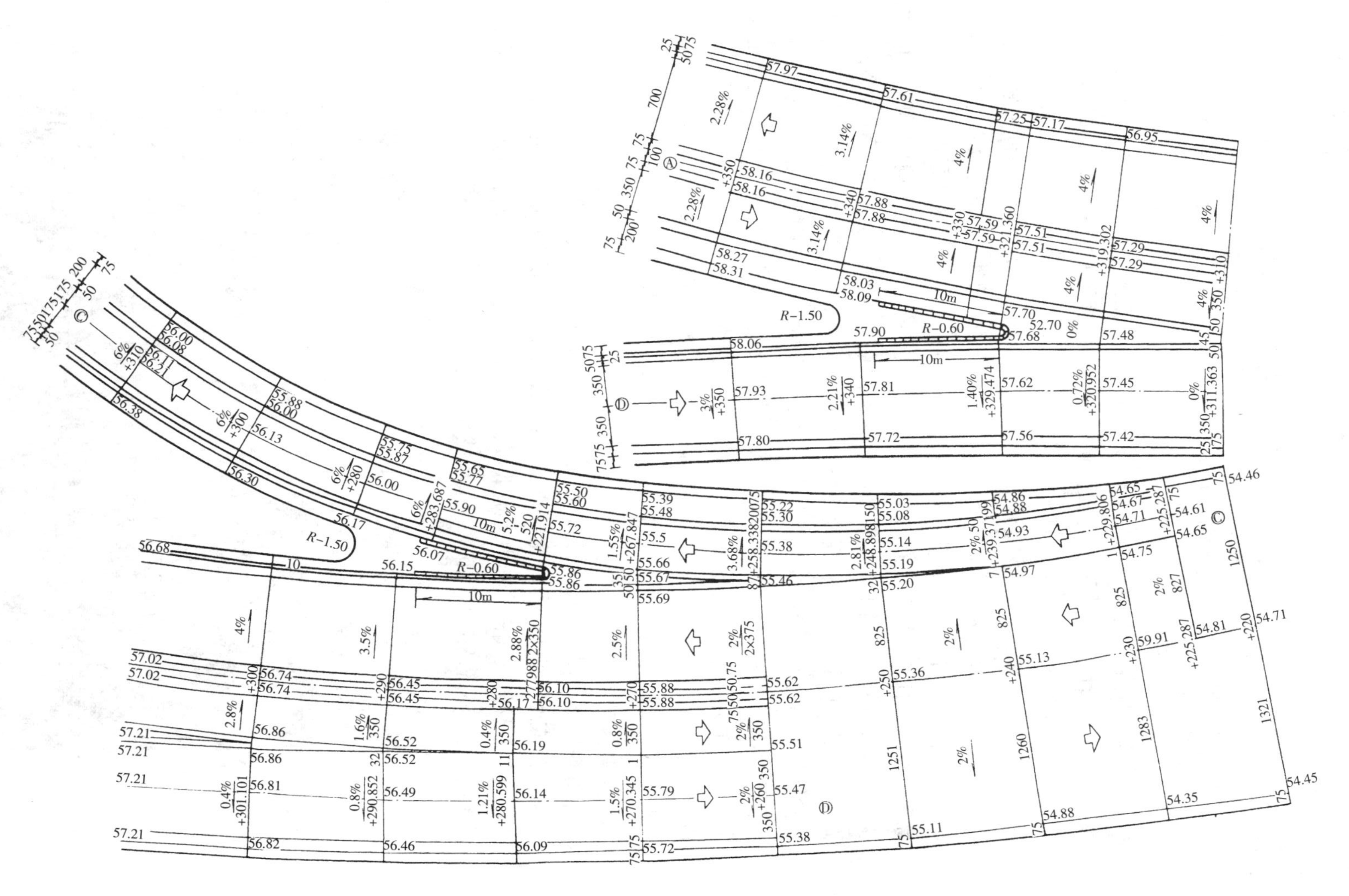

图 8-65 某立体交叉连接部位标高数据示意图（单位：m）

第九节　城市高架道路工程

一、概述

（一）高架道路在我国的发展简介

城市高架道路就是将道路架空建设。受地面因素影响，无法在城市的原地面修建桥（路）而设计的桥梁，它是为解决现代飞速发展的交通与城市平面交通容量过小之间的矛盾而产生的。自从1987年9月广州人民路到623路建成了我国第一条城市高架道路，建成后该路段的交通量是原来的3倍，行车时间缩短一半以上。之后，北京、上海、重庆、天津、深圳、武汉、长沙、成都、大连、哈尔滨、昆明、沈阳、乌鲁木齐、杭州、南京、石家庄等一些大中型城市已经相继建设了高架道路，更有许多城市正在规划和筹建之中。随着道路建设的发展和交通的需要，城市人口的急剧增加使车辆日益增多，平面立交的路口造成车辆堵塞和拥挤，许多大中城市的交通要道和高速公路上兴建了一大批立交桥，用空间分隔的方法消除道路平面交叉车流的冲突，使两条交叉道路的直行车辆畅通无阻。城市环线和高速公路网的连接也必须通过大型互通式立交进行分流和引导，保证交通的畅通。城市立交桥是为保证交通互不干扰，而在道路、铁路交叉处建造的桥梁，已成为现代化城市的重要标志，广泛应用于高速公路和城市道路中的交通繁忙地段，从此，城市交通开始从平地走向立体。可以说高架道路是整个城市道路网络中最重要的组成部分。

图8-66所示为北京市高架道路之一（五环路肖家河段）的景观。于2003年10月底建成通车的五环路，全长99km共架设大小立交桥70余座，几乎汇集了北京已有的各种桥梁式样，其中占地数百亩、投资超亿元的大型互通式立交桥就多达13座。五环路又是北京市第一条环城高速公路。

图8-66　北京市高架道路之一（五环路肖家河段）的景观

五环路跨越大广、京哈、京沪、京港澳、京藏、通燕、首都机场等高速公路和京通快速路，并与京顺路、阜石路、京良路、京原路、成寿寺路等二三十条城市主干道相交，因而一座座形态各异的立交桥成为五环织入北京路网的重要结点。五环路的建成通车，极大改善了北京城市环境和交通条件，产生了十分巨大的社会经济效益。

图 8-67 所示为上海市延安路高架连接外滩高架道路的景观照片图。于 20 世纪末建成通车的上海市高架道路内环线，其高架道路全长 47.66km，平均路幅宽 18m，设双相 4 条机动车道，中间设隔离护栏，两边设防撞墙和隔声板，设计时速 80km。环线由三部分组成：浦东段 8km 地面道路，通过浦江双桥与浦西段连成一体。它是上海开埠以来规模最大的市政工程建设项目。沿线设 6 座大型互通式立交桥及 41 条上下匝道，使高架道路与地面道路连成一体，贯穿南北的高架道路与内环线相衔接，初步形成城市立体交通网络的雏形。内环线沿线设置了先进的监控系统、通信系统、光电指示系统和光源照明系统，数十台电视屏幕可以 24 小时监视高架道路的运行情况，创国内城市交通现代化之最。

图 8-67　上海市延安路高架连接外滩道路的景观

图 8-68 所示为广州市高架道路之一（沙河顶路段）的景观。广州市中心区的内环高架道路主体工程于 1997 年 12 月 25 日动工，2000 年 1 月 28 日建成通车。总投资 62.88 亿元。它是广州市改善城市中心区交通和总体环境的综合工程，主要包括城市道路基础设施（内环及其沿线环保设施建设）、交通管理与安全管理（信号、安全等交通）得到改善、公共交通改善（公交场站建设、选购公交车辆等）、机动车污染控制、道路维护（购置施工设备、建立路面管理系统）。其中内环路是工程建设的关键项目，总长 26.7km（不包括 7 条放射线共 60km），是继广州地铁一号线后的最大市政基础设施项目。

（二）高架道路在路网中的主要功能

（1）充分利用城市空间，增加路网的容量。以广州市的内环路为例，全长

图 8-68 广州市高架道路之一（沙河顶路段）的景观

26.7km，是由95%的高架路和11座立交桥所组成。据有关专家介绍，内环路向智能化目标靠拢主要体现在几个方面：自动控制匝道口。由于内环路架设在闹市之上，出入口匝道往往离地面的道路交叉口很近。为了保证车辆能够顺畅、有序地上下内环路，内环路的出入口匝道处安装了车流量监测器、最大排队长度监测器、交叉口交通量监测器、车辆交汇监测器、信号灯等仪器。当进出口匝道处的车流量饱和、车行缓慢时，监测器马上能够感知到，并通过自动控制系统关闭匝道，把交通流量控制在道路能容纳的范围内。此时，出入口匝道上游路段的显示屏上也会出现警示信息，提示司机选择别的匝道上下内环路。

（2）强化主干线的交通功能，提高通行能力。因城市主干线上交通量大，路幅较宽，所以通常都把高架道路建在原城市的交通主干线上。高架快速、连续的交通条件，吸引大量交通，对缓解地面道路交通拥堵起了重要作用。城市高架道路主要承担了经市区的中长距离的客货交通，由于避免了车辆在地面因车速差异、转向、变换车道而形成的相互行车干扰，其快速便捷的交通条件，吸引了大量车辆上下高架，使高架道路成为驾驶员和部分市民出行的首选路线，从而改善了地面道路的拥挤状况，强化了主干线的交通功能。

（3）改善交通条件，增强运输效益。高架道路禁止重车、非机动车和行人通行，实行快慢分流，且无横向车流的行车干扰，因此行车较一般城市道路更具安全性、连续性和快速性，运输效益相应提高。

（三）高架道路的组成

城市高架道路是城市快速路的一种主要形式，是城市立体交通网络的重要组成部分，因此也是城市交通现代化发展的必然产物。

高架道路系统包括高架道路、上下匝道及其两端衔接点和相邻的地面道路网络。高架道路是借助于把快速干道建在连续桥跨结构上，充分发挥城市有限的空间容量，形成了一种连续运行且封闭的机动车专用道路体系。这种道路体系与一般地面道路分开，其上没有平面交叉口，不受红绿灯信号限制，不受其他行驶车辆干扰，并且没有冲突车流。

高架道路由基本路段、交织区和匝道连接点三种不同类型的路段组成。高架道路基本路段是指不受驶入、驶出匝道的合流、分流及交织流影响的路段。交织区是指一条或多条车流沿着高架道路一定长度，穿过彼此行车路线的路段，交织路段一般由合流区和紧接着的分流区组成。匝道连接点是指驶入及驶出匝道与高架道路的连接点。

（四）高架道路的设置条件

（1）城市交通环境的需要。可以说高架道路是不得已而为之的路，在无其他方法可行的情况下，才进行建设高架道路。在下述情况时可考虑建设高架道路：

1）城市中的快速交通路网体系须用快速环路或快速放射线道路来使交通流快速疏散；

2）城市市中心区域道路面积少、人口密度大、建筑密度高。由于人口和建筑过于集中，造成市中心区域交通拥挤，并且可利用的主次干路较少；

3）城市道路交通过于拥挤已经严重影响到市民的出行、经济的发展和城市的形象。

（2）高架道路的选择。从直观现象上来看，在车满为患的道路上建设高架道路，可以最大限度地缓解该条道路的交通阻塞问题。但从城市的整个路网系统的角度出发，并不是每一条车满为患的道路都适合建造高架道路。建造高架的道路应该满足以下条件：

1）道路为城市的快速路或交通主要干道，道路需具有完整的交通性；

2）道路需有较宽的路幅，路幅一般需大于50m；

3）道路两侧的土地开发以办公活动、公共活动和工业等为主，环境容忍程度较为宽容，不会对市民的生活、休息和学习的环境有较大的影响；

4）所选道路需组成一个布局均匀的网络，可以从最大效率上利用高架道路系统。

二、高架道路的设计与施工图

（一）高架道路平面线形

道路平面定位应在规划红线的基础上，结合道路线形技术标准，综合考虑沿线道路既有建筑物的控制，以减少征地拆迁为原则，合理确定道路平面线形。高架道路应尽量保证新建高架边线距离居住建筑楼边线最小12m的环保要求，特别是坐北朝南面向高架道路的居住建筑物。对于道路平面小偏角应满足规定的平曲线长度要求，对于道路缓和曲线最小长度取值应满足超高渐变率的要求。图8-69所示为某城市高架道路平面设计实例。

（二）高架道路的纵断面图

（1）高架道路纵断面设计高程主要考虑的因素：高架桥下交通净空要求；交叉口相交道路的路面高程和铁路净空的要求；纵断面最小坡长及竖曲线半径等技术标准；地面道路尽可能利用现有道路路面基层的条件；道路两侧现有建筑和街坊的地坪标高；道路最小排水纵坡要求或采取相应的排水措施；与工程两端及已建

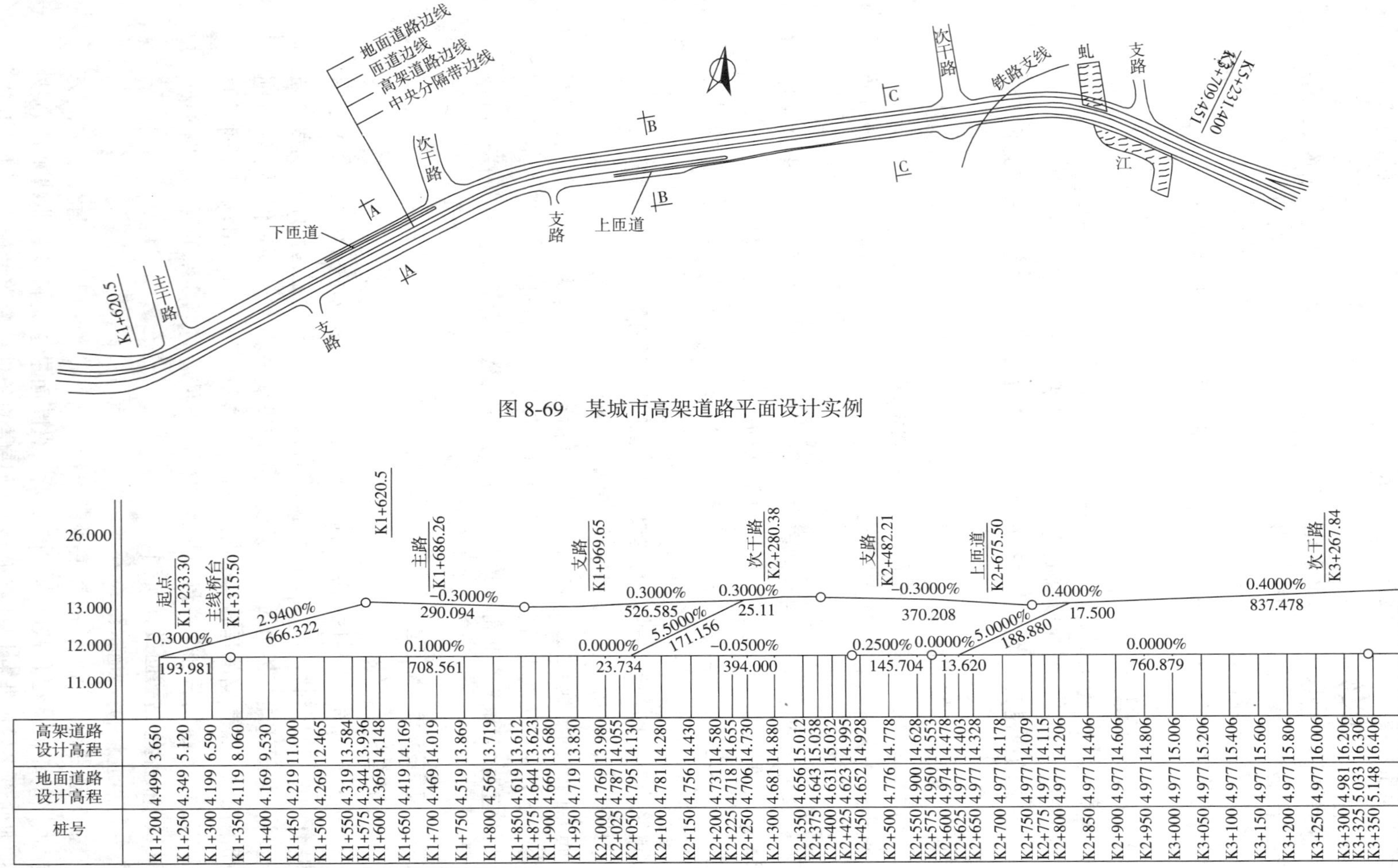

桩号	地面道路设计高程	高架道路设计高程
K1+200	4.499	3.650
K1+250	4.349	5.120
K1+300	4.199	6.590
K1+350	4.119	8.060
K1+400	4.169	9.530
K1+450	4.219	11.000
K1+500	4.269	12.465
K1+550	4.319	13.584
K1+575	4.344	13.936
K1+600	4.369	14.148
K1+650	4.419	14.169
K1+700	4.469	14.019
K1+750	4.519	13.869
K1+800	4.569	13.719
K1+850	4.619	13.612
K1+875	4.644	13.623
K1+900	4.669	13.680
K1+950	4.719	13.830
K2+000	4.769	13.980
K2+025	4.787	14.055
K2+050	4.795	14.130
K2+100	4.781	14.280
K2+150	4.756	14.430
K2+200	4.731	14.580
K2+225	4.718	14.655
K2+250	4.706	14.730
K2+300	4.681	14.880
K2+350	4.656	15.012
K2+375	4.643	15.038
K2+400	4.631	15.032
K2+425	4.623	14.995
K2+450	4.652	14.928
K2+500	4.776	14.778
K2+550	4.900	14.628
K2+575	4.950	14.553
K2+600	4.974	14.478
K2+625	4.977	14.403
K2+650	4.977	14.328
K2+700	4.977	14.178
K2+750	4.977	14.079
K2+775	4.977	14.115
K2+800	4.977	14.206
K2+850	4.977	14.406
K2+900	4.977	14.606
K2+950	4.977	14.806
K3+000	4.977	15.006
K3+050	4.977	15.206
K3+100	4.977	15.406
K3+150	4.977	15.606
K3+200	4.977	15.806
K3+250	4.977	16.006
K3+300	4.981	16.206
K3+325	5.033	16.306
K3+350	5.148	16.406

图 8-69　某城市高架道路平面设计实例

图 8-70　某城市高架道路纵断面设计实例

立交的道路设计标高和设计纵坡接顺；高架道路的墩与梁的跨比关系应符合景观要求，构成高架道路均衡的造型，一般30m跨径桥配7.5m净高，36m跨径桥配9m净高。

（2）高架道路纵断面线形：高架道路纵断面线形设计是在地面道路纵断面设计基础上进行，纵向标高是在加上道路净空要求、桥梁结构建筑高度、铺装及横坡影响、预留沉降高度后确定，同时考虑景观因素后尽可能高些；立交处尚需考虑立交的层次、横向跨线桥的净空要求。同时，还必须考虑高架道路的实际景观效果经验，高架最低净高采用6.5m，比一般道路的净高要求抬高了许多。

（3）如图8-70所示为某城市高架道路的纵断面设计实例，该高架道路设计最小纵坡为3‰。而高架匝道纵断面线形除了受竖曲线标准控制外，还受街坊、横向道路净空、坡脚与交叉口停车线的距离控制，图示中的高架匝道最大纵坡5.3%。

（三）高架道路的横断面图

高架道路新建的红线控制为100m，改建的控制为70m，近期实施为45～70m。高架道路结构有整体式和分体式两种布置形式，道路路缘带的宽度取0.5m，双向6车道的路面宽度一般为25.5m，如图8-71所示。而分体式单向4车道的标准宽度为15.5m，分体式单向5车道的标准宽度为19m，对于地面道路路缘带宽度一般取0.5m。横断面的布置实例可如图8-72所示。

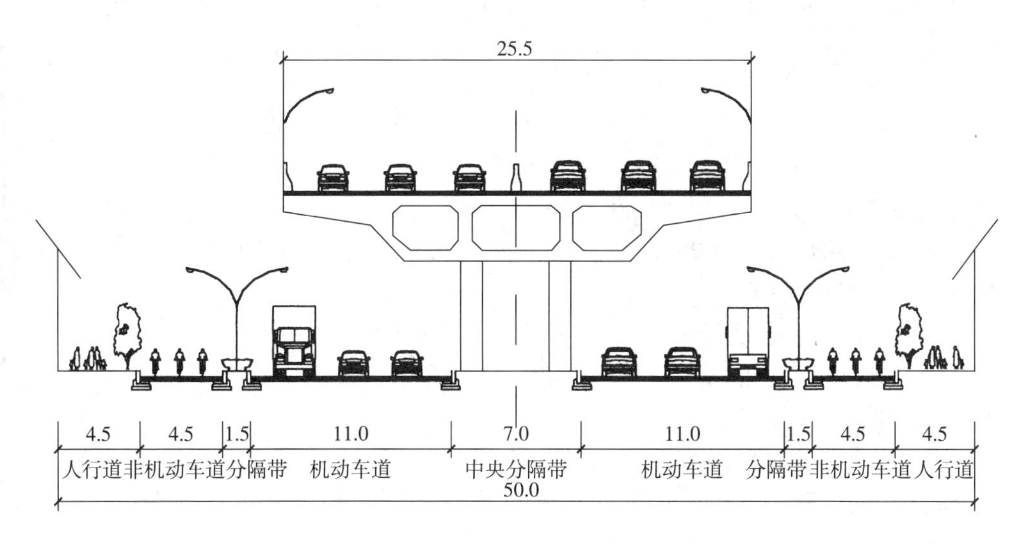

图8-71　整体式高架道路标准横断面实例（单位：m）

图8-72所示为高架道路采用分体桥布置，为单向桥双向4车道，桥梁宽度15.5m，断面组成如下：0.5m（防撞墙）+0.5m（路缘带）+2～3.5m（外侧车道）+2～3.25m（内侧车道）+0.5（路缘带）+0.5m（防撞墙）=15.5m。

（1）匝道：为满足交通管理要求，高架匝道按双车道宽度设计，根据流量的大小，上匝道按单车道入口画线，下匝道按双车道画线。匝道总宽8.0m，断面组成如下：

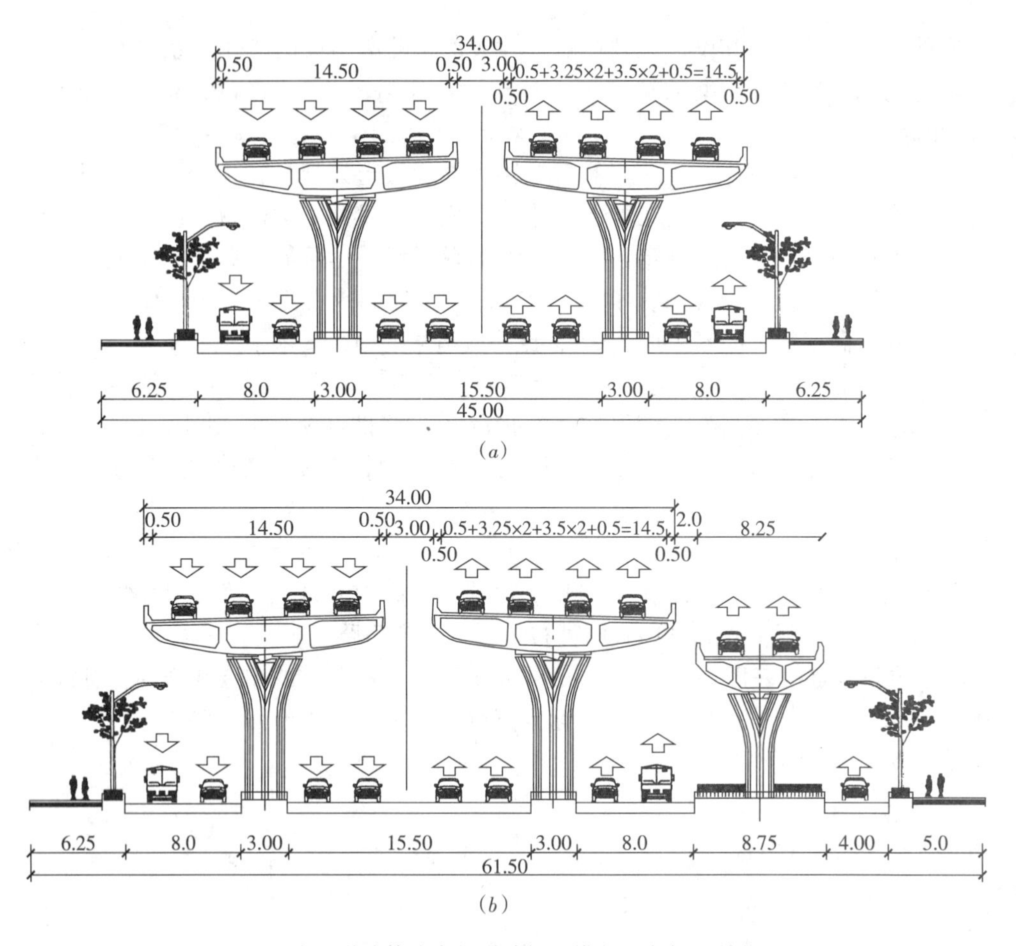

图 8-72　有匝道分体式高架道路标准横断面实例（单位：m）

0.5m（防撞墙）+0.25（路缘带）+2～3.25m（车道）+0.25（路缘带）+0.5m（防撞墙）=8.0m

曲线匝道宽度应根据城市道路设计规范，采用相应的加宽值和超高。

（2）地面道路：地面道路根据桥梁结构布置，采用三幅路断面形式，标准高架路段横断面布置如下：

6.25m（人行道）+8m（外侧机动车道）+3.0m（桥梁设墩分隔带）+15.5m（中间机动车道）+3.0m（桥梁设墩分隔带）+8m（外侧机动车道）+6.25m（人行道）= 50.0m。

地面车道根据交通组织的功能要求分类设置，中间车道为50km/h的主干路，用双黄线划分，分隔带少开口子，保证较快车速的行驶；外侧单向各2车道，1条车道作为正常行驶的车道，另1条车道必须考虑公交线路、沿线单位的车辆进出车道、社会车辆临时停泊等功能的使用。

有匝道路段横断面应根据交通和用地条件，设置地面专用右转车道，避免地面车辆与高架道上下车辆的交织。

第十节 城市轨道工程

一、概述

（一）城市客运交通系统结构

城市客运交通系统结构如图 8-73 所示。

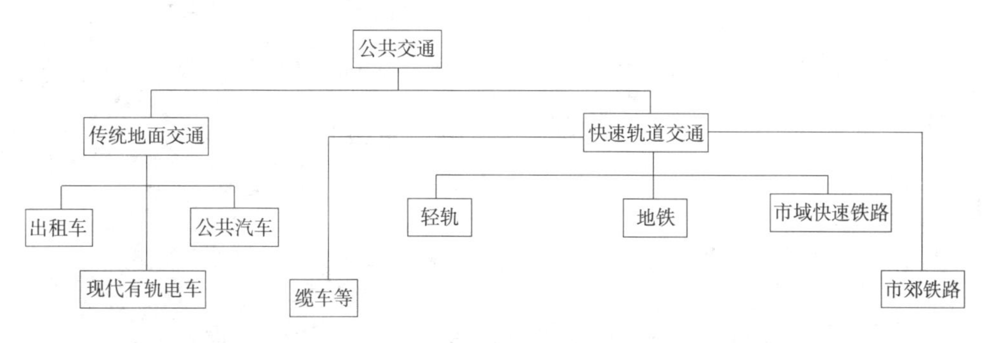

图 8-73 大城市客运交通系统结构示意图

（二）轨道交通的类型与发展趋概况

凡是运载人和物的车辆在“特定”的轨道上运行，轨道起了支承和导向作用的手段就称为轨道交通。城市轨道交通有别于其他道路交通手段的作用：解决城市交通拥堵——城市轨道交通的基础性功能；引导城市结构优化、建设生态城市——城市轨道交通的先导性功能。

城市轨道交通设施是城市建设中投资最大的基础设施之一，是城市建设的百年甚至千年大计。城市轨道交通具备作为大城市公共交通系统骨干运输方式的条件，骨干系统就是要承担较大比例的城市客运周转量。因此，轨道交通必须要形成网络才能起到骨干作用（图 8-74）。

1. 城间铁路

国内外发展城郊铁路的概况如下：

（1）自 1825 年英国开通第一条连接两个城镇的铁路，立刻获得了世界各国的青睐，各国竞相修建。从 1840 年到 1913 年是世界铁路发展的“黄金时代”，1840 年世界铁路营业里程为 8000km，到 1913 年已达 110 万 km，并垄断了陆地上交通运输。美国 98% 的城间旅客周转量由铁路承担，在其他资本主义国家，运输量的 80% 以上也由铁路承担。

（2）我国城间铁路的发展曾经落后于世界发展的趋势，1949 年全国仅有铁路 25000km。但是，我国改革开放以来，特别是“十一五”期间，我国铁路建设迎来了史无前例的高速、跨越式发展，铁路运输达到国际先进水平。统计资料显示，截至 2010 年底，全国铁路营业里程达到 91000km，居世界第二。其复线、电化率均达到 45% 以上。

（3）中国铁路在世界铁路中有着自己独特的“风景”。全世界铁路总营业里

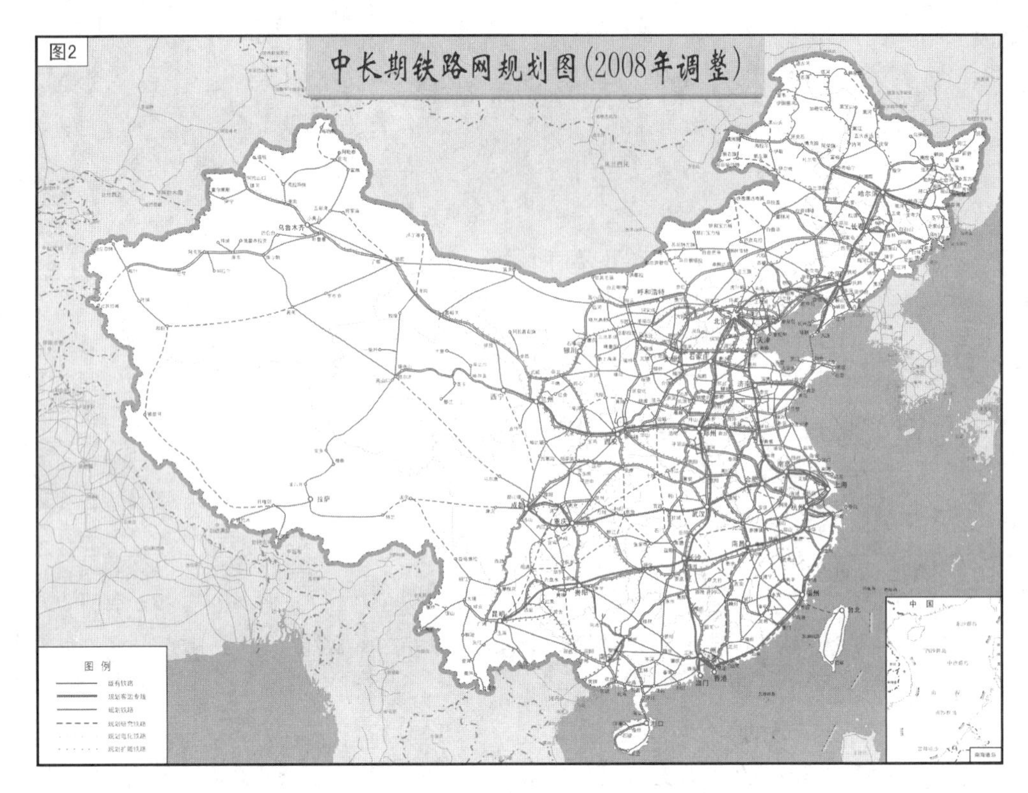

图 8-74　中国铁路建设中长期规划图

程 1200000km，中国铁路现有营业里程 91000km，仅占世界铁路的 7.5%，但完成的工作量占了世界铁路总工作量的近 1/4。到 2012 年底我国铁路营业里程将达到 110000km 以上。电气化率、复线率均达到 50% 以上，发达完善的铁路网将初具规模。中国铁路所创造的效率和效益令世人惊叹。

2. 高铁

（1）中国高速铁路的建设始于 1999 年所兴建的秦沈客运专线。经过 10 多年的高速铁路建设和对既有铁路的高速化改造，中国目前已经拥有全世界最大规模以及最高运营速度的高速铁路网。截至 2011 年 12 月底，中国国内运营时速 200km 以上的高速铁路里程已经接近 10000km，其中包括现有提速铁路近 3000km。计划到 2012 年底总里程将超过 13000km，中国将建成 42 条高速铁路客运专线；到 2020 年中国时速在 200km 以上的高速铁路里程将达到 50000km。

（2）铁道部规划的四纵四横客运专线网络全长达到 12000km，建成后将成为世界上最大的高速铁路网络。目前正在建造当中，采用“分段建设，分段通车”的方式。

中国四纵四横及其他客运专线网规划：

（3）高铁“四纵”客运专线：

1）北京—上海客运专线，包括蚌埠—合肥、南京—杭州客运专线，贯通京津至长江三角洲东部沿海经济发达地区；

2）北京—武汉—广州—深圳客运专线，连接华北和华南地区；

3）北京—沈阳—哈尔滨客运专线，包括锦州—营口客运专线，连接东北和关内地区；

4）上海—杭州—宁波—福州—深圳客运专线，连接长江、珠江三角洲和东南沿海地区。

（4）高铁“四横”客运专线：

1）徐州—郑州—兰州客运专线，连接西北和华东地区；

2）杭州—南昌—长沙—贵阳—昆明客运专线，连接西南、华中和华东地区；

3）青岛—石家庄—太原客运专线，连接华北和华东地区；

4）南京—武汉—重庆—成都客运专线，连接西南和华东地区。

同时，建设南昌—九江、柳州—南宁、哈尔滨—齐齐哈尔、哈尔滨—牡丹江、长春—吉林、沈阳—丹东等客运专线，扩大客运专线的覆盖面。

（5）2008年8月1日我国第一条具有完全自主知识产权、世界一流水平的高速铁路——京津城际铁路正式通车运营。这条全长120km、最高运行时速为350km的高速铁路，不仅为广大旅客提供了安全、快捷、舒适、经济的运输服务，而且将有力地促进以北京、天津为中心的环渤海地区经济社会又好又快发展。它的建成与运营为武广高铁、京沪高铁等客运专线建设提供了示范与极为宝贵的经验。

（6）2009年12月26日世界上第一条时速为350km、里程最长（当时）的无砟轨道客运专线——武汉至广州铁路客运专线营运通车。武汉至广州的里程：1068.8km，线路类型：双线电气化，无砟轨道，无缝钢轨，运行时间将由原来的10.5小时缩短至3小时左右，成为中国铁路发展史上一个新的里程碑。图8-75所示为高速列车从武汉开往广州方向经过黄鹤楼的照片图。

图8-75　高速列车经过黄鹤楼照片图

（7）2010年2月6日上午，各界人士为在西安车站首发的西安开往郑州的G2004次时速350km国产CRH2“和谐号”动车组列车剪彩。宣布我国中西部第一条高速铁路郑州至西安高速铁路正式投入运营。郑州至西安高速铁路全长505km，列车运营时速350km，开通后列车直达最短时间由原来的6个多小时缩短至2

小时以内。

(8) 沪杭城际高速铁路，连接上海与杭州，是中国“四纵四横”客运专线网络中沪昆客运专线的一个组成部分。该工程连接上海、杭州两大城市，正线全长168km，全线设计时速为350km。工程自2009年2月26日动工，2010年10月26日正式通车营运。

(9) 京沪高铁于2011年7月30日在北京南站、南京南站、上海虹桥站、济南西站同时首发。京沪高铁连接的不仅仅是北京和上海，更重要的是将江苏、安徽、山东、河北的沿线城市联系起来，对“环渤海”与“长三角”两大经济圈的发展起到积极的带动作用。京沪高速铁路线自北京南站至上海虹桥站，新建铁路全长1318km，截至2011年底，是世界上一次建成线路最长、标准最高的高速铁路。该铁路设计时速为350km。全线共设24个车站，列车类型为新一代高速动车组，规划输送能力为单向每年发送旅客8000万人。北京至上海由原来13小时缩短为4小时，堪称“陆地飞行”。

3. 市郊铁路

市郊铁路的定义主要是指把城市与郊区连接在一起的铁路，市郊铁路要比地铁更快，一般设计时速为120km，同时站与站之间的距离较地铁更长，运载能力也要高于地铁，建设市郊铁路的意义在于，随着城市中心人口向郊区扩散和卫星城的发展，需要市郊铁路这种方式，将大量的人口快速地从郊区向市中心城区输送。国内外发展市郊铁路的概况如下：

(1) 人靠步行的活动局限在半径5km的范围内，在蒸汽火车刚出现的年代，城市的规模都不大，火车联系着大城市和相邻的市镇，火车站都建于当时的城市边缘，过去了100余年，这些车站目前已是城市的市中心，城市扩大以后，新、旧市镇与市区之间的联系，很多就采用了以前铁路大发展时代留下来的铁路用作交通工具，这就是“市郊铁路”，如在巴黎、伦敦、纽约、旧金山、洛杉矶和芝加哥等城市；

(2) 市郊铁路有两种类型：一种是市中心连接城市边缘和20km左右的居民区，其站间距离较小（1000~1500m）；另一种是连接市中心与副中心、卫星城市，距离可长达40~50km，其站间距离较长（3000~4000m），市郊铁路是居民区合理分布、建立卫星城镇、调整产业结构的一种重要手段，是深受市民欢迎的一种交通方式。

(3) 市郊铁路是在一些发达国家中使用，我国市郊铁路还有待发展，目前铁路只承担中长途旅客运输，旅客平均运输距离达440km，城市周围的铁路正线、支线和专用线仅用作铁路职工上下班的通勤线，但没有纳入本城市的公共交通范围。

(4) 北京、天津、上海、南京、武汉、郑州、重庆、沈阳、哈尔滨等大城市都曾开行有市郊铁路列车，并在20世纪80年代之前承担了一定的客运量，为城市和郊区居民的上下班提供了便利。只是随着公路交通的快速发展，市郊铁路的优势越来越弱，站点与城市交通衔接不紧密，加之车次少，多数的市郊铁路列车已丢失了应有的客运市场。

（5）不过随着郊区大型居住区的扩展，市郊铁路再度回归到了我们的视野。奥运前夕，北京开通了从北京北站到西北新城延庆站的 S2 线市郊铁路，据悉北京在 2020 年前还将建设通往门头沟、密云、大兴、房山等地的 5 条市郊铁路。而在上海，市郊铁路也正走上回归之路——从临港新城到金山新城，一条条崭新的市郊铁路将融入城市的轨道交通体系，“R + R”的出行模式已经初现端倪。

4. 地铁

国内外发展地铁的概况如下：

（1）19 世纪工业革命后城市规模膨胀、扩大，亟待解决交通拥堵现象，当时没有其他动力驱动的车辆可供使用，而火车已开始普及，蒸汽机车拖拉的车厢进入了市区、用作公共交通工具几乎成为“必然”。1863 年 1 月 10 日，从伦敦威廉王街到斯托克威尔，全长 6km，开通了世界上第一条城市地下铁道线路，英国人称之为“地下铁道”，名副其实地把铁道直接搬进了伦敦地下。

（2）大城市逐步形成了目前以地铁为主体，多种轨道交通类型并存的现代城市轨道交通新格局。目前地铁运营线路超过 100km 的城市，全世界已有几十个。如上海、北京、纽约、华盛顿、芝加哥、伦敦、巴黎、柏林、汉城、东京、莫斯科和广州等已基本完成了地铁网的建设。但后起的中等发达国家和地区，特别是发展中国家地铁建设却方兴未艾。亚洲的地下铁道兴建高潮大体比欧美发达国家兴建高潮晚 10 年，香港也是如此。而我国其余大城市大约晚 20 ~ 30 年，但是改革开放以来，我国的城市轨道交通建设出现黄金时代，截至 2010 年上海地铁线路总运营里程达 420km，上海成为中国首个地铁运营里程超过 400km 的城市，北京、广州分别为超过 300km 和 200km 的城市。图 8-76、图 8-77 所示分别为法国巴黎地铁照片图和中国北京地铁照片图。

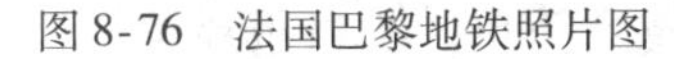

图 8-76　法国巴黎地铁照片图

图 8-77　中国北京地铁照片图

（3）我国城市轨道交通的研究和建设起步较晚，一开始将其定名为“地下铁道”，目前我国城市人口超过 100 万的大城市有 60 多个，城市轨道交通的发展比较滞后。但是，改革开放以来，我国城市轨道交通建设来了一个飞跃发展，目前，已建成轨道交通线路的城市有上海、北京、天津、广州、沈阳、香港、台北、高雄、深圳、南京、成都、武汉、长春、重庆等；城市的轨道交通正在施工建设的有：合肥、佛山、常州、福州、南昌、宁波、西安、郑州、无锡、贵阳、长沙、大连、青岛、哈尔滨、岳阳、昆明、杭州、南宁、太原、苏州、东莞等。

5. 现代有轨电车和轻轨

国内外发展现代有轨电车和轻轨的概况如下：

（1）世界上第一辆有轨电车于1881年诞生在柏林，轨道直接铺设在道路上，轨面和路面相平，没有独立的路权。有轨电车作为公共交通工具，逐渐为大众所接受，并很快得到广泛使用，在20世纪初期已经成为城市交通的主要方式。

（2）有轨电车诞生后不久，很快便传到中国。1908年3月5日，上海第一条有轨电车路线正式通车营业，长6km。此后不断扩展，到1959年，有轨电车共有360辆，线路总长度为72.4km。我国一些重要城市如北京、天津、大连、广州等也都建造了有轨电车线路。

（3）随着汽车工业的发展，我国的有轨电车与世界各国一样也随之萎缩，上海于1975年拆除了最后一条从虹口公园到五角场的有轨电车路线。不过，我国香港特别行政区和东北几个城市仍保留着有轨电车，然而在城市公共交通中所占的比例则已降到最低的水平。

（4）轻轨交通的概念是在1978年布鲁塞尔轨道交通年会上提出来的，一般而言轻轨交通是指每小时的客流量为大于有轨电车1万人次，小于地铁3万人次的轨道交通系统。这才逐步为交通专家接受，也受到乘客的欢迎。由于轻轨系统规模小于地铁系统，投资较小、建设、管理也较地铁系统容易，其适应性很强，既可作为客运量不很大的中小城市轨道交通网络的主干线，如新加坡和吉隆坡的轻轨；也可作为大城市轨道交通网络的补充，如巴黎地铁系统中的轻轨交通、上海轨道交通中的L1～L4线；因此，无论是发达国家还是发展中国家，许多城市已建成或计划建造轻轨交通。我国也有不少城市对轻轨交通进行了可行性研究。

6. 独轨铁路系统

国内外发展独轨铁路系统的概况如下：

（1）由架空的单根轨道构成的铁路，主要架设在地面交通拥挤的地区，车辆沿架空的轨道运行。独轨铁路的主要结构是轨道梁，通常是由钢或钢筋混凝土制成。独轨铁路车辆在轨道梁上运行，一般是铝合金制成的，由电动机驱动。1820年英国在伦敦北部建成世界上最早的一条用于货物运输的独轨铁路。1898年德国人E. 朗根提出在伍珀塔尔市内巴门和埃尔伯费尔德间建造用于旅客运输的独轨铁路，并于1901年建成和投入运营。20世纪50年代以来，一些国家由于城市交通量激增，交通污染等公害问题日趋严重，独轨铁路建设日益受到重视。

（2）独轨铁路工程造价低廉，工期较短，技术简单，线路用地少，行车速度高，不受地面交通干扰，运行平稳安全。因此日本、德国、美国等国家重视独轨铁路研究，并取得了一定的成果。

（3）独轨铁路按车辆的行车状态，大致可分悬挂式独轨铁路和跨座式独轨铁路两类。不同类的独轨铁路，运行于其上的车辆结构形式也不同。图8-78（*a*）为跨座式独轨铁路，采用混凝土轨道和橡胶充气轮胎，1964年东京举办奥运会，修建从羽田机场到市中心的独轨铁路作为城市公共交通运输工具。该线营业里程

13.1km，海上部分7.1km，陆上部分6.0km。目前日本已有3个独轨系统正在运营，两个独轨系统在施工，还有不少城市在规划，日本显然已成为世界上拥有最多独轨系统，并将其纳入城市交通的国家。图8-78（*b*）为应用于日本江之岛线的悬挂式独轨车辆转向架铁路。

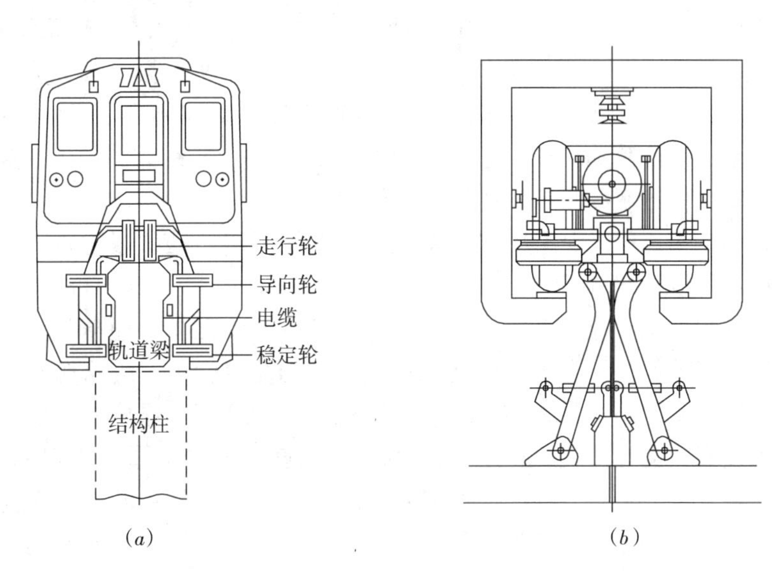

图8-78　独轨铁路系统的两方式

（*a*）跨座式独轨铁路；（*b*）悬挂式独轨车辆转向架铁路

（4）独轨铁路是另类轨道交通系统，和钢轮钢轨系统不兼容，车辆无法互换；线路只能采用高架结构形式，在一般平原地带的城市修建独轨铁路优越性不突出。但是独轨铁路的爬坡能力是轮轨系统的轨道交通所无法比拟的，我国的山区城市，采用这种系统是完全合适的。我国重庆市2004年7月建成并投入商业营运的跨座式独轨运输系统，是重庆市第一条轨道交通线路，也是国内第一条独轨运输系统，东起市中心商业繁华地带的校场口，经临江门、牛角沱、大坪、杨家坪、动物园、大堰村等到市西部工业中心新山村，共18座车站，全长18.878km。该跨座式独轨交通线，列车编组四节，均有空调。车站均有空调系统，全部采用屏蔽门。在重庆市主城区范围采用独轨铁路后，既缓解了交通拥挤的压力，又克服山城山高坡陡问题，已被确定为未来重庆立体交通发展的一个主要方向。

7. 磁浮系统

国内外发展磁浮系统的概况如下：

（1）以超导电磁铁相斥原理建设的铁路运输系统，即磁悬浮列车是利用“同名磁极相斥，异名磁极相吸”的原理，让磁铁具有抗拒地心引力的能力，使车体完全脱离轨道，悬浮在距离轨道约1cm处，腾空行驶，创造了近乎“零高度”空间飞行的奇迹。

（2）所以，磁悬浮列车是一种靠磁悬浮力（即磁的吸力和排斥力）来推动的列车。由于其轨道的磁力使之悬浮在空中，行走时不需接触地面，因此其阻力只有空气的阻力。磁悬浮列车的最高速度可以达每小时500km以上，比轮轨高速铁路还要快速。磁悬浮技术的研究源于德国，早在1922年德国工程师赫尔曼·肯佩尔就提出了电磁悬浮原理，并于1934年申请了磁悬浮列车的专利。1970年代以后，随着世界工业化国家经济实力的不断增强，为提高交通运输能力以适应其经济发展的需要，德国、日本等发达国家相继开始筹划进行磁悬浮运输系统的开发。

（3）轨道交通的牵引和导向均依靠车轮和轨道面的机械接触来完成的，机械损耗无法避免，非接触式的悬浮式轨道交通就成了人们的梦想。1979年汉堡国际交通博览会上，一段900m长，定名为TR的磁浮铁路示范线顺利展出，这次磁浮车的展出成功，促进了磁浮铁路的发展进程。

（4）2000年12月，中国决定建设上海浦东龙阳路地铁站至浦东国际机场高速磁浮交通示范线，2001年3月正式开工建设。2002年12月31日由当时的国务院总理朱镕基和提供磁浮列车技术的德国总理施罗德参加了开通典礼。上海磁浮列车示范运营线项目，结合上海经济和社会发展的需要，确定线路西起浦东新区规划的地铁枢纽龙阳路车站，东至浦东国际机场，主要解决连接浦东国际机场和市区的大运量高速交通需要。正线全长30km，并附有3.5km的辅助线路，双线上下行折返运行，设2个车站、2个牵引变电站、1个运行控制中心（设在龙阳路车站内部）和1个维修中心。初期配置3套车底，共15节车，设计最高运行速度为430km/h，单向运行时间约8min，发车间隔为10min。上海磁浮列车一次可乘坐959人，每小时可发车12列。

（5）世界上第一个作为公共运输服务的磁浮式运输系统是英国的Maglev，用于伯明翰机场航站大厦与机场东北方约600m处的英国国铁伯明翰线的车站及“国家展览中心”之间的联系。磁浮列车从悬浮机理可分电磁悬浮和电动悬浮两种。

（6）图8-79所示为磁悬浮列车照片图，图8-80所示为德国的TR磁浮结构原

图8-79 上海磁悬浮列车

理图，电磁悬浮就是对车载的悬浮电磁铁通电、励磁产生电磁场，该电磁铁与轨道上的电磁构件相互吸引，将列车向上吸起悬浮于轨道上，车载磁铁和轨道电磁构件之间的悬浮间隙一般约8～12mm。列车通过控制悬浮磁铁的励磁电流来保证稳定的悬浮间隙，通过线性电机来牵引列车行走。磁浮列车的导向是依靠轨道梁侧边的磁铁与列车内侧边的电磁铁相互坐来实现的。磁浮列车停止时，依靠装置在车底部的支撑滑块支承在轨道梁上。

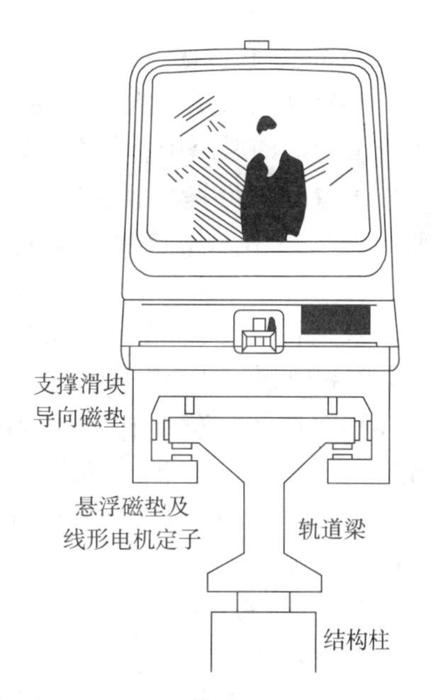

图8-80　德国TR磁浮结构原理图

8. 自动导向运输系统

国内外发展自动导向运输系统的概况如下：

（1）自动导向运输系统，简称AGT，一般泛指自动化控制条件下、无人驾驶的车厢在专用路权的轨道运行的交通运输系统。这种系统在美国地区早期被称为“水平电梯”、“空中巴士”或“运输快道”，近年来则统称为“运人系统”。法国与日本将AGT技术进一步发展并应用于城市地区的中、小运量轨道交通运输系统，在法国称之为VAL系统，即“轻型自动化运行的车辆”；日本称为“新交通系统”。

（2）上海外滩的人行观光过江观光隧道也是属于AGT范畴，工程投资5.2亿元、历时两年多时间建成的外滩观光隧道横卧在黄浦江底，将浦西著名的外滩风景区和浦东的滨江大道、东方明珠等旅游景点连成一体，是我国第一处江底旅游观光景点。隧道全长646.7m，内直径为6.76m，隧道两头的地下建筑分别为地下三层、局部四层结构。从法国进口的SK系统，是目前世界上最先进的一种无人驾驶、环保型、不间断自动控制运输系统，单程过江时间为2.5～5min，每小时最大的输送量为5000人次。

（3）美国自动导向运输系统，以运载机场航站大厦至登机区或在娱乐园区内环绕载客为主。法国的自动导向运输系统以里尔的“VAL”系统为代表。里尔是一个中等城市，经研究认定采用系统的基本要求：“经济”、“有效”及最高单方向20000人次/h客流量。系统使用了无人驾驶的较小型车厢，“VAL”自动导向运输系统的运营间隔为60s；使用了狭长形车厢（车长12.7m，宽2.06 m，高3.25m）；车重的减轻，节省土木工程方面的投资费用；采用了有助于列车加、减速的橡皮轮胎。

二、城市轨道交通的轨道结构

由于城市轨道交通线路一般穿经城市区域，轨道结构比城市间的铁路更要考虑得全面一些。但轨道结构的基本部件主要由钢轨、轨枕、扣件和道岔等组成。

（一）钢轨和轨枕

（1）钢轨的质量愈大，断面尺寸愈大，钢轨强度等性能指标愈高。在我国城市轨道交通的线路中，早期的北京地铁使用了50kg/m钢轨，上海、广州地铁都采用了较重的60kg/m钢轨，以期延长维修周期。轨道交通的停车线、站场线等非运营线路则采用较轻的50kg/m钢轨，甚至采用43kg/m的钢轨，以减少投资。

（2）钢轨与轨道交通车辆的车轮直接接触，是轨道结构的主要部件，它由轨头、轨底和轨腰三部分组成。

（3）轨枕是有碴轨道轨下基础的重要部件。它的功能是支承钢轨，保持轨距和方向，并将钢轨对它的各向压力传递到下部结构上。轨枕依其构造及铺设方法分为横向轨枕、纵向轨枕、短枕和宽轨枕等。轨枕依其材料分为木枕、钢枕和预应力混凝土轨枕。

（二）连接构件

（1）在轨道上用定长的钢轨连接成连续的轨线，两根定长的钢轨之间，用夹板连接，称为钢轨接头。在城市轨道交通的轨道交通结构中，已大量采用无缝线路结构，钢轨接头数量大大减少，但是在无缝线路的缓冲区、轨道电路的绝缘区、有道岔的线路区段中，钢轨接头还是不能少的。用焊接方法把钢轨连接起来的线路称为无缝线路。由于道岔是高锰钢材料，焊接性能差，可以使用高强度的胶粘剂将夹板与钢轨胶结，再用高强度螺栓拧紧，称为冻结接头。

（2）钢轨与轨枕的连接是通过扣件实现的。扣件作用是将钢轨固定在轨枕上，以保持轨距和阻止钢轨相对于轨枕的纵向、横向移动。例如，在钢筋混凝土轨枕轨道和混凝土整体道床中，弹性远小于木枕轨道，扣件还必须提供足够的弹性。为此，扣件必须具有足够的强度、耐久性和良好的弹性；结构力求简单，便于安装及拆卸；城市轨道交通在市区区段一般采用整体道床结构，基础的沉降导致轨面不平顺，需要扣件有较高的调高量。此外应具有良好的绝缘性能，以减少迷流。

（三）道床

（1）在轨道交通发展的初期即采用了石碴铺筑而成的道床作为轨排的基础，从造价、轨道弹性、阻尼和易于维修恢复轨道线形等方面有碴轨道均优于无碴轨道形式。但有碴轨道存在自重大、不易保持轨道几何形态、维修工作量大、易脏污等缺陷，在新建的高架、地下轨道交通线路中已不采用，只在轨道交通的地面线、站场线中使用。用作道床的材料，应满足质地坚韧，吸水度低，排水性能好，耐冻性强，不易风化，不易压碎、捣碎和磨碎，不易被风吹动和被水冲走的要求。

（2）一般新建轨道交通的地下、高架及车站部分线路均采用了无碴轨道结构形式。采用最普遍的无碴轨道为整体道床。整体道床是无碴轨道的一种结构形式。它没有传统的道碴层，是用混凝土或钢筋混凝土浇灌于坚实的基础之上形成整体的道床。日本铁路称之为“直接连接轨道”，英国铁路称为“连续灌筑钢筋混凝土轨道”。也有将无道砟的预制钢筋混凝土板式道床列为整体道床的。无碴轨道与基床的连接形式主要有三种，如图 8-81 所示。

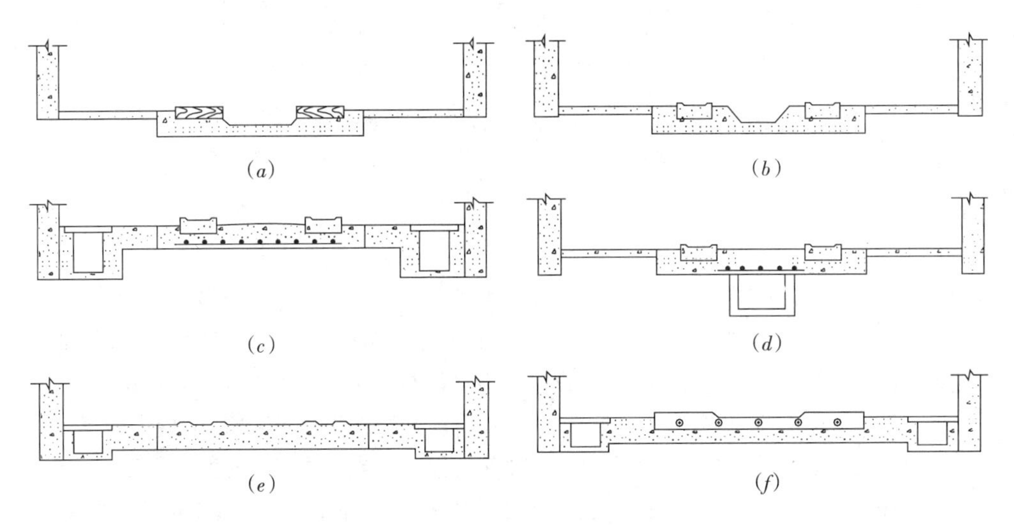

图 8-81 城市轨道交通使用的整体道床

(a) 短木枕式整体道床；(b) 混凝土支承块中间水沟式整体道床；(c) 混凝土支承块侧沟式整体道床；(d) 混凝土支承块中心暗沟式整体道床；(e) 整体浇筑式整体道床；(f) 长轨枕浇筑式整体道床

1）整体灌筑式。采用就地连续灌筑混凝土基床或纵向承轨台。国外一些国家修建铁路隧道时常采用这种形式，香港地铁和新建的轻轨交通也采用了这种形式，简称 PACT 型轨道。

2）轨枕式。把预制好的混凝土枕或短木枕与混凝土道床浇筑成一整体，上海地铁和新加坡的轻轨交通也采用的这种形式。其最大优点是施工进度快，施工精度容易保证。

3）支承块式。把预制的钢筋混凝土支承块或短木枕与混凝土道床浇筑成一体。这是世界上许多国家铁路整体道床大量采用的形式。莫斯科地铁曾使用短木枕作为支承块，我国北京和天津地铁也均采用混凝土的支承块。这种形式整体性及减振性能较差，施工较整体灌筑式简单而比轨枕式复杂，成本较低，施工精度较整体浇灌式易保证。

（四）道岔

（1）轨道交通车辆由一条线路转向或越过另一条线路时的设备称为道岔。道岔有线路连接、线路交叉及线路连接与交叉等三种基本形式。

（2）普通单开道岔由引导列车的轮对沿原线行进或转入另一条线路运行的转辙部分（包括尖轨、基本轨、转辙机械等）、为使轮对能顺利地通过两线钢轨的交叉点而形成的辙岔部分（包括辙岔和护轨等）、将转辙部分和辙岔部分连接的连接部分以及岔枕和连接零件等组成，如图 8-82 所示。

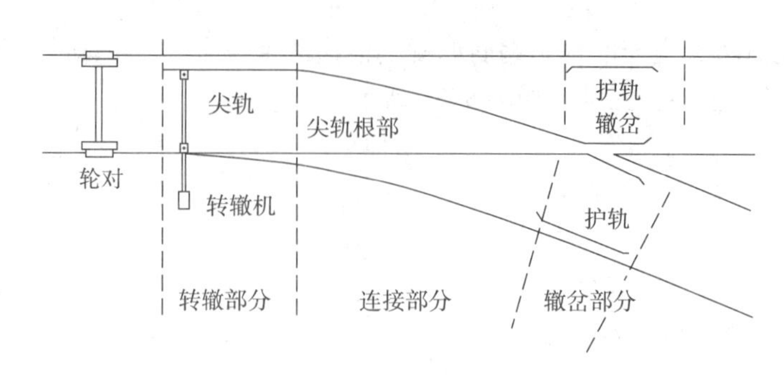

图 8-82 普通单开道岔组成部分

（3）普通轨道交通的道岔完成转线任务是移动尖轨，基本轨则保持不动；而磁浮道岔、独轨道岔的转线原理则是整个轨道梁一起移动。这些道岔实际上是一根连续可弹性弯曲的钢梁，由液压或电动机械驱动道岔钢梁从直股转换到侧股。上海磁浮列车低速道岔的钢梁下共设置 6 墩柱，其中 0 号墩柱上设置道岔基座，1～5号墩柱上设置了安装在基础底板上的道岔移动横梁，可以使道岔沿横梁移动，除 0 号墩外，其余支座上均设置定位和锁定装置，以保证道岔钢梁可以弯曲到设计的位置，如图 8-83 所示。

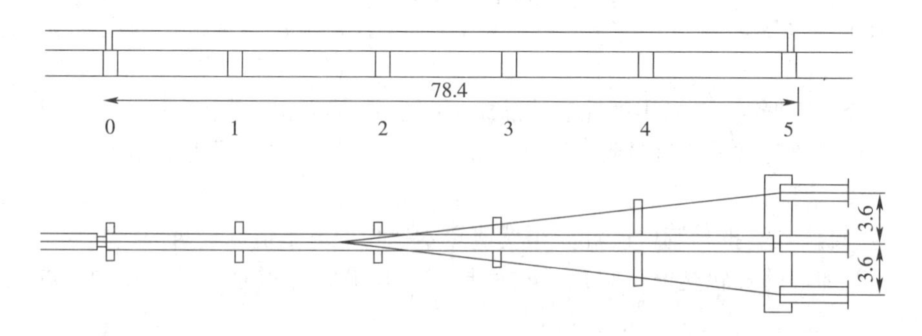

图 8-83 上海磁浮铁路三开道岔示意图（单位：m）

三、城市轨道交通的线路设计

（一）轨道交通的线路设计特点

（1）线路难以改建，线路设计要作长期的考虑。城市轨道交通线路一经建成运营，无论它在地下、地面还是在地面以上，线路位置的改变都十分困难。

（2）线路主要用于客运，列车质量较小，不受机车牵引力的限制，因此没有限制坡度概念。线路允许的设计坡度较大，地铁规范规定正线最大坡度为 30‰，困难地段允许达到 35‰；重庆独轨铁路设计坡度达到 50‰。

（3）城市轨道交通客运量大，必须采用分方向追踪运行；线路一般设计为双线，一般车站处只有 2 股道。通常各条线路设有 1 个车辆段和 1 个停车场。

（4）运距短，站点密，停车频繁，中等运速。

（5）车站长度较短。城市客流可容忍的等待时间较短，要求发车间隔时间不能太长，一般不长于 15min。

鉴于城市轨道交通的载重量小、车速中等、列车短、运距短、停站频繁等特点，故其设计标准与城间铁路有所不同，其差异程度与城市轨道交通类型及形式有关。无论是地铁、轻轨还是其他轨道交通的线路，都可根据其在运营中的地位和作用划分为正线、辅助线、车场线等类别。按不同类别线路制定相应的技术标准，以达到既能保证运营要求又能降低工程造价的目的。

（二）轨道交通的站位与线路

（1）确定轨道交通站位及线路的平面位置，应充分考虑现状和规划的道路、地面建筑、地下管线和其他构筑物，以及被保护的文物古迹，使相互影响减至最低程度，并争取取得良好的结合。因此，进行平面设计时，应综合考虑诸方面因素的影响，使确定的方案既经济合理又有利于使用和运营管理。

（2）车站之间的距离选定应根据具体情况确定，站间距离太短虽能方便步行到站的乘客，但会降低运营速度，增加乘客旅行时耗，并增大能耗及配车数量，同时，由于多设车站也增加了工程投资和运营成本。站间距离太大，会使乘客感到不便，特别对步行到站的乘客尤其如此，而且也会增大车站负荷。一般说来，市区范围内由于人口密集，大集散点多，车站布置应该密一些；郊区建筑稀疏、人口较少，车站间距可以大一些，参照国内外已投入运营的轨道交通使用经验，站间距离在市区和居民稠密区推荐采用 1km 左右。我国北京、上海、广州的地铁平均站间距为 1250 ~ 1500m。

（3）地面线和高架线对乘客来讲比地下线安全感强，噪声小、豁亮通畅，可饱览市容，乘车比较舒服，但对沿线居民产生一定的影响。所以，在定线时一定要充分考虑行车、维修产生的振动、噪声，以及乘客视线对居民生活的影响；同时要防止建筑物内废弃物投掷到线路上，影响行车安全；在建筑、结构和供电设计中更要处理好景观对城市的影响。

（4）地下线路考虑在道路红线内、沿道路走向，采用路中方案较多，特别是道路两侧建有深桩基础的建筑物的情况下，也有穿越居民区的，线路穿越居民住宅，原因首先是总体线路走向要求，其次是十字交叉口，不能满足最小曲线半径的要求，线路所穿越的居民楼多为条形基础的多层房屋。为减少轨道交通运营对居民影响，应该采用浮置板等特殊轨道结构。

中、大运量的轨道交通在市区内很少采用地面线路，大连轻轨是在过去的有轨电车基础上改造建设的，部分采用和其他路面交通工具共用路权的形式，部分则采用独立路权线路，均未设置立交。

（三）轨道交通的高架线路横断面布置图

轨道交通的高架线路是根据线路敷设区域的具体情况，并可考虑路中方案或路侧方案，图 8-84、图 8-85 所示是上海轻轨 L4 线外高架桥地区线路的方案比选，很明显，路中方案对道路两侧的影响是均等的，路侧方案则易引起一侧居民的意见。

路侧方案布置横断面图（图 8-84）、路中方案布置横断面图（图 8-85）、高架道路和高架轨道交通合二为一方案布置横断面图（图 8-86）。若高架道路与高架轨道交通一并考虑，这是一个很好的选择。如图 8-86 所示为上海市共和新路断面图，高架道路位于轨道交通线路之上。

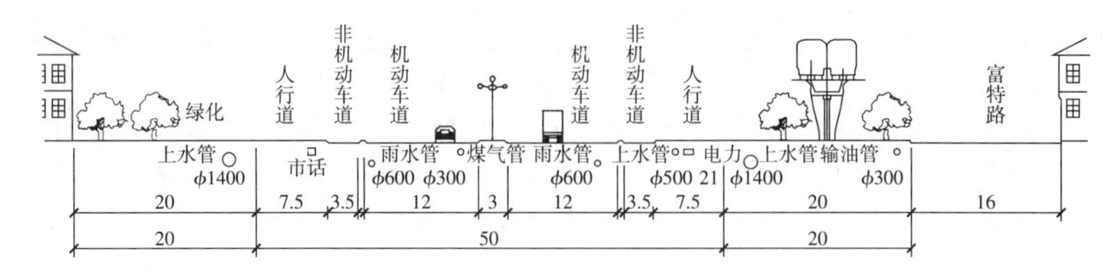

图 8-84 路侧方案布置横断面图（单位：m）

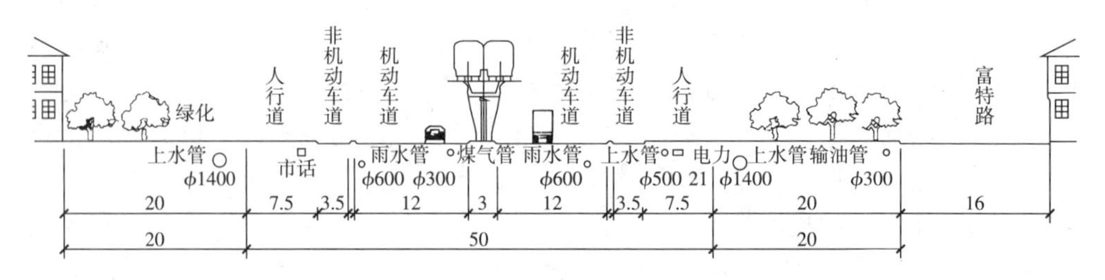

图 8-85 路中方案布置横断面图（单位：m）

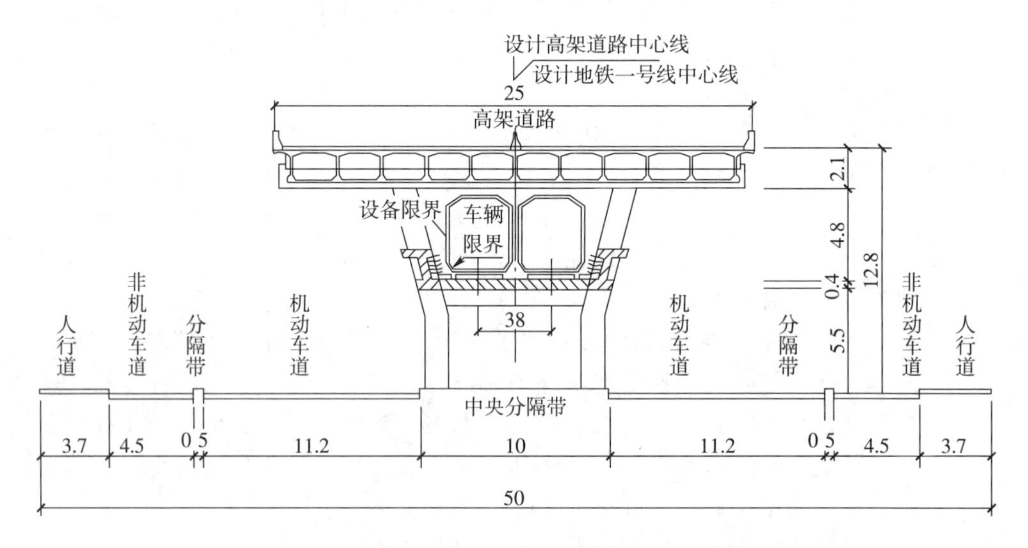

图 8-86 高架道路与高架轨道交通横断面图（单位：m）

（1）道路交叉口上立交布置横断面图：具有独立路权的轨道交通高架线路对全路面交通没有任何干扰，形成立体交通，各行其道。但在道路交叉口处，如果每个方向的交通流量都很大，则应该考虑其是否搞成立体交叉，如果在规划阶段就考虑周全，那么对后续工程的可行性、可操作性就提供了较大保证。如图 8-87 所示为上海市高架某交叉口为另一方向留有接口。

（2）城市道路交叉口下立交布置横断面图：交通构筑物的体态、高度等对城市的景观、风韵、“污染”影响极大，如采用下立交形式是一种较好的选择，这种下立交方案特别适合于横向道路间隔较大的区域，在这些地方修建轨道交通可以采用地面线路或高路堤布置方案，遇有横向道路，道路则采用下立交通过，总体投资将大大降低。香港九龙的地铁就是采用高路堤形式，没有使用高架线路。图 8-88 所示为上海磁浮铁路示范线与横向道路相交实例的横断面图。

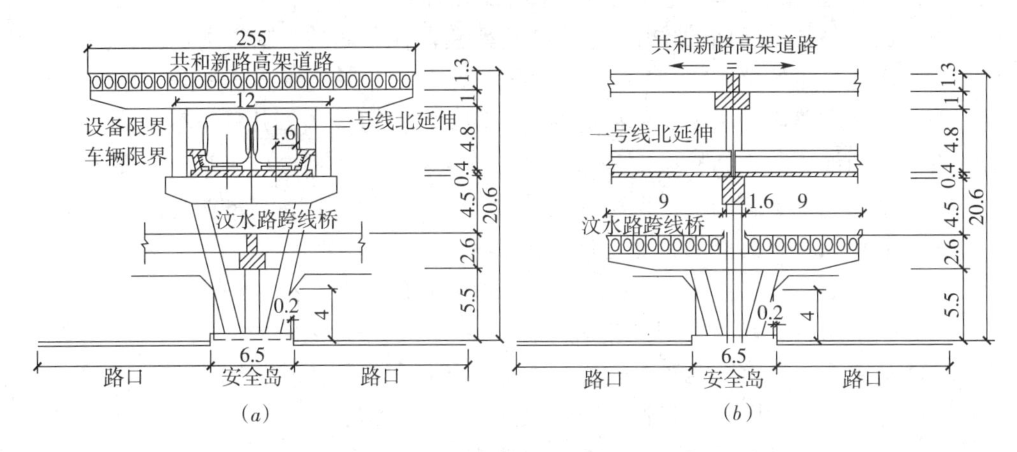

图 8-87 道路交叉口留有跨线桥接口横断面示意图（单位：m）

（*a*）东西向交叉口横断面；（*b*）南北向交叉口横断面

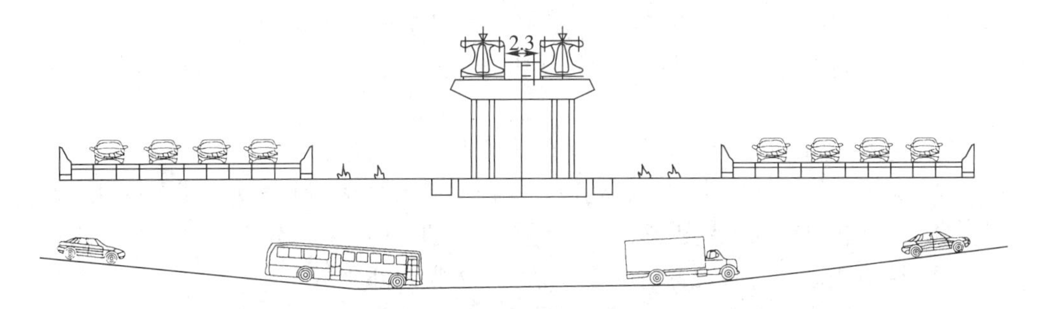

图 8-88 上海磁浮铁路示范线与横向道路相交实例的横断面图

复习思考题

1. 什么叫城市道路？什么是城市道路平面图？什么是纵断面上的控制点？
2. 什么是道路路线？道路路线的线形是如何确定的？
3. 城市道路平面设计的主要内容是什么？
4. 道路路线工程图的图示方法与一般工程图有哪些不同？
5. 城市道路路线平面设计有哪些原则？
6. 道路平曲线要素有哪些？平曲线半径如何选择？
7. 平曲线上的超高、加宽与曲线衔接的概念如何？
8. 城市道路平面图包括哪些内容？画平面图应注意哪些问题？
9. 道路路线纵断面图的图示内容是什么？绘制道路纵断面图的要点有哪些？
10. 什么是城市道路横断面图？它是由哪几部分组成？

11. 城市道路横断面的布置形式有哪几种？画图说明其各自的特点。

12. 什么是郊区道路？其横断面的特点如何？

13. 什么是道路路基？它的基本形式有哪几种？

14. 道路路基横断面的作用是什么？道路路基横断面的绘制方法是什么？

15. 高速公路的路基有何特点？其横断面是什么？熟练识读图 8-24。

16. 什么是路面？根据其使用的材料不同，路面可分为哪几种类型？

17. 画图说明路面结构层次是如何划分的？其功能如何？应满足什么要求？

18. 水泥混凝土路面的横向与纵向接缝各有几种形式？各自的构造如何？

19. 沥青混凝土路面的特点是什么？如何分类？

20. 挡土墙有哪些用途？重力式挡土墙由哪几部分组成？

21. 挡土墙有哪几种类型？它们的适用条件分别是什么？

22. 道路交叉口有哪几种基本类型？它们的使用范围是什么？

23. 什么叫平面图交叉口冲突点和交叉口交通组织？

24. 交叉口平面设计图的识读有哪些要求？

25. 立体交叉的作用是什么？它由哪些部分组成？

26. 立体交叉有哪几种分类方法？各有何特点？

27. 熟练识读图 8-29 ~ 图 8-33、图 8-58、图 8-63、图 8-71、图 8-72。

28. 城市高架道路在路网中的主要功能是什么？设置高架道路需要有哪些条件？

29. 高架道路纵断面设计高程主要考虑哪些因素？

30. 城市轻轨交通的类型有哪几种？每种类型的主要工作原理是什么？

31. 城市轨道交通有别于其他道路交通手段的作用？

32. 城市轨道交通的轨道结构基本部件是由哪几部分组成？

33. 高架线路横断面的布置方法有哪几种？

第九章　城市桥梁工程图

第一节　概　述

一、桥梁的简况

桥梁是架设在江河湖海上，使车辆行人等能顺利通行的建筑物，也是一个为全社会服务的公益性建筑，更是人文科学、工程技术与艺术三位合一的产物。桥梁建筑以自身的实用性、巨大性、固定性、永久性及艺术性极大地影响并改变了人类的生活环境。优秀的桥梁建筑不仅揭示了人类社会的发展，体现出人类智慧与伟大的创造力，而且往往成为时代的象征、历史的纪念碑和游览的胜地。它既是人类的物质财富，也是宝贵的精神财富，并且随着时间的推移，其功能和美学价值会日益生辉，成为民族的骄傲、历史的珍迹。

（一）中国古代名桥

中国历代能工巧匠所建的桥梁不计其数，流传到今，已成为中华民族灿烂文化的一部分。有不少是世界桥梁史上的创举，充分显示了我国古代劳动人民的非凡智慧。其中中国古代十大名桥更是桥梁中的瑰宝，不仅见证了中国历史的发展，而且记录下了桥文化的绚丽多彩。这十座名桥就是举世闻名的河北赵县“赵州桥”、世界上第一座启闭式浮桥的广东潮安“广济桥”、世界上“独一无二”的北京“卢沟桥”、天下无桥长此桥的福建“安平桥”、亭桥相融为一体的江苏扬州“五亭桥”、不用一钉一铆的广西三江“风雨桥”、能发出中国古韵的河北“五音桥”、北京颐和园的“玉带桥”、山西太原的“鱼沼飞梁”、中国工农红军在长征途中的“泸定桥”。

（1）赵州桥，是我国古代石桥建筑技术和艺术上的典范，是世界桥梁科学宝库里熠熠生辉的瑰宝，也是世界建筑史上三大杰作之一。图 9-1 所示为我国河北赵县洨河上著名的古代石拱桥—赵州桥（又称安济桥）外貌图，建于隋代大业年间（公元 605—618 年），由著名匠师李春设计和建造，距今已有约 1400 年的历史，是当今世界上现存最早、跨径最大、保存最完善的古代单孔敞肩石拱桥。该桥于 20 世纪已列入世界文化遗产。1991 年，美国土木工程师学会将安济桥选定为第 12 个“国际历史土木工程的里程碑”，并在桥北端东侧建造了“国际历史土木工程古迹”铜牌纪念碑。该桥是一座空腹式圆弧形石拱桥。净跨 37. 02m，桥宽 9. 00m，桥高 7. 23m，主桥上两侧设有跨径分别为 2. 80m 和 3. 80m 不等跨的小拱。

（2）图 9-2 所示为五亭桥外貌图，该桥位于江苏扬州，五亭桥建于乾隆二十二年（1757 年），是仿北京北海的五龙亭和十七孔桥而建的。“上建五亭、下列四翼，桥洞正侧凡十有五”。建筑风格既有南方之秀，也有北方之雄。中秋之夜，可感受到“面面清波涵月影，头头空洞过云桡，夜听玉人箫”的绝妙佳境。五亭桥位于扬州瘦西湖内。桥基为12条青石砌成大小不同的桥墩；桥身为拱券形，由3种不同的卷洞联合，共15孔，孔孔相通，亭亭之间的廊相连。桥的造型秀丽，黄瓦朱柱，配以白色栏杆，亭内彩绘藻井，富丽堂皇。

图9-1 赵州桥外貌图

图9-2 五亭桥外貌图

(3) 图9-3所示为广济桥外貌图，位于广东潮州城东门外，横卧在滚滚的韩江之上，东临笔架山，西接东门闹市，南眺凤凰洲，北仰金城山，景色壮丽迷人。广济桥以其“十八梭船二十四洲”的独特风格与赵州桥、洛阳桥、卢沟桥并称中国四大古桥，广济桥曾被著名桥梁专家茅以升誉为“世界上最早的启闭式桥梁”。宋末至元代，广济桥又有诸多兴废，明宣德十年（1435年），知府王源主持了规模空前的“叠石重修”，竣工后“西岸为十墩九洞，计长四十九丈五尺；东岸为十三墩十二洞，计长八十六丈；中空二十七丈三尺，造舟二十有四为浮桥”，并于桥上“立亭屋百二十六间”，更名为“广济桥”。

图9-3 广济桥外貌图

图9-4 卢沟桥外貌图

(4) 卢沟桥又称做芦沟桥，位于北京市西南约15km处丰台区永定河上。因横跨卢沟河（即永定河）而得名，是北京市（也是华北地区）现存最古老、最长的古造联拱桥。该桥始建于金大定二十九年（公元1189年），成于明昌三年（公元1192年）。卢沟桥全长266.5m，宽7.5m，最宽处可达9.3m。有桥墩10座，共11孔，整个桥体都是石结构，关键部位均有银锭铁榫连接，为华北最长的古代石桥。卢沟桥被意大利著名的旅行家马可·波罗称“是世界独一无二的”，是因桥身两侧石雕护栏各有望柱140根，柱头上均雕有卧伏的大小石狮共502个，神态各异，栩栩如生。桥东的碑亭内立有清乾隆题“卢沟晓月”汉白玉碑。特别是桥墩造法颇有特色，墩下面呈船形，迎水面砌作分水尖，外形像一个尖尖的船头，其作用为抗击流水的冲击。桥上的石刻十分精美，桥身的石雕护栏上共有望柱280根，柱高1.4m，柱头刻莲座，座下为荷叶墩，柱顶刻有众多的石狮。望柱上雕有大小不等、形态各异、数之不尽的石狮子。

（二）中国现代名桥

（1）我国建桥是从远古先人简单构筑以达通途利涉目的的木桥、石桥，发展到至今的凌空横跨、雄伟壮观的世界顶尖水平的现代化桥梁。我国特别是改革开放以来，桥梁建筑史上迎来了史无前例的黄金时代，一座座著名的桥梁无不昭示着人类的创造力，浓缩着人类不懈探索的成功，体现了现今结构功能和造型艺术的统一，蕴含着人类科技文化奇丽发展的精髓。正如著名英国科学家李约瑟评价中国的桥梁建筑时说“没有一座中国桥是欠美的，并且有很多特殊的美”。

（2）随着2008年5月1日世界上跨海距离最长（36km）的杭州湾大桥和2008年6月30日世界上斜拉桥主孔跨度最长（1088m）的苏通大桥相继建成通车，标志着我国建桥史上完成了由桥梁建设大国向桥梁建设强国的历史性跨越。

（3）图9-5所示万州长江公路大桥。桥型为钢筋混凝土劲性骨架拱桥，1996年6月建成通车，该桥是国道主干线上海至成都公路在重庆万州跨越长江的一座特大型公路桥梁。跨下滚滚长江直泻三峡雄关，远方的神女朦胧多娇，组成天、水、山、桥、城遥相照映的壮丽景观。大桥主孔跨径420m，全桥856m，桥面全宽24m，桥高147m（枯水位以上）。该桥十多年来，一直是当今世界上跨径最大和规模最大的钢筋混凝土拱桥。

图9-5 万州长江公路大桥

（4）图9-6所示为重庆跨长江的朝天门大桥外貌图，2009年4月29日正式通车。与两江隧道一起连接解放碑、江北城、弹子石三大中央商务区，朝天门大桥从设计就定位为重庆的江上门户。选定了简洁大气的钢桁架拱桥形式，大桥只有两座主墩，主跨达552m，比世界著名拱桥——澳大利亚悉尼大桥的主跨还要长，成为“世界第一拱桥”。朝天门大桥位于长江与嘉陵江交汇处，全长1741m，桥的上层是汽车道加人行道，下层是汽车道加轻轨线（图9-7）。勾勒出大桥主拱“身形”的点光源，它是由单个的圆形灯具组成，配合它的还有黄、红、蓝、绿色的彩色动态灯。这种动态灯能够来回闪烁，让主拱的轮廓更耀眼。大桥主拱上下弦之间、两层桥面之间有各个杆件。据介绍，这些杆件将使用“窄光束”，点亮大桥每个细小的杆件。朝天门长江大桥交通功能强大、设施齐全、造型美观、气势恢宏、线性流畅，这座大桥是古典艺术和现代技术的完美结合。

图9-6 朝天门大桥外貌图

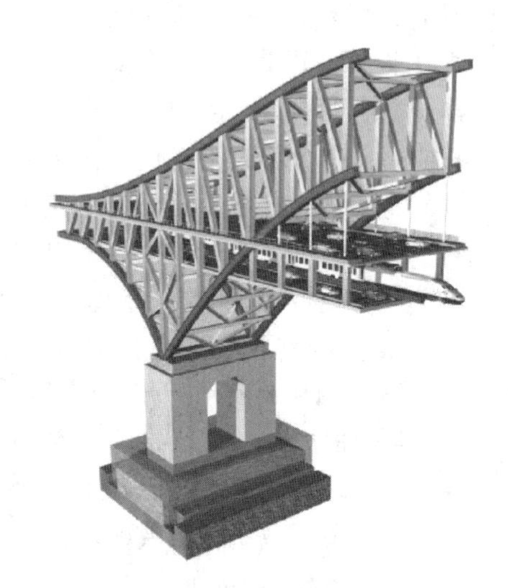

图9-7 朝天门大桥结构示意图

（5）图9-8所示为广州丫髻沙大桥的外貌图，桥型：中承式钢管混凝土系杆桁架拱桥。它是广州市环城高速公路上跨越珠江的三跨连续自锚杆桁架拱桥，分跨为76m+360m+76m，桥宽36.5m。主拱肋采用悬链线无铰拱，矢高76.45m，

图9-8 广州丫髻沙大桥外貌图

矢跨比 1/4.5。拱肋中心距为 35.95m，共设置 6 组“米”形、两组“K”形风撑。该桥于 1998 年 7 月动工，2000 年 6 月建成。当时共创下 3 项世界第一：大桥跨度第一，主跨达到 360m，为当时世界钢管混凝土拱桥中主跨度最长的；大桥平转转体每侧重量达 13680t，世界同类型中第一座万吨转体桥梁；竖转加平转相结合的施工方法世界领先。

（6）图 9-9 所示为香港青马大桥外貌图，该桥横跨青衣与马湾之间的海峡，连接香港大屿山国际机场与市区，是为国际机场而建的十大核心工程之一。1992 年 5 月开建，1998 年竣工通车，桥梁全长 2160m，主跨 1377m，较长的边跨（长 359m）为悬吊结构，较短的边跨（长 300m）为非悬吊结构，主缆直径 1100mm，该桥建成十多年以来一直是当今世界上最大跨度的公路与铁路两用桥。它壮观宏伟的气势完全超越了美国的金门大桥。

图 9-9 香港青马大桥外貌图

（7）图 9-10 所示为杭州湾跨海大桥的照片图，桥型为双塔双索面双箱梁斜拉桥。该桥是三大世界顶尖水平的最长大桥（即：中国青岛胶州湾跨海大桥 41.58km、美国的庞恰特雷恩湖桥 38.4km、中国杭州湾跨海大桥 36km）之一。杭州湾跨海大桥于 2008 年 5 月 1 日建成通车，它除了是目前世界上在建和已建最长的跨海桥梁之一以外，同时又是世界上最美的跨海大桥，首次在大桥设计中引入了景观设计概念，兼顾杭州湾复杂的水文环境，景观设计师们借助西湖苏堤“长桥卧波”的美学理念，将大桥的平面设计呈 S 形曲线，两边的护栏依次刷上了“赤、橙、黄、绿、青、蓝、紫”七种颜色，像条彩虹挂在桥面上，美丽极了。该桥是双向六车道，设计时速 100km，设计使用寿命 100 年以上。大桥设北、南两个通航孔。北通航孔桥为主跨 448m 的双塔双索面钢箱梁斜拉桥，通航标准 35000t；南通航孔桥为单塔单索面钢箱梁斜拉桥，通航标准 3000t。

图 9-10　杭州湾跨海大桥

（8）图 9-11 所示为苏通长江大桥外貌图，桥型为钢箱梁斜拉桥。位于江苏东部的南通市和苏州市之间，为交通部规划的沈阳至海口国家重点干线公路跨越长江的重要通道，是工程规模大、综合建设条件最复杂的特大型桥梁工程。该桥 2008 年 6 月底建成通车，大桥总长 8146m，采用 100 + 100 + 300 + 1088 + 300 + 100 + 100 = 2088m 的双塔双索面钢箱梁斜拉桥。截至 2011 年底，在世界桥梁建设史上创造了四项世界纪录：世界斜拉桥最大主跨 1088m、最长斜拉索 577m、最大群桩基础 131 根、最高主桥塔 300.4m，成为中国由桥梁建设大国迈向桥梁建设强国的里程碑。其雄伟的身姿成为横跨在长江之上的又一道亮丽风景。

图 9-11　苏通长江大桥外貌图

（三）世界名桥（表9-1）

世界著名的桥梁　　表9-1

序号	桥梁名称	形　式	跨度或长度（m）	国别	修建年份
1	赵州桥	公路石拱桥	37.02	中国	618年
2	里阿尔托桥	大理石单孔桥	48	意大利	1591年
3	伦敦塔桥	石塔与钢铁结构连接	76	英国	1894年
4	丹河特大石拱桥	公路石拱桥	146	中国	2000年
5	南斯拉夫克尔克桥	公路钢筋混凝土拱桥	390	南斯拉夫	1980年
6	万州长江公路大桥	公路钢筋混凝土拱桥	420	中国	1997年
7	西江特大桥	中承式铁路钢箱提篮拱桥	450	中国	2012年
8	悉尼海港大桥	公路铁路钢桁架拱桥	503	澳大利亚	1932年
9	上海卢浦大桥	公路焊接连接钢结构拱桥	550	中国	2003年
10	重庆朝天门大桥	上公下铁钢桁架拱桥	552	中国	2009年
11	博斯普鲁斯二桥	公路箱梁悬索桥	1090	土耳其	1988年
12	南备赞濑户桥	公路铁路钢桁梁悬索桥	1100	日本	1988年
13	梅克金海峡大桥	公路钢桁架结构悬索桥	1158.4	美国	1957年
14	金门大桥	公路钢桁架悬索桥	1280.6	美国	1937年
15	香港青马大桥	上公下铁悬索桥	1377	中国	1997年
16	江阴长江公路大桥	公路钢箱梁悬索桥	1385	中国	1999年
17	恒比尔桥	公路钢箱梁悬索桥	1410	英国	1981年
18	润扬长江公路大桥	公路钢箱梁悬索桥	1490	中国	2005年
19	大贝尔特海峡大桥	上公下铁钢桁架悬索桥	1624	丹麦	1996年
20	西堠门大桥	钢箱梁悬索桥	1650	中国	2007年
21	布鲁克林大桥	钢箱梁悬索桥	长1834	美国	1883年
22	明石海峡桥	上公下铁钢桁架悬索桥	1991	日本	1998年
23	芜湖长江大桥	上公下铁钢桁梁悬索桥	长6078	中国	2000年
24	墨西拿海峡大桥	上公下铁钢桁架悬索桥	3300	意大利	2012年
25	斯法拉萨桥	公路斜腿刚构桥	376	意大利	1972年
26	上海杨浦大桥	公路钢梁斜拉桥	602	中国	1993年
27	南京三桥	公路钢箱梁斜拉桥	648	中国	2002年
28	诺曼底桥	公路钢箱梁斜拉桥	856	法国	1995年
29	多多罗桥	公路钢桁梁斜拉桥	890	日本	1998年
30	香港昂船洲大桥	公路钢筋混凝土斜拉桥	1018	中国	2008年
31	苏通大桥	公路钢箱梁斜拉桥	1088	中国	2008年
32	米洛大桥	公路钢筋混凝土斜拉桥	长2460	法国	2005年
33	武汉二七长江大桥	公路结合梁斜拉桥	长2922	中国	2012年
34	庞恰特雷恩湖桥	—	长38400	美国	1969年

续表

序号	桥梁名称	形　　式	跨度或长度（m）	国别	修建年份
35	杭州湾跨海大桥	主航通孔为钢箱梁斜拉桥	长36000	中国	2008年
36	青岛跨海大桥	主航通孔为钢箱梁斜拉桥	长41580	中国	2011年
37	施托维尔桥	铁路连续钢桁梁桥	长236.3	美国	1917年
38	杭州钱塘江大桥	双层钢结构桁梁桥	长1453	中国	1937年
39	日本港大桥	公路悬臂钢桁梁桥	长510	日本	1974年
40	科布伦茨桥	铁路钢箱梁桥	长113	德国	1961年
41	费雷泽诺桥	公路铁路钢桁梁桥	长1298	美国	1964年
42	九江长江大桥	公路铁路钢桁梁桥	长1806	中国	1993年

二、桥梁的基本组成

图9-12所示为梁式桥梁的基本组成部分，一座完整的桥梁都是由上部结构、下部结构与附属结构三大部分组成。

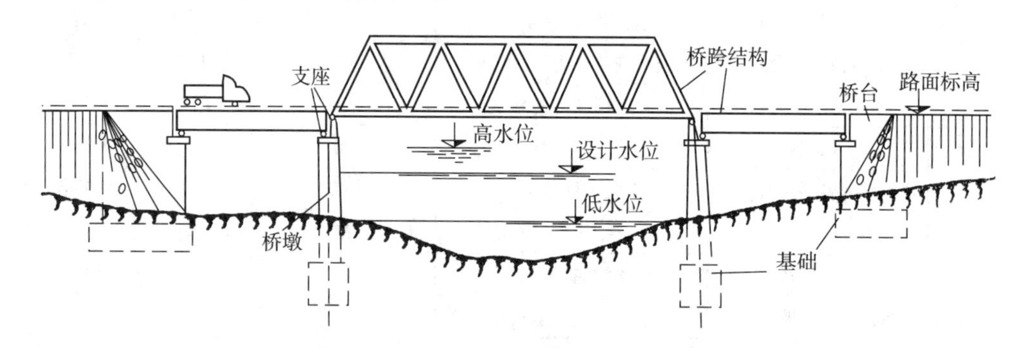

图9-12　梁式桥梁的基本组成示意图

（1）桥梁的上部结构：桥梁的上部结构又称桥跨结构，包括桥面系和跨越结构，是在道路的线路前进方向遇到障碍而中断时，跨越障碍的主要承载结构。它所起的作用是承受车辆等荷载，并通过支座传递给墩台。它主要包括：桥面铺装、防水和排水构造、伸缩缝、人行道（或安全带）、侧石、栏杆及灯具等构筑物，如图9-13所示。

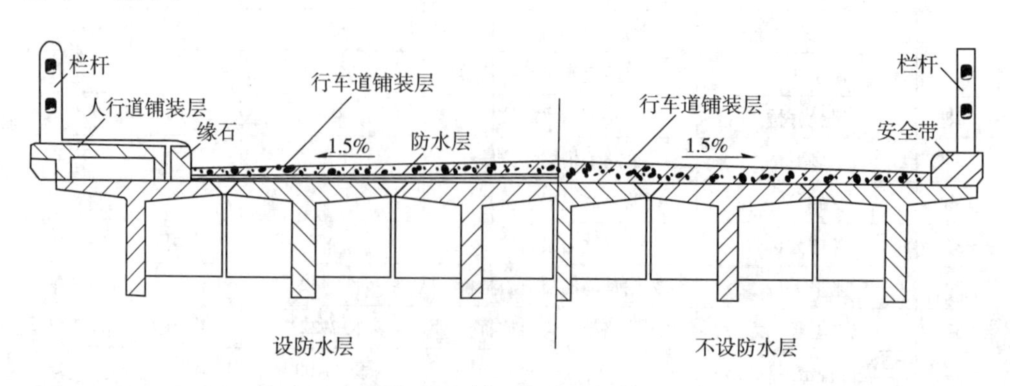

图9-13　桥面构造示意图

（2）桥梁的下部结构：桥梁的下部结构主要是桥墩、桥台和基础。它的作用是支承桥跨结构并将恒载和活载传递到地基。桥墩一般设置在两桥台的中间位置，其主要作用支承桥跨结构。桥台设置在桥梁的两端，除了有支承桥跨结构的作用外，同时还与路堤衔接并抵御路堤土的压力，防止路堤的滑塌等。

（3）桥梁的附属结构：桥面的排水设施、支座、桥面伸缩装置、护栏与隔离设施、桥梁照明、桥头锥形护坡、护岸以及导游结构物等。附属结构的作用是装饰、保护整座桥梁。

三、桥梁的类型

桥梁有许多类型，其分类的方法各有不同，它们都是在长期的生产活动中通过反复实践和不断总结逐步创造发展起来的。

（1）按用途来分类：可分为公路桥、铁路桥、公路铁路两用桥、农用桥、人行桥、水运桥、立交桥、高架桥等。

（2）按施工的方法分类：可分为现浇施工法（移动浇筑法、固定浇筑法、悬臂浇筑法、顶推法）、预制安装法（移动式吊装法、跨墩龙门安装法、架桥机安装法、扒杆吊装法、浮吊架设法、缆索吊法、逐孔拼装法、悬臂拼装法）等。

（3）按承重结构选用材料来分类：可分为木桥、钢桥、砖桥、石桥、混凝土桥、钢筋混凝土桥和预应力钢筋混凝土桥等。

（4）按结构受力体系来划分：可分为梁式桥、拱式桥、刚构桥、吊式桥和组合体系桥。

（5）根据桥面可布置在桥跨结构的上面、中间和下面等不同情况：可分为上承式桥、下承式桥、中承式桥。

在现代桥梁与隧道工程建设中，钢筋混凝土这一主要建筑材料早在20世纪初就得到广泛的应用。随着预应力钢筋混凝土的诞生，实现了土木工程的第二次飞跃。本章将着重介绍桥梁、隧道、涵洞等工程图的主要内容、图示方法及“国标”有关要求，为今后学习好桥隧工程打好基础。

第二节 钢筋混凝土结构图

用钢筋混凝土制成的板、梁、柱、桩、拱圈、框架等构件组成的结构物，叫做钢筋混凝土结构。为了把钢筋混凝土结构表达清楚，需要画出钢筋结构的图样，又称钢筋布置图，简称结构图或钢筋混凝土结构图。

钢筋混凝土结构图是表示钢筋的布置情况，是钢筋断料加工，绑轧或焊接和检验的重要依据，它应包括钢筋布置图中钢筋编号、尺寸、规格、根数、钢筋成型图和钢筋数量表及技术说明。

本节主要介绍钢筋混凝土结构图的图示内容与图示特点。

一、钢筋的基本知识

（一）钢筋的种类与符号

（1）应用于钢筋混凝土结构（包括预应力混凝土结构）上的钢筋，按其机械性能、加工条件与生产工艺的不同，一般可分为热轧钢筋、冷拉钢筋、热处理

（调质）钢筋、冷拔钢丝四大类型，其种类、符号、直径及外观形状见表9-2。

钢筋种类、符号、直径及外观形状表 **表9-2**

钢筋种类	符号	直径（mm）	外观形状	钢筋种类	符号	直径（mm）	外观形状
Ⅰ级钢筋	ϕ	6～20	光圆	冷拉Ⅱ级钢筋	Φ′	8～25 28～40	人字纹
Ⅱ级钢筋	Φ	8～25 28～40	人字纹	冷拉Ⅲ级钢筋	Φ′	8～40	人字纹
Ⅲ级钢筋	Φ	8～40	人字纹	冷拉Ⅳ级钢筋	Φ′	10～28	光圆或螺纹
Ⅳ级钢筋	Φ	10～28	螺旋纹	冷拉5号钢钢筋	Φ′	10～40	螺纹
Ⅴ级钢筋	Φ	6、8、12	螺纹	高强钢丝（碳素）冷拔 高强钢丝（碳素） 高强钢丝（碳素）刻痕	ϕ^b ϕ^s ϕ^k	2.5～5	光圆
5号钢钢筋	Φ	10～40	人字纹	钢绞线	ϕ^j	7.5～15	钢丝绞捻

（2）如若按钢筋在构件中所起的作用，可分为以下几种类型（图9-14）：

1）受力钢筋（主筋）：承受构件内力的主要钢筋；

2）箍筋（钢箍）：主要固定受力钢筋的位置，并承受部分内力；

3）架立钢筋：一般用于钢筋混凝土梁中，起固定箍筋的位置，并与主筋等连成钢筋骨架；

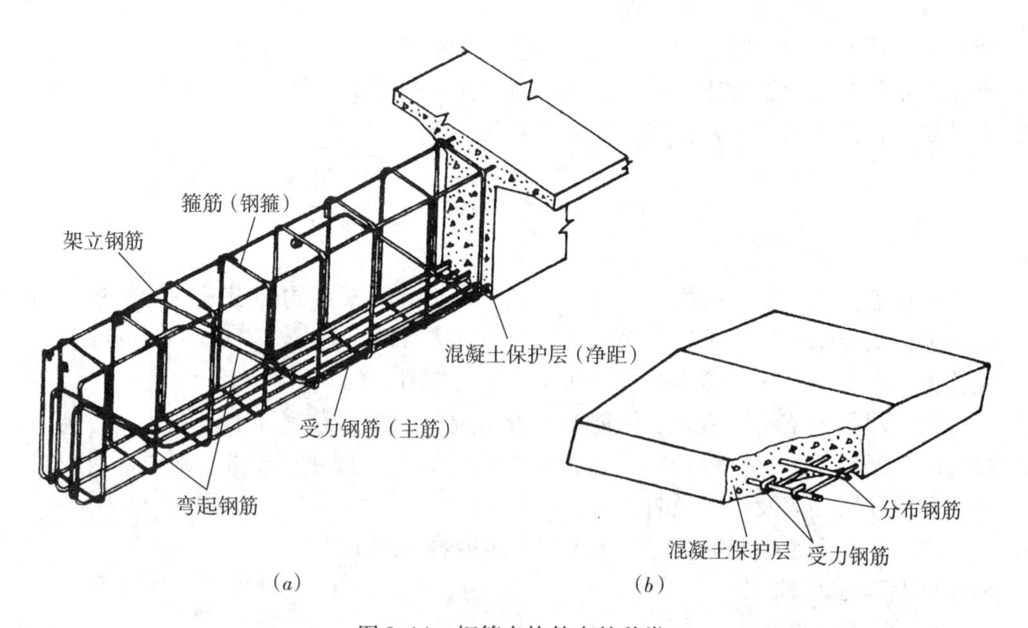

图9-14 钢筋在构件中的种类

(a) 钢筋混凝土梁的钢筋配置；(b) 钢筋混凝土板的钢筋配置

4）分布钢筋：一般用于钢筋混凝土板或桥梁结构中，用于固定受力钢筋位置，并使荷载更好地分布给受力钢筋和防止混凝土收缩及温度变化出现的裂缝；

5）其他钢筋：为了起吊安装或构造要求而设置的预埋或锚固钢筋等。

（二）混凝土保持层

许多工程中的钢筋混凝土结构物长期承受风吹雨打和烈日曝晒，为了防止钢筋裸露在大气中而锈蚀，钢筋外表面到混凝土表面必须有一定厚度，这一层混凝土就称为钢筋的保护层，保护层厚度视不同的构件而异。具体数值可查阅有关设计资料或施工技术规范。

（三）钢筋的弯钩与弯折

（1）弯钩：对于受力钢筋，为了增加它与混凝土的粘结力，在钢筋的端部做成弯钩，弯钩的标准形式有直弯钩、斜弯钩和半圆弯钩（90°、135°、180°）三种（图9-15）。带弯钩的钢筋断料长度应为设计长度加上其相应弯钩的增长数值。一般在图9-15中用双点画线表示出了弯钩弯曲前下料长度，它是计算钢材用量的依据，例如图9-19所示中的③号钢筋。

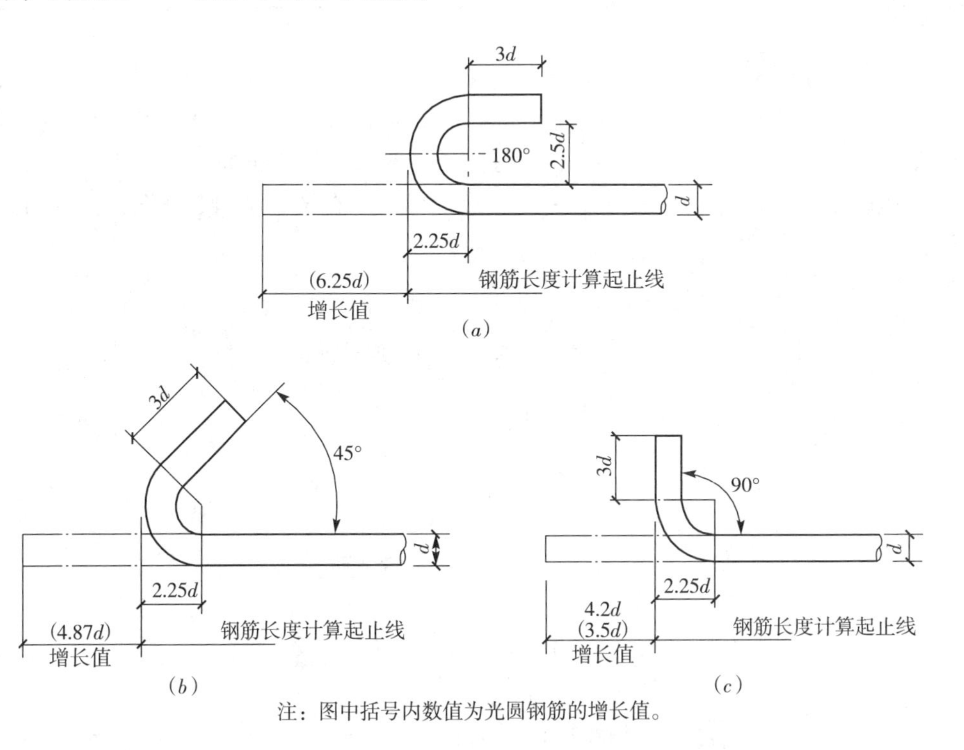

图9-15　钢筋标准弯折示意图

（a）半圆形弯钩；（b）斜弯钩；（c）直角形弯钩

当弯钩为标准形式时，图中不必标注其详细尺寸；若弯钩或钢筋的弯曲是特殊设计的，则必须在图中的另画详图中表明其形式和详细尺寸。为了方便地画图，标准弯钩的增长值见表9-3。

钢筋弯钩的增长修正值表　　　　**表 9-3**

序号	钢筋直径 d (mm)	弯钩增长值 (cm)				理论重量 (kg/m)	螺纹钢筋外径 (mm)
		光圆钢筋			螺纹钢筋		
		90°	135°	180°	90°		
1	10	3.5	4.9	6.3	4.2	0.617	11.3
2	12	4.2	5.8	7.5	5.1	0.888	13.0
3	14	4.9	6.8	8.8	5.9	1.210	15.5
4	16	5.6	7.8	10.0	6.7	1.580	17.5
5	18	6.3	8.8	11.3	7.6	2.000	20.0
6	20	7.0	9.7	12.5	8.4	2.470	22.0
7	22	7.7	10.7	13.8	9.3	2.980	24.0
8	25	8.8	12.2	15.6	10.5	3.850	27.0
9	28	9.8	13.6	17.5	11.8	4.830	30.0
10	32	11.2	15.6	20.0	13.5	6.310	34.5
11	36	12.6	17.5	22.5	15.2	7.990	39.5
12	40	14.0	19.5	25.0	16.8	9.870	43.5

（2）钢筋的弯折：根据结构受力要求，有时需要将部分受力钢筋进行弯折，这时弧长比两切线之和短些，其标准弯折如图 9-16 所示，其计算长度应减去折减数值（钢筋直径小于 10mm 时可忽略不计）。45°、90°的弯折为标准弯折，其修正折减值见表 9-4。除标准弯折外，其他角度的弯折应在图中画出大样图，并标出其切线与圆弧的差值。

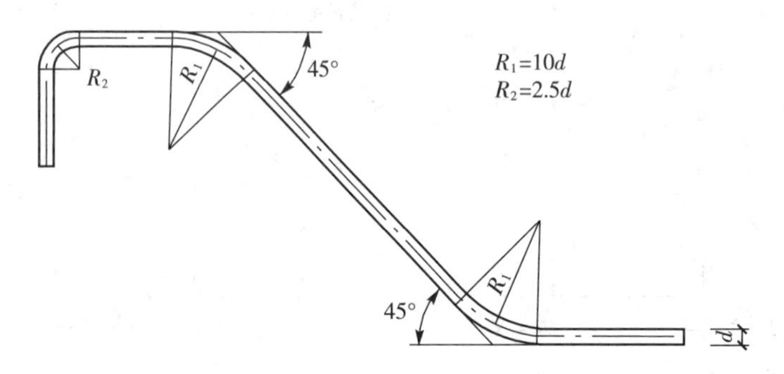

图 9-16　标准弯折示意图

钢筋的标准弯折修正值 (cm)　　　　**表 9-4**

类别		钢筋直径(mm)	10	12	14	16	18	20	22	25	28	32	36	40
弯折修正值	光圆	45°		-0.5	-0.6	-0.7	-0.8	-0.9	-0.9	-1.1	-1.2	-1.4	-1.5	-1.7
		90°	-0.8	-0.9	-1.1	-1.2	-1.4	-1.5	-1.7	-1.9	-2.1	-2.4	-2.7	-3.0
	螺纹	45°		-0.5	-0.6	-0.7	-0.8	-0.9	-0.9	-1.1	-1.2	-1.4	-1.5	-1.7
		90°	-1.3	-1.5	-1.8	-2.1	-2.3	-2.6	-2.8	-3.2	-3.6	-4.1	-4.6	-5.2

（四）钢筋骨架

为制造钢筋混凝土构件，先将不同直径的钢筋，按照需要的长度截断，根据设计要求进行弯曲（叫做钢筋成型或钢筋大样），再将弯曲后的成型钢筋组装。

钢筋组装成型，一般有两种方式。一种是用细钢丝绑扎钢筋骨架；另一种是焊接钢筋骨架，先将钢筋焊成平面骨架，然后用箍筋连接（绑或焊）成立体骨架形式。对于焊接骨架，结点处固定主钢筋的焊缝在图中应予表达，如图 9-17 所示。图 9-18 所示为焊接钢筋骨架的标注图式。

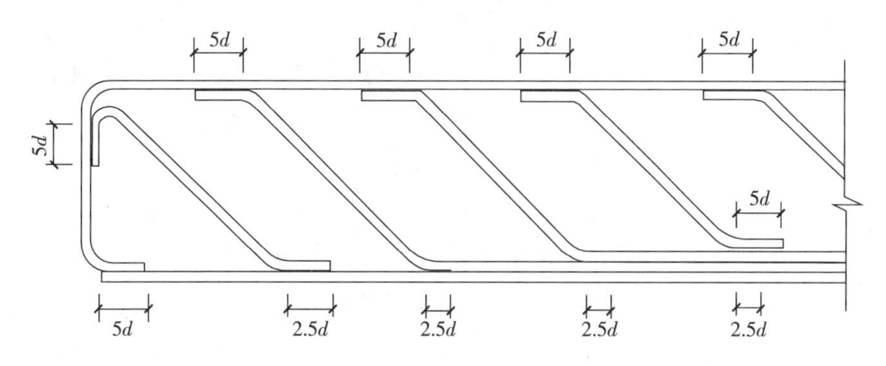

图 9-17　焊接钢筋骨架示意图

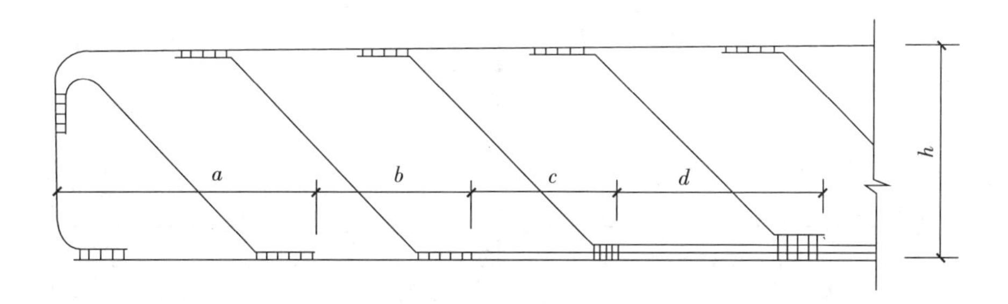

图 9-18　焊接钢筋骨架的标注示意图

二、钢筋混凝土结构图

（一）概述

钢筋混凝土结构图包括两类图样，一类是一般构造图（又叫模板图），即表示构件的形状和大小，但不涉及内部钢筋的布置情况。另一类是钢筋结构图，主要表示构件内部钢筋的配置情况。图 9-19、图 9-21 分别为图 9-14 所示的钢筋混凝土梁和板的钢筋结构图。

如图 9-19 为钢筋混凝土梁的结构图，立面图表达了梁的长度和高度及钢筋布置的立面状态和断面剖切位置；图 9-19 中 1—1 断面图表达了梁的横断面形状和大小及纵向钢筋的分布情况，断面图的上、下各有一个小表格，表中的数字表示钢筋编号及其所在的位置；配筋图表达了每种钢筋的根数、种类、规格、折弯形状及各段长度等数据。

观看全图，此梁内的钢筋配置情况就一目了然，它是施工时不可缺少的依据

（注意：立面图中的钢筋编号与配筋详图的编号是一一对应的）。

钢筋混凝土柱的结构图与梁的相似，只不过是梁的长度方向为水平而柱的长度方向为竖直，梁中有架立筋且常常有弯起筋，柱中则没有，因此柱比梁简单。

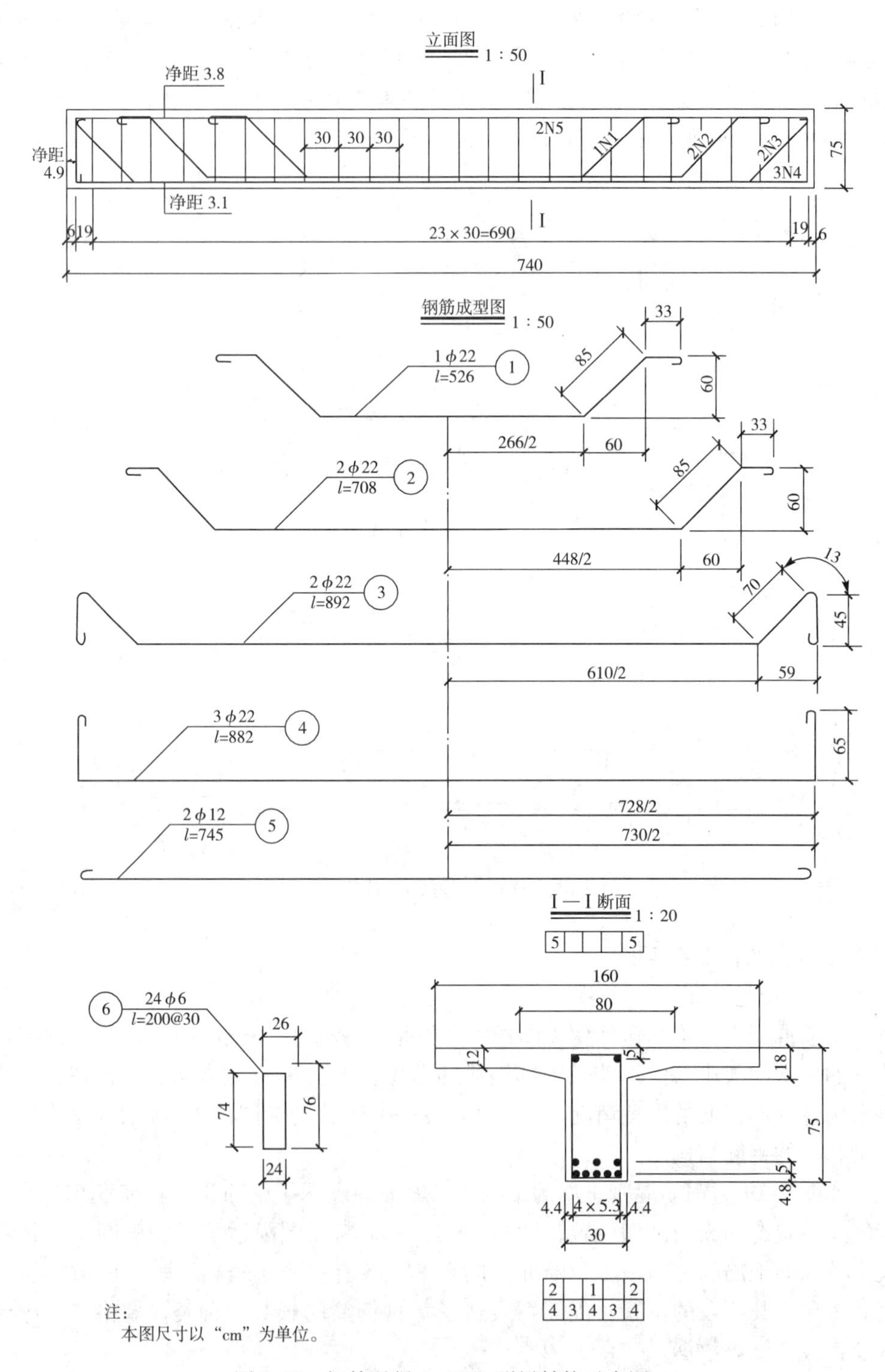

图 9-19　钢筋混凝土“T”形梁结构示意图

（二）钢筋结构图的图示要点

（1）为了突出结构物中钢筋的配置情况，一般把混凝土假设为透明体，将结构外形轮廓画成细实线。

（2）钢筋纵向画成粗实线，其中箍筋较细，可画为中实线，钢筋断面用黑圆点表示。

（3）当钢筋密集，难以按比例画出时，可允许采用夸张画法，当钢筋并在一起时，注意中间应留有一定的空隙。

（4）在钢筋结构图中，对指向阅图者弯折的钢筋，采用黑圆点表示；对背向阅图者弯折的钢筋，采用“×”表示。

（5）钢筋的标注：在同一构件中，为便于区别不同直径、不同长度、不同形状或不同尺寸的钢筋，应将不同类型的钢筋，按直径大小和钢筋主次加以编号并注明数量、直径、长度和间距。钢筋编号的标注有三种方法：

1）编号标注在引出线右侧的细实线圆圈内，圆圈的直径4～8mm，如图9-20（*a*）、（*b*）和图9-19所示；

2）当编号标注在与钢筋断面图对应的细实线方格内时，其钢筋断面图如图9-20（*c*）及图9-19中T断面所示；

3）将冠以“N”字的编号，注写在钢筋的侧面，根数标注在“N”字之前，如图9-20（*e*）及图9-19中1N1、2N2、2N3、2N5等。

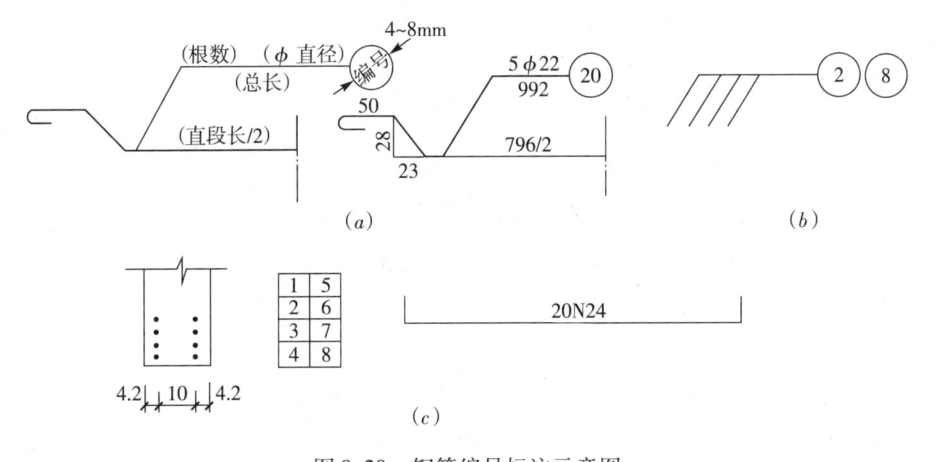

图9-20 钢筋编号标注示意图

（三）钢筋结构图的图示内容

1. 配筋图

主要表明各钢筋的配置，它是绑扎或焊接钢筋骨架的依据。为此，应根据结构的特点选用基本投影。如对于梁、柱等长条形结构，常选用一个立面图和几个断面图，对于钢筋混凝土板，则常采用一个平面图或一个平面图和一个立面图，如图9-21所示。

2. 钢筋成型图

钢筋成型图是表示每根钢筋形状和尺寸的图样，是钢筋成型加工的依据。在画钢筋成型图时，主要钢筋应尽可能与配筋图中同类型的钢筋保持对齐关系，如图9-19中①~⑤钢筋画在立面图下方，与立面图中相应钢筋对齐。在图9-21中①筋画于平面图前面，②筋画于平面图右侧，与平面图中相应钢筋对齐。

箍筋大样可不绘出弯钩（图9-19所示中的⑥筋），当为扭转或抗震箍筋时，应在大样图的右上角，增绘两条45°的斜短线。当钢筋加工形状简单时，也可将钢筋大样绘制在钢筋明细表内。

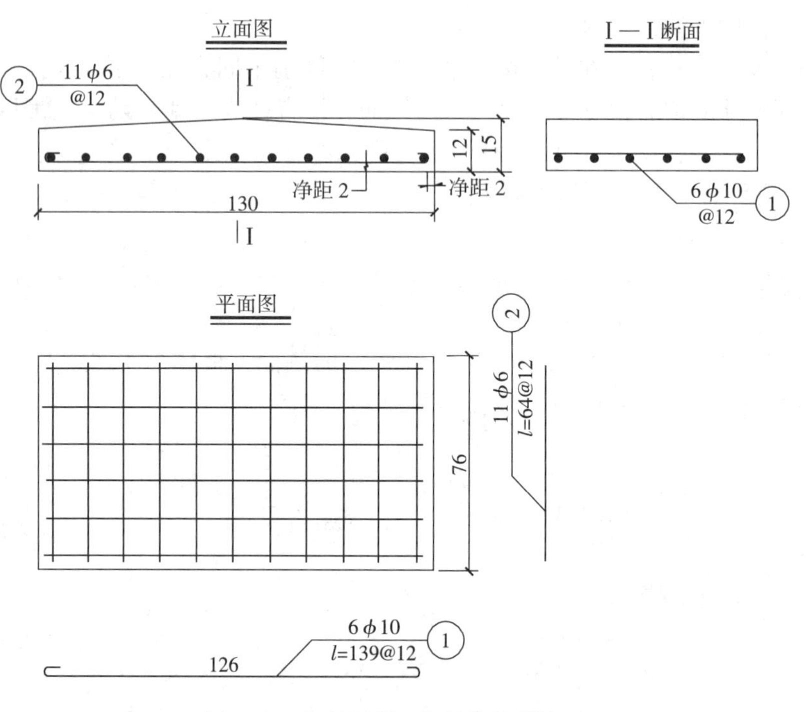

图9-21 钢筋混凝土板的钢筋结构图

3. 钢筋结构图中的尺寸标注

（1）配筋图中的钢筋尺寸：在配筋图中，一般标注构件的外形尺寸和定位尺寸及钢筋编号。在断面图中除标注构件断面形状尺寸外，还注明钢筋定位尺寸，抗扭或抗震箍筋尺寸界线通过钢筋断面中心，如图9-19中Ⅰ—Ⅰ断面。对按一定规律排列的钢筋，定位尺寸一般只画出两、三个，也可用间距符号@表示，如图9-21中①号钢筋6Φ10@12，表示直径10mm的Ⅰ级钢筋，有6根，其中心间距12cm。

（2）成型图尺寸：在钢筋成型图上，应逐段标出长度，尺寸数字直接写在各段旁边，不画尺寸线和尺寸界线。弯起钢筋的斜度利用直角三角形标出，如图9-19所示。

（3）在成型图编号的引出线上还应标注钢筋直径，根数和下料长度，如图9-19中③号筋，$L=892=610+2\ (70+13+45)+$ 增减修正值。

（4）尺寸单位：建筑制图中，钢筋图中所有尺寸单位为mm，路桥工程中钢筋直径为mm，长度为cm，图中不必另外注明。

4. 钢筋明细表

在钢筋结构图中，一般应附钢筋数量表，用以施工备料和计算工程量之用，其内容有：钢筋编号、钢筋符号和直径、长度、根数、总长及重量等，如表9-5给出了图9-19中“T”形梁的钢筋明细表。

钢筋明细表 表9-5

编号	钢筋符号和直径（mm）	长度（cm）	根数	共长（m）	每米重量（kg/m）	共重（kg）
1	φ22	526	1	5.26	2.984	15.70
2	φ22	708	2	14.16	2.984	42.25
3	φ22	892	2	17.84	2.984	53.23
4	φ22	882	3	26.46	2.984	78.96
5	φ12	745	2	14.90	0.888	13.23
6	φ6	200	24	48.00	0.222	10.66
共计						214.03

（四）预应力钢筋混凝土结构图

1. 图示特点

预应力钢筋用粗实线或大于2mm直径的圆点表示，结构轮廓线图形用细实线表示；当预应力钢筋与普通钢筋在同一视图中出现时，普通钢筋应采用中粗实线表示。一般构造图中的图形轮廓线采用中粗实线表示。图9-22所示为装配式预应力钢筋混凝土空心板桥的构造示意图。

2. 预应力钢筋编号与标注

（1）在预应力钢筋布置图中，应标注预应力钢筋的数量、型号、长度、间距、编号。在横断面图中，编号标注在与预应力钢筋断面对应的方格内，当标注位置足够时，也可标注在直径为4~8mm的圆圈内，如图9-23所示。

（2）在纵断面图中，与普通钢筋的标注类似，结构简单时，冠以“N”字标注在预应力钢筋的上方。当预应力钢筋的根数多于1时，可将数量标注在N字之前。当结构复杂时，可自拟代号，但应在图中说明。

（3）在预应力钢筋的纵断面图中，采用表格的形式以每隔0.5~1m间距标出纵、横、竖三维坐标值。对弯起的预应力钢筋采用列表或直接在预应力钢筋大样图中，标出弯起角度、弯曲半径、切点的坐标（包括纵弯或既纵弯又平弯的钢筋）及预留的张拉长度，如图9-24所示。

3. 预应力钢筋的其他表示方法与符号（表9-6）

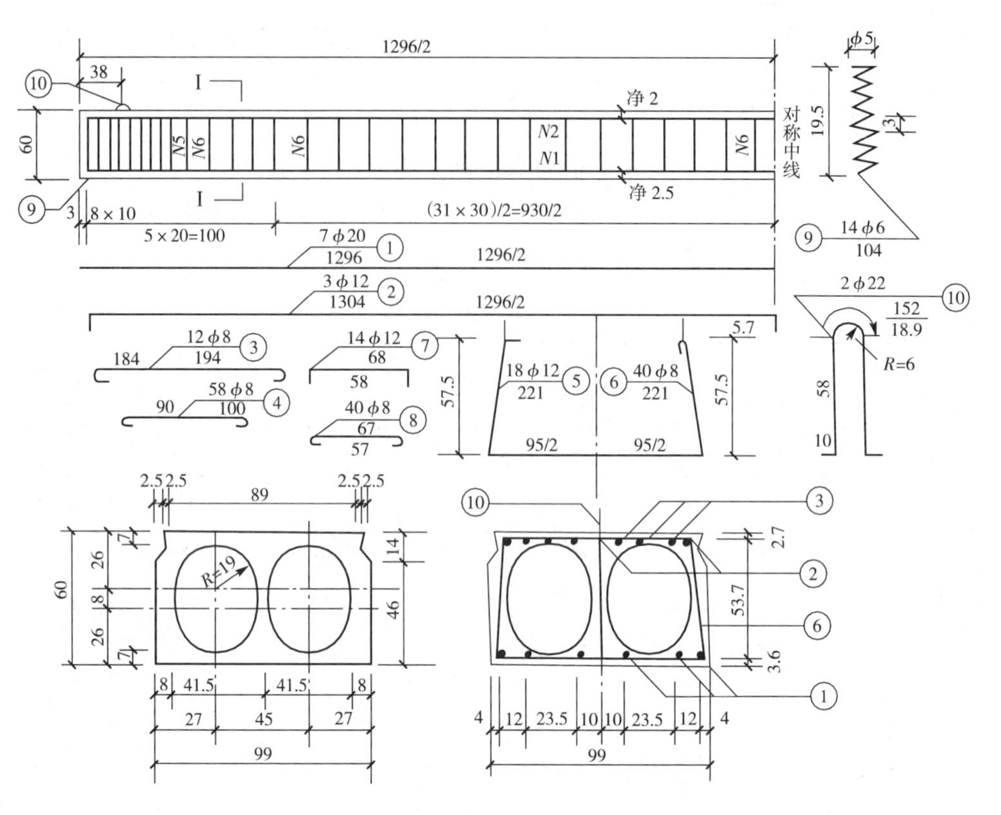

图 9-22 装配式预应力钢筋混凝土空心板桥构造示意图（单位：cm）

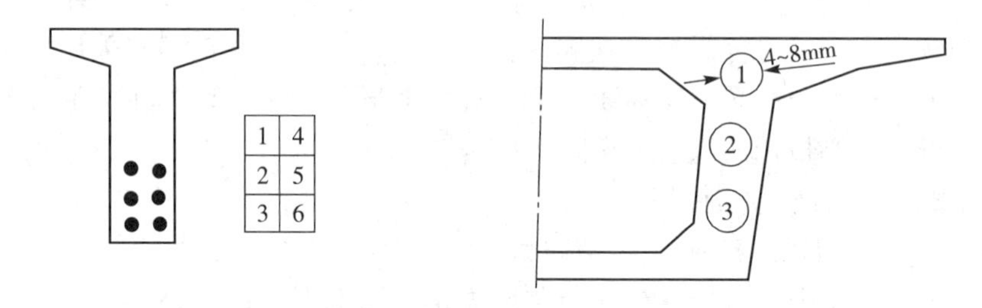

图 9-23 预应力钢筋在横断面图中的标注

预应力钢筋的其他表示方法与符号 表 9-6

序号	名称	符号	序号	名称	符号
1	管道断面	○	4	锚固侧面	⊢——
2	锚固断面	⊕	5	连接器侧面	—═—
3	预应力筋断面	+	6	连接器断面	⊙

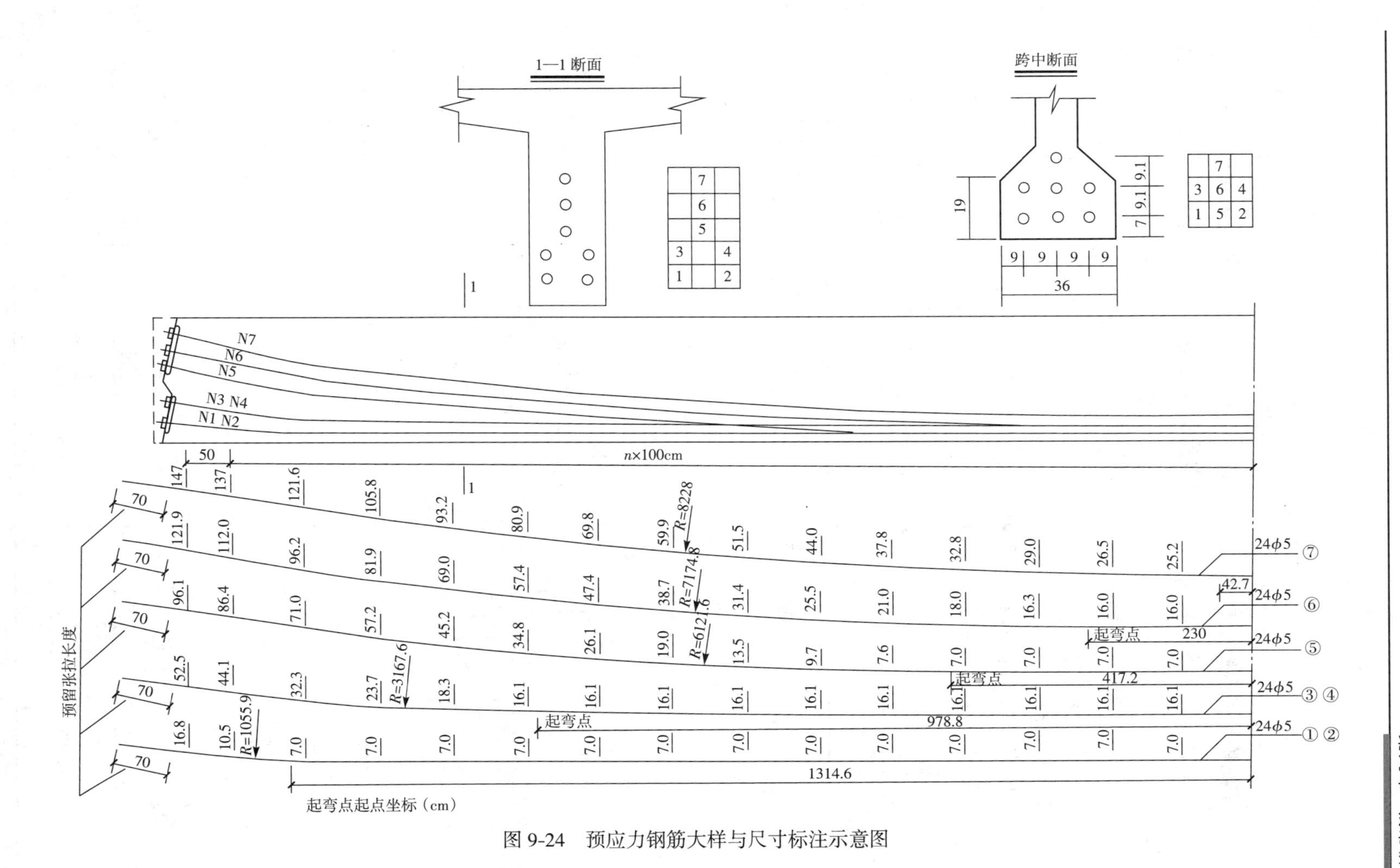

图 9-24　预应力钢筋大样与尺寸标注示意图

第三节 钢结构图

钢结构是用钢板和型钢作基本构件，采用焊接、铆接或螺栓连接等方法，按照一定的构造要求连接起来，承受规定荷载的结构物。表示钢结构的图样称为钢结构图。

本节主要介绍钢结构图的图示内容与图示特点。

一、型钢与其连接

(一) 型钢

钢结构所采用的钢材，一般都是由轧钢厂按国家标准规格轧制而成，统称为型钢。我国常用的型钢代号与规格的标注见表9-7。

我国常用型钢代号与规格的标注　　表9-7

序号	名　称	截面形式	代号规格	标　注
1	钢板、扁钢	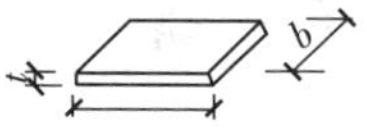	▭宽×厚×长	▭$b×t$ / L
2	角钢	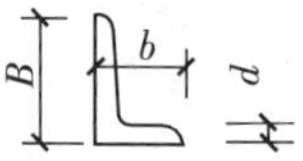	∟长边×短边×边厚×长	∟ $B×b×d$ / L
3	槽钢	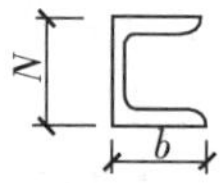	[高×翼缘宽×腹板厚×长	[$N×b$ / L
4	工字钢		I高×翼缘宽×腹板厚×长	IN / L
5	方钢		□边宽×长	□b / L
6	圆钢	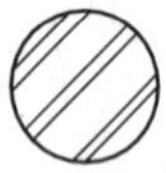	ϕ直径×长	ϕd / L
7	钢管	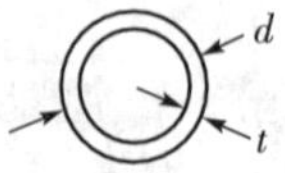	ϕ外径×壁厚×长	ϕ$d×t$ / L
8	卷边角钢	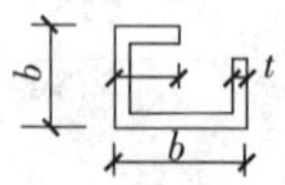	⊑边长×边长×卷边长×边厚×长	⊑$b×b'×l×t$ / L

（二）型钢的连接

一般情况下，型钢的连接方法有铆接、栓接和焊接三种，下面介绍其工程图中的画法。

（1）铆接的画法：用铆钉把两块型钢或金属板连接起来称为铆接。铆接所用的铆钉形式有半圆头、单面埋头、双面埋头等。常用的半圆头铆钉其画法如图 9-25 所示。图中，细十字线表示定位线，一般还必须标注孔和铆钉的直径（本图中未有标出）。

（2）栓接的画法：螺栓与螺栓孔可用代号表示，一般常用代号见表 9-8。当螺栓种类繁多或在同一册图中与预应力钢筋的表示重复时，可以自拟代号，并在图纸中加以说明。

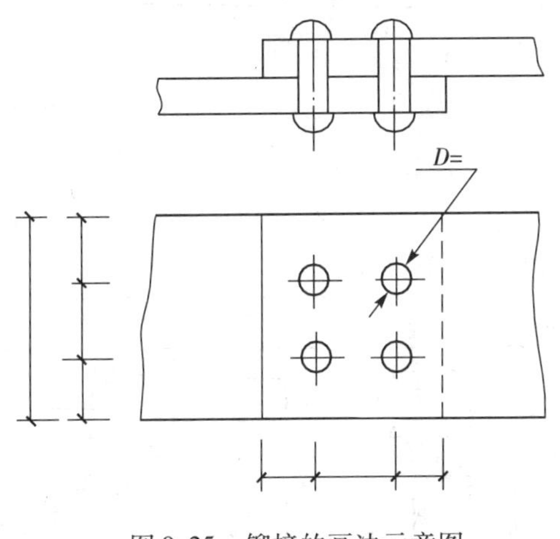

图 9-25　铆接的画法示意图

常用螺栓与螺孔的代号　　表 9-8

序号	名　称	代　号
1	已就位的普通螺栓	●
2	高强螺栓、普通螺栓的孔位	+（或⊕）
3	已就位的高强螺栓	━●━
4	已就位的销孔	◎
5	工地钻孔	✕　⊕

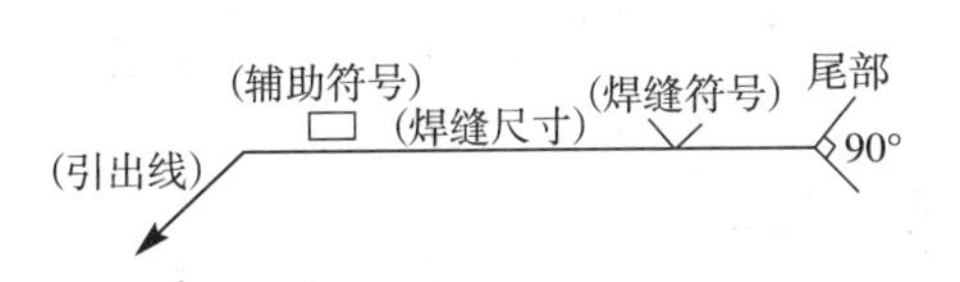

图 9-26　焊接标注法表示图

（3）焊接：焊接是目前钢结构中主要的连接方法。由于设计时对连接有不同的要求，焊缝形式各异，在图纸上必须注明焊缝的位置、形式和尺寸。焊接可采用标注法或图示法表示。

1）标注法是采用箭头引出线的形式，并标注焊缝代号（由图形符号、辅助符号和引出线等部分组成），如图 9-26 所示将焊缝符号标注在指引线的横线上方，需要时还可在水平线末端加绘作说明用的尾部，如焊接方法等；

2）图示法是在比例较大时采用，它把焊缝用与钢构件轮廓线垂直的细实栅线表示，线段长 1 ~2 mm，间距为 1 mm，如图 9-27 所示；

3）图形符号表示焊缝断面的基本形式，如 V 形、W 形、I 形、Y 形、角焊、塞焊等；辅助符号表示焊缝某些特征的辅助要求。常用的图形符号和辅助符号见表 9-9。

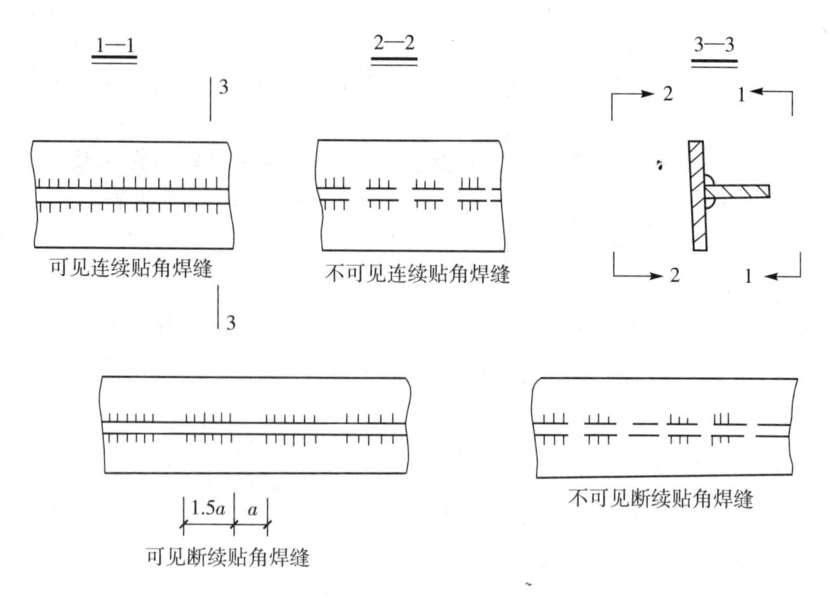

图 9-27　焊接缝的图示方法

常用焊缝的图形符号和辅助符号表　　**表 9-9**

序号	焊缝名称	图　例	图形符号	符号名称	图　式	辅助符号	标注方式
1	V 形焊缝		V	三面周边焊缝			
2	带钝边 V 形焊缝		Y				
3	对焊工型焊缝		‖				
4	单面贴角焊缝			带垫板符号			
5	双面贴角焊缝			现场安装焊缝符号			90°
6	塞　焊			周围焊缝			

（三）连接件画法的注意事项

（1）螺栓、螺母、垫圈在图中的标注应符合以下的规定：一般情况下，螺栓采用代号和外直径乘长度标注。如 M10 × 100；螺母采用代号和直径标注，如

M10；垫圈采用汉字名称和直径标注，如：垫圈 10 等。

（2）当组合断面构件间相互密贴时，采用双线条绘制。当构件组合断面过小时，可用单线条的加粗实线绘制，如图 9-28 所示。

（3）构件的编号应采用阿拉伯数字标注，如图 9-29、图 9-32 所示。

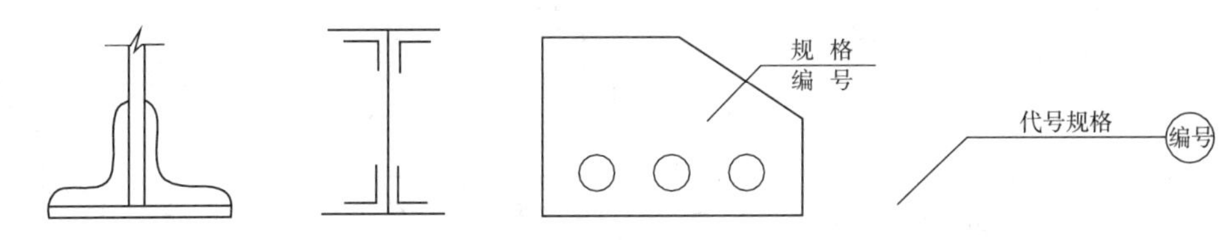

图 9-28　组合断面的绘制示意图　　图 9-29　钢构件的标注示意图

二、钢结构图

图 9-30 所示为常见的下承式钢桁架梁的外貌图及各部分名称，它主要由端横梁 1、下平纵联 2、端斜杆 3、横向联结系 4、上平纵联 5、上弦杆 6、下弦杆 7、竖杆 8、斜杆 9、纵梁 10、横梁 11 等各种形状的型钢组合连接而成的。钢结构图通常是由总图、节点图、杆件图和零件图等组成。

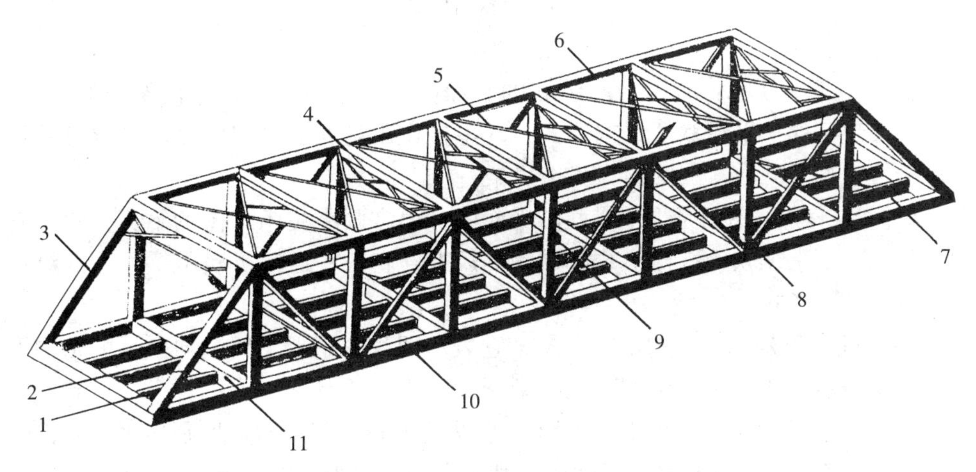

图 9-30　下承式钢桁架梁的外貌图

1—端横梁；2—下平纵联；3—端斜杆；4—横向联结系；5—上平纵联；6—上弦杆；7—下弦杆；8—竖杆；9—斜杆；10—纵梁；11—横梁

（一）钢结构的总图

钢结构的总图通常采用单线示意图或简图表示，用以表达钢结构的形式、各杆件的计算长度等，如图 9-31 所示，为跨度 64m 下承式钢桁梁示意图，包括有：

（1）主桁架图：主桁架图是桥梁纵方向的立面图，表示前后两片主桁架的形状和大小，主桁架是主要承重结构，它主要是由上弦杆、下弦杆、斜杆和竖杆共同组成。

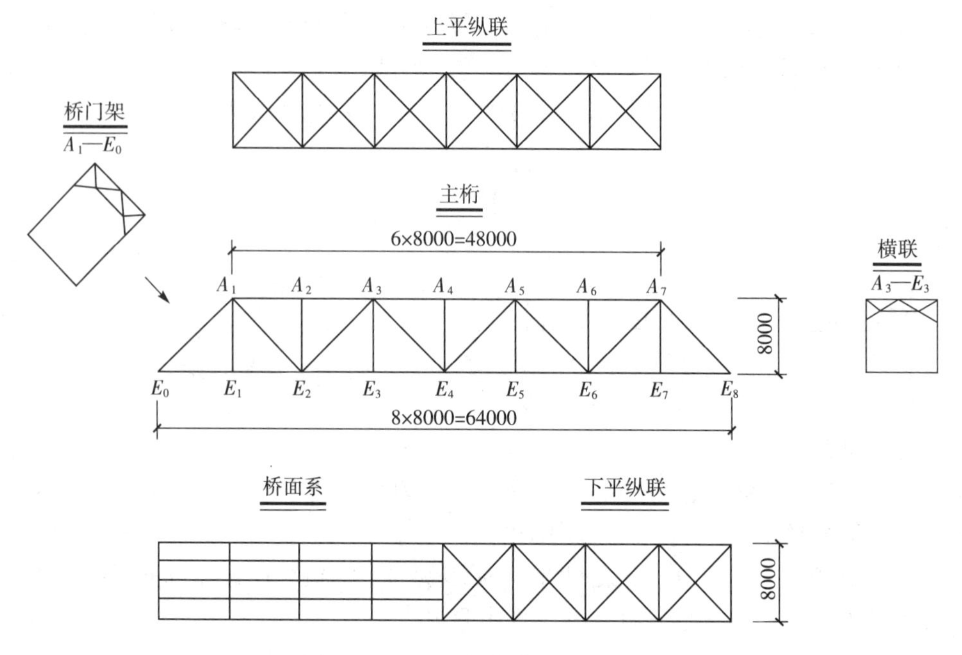

图 9-31　下承式钢桁架梁的示意图

（2）上平纵联图：它是上平纵联的平面图，平时通常画在主桁架图的上面，表示桁架顶部的上平纵联的结构形式，其主要作用是保证桁架的侧向稳定及承担作用于桥上的水平力，故又称为“上风架”。

（3）下平纵联图：是下平纵联的平面图，通常画在主桁架图的下面，它的右边一半表示下平纵联的结构形式亦称为下风架；它的左边一半表示桥面系的纵横梁位置和结构形式。

（4）横联：是钢桁梁的横断面图，它表示两片主桁架之间横向联系的结构形式，图中表示了 $A_3 \sim E_3$ 处的横联结构形式。

（5）桥门架：是采用辅助斜投影法把桥门（$A_1 \sim E_0$）的实形画出来。它设在主梁两端支座上，其主要作用是将上风架所承受的水平力传递到桥梁支座上去。

（二）钢节点的构造图

所谓“钢节点”是钢结构中较为复杂的部分，它表述了该节点处各杆件的连接结构。图 9-32 为钢桁架梁的下弦节点 E_2 的构造立体图。

（1）下弦节点 E_2 是通过两块节点板①（前面一块节点板用双点画线表示）、接板②、填板③和高强螺栓将主桁架的下弦杆 E_1E_2、E_2E_3、斜杆 E_2A_1、E_2A_3 和竖杆 E_2A_2 连接组成。

（2）节点 E_2 除了连接主桁架上述的交汇杆件外，还通过接板（4a）、（4b）、填板⑤和角钢（图中没有画出）把横梁 L_2（采用局部断裂画法）和下风架 L_3、L_4 连接起来。

（3）钢节点结构详图除采用常用的正投影图外，还配合用剖、断面图和斜视

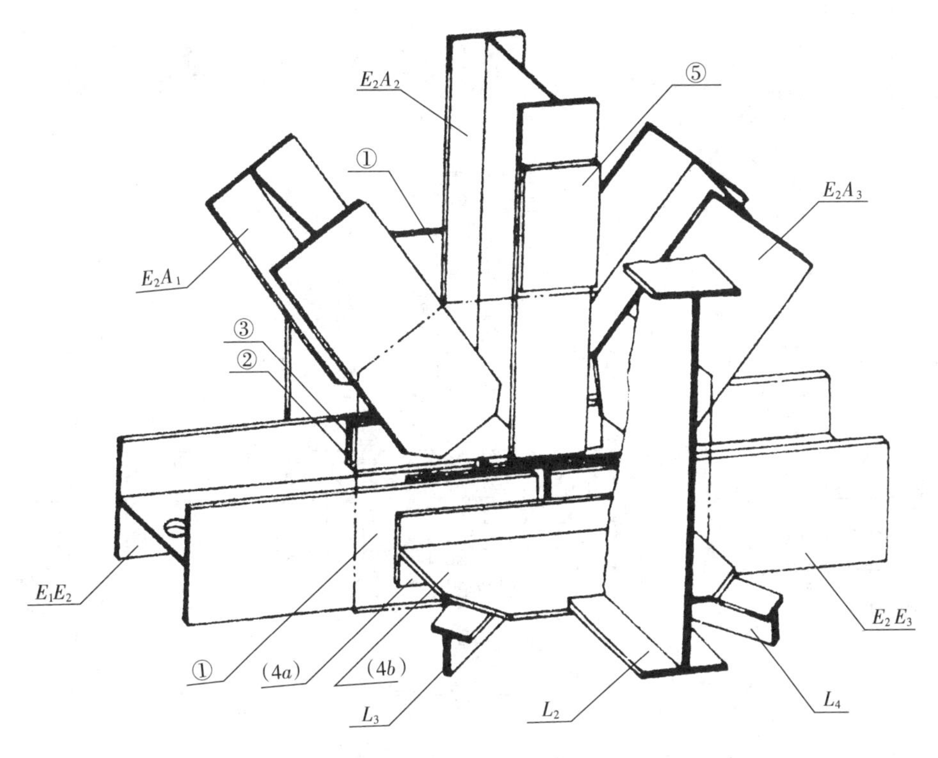

图 9-32　钢桁架梁的下弦节点 E_2 的构造立体图

图等方法来表示，钢节点图的尺寸单位一律采用 mm，常用比例为 1∶10～1∶20。

（4）图 9-33 是最常用的钢结构节点 E_2 详细图样：

1）立面图：是节点图的主要投影图，它没有把横梁和下风架等杆件画出来，而只画出它们的接板（A_0），这样可以更清楚地显示各杆件和接点板连接的构造。螺孔用小黑圆点表示（已就位的高强螺栓），注出了螺孔的定位尺寸和杆件的装配尺寸，如 E_2A_3 杆件中的 3×80＝240、50 和 521。

在立面图的周围（包括平面图和侧面图），还画出了各杆件的断面图及构造尺寸，如 E_2A_3 中的 2□460×16×12660、1□426×12×12660，表示该杆件是由两块尺寸为 460×16×12660 和一块尺寸为 426×12×12660 的钢板，通过焊接组成工字梁形式。

2）平面图：采用拆卸画法把竖杆和斜杆移去，画出下弦杆和节点板、接板、填板的连接构造，在图中一般均不画剖面线，而对于填板不论剖切与否，习惯上均画上剖面线。

3）侧面图：采用 I—I 剖面和拆卸画法移去斜杆，把竖杆和节点板的连接、竖杆和横梁的连接表示出来。

在施工图中，对于非标准构件还必须单独画出并注明详细尺寸及连接方法，这种图也称为杆件图或零件图。

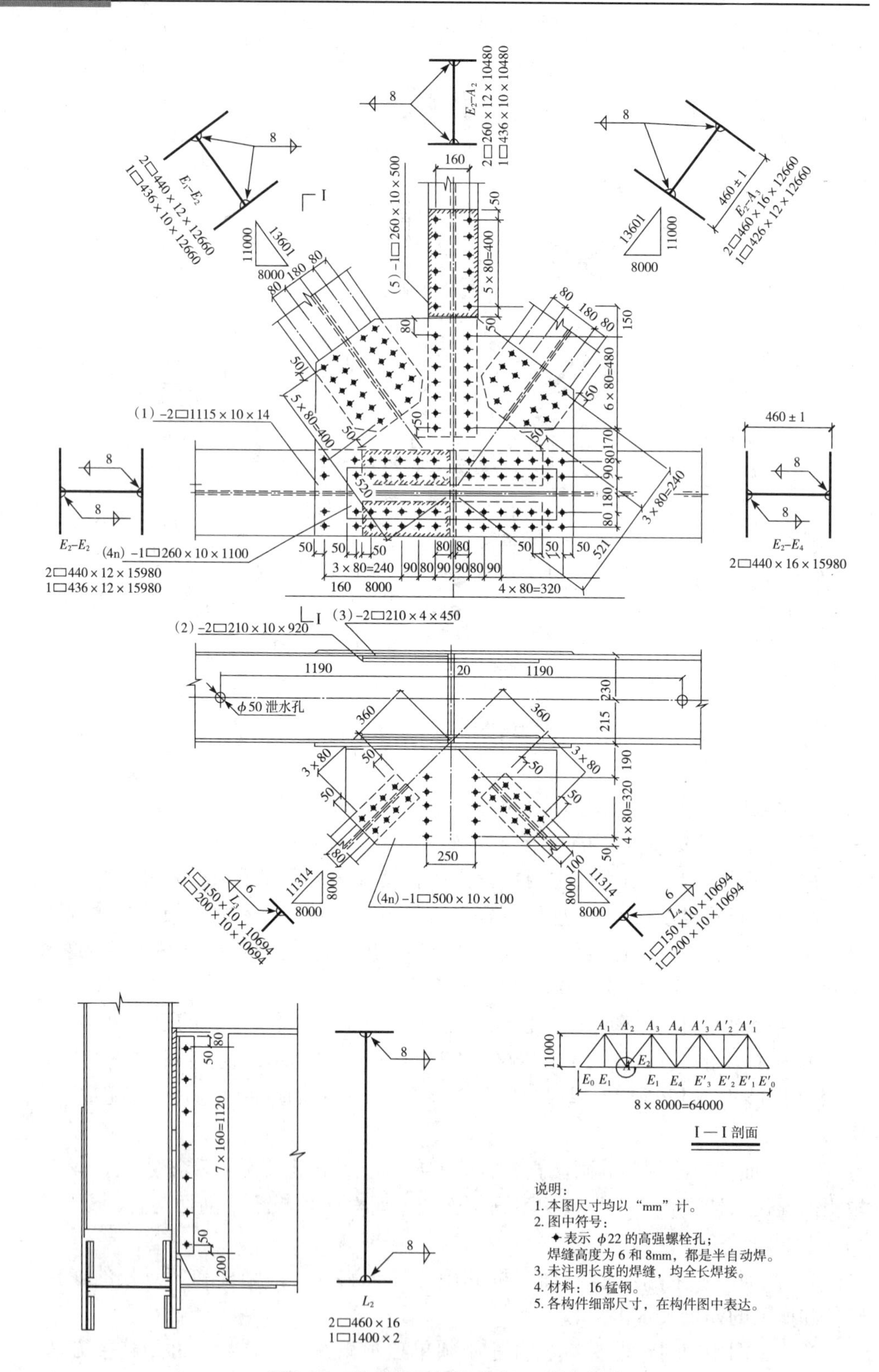

图 9-33 常用的钢结构节点 E_2 详细图样

第四节　钢筋混凝土梁桥工程图

桥梁工程图中的桥位平面图、桥位地质断面图、桥梁总体布置图是控制桥梁位置、地质情况及桥梁结构系统的主要图样。无论桥梁形式和使用的建筑材料有何不同，其图示方法均采用前面章节所讲的基本理论和方法；并运用这些理论和方法结合专业特点论述桥梁工程图的图示内容、图样阅读及绘制方法。

一、桥位平面图

将桥梁的设计结果绘制在实地测绘出的地形图上所得到的图样称为桥位平面图。桥位平面图是表现桥梁在道路路线中的具体位置及桥梁周围的地形地物情况的图样。

（一）桥位平面图的图示内容

图 9-34 所示为典型的一座桥位平面图，该图主要表明了桥梁和路线连接的平面位置，通过实际地形测绘桥位处的道路、河流、水准点、里程、钻孔以及附近的地形、地物，以便作为设计桥梁和施工定位的依据，是一张较大地形范围内的桥位平面图，而图 9-35 所示为一张较小范围内的桥位平面图，省略了地物图例，使桥位图更清晰。现以图 9-34 所示为× ×桥桥位平面图为例，说明桥位平面图的图示内容。

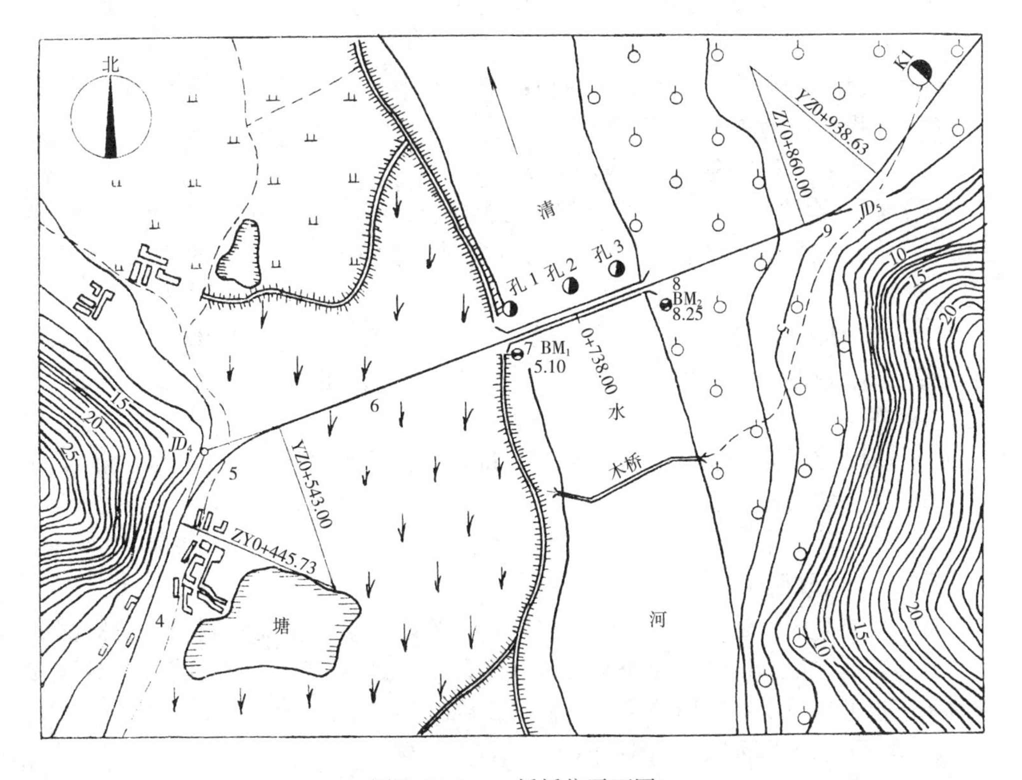

图 9-34　× ×桥桥位平面图

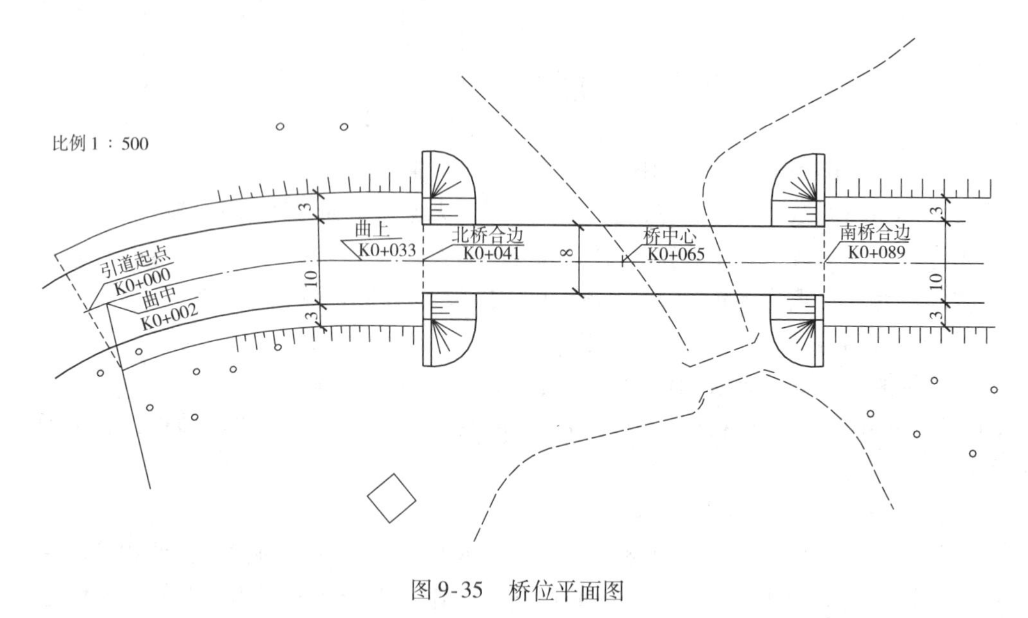

图9-35　桥位平面图

（1）图样比例一般为1∶200、1∶500、1∶1000等。

（2）确定桥梁、路线及地形地物的方位采用坐标网或指北针定位。

（3）地形地物的图示方法与道路路线平面图相同，即等高线或地形点表现地形情况，用图例表现地物情况（图例见表8-3）；已知水准点的位置、编号及高程。

（4）路线线型情况、里程桩号、路线控制点等，均与道路路线平面图相同。

（5）用图例表明桥梁位置和钻探孔的位置及编号。

（二）桥位平面图的绘制要点

（1）将测绘的地形图结果按照选定比例描绘在图纸上，必要时用文字或符号注明；图示出地形点或等高线高程、地物图例；注明已知水准点的位置及编号；画出坐标网或指北针；标注出相关数据。

（2）按照设计结果将道路路线用粗实线绘制在图样中，当选用较大比例尺时用粗实线表示道路边线，用细点画线表示道路中心线，注明相关参数如里程桩号、线形参数等。

（3）用细实线绘出桥梁图例和钻探孔位及编号，当选用大比例尺时，桥梁的长、宽均用粗实线按比例画出。

（4）标明图样名称、比例、图标等内容。

二、桥位地质断面图

桥位地质断面图是表明桥位所在河床位置的地质断面情况的图样，是根据水文调查和实地钻探所得到的地质水文资料绘制的（图9-36）。如地质情况不复杂的河床，也可将地质情况用柱状图绘制在桥梁总体布置图中的立面图左侧。

（一）桥位地质断面图的图示内容

（1）为了显示地质及河床深度变化情况，标高方向的比例比水平方向的比例大。如图9-36中水平方向的比例为1∶500；标高方向的比例为1∶200。

（2）图样中根据不同的土层土质用图例分清土层并注明土质名称；标明河床三条水位线，即常水位、洪水水位、最低水位，并注明具体标高；按钻探孔的编号标示符号、位置及钻探深度；标示出河床两岸控制点桩号及位置。

（3）图样下方注明相关数据，一般标注项目有：钻孔编号、孔口标高、钻孔深度、钻孔孔位间的距离。

（4）图样左方按照选定的 1∶200 的比例画出高程标尺。

（二）桥位地质断面图的绘制要点

（1）选择比较适宜的纵、横比例尺，根据钻探结果将每一孔位的土质变化情况分层标出，每层土按不同的土质图例表示出来，并注明土质名称；河床线为粗实线，土质分层线为中实线，图例用细线画出。

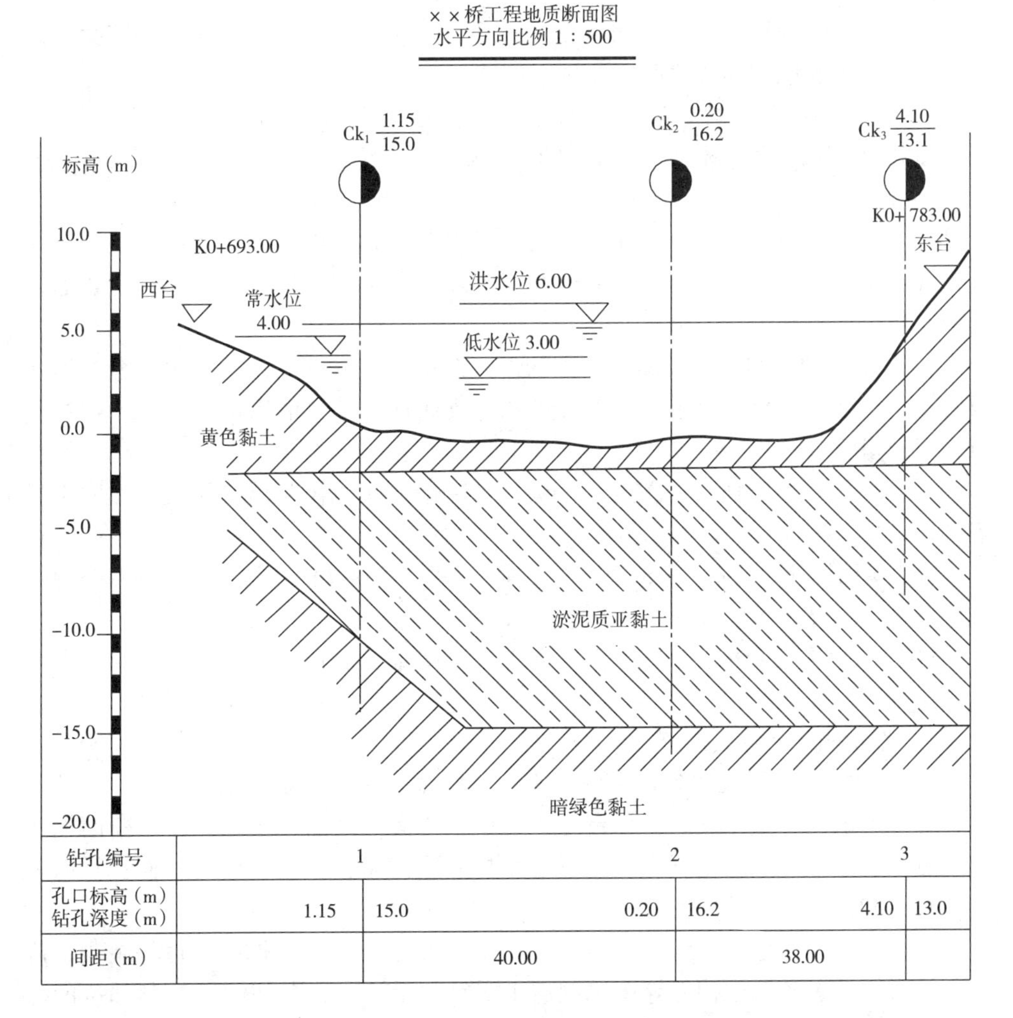

钻孔编号		1		2		3
孔口标高（m） 钻孔深度（m）	1.15	15.0	0.20	16.2	4.10	13.0
间距（m）		40.00		38.00		

图 9-36 ××桥桥位地质纵断面图

（2）将调查到的洪水水位、常水位、最低水位及各自高程标示出来；注明桥梁控制点及里程桩号。标示出钻探孔的孔位、深度、符号及其他参数。

（3）在图样左侧画出高程标尺及图样下方的资料部分，即钻孔编号、孔的标高及钻孔深度、孔位间距等，并注明单位。

（4）标注图名、比例、文字说明及其他相关数据。

三、桥梁总体布置图

桥梁总体布置图是由桥梁立面图、平面图和侧剖面图组成。图示出桥梁的形式、构造组成、跨径、孔数、总体尺寸、各部分结构构件的相互位置关系，桥梁各部分的标高、使用材料以及必要的技术说明等，是桥梁施工中墩台定位、构件安装及标高控制的重要依据。图 9-37、图 9-38 所示为钢筋混凝土梁桥总体布置图及石拱桥总体布置图。

（一）立面图

桥梁立面图图样一般采用半立面图和半纵剖面图结合表示的方法，两部分图样以桥梁中心线分界。图样表明桥梁的形式、孔数、各孔跨度、各构件形式，反映出桥梁整体的结构系统情况。

1. 立面图的图示内容

（1）比例选择以能清晰反映出桥梁结构的整体构造为原则，一般采用 1∶200 的比例尺。

（2）半立面图部分要图示出桩的形式及桩顶、桩底的标高，桥墩与桥台的立面形式、标高及尺寸，桥梁主梁的形式、梁底标高及相关尺寸，各控制位置如桥台起、止点和桥墩中线的里程桩号。

（3）半纵剖面图部分要图示出桩的形式及桩顶桩底标高；桥墩与桥台的形式及帽梁、承台、桥台剖面形式；主梁形式与梁底标高及梁的纵剖面形式，各控制点位置及里程桩号。

（4）图示出桥梁所在位置的河床断面，用图例示意出土质分层，并注明土质名称。

（5）用剖切符号注出横剖面位置，标注出桥梁中心桥面标高及桥梁两端标高，注明各部位尺寸及总体尺寸。

（6）图示出常年水位（洪水）、最低水位及河床中心地面的标高，在图样左侧画出高程标尺。

2. 立面图的绘制要点

（1）根据选定的比例首先将桥台前后、桥墩中线等控制点里程桩画出，并分别将各控制部位，如主梁底、承台底、桩底、桥面等处的标高线、河床断面线及土质分层画出来，地面以下一定范围可用折断线省略，以缩小竖向图面；桥面上的人行道和栏杆可不画出。

（2）桥梁中心线左半部分画成立面图：按照立面图的正投影原理将主梁、桥台、桥墩、桩、各部位构件等按比例用中实线图示出来，并注明各控制部位的标高。用坡面图例图示出桥梁引路边坡及锥形护坡。

（3）桥梁右半部分画成半纵剖面图：纵向剖切位置为路线中心线处。按照剖面图的绘制原理，将主梁、桥台、桥墩、桩等各部位构件按比例用中实线图示出来，并将剖切平面剖切到的构件截面用图例表示，如钢筋混凝土用墨涂黑，桥面

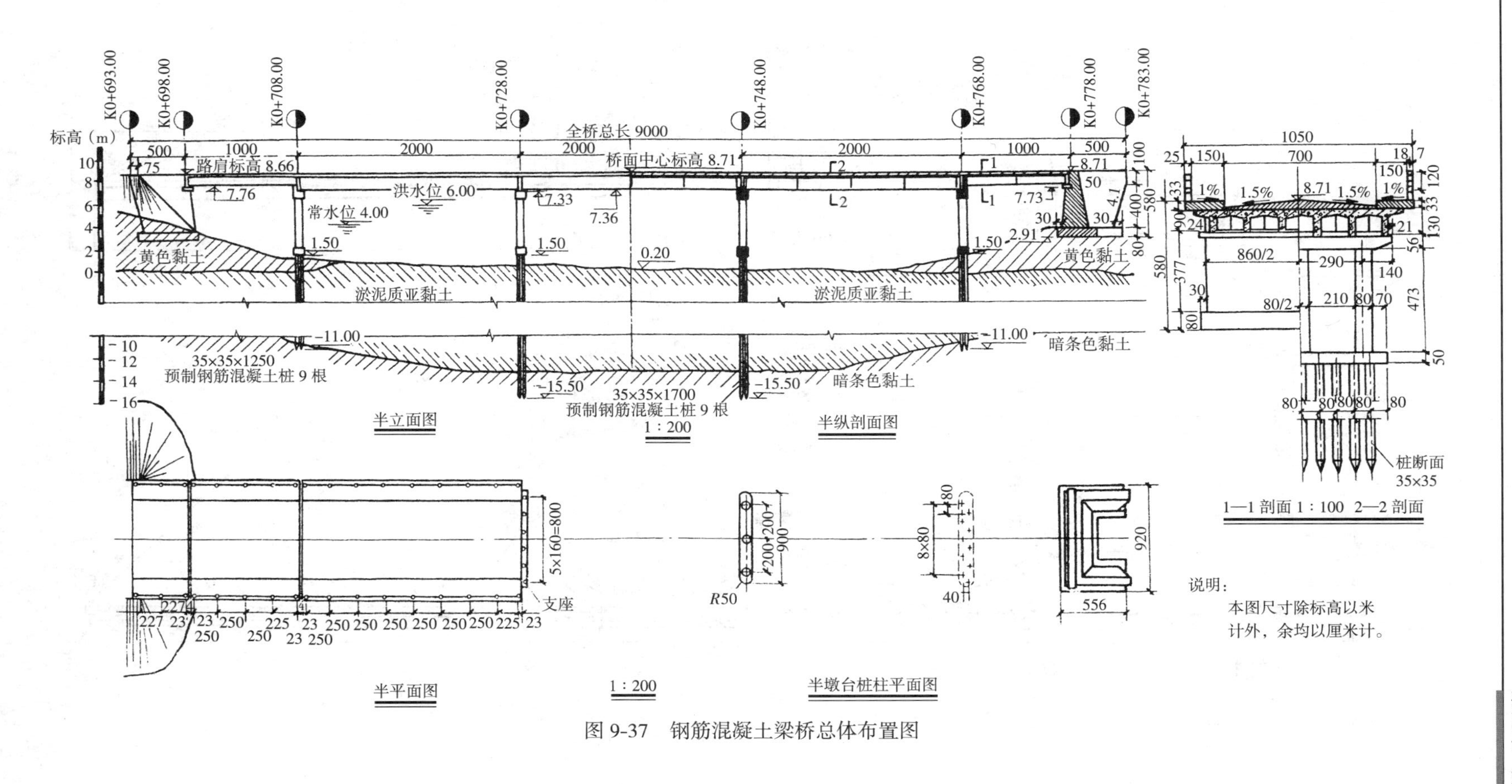

图 9-37　钢筋混凝土梁桥总体布置图

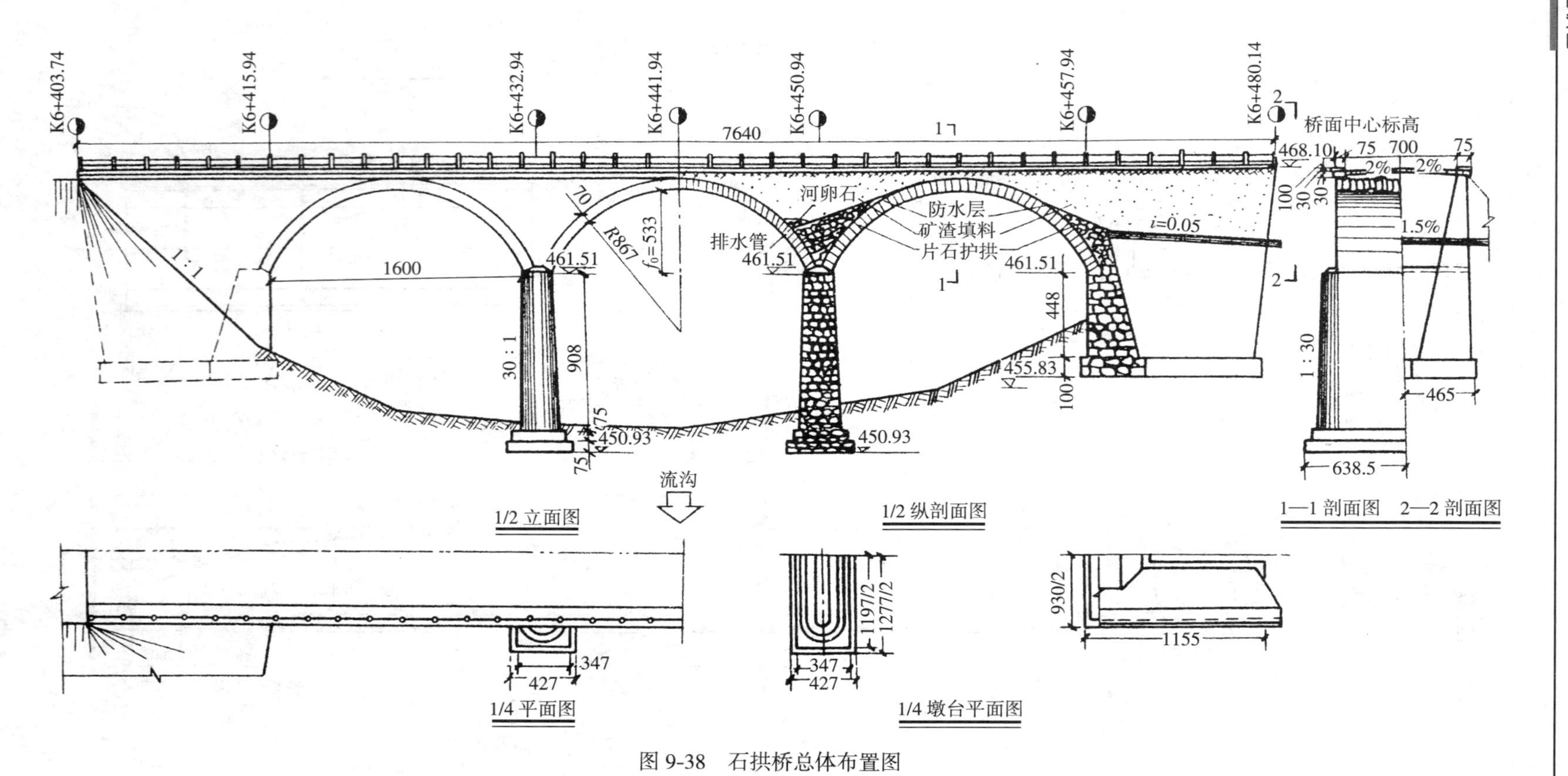

图 9-38 石拱桥总体布置图

铺装层及圬工桥台断面用阴影线表示，截面轮廓线用粗实线画出；标注各控制点高程及各部分的相关尺寸，尺寸单位为“cm”，标高单位为“m”；用剖切符号标示出侧剖面图的剖切位置。

（4）标注出河床标高、各水位标高、土层图例、各部位尺寸及总尺寸；必要的文字标注及技术说明；注明图名、比例等。

（二）平面图

平面图图样一般都采用半平面图和半墩台桩柱平面图。半墩台桩柱平面图部分，可根据不同图示内容的需要进行正投影得到的图样，当图示桥台及帽梁平面构造时，为未上主梁时的投影图样；当图示桥墩的承台平面时，为承台以上帽梁以下位置作剖切平面，然后向下正投影所得到的图样；当图示桩位时，为承台以下作剖切平面所得到的图样，可以用虚线表示出承台位置。

1. 平面图的图示内容

（1）图样比例同立面图。

（2）平面图部分图示出桥面构造情况，如车行道、人行道、栏杆、道路边坡及锥形护坡、变形缝及各部分尺寸等；路线（即桥梁）中心线用细点画线表示。

（3）桥台及帽梁部分图示出帽梁平面形状及梁上设置的构造如抗震挡、支座等；注明有关尺寸；桥台位置视为无回填土时的正投影图样，注明相关尺寸。

（4）承台平面部分图示出承台平面形状及尺寸，承台上设置的其他构造。

（5）桩柱平面部分图示出桩柱的位置、间距尺寸、数量，并用虚线表示出承台平面。当桥梁以中心线为对称线时，可只画出半平面图；当桥梁下部构造比较简单时，半墩台桩柱平面图可只画未上主梁情况下的投影图样。

2. 平面图的绘制要点

（1）一般平面图与立面图上下对应，用细点画线画出道路路线（桥梁）中心线；根据立面图的控制点桩号画出平面图的控制线。

（2）半平面图部分，桥面边线、车行道边线用粗实线绘制；边坡及锥形护坡图例线用细线表示；桥端线、变形缝等用双中实线表示，用细实线画出栏杆及栏杆柱；标注出栏杆尺寸及其他尺寸，单位为“cm”。

（3）桥台、帽梁平面图样是按未上主梁情况及桥台未回填土情况下，根据相应尺寸用中实线绘制，注明各部位尺寸。

（4）承台平面及桩柱平面图样是在承台上、下剖切所得到的正投影图样，注明桩柱间距、数量、位置等；注明各细部尺寸及总尺寸、图名及使用比例等。

（三）侧剖面图

一般侧剖面图是由两个不同位置剖面组合构成的图样，反映出桥台及桥墩两个不同剖面位置，剖切位置是由立面图中的剖切符号决定的。左半部分图样反映桥台位置的横剖面；右半部分反映桥墩位置的横剖面。

1. 侧剖面图的图示内容

（1）为了清晰表示出侧剖面的桥梁构造情况，一般将比例放大到1:100。

（2）桥面主梁布置情况、桥面铺装层构造、人行道和栏杆构造、桥面尺寸布置、横坡度、人行道和栏杆的高度尺寸、中线标高等。

（3）左半部分图示出桥台立面图样、构造尺寸，边跨主梁截面根据钢筋混凝土图例涂黑等。

（4）右半部分图示出桥墩及桩柱立面图样、构造尺寸、桩柱位置及深度、桩柱间距、桩柱深度及该剖切位置的主梁情况；注明桩柱中心线、各控制位置高程。

2. 侧剖面图的绘制要点

（1）侧剖面图的比例尺一般比立面图、平面图大一倍，常采用1∶100的比例尺。

（2）桥台及帽梁以上部分主要图示出边跨及中跨主梁、桥面铺装构造、人行道及栏杆构造，不同位置的剖面投影图样。主梁截面用材料图例表示，剖到截面涂黑说明为钢筋混凝土构件，横隔梁用中实线表示。

（3）桥面铺装部分用阴影线图例表示，人行道截面根据使用材料用图例表示，当为钢筋混凝土人行道板时可采用涂黑图例，阴影图例轮廓线用粗实线表示。标示出桥面布置尺寸、各组成部分的构造尺寸、车行道及人行道横坡度、桥梁中线标高等。

（4）主梁以下部分为桥梁墩台的侧立面图图样。左半部分用中实线绘制出桥台立面的构造及标注各部分尺寸；右半部分用中实线绘制出桥墩、承台、帽梁、桩柱，用细点画线表示桩柱及桥墩中心线，标注出各部分的尺寸桩距及控制点高程。

（5）注明图名、比例及文字标注等。

（四）桥梁总体布置图的阅读

（1）首先了解桥梁名称、桥梁类型、各图样比例、图样中单位使用情况、主要技术指标、施工措施等桥梁基本情况。根据成图方法和投影原理读懂平面图、立面图、侧剖面图之间的关系，各剖面部分所取的剖面位置。

（2）通过平面图、立面图、侧剖面图等三个图样的阅读，了解上部结构布置情况、桥面构造等图示内容，如跨度、主梁类型、每跨主梁片数、桥面构造、控制部位高程及各部分的尺寸关系等。

（3）读懂下部结构中的桥墩、桥台类型、桩柱类型、控制部位标高及各部分的尺寸等。

（4）根据图样中河床及土质情况，分析桥梁所在位置水文地质、桩端所在土层类型及水位变化情况。根据图样中结构整体布置，分析各构件系统类型，查出各构件结构构件详图。

四、桥梁构件结构图

一座桥梁是由许多构件组成的比较复杂的构筑物。在桥梁总体布置图中是无法详细图示出每个构件的细部构造的，因此需要采用较大比例尺，分别将各个构件的形状、大小、构造组成等通过图样表现出来，以便制作和施工。这种图示构件形状、大小及构造组成的图样称为构件结构图；由于采用的比例尺比较大，所以也称为构件详图。如桥梁中的主梁、栏杆、桥墩及桥台、桩柱等，这类图样的比例一般为1∶10～1∶50。有些细部构造图样也采用一些更大的比例，这些图样一般称为局部大样图。

（一）桥台结构图

桥台是桥梁的下部结构，一方面支承桥梁，另一方面承受桥头路堤填土的水平推力。

图9-39所示为常见的U形桥台，它主要由台帽、台身、挡土墙和基础组成。

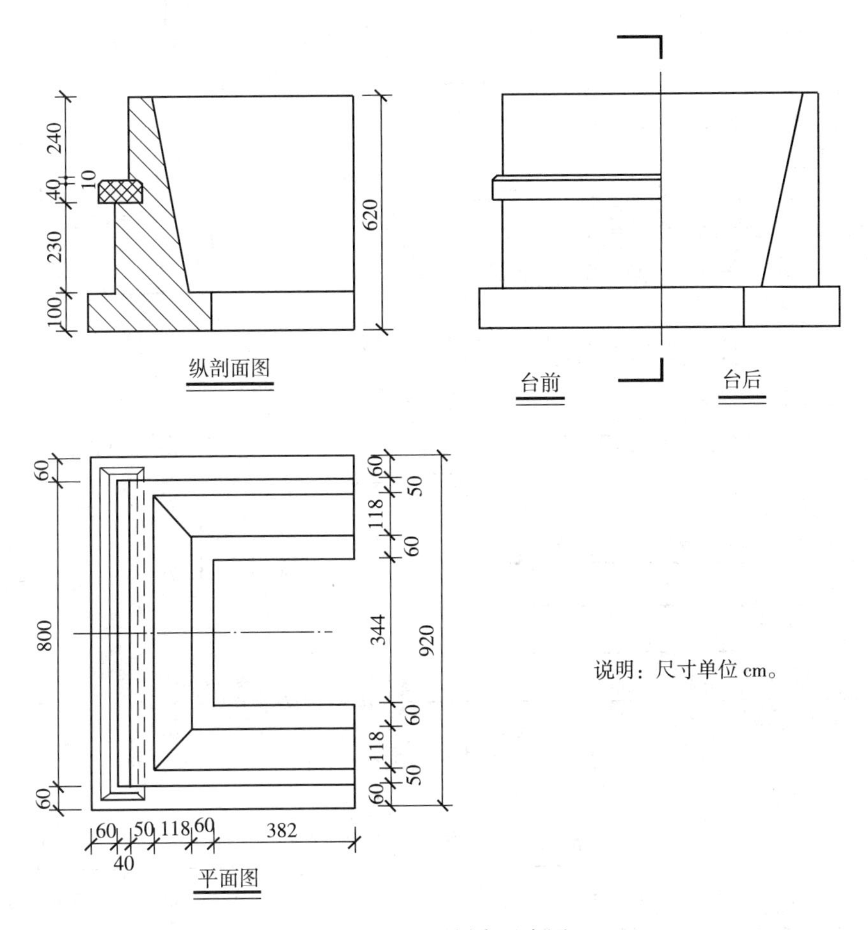

图9-39　U形桥台示意图

桥台构件详图比例为1∶100，由纵剖面图、平面图、侧立面图组成。从纵剖面图中可以了解桥台内部构造的形状、尺寸和材料；平面图仅反映了桥台呈U形，为了表达清晰，未填土；侧立面图由1/2台前和1/2台后组合而成。所谓台前是指人站在河流的一边顺着路线观看桥台前面所得的投影图；所谓台后是指站在堤岸一边观看桥台背后所得到的投影图。

图9-40所示为详细的绘制出了桥台桥帽的配筋情况，这类图样均属钢筋结构图（或配筋图）。表9-10列出了桥帽、墩台的钢筋用量。

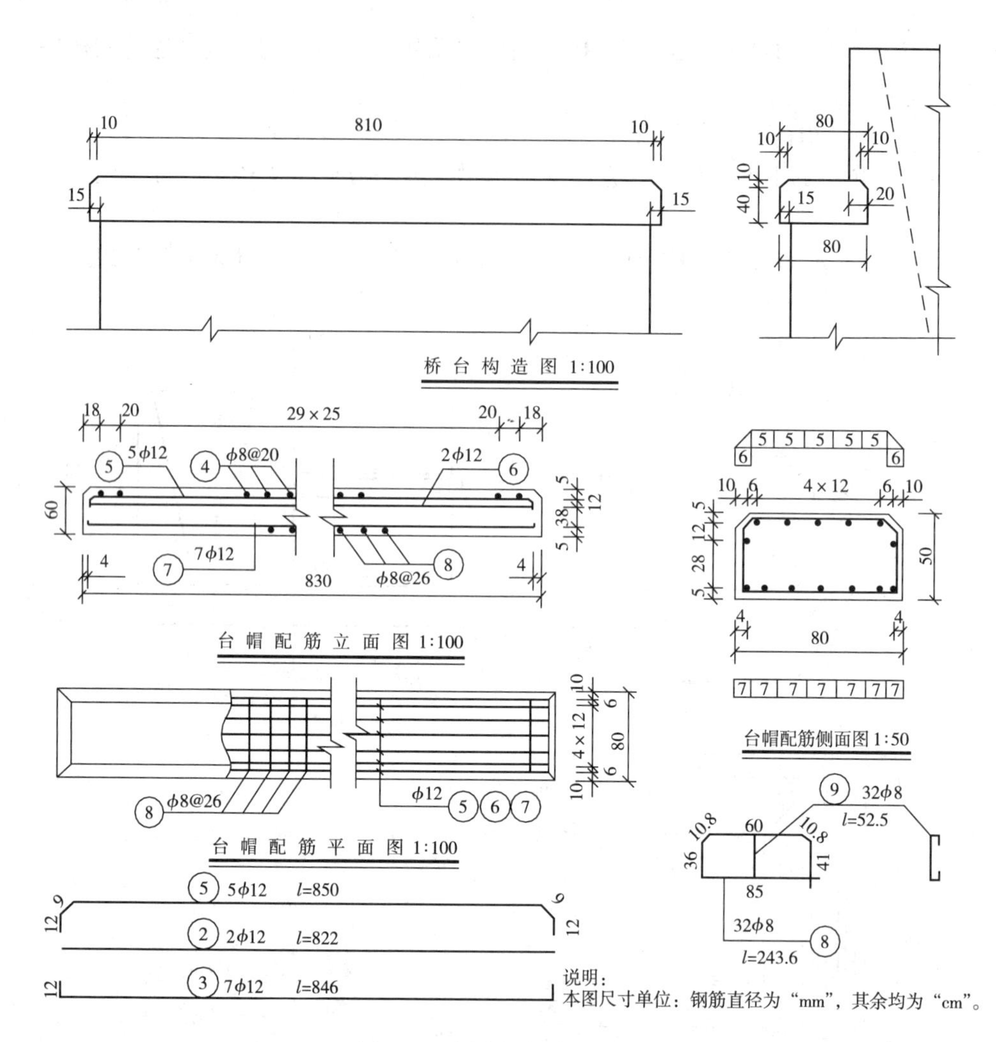

图 9-40　桥台桥帽配筋示意图

桥帽、墩台钢筋用量明细表　　**表 9-10**

部位	编号	符号 直径（mm）	根数	单根长度 （cm）	单位重量 （kg/m）	总长（m）	总重（kg）
墩帽 (4 个)	1	ϕ12	36	850	0. 888	306	271. 73
	2	ϕ12	8	822	0. 888	65. 76	58. 39
	3	ϕ12	44	846	0. 888	372. 24	330. 55
	4	ϕ8	160	383	0. 396	612. 80	242. 67
台帽 (2 个)	5	ϕ12	10	850	0. 888	85	75. 48
	6	ϕ12	4	822	0. 888	32. 88	29. 20
	7	ϕ12	14	846	0. 888	118. 44	105. 17
	8	ϕ8	64	243. 6	0. 396	155. 90	61. 74
	9	ϕ8	64	52. 5	0. 396	33. 6	13. 31
合计	ϕ12		116			980. 32	870. 52
	ϕ8		256			802. 3	317. 72

（二）桥墩结构图

桥墩和桥台一样同属桥梁的下部结构，重力式桥墩一般采用石材砌筑或混凝土、片石混凝土浇筑等方法构成圬工桥墩。其构造组成为：墩帽、墩身、基础等。以混凝土重力式桥墩为例，其图样是由半立面图、半配筋图、半平面图、半剖面图、半侧立面图半配筋图组成，如图 9-41 所示。

阅读重力式桥墩结构图的注意事项：

（1）半平面图、半立面图、半侧立面图部分的图示方法与重力式桥台结构图相同。

（2）配筋图部分的图示方法与钢筋混凝土配筋图基本相同，可见轮廓线用中实线表示，不可见轮廓线用细虚线表示，以细点画线表示对称线。

（3）钢筋成型图表示出构件内布置的钢筋大样、尺寸、直径、编号等。

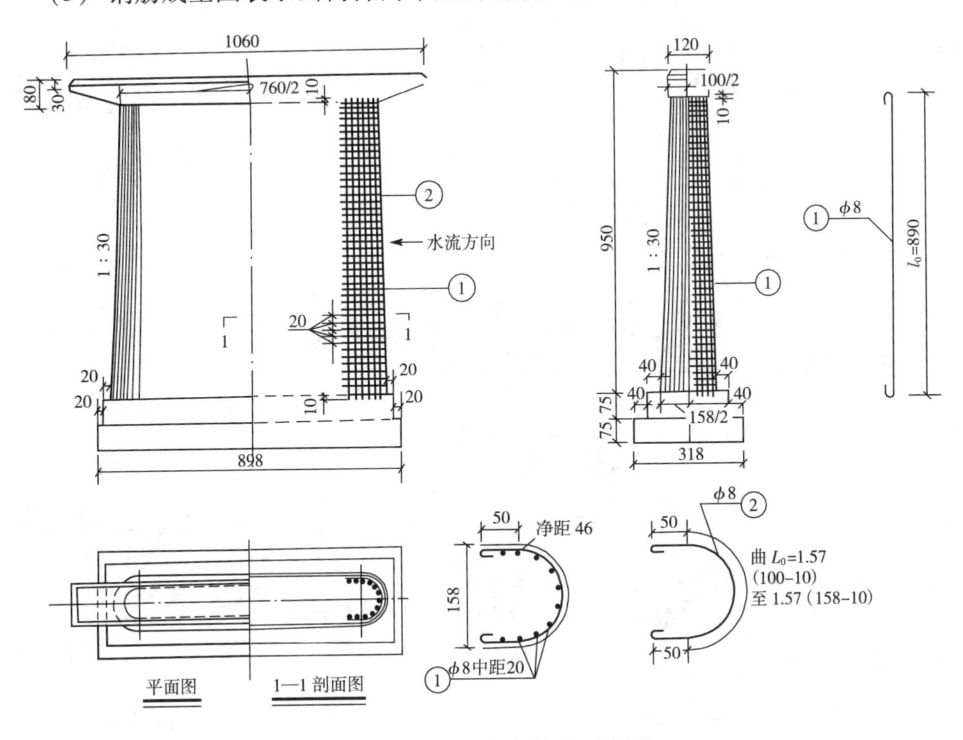

图 9-41　重力式桥墩结构示意图

（4）图 9-42 所示为× ×桥立柱式轻型桥墩结构图，采用了立面、平面和侧面的三个投影图，并且都采用半剖面形式。

（5）从结构图可以看出，下面是九根 35cm×35cm×1700cm 的预制钢筋混凝土桩，桩的钢筋没有详细表示，仅用文字把柱和下盖梁的钢筋连接情况标注在说明栏内。

（6）平面图是把上盖梁移去，表示立柱、桩的排列和下盖梁钢筋网布置的情况，平面图中没有把立柱的钢筋表示出来，而另用放大比例的立柱断面图表示。

（7）钢筋成型图在这里没有列出来，我们读图时可根据投影图、断面图和表 9-11 工程数量表略图对照来分析。例如立面图中编号为①的钢筋，可对照上盖梁断面图、侧面图和表 9-11 的略图，知道是每根直径为 18mm 的 5 号螺纹钢筋，每根长度

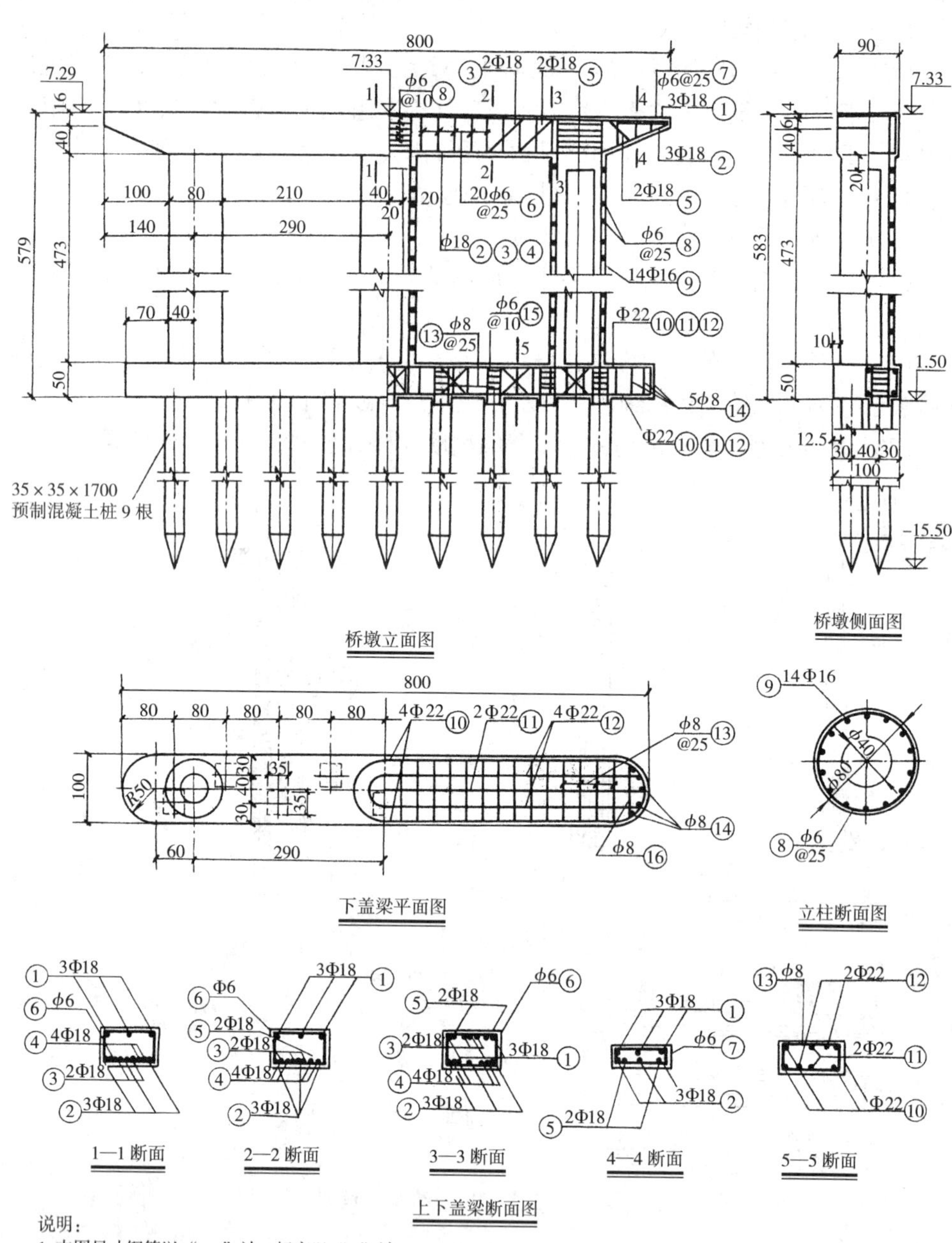

说明：
1. 本图尺寸钢筋以“mm”计，标高以“m”计，其他均为“cm”。
2. 混凝土采用 C20。
3. 保护层采用 3cm。
4. 桩顶混凝土应凿掉，将钢筋伸入下盖梁内，伸入长度为 40cm。

图 9-42 ××桥立柱式轻型桥墩结构图

为 854cm。又如编号为②的钢筋可对照立面图、断面图和略图，知道是：3 根直径为 18mm 的 5 号螺纹钢筋，每根长度为 868cm，两端弯起长度为 104cm。立面图中还设置Ⅵ—Ⅵ断面位置线，Ⅵ—Ⅵ断面图的钢筋排列位置，请读者自行思考。

工程数量表（每墩钢筋总重903.6kg，每墩混凝土总计13.57m³）　表9-11

编号	直径	略　图	每根长（cm）	根数	总长（m）	钢筋重量（kg）
1	Φ18	854	854	3	25.62	51.3
2	Φ18	104 660 104	868	3	26.04	52.0
3	Φ18	51 60 324 60 51	546	2	10.92	21.8
4	Φ18	660	660	4	26.40	52.8
5	Φ18	20 60 80 55 20	235	2	4.70	9.4
6	ϕ6	85 55 93 63	296	20	59.20	15.4
7	ϕ6	85 11~43 93 19~51	208~272	8	19.20	4.3
8	ϕ6	252	252	75	189.00	31.8
9	Φ16	575	575	42	241.5	381.6
10	Φ22	700 20 148	868	4	34.72	104.1
11	Φ22	794	794	2	15.99	47.94
12	Φ22	90 53 53 50 53 53 50 53 53 50 53 53 91 50 50 50 50	956	2	19.12	57.5
13	ϕ8	95 45 105 55	300	29	87.00	34.3
14	ϕ8	48	48	10	4.80	1.9
15	ϕ6	30 25 38 33	126	36	45.36	10.4
16	ϕ8	80	80	4	3.20	12.6

（三）钢筋混凝土桩结构图

钢筋混凝土桩主要是由桩身与桩尖组成，图9-43所示为预制钢筋混凝土桩尖构造图。所采用的混凝土为C30级，钢筋则选用Ⅰ级钢筋，其吊环不冷拉。②号螺旋筋应贴紧模板不留保护层。

图9-44所示为预制钢筋混凝土桩身构造图，其钢筋则选用Ⅰ级钢筋，①号钢筋不冷拉，焊条采用E4303型；图中的L为钢筋笼全长。

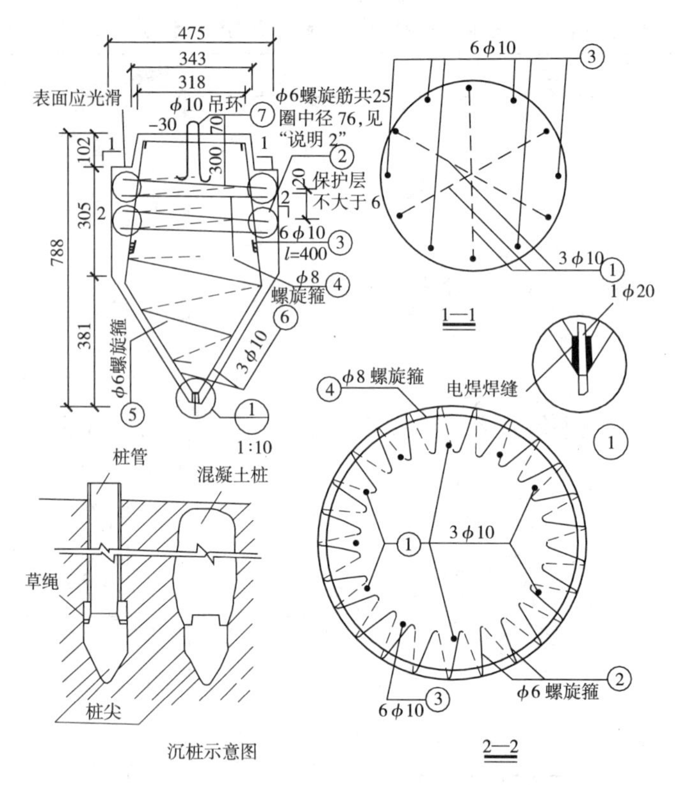

图 9-43　预制钢筋混凝土桩尖构造图（mm）

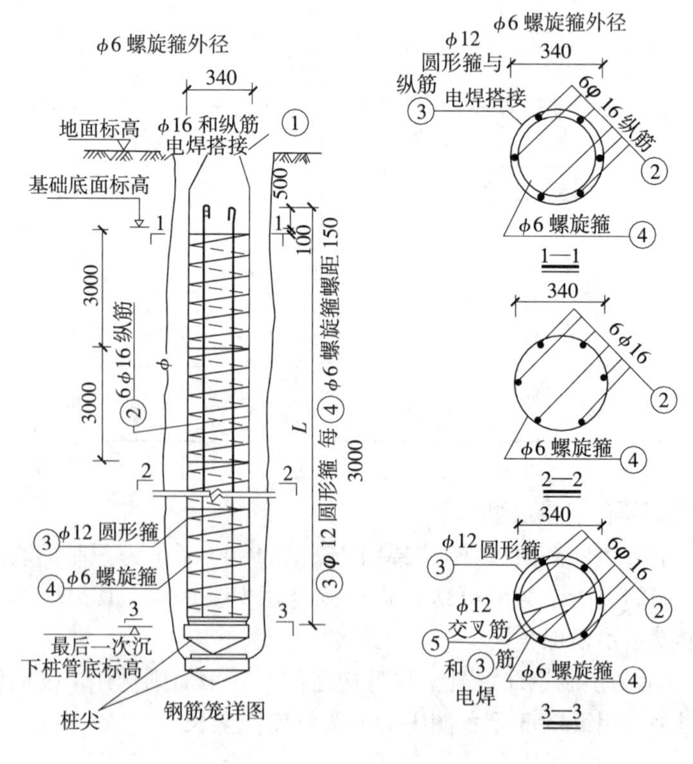

图 9-44　预制钢筋混凝土桩身构造图（mm）

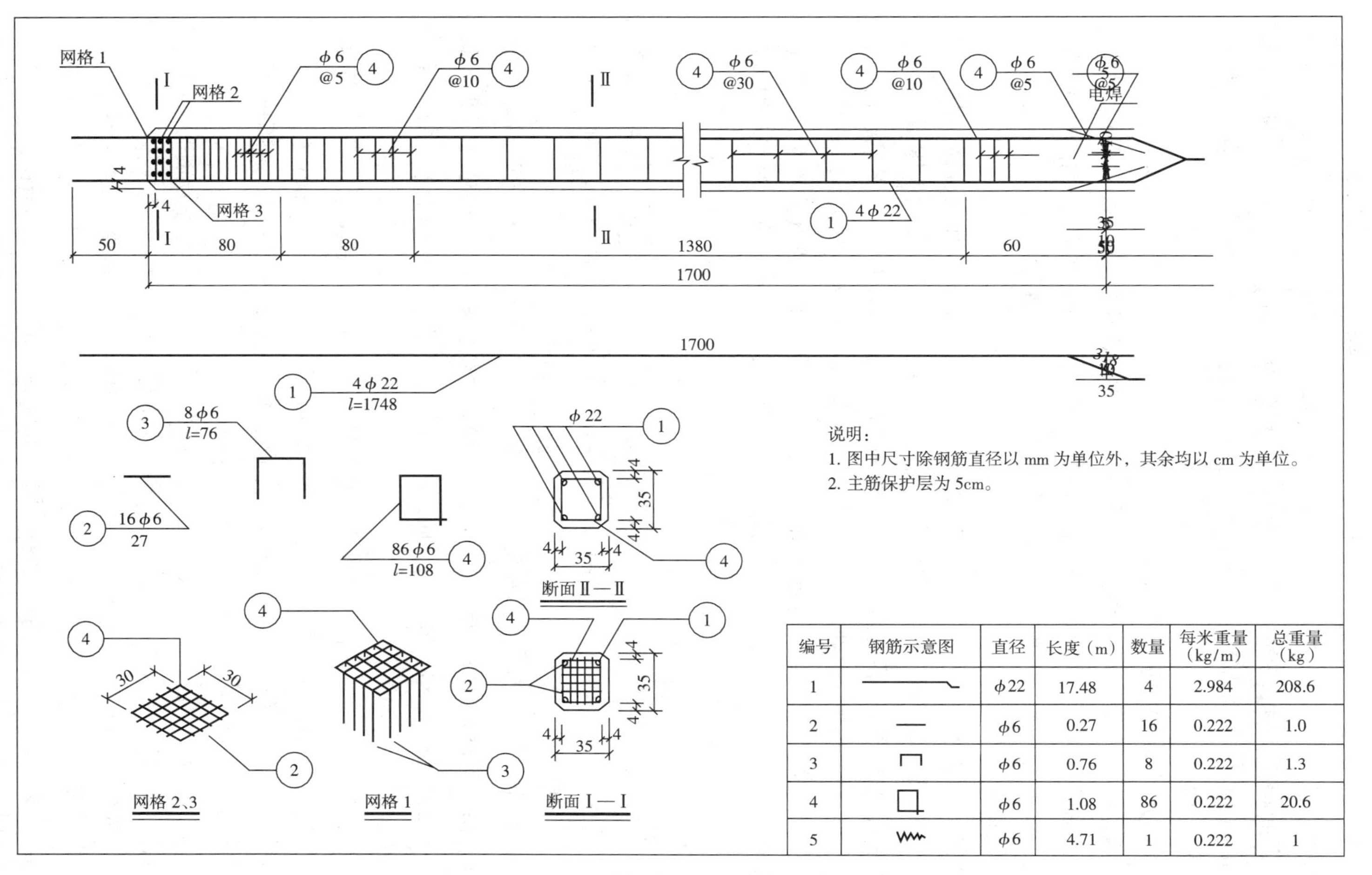

说明：
1. 图中尺寸除钢筋直径以 mm 为单位外，其余均以 cm 为单位。
2. 主筋保护层为 5cm。

编号	钢筋示意图	直径	长度（m）	数量	每米重量（kg/m）	总重量（kg）
1		φ22	17.48	4	2.984	208.6
2		φ6	0.27	16	0.222	1.0
3		φ6	0.76	8	0.222	1.3
4		φ6	1.08	86	0.222	20.6
5		φ6	4.71	1	0.222	1

图 9-45 钢筋混凝土方桩结构示意图

图 9-45 所示为一方形断面，长度为 17m、横截面 35cm×35cm 的钢筋混凝土桩的结构图。桩顶具有三层网格，桩尖则为螺旋形钢箍，其他部分为方形钢箍，分三种间距，当中为 30cm，两端为 5cm，其余为 10cm，主钢筋①为四根长度为 1748cm 的 Φ22 钢筋，除了钢筋成型图之外，还列出了钢筋数量一览表，以便对照和备料之用。

（四）预制板钢筋主梁结构图

因为中梁与边梁从一般构造上形状不同，故钢筋构造图也会有不同，故分别有中板钢筋构造图和边板钢筋构造图，图 9-46 所示为中梁预制板的钢筋结构图，这里仅以中板为例说明钢筋结构图的图示特点和图示内容。

1. 图示特点

在投影图处理上，采用 I—I 剖面即板梁侧面钢筋骨架作为立面视图，用半 V—V 和半Ⅳ—Ⅳ剖面的合成图作为平面视图。由于板梁较长，中间段采用折断画法，为保证长度对正，立面和平面用同一比例。由于Ⅳ—Ⅳ、V—V 剖面的剖切位置不同，在中间段折断处，为保证各纵横向钢筋的对应，产生了Ⅳ—Ⅳ与 V—V 剖面图形不等宽的现象。侧面视图则采用了Ⅱ—Ⅱ、Ⅲ—Ⅲ剖面图取代，并用较大比例画出，为方便施工画出了每根钢筋的大样图，另附一块板钢筋明细表及材料数量表，和有关需要说明的事项即附注。

2. 图示内容

（1）空心板梁的中板，其底板纵向主筋为①、1A、②、③、④均为二级钢筋，除④筋直径为 ϕ20 外，余均为 ϕ25，⑥号筋为侧面纵向主筋，顶面纵向主筋均为⑤、⑥筋。

（2）⑦、7A、7B号筋为承受剪力的斜筋，也属受力筋。⑧、⑨均为分布筋及箍筋。由于该桥为斜桥，故⑪、⑭、14A号筋是为加强斜角处的构造筋（顶板斜向锐角、底板斜向钝角），⑫、⑬号筋为 6ϕ10 是板顶面、底面两端各三根与板斜边平行的箍筋及分布筋。

（3）⑩、10A为加强板梁与板梁之间的横向联系而设的铰接预埋筋，可参见板铰缝构造图，如图 9-47 所示。⑮号筋 ϕ25 为安装起吊预埋的吊环钢筋，⑯号筋 ϕ8 为与桥面铺装钢筋扭结增加整体性并防止收缩裂缝的预埋钢筋，各钢筋组装定位尺寸以钢筋中心线进行标注。

（4）钢筋明细表及材料数量表，具有两个功能，一是将各号钢筋按序排列，表明各钢筋的直径、规格及长度、根数，以便与钢筋结构图对照校核；其次是为计算工程数量，以便安排生产、材料供应及作为确定工程造价的依据。

3. 实例简介：在现代化城市交通运输发展中，桥梁是改善日益增大车流量交通组织中必不可少的重要手段之一。图 9-48 ~ 图 9-53 所示是位于长春市市区西侧建成的青普立交部分工程图样。此桥也属于钢筋混凝土梁桥，在图示内容和方法方面与上述两种类型的钢筋混凝土桥梁相似，请读者自行对照比较、阅读理解并加以分析，不再详细介绍。

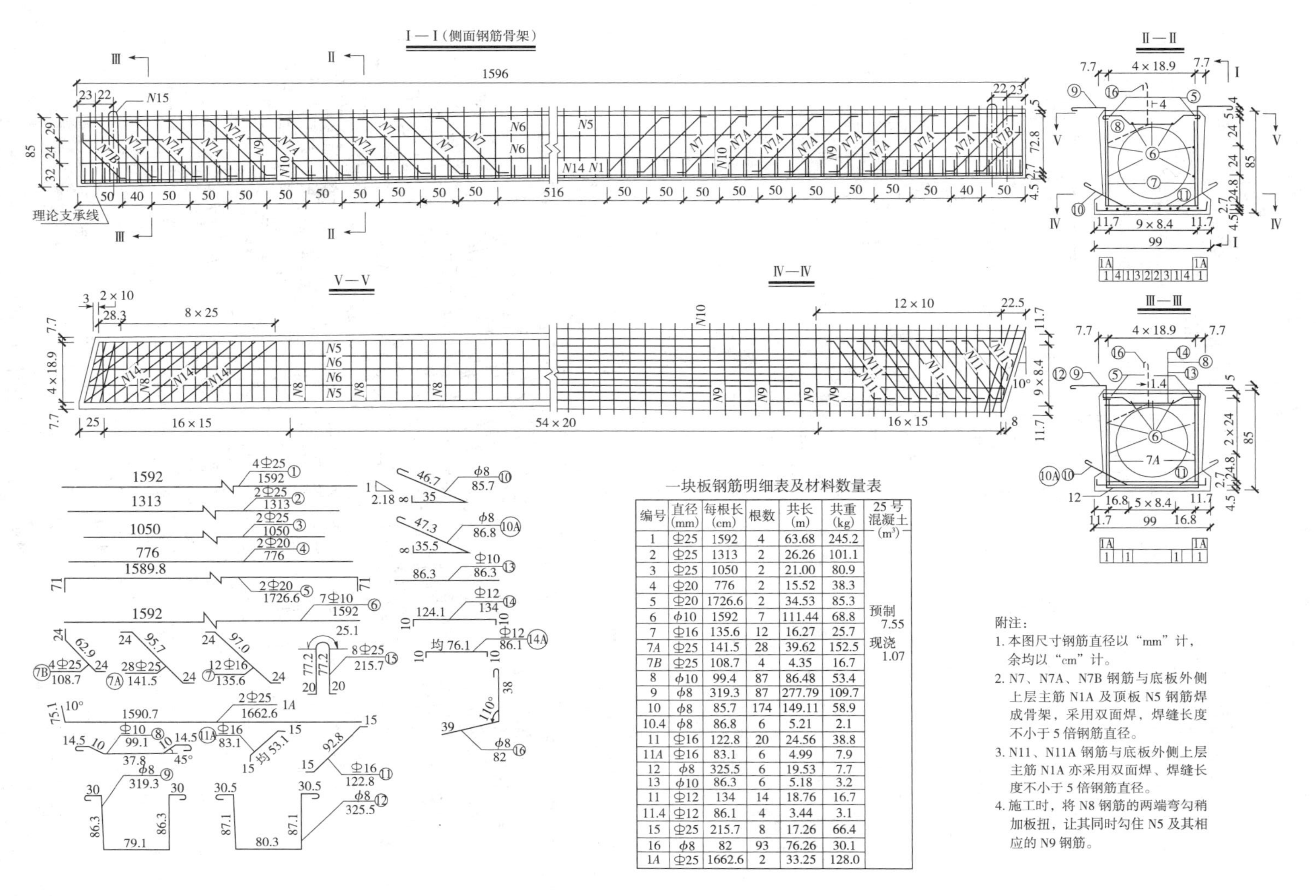

一块板钢筋明细表及材料数量表

编号	直径 (mm)	每根长 (cm)	根数	共长 (m)	共重 (kg)	25号混凝土 (m³)
1	Φ25	1592	4	63.68	245.2	预制 7.55 现浇 1.07
2	Φ25	1313	2	26.26	101.1	
3	Φ25	1050	2	21.00	80.9	
4	Φ20	776	2	15.52	38.3	
5	Φ20	1726.6	2	34.53	85.3	
6	ϕ10	1592	7	111.44	68.8	
7	Φ16	135.6	12	16.27	25.7	
7A	Φ25	141.5	28	39.62	152.5	
7B	Φ25	108.7	4	4.35	16.7	
8	ϕ10	99.4	87	86.48	53.4	
9	ϕ8	319.3	87	277.79	109.7	
10	ϕ8	85.7	174	149.11	58.9	
10.4	ϕ8	86.8	6	5.21	2.1	
11	Φ16	122.8	20	24.56	38.8	
11A	Φ16	83.1	6	4.99	7.9	
12	ϕ8	325.5	6	19.53	7.7	
13	ϕ10	86.3	6	5.18	3.2	
11	Φ12	134	14	18.76	16.7	
11.4	Φ12	86.1	4	3.44	3.1	
15	Φ25	215.7	8	17.26	66.4	
16	ϕ8	82	93	76.26	30.1	
1A	Φ25	1662.6	2	33.25	128.0	

附注：

1. 本图尺寸钢筋直径以“mm”计，余均以“cm”计。
2. N7、N7A、N7B 钢筋与底板外侧上层主筋 N1A 及顶板 N5 钢筋焊成骨架，采用双面焊，焊缝长度不小于 5 倍钢筋直径。
3. N11、N11A 钢筋与底板外侧上层主筋 N1A 亦采用双面焊、焊缝长度不小于 5 倍钢筋直径。
4. 施工时，将 N8 钢筋的两端弯勾稍加板扭，让其同时勾住 N5 及其相应的 N9 钢筋。

图 9-46 板梁钢筋结构示意图

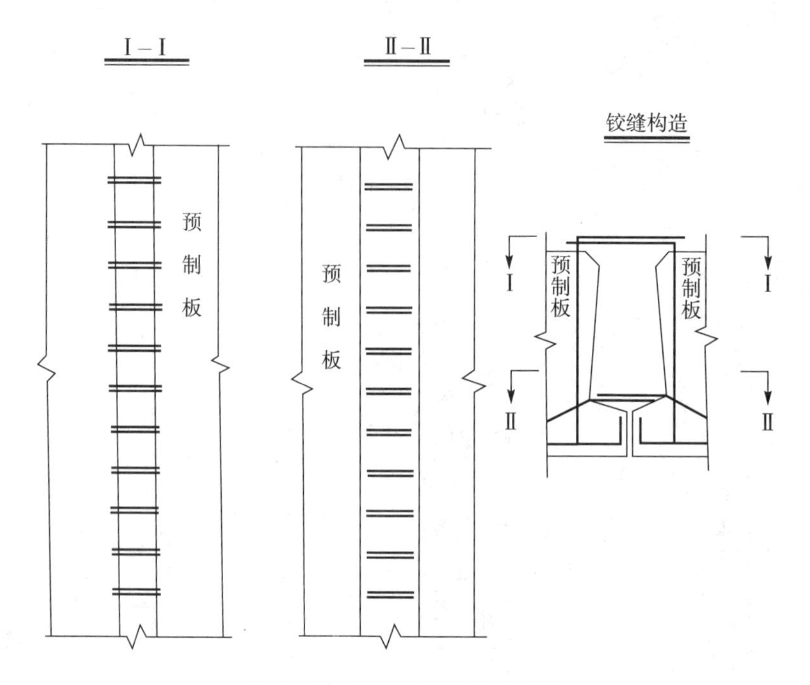

图 9-47　板梁铰缝构造示意图

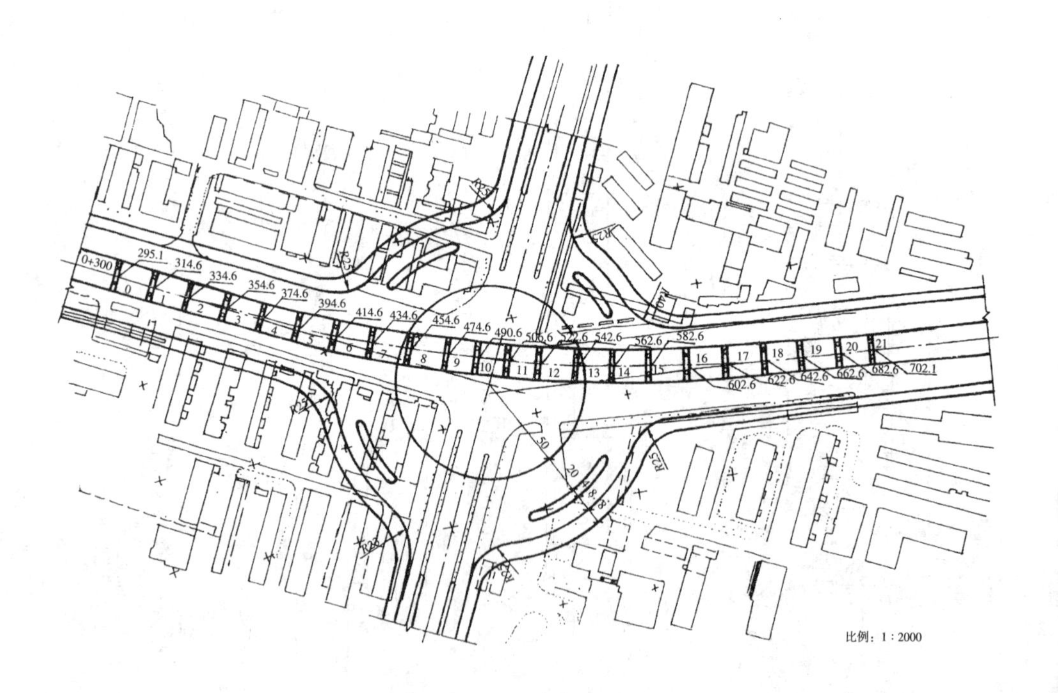

图 9-48　青普立交桥位平面图

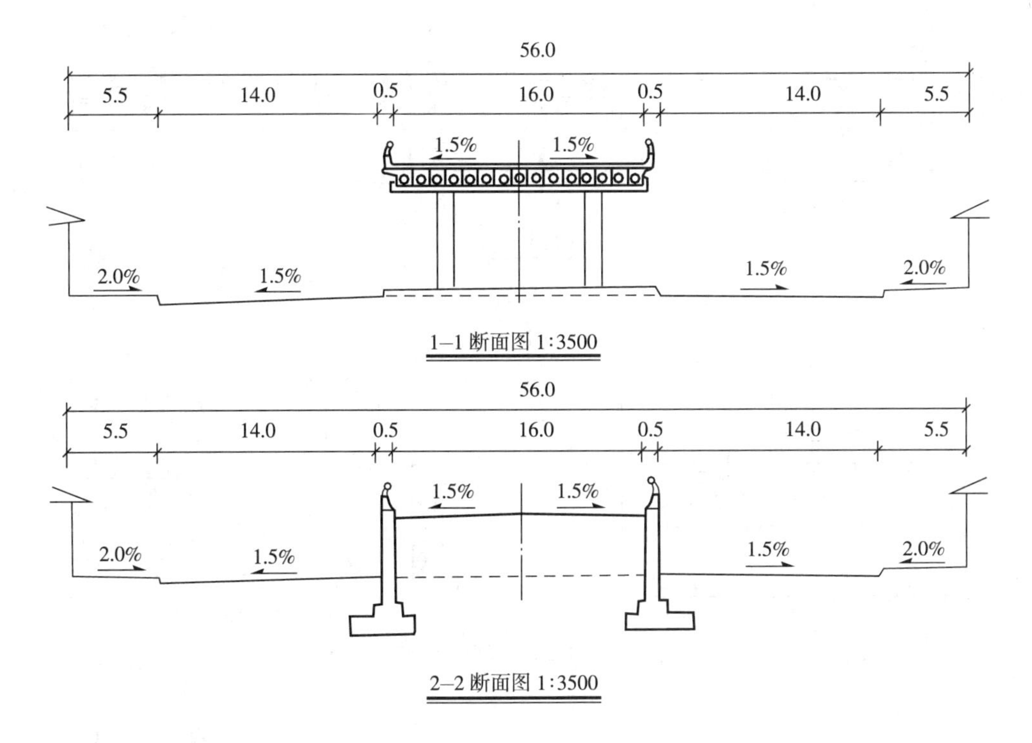

图 9-49　青普立交桥位断面图

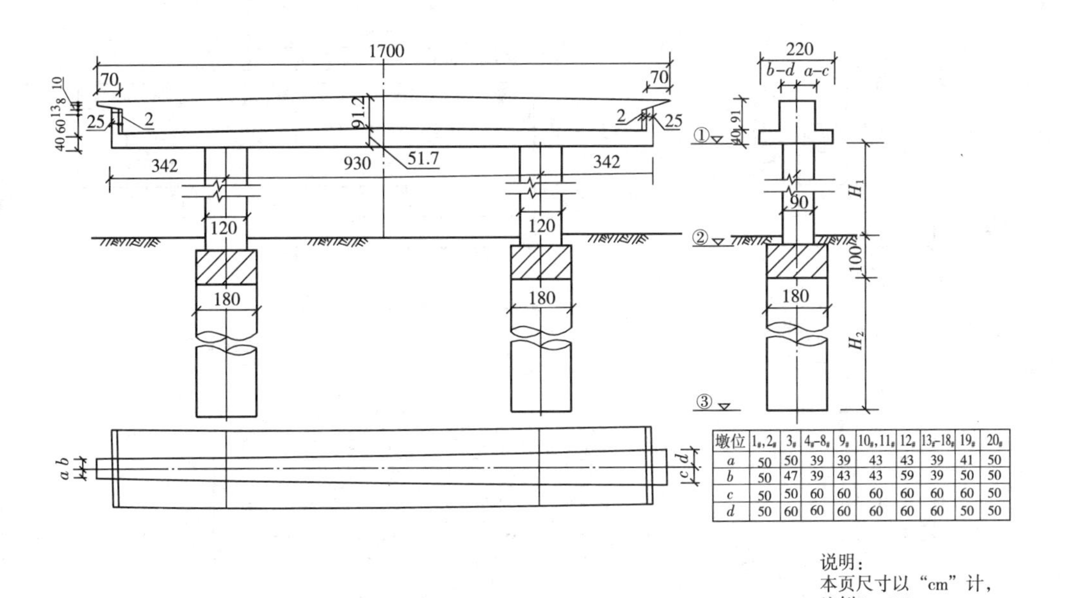

墩位	1#,2#	3#	4#–8#	9#	10#,11#	12#	13#–18#	19#	20#
a	50	50	39	39	43	43	39	41	50
b	50	47	39	43	43	59	39	50	50
c	50	50	60	60	60	60	60	60	50
d	50	60	60	60	60	60	60	50	50

说明：
本页尺寸以“cm”计，
比例 1：150。

图 9-50　青普立交桥桥梁下部结构图

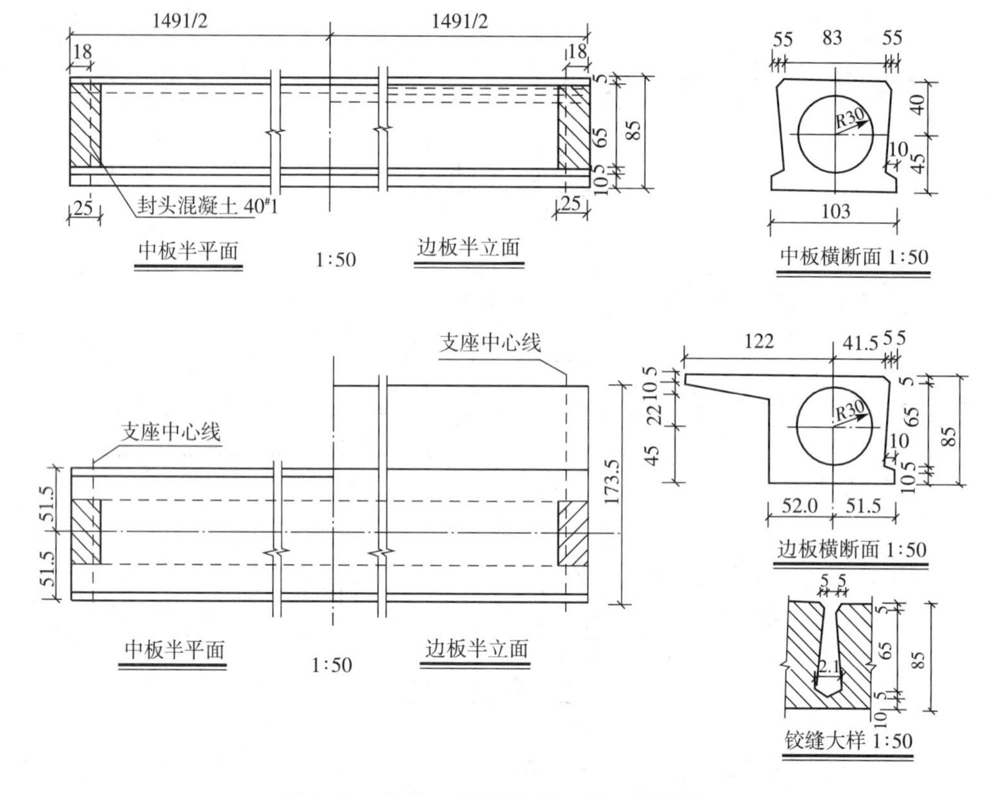

图 9-51　青普立交桥 14.91m 空心板梁图

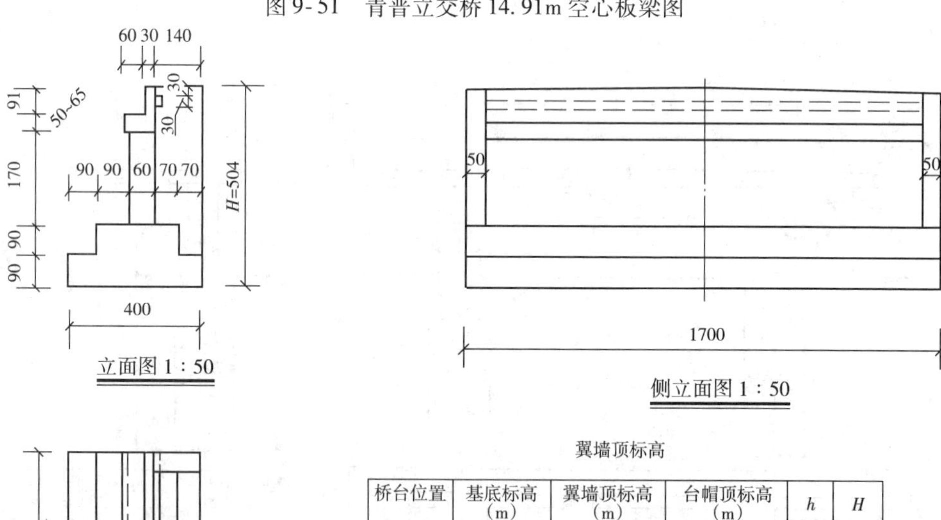

h=1700

平面图 1 : 50

翼墙顶标高

桥台位置	基底标高（m）	翼墙顶标高（m）	台帽顶标高（m）	h	H
0+295	228.50	233.54	232.63	17	504
0+720	228.59	233.63	232.12	17	504

说明：

1. 本图尺寸均“cm”计；
2. 基础底有 6cm 碎石垫层；
3. 桥台与翼墙现浇成一体。

图 9-52　青普立交桥的桥台、挡土墙结构示意图

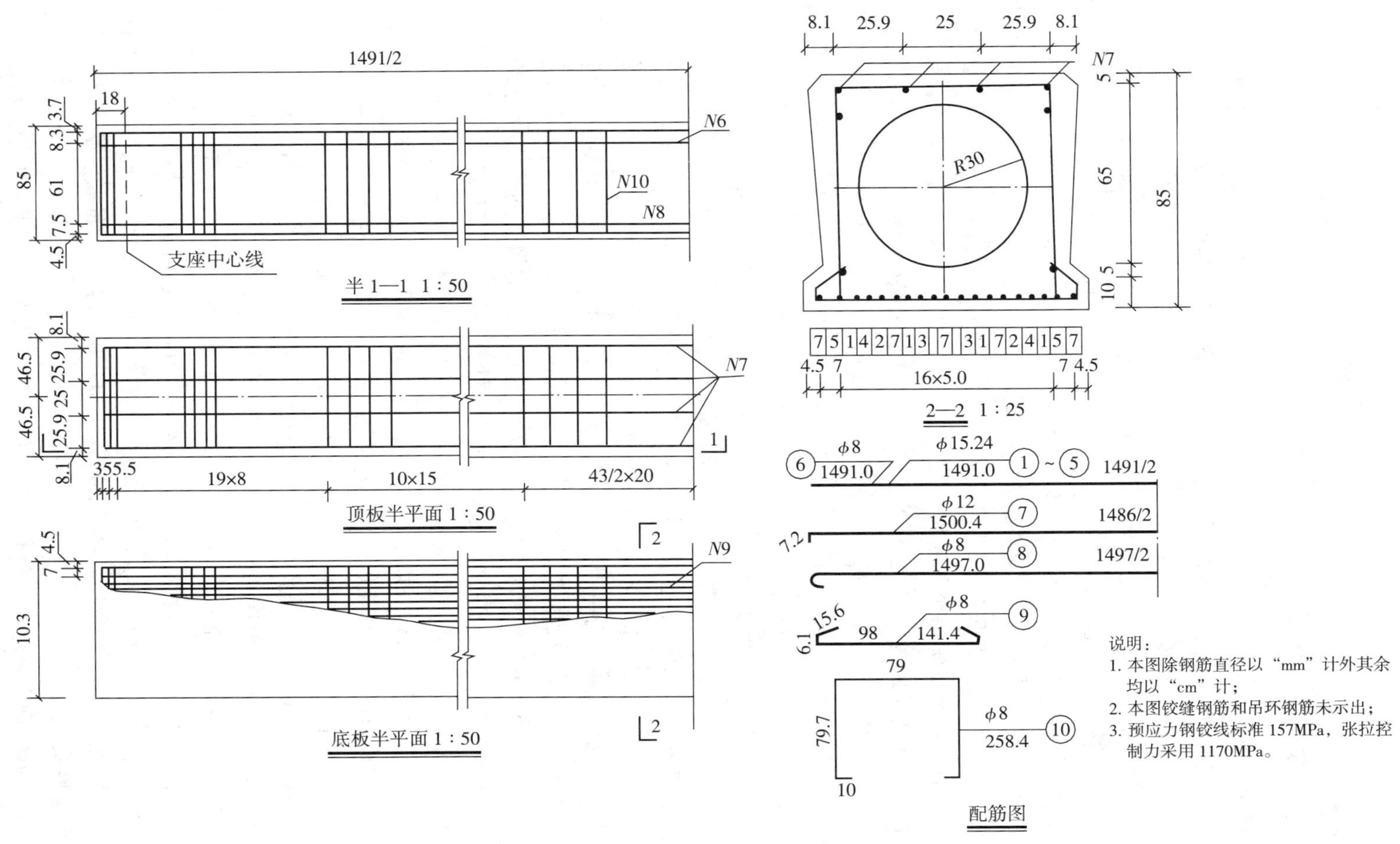

图 9-53 青普立交桥的 14.91m 空心板梁结构示意图

第五节 斜拉桥

一、概述

斜拉桥作为一种桥面体系受压、支承体系受拉、跨越能力大、简洁美观、外形轻巧的现代化桥梁。斜拉桥是由许多直接连接到塔上的钢缆吊起桥面，斜拉桥由索塔、主梁、斜拉索组成。斜拉桥是一种自锚式体系，斜拉索的水平力由梁承受、梁除支承在墩台上外，还支承在由塔柱引出的斜拉索上。按梁所用的材料不同可分为钢斜拉桥、结合梁斜拉桥和混凝土梁斜拉桥。索塔形式有 A 形、倒 Y 形、H 形、独柱，材料有钢和混凝土的。斜拉索布置有单索面、平行双索面、斜索面等。

近代第一座斜拉桥是 1955 年建造的瑞典斯特姆松特桥，它是一座稀索辐射式的斜拉桥，中孔跨度 185.6m，边孔 74.7m。我国 1975 年建成的四川云阳汤溪河桥，是国内斜拉桥的第一个代表作。从 20 世纪 80 年代开始，斜拉桥以其独特优美的造型及优越的跨越能力在中国迅速推广，特别在城市公路桥梁和水路桥梁中被广泛采用。桥型有多塔、双塔与独塔、双索面与单索面、固结与漂浮等。主跨跨径双塔形式已达 400m 以上的斜拉桥主要有：1993 年建成的上海杨浦大桥为叠合梁形式，主跨跨径达 602m，为当时同类型斜拉桥中雄居世界第一；独塔形式的主跨跨径单幅已达 160m 以上，其中 1996 年建成的安徽黄山太平湖桥，桥型为独塔单索面预应力混凝土斜拉桥，全长 380m，在同类桥型中，是当时亚洲跨度最大的混凝土斜拉桥；1997 年建成的预应力混凝土（PC）梁结构的、采用双塔结构（主塔高 141m）重庆长江二桥主跨达 444m。

由于桥梁设计能力与施工技术的迅速进步，21 世纪以来，国内已有十多座特别引世界瞩目的大跨径斜拉桥建成通车。这些斜拉桥的主要特点：

（1）2002 年 10 月建成通车的湖北荆沙江长江大桥北汉通航孔主桥为 200m + 500m + 200mPC 斜拉桥，技术难度大，地基条件复杂，当时是亚洲已建和在建同类桥梁中跨径最大的，在当时世界桥梁史上也是排名世界第二的斜拉桥。

（2）2001 年 3 月 26 日建成通车南京长江二桥为主跨跨径达 628m 的钢箱梁结构斜拉桥，该跨径当时居同类桥型中国内第一，世界第三。

（3）湖南岳阳洞庭湖大桥为 130m + 2 × 310m + 130m 三塔斜拉桥，是当时国内最长的内河公路桥，也是我国第一座预应力混凝土（PC）多塔斜拉桥。

（4）2009 年 12 月建成通车的昂船洲大桥（图 9-54）位于香港，截至 2011 年底，该桥是全球第二长的双塔斜拉桥（仅次于苏通大桥）。大桥主跨长 1018m。昂船洲大桥离海面高度 73.5m，而桥塔高度则为 290m，两者都比青马大桥为高。

（5）2008 年 6 月 30 日建成通车的苏通大桥，总长为 8206m，截至 2011 年底，其中斜拉桥主孔跨度为 1088m、主塔高度为 300.4m、斜拉索的长度为 577m 等三项均列世界第一。

（6）2011 年 12 月建成通车的武汉二七长江大桥，是目前世界上最大跨度的三塔斜拉桥和最大跨度的结合梁桥。全长为 6507m，其中，两主跨 2 × 616m，正桥长 2922m，双向 6 车道，其设计时速为 80km/h，每日可分担城区过江车流量约 10 万

图 9-54　香港昂船洲大桥

辆。这些伟大的桥梁工程均充分地反映了我国斜拉桥的设计与施工的水平和能力。

斜拉桥的施工，一般可分为基础、墩塔、梁、索四部分。其中基础施工与其他类型桥梁的施工方法相同。经过 30 多年的发展、探索、实践与总结，目前中国斜拉桥的施工技术已日趋成熟，且具有其独特性和先进性。

斜拉桥与梁桥相比，除主梁外，增加了索塔和拉索，图 9-55 所示为一座双塔双索面斜拉桥的鸟瞰图，斜拉桥的主梁一般用钢或钢筋混凝土（或预应力钢筋混

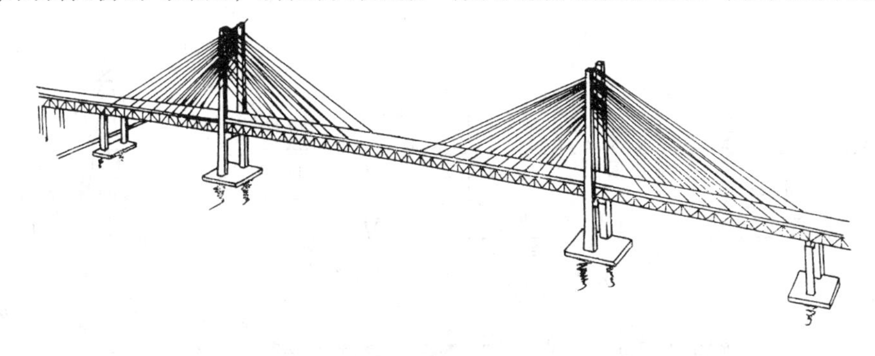

图 9-55　斜拉桥的鸟瞰图

凝土）或其混合制作。斜拉桥的结构体系分为悬臂式或连续式两种，桥塔的形式有门式塔、A形塔、独柱塔或双柱式塔等形式。拉索的形式有辐射式、平行式、扇式和星式等。

图9-56所示为国内外典型的几座不同类型斜拉桥立面示意图。

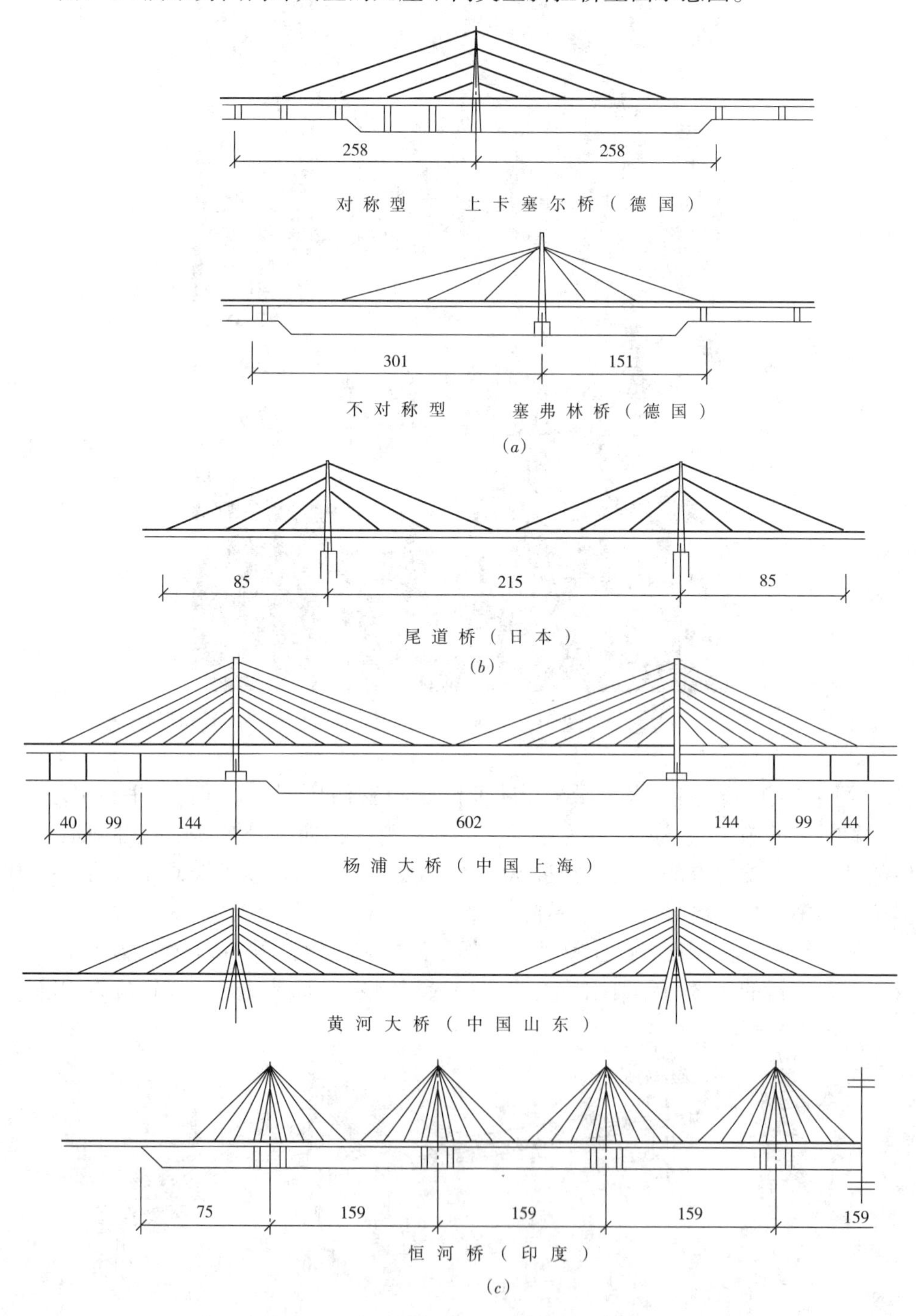

图9-56　国内外典型的几座不同类型斜拉桥立面示意图
(a) 双跨型；(b) 三跨型；(c) 多跨型

二、斜拉桥的主要组成部分

（一）主梁

钢筋混凝土斜拉桥即指主梁结构为钢筋混凝土制成。一般说来钢筋混凝土梁式桥的不少截面形式都适用于斜拉桥。主梁常用的截面形式（图9-57）有：板式截面图、分离式双箱截面图、闭合箱形截面图、半闭合箱形截面图等，其中图9-57（*e*）和图9-57（*f*）是图9-57（*c*）的改进截面，将外侧腹板做成倾斜式，既可改善风动力性能，又可以减小墩台宽度。

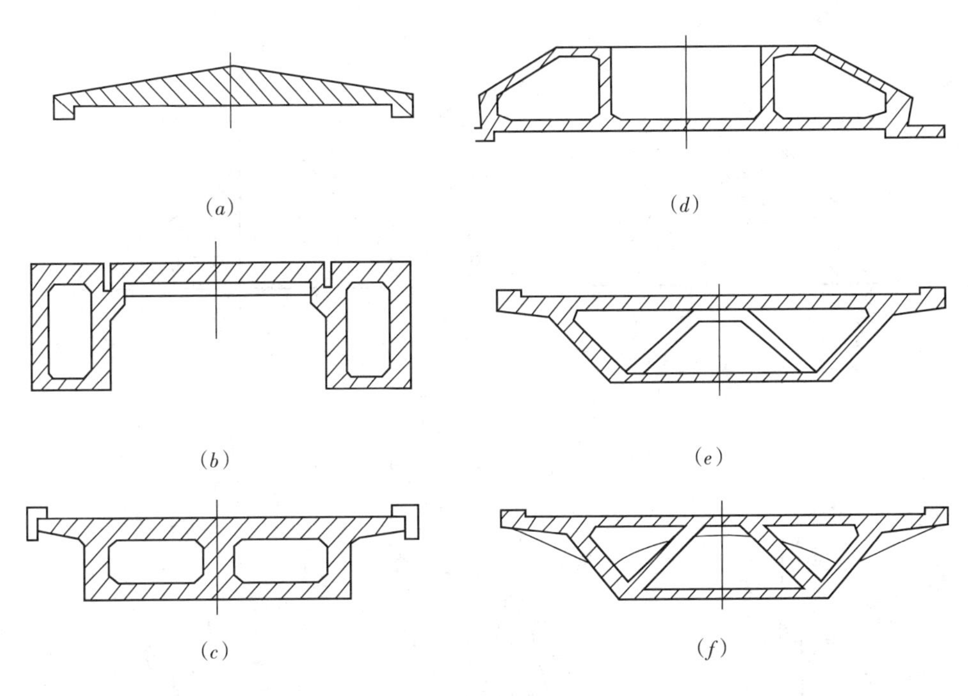

图9-57 主梁横断面主要形式

（*a*）板式；（*b*）分离式；（*c*）闭合箱；（*d*）半闭合式；（*e*）闭合式；（*f*）闭合式

（二）拉索

拉索由于布置方法不同可分为4种形式（图9-58）：辐射式、平行式、扇式、星形。拉索对斜拉桥的工作状态影响很大，而且造价约占全桥的25%～30%，其材料也比较复杂（包括防护层在内）。

（三）索塔

索塔承受的轴向力很大，同时还承受很大的弯矩，上端与拉索连接，下端与桥墩或主梁连接，它是斜拉桥中很重要的组成部分。索塔的形式从纵向看有：单柱式、A形、倒Y形，如图9-59所示。从横向看有：门式、单柱式、双柱式、A形，如图9-60所示。

斜拉桥的主跨部分由上述3部分组成，除此以外，其桥梁两端的引桥部分与钢筋混凝土梁桥的结构特点、布置形式、连接方法等均相似，这里就不再阐述。

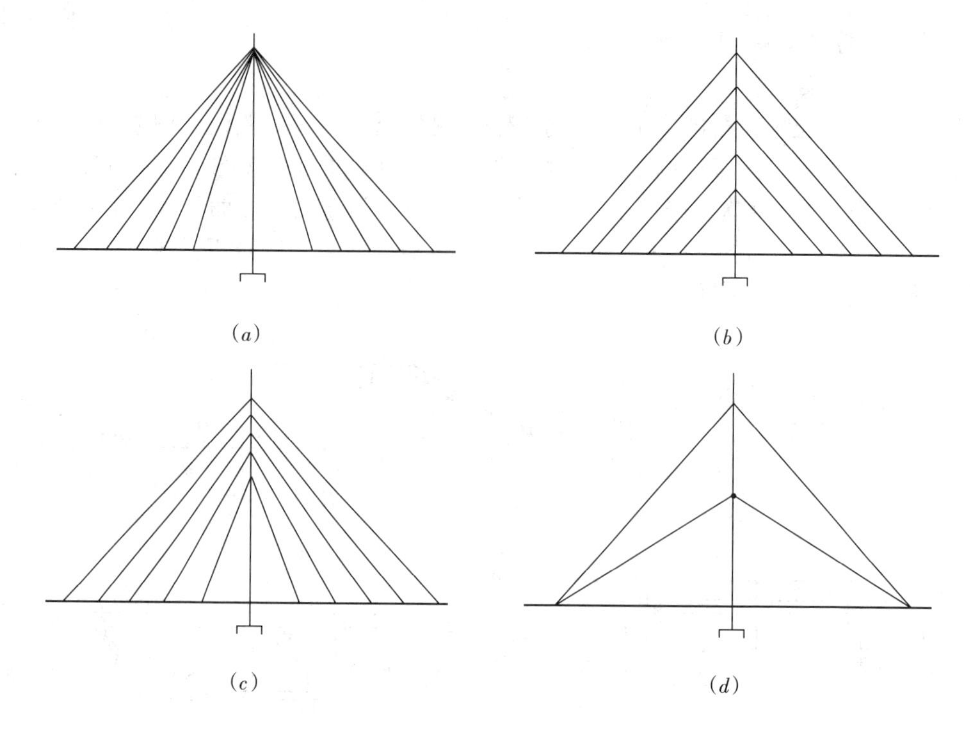

图 9-58 拉索形式

(a) 辐射式；(b) 平行式；(c) 扇式；(d) 星形

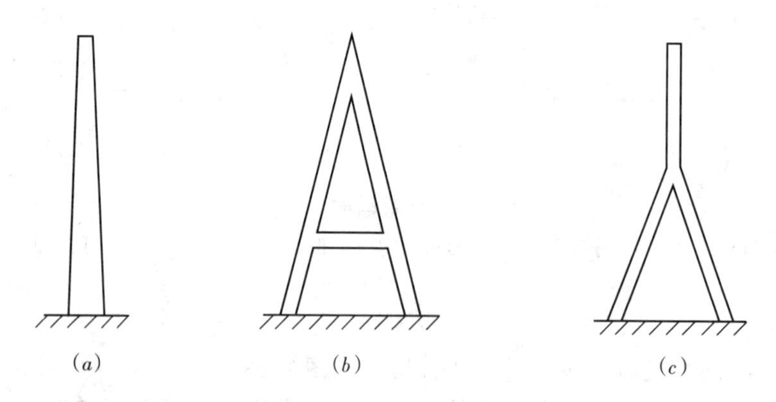

图 9-59 纵向看索塔的形式

(a) 单柱式；(b) A 形；(c) 倒 Y 形

三、斜拉桥的总体布置图

下面以图 9-61 所示的济南黄河大桥为例，介绍斜拉桥工程图。斜拉桥的总体布置图主要包括：立面图、平面图、横剖面图、横梁断面图、结构详图等。

（一）斜拉桥的立面图

济南黄河大桥位于山东省济南市北郊跨越黄河，全长 2023.4m，为预应力钢筋混凝土斜拉桥，其体系为密索五跨连续混凝土箱梁。主跨为 220m，边跨为 94m，两个边跨外侧又增设了一连续副孔，跨距为 40m，其目的是将主桥布满主河

图 9-60 横向看索塔的形式
(a) 门式；(b) 双柱式；(c) A 形；(d) 单柱式

槽。两边引桥为 1534.4m（全长），这里采用折断画法，引桥部分未画出。

立面图比例为 1∶2000，由于比例较小，因此只画出桥梁的外形。梁的高度（2.75m）用两条粗实线表示，上面加画一条细实线，表示桥面。其他结构（横隔梁、人行道、桥栏杆等）均未画出。

主塔两侧共有 11 对拉索（在一个平面内），呈扇形分布，主塔中心处连同支点有一根垂直吊索，因此全桥共有 46 对拉索，索距为 8m。主塔为钢筋混凝土倒 Y 形（侧面）。

立面图还能反映河床起伏及水文的情况，从标高尺寸可以了解桥墩及桩柱的埋置深度、梁底、桥面中心高度等，本图采用的是折断画法，故未绘出河床形状和墩、桩长度及其他的情况。

（二）斜拉桥的平面图

以中心线为分界，右半部分画外形，左半部分画桩基承台和桩位的平面布置图。

外形部分表示桥面宽度 19.50m，车行道宽 15m，人行道宽 2×2.25m。比例：长度方向为 1∶2000，宽度方向为 1∶1000。

主跨桥墩外形为矩形，其长度为 22.86m，宽度为 32.10m。基础为 24m×1.5m（直径）的灌注桩。引桥部分（包括边跨）桥墩外形也为矩形，基础 6m×1.5m 和 3m×1.5m 的灌注桩。

（三）斜拉桥的横剖面图

图 9-62 所示为济南黄河大桥的横剖面示意图。塔墩横向构造为门式构造，塔柱为 C40 的钢筋混凝土，塔高 68.40m，自塔顶 23.0m 以下至桩基承台上端面有 11.5∶1 的坡度，使拉索能锚固于车行道与人行道之间。为了横向稳定性，设置 3 根横向系梁（上横梁、中横梁、下横梁）。

索塔纵向在拉索锚固区部分为单柱，其下面分为两根斜柱，形成“A”形塔墩。

横剖面图一般采用较大比例 1∶500。横剖面图除了反映塔高、形式及各部尺寸

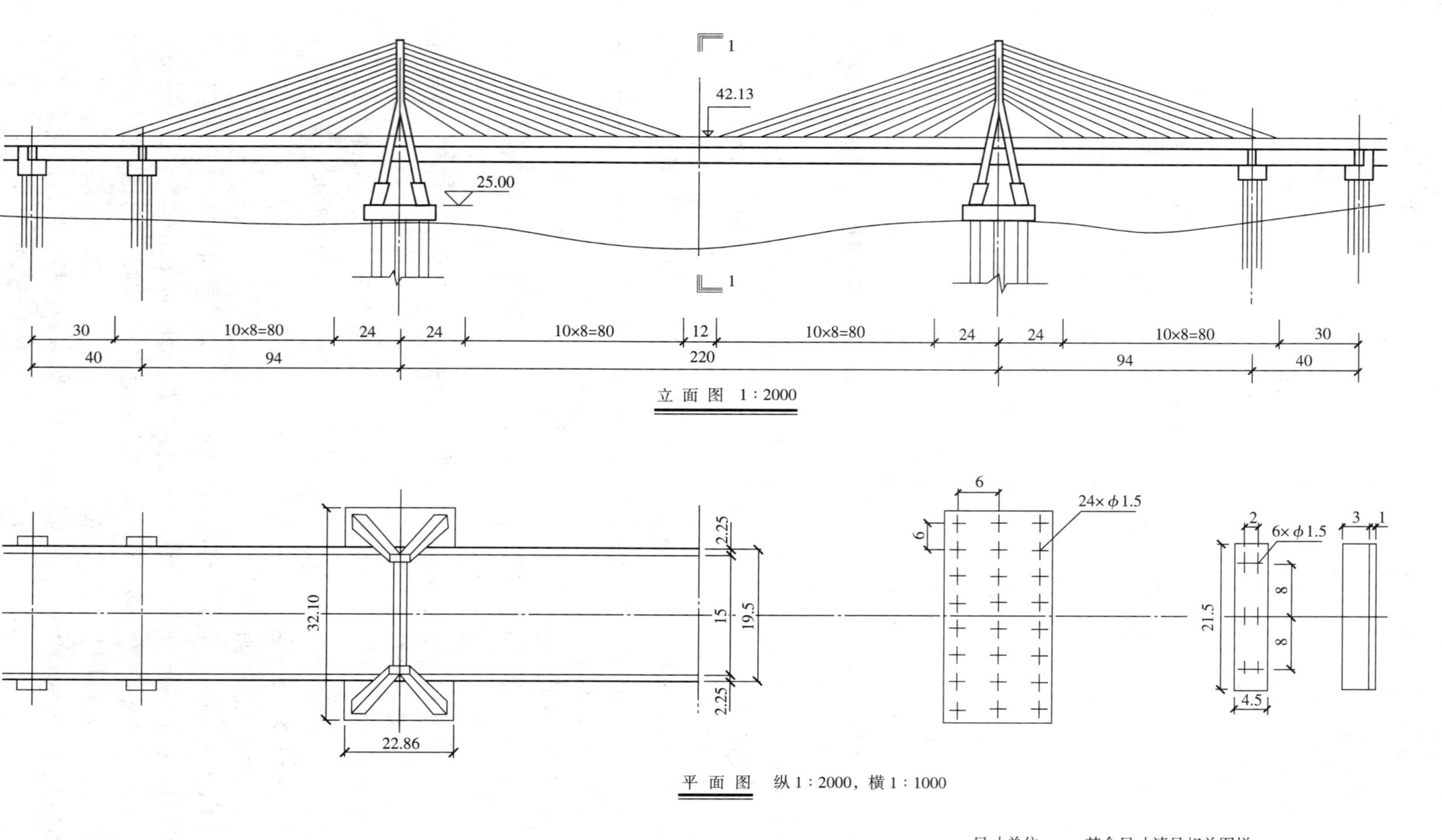

尺寸单位：m，其余尺寸请见相关图样。

图 9-61 山东济南黄河公路大桥总体布置示意图

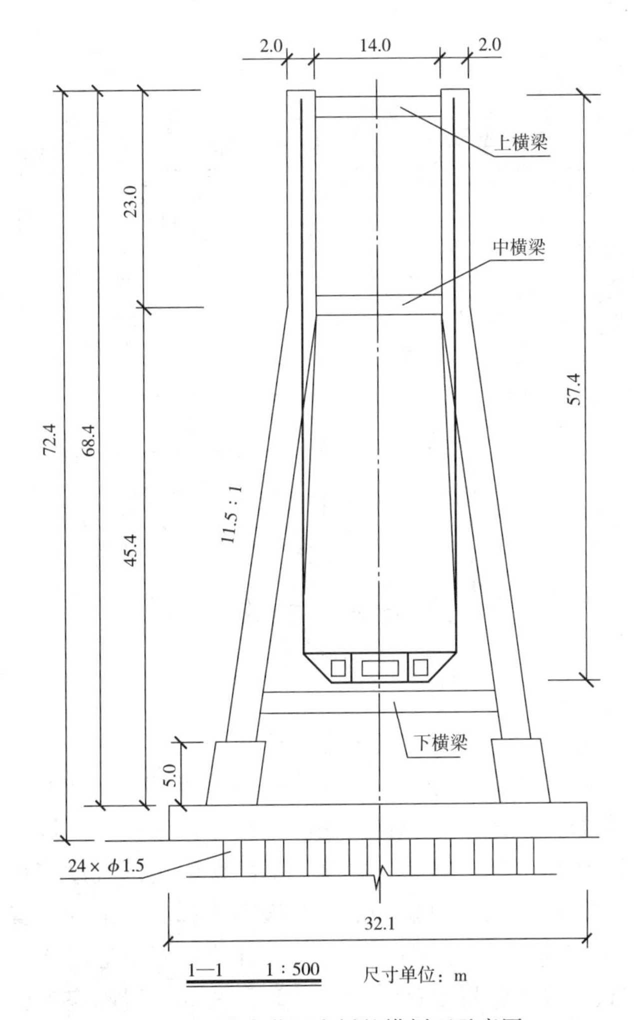

图 9-62　济南黄河大桥的横剖面示意图

外，还表示了桩的横向分布间距和埋置深度。

（四）斜拉桥的梁断面图

斜拉桥的主梁高为 2.75m，为中跨的 1/800 截面为半封闭式三室单箱，与塔、墩分离成为全悬浮式，材料为钢筋混凝土。

梁横断面图比例也相应地放大（此图比例为 1∶100），这样可以更清晰地反映主梁的结构，便于标注尺寸。从图中可以了解到，该桥主梁的双侧为三角箱梁，两箱之间用桥面及横隔梁连系。拉索锚固在三角箱型的外端，人行道排除在主梁之外。

图 9-63 所示为横断面方案比较图，所以有些尺寸未详细注出。作为一套完整的斜拉桥工程图，仅有以上图样是远远不够的，还应有三大主要的组成部分（主梁、拉索、索塔）的构造和安装图以及其他部分的结构图、防护措施、技术说明等等。

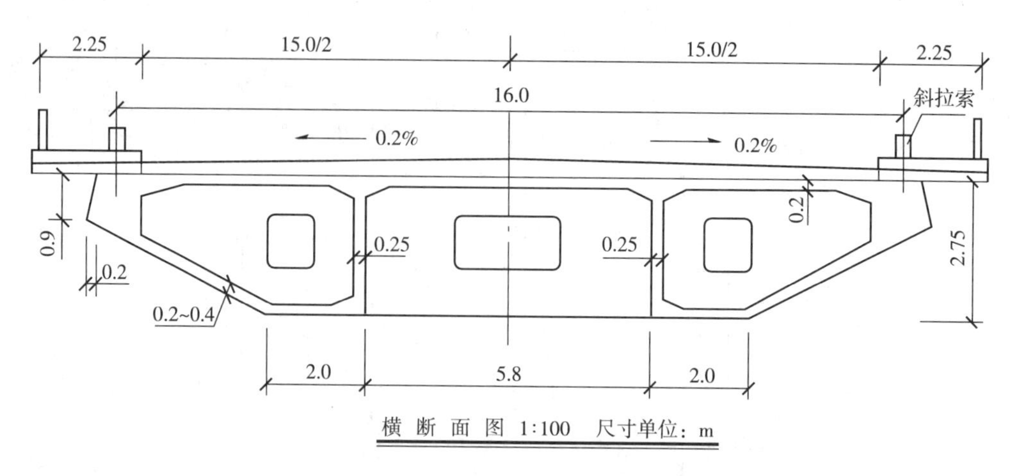

图 9-63 济南黄河大桥横断面示意图

第六节 悬索桥

一、概述

悬索桥又称吊桥，指的是以通过索塔悬挂并锚固于两岸（或桥两端）的缆索（或钢链）作为上部结构主要承重构件的桥梁。其缆索几何形状由力的平衡条件决定，一般接近抛物线。从缆索垂下许多吊杆，把桥面吊住，在桥面和吊杆之间常设置加劲梁，同缆索形成组合体系，以减小活载所引起的挠度变形。悬索桥主要是由桥塔、主缆索、吊索、加劲梁、锚碇及鞍座等部分组成的承载结构体系，由于悬索桥能充分利用和发挥高强钢材的作用，并能很好地适应跨越海峡和宽阔江河的要求，加之近年来悬索桥设计理论与计算方法的发展和完善以及施工技术的进步，使其成为近十多年来发展较快的桥型之一。

我国远在公元前三世纪，在四川境内就修建了“笮”（竹索桥）。秦取西蜀，四川《盐源县志》记：“周赧王三十年（公元前 285 年）秦置蜀守，固取笮，笮始见于书。至李冰为守（公元前 256－公元前 251 年），造七桥”。早在公元前 50 年（即汉宣帝甘露 4 年）已经在四川建成长达百米的铁索桥。1665 年，徐霞客有篇题为《铁索桥记》的游记，曾被传教士 Martini 翻译到西方，该书详细记载了 1629 年贵州境内一座跨度约为 122m 的铁索桥。有名的四川大渡河上由 9 条铁链组成跨度为 101m 的泸定桥，是在 1706 年建成的。可见中国古代的悬索桥约有 3000 多年历史，是独创发明并在世界领先，直到今天仍在影响着世界悬索桥形式的发展。

但是我国的现代悬索桥建设的起步较晚，1969 年建成的重庆朝阳双链悬索桥，其跨径仅 186m。直至 20 世纪 90 年代开始发展大跨径悬索桥，现已建成的 20 多座，其中，1995 年建成的汕头海湾桥，主跨 452m，当时为采用预应力混凝土加劲梁的悬索桥的世界之最；图 9-64 所示为 2005 年建成的润扬长江大桥南汊桥，其主跨 1490m，当时居世界第三位。2012 年 3 月建成通车的湖南湘西矮寨特大钢桁梁悬索桥，其大桥主跨 1176m，是目前世界上峡谷跨径最大的钢桁梁悬索桥。

图 9-64　润扬长江大桥

国外悬索桥正积极准备向更大跨径发展，如 1998 年建成的日本明石海峡大桥，其跨度达 1991m（图 9-65*a*），又如意大利 2012 年建成的墨西拿海峡桥，主跨为 3300m；连接西班牙与摩洛哥的直布罗陀海峡超大桥设计构想中，专家建议方案为 2 个 5000m 跨径的主跨和 2 个 2500m 跨径的边跨组成的悬索桥，其实现有赖于轻质高强、热膨胀系数低、耐疲劳、抗腐蚀均优于钢材的纤维强化复合材料的运用，必将大大提高悬索桥的工艺、技术水平。

二、悬索桥的类型

（一）美式悬索桥

美式悬索桥的基本特征是采用竖直吊索，并用钢桁架作为加劲梁，如图 9-65（*a*）所示。这种形式的悬索桥一般采用三跨地锚式，加劲梁在主塔处不连续，由伸缩缝断开，桥面通常采用钢筋混凝土材料，主塔为钢结构。其特点是可以实现双层通车，通过增加桁架高度可保证桥梁有足够的刚度，由于加劲梁采用钢桁架，使其具有很好的抗风性能。

美式悬索桥发展历史接近百年，其建桥技术相当成熟，并积累了丰富的设计

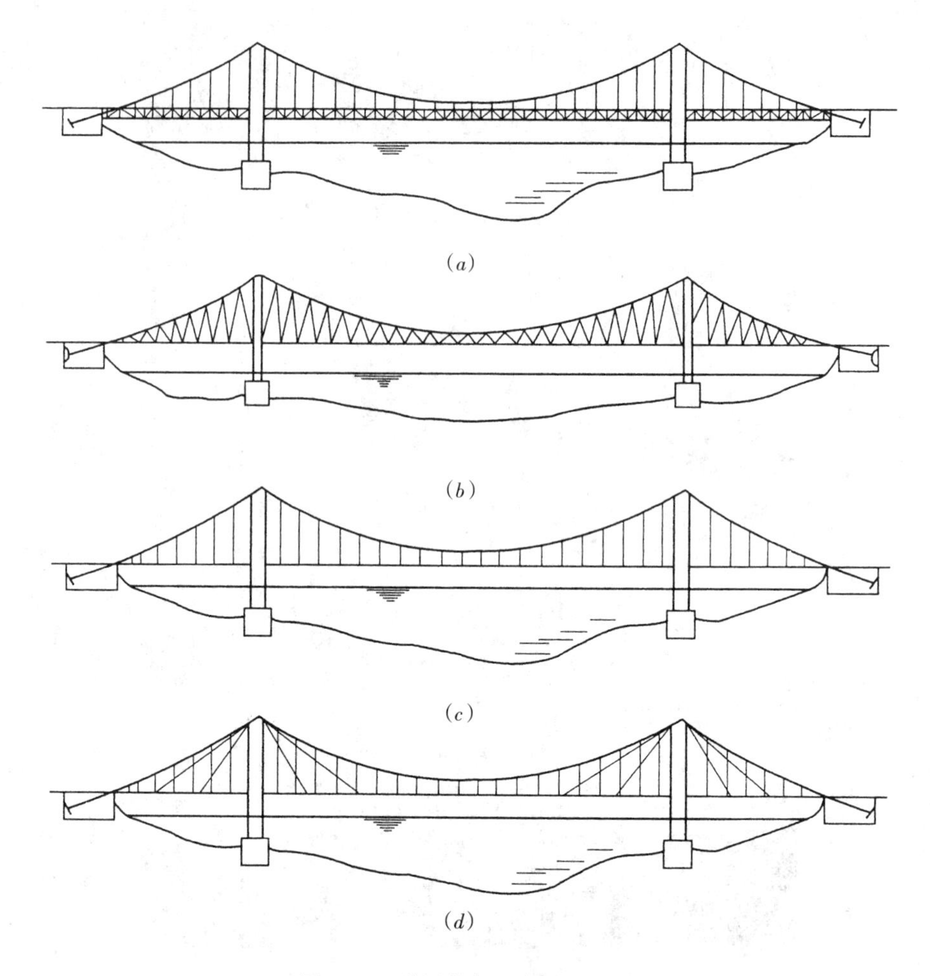

图 9-65 世界著名悬索桥示意图

和施工经验，是目前采用较广泛的一种形式。在美国已建成的维拉扎诺海峡大桥和在日本建成的明石海峡大桥，都属于这种类型。世界上许多国家的大跨度悬索桥都受到美式悬索桥的影响，但也有自己的特点，如在日本通常采用连续的加劲钢桁架，桥塔处不设伸缩缝；采用钢的正交异性板作桥面等。

（二）英式悬索桥

20 世纪 60 年代英国设计出了新型的悬索桥，突破了美式悬索桥的形式。英式悬索桥的基本特征是采用了三角形排列的斜吊索和流线型扁平翼状钢箱梁作为加劲梁，如图 9-65（*b*）所示。这种形式的悬索桥加劲梁采用连续的钢箱梁，桥塔处设有伸缩缝，并采用了钢筋混凝土桥塔；有时还将主缆和加劲梁在主跨中点处固结。

英式悬索桥的特点是钢箱加劲梁可减轻恒载，使主缆的截面减小，降低了用钢量和造价。由于钢箱梁抗扭刚度大，受到的横向风力小，有利于抗风，因此大大减小了桥塔所承受的横向力。

三角形排列布置的斜吊索可提高桥梁刚度，但斜吊索的吊点处构造复杂。在英国建成的塞文大桥、恒伯尔大桥和在土耳其建成的博斯普鲁斯大桥都是属于这种形式的悬索桥。

（三）混合式悬索桥

混合式悬索桥是综合了上述两类悬索桥的特点形成的、是目前广泛采用的悬索桥。其特征是采用竖直吊索和流线形钢箱梁为加劲梁，如图9-65（*c*）所示，一般采用钢筋混凝土桥塔。混合式悬索桥的广泛使用表明其钢箱加劲梁具有良好的静力和动力特性，其竖直吊索构造简单实用。土耳其的博斯普鲁斯二桥、日本的三座悬索桥、香港的青马大桥、丹麦的大贝尔特桥和我国的江阴长江大桥都采用了混合式吊桥形式。

（四）带斜拉索的悬索桥

为了有效地提高大跨度悬索桥结构的整体刚度和抗风稳定性，在悬索桥设计中除设置悬索体系外，还可考虑同时设置斜拉索，以适应大跨度悬索桥的变形控制和动力稳定性的要求，这就构成了带斜拉索的悬索桥。

1883年建成的纽约布鲁克林大桥，就是既有现代悬索桥悬索体系，又有着下加强斜拉索的一座带斜拉索的悬索桥，如图9-65（*d*）所示。1966年建成的葡萄牙萨拉扎桥，也采用了这种形式。这种结构形式可看做悬索桥和斜拉桥的结合，悬索承担跨中的荷载，斜拉索承担桥塔附近1/4跨的荷载，这样能够大大地增加悬索桥的跨越能力和结构的整体刚度，并有效地加强结构的抗风和抗震能力以及防止和控制结构的振动。

悬索桥按照其加劲梁的支承条件还可分为单跨铰支加劲梁悬索桥、三跨铰支加劲梁悬索桥和三跨连续加劲梁悬索桥，这些也都是现代大跨度悬索桥经常采用的形式。

三、悬索桥的主要构造

现代悬索桥一般由桥塔、基础、主缆索、锚碇、吊索、索夹、加劲梁及索鞍等主要部分组成，如图9-66所示。

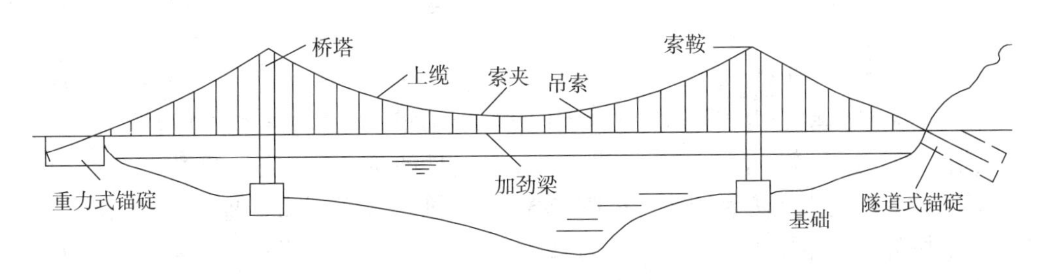

图9-66　悬索桥的构造示意图

（一）主缆索

主缆索是悬索桥的主要承重结构，其受力系统由主缆、桥塔和锚碇组成。主缆索不仅承担自重恒载，还通过索夹和吊索承担加劲梁（包括桥面）等其他恒载以及各种活载。此外，主缆索还要承担部分横向风载，并将其传至桥塔顶部。主缆索可采用钢丝绳钢缆或平行丝束钢缆，由于平行丝束钢缆弹性模量高，空隙率低，抗锈蚀性能好，因此大跨度吊桥的主缆索均采用这种形式。

现代悬索桥的主缆索多采用直径5mm的高强度镀锌钢丝组成。先由数十到数百根5mm的高强度镀锌钢丝制成正六边形的索束（股），再将数十至上百股索束挤压形成主缆索，并做防锈蚀处理。设计中主缆索的线形一般采用二次抛物线。主缆采用平行丝股而不采用钢绞线，目的在于使其弹性模量不致比钢丝弹性模量有明显降低，而钢绞线弹性模量通常要比钢丝者降低15%～25%；主缆钢丝强度现已由1500MPa提高至1800MPa左右。

索股内钢丝排列现均取正六边形，故其丝数为61、91或127。

（二）锚碇

（1）锚碇是主缆索的锚固结构。主缆索中的拉力通过锚碇传至基础。通常采用的锚碇有两种形式：重力式（图9-67*a*）和隧洞式（图9-67*b*）。

（2）重力式锚碇依靠其巨大的自重来承担主缆索的垂直分力；而水平分力则由锚碇与地基之间的摩阻力或嵌固阻力承担。

（3）隧道式锚碇则是将主缆中的拉力直接传递给周围的基岩。隧道式锚碇适用于锚碇处有坚实基岩的地质条件。当锚固地基处无岩层可利用时，均采用重力式锚碇。锚碇主要由锚碇基础、锚块、锚碇架、固定装置和锚固索鞍组成。

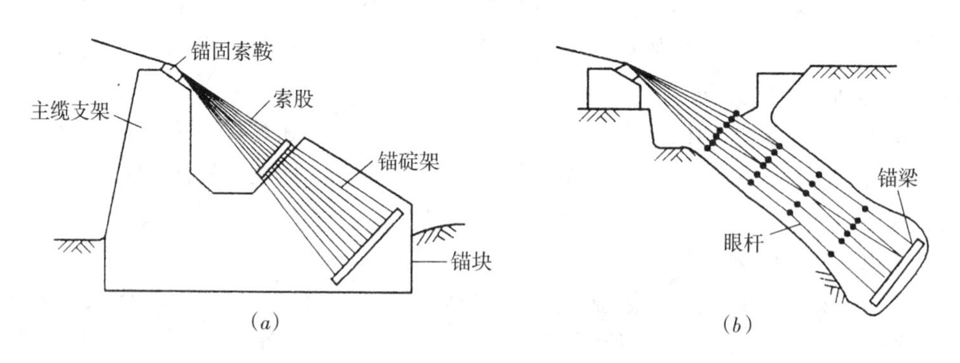

图9-67　悬索桥锚碇构造示意图

（三）桥塔

桥塔是悬索桥最重要构件。它支承主缆索和加劲梁，将悬索桥的活载和恒载（包括桥面、加劲梁、吊索、主缆索及其附属构件如鞍座和索夹等的重量）以及加劲梁在桥塔上的支反力直接传至塔墩和基础，同时还受到风载与地震的作用。

桥塔的高度主要由桥面标高和主缆索的垂跨比f/L_0来确定，通常垂跨比f/L为1/9～1/12。大跨度悬索桥的桥塔主要采用钢结构或钢筋混凝土结构。其结构形式可分为桁架式、刚架式和混合式三种，如图9-68所示。

刚架式桥塔通常采用箱形截面。由于预应力混凝土滑模施工技术的发展，钢筋混凝土桥塔的使用呈较快增长趋势。桥塔塔顶必须设主索鞍，以便主缆索能与桥塔合理的衔接和平顺的转折，并将主缆索的拉力均匀地传至桥塔。

在大跨径悬索桥中，塔的下端常与桥墩固接，而在其上端主缆固定于索鞍，而索鞍又固定于塔顶。

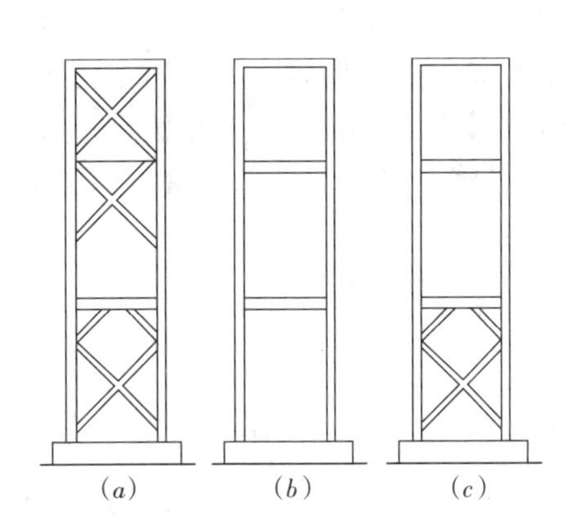

图 9-68　悬索桥桥塔结构形式

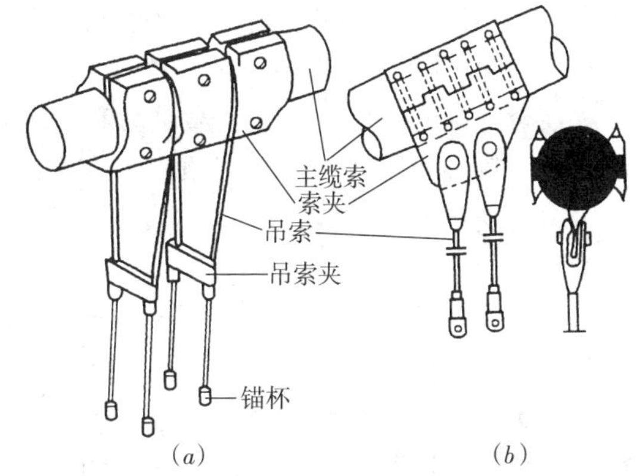

图 9-69　吊索和索夹构造示意图

（四）吊索与索夹

吊索又称吊杆，它是将加劲梁等恒载和桥面活载传递到主缆索的主要构件。吊索可以布置成垂直形式的直吊索或倾斜形式的斜吊索，其上端通过索夹与主缆索相连，下端与加劲梁相连接。

吊索与主缆索连接的方法主要有两种方式：鞍挂式和销接式（图 9-69），两种方式各有所长。吊索与加劲梁连接也有两种方式：锚固式和销接固定式。锚固式连接是将吊索的锚头锚固在加劲梁的锚固构造处，销接固定式连接是将带有耳板的吊索锚头与固定在加劲梁上的吊耳通过销钉连接。吊索宜采用有绳芯的钢丝绳制作，两根或四根一组；两端均为销接式的吊索可采用平行钢丝索束作为吊索。

索夹由铸钢制造，用竖缝分为两半，它安装到主缆后，即用高强螺杆将两半拉紧，使索夹内壁对主缆产生压力，形成以防止索夹沿缆下滑的摩阻力。索夹壁厚 38mm，使其较柔以便适应主缆变形，但应有足够强度。每一吊点有两根钢丝绳骑在索夹之外而下垂形成 4 根吊索共同受力。吊索截面设计时应保证吊索截面破断力大于吊索作用力，其实用安全系数应不小于 2.5 为宜。

加劲梁的主要作用是直接承受车辆、行人及其他荷载，以实现桥梁的基本功能，并与主缆索、桥塔和锚碇共同组成悬索桥结构体系。加劲梁是承受风荷载和其他横向水平力的主要构件，应考虑其结构的动力稳定特性，防止其发生过大挠曲变形和扭曲变形，避免对桥梁正常使用造成影响。大跨度悬索桥的加劲梁均为钢结构，通常采用桁架梁和箱形梁。预应力混凝土加劲梁仅适用于跨径 500m 以下的悬索桥，大多采用箱形梁。

采用箱形梁时，应选择流线形主梁截面，并适当设置风嘴、导流板、分流板等抗风装置；采用桁架梁时，应加强主梁和桥面车道部分的联系，并注意保证主梁及桥面构造横向通风良好，不得有任何阻碍空气流动的多余障碍物存在，也可适当设置抗风装置。加劲梁的构造和尺寸主要取决于其抗风稳定性。

（五）索鞍

索鞍是支承主缆的重要构件，其作用是保证主缆索平顺转折；将主缆索中的拉力在索鞍处分解为垂直力和不平衡水平力，并均匀地传至塔顶或锚碇的支架处，由于主缆在索鞍处有相当大的转折角，主缆拉力将产生一竖向压力作用于塔顶。从塔顶至锚碇的缆段，由于活载轴力和温度升降的变化，将使塔顶发生纵向平移，使塔处于偏心受压状态。当塔顶尚未有主缆时，塔将以竖向放置的悬臂梁承受纵向风力而受弯。

第七节　刚构桥

桥跨结构（主梁）和墩台（支柱）整体相连的桥梁称为刚构桥。它是在桁架拱桥和斜腿刚构桥的基础上发展起来的一种新型桥梁。它具有外形美观大方、整体性能好的优点。

一、结构形式分类

刚构桥主要承重结构采用刚构的桥梁。梁和腿或墩（台）身构成刚性连接。结构形式可分为门式刚构桥、斜腿刚构桥、T形刚构桥和连续刚构桥四大类。

1. 门式刚构桥

其腿和梁垂直相交呈门形构造，可分为单跨门式刚构桥、双悬臂单跨门式刚构桥、多跨门式刚构桥和三跨两腿门式刚构桥。前三种跨越能力不大，适用于跨线桥，要求地质条件良好，可用钢和钢筋混凝土结构建造。三跨两腿门式刚构桥，在两端设有桥台，采用预应力混凝土结构建造时，跨越能力可达200m以上。

2. 斜腿刚构桥

桥墩为斜向支撑的刚构桥，腿和梁所受的弯矩比同跨径的门式刚构桥显著减小，而轴向压力有所增加；同上承式拱桥相比不需设拱上建筑，使构造简化。桥形美观、宏伟，跨越能力较大，适用于峡谷桥和高等级公路的跨线桥，多采用钢和预应力混凝土结构建造。如安康汉江桥（铁路桥），腿趾间距176m，1982年建。

3. T形刚构桥

这是在简支预应力桥和大跨钢筋混凝土箱梁桥的基础上，在悬臂施工的情况下产生的。其上部结构可为箱梁、桁架或桁拱，与墩固结而成。

4. 连续刚构桥

连续刚构桥分主跨为连续梁的多跨刚构桥和多跨连续-刚构桥，均采用预应力混凝土结构，有两个以上主墩采用墩梁固结，具有T形刚构桥的优点。但与同类桥（如连续梁桥、T形刚构桥）相比：多跨刚构桥保持了上部构造连续梁的属性，跨越能力大，施工难度小，行车舒顺，养护简便，造价较低，如广东洛溪桥。多跨连续刚构桥则在主跨跨中设铰接，两侧跨径为连续体系，可利用边跨连续梁的重量使T构做成不等长悬臂，以加大主跨的跨径。

图9-70所示为洛溪大桥照片图，桥型：不对称四跨连续刚构桥。该桥是跨越广州港出海南航道的一座特大型桥梁，该桥全长为1916.04m，主桥为480m，跨径布置为65m + 125m + 180m + 110m。大桥于1988年8月竣工，建成时位列当时同类桥型世界第六、亚洲第一。两岸引桥均为弯桥，引桥全长为1436.04m，北

引桥平曲线半径1000m、南引桥半径为600m、桥面纵坡4%，采用跨径16m的普通钢筋混凝土T形梁和跨越30m预应力混凝土T形梁。洛溪大桥的建成是我国预应力桥梁建设的里程碑。

图9-70 洛溪大桥照片图

二、刚构桥的构造特点

(1) 刚构桥由于主梁与墩台两者之间是刚性连接，在竖向荷载作用下，将在主梁端部产生负弯矩，因而减小了跨中的正弯矩，跨中截面尺寸也相应得以减小。刚构桥的主梁高度一般可以较梁桥小。因此，刚构桥通常适用于需要较大的桥下净空和建筑高度受到限制的情况，如立交桥、高架桥等。

(2) 刚构桥在竖向荷载作用下，支柱除承受压力外，还承受弯矩。支柱一般也用混凝土构件做成。刚构桥在竖向荷载作用下，一般都产生水平推力。为此，需要有良好的地基条件，或用较深的基础和用特殊的构造措施来抵抗推力的作用。

(3) 刚构桥大多做成超静定的结构形式，故在混凝土收缩、温度变化、墩台不均匀沉陷和预施应力等因素的影响作用下，会产生附加内力（次内力）。在施工过程中，当结构体系发生转换时，徐变也会引起附加内力。有时，这些内力可占全部内力的相当大的比例。

(4) 刚构桥的主要优点有：外形尺寸小，桥下净空大，视野开阔，混凝土用量少。但钢筋的用量较大，基础的造价比较高。所以，目前常用的是中小跨度。近年来，随着预应力混凝土技术的发展和悬臂施工方法的广泛应用，刚构桥也得到了进一步的发展。

图9-71所示是某钢筋混凝土刚构拱桥的总体布置图。

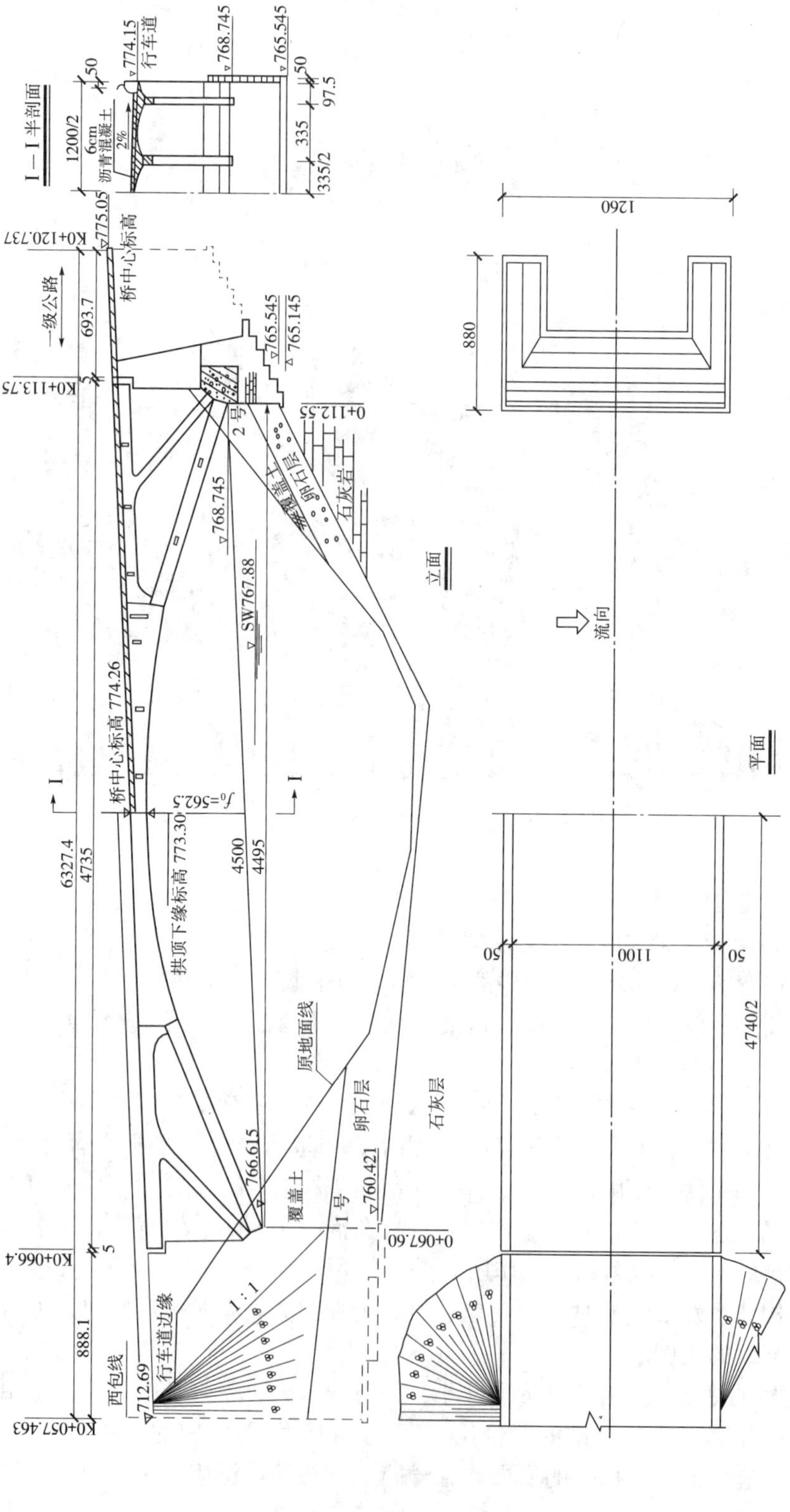

附注：
图中尺寸单位标高、桩号以"m"计，余均以"cm"计。

图 9-71　某钢筋混凝土刚构拱桥的总体布置图

三、刚构桥的类型

（1）刚构桥可以是单跨或多跨。单跨刚构桥的支柱可以做成直柱式（又称门形刚构，如图9-72（*a*）、（*b*）、（*c*）所示）或斜柱式（又称斜腿刚构，如图9-72（*d*）、（*e*）所示）。

（2）单跨的刚构桥一般产生较大的水平反力。为了抵抗水平反力，可用拉杆连接两根支柱的底端，如图9-72（*b*），或做成封闭式刚架。门形刚架也可两端带有悬臂，如图9-72（*e*）所示，这样不但减小水平反力，改善基础的受力状态，而且有利和路基的连接，不过却增加主梁的长度。

（3）斜腿刚架桥的压力线和拱桥相近，其所受的弯矩比门形刚构要小，主梁跨度缩短了，但支承反力却有所增加，而且斜柱的长度也较大。因此，当桥下净空要求为梯形时，采用斜腿刚构是有利的，可用较小的主梁跨度来跨越深谷或同其他线路立交，如图9-72（*d*）所示。

（4）多跨刚构桥的主梁，可以做成V形墩身的刚构桥，如图9-73所示，亦可以做成连续式或非连续式，后者是在主梁跨中设铰或悬挂简支梁（图9-74），形成所谓T形刚构或带挂梁的T形刚构，这样有利于采用悬臂法施工，而静定结构则能减小次内力、简化主梁配筋。对于连续式主梁的多跨刚构桥，当全桥太长时，宜设置伸缩缝，或者做成数座互相分离的连续式主梁的刚构桥。

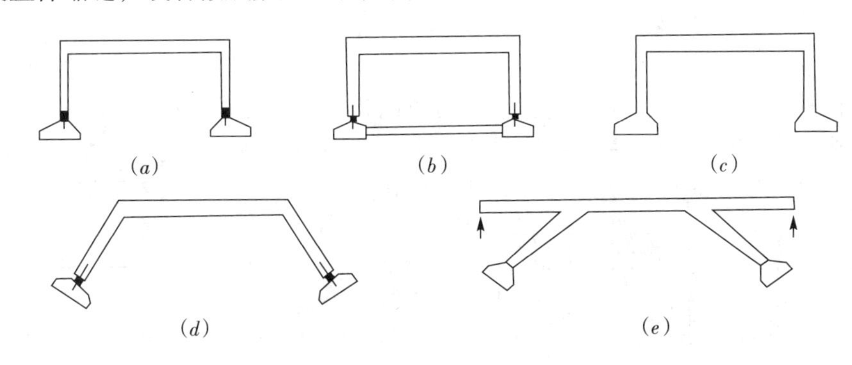

图9-72　单跨刚构桥的类型示意图

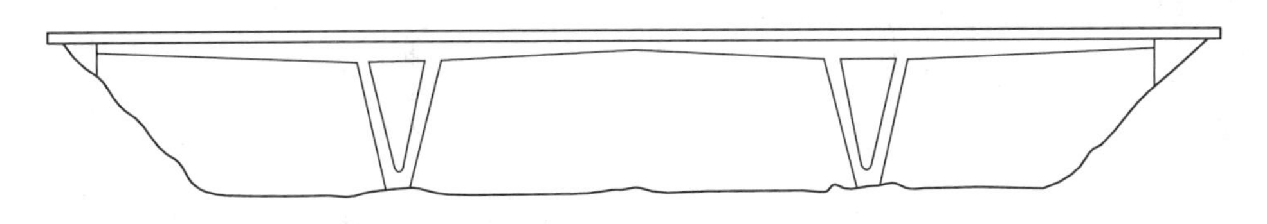

图9-73　V形墩身的刚构桥

（5）中、小跨度的连续式刚构通常做成等跨，以利于施工。跨度较大时，为了减少边跨的弯矩，使之与中跨相近，利于设计和构造，也可使边跨跨度小于中跨。

（6）多跨连续刚构桥发展很快，由于它具有无需大型支座、线形匀称等一系列优点，故在技术经济比较时，常优于连续梁桥。刚构桥的支承分铰接（图9-74*a*）和固接（图9-74*c*）两种。固接刚构桥的基础要承受固端弯矩，内力也较铰接刚构桥大许多，但主梁弯矩可减小。铰接刚构桥的构造和施工都比较复杂，养

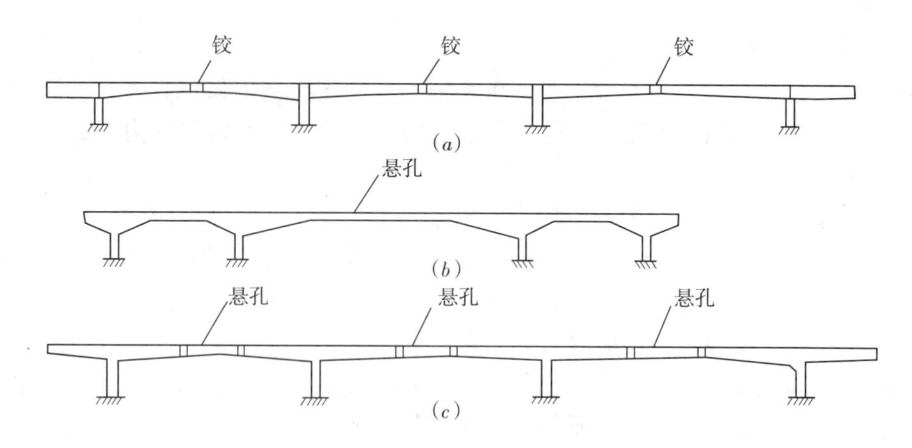

图 9-74　主梁非连续式刚构桥

护也比较费时。

四、刚构桥的构造

（一）一般构造

（1）主梁截面形状与梁桥相同，可做成整体肋梁、板式截面或箱梁。主梁在纵方向的变化可做成等截面、等高变截面和变高度截面三种。变高度主梁的下缘形状有曲线形、折线形、曲线加直线等。

（2）支柱有薄壁式和立柱式，如图 9-75 所示。立柱式又可分为多柱和单柱。多柱式的柱顶通常都用横梁相连，形成横向框架，以承受侧向作用力。当立柱较高时，尚应在其中部用横撑将各柱连接起来。当桥梁很高时，为了增加其横向刚度，还可做成斜向立柱，立柱的横截面可以做成实体矩形、工字形或箱形等。

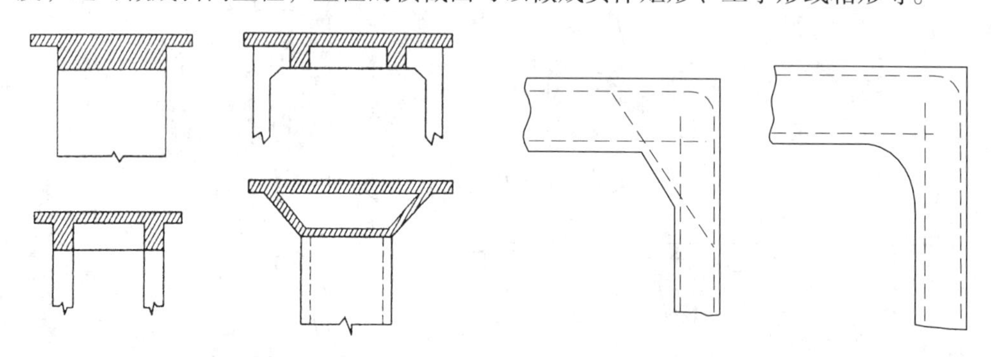

图 9-75　刚构桥立柱形式　　图 9-76　板式刚构角隅节点梗腋

（二）刚构桥节点构造

刚构桥的节点是指立柱与主梁相连接的地方，又称角隅节点。该节点必须具有强大的刚度，以保证主梁和立柱的刚性连接。角隅节点和主梁（或立柱）相连接的截面受很大的负弯矩，因此在节点内缘，混凝土承受较高的压应力。节点外缘的拉力由钢筋承担。

对于板式刚构，可在节点内缘加梗腋（图 9-76），以改善其受力情况，而且可以减少配筋，以利施工。角隅节点的外缘钢筋必须连续绕过隅角之后加以锚固。

当主梁和立柱都是箱形截面时，角隅节点可做成图 9-77 所示的三种形式：图 9-77（*a*）仅在箱形截面内设置斜隔板；图 9-77（*b*）设有竖隔板和平隔板；图 9-77（*c*）兼有斜隔板、竖隔板和平隔板。为了使角隅节点有强大的刚性，并简化施工，也可将它做成实体的。

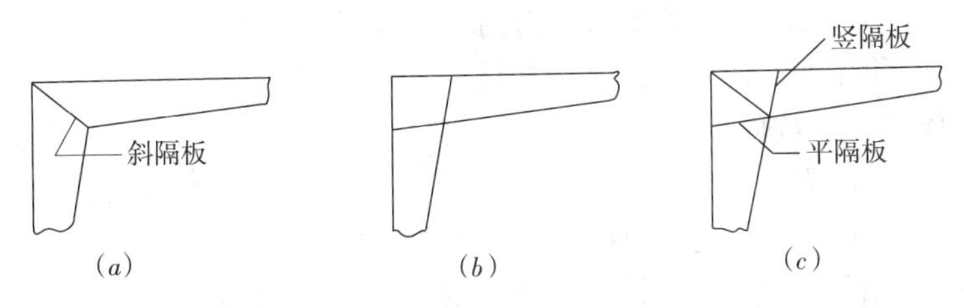

图 9-77　箱形截面刚架角隅节点形式

（三）铰的构造

刚构桥的铰支座，按所用的材料分为铅板铰、混凝土铰和钢铰。

铅板铰就是在支柱底面与基础顶面之间垫有铅板，中间设销钉，销钉的上半截伸入柱内，下半截伸入基础内，如图 9-78 所示。它是利用铅材容易产生变形的特点形成铰的转动作用。钢铰支座一般为铸钢制成，其构造与梁桥固定支座和拱桥支座相同。混凝土铰（图 9-79）就是在需要设置铰的位置将混凝土截面骤然减小，使截面刚度大大减小，因而该处的抗弯能力很低，可产生结构所需要的转动，这样就形成了铰，起到了铰的作用。

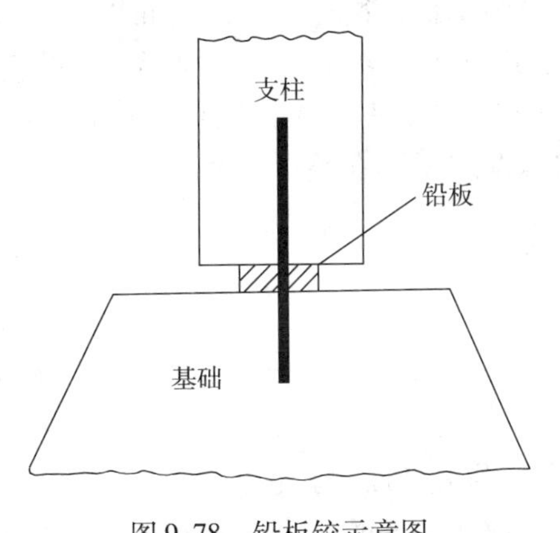

图 9-78　铅板铰示意图

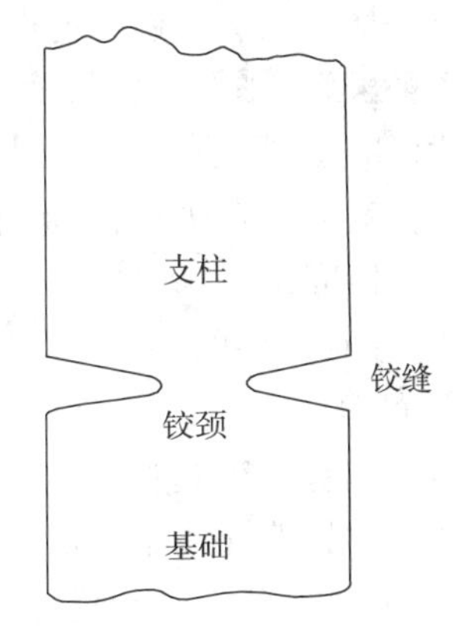

图 9-79　混凝土铰示意图

五、刚构桥总体布置图

（一）立面图

由于刚架拱桥一般跨径不是太大，故可采用 1∶200 的比例画出，从图 9-71（本图采用比例 1∶200）中可以看出，该桥总长 63.274m，净跨径 45m，净矢高 5.625m，重力式 U 形桥台，刚架拱桥面宽 12m。立面用半个外形投影图和半个纵剖面图合成。同时反映了刚架拱桥的内外结构构造情况，在立面的半纵剖面图中，将横系梁断面，主梁、次梁侧面，主拱腿和次拱腿侧面形状表达清楚，对右桥台的结构形式及材料，左桥台的锥坡立面也作了表示。同时显示了水文、地质及河床起伏变化情况和各控制高程。

（二）平面图

采用半个平面和半个揭层画法，把桥台平面投影画了出来，从尺寸标注上可以看出，桥面宽11m，两边各50cm防撞护栏，对照立面，可见左侧次梁与桥台相接处留有5cm伸缩缝。河水流向是朝向读者。

（三）侧面图及数据表

采用半Ⅰ—Ⅰ剖面，充分利用对称性、节省图纸，从图中可以看出，四片刚架拱由横系梁连接而成，其上桥面铺装6cm厚沥青混凝土作行车部分。

总体布置图的最下边是一长条形数据表，表明了桩号、纵坡及坡长，设计高和地面高，以作为校核和指导施工放样的控制数据。

第八节　用AutoCAD绘制桥梁工程图

总体布置图主要表明桥梁的形式、跨径、孔数、总体尺寸、各主要构件的相互位置关系、桥梁各部分的标高、材料数量及总的技术说明等，作为施工时确定墩台位置、安装构件和控制标高的依据。

总体布置图还反映了河床地质断面及水文情况，根据标高尺寸可以知道桥台和桩基础的埋置深度、梁底、桥台和桥中心的标高尺寸。

一、拱桥总体布置图的绘制

AutoCAD工程图的绘制过程中很多绘图的设定都是相似的，如果每次开始画一张新图都去设置图纸大小、尺寸单位、边框等，会让人觉得烦琐。如果使用模板把设置好的绘图环境保存为模板文件，在绘制一张新图的时候将设置好的模板文件导入，就可以省去设定绘图环境的麻烦，无需在绘图过程中反复设置变量，并且使图纸标准化。

（一）模板文件的创建

1. 设置图层

（1）单击标准工具栏上的图标或在命令行下输入“Layer”并按Enter键，会弹出【图层特性管理器】对话框。

（2）在【图层特性管理器】对话框中，单击【新建】按钮，建立一个新图层，新建图层的名字、线型、线宽、颜色等可更改成需要的样式，一般需要建立的图层有“尺寸标注”、“细实线”、“粗实线”、“文字”、“辅助线”、“中线”、“虚线”等。

2. 设置绘图单位

选择【格式】下拉菜单中的【单位】选项，弹出【图形单位】对话框。在该对话框中进行绘图单位的设置。

3. 设置栅格和捕捉

右击状态栏的【栅格】或【捕捉】按钮，在弹出的快捷菜单中选择【设置】菜单项，弹出【草图设置】对话框，在其中设置“捕捉和栅格”与“对象捕捉”。

4. 图形界限

选择【格式】下拉菜单中的【图形界限】选项或在命令行输入 Limits 并按 Enter 键，按命令提示操作。

5. 尺寸标注与文字标注

按 AutoCAD 前面的内容进行设置，也可参照具体后边的例子。

6. 图框的绘制

桥梁工程图纸现在标准为 A3（420mm×297mm）图纸，考虑到用图纸布局出图，只需预先建立标准图框图块，然后在图纸布局中插入该标准图框图块即可。

7. 常用的图块的定义

按 AutoCAD 前面所学的内容进行设置在这里不再重复。

8. 布局的设置

按 AutoCAD 前面所学的内容进行设置。

9. 模板文件的保存

（1）单击【文件】下拉菜单中的【另存为】命令或在命令行中输“Saveas”并按 Enter 键，弹出【图形另存为】对话框。

（2）在【文件类型】下拉列表框中选择【图形样板（＊. dwt)】。

（3）在【文件名】下拉列表框中输入“桥梁 CAD 的 A3 图样板”。

（4）单击【保存】，弹出【样板说明】对话框，可以加上必要的说明，方便以后的查找和调用。

（二）总体布置图的绘制

1. 新建文件

单击【文件】下拉菜单中的【新建】菜单项或在命令行提示符下，输入“New”或“Qnew”并按 Enter 键，也可以单击标准工具栏□图标，弹出【选择样板】工具栏。选择上文建立的模板文件（桥梁 CAD 的 A3 图样板 . dwt），单击确定新建的文件就是以模板建立的文件。

AutoCAD 常用命令的缩写有 A（ARC），B（Block），C（Circle），D（Dimstyle），E（Erase），F（Fillet），G（Group），H（Bhatch），I（Insert），L（Line），M（Move），O（Offset），P（Pan），R（Redraw），S（Stretch），T（Mtext），U（Undo），V（View），W（Wblock），X（Explode），Z（Zoom）。使用前两个字母简化输入即可的命令有：Array，Copy，Dist，Donut，Dtext，Filter，Mirror，Pline，Rotate，Trim，Scale，Snap，Style，Units，Xline 等，使用简化或缩写命令输入方式比鼠标点取快，对熟悉键盘的人来说是非常好的操作方法（左手键盘与右手鼠标的配合使用）。还有常用快捷键如 Ctrl + C（复制）、Ctrl + V（粘贴）、Ctrl + S（保存）等。

2. 保存文件

单击【文件】下拉菜单中的【保存】菜单项或在“命令:”提示符下，输入“Osave”并按 Enter 键，弹出【图形另存为】对话框，选择存储路径并填写文件名字，在【文件类型】下拉列表框中选择【AutoCAD 2004 图形（关. dwg)】，并单击【确定】按钮。

3. 绘制拱桥总体布置图

拱桥总体布置图如图 9-80 所示。

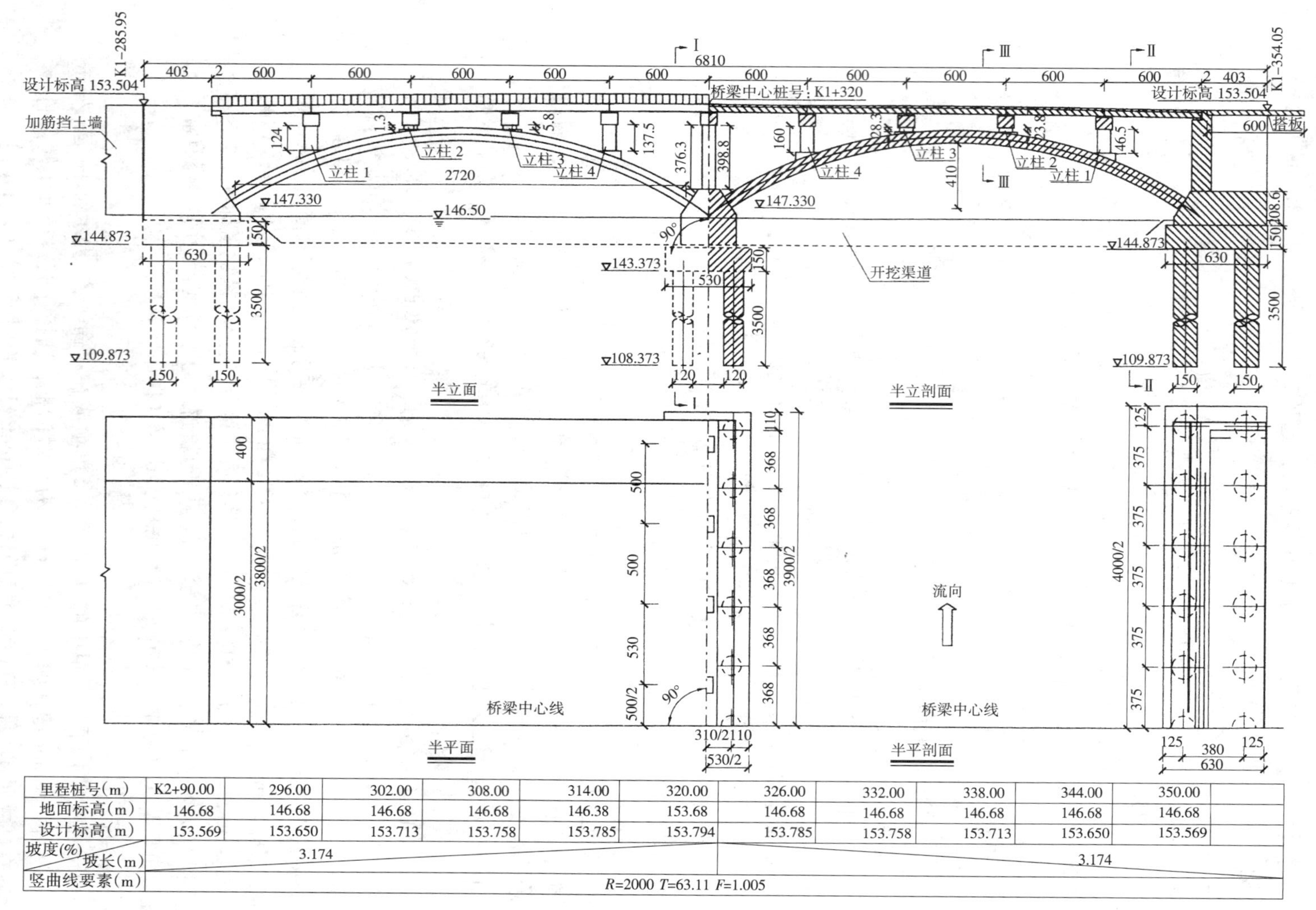

里程桩号(m)	K2+90.00	296.00	302.00	308.00	314.00	320.00	326.00	332.00	338.00	344.00	350.00
地面标高(m)	146.68	146.68	146.68	146.68	146.38	153.68	146.68	146.68	146.68	146.68	146.68
设计标高(m)	153.569	153.650	153.713	153.758	153.785	153.794	153.785	153.758	153.713	153.650	153.569
坡度(%) 坡长(m)	3.174						3.174				
竖曲线要素(m)	R=2000 T=63.11 F=1.005										

图 9-80 拱桥总体布置示意图（一）

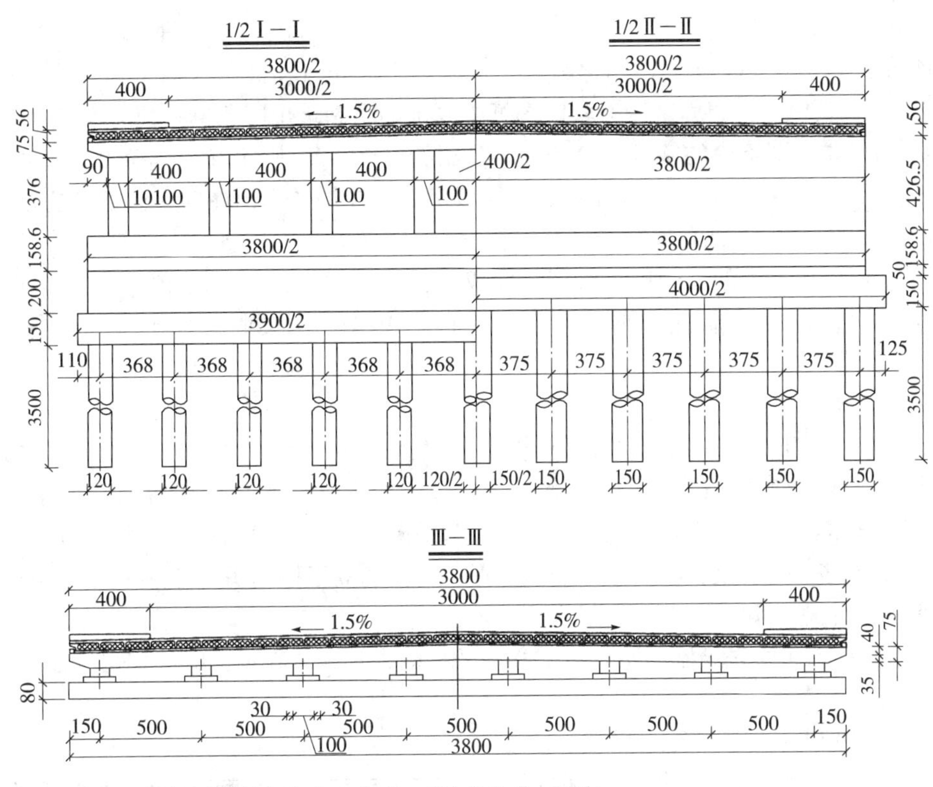

注：1. 本图尺寸除标高以“m”计外，其余均以“cm”计。

2. 本桥位于 $R=2000$m，$T=146.6$m 的凸形竖曲线上，变坡点桩号为 K1 +320，变坡点高程为 154.8m。

3. 设计荷载：汽车队 - A 级，人群 3.5kN/m²。
桥面净宽：38.0m（4.0m 人行道 +30m 行车道 +4.0m 人行道）。

4. 本桥结构形式
上部：钢筋混凝土圆弧板拱。
下部：钢筋混凝土实体墩，钢筋混凝土框架式台。
基础：钻孔桩基础。

5. 木桥在两侧桥台处设 80 型伸缩装置。

6. 桥面铺装采用 13cmC30 防水混凝土。

7. 设计高程为桥中心处高程。

图 9-80　拱桥总体布置示意图（二）

（1）绘制剖面图

剖面图有全剖面图和半剖面图，全剖面图是采用一个剖切平面把物体全部“切开”，全剖面图中物体的内部结构可以表示得比较清楚，但是外形则不能表示出来，全剖面图无虚线，适用于形状不对称或外形比较简单、内部结构比较复杂的物体。半剖面是在同一个投影图上一半表示外形，另一半表示内部结构的一种剖视图。半投影图和半剖面图的分界线按规定必须画成点画线，而不能画成实线，且半剖面图一般习惯在右边或下边。

在绘制 CAD 图形时，比例尺的选择一般有几种，最常用的是按 1∶1 的比例进行绘图，但出图比例要根据选用图幅大小和图形尺寸来确定。如一座桥梁的估算总长度为 150m，若以 cm 为单位绘制桥梁总体布置图，实际绘图长度为 150 × 100 = 15000

个绘图单位，选用 A3 图纸的话，其出图比例为 15000/380≈39.5，取最接近的较大的整十或百倍数 40。考虑出图比例时的字高可按下面公式估算：

图中字高 = 实际图纸中要求的字高 × 出图比例

如果要求图纸中的字高为 2.5，出图比例为 1∶40，则定义字高为 2.5 × 40 = 100，所有文字标注和尺寸标注均可参照该字高。在加图框出图时，较好的方法是利用 AutoCAD 的图纸布局功能进行出图。

也可以按 1∶1 的比例进行绘图，完成后再按一定的比例进行缩放（在标注之前），缩放后再进行标注，或在规定的绘图空间中按比例尺直接绘制，然后进行标注等工作。

（2）绘制立面图

图 9-80 和图 9-81 所示的两孔板拱的拱桥，立面图主要包括：桥台、桥墩、主拱圈、拱上建筑、桥面结构、地面线、地质图、设计水位、桥台与路的衔接、主要结构的高程标注、各结构的尺寸标注和横断面图在立面图的具体剖开位置等。为了能同时在一个投影图上一半表示外形，桥梁的立面图的另一半表示内部结构，常常采用半立面和半立剖面相结合的方式：

1）在图居中先绘制中墩、拱上立柱及桩的中轴线，在辅助线图层内绘制构造辅助线。

2）用 Line 命令绘制主拱圈、桥台、拱上立柱、主梁（绘制时可考虑用 Copy 命令中的多重复制结合构造辅助线来制作盖梁立面图）。绘制出来的左侧部分如图 9-81 所示。

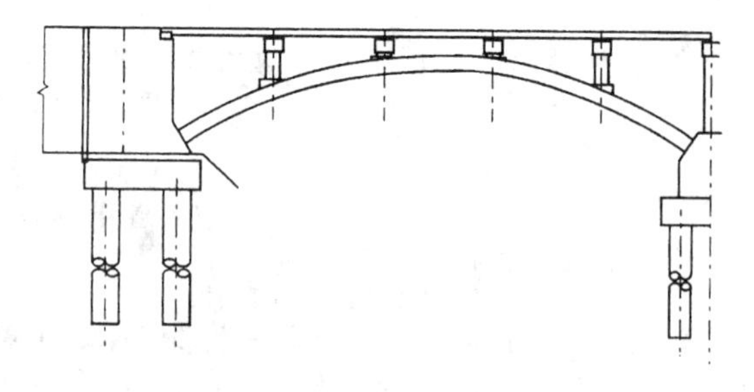

图 9-81　绘制好拱桥左侧（带有辅助线）

3）用 Mirror 命令绘制出右边孔（注意，此图左右实质桥面标高不同，可采用左右两侧标注来注明）。对左侧添加栏杆，对右侧绘制阴影线。考虑在这里栏杆只需画出草图即可，所以可使用 Offset，Array，Trim 命令或使用工具栏上图标，其中使用 Trim 命令时，提示选取要剪切的图形时，不支持常用的窗口和窗交选取方式，命令中当要剪切多条线段时，要选取多次才能完成。这时可以操作如下：

命令：Trim

选择对象：找到 1 个（选择要修剪对象的边界）

选择对象：找到 1 个，总计 2 个（选择要修剪对象的边界）

选择对象：

选择要修剪的对象，或按 Shift 键选择要延伸的对象，或 [影（P）/边（E）/放弃（U）]：f

第一栏选点：（在屏幕上画一条虚线，确定起点）

指定直线的端点或 [放弃（U）]：（指定虚线的端点，凡是与虚线相交的即被选中）

指定直线的端点或［放弃（U）］：（按 Enter 键确认，也可以继续选择）。

4）绘制剖面线：用 Line 命令在“细实线图层”中画出其他剖面线，用 Bhatch 命令对剖面进行填充。

在角度的选择中，如果未设置，一般逆时针为正。图案可选择【填充图案选项板】中的“ANSI31”图案。如果想要与之相垂直的情况，角度选择为 90°或 270°。

注意：为了区别桥面铺装层和主梁的区别，一般将剖面线反向。

（3）绘制平面图

平面图包括桥面系、盖梁、拱上立柱、支座、桥台的布置尺寸，采用半剖面绘制。

1）先绘制墩及桩的中轴线，在辅助线图层内绘制构造辅助线。

2）用 Line、Circle、Offset、Array 等命令组合完成平面图的绘制。

（4）绘制横断面图

横断面图包括桥面铺装、人行道、盖梁、挡块、拱上立柱、拱圈、桩柱、承台、桥台等。在横断面图的绘制中观察到桥面板是对称的，且除边板外其他均相同。

1）在中心线图层中先绘制中轴线，在辅助线图层内绘制构造辅助线。

2）绘出边板和中板，并用 Block 命令定义。采用 Copy 命令中的多重复制来逐个复制出来，也可采用 Array 与 Rotate 命令组合来完成全断面桥面板的绘制。

3）用 Line 命令绘制出其他部分。绘图时结合 Copy 命令中多重复制和 Offset 命令使用。

（5）标注

在命令行提示符下输入“Dimstyle”并按 Enter 键，弹出【标注样式管理器】对话框。在【标注样式管理器】对话框中单击【新建（N）】按钮，弹出【创建新标准样本】对话框，进行设置。

如在总体布置图的立面图上方进行标注，为了保证所有的选择点都在同一高度上，可以先作一条辅助水平直线，然后打开对象捕捉中的“延伸”命令，将选择点都落在辅助线上。在绘图及标注图形时，可结合使用视图缩放功能，如实时缩放、平移、鸟瞰视图。

（6）注解

文字样式的设定参见前面的章节，用 Mtext 或 Text 命令输入文字，也可以使用 Word 等文字编辑器编辑后保存为“*. Txt”格式，再导入图形文件。

二、梁桥总体布置图的绘制

梁桥是一种在竖向荷载作用下无水平反力的结构，常见的有钢筋混凝土简支梁、连续梁桥等。某简支梁桥总体布置图如图 9-82 所示，由立面图、平面图、横断面图组成，也同样为半剖面图。

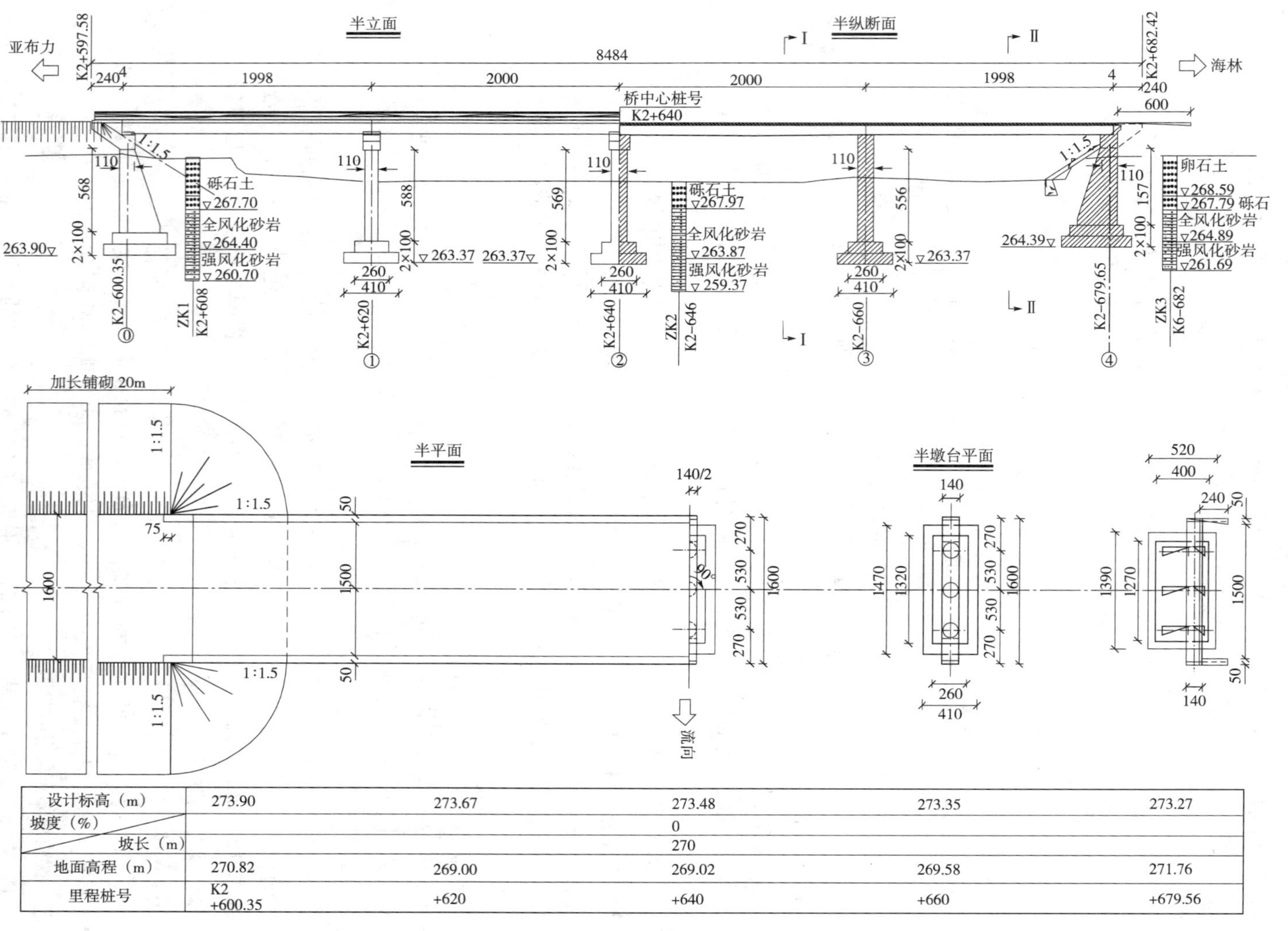

设计标高（m）	273.90	273.67	273.48	273.35	273.27
坡度（%）			0		
坡长（m）			270		
地面高程（m）	270.82	269.00	269.02	269.58	271.76
里程桩号	K2 +600.35	+620	+640	+660	+679.56

图 9-82 桥梁总体布局示意图（一）

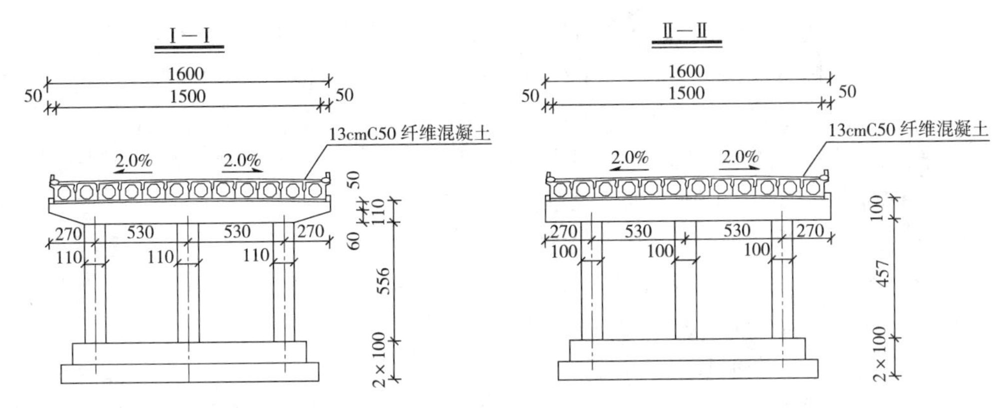

注：1. 本图尺寸除标高、桩号以“m”计外，其余均以“cm”为单位。
2. 设计标准：公路—Ⅰ级汽车荷载。桥面净宽：净—15 +2 ×0.5m。
3. 结构形式：上部采用20m 简支后张法预应力混凝土空心板；
下部采用三柱式桥墩，肋板式桥台，天然扩大基础。
4. 全桥在两个桥台处设置两道 D—80 型伸缩装置。
5. 桥面铺装采用 13cmC50 纤维混凝土。
6. 全桥仅在 2 号桥墩上设置三元乙丙圆板式橡胶支座，其他墩、台上采用四氟乙烯圆板式橡胶支座。
7. 采用 ϕ10cm 铸铁泄水管，边孔设 6 个，中孔设 8 个，全桥共 28 个。
8. 锥坡外加长铺砌为 20m。

图 9-82 桥梁总体布局示意图（二）

（一）新建文件和设置绘图环境

利用预先做好的模板新建文件，并根据实际情况进行绘图界限更改，添加图层、图块、文字式样、标注式样等内容，建立新的绘图环境。

（二）绘制过程

1. 立面图的绘制

立面图包括桥台、桥墩、扩大基础、盖梁、主梁、栏杆、桥面铺装、搭板、锥坡、地面线、地质剖面图等内容。绘制过程仍然按本章前面拱桥的立面图一样采用半立面和半立剖面相结合的方式。观察此图多为对称性、重复性图形，所以绘图也可借鉴拱桥的绘图方法。

注意：在绘图过程中应结合桥台图、桥墩图、主梁一般构造图、附属结构图来确定结构具体的尺寸。

（1）先画出桥墩和桥台的中轴线，构造辅助线。

（2）用 Line 命令绘制桥台、主梁、桥墩，在参照桥台构造图的情况下，可使用“相对坐标”或“构造辅助线”和“捕捉对象”相结合的方法，也可使用 from 命令（在 AutoCAD 定位点的提示下，输入“from”，然后输入临时参照或基点。自该基点指定偏移以定位下一点，输入自该基点的偏移位置作为相对坐标，或使用直接距离输入）。

（3）绘制栏杆：先绘出栏杆的一根，然后先采用 Array 命令复制，再用 Trim 命令剪修，绘出孔上的栏杆。

（4）用 Bhatch 命令填充剖面（在填充剖面时，所选区域应最好是闭合的）。

（5）地面线：用 Line 命令绘制多段直线（根据坐标绘制）。

（6）绘制柱状图：用 Line 命令绘制柱状图，用 Bhatch 命令进行填充。

2. 平面图的绘制

平面图包括桥面系、盖梁、支座、扩大基础、桥台、桥墩、锥坡、道路边坡等在平面的投影图。采用半平面、半剖面的方式：

（1）绘制全桥的中轴线和构造辅助线。

（2）半平面图只反映桥面、锥坡、道路边坡的情况，用 Line 命令绘制。

（3）墩台平面绘制：用 Line 命令和 Circle 命令绘制。

3. 横断面剖面图 I-I、Ⅱ-Ⅱ的绘制

（1）绘制桥墩基础、墩柱、盖梁及墩柱的中轴线，构造辅助线。

（2）桥墩、桥台用 Wblock 命令定义名为桥墩、桥台的块，为后面绘制提供方便。

（3）绘制边梁、中梁并定义块（命名为边梁、中梁）：对边梁用 Mirror 命令进行复制，对中梁用 Copy 命令中的多重复制或 Array 命令复制。

（4）用 Line 命令绘制栏杆和桥面，并对桥面绘制剖面线。

4. 标注

先设置好“标注式样”，在其中选择需要的式样，在标注图层内进行标注。在标注时注意使用“连续标注”、“基线标注”、“标注更新”和“编辑标注文字”。

5. 文字输入

从设置好的“文字式样”中选择需要的“式样”，用 Mtext 命令输入即可，文字的大小设置参见前面的说明。

三、桥墩构造图的绘制

桥墩是支承上部结构并将其未来的恒载和车辆等活载再传至地基上，且设置在桥梁中间位置的结构物。图 9-83 所示是某桥墩的构造示意图。

（一）新建文件和设置绘图环境

利用预先做好的模板新建文件，并根据实际情况进行绘图界限更改，添加图层、图块、文字式样、标注式样等内容，建立新的绘图环境。

（二）绘制过程

桥墩构造图包括立面图、平面图和侧面图三部分。

1. 绘制立面图

立面图包括盖梁、桥墩、钻孔桩、挡块。

（1）先绘制全桥、桥墩、钻孔桩及盖梁的中心线和构造辅助线；

（2）绘制盖梁、桥墩、钻孔桩的轮廓线。由于钻孔桩的长度较大可以使用折断线来表达桩长，但必须在桩底和桩顶加注标高。

2. 绘制平面图

平面图包括：全桥、盖梁、桥墩、钻孔桩、支座的中心线。

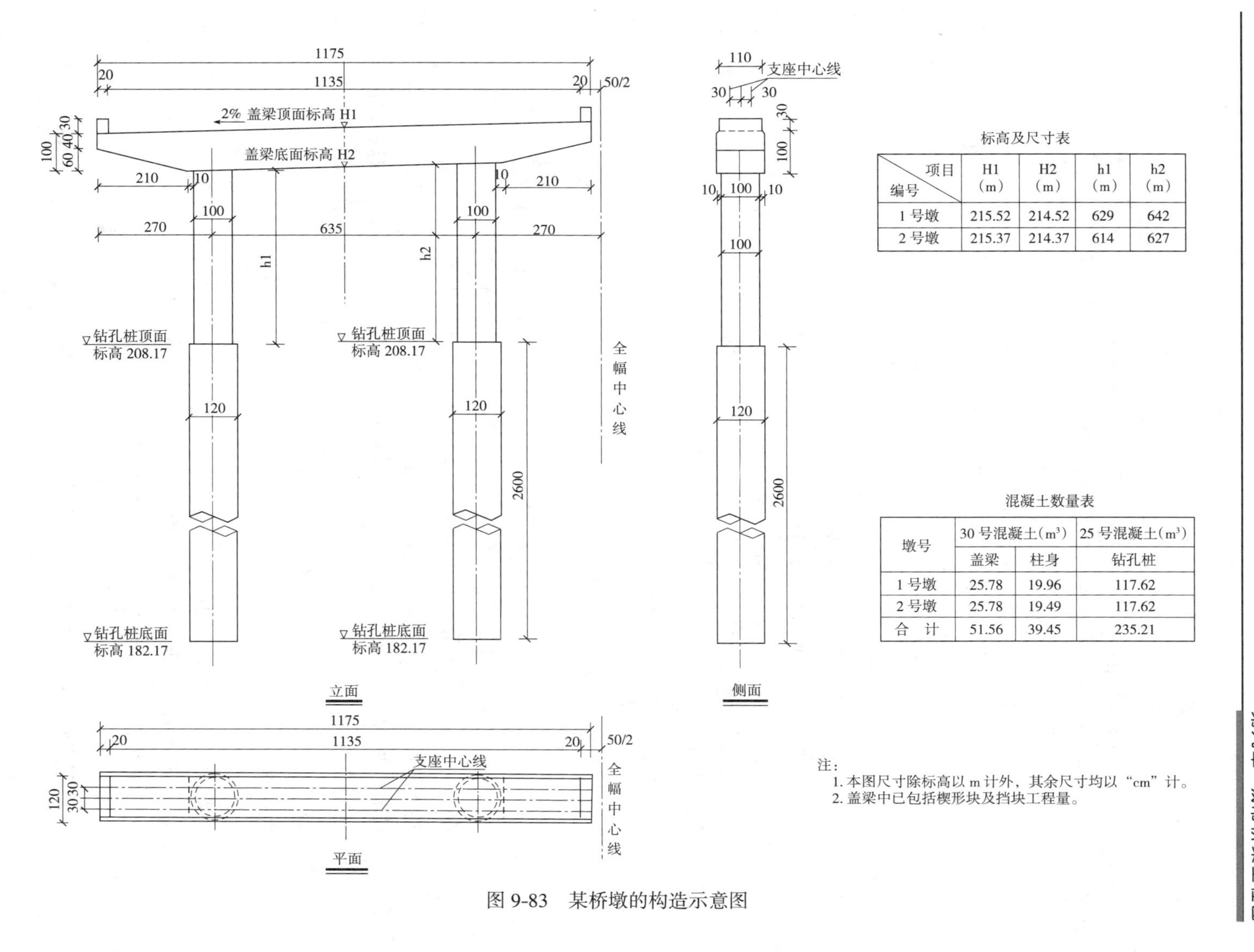

标高及尺寸表

编号＼项目	H1（m）	H2（m）	h1（m）	h2（m）
1 号墩	215.52	214.52	629	642
2 号墩	215.37	214.37	614	627

混凝土数量表

墩号	30 号混凝土（m^3）		25 号混凝土（m^3）
	盖梁	柱身	钻孔桩
1 号墩	25.78	19.96	117.62
2 号墩	25.78	19.49	117.62
合 计	51.56	39.45	235.21

注：
1. 本图尺寸除标高以 m 计外，其余尺寸均以 “cm” 计。
2. 盖梁中已包括楔形块及挡块工程量。

图 9-83 某桥墩的构造示意图

（1）绘制全桥、盖梁、支座的中心线；

（2）用 Line 和 Pline 命令绘制桥墩、盖梁、挡块。

3. 绘制侧面图

侧面图包括盖梁、桥墩、钻孔桩、挡块。

（1）绘制桥墩、钻孔桩的中心线。

（2）用 Line 和 Pline 命令绘制桥墩、盖梁、挡块。

在 AutoCAD 绘图时应使用相对坐标，也可使用自参照点的偏移方法。自参照点的偏移的使用方法如下：

打开“对象捕捉”；

命令：（在定位点的提示下，输，Kfrom）

基点：（指定一个点作基点，用“对象捕捉”工具捕捉基点）

<偏移>：（输入相对偏移）

在 AutoCAD 定位点的提示下，输“Xfrom”，然后输入临时参照点或基点（自该基点指定偏移以定位下一点）。输入自基点的偏移位置作为相对坐标，或使用直接距离输入。

4. 尺寸标注和标高的标注

在先设置好的“标注式样”中选择需要的式样，在标注图层内进行标注。在标注时注意使用“连续标注”、“基线标注”、“标注更新”和“编辑标注文字”命令。

5. 表格的绘制：

（1）用 Line 和 Offset 命令绘制出需要的表格或用 Excel 来制作。

（2）文字可用“单行文字”或“多行文字”方式输入。

这里介绍一下用制表位确定输入的位置。绘制表格后，用 Dist 命令得到每个格子的尺寸；用制表位（制表位的使用与在 Word 中一样）确定文字具体应在的位置，输入文字即可。为了能够整齐地对应，可采用输入一行或列后（如果需要可用“移动”命令调整），用“复制”命令将表格填满，在用鼠标双击文字激活多行输入后，将文字改成需要的文字即可。

6. 输入文字

从设置好的“文字式样”中选择需要的“式样”，用 Mtext 输入即可，文字的大小设置参见本章前面的说明。

四、实心矩形板钢筋构造图的绘制

某实心矩形板钢筋构造图如图 9-84 所示。

（一）新建文件和设置绘图环境

利用模板新建文件，并根据实际情况进行绘图界限更改，添加图层、图块、文字式样、标注式样等内容。

（二）绘制过程

1. 绘制立面图

立面图包括主钢筋、架立钢筋、箍筋、锚栓孔等。图 9-84 所示为对称性图，标注由直线标注及图表和文字等组成，因此在绘图过程中应考虑利用对称性、等间距等特点。绘制时采用 Array、Copy、Mirror、Offset、Trim 等命令组合使用。

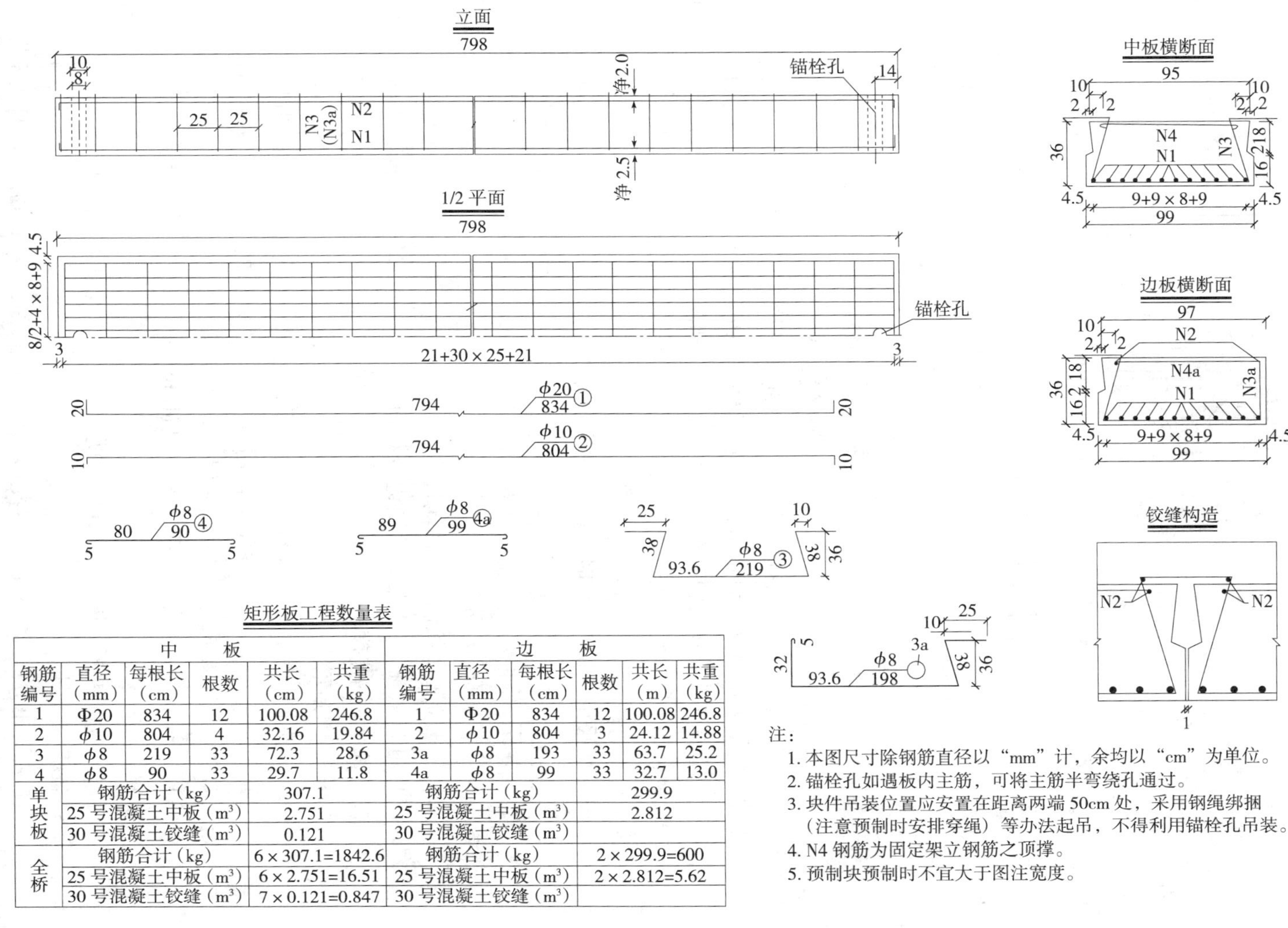

矩形板工程数量表

中板						边板					
钢筋编号	直径（mm）	每根长（cm）	根数	共长（cm）	共重（kg）	钢筋编号	直径（mm）	每根长（cm）	根数	共长（m）	共重（kg）
1	Φ20	834	12	100.08	246.8	1	Φ20	834	12	100.08	246.8
2	ϕ10	804	4	32.16	19.84	2	ϕ10	804	3	24.12	14.88
3	ϕ8	219	33	72.3	28.6	3a	ϕ8	193	33	63.7	25.2
4	ϕ8	90	33	29.7	11.8	4a	ϕ8	99	33	32.7	13.0
单块板	钢筋合计（kg）			307.1		钢筋合计（kg）			299.9		
	25号混凝土中板（m³）			2.751		25号混凝土中板（m³）			2.812		
	30号混凝土铰缝（m³）			0.121		30号混凝土铰缝（m³）					
全桥	钢筋合计（kg）			6×307.1=1842.6		钢筋合计（kg）			2×299.9=600		
	25号混凝土中板（m³）			6×2.751=16.51		25号混凝土中板（m³）			2×2.812=5.62		
	30号混凝土铰缝（m³）			7×0.121=0.847		30号混凝土铰缝（m³）					

注：

1. 本图尺寸除钢筋直径以“mm”计，余均以“cm”为单位。
2. 锚栓孔如遇板内主筋，可将主筋半弯绕孔通过。
3. 块件吊装位置应安置在距离两端 50cm 处，采用钢绳绑捆（注意预制时安排穿绳）等办法起吊，不得利用锚栓孔吊装。
4. N4 钢筋为固定架立钢筋之顶撑。
5. 预制块预制时不宜大于图注宽度。

图 9-84　矩形板钢筋构造示意图

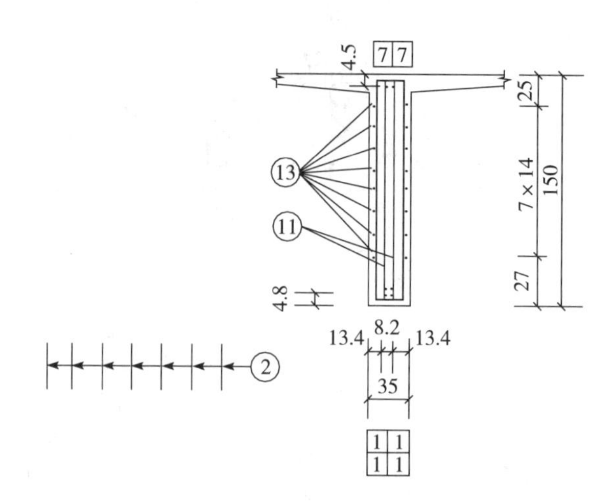

图 9-85　钢筋的编号标注

（1）绘制锚栓孔中心线和实心板的轮廓线，进行整体控制。

（2）通过 Line 或 Pline 命令绘制内部钢筋和锚栓孔（在绘制钢筋的时候，钢筋宽度一般可采用定义线宽的方法实现，也可用 Offset 命令绘制平行线的方法加粗线宽，为保证效果在出图时至少达到 0.25mm。此外，钢筋线的宽度还要注意图形的比例，如果图中钢筋比较密集，此时可改变绘图的比例尺，也可将钢筋线的宽度变小）。

（3）当采用 Offset 命令时，如果是不同图层内的，可以使用 Properties 命令进行修改。

2. 绘制平面图

（1）绘制平面中心线。

（2）根据立面图绘制主梁两侧边线。

（3）用 Line 和 Pline 命令绘制边线和钢筋，可使用 Copy、Offset、Mirror 命令组合来提高绘图的速度。

3. 绘制横断面图

（1）构造辅助线，可以少作一些辅助线，能控制横断面图的一半即可。

（2）用 lane 命令绘图，注意钢筋用粗线条。主钢筋的横断面可采用 Block 命令定义图块，用插入图块来完成，或用 Copy 命令来完成。

（3）当图形绘制完成一半后，可采用 Mirror 命令来完成另一半。

4. 钢筋大样图

将每根钢筋单独画出来，并详细注明加工尺寸，绘制方法同前。

5. 铰缝构造图

企口混凝土铰接形式有圆形、菱形和漏斗形三种，该图为漏斗形且为上部将预制板中的钢筋伸出与相邻板的同样钢筋相互绑扎，再浇筑在铺装层内构成。铰缝构造图的绘制如下：

（1）只需绘出铰缝构造图相邻两梁横断图的部分，能将铰缝表达清楚即可。

（2）将横断面图去掉一半后，用 Mirror 命令绘出另一半。然后用 Bhatch 命令填充即可。

6. 图表的绘制

（1）在 Excel 中完成表格并复制到剪贴板。

（2）然后再在 AutoCAD 的环境下选择（编辑）菜单中的（选择性粘贴），选择是作为 AutoCAD 图元，然后选择插入点，确认后剪贴板上的表格即转化为 AutoCAD 实体。

7. 钢筋图编号标注

在该图中当钢筋为同种钢筋且平行时采用如图 9-85 所示的标注方式，在断面图上方和下方画有小方格，格内数字表示钢筋在梁内的编号。

8. 文字输入

首先定义好文字样式，从中选择需要的式样，用 Mtext 命令输入文字即可。

五、空心板钢筋构造图的绘制

某桥预应力空心板边梁钢筋构造图如图 9-86 所示。

（一）新建文件和设置绘图环境

利用预先做好的模板新建文件，并根据实际情况进行绘图界限更改，添加图层、图块、文字式样、标注式样等内容，建立新的绘图环境。

（二）绘制过程

空心板钢筋构造图包含钢筋立面图、平面图、横断面图、钢筋大样图、钢筋数量表和混凝土用量表。

1. 绘制立面图

立面图主要包括预应力钢筋、主受力钢筋、箍筋、架立钢筋、水平纵向钢筋。

（1）绘制空心板梁的立面图中心线和构造辅助线。

（2）考虑绘图空间和图形重复性的原因，可用折断线。在绘图时，可使用 Copy、Offset 或 Array 命令来提高绘图速度。

（3）预应力钢筋的绘制可借用 Excel 在 AutoCAD 中绘制。

（4）在 Excel 中输入坐标值。我们将 X 坐标值放入 A 列，Y 坐标值放入到 B 列，再将 A 列和 B 列合并成 C 列，由于 AutoCAD 中二维坐标点之间是用逗号隔开的，所以我们在 C2 单元格中输入：= A2& “，” SLB2，C2 中就出现了一对坐标值。我们用鼠标拖动的方法对 C2 中的公式进行复制，就可以得到一组坐标值。

（5）选出所需画线的点的坐标值，如上例中 C 列数据，将其复制到剪贴板上，即按 Excel 中的复制按钮来完成此工作。打开 AutoCAD，在命令行处键入 Spline（画曲线命令），出现提示：“Object/:”，再在此位置处单击鼠标右键，弹出菜单，在菜单中选择“粘贴”命令这样在 Excel 中的坐标值就传送到了 AutoCAD 中，并自动连接成曲线，单击鼠标右键，取消继续画线状态，曲线就画好了。以中线为坐标的起点，方向向左上方，所以 X 坐标可选用一固定坐标减去已知的坐标，Y 坐标可选用一固定坐标加上已知的坐标。

通过上面的方法，可以很方便地绘制各种曲线或折线，并且在 Excel 中很容易修改并保存坐标值。在 AutoCAD 中执行的情况如下：

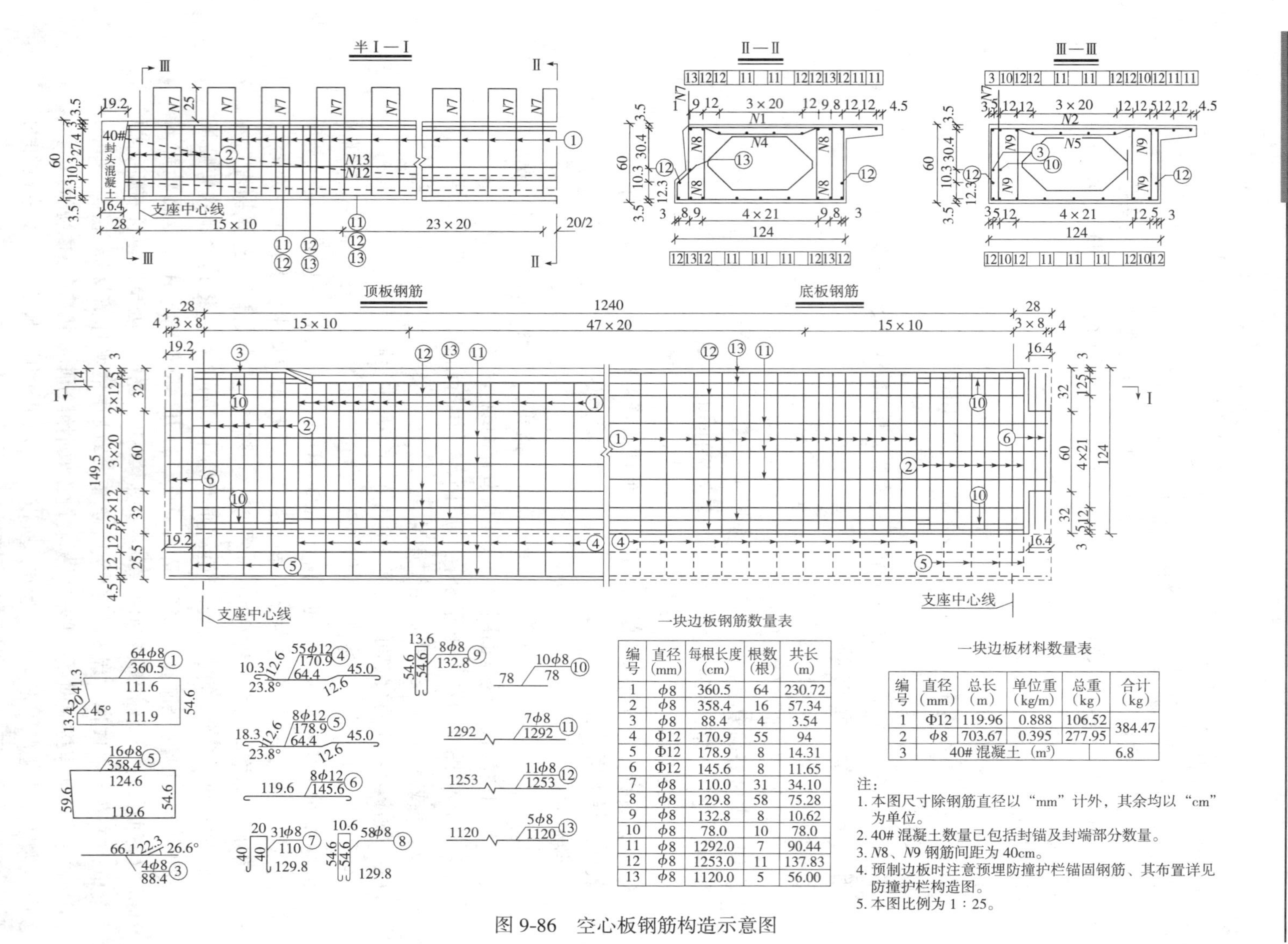

一块边板钢筋数量表

编号	直径(mm)	每根长度(cm)	根数(根)	共长(m)
1	φ8	360.5	64	230.72
2	φ8	358.4	16	57.34
3	φ8	88.4	4	3.54
4	Φ12	170.9	55	94
5	Φ12	178.9	8	14.31
6	Φ12	145.6	8	11.65
7	φ8	110.0	31	34.10
8	φ8	129.8	58	75.28
9	φ8	132.8	8	10.62
10	φ8	78.0	10	78.0
11	φ8	1292.0	7	90.44
12	φ8	1253.0	11	137.83
13	φ8	1120.0	5	56.00

一块边板材料数量表

编号	直径(mm)	总长(m)	单位重(kg/m)	总重(kg)	合计(kg)
1	Φ12	119.96	0.888	106.52	384.47
2	φ8	703.67	0.395	277.95	
3	40# 混凝土（m³）				6.8

注：
1. 本图尺寸除钢筋直径以“mm”计外，其余均以“cm”为单位。
2. 40# 混凝土数量已包括封锚及封端部分数量。
3. N8、N9 钢筋间距为 40cm。
4. 预制边板时注意预埋防撞护栏锚固钢筋、其布置详见防撞护栏构造图。
5. 本图比例为 1∶25。

图 9-86　空心板钢筋构造示意图

命令：Spline

指定第一个点或［正对象（O）］：830.2，45.8

指定下一点或［闭合（C）/拟合公差（F）］ <起点切向>：810.2，45.8

：

指定下一点或［闭合（C）/拟合公差（F）］ <起点切向>：577.8，56.4

指定下一点或［闭合（C）/拟合公差（F）］ <起点切向>：

指定起点切向：（按 Enter 键）

指定端点切向：（按 Enter 键）

2. 绘制平面图

平面图包括空心板的顶板和底板钢筋。

（1）用立面图和平面图的对应关系确定基本辅助线；

（2）绘制顶板钢筋：根据 Offset 和 Array 命令画出；按照边主梁一般构造图，结合立面图和横断面图进行修改；

（3）底板钢筋：通过 Offset、Line、Mirror、Trim 命令组合完成绘制。

3. 绘制横断面图

横断面图包括空心板梁轮廓线、定底板钢筋、箍筋、水平架立钢筋。

（1）构造辅助线（也可用相对坐标法）绘出外框图（当绘制预应力空心板施工图时，可以使用 Wblock 将边板和中板的跨中、端部做成块，可以在任何时候使用）。

（2）在钢筋图层内绘制钢筋的横断面，使用 Block 命令定义块，可以在图形内任何时候使用 Insert 命令调用。

4. 绘制图表

绘制方法同前。

5. 标注尺寸和钢筋标号

在先设置好的“标注式样”中选择需要的式样，在标注图层内进行标注。在标注时注使用“连续标注”、“基线标注”、“标注更新” 和 “编辑标注文字” 命令。钢筋标号按前述的方法标注。

6. 文字的输入

先定义好文字样式，从中选择需要式样，用 Mtext 命令输入文字即可。

复习思考题

1. 简述我国在斜拉桥建设中的地位与发展趋势。
2. 桥梁可以分成哪些类型？一座桥梁主要由哪几大部分组成？
3. 钢筋的种类有哪些？如何在图样上表示？怎样标注？
4. 钢筋弯钩的增长修正值和弯折的减短修理值如何计算？
5. 钢筋结构图的图示特点有哪些？
6. 钢筋明细表中怎样进行尺寸标注？

7. 钢筋明细表中的编号、根数、长度等与钢筋大样图有何联系？
8. 型钢在工程图中怎样标注？
9. 焊缝如何标注？
10. 钢结构图由哪些图样组成？其图示特点是什么？
11. 斜拉桥的拉索有几种布置方式，各有什么特点？
12. 一座完整的斜拉桥主要由哪些部分组成？
13. 斜拉桥的索塔有哪些类型？各适用于哪种布索方式？
14. 什么叫悬索桥？最早的悬索桥出现在哪个国家？
15. 悬案桥有哪些类型，各有什么构造特点？
16. 悬索桥结构由哪些部分组成，各部分的功能和受力特点如何？
17. 刚构桥有哪些类型，各有什么特点？
18. 刚构桥的主梁、节点有哪些构造特点？

第十章　隧道与涵洞工程图

第一节　隧道工程图

一、概述

隧道是道路穿越山岭或水底的工程建筑物，若施做于地面下可称为地下隧道或地下通道等。主要应用于交通工程的有铁路隧道、公路隧道、地铁隧道、海底隧道等。其中海底隧道是为了解决横跨海峡、海湾之间的交通，而又不妨碍船舶航运的条件下，建造在海底之下供人员及车辆通行的海底下的海洋建筑物。

图10-1所示为2007年1月通车的、世界最长的双洞高速公路隧道——秦岭终南山公路隧道。该隧道是国家交通规划网：内蒙古包头至广东茂名高速公路在陕西境内的重要路段。隧道的单洞长为18.02km，是第一座由我国自行设计、施工、监理、管理、综合水平最高的隧道；世界口径最大、深度最高的竖井通风工程；拥有世界高速公路最完备的监控系统；世界上最先进的高速公路隧道特殊灯光带；首次提出策略管理理论，运用首套策略自动生成软件，对火灾、交通事故、养护等方面进行自动监测和管理。

图10-1　秦岭终南山公路隧道

图10-2所示为青岛胶州湾海底隧道照片图，该隧道2011年6月30日通车。是连接青岛市主城区与辅城的重要通道，南接黄岛的薛家岛，北连青岛老市区团

岛，下穿胶州湾湾口海域。胶州湾湾口最大水深42m。隧道全长7.8km，其中海底段隧道长约3.95km，设双向六车道，设计时速80km/h，国内最长世界排第三。

隧道虽然形体很长，但中间断面形状很少变化，因此它所需要的结构图样比桥梁工程图要少一些。一般隧道工程图包括四大部分，即地质图、线形设计图、隧道工程结构构造图及有关附属工程图。

图10-2　青岛胶州湾海底隧道

隧道工程地质图包括隧道地区工程地质图、隧道地区区域地质图、工程地质剖面图、垂直隧道轴线的横向地质剖面图和洞口工程地质图。由于地质图的形成与图示方法，前面已述，这里不赘述。

隧道的线形设计图包括平面设计图、纵断面设计图及接线设计图，它是隧道总体布置的设计图样。隧道工程结构构造图包括隧道洞门图、横断面图（表示洞身形状和衬砌及路面的构造）和避车洞图、行人或行车横洞等。

隧道附属工程图主要包括通风图、照明图、供电设施图和通信、信号及消防救援设施工程图样等。

图10-3所示为某隧道平面示意图。

二、隧道洞口

（一）隧道洞口的构造

隧道洞门按地质情况和结构要求，有下列几种基本形式。

（1）洞口环框：当洞口石质坚硬稳定，可仅设洞口环框，起加固洞口和减少洞口雨后漏水等作用，如图10-4所示。

（2）端墙式洞门：端墙式洞门适用于地形开阔、石质基本稳定的地区。端墙的作用在于支护洞门顶上的仰坡，保持其稳定，并将仰坡水流汇集排出，如图10-5所示。

（3）翼墙式洞门：当洞口地质条件较差时，在端墙式洞门的一侧或两侧加设挡墙，构成翼墙式洞门，如图10-6所示。

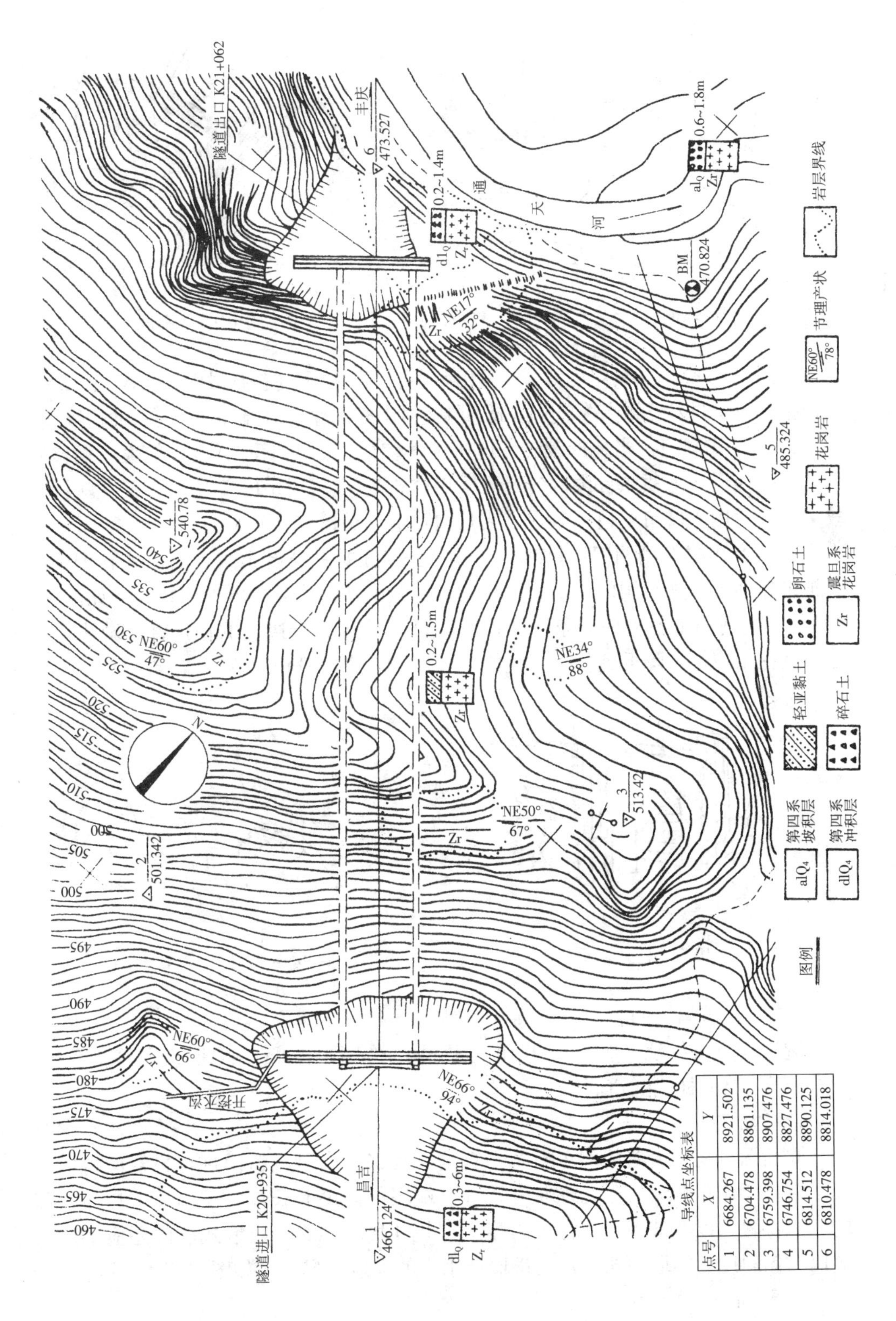

导线点坐标表

点号	X	Y
1	6684.267	8921.502
2	6704.478	8861.135
3	6759.398	8907.476
4	6746.754	8827.476
5	6814.512	8890.125
6	6810.478	8814.018

图 10-3　隧道平面示意图

图 10-4　洞口环框　　图 10-5　端墙式隧道门　　图 10-6　翼墙式隧道门

由图 10-6 翼墙式洞门可知，它是由端墙、洞口衬砌（包括拱圈和边墙）、翼墙、洞顶排水沟及洞内外侧沟等部分组成。隧道衬砌断面除直边墙式外，还有曲边墙式。

（4）柱式洞门：当地形较陡，地质条件较差，仰坡下滑可能性较大，而修筑翼墙又受地形、地质条件限制时，可采用柱式洞门，如图 10-7 所示。柱式洞门比较美观，适用于城市要道、风景区或长大隧道的洞口。

（5）凸出式新型洞门：目前，不论是公路还是铁路隧道采用凸出式新型洞门的越来越多了。这类洞门是将洞内衬砌延伸至洞外，一般凸出山体数米，如图 10-8 所示。它适用于各种地质条件。构筑时可不破坏原有边坡的稳定性，减少土石方的开挖工作量，降低造价，而且能更好地与周边环境相协调。

图 10-7　柱式隧道门

图 10-8　凸出式新型隧道门

（二）隧道洞门的表达

隧道洞门图一般包括隧道洞门的立面图、平面图和剖面图、断面图等。图 10-9 是用于公路的柱式隧道洞门。

1. 立面图

立面图也是隧道洞门的正面图，它是沿线路方向对隧道门进行投射所得的投影。它主要表示洞口衬砌的形状和尺寸、端墙的高度和长度、端墙及立柱与衬砌的相对位置，以及端墙顶水沟的坡度等（图 10-9）。对于翼墙式洞门还应表示出翼墙的倾斜度、翼墙顶排水沟与端墙顶水沟的连接情况等，如图 10-10 所示。

2. 平面图

平面图是隧道洞门的水平投影（图 10-9），用来表示端墙顶帽和立柱的宽度、端墙顶水沟的构造和洞门处排水系统的情况等。

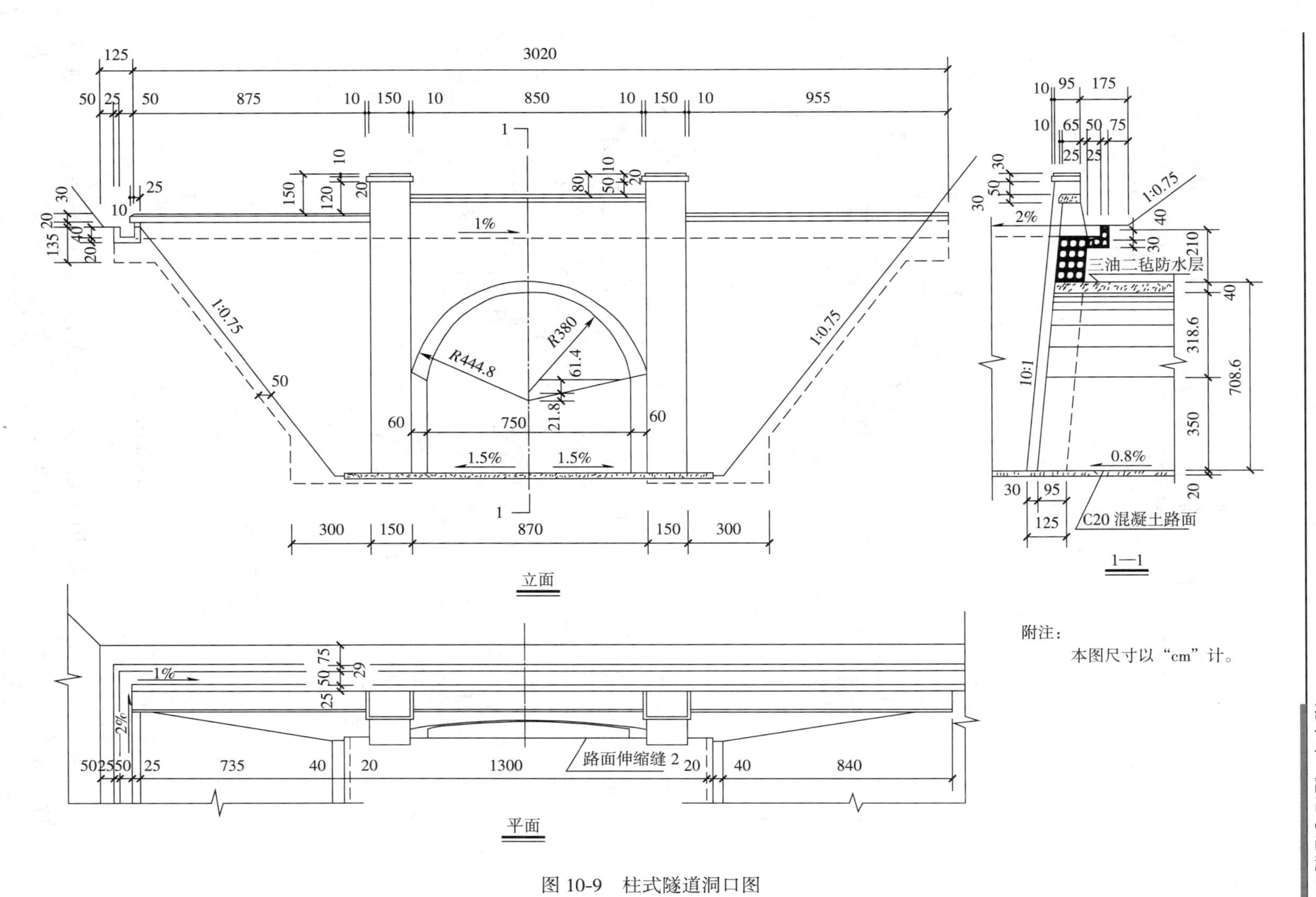

附注：

本图尺寸以“cm”计。

图 10-9　柱式隧道洞口图

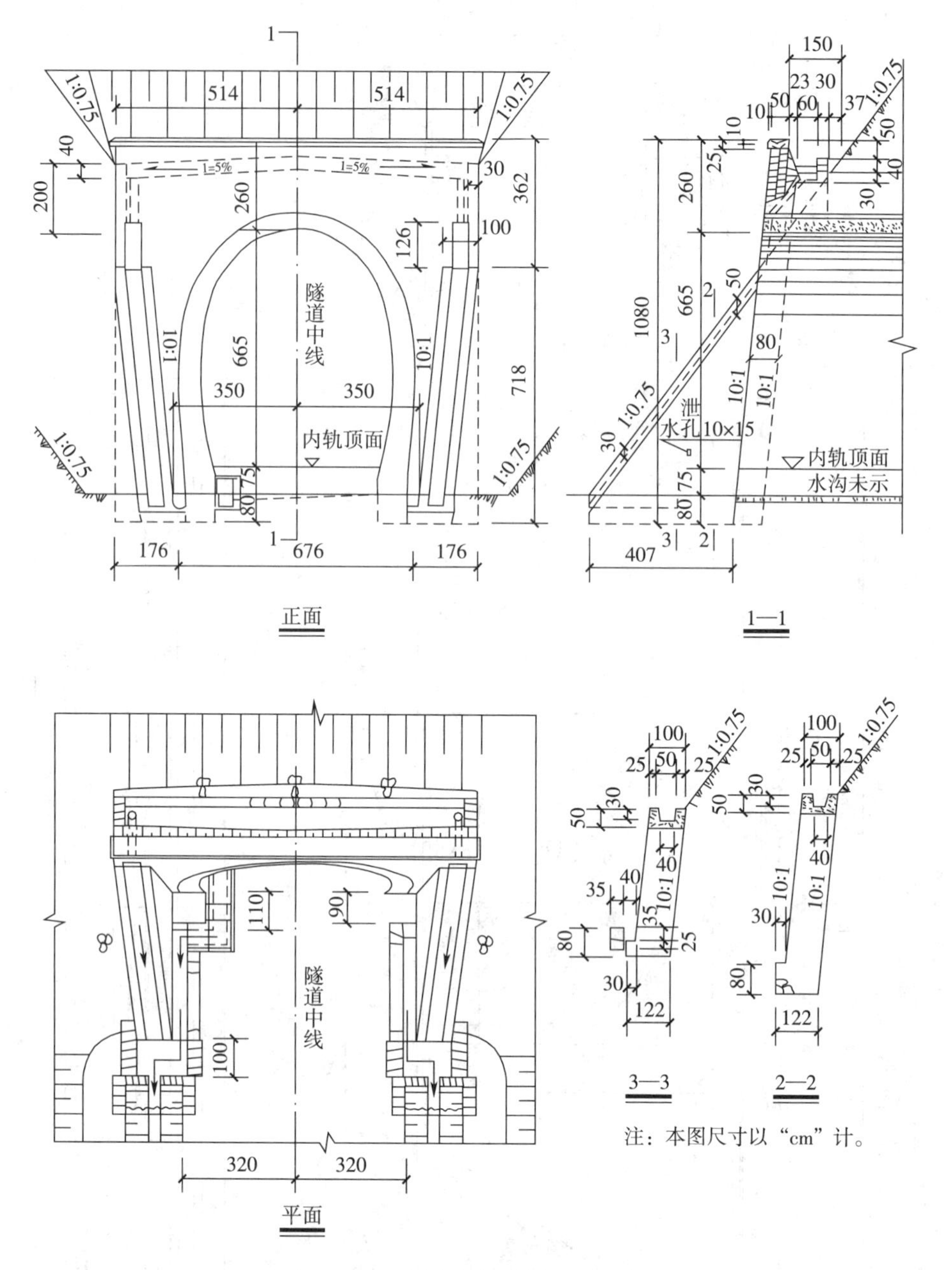

图 10-10　翼墙式隧道洞门示意图

洞门拱圈在平面图中可近似地用圆弧画出。

3. 剖面图

图 10-9 所示中的 1-1 剖面图是沿隧道中线所作的剖面图。它表示端墙、顶帽和立柱的宽度、端墙和立柱的倾斜度 10∶1、端墙顶水沟的断面形状和尺寸，以及隧道顶上仰坡的坡度 1∶0.75 等。

（三）隧道洞门图的阅读

1. 概述

现以图 10-10 的隧道洞门图为例说明阅读隧道洞门图的方法和步骤。

(1) 首先作总体了解，图 10-10 所示的隧道门是带翼墙的单线曲边墙铁路隧道洞门。

隧道门是由五个图形组成，除了正面图和平面图之外，还画出了 1－1 剖面图和 2－2、3－3 两个断面图。1－1 剖面的剖切位置示于正面图中，是沿隧道中线剖切后向左投射得到的剖面图。2－2 和 3－3 断面的剖切位置示于 1－1 剖面图中，是剖切后向前投射得到的图形。

(2) 其次，根据投影关系，弄清楚洞门各组成部分的形状和尺寸。

2. 端墙和端墙顶水沟

(1) 从正面图和 1－1 剖面图可以看出，洞门端墙是一堵靠山坡倾斜的墙，倾斜度为 10∶1。端墙长 1028 cm，墙厚在水平方向上为 80cm。墙顶设有顶帽，顶帽上部的前、左、右三边均做成高为 10cm 的抹角。墙顶的背后有水沟，从正面图上看出，水沟是从墙的中间向两旁倾斜的，坡度 $i=5\%$ 。

(2) 结合平面图可看出，端墙顶水沟的两端有厚为 30cm 的挡墙，用来挡水。从正面图的左边可得知挡墙高 200cm，其形状用虚线示于 1-1 剖面图中。

(3) 汇集于沟中的水通过埋设在墙体内的水管流到墙面上的凹槽里，然后流入翼墙顶部的排水沟中。

(4) 由于端墙顶水沟靠山坡一边的沟岸是向左右两边按 5% 的坡度倾斜的，所以它与洞顶 1∶0.75 的仰坡面相交产生两条一般位置直线，平面图中最上面的那两条斜线就是这两交线的水平投影。

(5) 沟岸和沟底都向左右两边倾斜，这些倾斜平面的交线是正垂线，它们在平面图中与隧道中线重合。水沟靠洞门一边的沟壁是倾斜的，它是一个倾斜的平面，与向两边倾斜的沟底交出两条一般位置直线，其水平投影是两条斜线。

3. 翼墙

从正面图中可看出端墙两边各有一堵翼墙，它们分别向路堑两边的山坡倾斜，坡度为 10∶1。结合 1－1 剖面图可以看出，翼墙的形状大体上是一个三棱柱。从 3－3断面图可以得知翼墙的厚度、基础的厚度和高度，以及墙顶排水沟的断面形状和尺寸。从 2－2 断面图中可以看出此处的基础高度有所改变，而墙脚处还有一个宽 40cm、深 35cm 的水沟。在 1－1 剖面中还示出了翼墙中下部有一个 10cm × 15cm 的泄水孔，用它来排出翼墙背面的积水。

4. 侧沟

(1) 图 10-11 中的连接水沟平面图就是图 10-10 平面图中洞门左侧部分放大重画的。它与 4－4、5－5 剖面图和 6－6 断面图一起表示了隧道内外侧沟的连接情况。

(2) 由连接水沟平面图中可看出，洞内侧沟的水是经过两次直角转弯后流入翼墙脚的侧沟内的。洞内外侧沟的断面均为矩形，由 4－4、5－5 剖面图可看出，内外侧沟的底在同一平面上，沟宽为 40cm，洞内沟深为：108cm－30cm ＝ 78cm，洞外为 33cm，沟上均有钢筋混凝土盖板。

(3) 在洞口处侧沟边墙高度变化的地方有隔板封住，以防道碴掉入沟内。

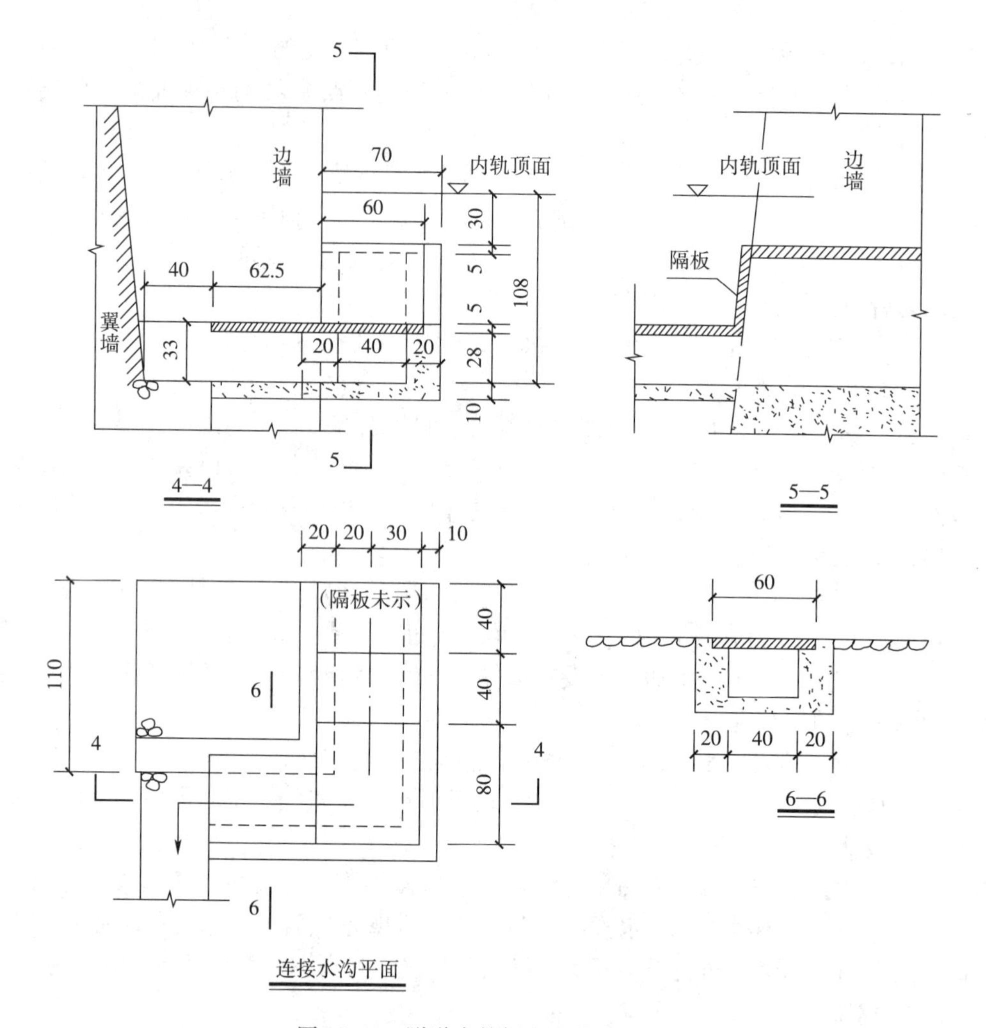

图 10-11 隧道内外侧沟连接平面图

(4) 从图 10-10 所示的平面图中可看出，翼墙顶排水沟和翼墙脚侧沟的水先流入汇水坑，然后再从路堑侧沟排走。

(5) 图 10-12 所示的 8-8 剖面和 7-7 断面的剖切位置示于汇水坑平面图中。其中 8-8 剖面图表示左翼墙前端部水沟与水坑的连接情况和尺寸，右翼墙前端部水沟与汇水坑的连接构造相同，7-7 断面图表示路堑侧沟的断面形状和尺寸。

三、隧道内的避车洞图

避车洞是用来供行人和隧道维修人员以及维修小车躲让来往车辆而设置的地方，设置在隧道两侧的直边墙处，并要求沿路线方向交错设置，避车洞之间相距为 30～150m。

避车洞图包括：纵剖面图、平面图、避车洞详图。为了绘图方便，纵向和横向采用不同的比例。

(一) 纵剖面图

纵剖面图表示大、小避车洞的形状和位置，同时也反映了隧道拱顶的衬砌材

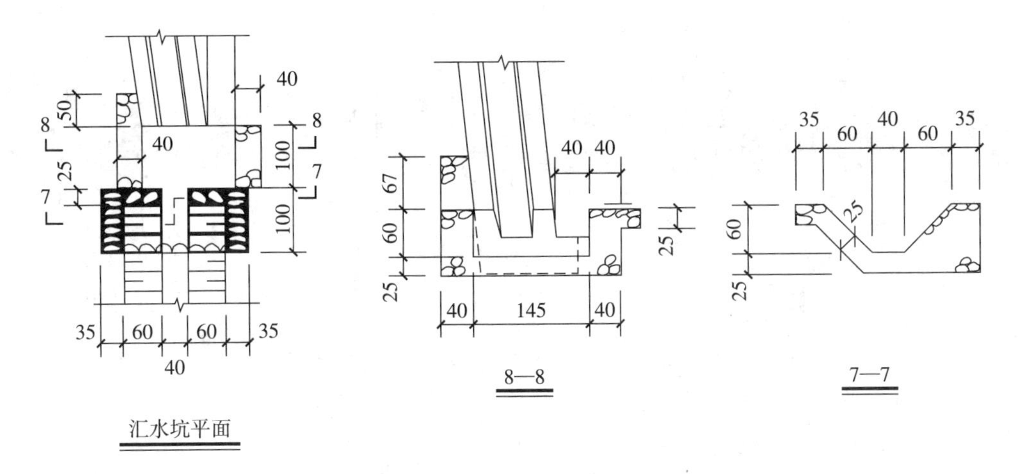

图 10-12 隧道外侧沟示意图

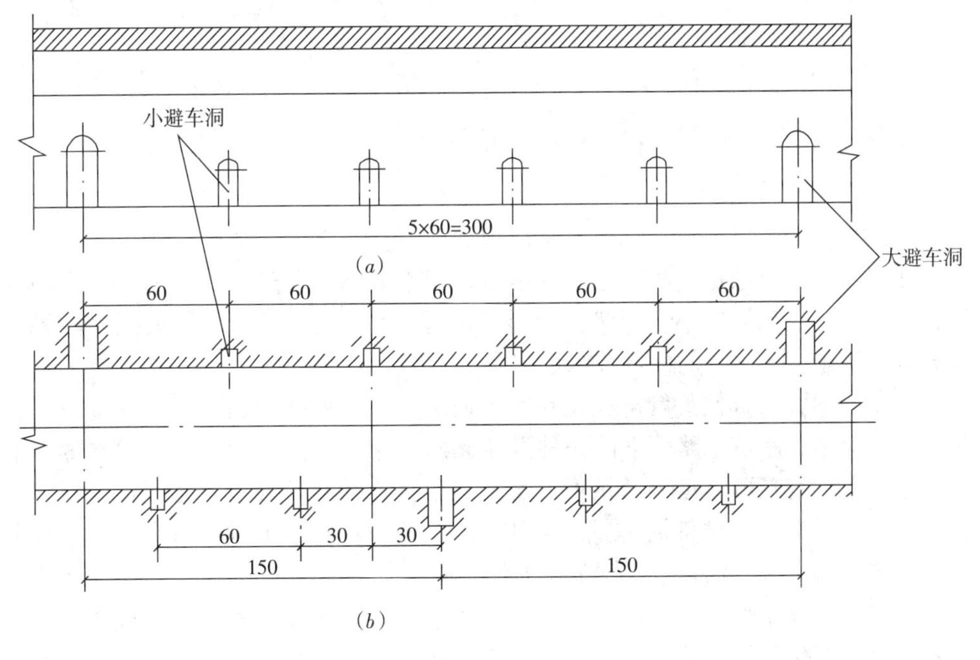

图 10-13 避车洞的纵剖面图（单位尺寸：m）

（a）纵剖面图；（b）平面图

料和隧道内轮廓情况。如图 10-13（*a*）所示为避车洞的纵剖面图。

（二）平面图

平面图主要表示大、小避车洞的进深尺寸和形状，并反映了避车洞在整个隧道中的总体布置情况（一般情况下，横向比例为 1∶200，纵向比例为 1∶2000）。图 10-13（*b*）所示为避车洞的平面图。

（三）详图

将形状和尺寸不同的大、小避车洞绘制成图 10-14 所示的详图，避车洞底面两边做成斜坡，以供排水用。该详图也是施工的重要依据之一。

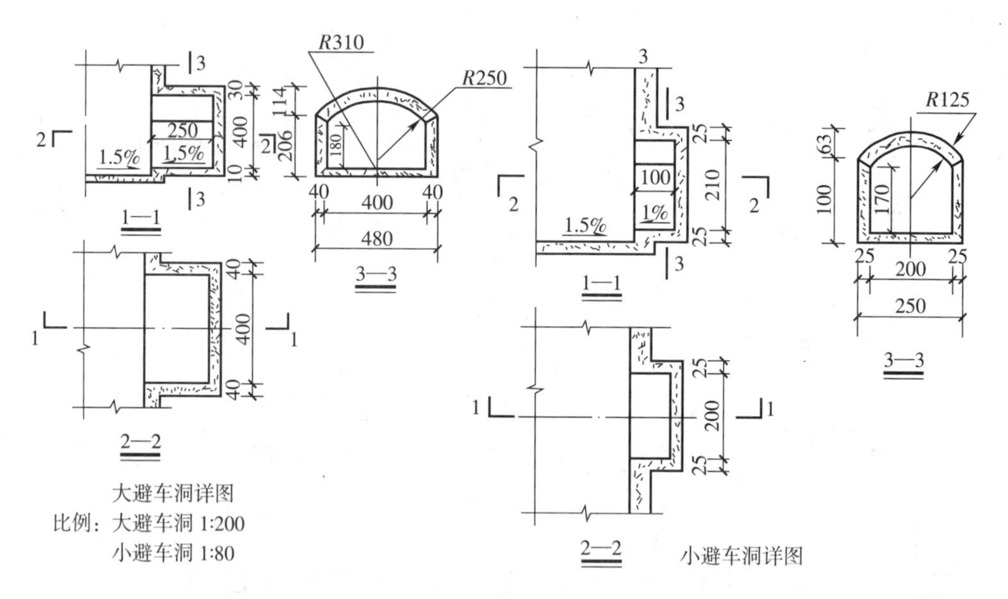

图 10-14　避车洞详图

第二节　涵洞工程图

一、概述

涵洞是公路或铁路与沟渠相交的地方，使水从路下流过的一种通道，作用与桥相同，但一般孔径较小，形状有管形、箱形及拱形等。此外，涵洞还是一种洞穴式水利设施，采用闸门以调节水量。

过路涵洞（又称倒虹管）是指在水渠通过公路、铁路或通过低凹的地方，为了不妨碍交通，修筑于路面下的一种过路涵洞，让水从公路的下面流过再翻到地面上来，形状有管形、箱形及拱形等。它是根据连通器的原理，常用砖、石、混凝土和钢筋混凝土等材料筑成。其入口处的水位必须高于出水洞口高度，洞身全长范围内充满水流、洞顶承受水头压力的涵洞。

根据《公路工程技术标准》JTJ B01－2003 规定，桥涵的跨径小于或等于 50m 时宜采用标准化跨径，桥涵标准化跨径规定如下：0.75m、1.0m、1.25m、1.5m、2.0m、2.5m、3.0m、4.0m、5.0m、6.0m、8.0m、10m、13m、16m、20m、25m、30m、35m、40m、45m、50m。涵洞的设计位置、孔径大小的确定、涵洞形式的选择，都直接关系到城市道路运输能否畅通。图 10-15 所示为常见一种城市道路下面的过水通道涵。即平时可以供人通行，大雨或暴雨时供紧急快速排水。

二、涵洞的分类与组成

（一）涵洞的分类

根据道路沿线的地形、地质、水文及地物、农田等情况的不同，构筑的涵洞种类很多，具体有如下几种分类方法：

（1）按涵洞的建筑材料可分为砖涵、石涵、混凝土涵、钢筋混凝土涵、木涵、陶瓷管涵和缸瓦管涵。

图 10-15 过水通道涵

（2）按涵洞的构造形式可分为圆管涵、盖板涵、箱型涵和拱涵。

（3）按涵洞的断面形式可分为圆形涵、卵形涵、拱形涵、梯形涵和矩形涵。

（4）按涵洞的孔数可分为单孔涵、双孔涵和多孔涵。

（5）按涵洞上有无覆土可分为明涵和暗涵。

（二）涵洞设计的一般规定

（1）涵洞长度与净高的关系：

1）$h=1.25$m，涵洞长度不宜超过 25m；$h\geq1.5$m，长度不受限制；

2）对 0.75m 盖板涵，$h<1.0$m，长度不宜超过 10m，$h\geq1.0$m，长度不宜超过 15m。

（2）涵洞最小孔径的规定：

1）0.75m 盖板涵仅适用于无淤积的灌溉涵；

2）排洪涵孔径不应小于 1.25m；

3）板顶填土高度不应小于 1.2m。

（三）涵洞的组成

（1）涵洞一般由洞身、洞口、基础 3 部分组成，如图 10-16 所示。

（2）洞身是形成过水孔道的主要构造。它一方面保证流水通过，另一方面也直接承受荷载压力和填土压力，并将压力传给基础。洞身通常由承重构造物（如拱圈、盖板、圆管等）、涵台、基础和防水层组成。

（3）洞口是洞身、路基、沟道三者的连接构造，其作用是保证涵洞基础和两侧路基免受冲刷，使流水进出顺畅。位于涵洞上游侧的洞口称为进水口，位于涵洞下游侧的洞口称为出水口。洞口的形式是多样的，构造也不同，常见的洞口形式有八字式（翼墙式）、锥坡式和端墙式等，如图 10-17 所示。

三、涵洞工程图

涵洞工程是属于狭长构筑物。根据图样的组成，涵洞构造图主要图示涵洞的整体构造、各部分之间的关系及尺寸等。通常以涵洞的流水方向为纵向，垂直流水方向为横向。涵洞构造图一般是由半纵剖面图、半平面图和半侧立面图及半横

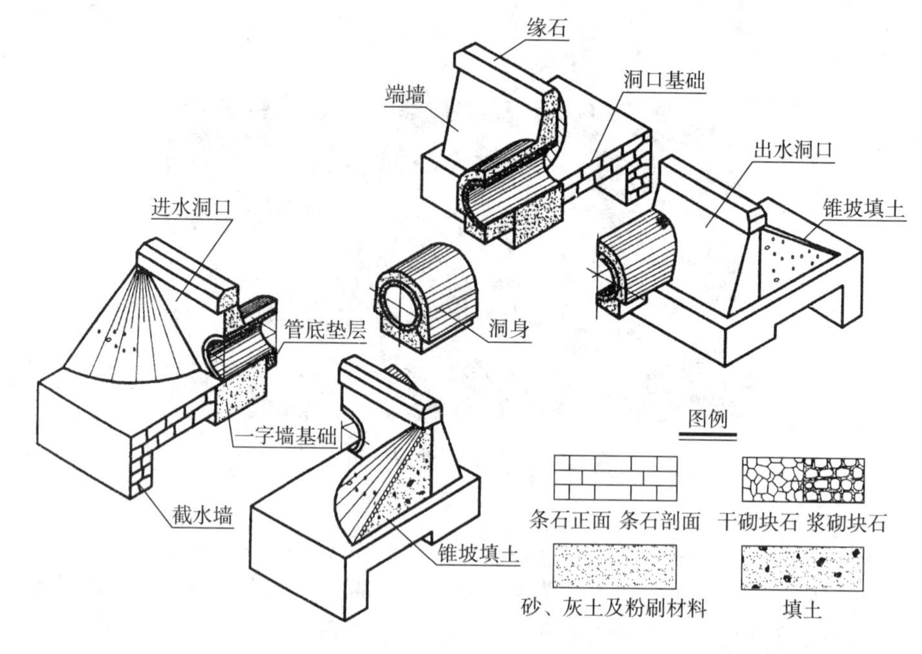

图 10-16　圆管涵洞分解图

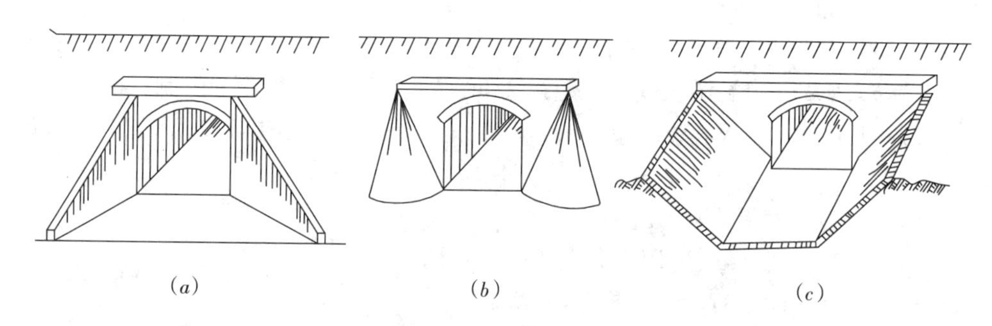

图 10-17　涵洞洞口形式

(a) 八字式；(b) 锥坡式；(c) 端墙式

剖面图组成；细部构造大样图及构件详图，则主要是由洞身构造图、基础构造图、端墙及翼墙大样图、连接（接缝）构造图及其他构件详图组成。

（一）圆管涵洞工程图

钢筋混凝土圆管涵洞是城市道路工程中常用的涵洞形式之一，由于洞身是用预制的钢筋混凝土圆管连接而成，故称为钢筋混凝土管涵洞。这种涵洞构造简单、施工方便，所以应用比较普遍。涵洞纵向轴线与道路中心线垂直相交时，称为正交涵洞；当涵洞纵向轴线与道路中心线斜交时，则称斜交涵洞。正交涵洞与斜交涵洞的区别，主要是洞口构造不同。

立交涵洞以道路中心线和涵洞轴线为两个对称轴线，所以，涵洞的构造图采用半纵剖面图、半平面图和侧立面图来表示。

1. 半纵剖面图的图示内容

半纵剖剖画图是假设用一垂直剖切平面将涵洞沿涵轴线剖切所得到的剖面图。因为涵洞是对称于道路中心线的，所以只画出左半部分，故称为半纵剖面图。该图样的图示内容主要有如下几个方面：

（1）用建筑材料图例分别表示各构造部分的剖切断面及使用材料，如钢筋混凝土圆管管壁、洞身及端墙的基础、洞身保护层、覆土情况以及端墙、缘石、截水墙、洞口水坡等，并用粗实线图示各部分剖切截面的轮廓线，如图 4-15 所示。

（2）钢筋混凝土圆管轴线及竖向对称线用细点画线表示；锥形护坡的轮廓线、管道接缝用中实线表示；虚线则图示出不可见轮廓线，如锥形护坡厚度线、端墙墙背线等；用坡度图例线及锥形护坡符号图示出锥形护坡。

（3）图示出各部位的尺寸及总尺寸，单位为 cm；图示出洞底标高及纵向坡度、道路边坡坡度、锥形护坡坡度等。

（4）用文字标注各部位的名称及所使用的材料等。

2. 半平面图的图示内容

半平面图是对涵洞进行水平投影所得到的图样。因为只需画出左侧一半的涵洞平面图，故称为半平面图。该图样的图示内容主要有：

（1）视覆土为非透明体，则图中虚线图示出涵洞管道厚度及其他不可见线，如翼墙基础、管道接缝等；

（2）翼墙的可见轮廓线、缘石轮廓线、道路边线等可见轮廓线用粗实线表示；涵洞的轴线及竖向对称线用细点画线表示；

（3）图示出道路边坡图例线、锥形护坡图例线及符号、锥形护坡与洞口水坡的交线等；

（4）注明各部位尺寸及总尺寸，单位为 cm；

（5）图示出各剖面图的位置及编号；标注必要的文字说明等。

3. 侧立面图的图示内容

侧立面图有两种图示方法：一种是全侧立面图；另一种为半立面图半剖面图，剖切平面的位置一般设在端墙外边缘。半立面图部分的图示方法与全侧立面图相同。侧立面图的图示内容如下：

（1）洞口缘石的轮廓线、涵洞管道内外轮廓线、端墙轮廓线、截水墙轮廓线、道路边坡顶部轮廓线等，均用粗实线表示；

（2）锥形护坡轮廓线用中实线表示；用细实线图示锥形护坡的坡度图例及符号并注明坡度，图示出道路边坡图例线；

（3）用细点画线图示出圆管的横、竖对称线；

（4）用虚线图示出不可见轮廓线，如图 10-18 中洞口正立面图中的两条虚线上面一条为水坡的厚度线，下面一条为端墙基础线；

（5）图中应标注出水管底标高、各部位的尺寸及总尺寸、圆管直径及管壁厚度等；

（6）图示出截水墙处的沟底标高及土壤图例；

（7）当为半立面图半剖面图时，应图示出剖切平面位置处的构造、图例等，如图 10-19 所示。

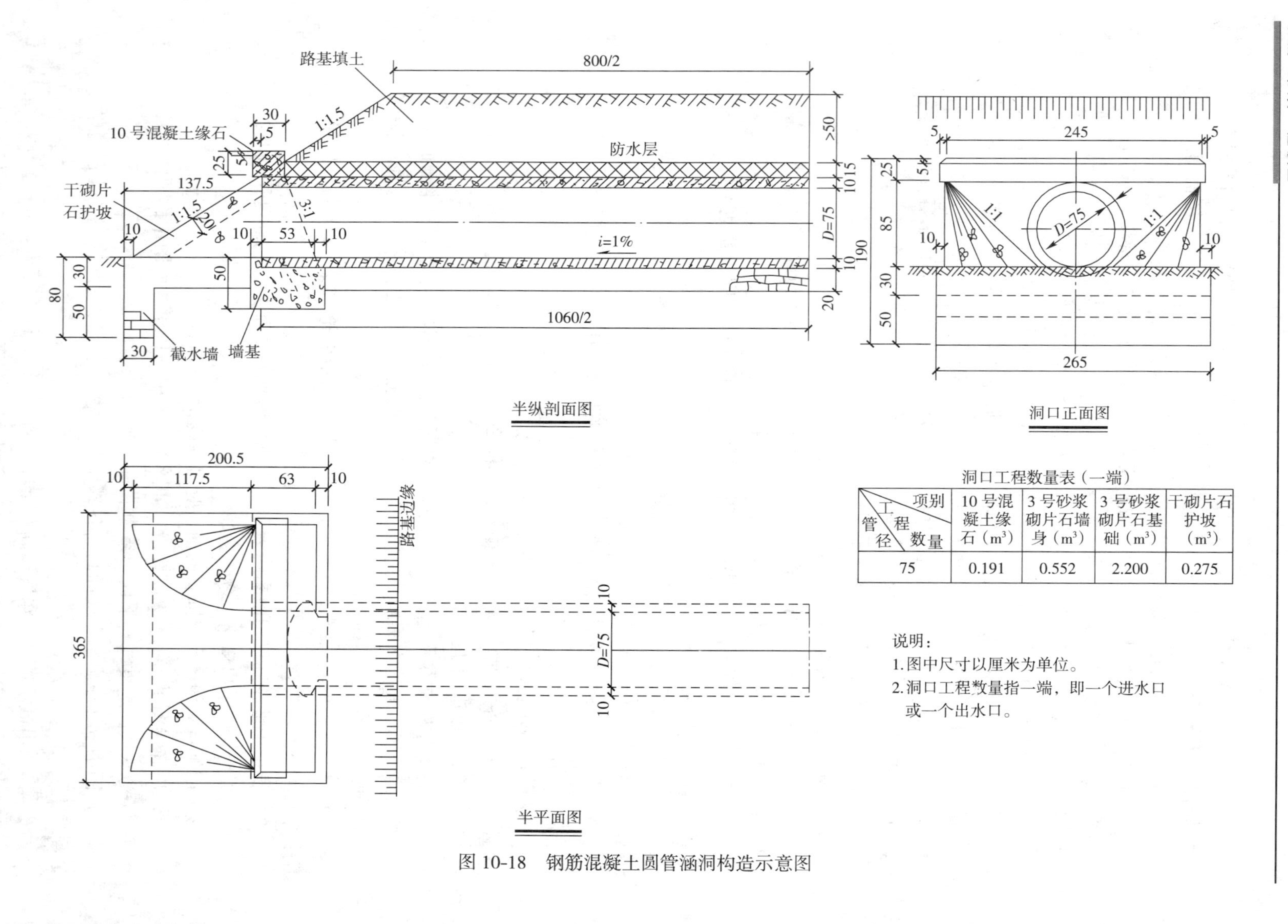

图 10-18 钢筋混凝土圆管涵洞构造示意图

洞口工程数量表（一端）

管径 \ 工程数量 \ 项别	10 号混凝土缘石（m^3）	3 号砂浆砌片石墙身（m^3）	3 号砂浆砌片石基础（m^3）	干砌片石护坡（m^3）
75	0.191	0.552	2.200	0.275

说明：

1. 图中尺寸以厘米为单位。
2. 洞口工程数量指一端，即一个进水口或一个出水口。

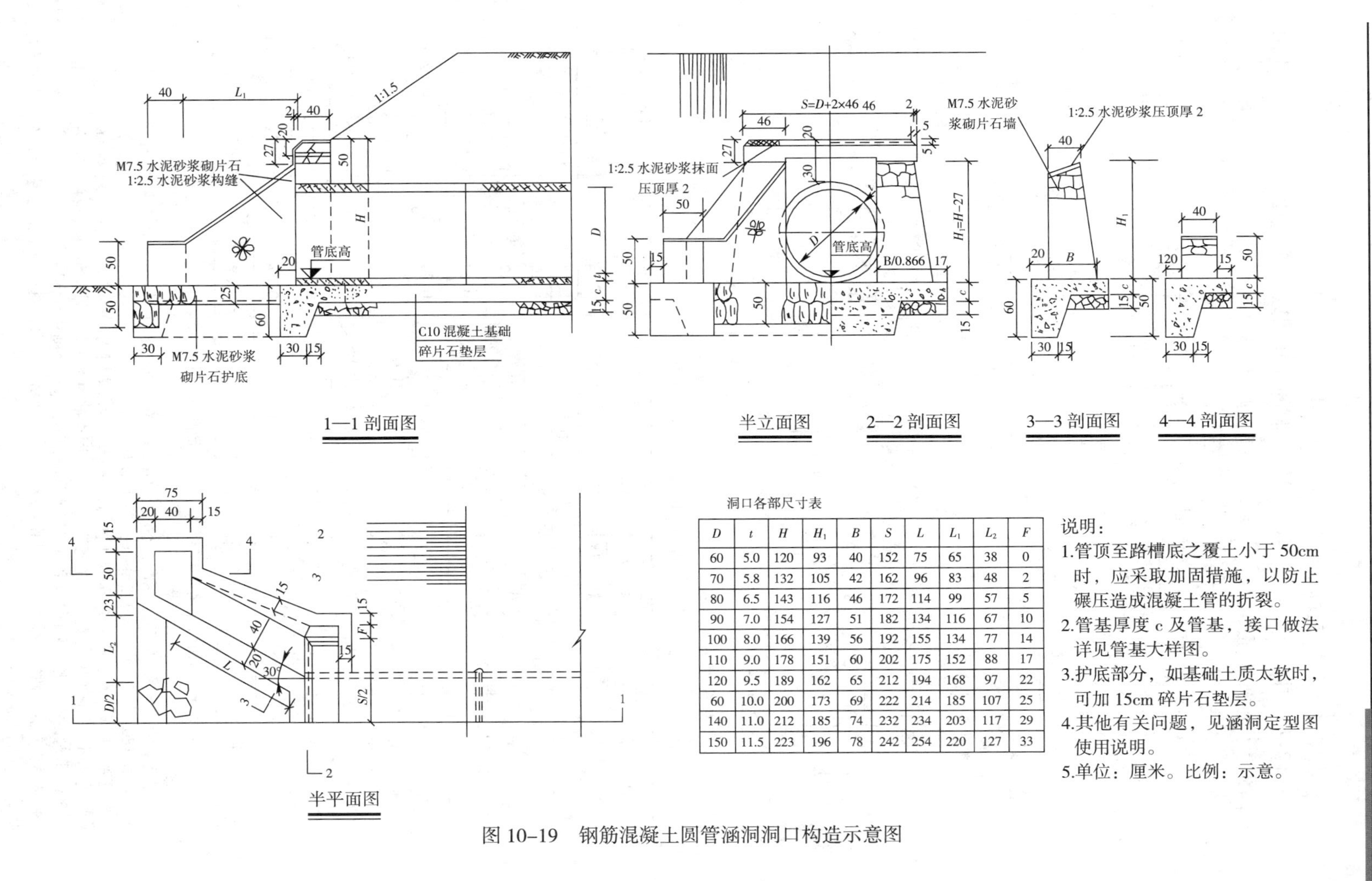

洞口各部尺寸表

D	t	H	H_1	B	S	L	L_1	L_2	F
60	5.0	120	93	40	152	75	65	38	0
70	5.8	132	105	42	162	96	83	48	2
80	6.5	143	116	46	172	114	99	57	5
90	7.0	154	127	51	182	134	116	67	10
100	8.0	166	139	56	192	155	134	77	14
110	9.0	178	151	60	202	175	152	88	17
120	9.5	189	162	65	212	194	168	97	22
60	10.0	200	173	69	222	214	185	107	25
140	11.0	212	185	74	232	234	203	117	29
150	11.5	223	196	78	242	254	220	127	33

说明：

1.管顶至路槽底之覆土小于 50cm 时，应采取加固措施，以防止碾压造成混凝土管的折裂。

2.管基厚度 c 及管基，接口做法详见管基大样图。

3.护底部分，如基础土质太软时，可加 15cm 碎片石垫层。

4.其他有关问题，见涵洞定型图使用说明。

5.单位：厘米。比例：示意。

图 10–19　钢筋混凝土圆管涵洞洞口构造示意图

4. 管基大样图、局部剖面图及接缝大样图

图 10-20 中图示了单孔、双孔圆管涵洞的大样图以及管道接缝大样图；图 10-19 中图示了局部剖面图。

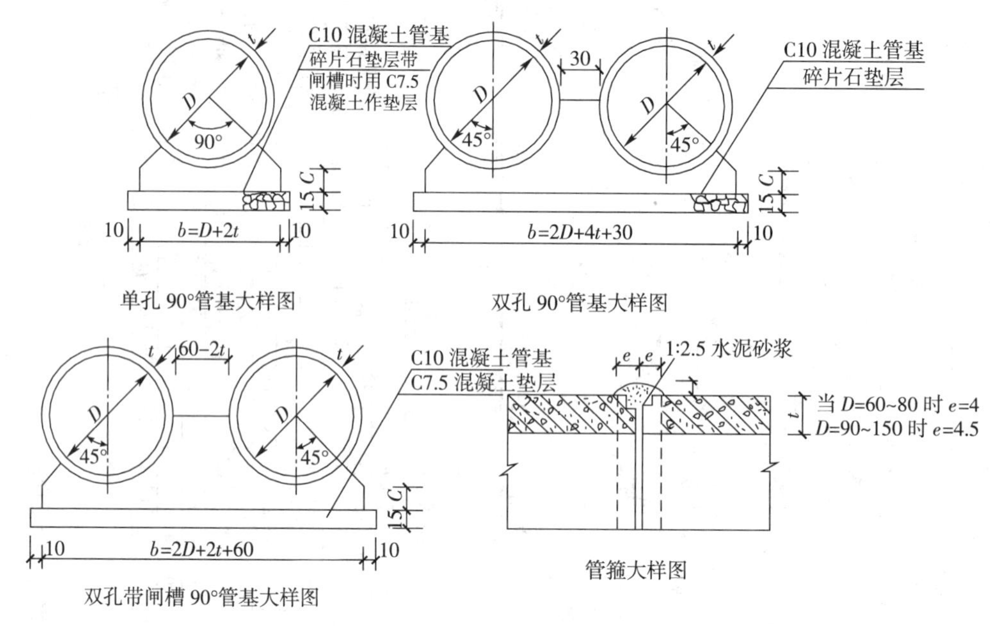

90°管基各部尺寸及工程量表

管径 D（mm）	管皮 t（mm）	管基宽 b（cm）		管基厚 C（cm）	每延米管基混凝土数量（m^2）		每延米垫层数量（m^3）		每道管箍体积（m^3）	
		单　孔	双　孔		单　孔	双　孔	单　孔	双　孔	单　孔	双　孔
60	5.0	7.0	—	15	0.13	—	0.14	—	0.00496	0.00992
70	5.8	81.6	—	15	0.16	—	0.15	—	0.00615	0.0123
80	6.5	93	216/233	15	0.19	0.60/0.71	0.17	0.35/0.38	0.00723	0.01446
90	7.0	104	230/254	15	0.21	0.69/0.80	0.19	0.39/0.41	0.00983	0.01966
100	8.0	116	262/276	20	0.30	0.92/1.05	0.20	0.42/0.44	0.01166	0.02332
110	9.0	128	286/298	20	0.34	1.03/1.13	0.22	0.46/0.48	0.01344	0.02688
120	9.5	139	308/319	20	0.38	1.13/1.23	0.24	0.49/0.51	0.01686	0.03372
130	10.0	150	330/340	25	0.50	1.41/1.51	0.26	0.53/0.54	0.01902	0.03804
140	11.0	162	354/362	25	0.55	1.56/1.64	0.27	0.56/0.57	0.0220	0.0440
150	11.5	173	376/385	25	0.59	1.67/1.75	0.29	0.59/0.61	0.0235	0.0470

注：表中数字分子为不带闸槽时之数量，分母为带闸槽时数量。

说明：

1. 管基类型的选择：管顶至路槽底之覆土为 0.5～3.0m 时采用 90°基座，管顶至路槽底之覆土为 3.0～5.0m 时采用 180°基座，覆土大于 5.0m 时需另行设计。

2. 管基厚度 C，当管径 0.6～0.9m 时用 15cm，1.0～1.2m 时用 20cm，13～15m 时用 25cm。

3. 管基材料采用 C10 混凝土，在浇筑混凝土有困难的情况下，可改用浆砌（或灌浆）片石基础厚约 25～35cm。但对设有闸槽之涵洞为防止管基被水淘刷，不得采用浆砌片石墙基及管基。

4. 管基垫层在一般情况采用 15cm 厚碎片石垫层，带闸槽之涵洞改用 C7.5 混凝土垫层，对土质太软之基础可酌情增厚至 20～30cm。

5. 单位：cm，比例示意。

图 10-20　钢筋混凝土圆管涵洞洞基大样图

5. 涵洞构造图的绘制要点

（1）比例选择：以清晰图示出涵洞的构造为原则，一般常用比例为1:500。

（2）根据选定比例及三视投影图的投影关系将图样布置在适当位置。

（3）根据涵洞的设计结果，将各部位控制线画出，如管道轴线、道路的中线、边线及路面线、洞身的构造尺寸等。

（4）按照设计结果，将洞口部分按比例绘制在图上，即锥形护坡、端墙、洞口水坡、截水墙等。

（5）剖面部位画出材料图例并按规定的线型加深图样；坡面部位画出坡面图例及符号。

（6）标注尺寸、控制点标高、坡度及各部分的构造名称及使用材料。

（7）绘制工程量表及技术说明；在半平面图中标注各剖面图的位置及编号。

（二）钢筋混凝土盖板涵

图10-21所示为钢筋混凝土单孔盖板涵立体图，该钢筋混凝土盖板涵洞的构造组成主要包括三大部分：洞身、洞口、基础。洞身部分是由洞底铺砌、侧墙及基础、钢筋混凝土盖板组成；洞口部分由缘石、翼墙及基础、洞口水坡、截水墙组成。图10-22所示为钢筋混凝土盖板涵洞布置图。该涵为一明涵洞，其路基宽1200cm，即涵身长为12m，加上洞口铺砌，涵洞总长为17.20m，洞口两侧为八字墙，洞高进水口210cm，出水口216cm，跨径300cm，在视图表达时，采用纵剖面图、平面图及涵洞洞口正立面作为侧面图，配以必要的涵身及洞口翼墙断面图等来表示。

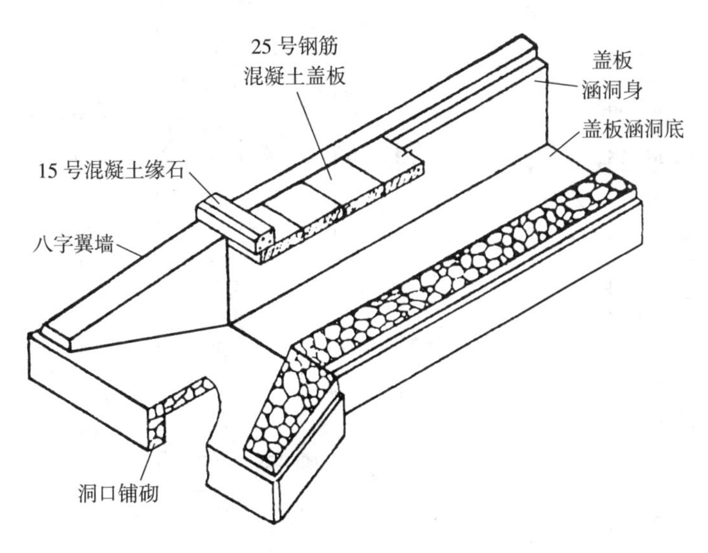

图10-21 单孔盖板涵立体图

1. 纵剖面图

由于是明涵，涵顶无覆土，路基宽就是盖板的长度。图中表示了路面横坡，以及带有1:1.5坡度的八字翼墙和洞身的连接关系，进水口涵底的标高685.19，

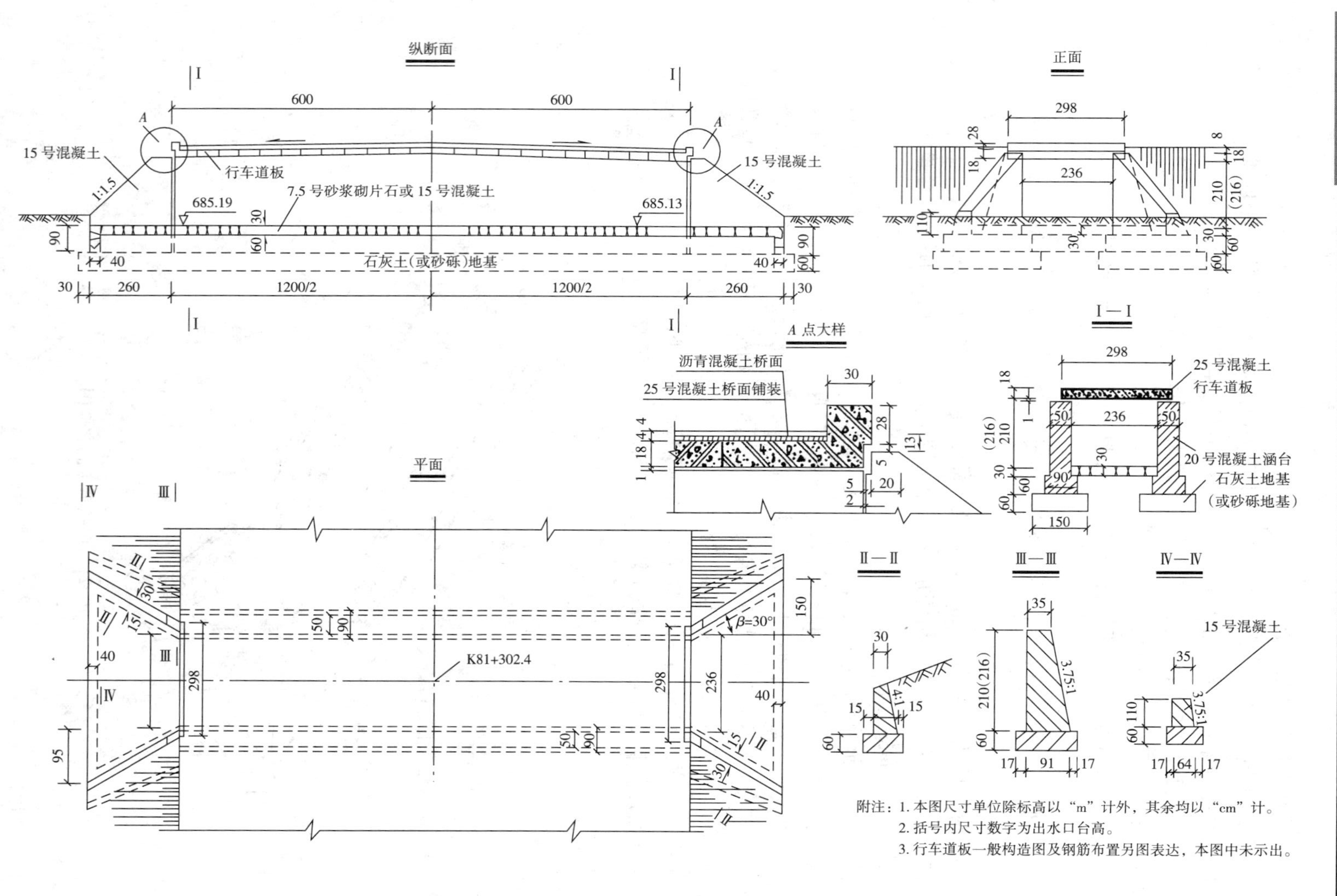

图 10-22 钢筋混凝土盖板涵洞布置图

出水口涵底标高 685.13，洞底铺砌厚 30cm，采用 M7.5 砂浆砌片石或 C15 混凝土，洞口铺砌长每端 260cm，挡水坎深 90cm。涵台基础另有 60cm 厚石灰土（或砂砾）地基处理层。各细部长度方向的尺寸亦作了明确表示，图中还画出了原地面线。为表达更清楚，在 I－I 位置剖切，画出了断面图。

2. 平面图

采用断裂线截掉涵身两侧以外部分，画出路肩边缘及示坡线，路线中心线与涵洞轴线的交点，即为涵洞中心桩号，涵台台身宽 50cm，其水平投影被路堤遮挡应画虚线，台身基础宽 90cm，也同样为虚线。进出水口的八字翼墙及其基础在平面图中的投影及尺寸得以清晰表示。为方便施工，对八字墙的Ⅱ－Ⅱ位置进行剖切，以便放样或制作模板。

3. 侧面图

即洞口正面图，反映了洞高和净跨径 236cm，同时反映出缘石、盖板、八字墙、基础等的相对位置和它们的侧面形状，这里地面线以下不可见线条以虚线画出。

（三）石拱涵

1. 石拱涵的类型

石拱涵可分为如下三种类型：

（1）普通石拱涵，跨径 1.0～5.0m，墙上填土高度 4m 以下；

（2）高度填土石拱涵，跨径 1.0～4.0m，墙上填土高度为 4.0～12.0m；

（3）阶梯式陡坡石拱涵，跨径 1.0～3.0m。

图 10-23 所示为单孔端墙式护坡洞口石拱涵工程图。洞身长 900cm，跨径 $L_0=300$cm，拱圈内弧半径 $R_0=163$cm，拱矢高 $f_0=100$cm，矢跨比 $f_0/L_0=100/300=1/3$。该图样比例为 1∶1000。

2. 立面图（半纵剖面图）

沿涵洞纵向轴线进行全剖，因两端洞口结构完全相同，故只画出一侧洞口及半涵洞长。立面图表达的是洞身内部结构，包括洞高、半洞长、基础形状、截水墙等的形状和尺寸。

3. 平面图

端墙内侧面为 4∶1 的坡面，与拱涵顶部的交线为椭圆，这一交线须按投影关系绘出。平面图表达了端墙、基础、两侧护坡、缘石等结构自上而下的形状、相对位置及各部分的尺寸。

4. 洞口立面图

该立面图采用了图 10-23 中 I－I 剖面图，反映了洞身、拱顶、洞底、基础的结构、材料及尺寸，同时也表达了洞身与基础的连接方式。当石拱涵跨径较大时，多采用双孔或多孔，选取洞口立面图可以不作剖面图或者半剖面图。

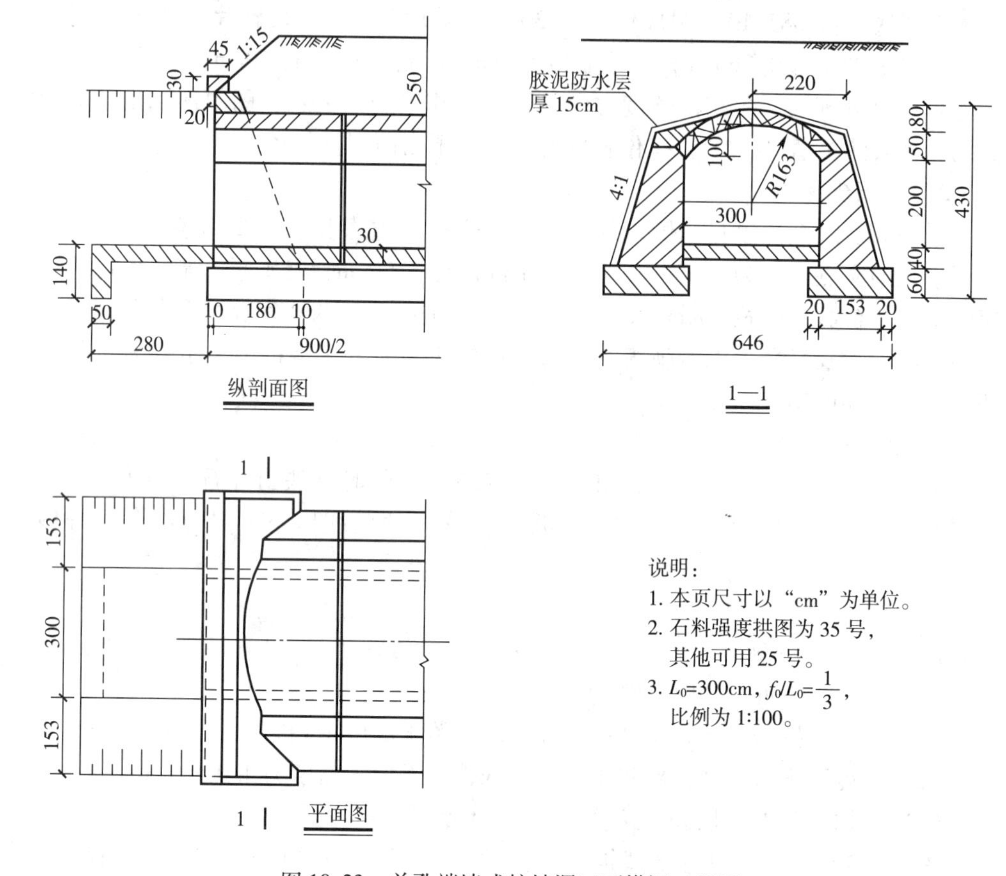

图 10-23　单孔端墙式护坡洞口石拱涵工程图

第三节　城市通道工程图

因为城市过街通道工程的跨径较小，故视图处理及投影特点与涵洞工程图基本相同。所以，一般是以过街通道洞身轴线作为纵轴，立面图以纵断面表示；水平投影则以平面图的形式表达，投影过程中同时连同通道支线道路一起投影，从而比较完整地描述了通道的结构布置情况。图 10-24 所示为某城市的过街通道布置图。

一、立面图

从图上可以看出，立面图用纵断面取而代之，高速公路路面宽 26m，边坡采用 1∶2，通道净高 3m，长度 26m 与高速路同宽，属明涵形式。

洞口为八字墙，为顺接支线原路及外形线条流畅，采用倒八字翼墙，既起到挡土防护作用，又保证了美观。洞口两侧各 20m 支线路面为混凝土路面，厚 20cm，以外为 15cm 厚砂石路面，支线纵向用 2. 5% 的单坡，汇集路面水于主线边沟处集中排走，由于通道较长，在通道中部，即高速路中央分隔带设有采光井，以利通道内采光透亮之需。

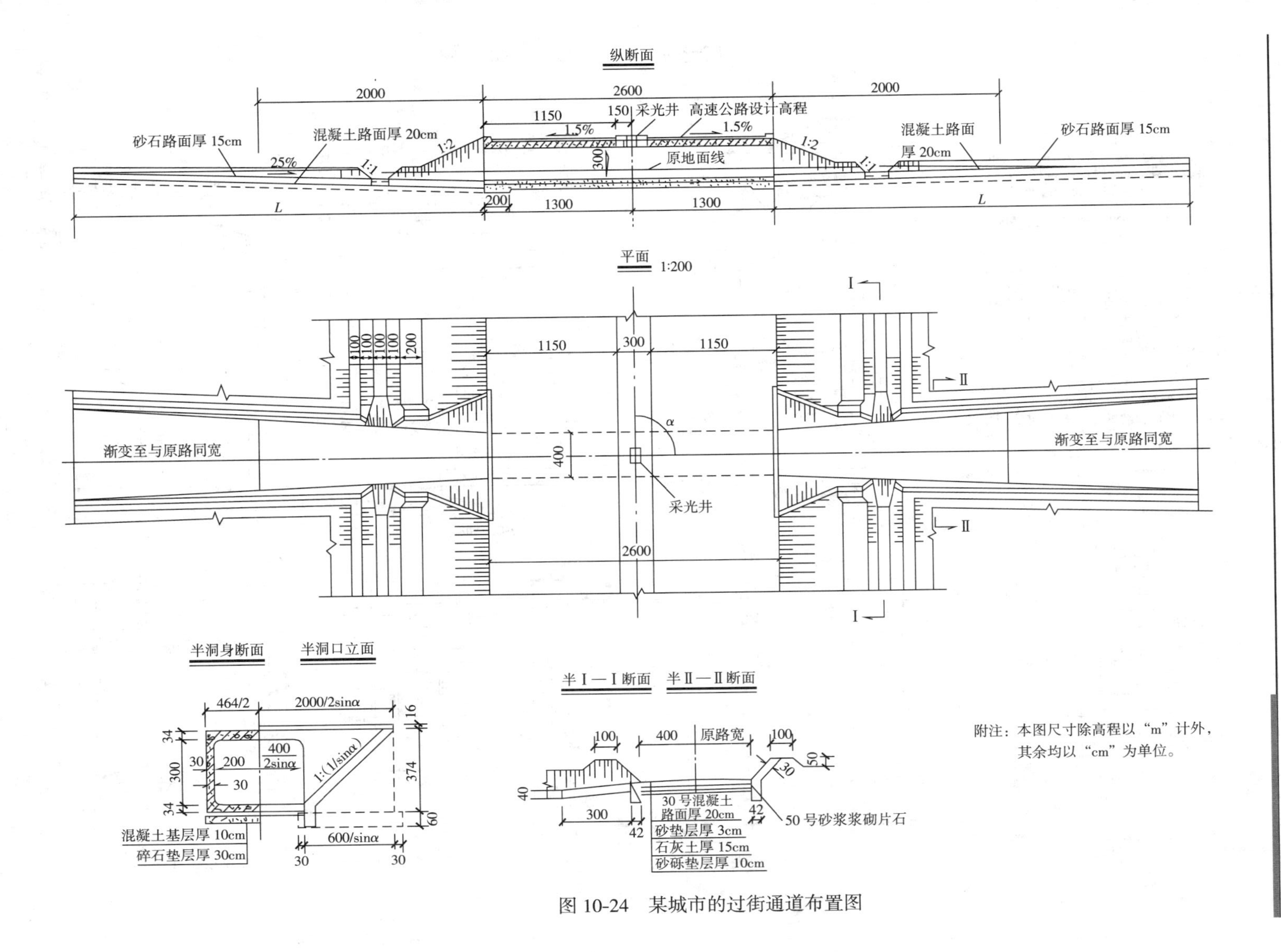

图 10-24 某城市的过街通道布置图

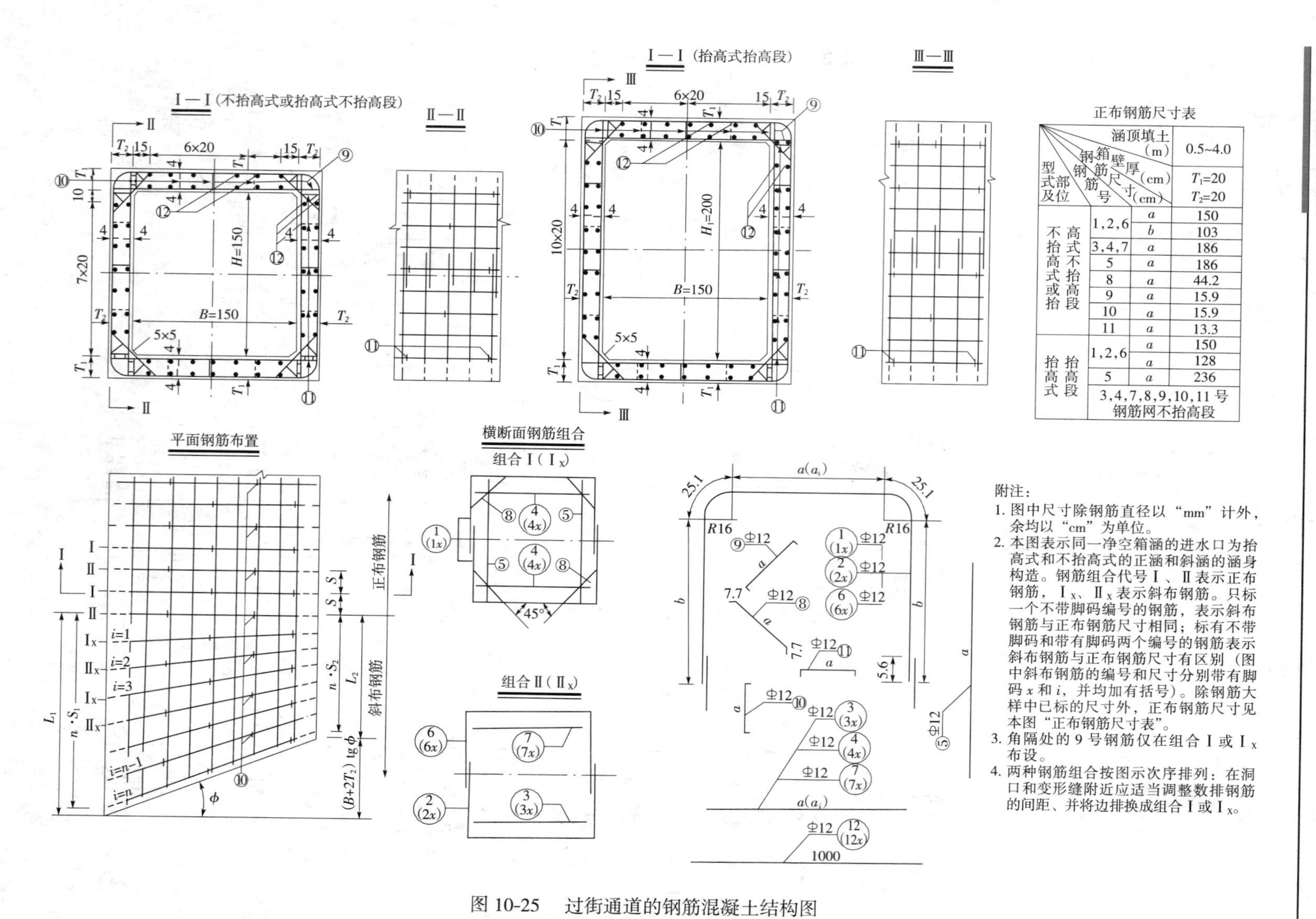

正布钢筋尺寸表

型式部及位	钢筋号	钢筋尺寸(cm)	涵顶填土(m) 0.5~4.0；箱壁厚(cm) T_1=20 T_2=20
不抬高式或抬高式不抬高段	1,2,6	a	150
		b	103
	3,4,7	a	186
	5	a	186
	8	a	44.2
	9	a	15.9
	10	a	15.9
	11	a	13.3
抬高式抬高段	1,2,6	a	150
		a	128
	5	a	236
	3,4,7,8,9,10,11 号钢筋网不抬高段		

附注：

1. 图中尺寸除钢筋直径以“mm”计外，余均以“cm”为单位。
2. 本图表示同一净空箱涵的进水口为抬高式和不抬高式的正涵和斜涵的涵身构造。钢筋组合代号Ⅰ、Ⅱ表示正布钢筋，I_x、II_x表示斜布钢筋。只标一个不带脚码编号的钢筋，表示斜布钢筋与正布钢筋尺寸相同；标有不带脚码和带有脚码两个编号的钢筋表示斜布钢筋与正布钢筋尺寸有区别（图中斜布钢筋的编号和尺寸分别带有脚码 x 和 i，并均加有括号）。除钢筋大样中已标的尺寸外，正布钢筋尺寸见本图“正布钢筋尺寸表”。
3. 角隅处的 9 号钢筋仅在组合Ⅰ或 I_x 布设。
4. 两种钢筋组合按图示次序排列：在洞口和变形缝附近应适当调整数排钢筋的间距、并将边排换成组合Ⅰ或 I_x。

图 10-25 过街通道的钢筋混凝土结构图

二、平面图

平面图与立面对应，反映了通道宽度与支线路面宽度的变化情况，还反映了高速路的路面宽度及与支线道路和通道的位置关系。

从平面可以看出，通道宽4m，即与高速路正交的两虚线同宽，依投影原理画出通道内壁轮廓线。通道帽石宽50cm，长度依倒八字翼墙长确定。

通道与高速路夹角 α，支线两洞口设渐变段与原路顺接，沿高速公路边坡角两边各留出2m宽的护坡道，其外侧设有底宽100cm的梯形断面排水边沟，边沟内坡面投影宽各100cm，最外侧设100cm宽的挡堤，支线路面排水也流向主线纵向排水边沟。

三、断面图

在图纸最下边还给出了半Ⅰ-Ⅰ、半Ⅱ-Ⅱ的合成剖面图，显示了右侧洞口附近剖切支线路面及附属构造物断面的情况。其混凝土路面厚20m、砂垫层3cm、石灰土厚15cm、砂砾垫层10cm。为使读图方便，还给出半洞身断面与半洞口断面的合成图，可以知道该通道为钢筋混凝土箱涵洞身，倒八字翼墙。

通道洞身及各构件的一般构造图及钢筋结构图与前面介绍的桥涵图类似，这里不再重述。该过街通道的洞身钢筋混凝土构造表示方法如图10-25所示。

第四节　用AutoCAD绘制涵洞工程图

本节以绘制一张涵洞图为例，介绍综合运用各有关命令绘制桥涵工程图的一般方法和过程。图10-26所示是圆形涵洞图，要求将它画在横放的A2幅面内，2—2断面图用1:20的比例绘制，其他几个视图用1:25的比例绘制，最后要在绘图机上作图形输出。

本项工作同样是多视图、多比例的绘图任务，为了能在画图时按涵洞的实际尺寸1:1地度量，且在出图时又是1:1地输出。

一、工作流程

（1）建立A2幅面的工作环境。设置LIMITS为A2幅面的尺寸，即(0，0)～(594，420)，并设置其他环境条件：

1）图层：根据需要建立0～6共7个图层。

0层：黑色，实线，线宽0.4，用于画粗实线；

1层：黑色，点画线，线宽0.13，用于画轴线；

2层：蓝色，虚线，线宽0.20，用于画虚线；

3层：黑色，实线，线宽0.13，用于画细实线、图例符号、图案填充；

4层：绿色，实线，线宽0.13，用于画辅助作图线；

5层：黑色，实线，线宽0.13，用于写字；

6层：黑色，实线，线宽0.13，用于标注尺寸；

2）字体字样：字样Standard：选用“仿宋_ GB2312”字体，取宽度系数为0.7，用于书写汉字。字样style 1：选用“gbeitc. shx”字体，用于标注尺寸、书写字母及数字。

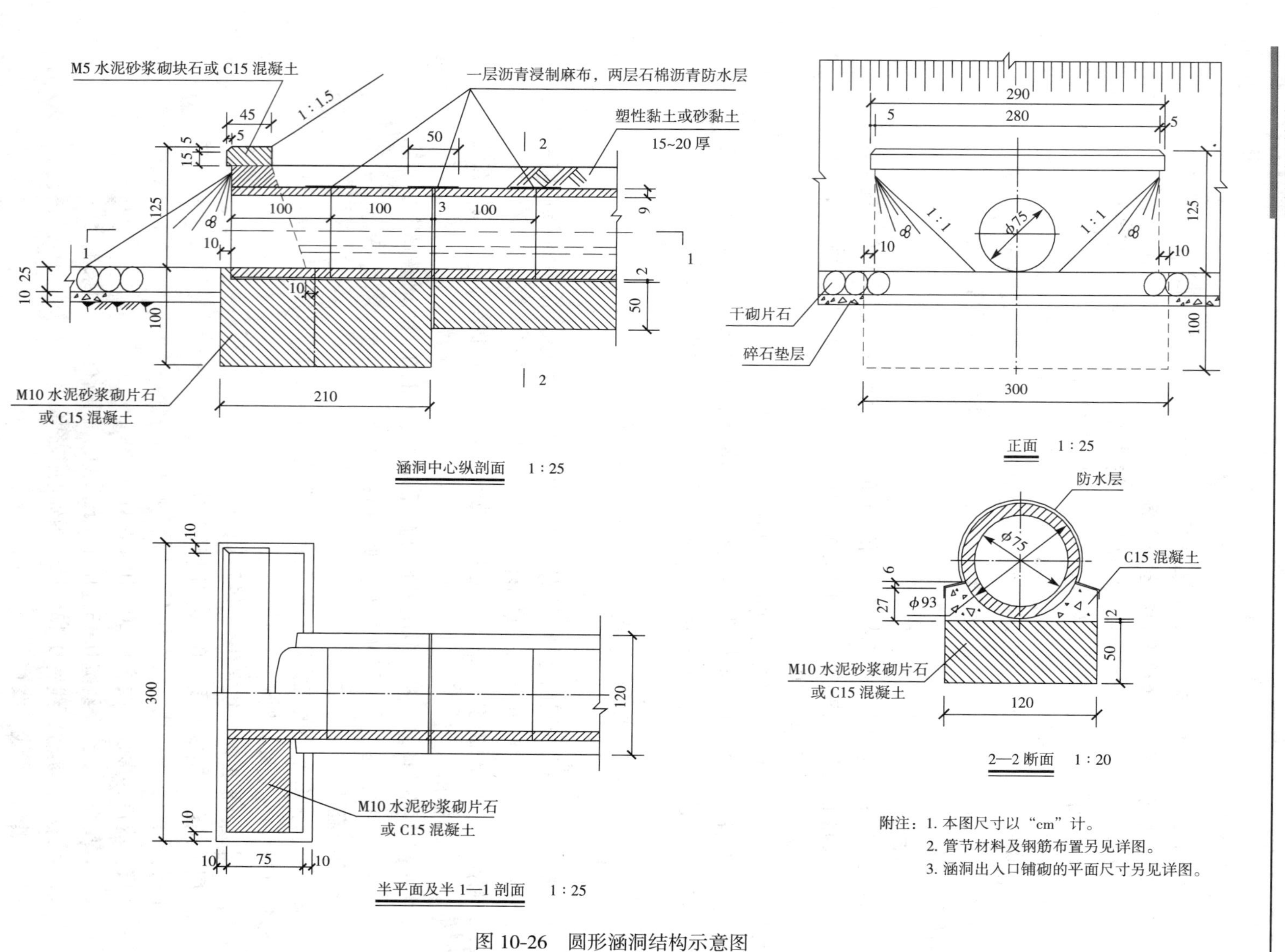

图 10-26　圆形涵洞结构示意图

3）尺寸标注样式：样式 ISO-25：建立线性标注、直径标注子样式，在 MeasurementScale 组框中设置 Scalefactor 为 25，这一样式用于在 3 个 1∶25 的视图上标注尺寸。

样式 section：建立线性标注、直径标注子样式，在 Measurement Scale 组框中设置 Scalefactor 为 20，这一样式用于在断面图上标注尺寸。

4）图块：根据需要制作干砌片石、碎石垫层、示坡线等图块，并存盘。

（2）将 LIMITS 改设成 A2 幅面尺寸的 25 倍，即（0，0）～（14850，10500），执行 ZOOM All 后画出 A2 放大 25 倍后的内外边框。

（3）在边框内按实际尺寸 1∶1 地画出涵洞的 4 个视图基本轮廓，但不画各种图例符号和剖面线，也不标注尺寸，然后将 2—2 断面图用 SCALE 命令放大 25/20 = 1.25 倍，结果如图 10-27 所示。

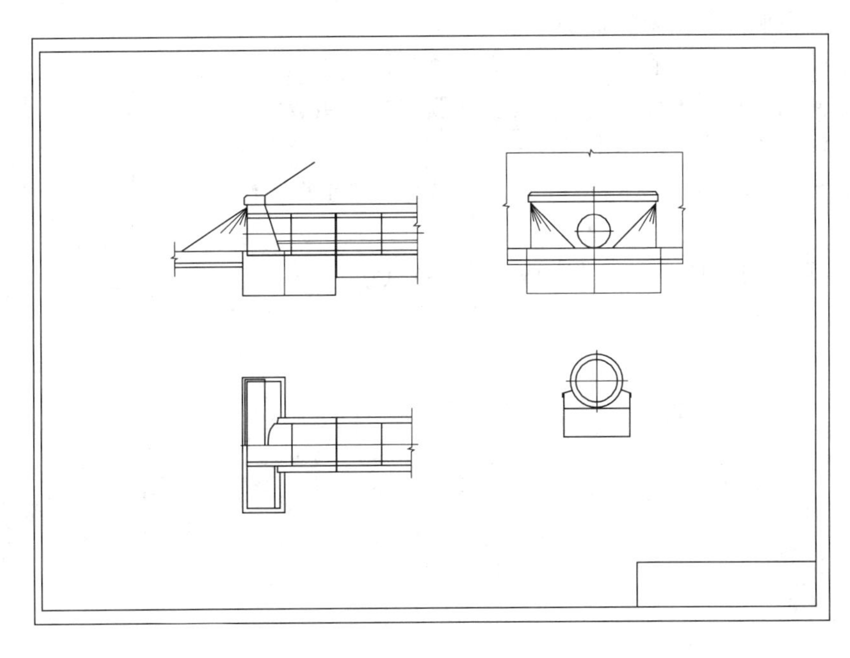

图 10-27　在放大了的空间按 1∶1 画图

（4）对全图执行 SCALE 命令，以（0，0）为基点，以 0.04 为比例系数将图缩小。

（5）重新设定 LIMITS 为（0，0）～（594，420），再次执行 ZOOM All，则完全回到了 A2 的工作环境。

（6）画全各处的图例符号，执行图案填充，标注尺寸，画全标题栏，书写各处的文字。

（7）在绘图机上按 1∶1 的出图比例作图形输出。

二、绘图技巧

（1）在图形被放大和缩小后，要随时调整线型比例，以改变虚线、点画线的显示效果。

（2）混凝土图案使用标准图案文件中的 AR－CONC，自然地面用 SPLINE 和 LINE 命令绘制，也可作成图块然后插入，断面图上的防水层符号用实填充的方法实现，黏土层、折断线等因数量不多可随机画出。

（3）在三个 1:25 的视图上标注尺寸时选择 ISO－25 为当前的标注样式，在给断面图标注尺寸时要选择 section 为当前的标注样式。

复习思考题

1. 什么叫隧道？我国隧道工程的建设在世界上有何地位？
2. 隧道工程地质图主要包括哪些图？
3. 隧道洞门按地质情况和结构要求，有哪几种基本形式？
4. 隧道洞门图主要包括哪些图？
5. 什么叫涵洞？涵洞主要有哪些分类方法？
6. 涵洞工程图怎样分类？它主要由哪些部分组成？
7. 涵洞构造图一般是由哪些图组成？
8. 涵洞工程图的图示特点是什么？试与桥梁工程图作比较？
9. 石拱涵可分为哪几种类型？
10. 城市过街通道工程图有哪些图示特点？

主要参考文献

[1] 王芳主编．市政工程构造与识图．北京：中国建筑工业出版社，2002.
[2] 何铭新主编．画法几何及土木工程制图．武汉：武汉工业大学出版社，2003.
[3] 和丕壮，王鲁宁编著．交通土建工程制图．北京：人民交通出版社，2001.
[4] 刘志杰主编．土木工程制图教程．北京：中国建材工业出版社，2004.
[5] 朱育万，卢传贤主编．画法几何及土木工程制图．北京：高等教育出版社，2005.
[6] 高远主编．建筑构造与识图．北京：中国建筑工业出版社，2005.
[7] 尚久明主编．工程制图．北京：中国建筑工业出版社，2005.
[8] 李世华主编．城市高架桥施工手册．北京：中国建筑工业出版社，2006.
[9] 刘志杰，张素梅主编．土木工程制图．北京：中国建材工业出版社，2006.
[10] 丁建梅主编．土木工程制图．北京：人民交通出版社，2007.
[11] 杨玉衡主编．市政桥梁工程．北京：中国建筑工业出版社，2007.
[12] 卢伟贤主编．土木工程制图．北京：中国建筑工业出版社，2008.
[13] 张可誉主编．道路工程设计实用便携手册．北京：机械工业出版社，2008.
[14] 杜廷娜，蔡建平主编．土木工程制图．北京：机械工业出版社，2009.
[15] 罗康贤，左宗义，冯开平主编．土木建筑工程制图．广州：华南理工大学出版社，2010.
[16] 江景涛主编．画法几何与土木工程制图．北京：中国电力出版社．2010.
[17] 李世华，李智华等主编．桥梁工程施工技术交底手册．北京：中国建筑工业出版社，2010.
[18] 刘苏，段丽玮，贾皓丽主编．工程制图基础教程．北京科学出版社，2010.
[19] 杨玉衡主编．土木工程识图．北京：中国建筑工业出版社，2010.
[20] 于习法，周佶主编．画法几何与土木工程制图．长沙：中南大学出版社，2010.
[21] 莫章金著，李瑞鸽译．画法几何与建筑制图．重庆：重庆大学出版社，2010.
[22] 陈倩华，王晓燕主编．土木建筑工程制图．北京：清华大学出版社，2011.